U0219502

T20-WT V2.0 天正给水排水软件

标准教程

麓山文化　编著

机械工业出版社

本书是一本关于 T20-WT V2.0 天正软件的项目实战型案例教程，全书通过大量工程案例，深入讲解了该软件的各项功能以及其在建筑给水排水设计中的应用。

全书共 20 章，其中第 1 章主要介绍了建筑给水排水的设计基础和软件的用户界面。第 2~18 章按照建筑给水排水施工图绘制流程，循序渐进地介绍了管线、原理图、水箱、水泵、专业计算、室外绘图等的创建与编辑方法，文字、表格、尺寸等的标注，以及绘图工具、文件布图、图库图层等内容；第 19、20 章则综合运用 AutoCAD 和天正软件，详细讲解了住宅和写字楼两套大型建筑给水排水全套施工图的设计方法，全面巩固前面所学知识，积累实际工作经验。

本书配套光盘除提供全书所有实例 dwg 源文件外，还免费赠送全书所有案例的视频教学。手把手的课堂生动讲解，可以成倍提高学习兴趣和效率。

本书采用案例式教学，边讲边练，实战性强，特别适合教师讲解和学生自学，可作为广大从事建筑设备、给水排水、环境工程、城市规划、土木工程施工等设计人员和工程技术人员的实用培训教材，也可以作为各大院校师生的教学用书。

图书在版编目（CIP）数据

T20-WT V2.0 天正给水排水软件标准教程/麓山文化编著. —北京：机械工业出版社，2016.6
ISBN 978-7-111-54664-1

Ⅰ. ①T… Ⅱ. ①麓… Ⅲ. ①给排水系统—建筑设计—计算机辅助设计—应用软件—建材 Ⅳ. ①TU82-39

中国版本图书馆 CIP 数据核字(2016)第 202960 号

机械工业出版社（北京市百万庄大街 22 号 邮政编码 100037）
责任编辑：曲彩云　　　　责任印制：常天培
北京中兴印刷有限公司印刷
2016 年 10 月第 1 版第 1 次印刷
184mm×260mm · 30.75 印张 · 749 千字
0001—3000 册
标准书号：ISBN 978-7-111-54664-1
　　　　　ISBN 978-7-89386-042-3（光盘）
定价：79.00 元（含 1DVD）

凡购本书，如有缺页、倒页、脱页，由本社发行部调换
电话服务　　　　　　　　　网络服务
服务咨询热线：010-88361066　机工官网：www.cmpbook.com
读者购书热线：010-68326294　机工官博：weibo.com/cmp1952
　　　　　　　010-88379203　金 书 网：www.golden-book.com
编辑热线：　　010-88379782　教育服务网：www.cmpedu.com

前言

天正公司从 1994 年开始就在 AutoCAD 图形平台开发了一系列建筑、给水排水、暖通、电气等专业软件，这些软件特别是建筑软件最为常用。近十年来，天正系列软件版本不断推陈出新，受到我国建筑设计师的厚爱。在建筑设计领域，天正系列软件的影响力人所共知。天正系列软件已成为全国建筑设计 CAD 事实上的行业标准。

利用 AutoCAD 图形平台开发的最新一代给水排水软件 T20-WT V2.0，继续以先进的图形对象概念服务于建筑给水排水施工图设计，成为 CAD 给水排水制图的首选软件。

本书内容

本书共 20 章，按照建筑给水排水设计的流程安排相关内容，系统全面地讲解了天正给水排水 T20-WT V2.0 的基本功能和相关应用。

第 1 章，首先介绍了给水排水的设计原理和给水排水设计图纸的种类以及绘制技术等相关知识，然后介绍了天正给水排水软件的优点、工作界面、软件设置、兼容性以及与 AutoCAD 的关系，使读者对天正给水排水软件有一个全面的了解和认识。

第 2~18 章，按照建筑给水排水施工图绘制流程，全面详细地讲解了天正给水排水软件 T20-WT V2.0 的各项功能，包括管线、原理图、水箱、水泵、专业计算、室外绘图等的创建与编辑方法，文字、表格、尺寸等的标注，以及绘图工具、文件布图、图库图层等内容。在讲解各功能模块时，全部采用“功能说明+课堂举例”的案例教学模式，让读者在动手操作中深入理解和掌握。

第 19、20 章，通过住宅和写字楼两个全套施工图绘制工程案例，综合演练本书前面所述的各类知识，以达到巩固提高，积累实战经验的目的。

本书特点

内容丰富 讲解深入	本书全面、深入地讲解了天正给水排水 T20-WT V2.0 的各项功能，包括管线、原理图、水箱、水泵、专业计算、室外绘图等。可以轻松地绘制各类给水排水施工图纸
项目实战 案例教学	本书采用项目实战的写作模式，可让读者在了解各项功能的同时，练习和掌握其具体操作方法，理论实践两不误
专家编著 经验丰富	本书的作者具有丰富的教学和写作经验，形成了自己先进的教学理念、富有创意和特色的教学设计以及富有启发性的教学方法，使读者学习无后顾之忧

边讲边练 快速精通	本书几乎每个知识点都配有相关的课堂举例，这些案例经过作者精挑细选，具有重要的参考价值，读者可以边做边学，从新手快速成长为天正给水排水的绘图高手
视频教学 学习轻松	本书配套光盘收录全书所有实例的高清教学视频，可以在家享受专家课堂式的讲解，成倍提高学习兴趣和效率

本书作者

本书由麓山文化编著，参加编写的有：陈志民、江凡、张洁、马梅桂、戴京京、骆天、胡丹、陈运炳、申玉秀、李红萍、李红艺、李红术、陈云香、陈文香、陈军云、彭斌全、林小群、刘清平、钟睦、刘里锋、朱海涛、廖博、喻文明、易盛、陈晶、张绍华、黄柯、何凯、黄华、陈文轶、杨少波、杨芳、刘有良、刘珊、赵祖欣、毛琼健等。

由于编者水平有限，书中错误、疏漏之处在所难免。在感谢您选择本书的同时，也希望您能够把对本书的意见和建议告诉我们。

读者服务邮箱：lushanbook@qq.com

读 者 QQ 群：327209040

编者

目录

第 1 章

T20 天正给水排水 V2.0 基础

● 本章导读

本章介绍 T20 天正给水排水 V2.0 的基础知识，包括建筑给水排水设计基础、天正给水排水软件用户界面以及新功能简介。

使用天正绘图软件，可以实现绘制复杂给水排水施工图的智能化，因而该软件得到广大用户的青睐。本书为读者介绍新版 T20-WT V2.0 的使用方法；除了沿袭以前版本的诸多绘图功能外，新版的 T20-WT V2.0 酌情增加和改进了某些功能，使用更方便。

● 本章重点

◈ 建筑给水排水设计概述
◈ 给水排水施工图制图标准摘录
◈ 建筑给水排水设计基础
◈ 天正给水排水软件用户界面
◈ T20 天正给水排水 V2.0 新功能简介

1.1 建筑给水排水设计概述

室内给水排水系统包括给水和排水两个方面。给水系统是指将水通过管道输送到建筑内各个配水装置。排水系统是指将建筑物内各种污水，即生活、生产用水通过管道排至室外的检查井、化粪池。

1.1.1 给水排水系统的组成及其作用

本节分别介绍给水排水系统的组成及其作用。

1. 室内给水系统的组成

如图 1-1 所示为室内给水系统组成示意图，室内给水系统由以下部分组成：引入管、水表节点、配水管网、给水设备、配水装置、给水附件等。

1—阀门井　2—引入管
3—闸阀　4—水表
5—水泵　6—止回阀
7—干管　8—支管
9—浴盆　10—立管
11—水龙头　12 淋浴器
13—洗脸盆　14—大便器
15—洗涤盆　16—水箱
17—进水管　18—出水管
19—消火栓
A—入贮水池
B—来自贮水池

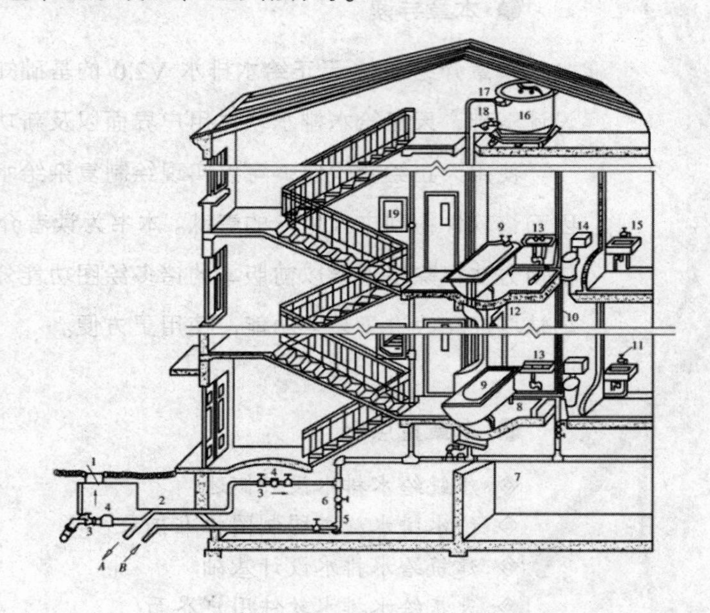

图 1-1　室内给水系统

- 引入管：又称进户管，是自室外给水管网将水引入室内的管段。
- 水表节点：是安装在引入管上的水表及前后设置的阀门和泄水装置的总称。
- 配水管网：将水输送到各个用水器具，包括干管、立管、支管和分管。
- 给水设备：指室外给水管网的水压、水量不能满足建筑用水要求，或要求供水压力稳定、确保供水安全可靠时，应根据需要在给水系统中设置水泵、气压给水设备和水池、水箱等增压、贮水设备。
- 配水装置：指生活、生产和消防给水系统的终端用水装置。生活给水系统主要指卫生器具的给水配件，如水龙头；生产给水系统主要指用水设备如电炉；消防给

水系统主要指室内消火栓、喷头等。

➢ 给水附件：是管道系统中调节水量、水压，控制水流方向，以及关断水流，便于管道、仪表和设备检修的各类阀门。

2. 室内排水系统的组成

如图 1-2 所示为室内排水系统组成示意图，由以下部分组成：污水和废水收集器具、排水管道、清通设备、提升设备、污水局部处理设施、通气管道系统。

1—拖布池
2—地漏
3—蹲便器
4 —S 形存水弯
5—洁具排水管
6—横管
7—立管
8—通气管
9—立管检查口
10—透气帽
11—排出管

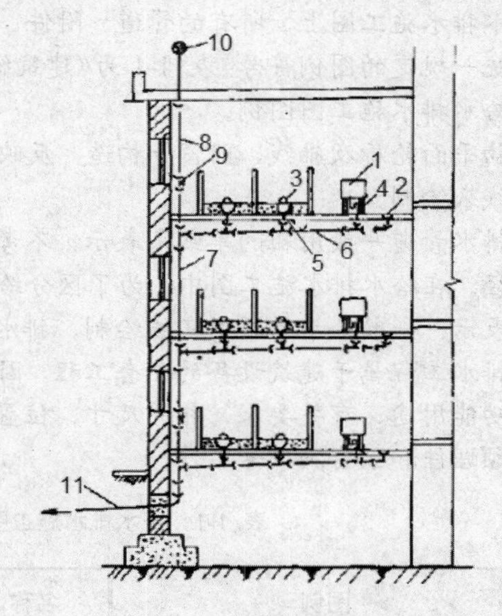

图 1-2 建筑内部排水系统

➢ 污水和废水收集器具：一般指用水器具，比如洗脸盆是用水器具，但同时也是排水管系的污水收集器具。污水从卫生器具排出首先经过存水弯再流入排水管道系统。

➢ 排水管道：包括排水横支管、立管、埋地干管和排出管，通过这些管道将污水送出建筑物外。

➢ 清通设备：是疏通建筑内部排水管道，保障排水畅通的设备。清通设备一般有检查口和清扫口。

➢ 提升设备：用于将地下建筑物不能够自流的污水提升排至室外排水管道的设备。比如民用建筑地下室、人防建筑和高层建筑的地下技术层。

➢ 污水局部处理设施：当室内污水未经处理不允许直接排入城市下水道或水体时，必须予以局部处理。此时所用的设备就是污水局部处理设施，如化粪池、隔油池等。

➢ 通气管道系统：是为了防止因气压波动造成水封破坏，使有毒气体进入室内，同时可以排放排水管道中的有害气体和臭气的系统。

1.1.2 给水排水施工图概述

室内给水排水施工图是指居住房屋内部的厨房和盥洗室等卫生设备图，以及工矿企业车间内生产用水装置的工程设计图；主要显示了这些用水器具的安装位置及其管道布置情况，一般由平面图、系统图和安装详图组成。

在阅读以及绘制给水排水施工图的过程中，需要注意的事项如下：

- 在给水排水施工图上，所有的管道、附件、设备均不需要详尽地表达其形状，而采用统一规定的图例符号。表 1-1 为《建筑给水排水制图标准》GB/T 50106—2010中的给水排水施工图图例。
- 建筑物平面轮廓及轴线、门窗等构造，反映建筑物的平面布置和相关尺寸，使用细实线来绘制。
- 给水排水管道一般用粗的单线来表示，不考虑管线的粗细，在管道旁边注明管道的直径。在给水排水施工图中，为了区分给水管道和排水管道，需要用不同的线型来表示；一般给水管道用实线绘制，排水管道用虚线绘制。
- 给水排水工程属于建筑设备的配套工程，因此需要对建筑或装饰施工图中各种房间的功能用途、有关要求、相关尺寸、位置关系等有足够了解，以便相互配合，做好预埋件和预留洞口等工作。

表 1-1　给水排水施工图图例

名称	图例	名称	图例
管道	给水 —J—J— 污水 —W—W— 废水 —F—F—	通气帽	成品 铅丝球
方形伸缩器		雨水斗	YD- 平面 YD- 系统
刚性防水套管		排水漏斗	平面 系统
柔性防水套管		圆形地漏	

名称	图例	名称	图例
清扫口	平面 系统	方形地漏	
自动冲洗水箱		Y 形除污器	
吸气阀		法兰连接	
管堵		弯折管	
三通连接		四通连接	
管道交叉		检查口	
存水弯		雨水斗	
室外消火栓		喷淋头	
皮带龙头		感应式冲洗阀	
卧式水泵		立式水泵	

名称	图例	名称	图例
篮球场		树	
平面路灯		小轿车	
风玫瑰	长沙	洗池	
蹲式大便器		坐便器	
小便器		洗脸盆	
拖布池		浴缸	
保温管		地沟管	
挡墩		毛发聚集器	平面 系统
跌水井		水表井	

名称	图例	名称	图例
雨水口	单口 双口	浮球液位器	
弹簧安全阀		浮球阀	平面 系统
平衡安全阀		三通阀	
疏水器		吸水喇叭口	平面 系统
旋塞阀	平面 系统	自动排气阀	平面 系统

1.1.3 给水排水施工图

给水排水施工图由平面布置图、系统图以及安装详图组成，下面分别介绍。

1. 给水排水平面布置图

给水排水平面布置图主要表明用水设备的类型、位置，给水和排水各支管、立管的平面位置，各管道配件的平面布置等。

用水器具分布在建筑物内的各层，给水排水平面图可相应地分层绘制。一般整个建筑物的给水引入管和排水出户管位于一层地面以下，与其他层有所不同，因此底层给水排水平面图必须绘制。

对于其他层，如果用水器具布置和管道平面布置都相同，可以绘制一个标准层平面图来表示。每层给水排水平面布置图中的管路，是以连接该层卫生间器具的管路为准；而不是以楼地面作为分界线，因此凡是连接某楼层卫生设备的管路，虽然有安装在楼板上面或者下面的，但都属于该楼层的管道，所以都要画在该楼层的平面布置图中。

不论管道投影的可见性如何，都按该管道系统的线型绘制，且管道仅表示其安装位置，并不表示其具体平面位置尺寸。

如图 1-3 所示为绘制完成的卫生间给水排水平面布置图。

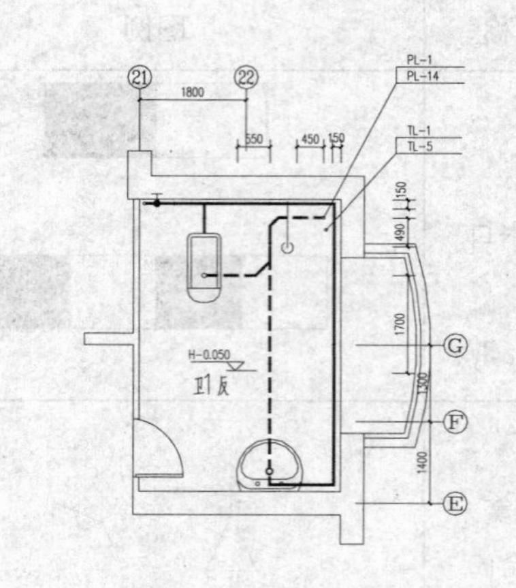

图 1-3　卫生间给水排水平面布置图

2. 给水排水系统图

给水排水系统图反映给水排水管道系统的上下层之间、前后左右间的空间关系，各管段的管径、坡度、标高以及管道附件位置等，与给水排水平面布置图一起表达给水排水工程空间布置情况。

采用斜等轴测投影的方法分别绘制给水和排水系统图。管线线型与给水排水平面布置图相一致。当两层的卫生器具和管道布置均相同时，可以只绘出一层的卫生器具与横支管的详细系统图，在其他楼层标注与某层相同即可。

如图 1-4、图 1-5 所示为绘制完成的排水系统图和给水系统图。

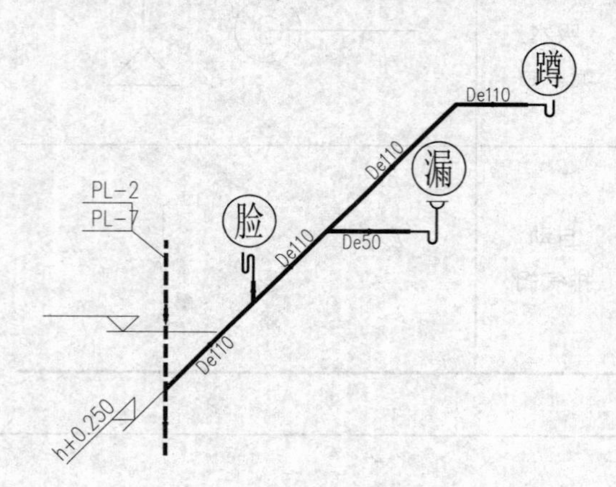

图 1-4　排水系统图

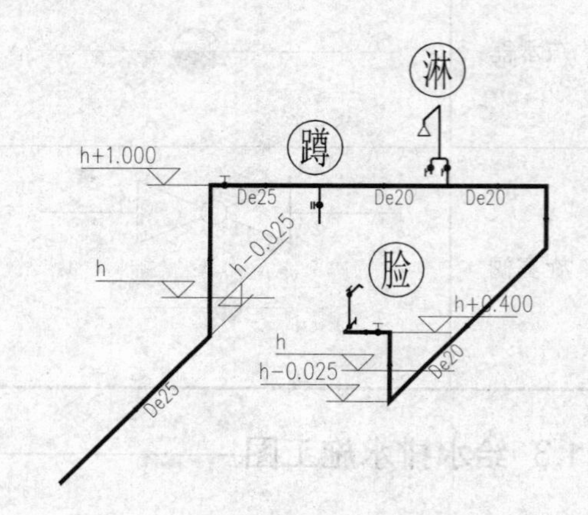

图 1-5　给水系统图

3. 给水排水设备安装详图

在给水排水施工图中，平面图和系统图只是表示管道的连接情况、走向和配件的位置，绘制的比例较小，一般为 1:100、1:50；卫生器具、管道附件仅用图例表示其布置情况，无法详细表达管道与附件、管道与卫生器具等的详细连接情况。所以为了便于施工，需要提供相关卫生器具和设备的安装详图。

给水排水工程中使用的配件均为工业定型产品，其安装方法国家已有标准图集和通用图集可供选用，一般不需要另外绘制。在阅读设备安装详图时，应首先根据设计说明所述的标准图集号找到对应详图，了解详图所述卫生器具或设备的安装方法。

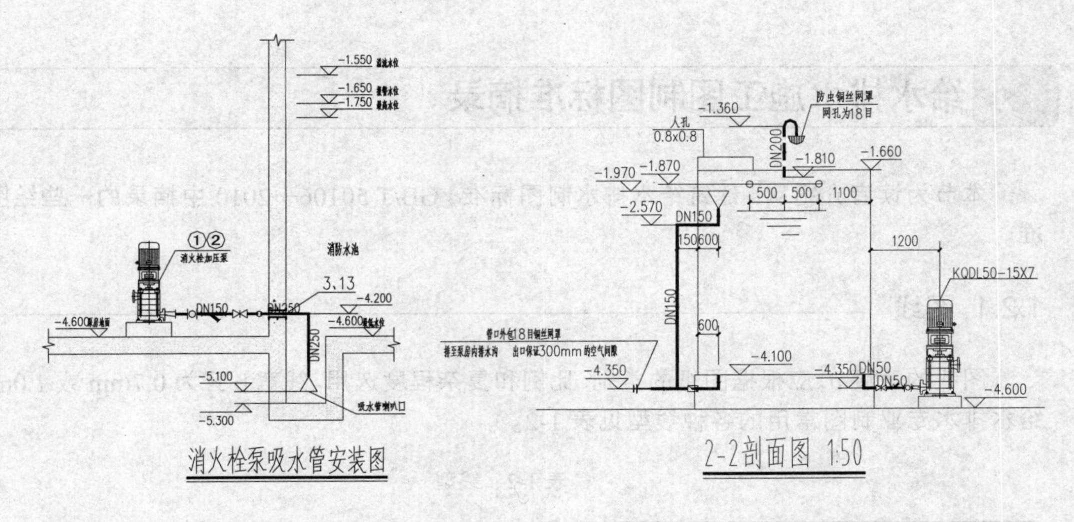

图 1-6　安装详图　　　　图 1-7　安装剖面图

如图 1-6、图 1-7 所示为安装详图和安装剖面图的绘制效果。

1.1.4 给水排水施工图的识图要领

给水排水平面图和系统图相互关联、相互补充，共同表达室内给水排水管道、卫生器具等的形状、大小及空间位置。读图时必须把两者结合起来，才能够准确地把握设计者的意图。

阅读给水排水施工图首先应看图标、图例以及有关的设计说明，然后才是读图。读图的顺序如下：

1. 浏览给水排水平面布置图

首先要看底层给水排水平面布置图，然后再看其他楼层给水排水平面布置图。首先确定给水引入管和排水出户管的数量和位置，然后确定给水管道干管、给水排水管道立管和支管的位置，最后阅读每层楼给水排水房间的位置和数量、给水排水房间内卫生器具和用水设备的种类和平面布置情况。

2. 对照平面布置图，阅读给水排水系统图

根据平面图找出相对应的给水排水系统图。首先找出平面图和系统图中相同编号的给水引入管和排水出户管，然后再找到相同编号的立管，最后按照一定的顺序阅读给水和排水系统图。

阅读给水排水系统图一般按照水流的方向进行。阅读给水系统图一般从引入管开始，按照引入管——水表节点——干管——立管——支管——配水装置的顺序进行。

阅读排水系统图，一般依次按照卫生器具、地漏及其他排水口——连接管——横支管——立管——出户管——检查井的顺序进行。

1.2 给水排水施工图制图标准摘录

本节为读者介绍从《建筑给水排水制图标准》GB/T 50106—2010 中摘录的一些绘图标准。

1.2.1 图线

图线的宽度 b，应根据图纸的类别、比例和复杂程度选用。线宽 b 宜为 0.7mm 或 1.0mm。给水排水专业制图常用的各种线型见表 1-2。

表 1-2 线型

名称	线型	线宽	用途
粗实线		b	新设计的各种排水和其他重力流管线
粗虚线		b	新设计的各种排水和其他重力流管线的不可见轮廓线
中粗实线		$0.75b$	新设计的各种给水和其他压力流管线；原有的各种排水和其他重力流管线
中粗虚线		$0.75b$	新设计的各种给水和其他压力流管线及原有的各种排水和其他重力流管线的不可见轮廓线
中实线		$0.50b$	给水排水设备、零（附）件的可见轮廓线；总图中新建的建筑物和构筑物的可见轮廓线；原有的各种给水和其他压力流管线
中虚线		$0.50b$	给水排水设备、零（附）件的不可见轮廓线；总图中新建的建筑物和构筑物的不可见轮廓线；原有的各种给水和其他压力流管线的不可见轮廓线
细实线		$0.25b$	建筑的可见轮廓线；总图中原有的建筑物和构筑物的可见轮廓线；制图中的各种标注线
细虚线		$0.25b$	建筑的不可见轮廓线；总图中原有的建筑物和构筑物的不可见轮廓线
单点长画线		$0.25b$	中心线，定位轴线
折断线		$0.25b$	断开界线
波浪线		$0.25b$	平面图中水面线；局部构造层次范围线；保温范围示意线

1.2.2 比例

给水排水专业制图常用的比例见表 1-3。

表 1-3　比例

名称	比例	备注
区域规划图 区域位置图	1:50000、1:25000、1:10000 1:5000、1:2000	宜与总图专业一致
总平面图	1:1000、1:500、1:300	宜与总图专业一致
管道纵断面图	纵向：1:200、1:100、1:50 横向：1:1000、1:500、1:300	——
水处理厂（站）平面图	1:500、1:200、1:100	——
水处理构筑物、设备间、卫生间、泵房平、剖面图	1:100、1:50、1:40、1:30	——
建筑给水排水平面图	1:200、1:150、1:100	宜与建筑专业一致
建筑给水排水轴测图	1:150、1:100、1:50	宜与相应图纸一致
详图	1:50、1:30、1:20、1:10、1:5、1:2、1:1、2:1	——

1.2.3 标高

室内工程应标注相对标高，室外工程宜标注绝对标高；当无绝对标高资料时，可标注相对标高，但应与总图专业一致。

压力管道应标注管中心标高，沟渠和重力流管道宜标注沟（管）内底标高。

在下列部位应标注标高：

- 沟渠和重力流管道的起讫点、转角点、连接点、变坡点、变尺寸(管径)点及交叉点。
- 压力流管道中的标高控制点。
- 管道穿外墙、剪力墙和构筑物的壁及底板等处。
- 不同水位线处。
- 构筑物和土建部分的相关标高。

标高的标注方法应符合下列规定：

- 平面图中，管道标高应按图 1-8 所示的方式标注。

图 1-8　管道标高

- 剖面图中，管道及水位的标高应按图 1-9 所示的方式标注。
- 轴测图中，管道标高应按图 1-10 所示的方式标注。

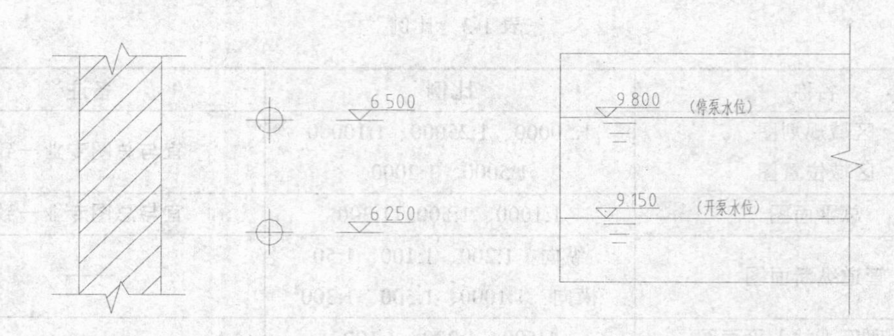

图 1-9　管道及水位的标高

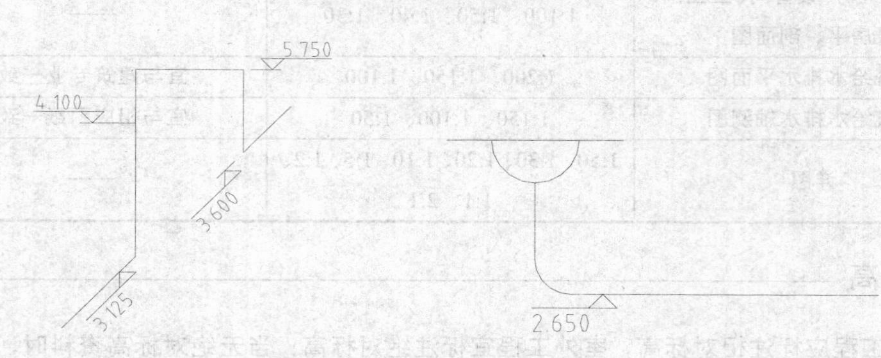

图 1-10　轴测图的管道标高

1.2.4 管径

管径的表达方式应符合下列规定：

➢ 管径应以 mm 为单位。

➢ 水煤气输送钢管（镀锌或非镀锌）、铸铁管等管材，管径宜以公称直径 DN 表示（如 DN15、DN50）。

➢ 无缝钢管、焊接钢管（直缝或螺旋缝）、铜管、不锈钢管等管材，管径宜以外径 D × 壁厚表示（如 D108×4、D159×4.5 等）。

➢ 钢筋混凝土（或混凝土）管、陶土管、耐酸陶瓷管、缸瓦管等管材，管径宜以内径 d 表示（如 d230、d380 等）。

➢ 塑料管材，管径宜按产品标准的方法表示。

➢ 当设计均用公称直径 DN 表示管径时，应有公称直径 DN 与相应产品规格对照表。

管径的标注方法应符合下列规定：

➢ 单根管道时，管径应按图 1-11 所示的方式标注。

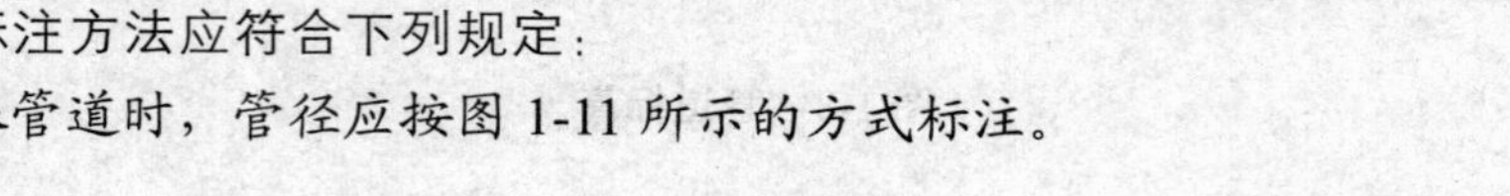

DN20

图 1-11　单管标注

➢ 多根管道时，管径应按图 1-12 所示的方式标注。

1.2.5 编号

建筑物的给水引入管或排水排出管，当其数量超过 1 根时，宜进行编号，编号宜按如图 1-13 所示的方法表示。

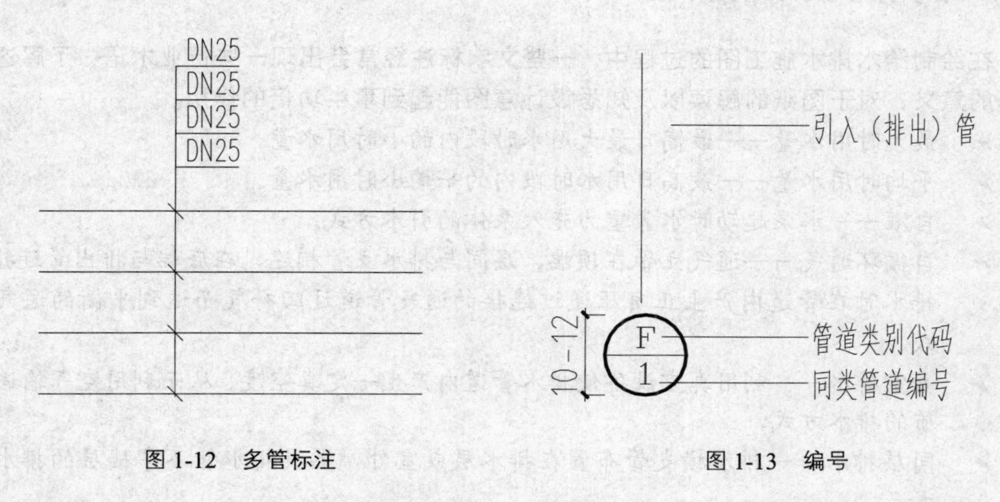

图 1-12 多管标注　　图 1-13 编号

建筑物内穿越楼层的立管，其数量超过 1 根时宜进行编号，编号宜按图 1-14 所示的方法表示。

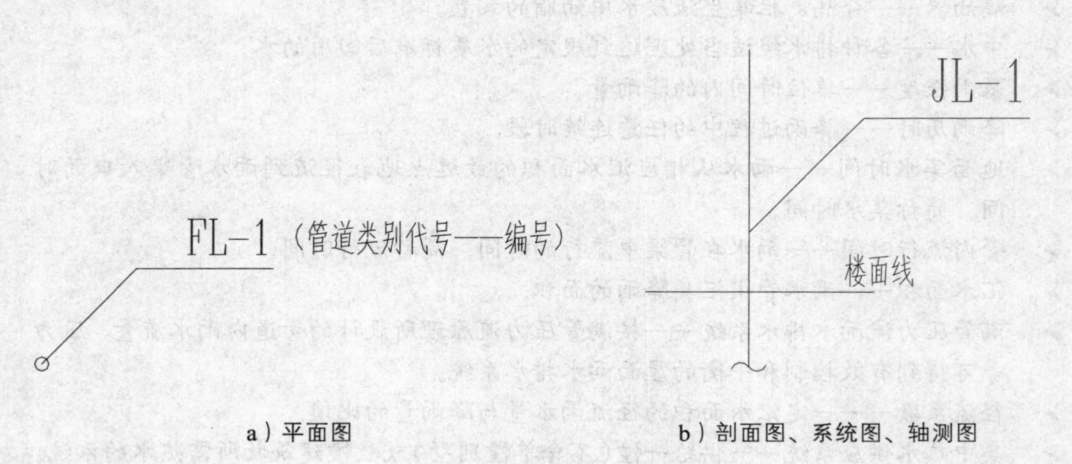

a）平面图　　b）剖面图、系统图、轴测图

图 1-14 立管编号

在总平面图中，当给水排水附属构筑物的数量超过 1 个时，宜进行编号，规则如下：

➢ 编号方法为：构筑物代号-编号。
➢ 给水构筑物的编号顺序宜为:从水源到干管，再从干管到支管，最后到用户。
➢ 排水构筑物的编号顺序宜为:从上游到下游，先干管后支管。
➢ 当给水排水机电设备的数量超过 1 台时，宜进行编号，并应有设备编号与设备名称对照表。

1.3 建筑给水排水设计基础

1.3.1 给水排水设计常见术语

在绘制给水排水施工图的过程中，一些文字标注经常会出现一些行业术语；了解这些术语的意义，对于图纸的解读以及知悉设计意图能起到事半功倍的作用。

- 最大时用水量——最高日最大用水时段内的小时用水量。
- 平均时用水量——最高日用水时段内的平均小时用水量。
- 自灌——水泵起动时水靠重力充入泵体的引水方式。
- 自循环通气——通气立管在顶端、层间与排水立管相连，在底端与排出管连接，排水时在管道内产生正负压通过连接的通气管道迂回补气而达到平衡的通气方式。
- 真空排水——利用真空设备使排水管道内产生一定真空度，从而利用空气输送介质的排水方式。
- 同层排水——排水横支管布置在排水层或室外，器具排水管不穿楼层的排水方式。
- 埋设深度——埋地排水管道内底至地表面的垂直距离。
- 隔油器——分隔、拦集生活废水中油脂的装置。
- 中水——各种排水经适当处理达到规定的水质标准后回用的水。
- 暴雨强度——单位时间内的降雨量。
- 降雨历时——降雨过程中的任意连续时段。
- 地面集水时间——雨水从相应汇水面积的最远点地表径流到雨水管渠入口的时间。简称集水时间。
- 管内流行时间——雨水在管渠中流行的时间。简称流行时间。
- 汇水面积——雨水管渠汇集降雨的面积。
- 满管压力流雨水排水系统——按满管压力流原理所设计的管道内雨水流量、压力等可得到有效控制和平衡的屋面雨水排水系统。
- 径流系数——一定汇水面积的径流雨水量与降雨量的比值。
- 集中热水供应系统——供给一幢（不含单幢别墅）或数幢建筑物所需热水的系统。
- 局部热水供应系统——供给单个或数个配水点所需热水的供应系统。
- 全日热水供应系统——在全日、工作班或营业时间内不间断供应热水的系统。
- 定时热水供应系统——在全日、工作班或营业时间内某一时段供应热水的系统。
- 热泵热水供应系统——通过热泵机组运行吸收环境低温热能制备和供应热水的系统。
- 设计小时耗热量——热水供应系统中用水设备、器具最大时段内的小时耗热量。
- 设计小时供热量——热水供应系统中加热设备最大时段内的小时产热量。

1.3.2 用水定额和水压

对不同的建筑以及不同的使用人群，应设置不同的用水定额以及水压，以在满足使用需求的前提下不浪费资源。

居住小区的居民生活用水量应按小区人口和表 1-4 规定的住宅最高日生活用水定额及小时变化系数经计算确定。

表 1-4　住宅最高日生活用水定额

住宅类别		卫生器具设置标准	用水定额/[L/(人·d)]	小时变化系数 K_h
普通住宅	I	有大便器、洗涤盆	85～150	3.0～2.5
	II	有大便器、洗脸盆、洗涤盆、洗衣机、热水器和沐浴设备	130～300	2.8～2.3
	III	有大便器、洗脸盆、洗涤盆、洗衣机、集中热水供应(或家用热水机组)和沐浴设备	180～320	2.5～2.0
别墅		有大便器、洗脸盆、洗涤盆、洗衣机、洒水栓，家用热水机组和沐浴设备	200～350	2.3～1.8

注：1.当地主管部门对住宅生活用水定额有具体规定时，应按当地规定执行。

2.别墅用水定额中含庭院绿化用水和汽车洗车用水。

绿化浇灌用水定额应根据气候条件、植物种类、土壤理化性状、浇灌方式和管理制度等因素综合确定。当无相关资料时，小区绿化浇灌用水定额可按浇灌面积 1.0～3.0L/m²·d 计算，对于干旱地区可酌情增加。

设计工业企业建筑时，管理人员的生活用水定额可取 30～50L/（人·班），车间工人的生活用水定额应根据车间性质确定，宜采用 30～50L/（人·班）；用水时间宜取 8h，小时变化系数宜取 2.5～1.5。

工业企业建筑淋浴用水定额，应根据《工业企业设计卫生标准》中车间的卫生特征分级确定，可采用 40～60L/（人·次），延续供水时间宜取 1h。

汽车冲洗用水定额应根据冲洗方式，以及车辆用途、道路路面等级和沾污程度等确定，可按表 1-5 确定。

表 1-5　汽车冲洗用水定额[单位：　L/(辆·次)]

冲洗方式	高压水枪冲洗	循环用水冲洗补水	抹车、微水冲洗	蒸汽冲洗
轿车	40～60	20～30	10～15	3～5
公共汽车 载重汽车	80～120	40～60	15～30	—

小区消防用水量和水压及火灾延续时间，应按现行的国家标准《建筑设计防火规范》GB 50016 确定。

居住小区内的公用设施用水量应由该设施的管理部门提供用水量计算参数，当无重大公用设施时，不另计用水量。

1.3.3 水质和防水质污染

生活饮用水系统的水质应符合现行国家标准《生活饮用水卫生标准》GB 5749 的要求。当采用中水为生活杂用水时，生活杂用水系统的水质应符合现行国家标准《城市污水再生利用 城市杂用水水质》GB/T 18920 的要求。

城镇给水管道严禁与自备水源的供水管道直接连接。

中水、回用雨水等非生活饮用水管道严禁与生活饮用水管道连接。

生活饮用水不得因管道内产生虹吸、背压回流而受污染。

卫生器具和用水设备、构筑物等的生活饮用水管配水件出水口应符合下列规定：

1）出水口不得被任何液体或杂质所淹没。

2）出水口高出承接用水容器溢流边缘的最小空气间隙，不得小于出水口直径的 2.5 倍。

生活饮用水水池（箱）的进水管口的最低点高出溢流边缘的空气间隙应等于进水管管径，但最小不应小于25mm，最大不可超过150mm。当进水管从最高水位以上进入水池（箱），管口为淹没出流时，应采取真空破坏器等防虹吸回流措施。

从生活饮用水管网向消防、中水和雨水回用水等其他用水的贮水池（箱）补水时，其进水管口最低点高出溢流边缘的空气间隙不应小于 150mm。

从小区或建筑物内生活饮用水管道上直接接出下列用水管道时，应在这些用水管道上设置真空破坏器：

1）当游泳池、水上游乐池、按摩池、水景池、循环冷却水集水池等的充水或补水管道出口与溢流水位之间的空气间隙小于出口管径 2.5 倍时，在其充(补)水管上。

2）对于不含有化学药剂的绿地喷灌系统，当喷头为地下式或自动升降式时，在其管道起端。

3）消防（软管）卷盘。

4）出口接软管的冲洗水嘴与给水管道连接处。

1.3.4 排水系统的选择

新建小区采用分流制排水系统，即生活排水与雨水排水系统分成两个排水系统。随着我国对水环境保护力度的加大，城市污水处理率大大提高，市政污水管道系统也日趋完善，为小区生活排水系统的建立提供了可靠的基础。但目前我国尚有城市还没有污水处理厂或小区生活污水尚不能纳入市政污水管道系统，此时小区也应建立生活排水管道系统，对生活污水进行处理后排入城市雨水管道，待今后城市污水处理厂兴建和市政污水管道建造完善后，再将小区生活排水管道系统接入市政污水管道系统中。建筑物内下列情况下宜采用生活污水与生活废水分流的排水系统：

1）建筑物使用性质对卫生标准要求较高。

2）生活废水量较大，且环卫部门要求生活污水须经化粪池处理后才能排入城镇排水管道。

3）生活废水须回收利用时。

1.3.5 卫生器具及存水弯的选择

大便器选用应根据使用对象、设置场所、建筑标准等因素确定，且均应选用节水型大便器。

当构造内无存水弯的卫生器具与生活污水管道或其他可能产生有害气体的排水管道连接时，必须在排水口以下设存水弯。存水弯的水封深度不得小于 50mm。严禁采用活动机械密封替代水封。

卫生器具排水管段上不得重复设置水封。卫生器具的安装高度可按表 1-6 来确定。

表 1-6　卫生器具的安装高度

序号	卫生器具名称	卫生器具边缘离地高度/mm	
		居住和公共建筑	幼儿园
1	架空式污水盆（池）（至上边缘）	800	800
2	落地式污水盆（池）（至上边缘）	500	500
3	洗涤盆（池）（至上边缘）	800	800
4	洗手盆（至上边缘）	800	500
5	洗脸盆（至上边缘）	800	500
6	盥洗槽（至上边缘）	800	500
7	浴　盆（至上边缘）	480	—
	残障人用浴盆（至上边缘）	450	—
	按摩浴盆（至上边缘）	450	—
	沐浴盆（至上边缘）	100	—
8	蹲、坐式大便器（从台阶面至高水箱底）	1800	1800
9	蹲式大便器（从台阶面至低水箱底）	900	900
10	坐式大便器（至低水箱底）		
	外露排出管式	510	—
	虹吸喷射式	470	370
	冲落式	510	—
	旋涡连体式	250	—
11	坐式大便器（至上边缘）		
	外露排出管式	400	—
	旋涡连体式	360	—
	残障人用	450	—
12	蹲便器（至上边缘）		

序号	卫生器具名称	卫生器具边缘离地高度/mm	
		居住和公共建筑	幼儿园
	2 踏步	320	—
	1 踏步	200～270	—
13	大便槽（从台阶面至冲洗水箱底）	不低于 2000	—
14	立式小便器（至受水部分上边缘）	100	—
15	挂式小便器（至受水部分上边缘）	600	450
16	小便槽（至台阶面）	200	150
17	化验盆（至上边缘）	800	—
18	净身器（至上边缘）	360	—
19	饮水器（至上边缘）	1000	—

1.3.6 管道布置和敷设

小区排水管的布置应根据小区规划、地形标高、排水流向，按管线短、埋深小、尽可能自流排出的原则确定。当排水管道不能以重力自流排入市政排水管道时，应设置排水泵房。但是特殊情况下，技术经济比较合适时，可采用真空排水系统。

小区排水管道最小覆土深度应根据道路的行车等级、管材受压强度、地基承载力等因素经计算确定，并应符合下列要求：

1）小区干道和小区组团道路下的管道,其覆土深度不宜小于 0.70m。

2）生活污水接户管道埋设深度不得高于土壤冰冻线以上 0.15m，且覆土深度不宜小于 0.30m。

值得注意的是，当采用埋地塑料管道时，排出管埋设深度不可高于土壤冰冻线以上 0.50m。

排水管道不得穿越卧室。排水管道不得穿越生活饮用水池部位的上方。

室内排水管道不得布置在遇水会引起燃烧、爆炸的原料、产品和设备的上面。

排水横管不得布置在食堂、饮食业厨房的主副食操作、烹调和备餐的上方。当受条件限制不能避免时，应采取防护措施。

厨房间和卫生间的排水立管应分别设置。

以上为国家标准《建筑给水排水设计规范（2009 年版）》中的部分内容。

1.4 天正给水排水软件用户界面

天正给水排水软件在保留 AutoCAD 所有的下拉菜单和图标菜单外，也建立了自己的菜单系统，包括屏幕菜单和快捷菜单。

天正的屏幕菜单分为两部分，分别是室内菜单和室外菜单。系统默认打开的是室内菜单，如图 1-15 所示；单击“设置”→“室外菜单”命令，系统可以打开室外菜单，如图

1-16 所示。

1.4.1 屏幕菜单

天正的屏幕菜单几乎囊括了天正所有的绘图与编辑命令，在屏幕菜单上单击鼠标左键，即可打开该项的子菜单。将鼠标置于其中的一项子菜单上，在用户界面的左下角即可显示关于该项命令的简短解释说明，如图 1-17、图 1-18 所示。

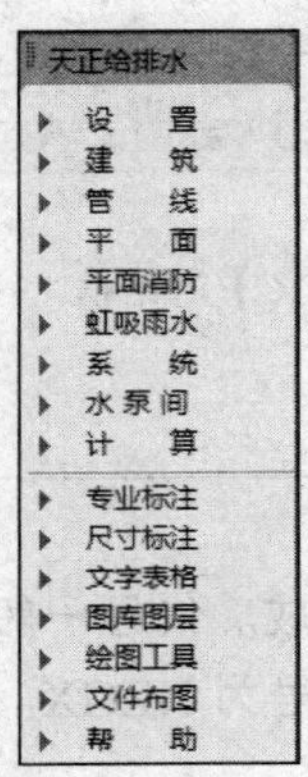

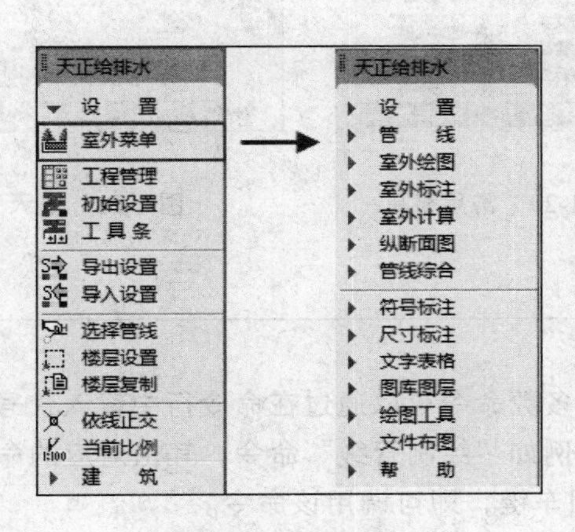

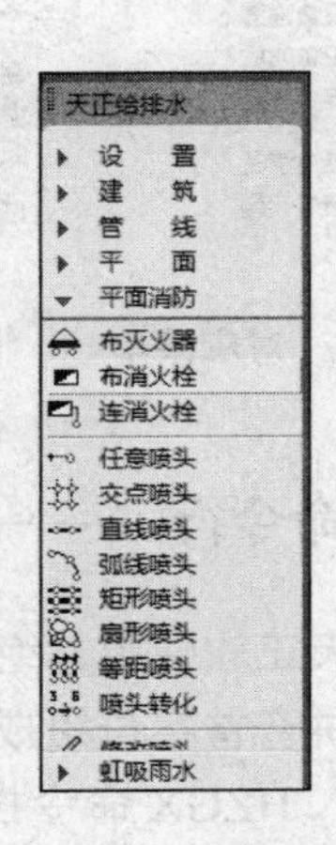

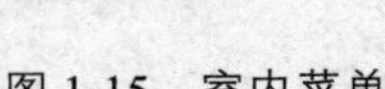

图 1-15　室内菜单　　图 1-16　室外菜单　　图 1-17　子菜单

设置平面消火栓的形式及系统接管方式，布置消火栓

图 1-18　解释说明

> **提示**
>
> 按 Ctrl+ “+” 组合键，可以开/关屏幕菜单。

1.4.2 快捷菜单

在绘图区中选定 AutoCAD 图形或者天正自定义对象，单击鼠标右键，可以弹出关于该类图形的快捷菜单。在快捷菜单中可以选择相应的选项，对图形执行编辑修改操作，如图 1-19 所示。

在绘图区域内按住 Ctrl 键同时单击鼠标右键，系统可弹出由常用命令组成的屏幕菜单，如图 1-20 所示。

在屏幕菜单的空白处单击鼠标右键，在弹出的快捷菜单中选择“自定义”选项，系统弹出如得到的【天正自定义】对话框，在其中选择“屏幕菜单”选项卡，在其中可以定义屏幕菜单的显示方式，如图 1-21 所示。

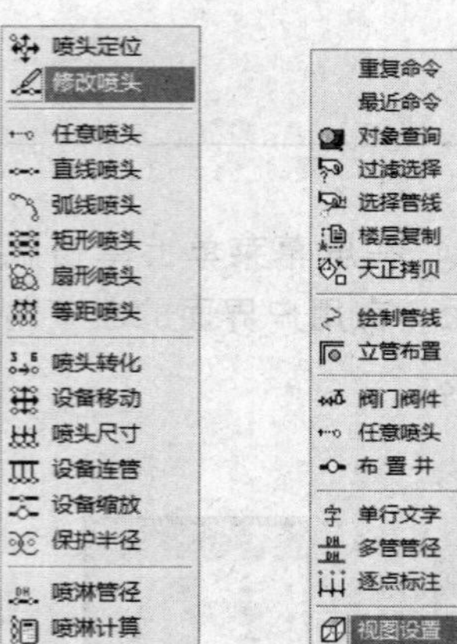

图 1-19　对应菜单

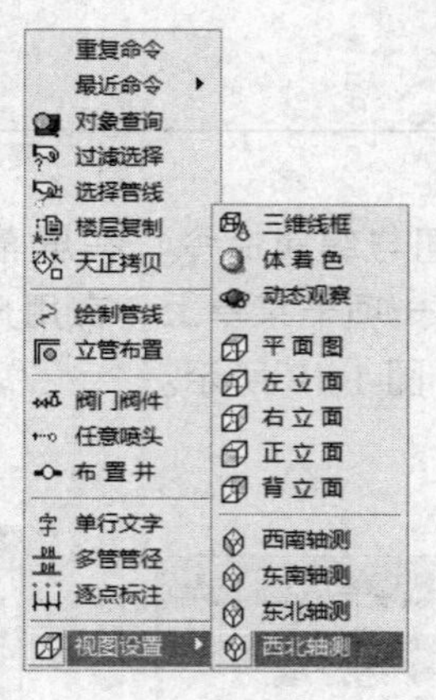

图 1-20　常用菜单

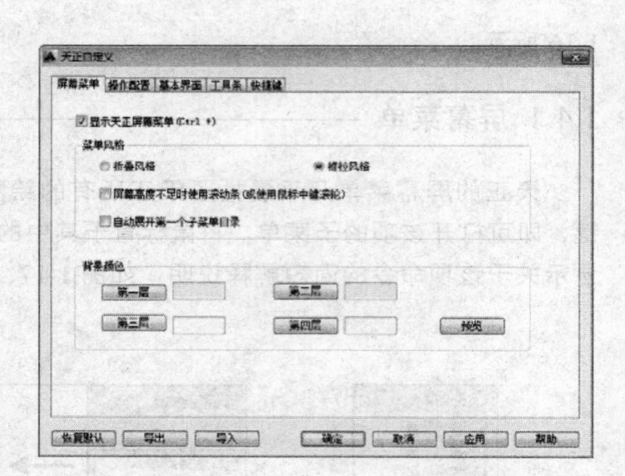

图 1-21　【天正自定义】对话框

1.4.3 命令行

在天正软件中，绝大多数命令可以通过在命令行中输入代号来完成。代号一般是由该命令的拼音首字母组成，例如“绘制管线”命令，其相对应的命令代号为 HZGX。在命令行中输入 HZGX 命令按回车键，即可调用该命令。

少数不能在命令行中直接调用的命令，可以通过屏幕菜单来执行。

在命令行中输入命令代号后，命令行提示如下：

```
命令：HZGX↙
请点取管线的起始点[输入参考点(R)]<退出>:*取消*
```

其中，中括号前的内容为下一步默认的操作动作；而中括号内的内容则为可以选择的动作内容，但是必须要输入该命令的代号方可执行。

比如在命令行中输入 R，即可重新选取管线的参考点。

1.4.4 热键

天正在 AutoCAD 软件的基础上补充了若干的热键，以提高日常的绘图速度。新增的热键列表见表 1-7。

表 1-7　热键列表

热　键	作　用
F1	在执行命令的过程中查看相关的天正帮助
Tab	以当前光标位置为中心，缩小视图
“~”（位于 Esc 键的下方）	以当前光标位置为中心，放大视图
Ctrl+“–”	文档标签的开关
Ctrl+“+”	屏幕菜单的开关

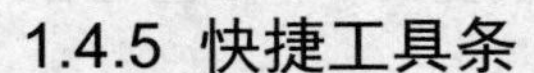

1.4.5 快捷工具条

天正给水排水的快捷工具条默认在绘图区的下方，上面包括了一些常用的绘图或者编辑命令，单击各个按钮即可调用相应的命令，如图 1-22 所示。

图 1-22　快捷工具条

在【选项】对话框中，选定“天正设置”选项卡，勾选“开启天正快捷工具条”复选框，如图 1-23 所示；则工具条显示在绘图区的下方，取消勾选则不显示。

单击快捷工具条上的“工具条”按钮，系统弹出如图 1-24 所示的【定制天正工具条】对话框，在右边的菜单列表中选定子命令，单击中间的“加入”按钮，即可将该按钮加入至快捷工具栏中。

在右边的快捷工具栏命令列表中选中其中一个命令，单击中间的“删除”按钮，即可将该命令从快捷工具栏上删除。

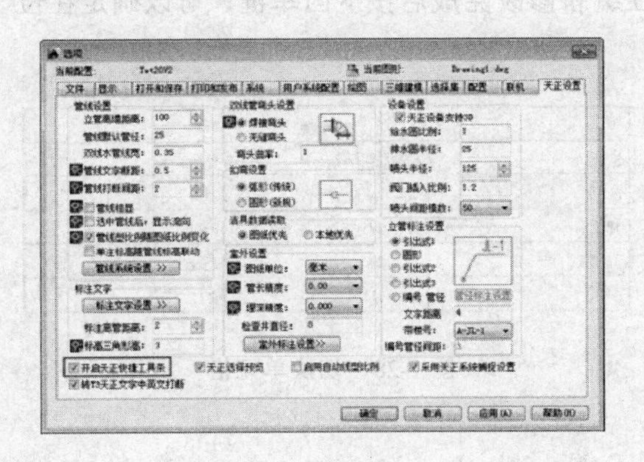

图 1-23　【选项】对话框

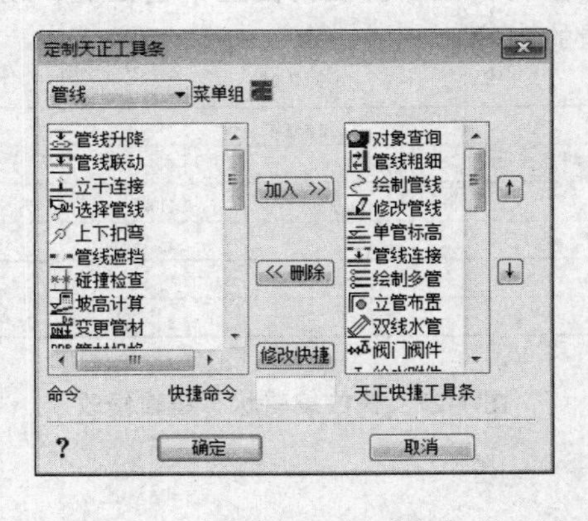

图 1-24　【定制天正工具条】对话框

1.4.6 在位编辑

天正的对象文字内容均可以进入在位编辑状态来进行标注文字的编辑修改。

双击标注文字，系统可进入在位编辑状态，在其中可以修改内容标注，如图 1-25 所示。

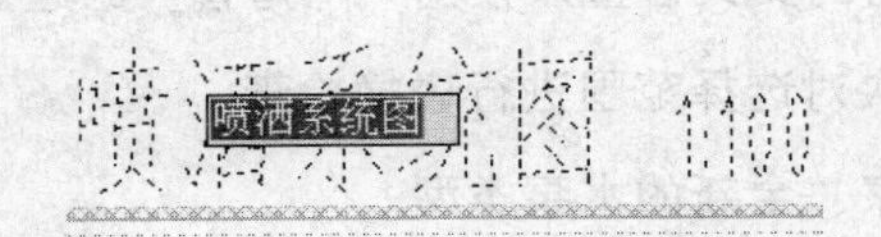

图 1-25　在位编辑状态

选定待修改的标注文字，单击右键，可弹出关于该文字标注的快捷菜单，如图 1-26 所示。

选定“修改标高”选项，输入标高文字，如图 1-26 所示。

按下回车键即可完成标注文字的修改。

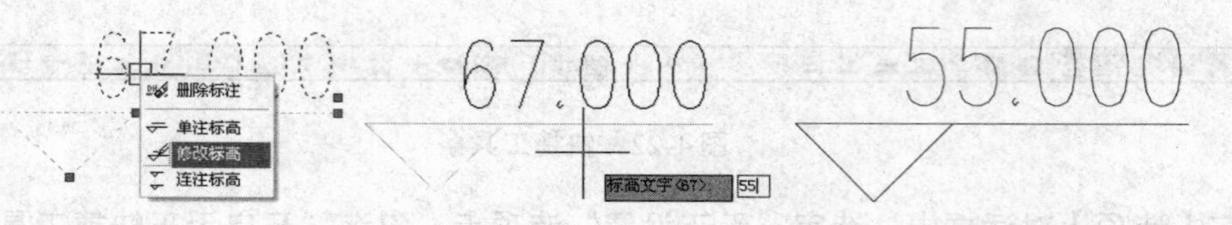

图 1-26　修改结果

在编辑表格内容的时候，双击其中的一个单元格，使其进入在位编辑状态可对其进行编辑修改，如图 1-27 所示；然后按 Tab 键或者↑、↓、←、→方向键，可以在编辑状态下切换单元格，如图 1-28 所示。

按 Esc 键可以退出在位编辑状态。

在编辑框外的任何位置单击左键，或者在编辑修改完成后按下回车键，可以确定在位编辑的内容。

计算结果表

流量L/s	管段名称	管长m
6.00	W4-W3	11.42
18.00	W3-W2	13.15
36.00	W2-W1	15.63
60	W1-W1	27.67

图 1-27　在位编辑状态编辑修改

计算结果表

流量L/s	管段名称	管长m
6.00	W4-W3	11.42
18.00	W3-W2	13.15
36.00	W2-W1	15.63
60	W1-W1	27.67

图 1-28　切换单元格

1.5 T20 天正给水排水 V2.0 新功能简介

新版本的 T20-WT V2.0 绘图软件，在旧版本的基础上，改进了部分绘图功能，现分别介绍。

- T20 天正给水排水软件下层标注功能选项板上配备全新的【引出标注】、【管径标注】、【管道坡度】、【管线文字】、【管整索引】、【管分索引】、【入户管号】等。
- “交叉检查”命令更新：可对选择范围内的交叉碰撞点根据“降落管”的选择条件对某一点进行下降，并且下降后可二次对选择范围进行碰撞检查。
- “水泵选型”命令更新：全新的水泵厂家、全新的水泵类型。
- 新增“立干连接”命令：可快速完成立管与干管之间的连接。

- 新增“管线升降”命令：可在管线上选中两个位置点后，对两点间的管线进行升高或降低。
- 功能更新：矩形给水箱数据库更新至图集 12S101。
- 新增“管线联动”命令：选中管线可对管线连带的阀门、扣弯、附件等进行整体移动，并可对此管线连接的管进行自动延长操作。
- 新增“住宅简算”命令、“气灭简算”命令。
- 命令改进：改进【消防计算】功能，支持《消防给水及消火栓系统技术规范》GB 50974—2014。
- 命令改进：改进【布灭火器】功能，将灭火器实体化、图层独立化，方便布置与修改。
- 命令改进：改进管底标注样式，新增接管端的引出样式。
- 命令改进：改进【楼板洞】功能，将楼板洞分为矩形楼板洞和圆形楼板洞。
- 命令改进：改进汇流面积功能，将雨水井的汇流面积与雨水井一一绑定联动。
- 命令改进：“定义洁具”命令支持最新版本《卫生器具安装图集》(09S304)。
- “快连洁具”命令更新：一键框选管线与洁具，自动识别洁具类型，快速完成管线与洁具的连接。
- “查替立编”命令更新：可快速对立管编号进行查找和替换。
- “井编号”命令更新：对话框界面提供多种编号规则进行选择，并可对井编号是否躲避井、管线、管径标注进行设定。
- 命令改进：改进【统计查询】功能，对统计表格实现精确的查询。
- “标高检查”命令更新：可以检查室外管网中不符合要求的管子位置，并可显示其编号使其高亮闪烁。
- “查修管线”命令更新：可以对室外管网、污水、废水、雨水进行管线的管径、坡度的查找与修改。
- “修改井”命令更新：可多选室外井进行修改，并可以计算实际井径。
- 命令改进：在进行室外【管网埋深】、【纵断面图】、【雨水水力】等命令图面赋值时，如发现已有管径标注类型与初始设置中室外管线标注样式不一样，会提示用户是否修改标注样式。
- 在空白处双击鼠标左键可以取消实体的选中状态，省去按 Esc 键的步骤。

- 支持《建筑给水排水设计规范（2009 年版）》GB50015—2003，实现对给水、排水、用水量、热用水量、化粪池等计算功能的更新。
- “虹吸雨水”命令更新：可快速在屋面汇水面积的基础上进行屋面雨水流量计算，且可以在汇水面积区域内进行虹吸雨水斗的布置并将雨水斗与雨水管线进行连接，并根据平面虹吸雨水布置图进行虹吸雨水相应计算。
- “管网埋深”命令更新：对室外管网系统进行管网标高计算，可根据已知管网起点埋深计算管网排出点，或根据已知排出点标高反算起点埋深，并可在计算过程中通过颜色区分跌水井类型，并新增读取已经计算过的管网的标高信息的功能。
- 命令改进：“坡高计算”命令替换“坡度定高”可以根据管线的坡度计算连续管线的各段起点、终点标高，或根据起点、终点标高反算管线坡度。

第 2 章
建 筑

● 本章导读

在天正软件中绘制建筑构件图形，需要调用相应的命令来绘制。例如绘制墙体，需要调用“绘制墙体”命令，通过在对话框中设置参数来创建直墙或弧墙。

本章介绍“建筑”屏幕菜单中各类命令的调用方法。

● 本章重点

◈ 绘制轴网
◈ 绘制墙体

2.1 绘制轴网

调用绘制轴网命令，可以生成正交轴网、斜交轴网和单向轴网。

调用绘制轴网命令的方法有：

➢ 菜单栏：单击“建筑”→“绘制轴网”命令。

本节以图 2-1 所示的直线轴网为例，介绍绘制轴网命令的操作法方法。

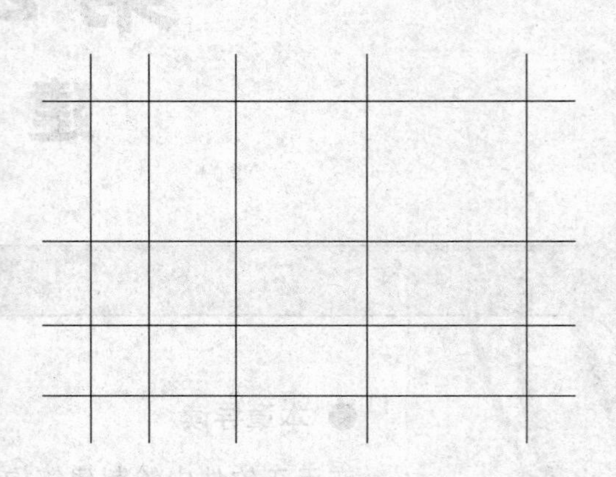

图 2-1　直线轴网

01 单击“建筑”→“绘制轴网”命令，在【绘制轴网】对话框中选择“直线轴网”选项卡，在选项卡的下方选择“上开”选项，设置间距参数，如图 2-2 所示。

02 单击选择“左进”选项，设置左进参数，如图 2-3 所示。

03 此时命令行提示如下：

```
命令：TRectAxis
请选择插入点[旋转 90 度(A)/切换插入点(T)/左右翻转(S)/上下翻转(D)/改转角(R)]
                                    //点取插入点，创建直线轴网的结果如图 2-1 所示。
```

图 2-2　“上开”选项

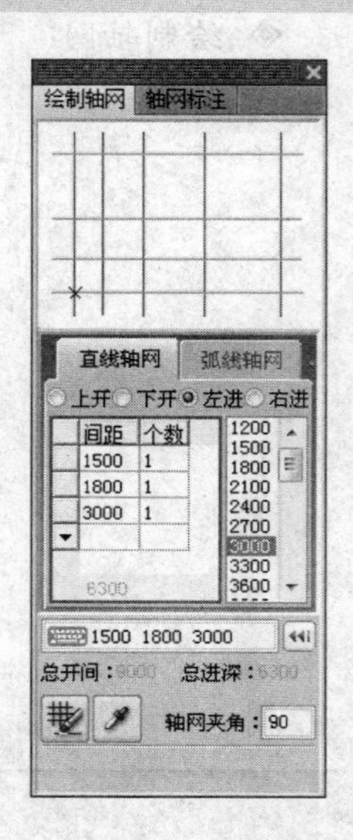

图 2-3　“下开”选项

在【绘制轴网】对话框中仅设置“开间”或“进深”参数，可以绘制单向轴网，命令行提示如下：

```
命令: TRectAxis
单向轴线长度<1000>:10000↙          //设置轴线的长度。
请选择插入点[旋转 90 度(A)/切换插入点(T)/左右翻转(S)/上下翻转(D)/改转角(R)]
                    //创建单向轴网的结果如图 2-4 所示。
```

图 2-4　单向轴网

选择“弧线轴网”选项卡，分别设置“夹角”、“进深”参数，如图 2-5、图 2-6 所示。点取插入点，创建圆弧轴网的结果如图 2-7 所示。

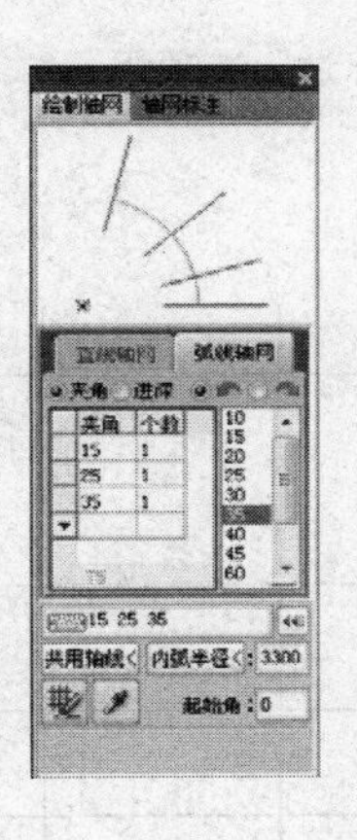

图 2-5　“夹角”选项

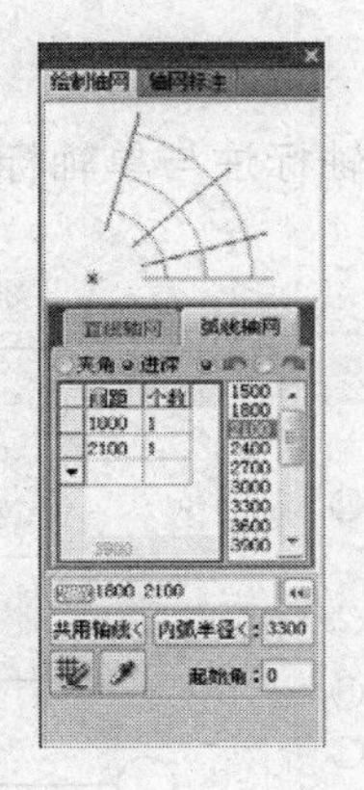

图 2-6　“进深”选项

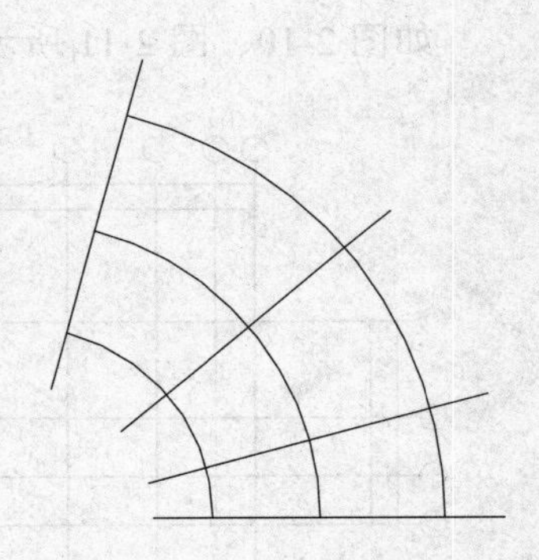

图 2-7　圆弧轴网

“清除”按钮：清除已设定的轴网参数。

“删除轴网“按钮：删除选中的轴网。

“拾取轴网参数”按钮：单击该按钮，命令行提示“请选择表示轴网尺寸的标注”，拾取轴网参数，可将参数反馈至【绘制轴网】对话框中。

“起始角”选择：设置轴网的角度，默认角度值为 0。

“共用轴线”按钮共用轴线<：单击该按钮，命令行提示“请拾取要共用的边界轴线”，单击已绘轴线，可将其作为新轴网的边界线。

“内弧半径”按钮内弧半径<：设置最靠近圆心的圆弧轴线的半径。

在对话框中选择“轴网标注”选项卡，在“多轴标注”选项组（如图 2-8 所示）下提供了三种轴网标注的方式，如“双侧标注”、“单侧标注”等，在“输入起始轴号”选项中设置参数，如 1 或 A。提供了两种轴号排列方式，单击选择其中的一种来对轴网执行标注。

单击“删除轴网标注”按钮，用来删除选定的轴网标注。

选择“共用轴号”选项，选择已绘制的轴号，以其为起始轴号来绘制新的轴网标注。

在“单轴标注”选项组中（如图 2-9 所示），系统提供了四种轴网标注的方式，在选项文本框中用来设置轴号的参数。在“引线长度”选项卡中设置引线的长度，即轴号与轴线端点之间的距离。

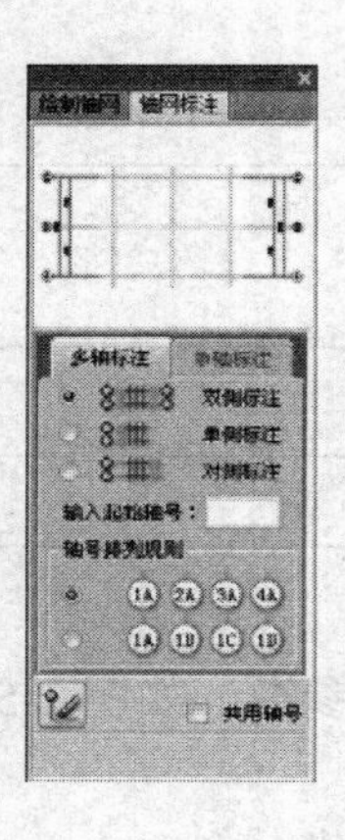

图 2-8 “多轴标注”选项组

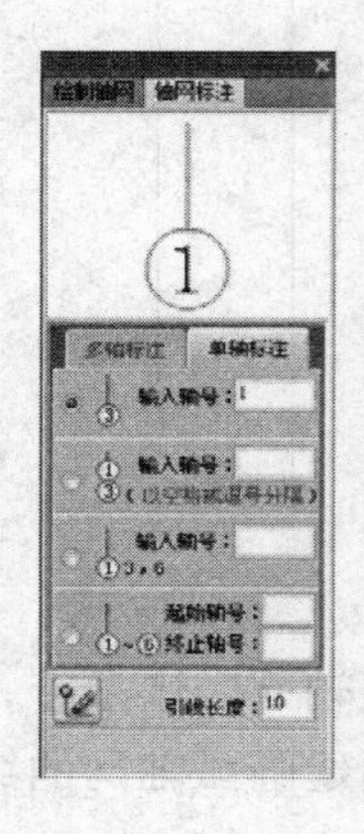

图 2-9 “单轴标注”选项组

如图 2-10、图 2-11 所示分别为多轴标注与单轴标注的绘制结果。

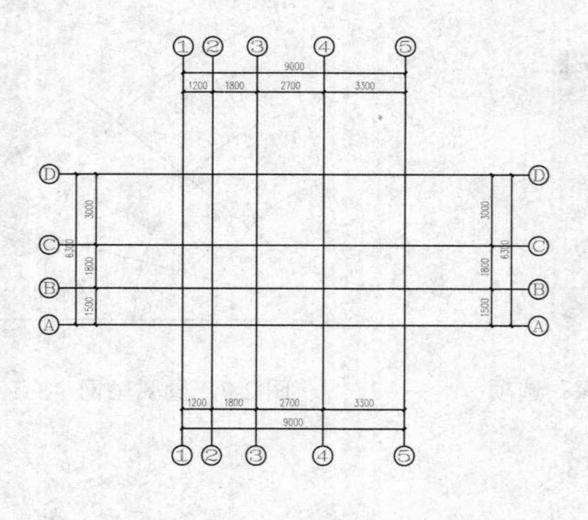

图 2-10 多轴标注

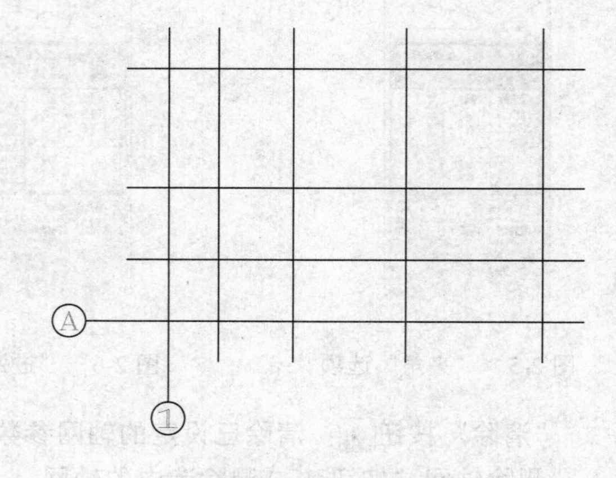

图 2-11 单轴标注

2.2 绘制墙体

调用绘制墙体命令，可以创建各种材料的双线直墙或弧墙。

调用绘制墙体命令的方法有：

➢ 菜单栏：单击“建筑”→“绘制墙体”命令。

➢ 命令行：输入 HZQT 命令按回车键。

本节以图 2-12 所示的墙体绘制结果为例，介绍绘制墙体命令的操作方法。

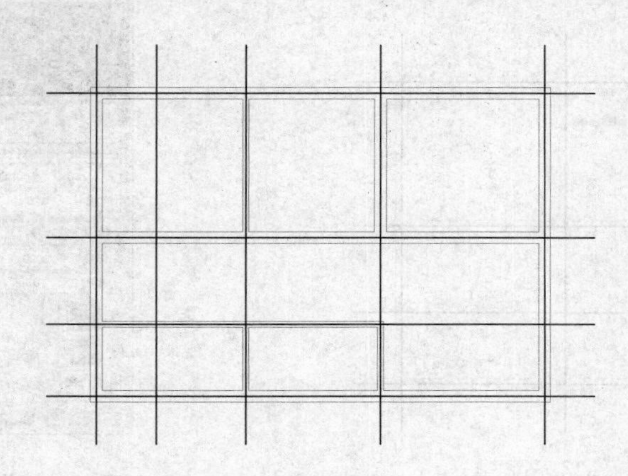

图 2-12　绘制墙体

01 按 Ctrl+O 组合键，打开配套光盘提供的“第 2 章/ 2.2 绘制墙体.dwg”素材文件，结果如图 2-13 所示。

02 单击“建筑”→“绘制墙体”命令，在【墙体】对话框中设置参数如图 2-14 所示。

图 2-13　打开素材

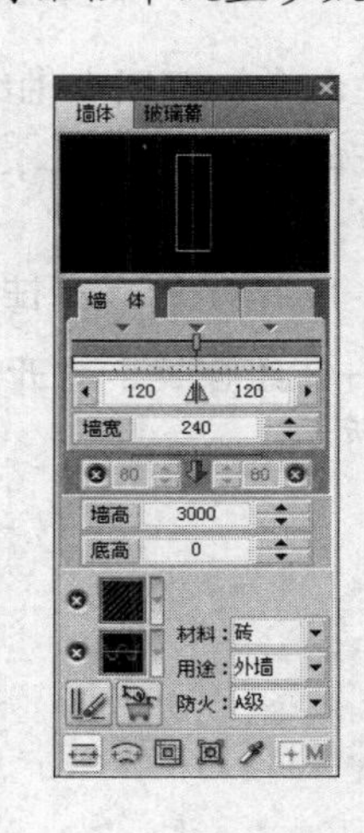

图 2-14　【墙体】对话框

03 同时命令行提示如下：

```
命令：TgWall
起点或 [参考点(R)]<退出>:
直墙下一点或 [弧墙(A)/矩形画墙(R)/闭合(C)/回退(U)]<另一段>:
直墙下一点或 [弧墙(A)/矩形画墙(R)/闭合(C)/回退(U)]<另一段>:
                    //分别指定直墙的起点、端点，绘制墙体的结果如图 2-15 所示。
```

04 在【墙体】对话框中设置内墙的宽度值，如图 2-16 所示。

05 绘制内墙的结果如图 2-12 所示。

图 2-15　绘制墙体

图 2-16　修改参数

2.3 标准柱

调用标准柱命令，可以在轴线的交点处插入方柱、圆柱或八角柱。

调用标准柱命令的方法有：

➢　菜单栏：单击“建筑”→“标准柱”命令。

本节以图 2-17 所示的标准柱绘制结果为例，介绍标准柱命令的调用方法。

01 按 Ctrl+O 组合键，打开配套光盘提供的“第 2 章/ 2.3 标准柱.dwg”素材文件，结果如图 2-18 所示。

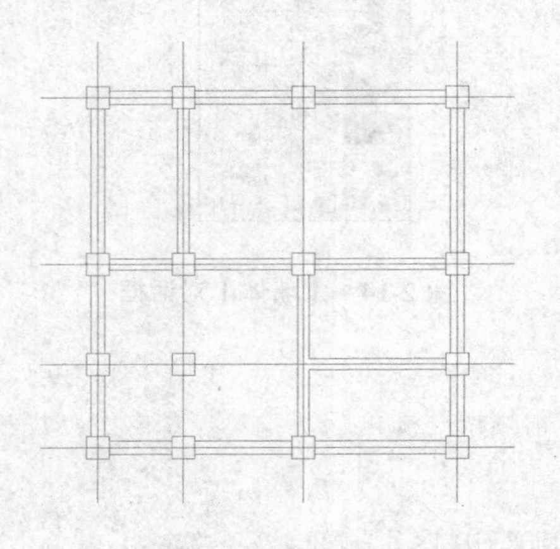

图 2-17　绘制标准柱

图 2-18　打开参数

02 单击“建筑”→“标准柱”命令，在【标准柱】对话框中设置标准柱的“横向”、“纵向”参数，单击“点选插入柱子”按钮，如图 2-19 所示。

03 同时命令行提示如下：

```
命令: TGColumn
第一个角点<退出>:
点取位置或 [转 90 度(A)/左右翻(S)/上下翻(D)/对齐(F)/改转角(R)/改基点(T)/参考点(G)]<退出>:                //在轴线交点单击左键，插入柱子的结果如图 2-20 所示。
```

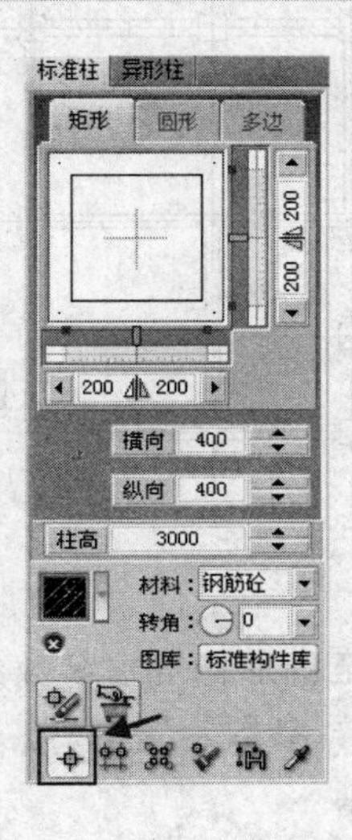

图 2-19 【标准柱】对话框

图 2-20 插入柱子

04 在【标准柱】对话框中单击“沿着一根轴线布置柱子”按钮，依次单击 A、B、C、D 轴线，操作结果如图 2-21 所示。

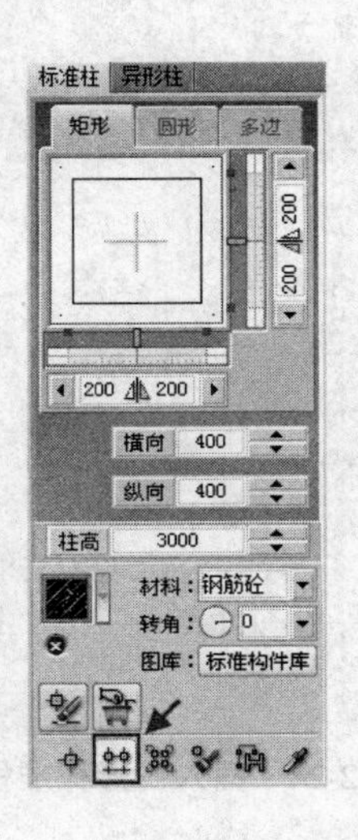

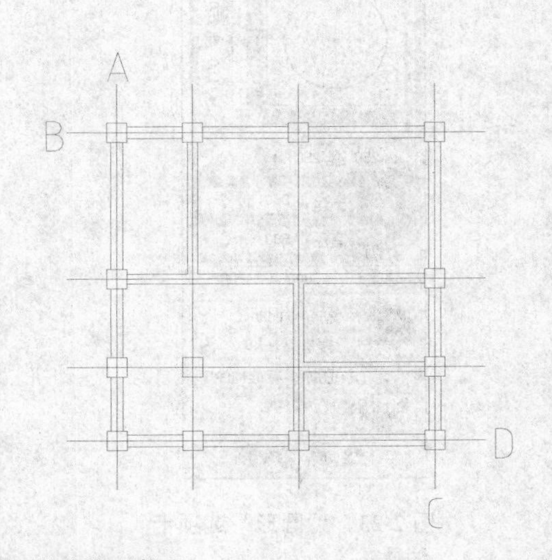

图 2-21 沿着一根轴线布置柱子

05 在对话框中单击“在指定的矩形区域内的轴线插入柱子”按钮，根据命令行的提示，依次点取第一个角点与第二个角点，如图 2-22 所示。

06 插入标准柱的结果如图 2-17 所示。

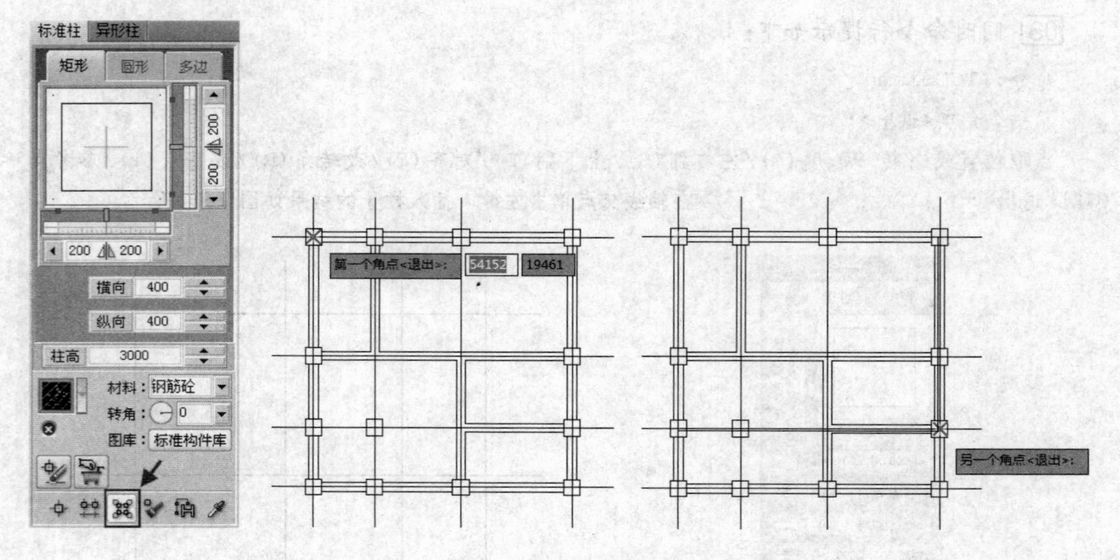

图 2-22　点取对角点

在【标准柱】对话框中选择“圆形”选项卡，可转换至圆形标准柱参数的设置界面，如图 2-23 所示。在其中设置圆形标准柱的“半径”、“直径”参数，“柱高”、“材料”等参数，点取轴线交点可插入圆形标准柱，结果如图 2-24 所示。

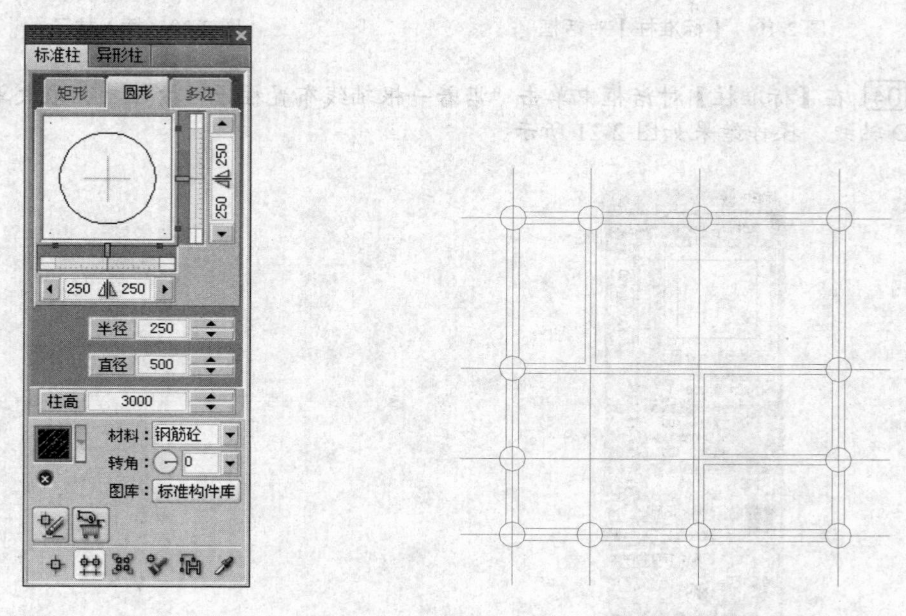

图 2-23　“圆形”选项卡

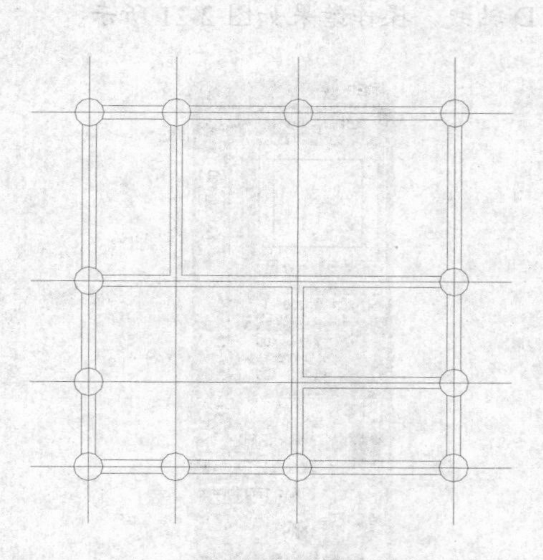

图 2-24　插入圆形标准柱

选择“多边”选项卡，可转换至多变形标准柱的参数设置界面，如图 2-25 所示。系统默认的多边形边数为 3，用户可以自定义边数数目。通过设置“半径”值来定义多边形柱子的面积大小。此外，“柱高”、“材料”等参数用户可自行定义。

参数设置完成后，点取轴线，可以沿着轴线布置多边形标准柱，结果如图 2-26 所示。

图 2-25 “多边”选项卡

图 2-26 布置多边形标准柱

2.4 角柱

调用角柱命令，可以在墙角插入形状与墙一致的角柱，各段的长度可以自定义。

调用角柱命令的方法有：

➢ 菜单栏：单击“建筑”→“角柱”命令。

本节以图 2-27 所示的角柱为例，介绍调用角柱命令的方法。

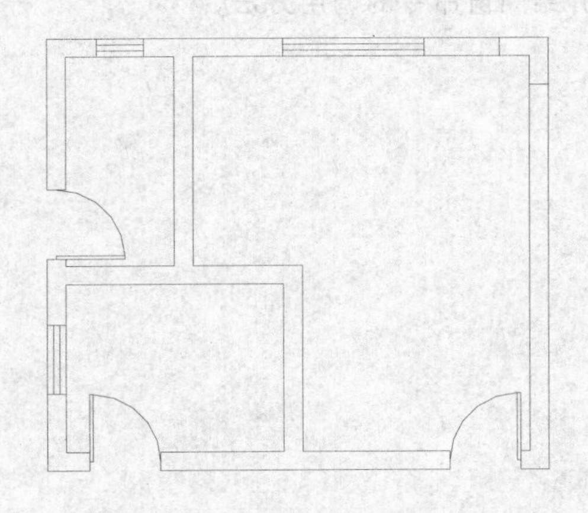

图 2-27 绘制角柱

图 2-28 打开素材

01 按 Ctrl+O 组合键，打开配套光盘提供的“第 2 章/ 2.4 角柱.dwg”素材文件，结果如图 2-28 所示。

02 单击“建筑”→“角柱”命令，命令行提示如下：

```
命令：TCornColu
```

```
请选取墙角或 [参考点(R)]<退出>:                    //如图 2-29 所示。
```

03 在弹出的【转角柱参数】对话框中设置参数，如图 2-30 所示。

04 单击“确定”按钮，绘制角柱的结果如图 2-27 所示。

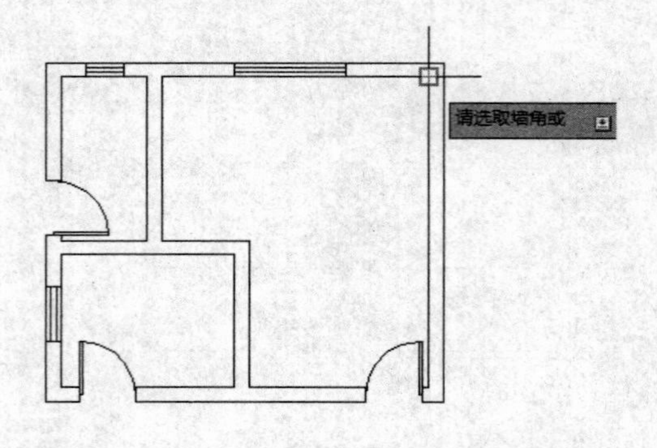

图 2-29　点取墙角

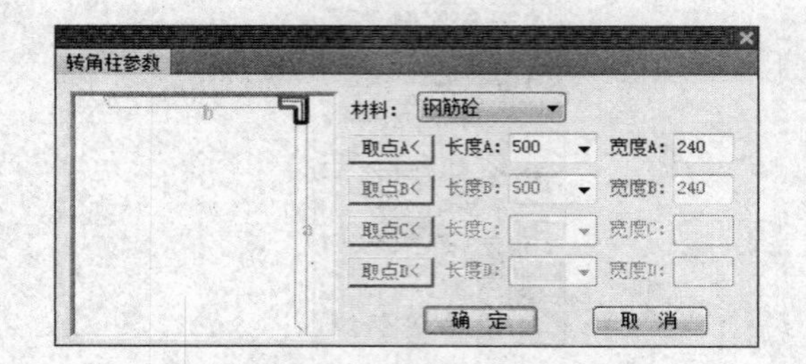

图 2-30　【转角柱参数】对话框

2.5 门窗

调用门窗命令，可以在墙上插入定制的门窗。

调用门窗命令的方法有：

- 菜单栏：单击“建筑”→“门窗”命令。
- 命令行：输入 MC 命令按回车键。

本节以图 2-31 所示的门窗绘制结果为例，介绍门窗命令的调用方法。

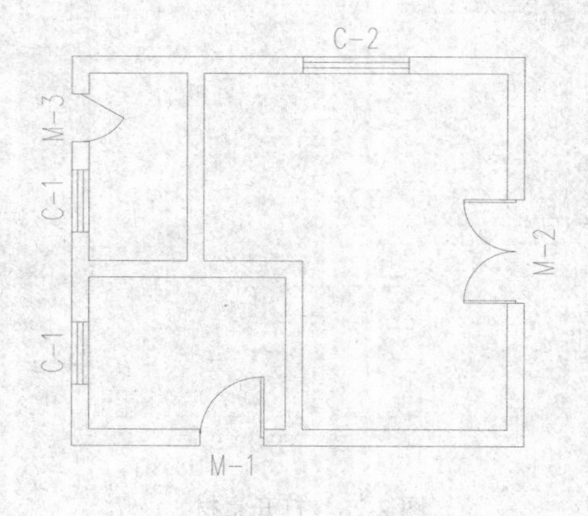

图 2-31　绘制门窗

图 2-32　打开素材

01 按 Ctrl+O 组合键，打开配套光盘提供的“第 2 章/ 2.5 门窗.dwg”素材文件，结果如图 2-32 所示。

02 调用 MC 命令，系统调出【门】对话框，在“编号”选项中设置门的编号为 M-1，分别设置门宽与门高参数，单击“垛宽定距”按钮，指定垛宽参数为 300，如图 2-33 所示。

03 此时命令行提示如下：

```
命令： TOPENING
点取门窗大致的位置和开向(Shift－左右开)<退出>:            //在墙体上单击左键；
门窗\门窗组个数(1~2)<1>:              //按回车键，插入门的结果如图 2-34 所示。
```

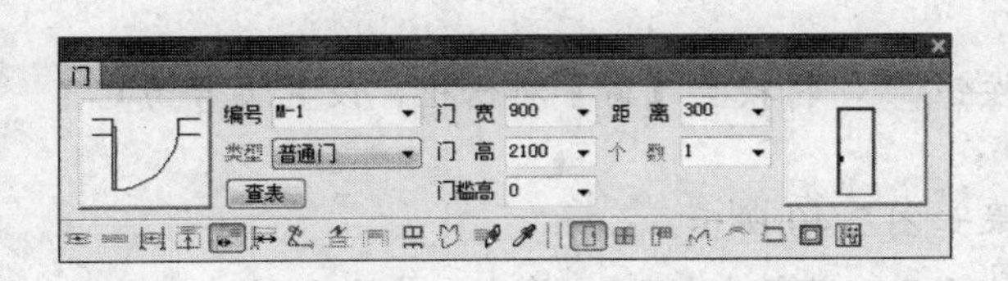
图 2-33 【门】对话框

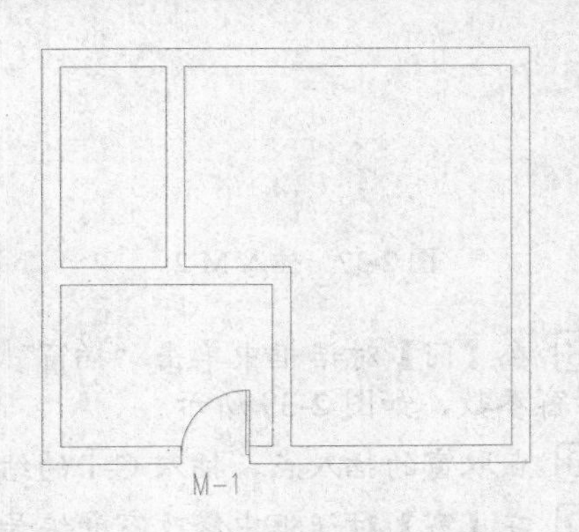

图 2-34 插入 M-1

04 单击【门】对话框左侧的二维样式预览框，在【天正图库管理系统】对话框中选择“双扇平开门”样式，如图 2-35 所示。

05 双击样式图标返回【门】对话框，设置门的各项参数的结果如图 2-36 所示。

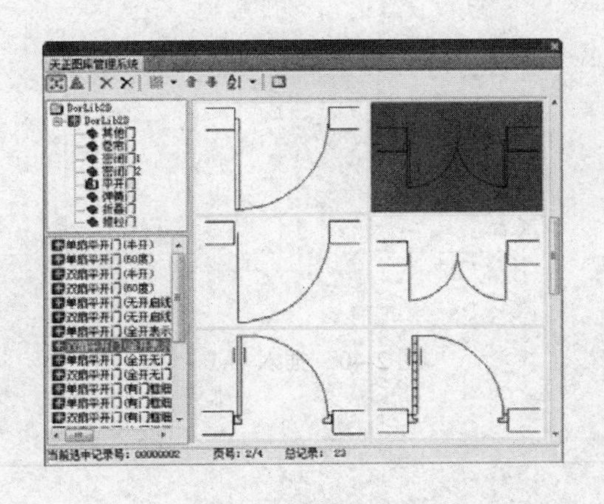
图 2-35 【天正图库管理系统】对话框

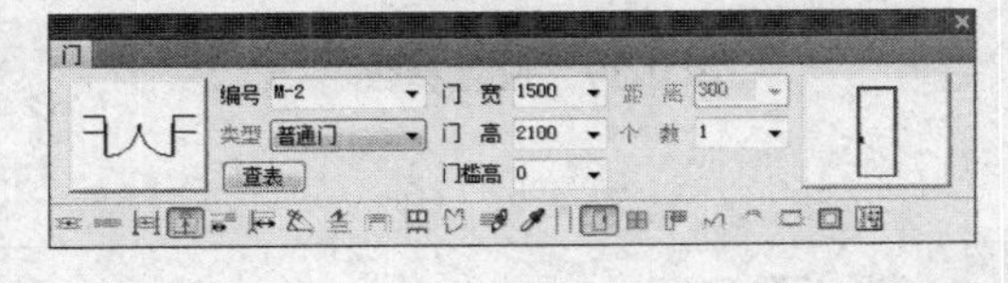
图 2-36 设置参数

06 在墙体上点取双扇平开门的插入位置，操作结果如图 2-37 所示。

07 重新调出【天正图库管理系统】对话框，在其中选择单扇平开门的样式，在【门】对话框中将门编号设置为 M-3，门宽为 700，设置垛宽距离为 300，插入门图形的结果如图 2-38 所示。

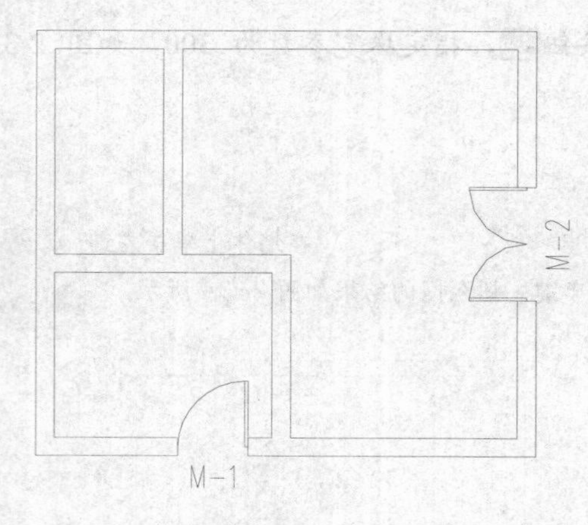

图 2-37　插入 M-2

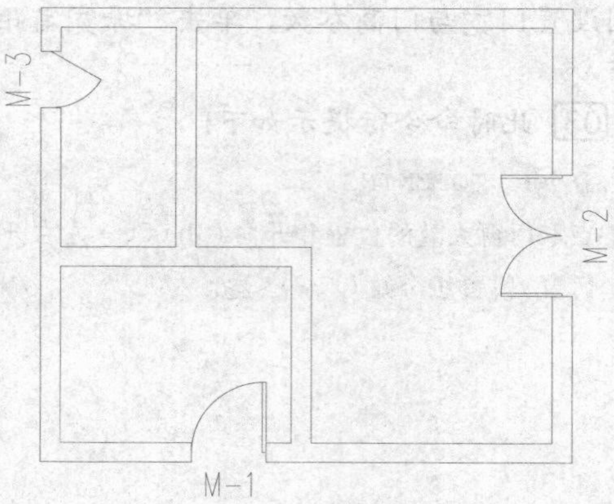

图 2-38　插入 M-3

[08] 在【门】对话框中单击“插窗”按钮，转换至【窗】对话框，设置编号为 C-1 的平开窗参数，如图 2-39 所示。

[09] 点取窗的插入点，插入 C-1 的结果如图 2-40 所示。

[10] 在【窗】对话框中修改窗的编号为 C-2，窗宽为 1500，单击“在点取的墙段上等分插入”按钮，在墙体上单击左键以完成插入窗的操作，结果如图 2-31 所示。

图 2-39　设置参数

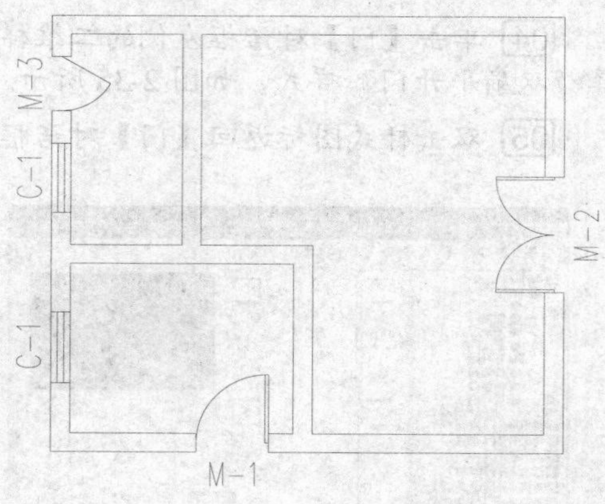

图 2-40　插入 C-1

2.6 新门

调用新门命令，可以在墙上插入各种样式的门。

调用新门命令的方法有：

➢ 菜单栏：单击“建筑”→“新门”命令。

本节以图 2-41 所示的门绘制结果为例，介绍调用新门命令的操作方法。

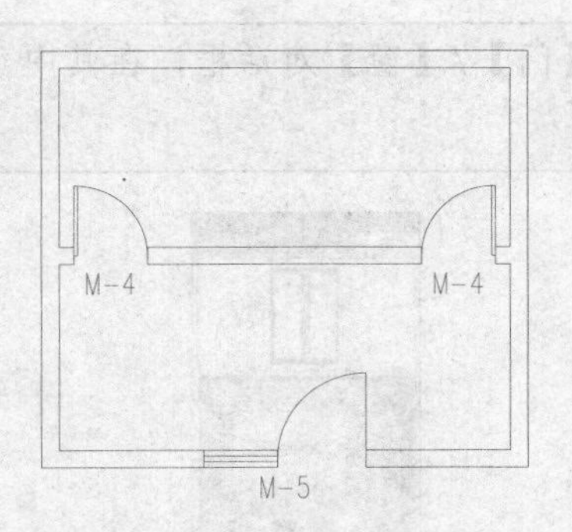

图 2-41　绘制新门

图 2-42　打开素材

01 按 Ctrl+O 组合键，打开配套光盘提供的“第 2 章/ 2.6 新门.dwg”素材文件，结果如图 2-42 所示。

02 单击“建筑”→“新门”命令，系统调出【门】对话框，设置门的编号为 M-4，门宽为 1000，门高为 2100，点取“垛宽定距插入”按钮，如图 2-43 所示。

03 同时命令行提示如下：

```
命令：Tgdoor
点取门窗插入位置(Shift-左右开,Ctrl-上下开)<退出>:
点取门窗大致的位置和开向(Shift - 左右开,Ctrl-上下开)[当前间距: 300(L)]<退出>: L↙
                        //输入 L。
请输入间距值<返回>:200↙    //设置间距值。
点取门窗大致的位置和开向(Shift - 左右开,Ctrl-上下开)[当前间距: 200(L)]<退出>:
                        //在墙体上点取插入点，绘制门的结果如图 2-44 所示。
```

04 在对话框中单击“门连窗”选项，设置门的总宽为 2200，其中窗宽为 1000，门宽为 1200，修改门的编号为 M-5，单击“在点取的墙段上等分插入”按钮，如图 2-45 所示。

05 在墙体上点取插入点，绘制门连窗的结果如图 2-41 所示。

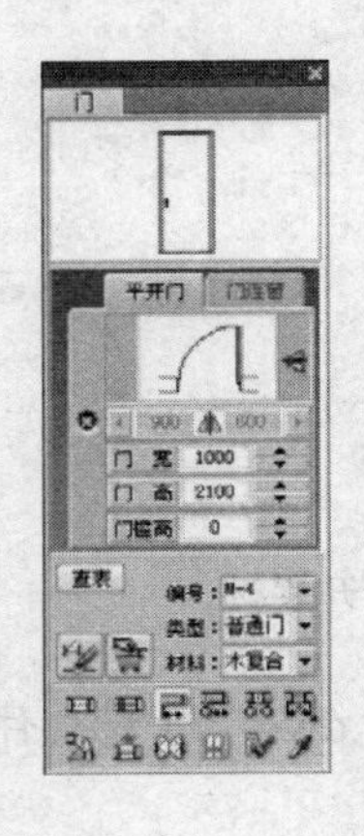

图 2-43　【门】对话框

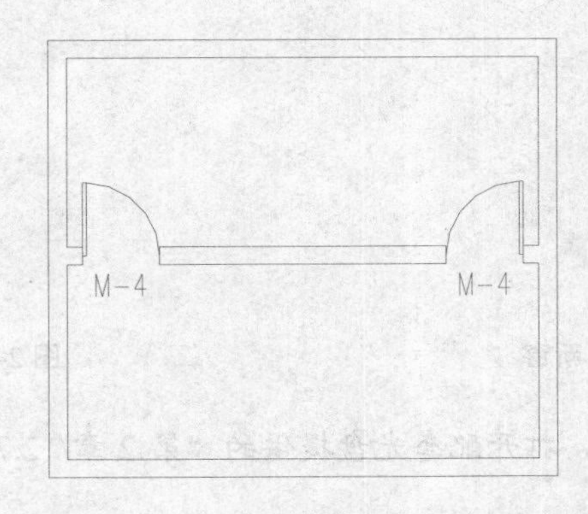

图 2-44　插入 M-4

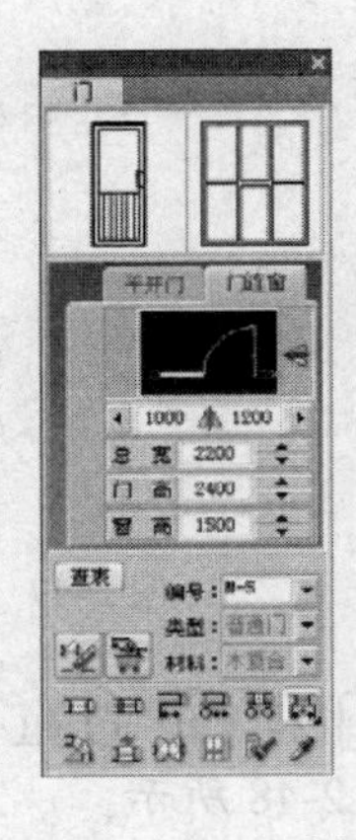

图 2-45　修改参数

提示

双击门窗图形，系统可调出如图 2-46 所示的【门】/【窗】对话框，在其中可以编辑门窗参数。

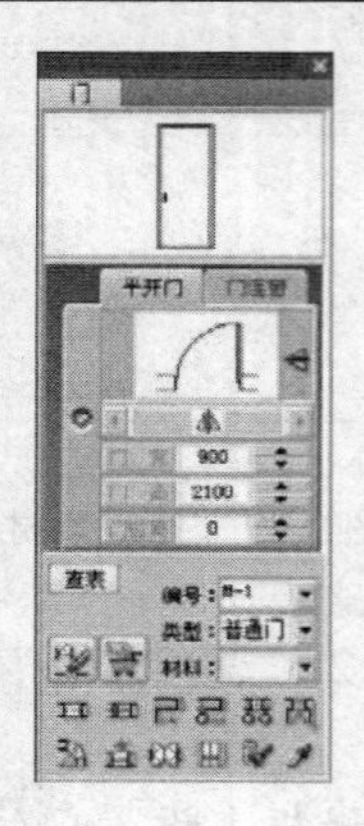

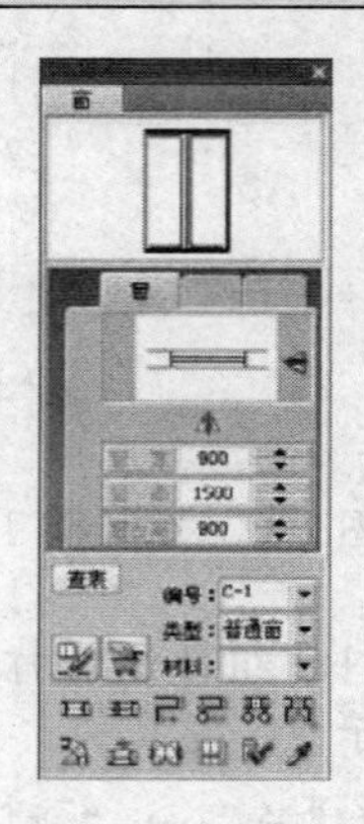

图 2-46 【门】/【窗】对话框

2.7 新窗

调用新窗命令，可以使用多种方式在墙体上插入窗图形。

调用新窗命令的方法有：

➢ 菜单栏：单击“建筑”→“新窗”命令。

本节以图 2-47 所示的窗绘制结果为例，介绍调用新窗命令的操作方法。

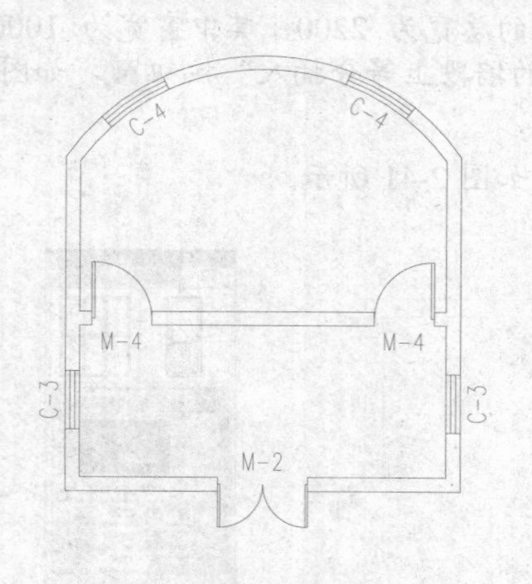

图 2-47 绘制新窗

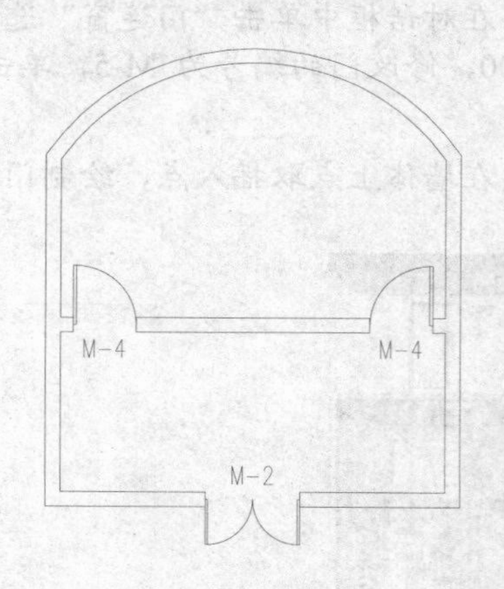

图 2-48 打开素材

01 按 Ctrl+O 组合键，打开配套光盘提供的“第 2 章/ 2.7 新窗.dwg”素材文件，结果如图 2-48 所示。

02 单击“建筑”→“新窗”命令，系统调出【窗】对话框，设置窗宽为 1000，编号为 C-3，单击“在点取的墙段上等分插入”按钮，如图 2-49 所示。

03 在墙体上单击左键点取插入位置，插入窗图形的结果如图 2-50 所示。

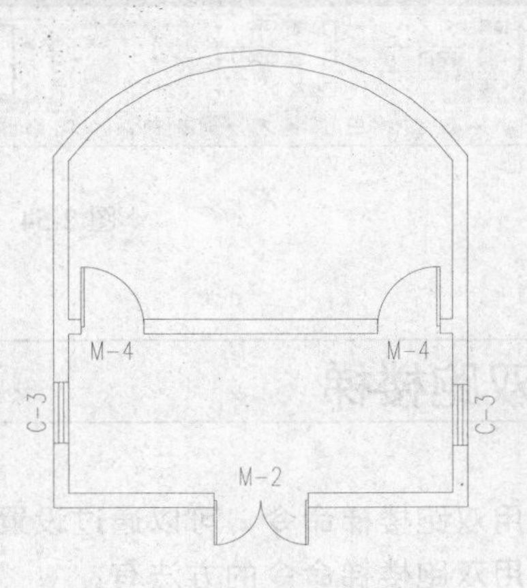

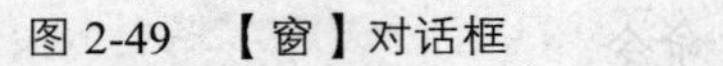

图 2-49 【窗】对话框　　　　图 2-50 插入 C-3

04 在【窗】对话框中更改窗宽为 1200，设置编号为 C-4，单击“按角度插入弧墙上的门窗”按钮，如图 2-51 所示。

05 此时命令行提示如下:

```
命令: Tgwindow
点取弧墙<退出>:
门窗中心的角度<退出>:                    //如图 2-52 所示。
```

06 单击左键，插入 C-4 的结果如图 2-53 所示。

07 重复操作，在弧墙的右侧插入另一 C-4 图形，结果如图 2-47 所示。

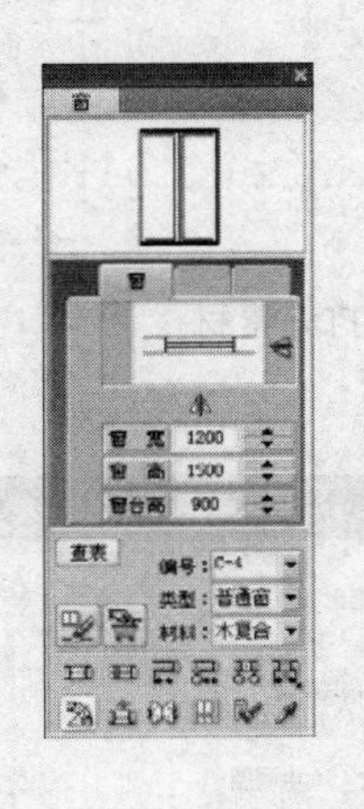

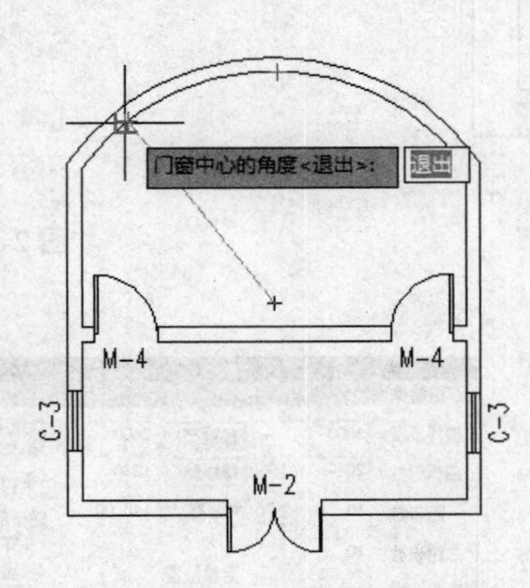

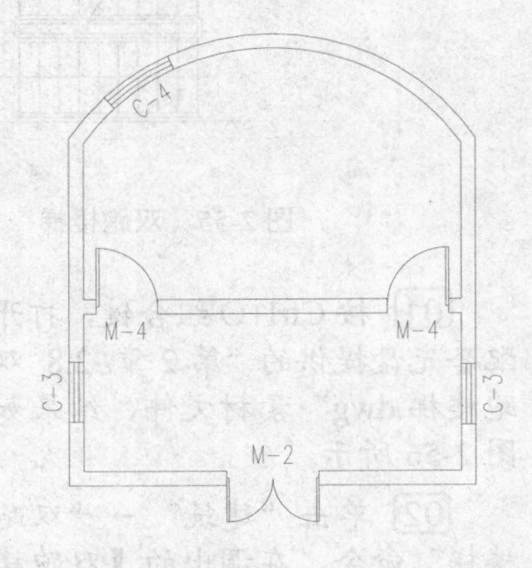

图 2-51　修改参数　　　　图 2-52　指定门窗中心的角度　　　　图 2-53　插入 C-4

提示

输入 MC 命令按回车键，系统调出如图 2-54 所示的【门】/【窗】对话框，通过设置参数，也可在墙体上插入各种类型的门窗。

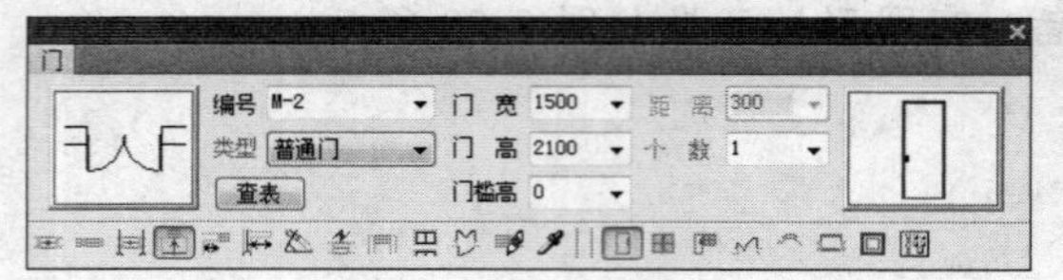

图 2-54 【门】/【窗】对话框

2.8 双跑楼梯

调用双跑楼梯命令，可以通过设置梯间参数来直接绘制双跑楼梯。

调用双跑楼梯命令的方法有：

➢ 菜单栏：单击“建筑”→“双跑楼梯”命令。

本节以图 2-55 所示的双跑楼梯绘制结果为例，介绍双跑楼梯命令的调用方法。

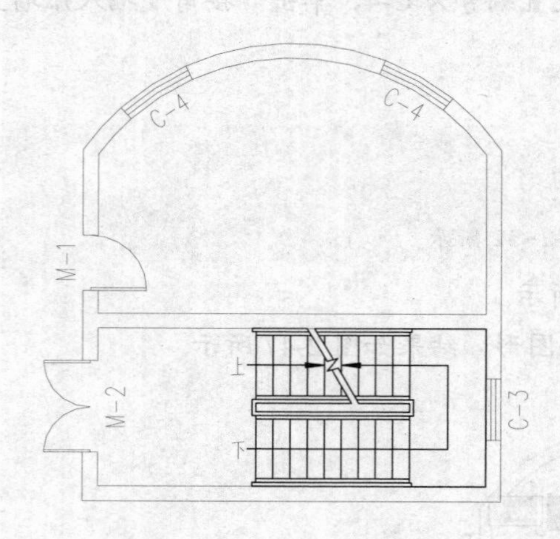

图 2-55 双跑楼梯

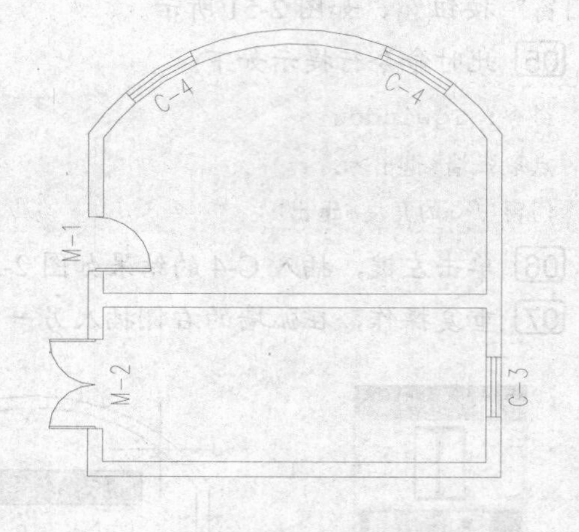

图 2-56 打开素材

01 按 Ctrl+O 组合键，打开配套光盘提供的“第 2 章/ 2.8 双跑楼梯.dwg”素材文件，结果如图 2-56 所示。

02 单击“建筑”→“双跑楼梯”命令，在调出的【双跑楼梯】对话框中设置参数，如图 2-57 所示。

03 根据命令行的提示，点取楼梯的插入点，创建双跑楼梯的结果如图 2-55 所示。

图 2-57 【双跑楼梯】对话框

提示

双击双跑楼梯调出【双跑楼梯】对话框，在其中可以修改楼梯参数，单击“确定”按钮关闭对话框即可完成编辑操作。

2.9 直线梯段

调用直线梯段命令，通过在对话框中设置参数来创建直线梯段，直线梯段可用来组合复杂楼梯。

调用直线梯段命令的方法有：

- 菜单栏：单击“建筑”→“直线梯段”命令。

执行“直线梯段”命令，系统调出【直线梯段】对话框，设置参数如图 2-58 所示。同时命令行提示如下：

```
命令：TLStair
点取位置或 [转 90 度(A)/左右翻(S)/上下翻(D)/对齐(F)/改转角(R)/改基点(T)]<退出>:
            //点取插入点，创建直线梯段的结果如图 2-59 所示。
```

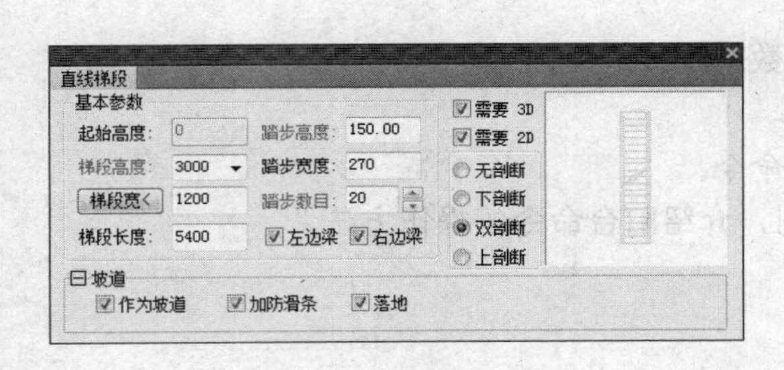

图 2-58 【直线梯段】对话框

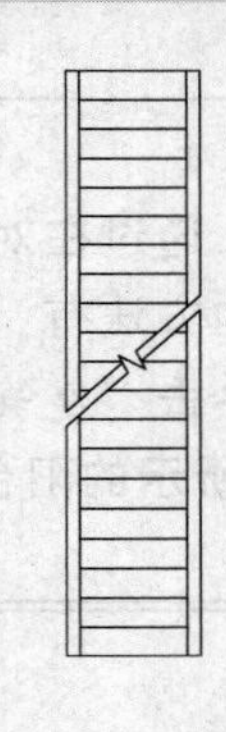

图 2-59 直线梯段

提示

双击直线梯段，在调出的【直线梯段】对话框中修改参数后，单击“确定”按钮关闭对话框即可完成编辑操作。

2.10 圆弧梯段

调用圆弧梯段命令，通过在对话框中设置参数来直接创建圆弧梯段。

调用圆弧梯段命令的方法有：

- 菜单栏：单击“建筑”→“圆弧梯段”命令。

执行上述操作，系统调出【圆弧梯段】对话框。在其中设置“内圆半径”为 800，“外圆半径”为 2000，“圆心角”为 180，其他参数设置如图 2-60 所示。

点取插入点，创建圆弧梯段的结果如图 2-61 所示。

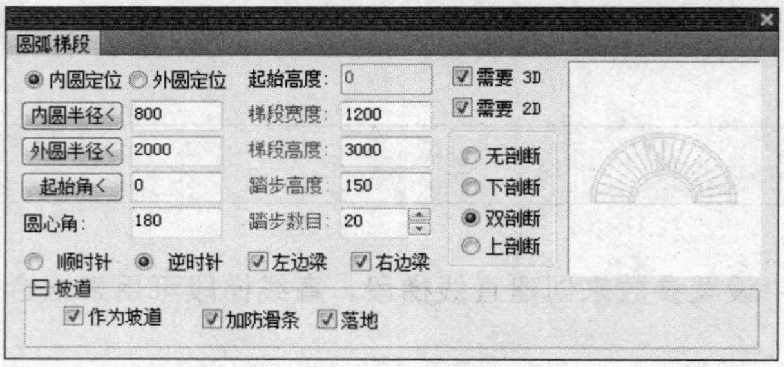

图 2-60 【圆弧梯段】对话框

图 2-61 圆弧梯段

> **提示**
>
> 双击圆弧梯段，在调出的【圆弧梯段】对话框中修改参数，单击“确定”按钮关闭对话框即可完成编辑操作。

2.11 阳台

调用阳台命令，通过在对话框中设置参数来直接创建阳台。

调用阳台命令的方法有：

- 菜单栏：单击“建筑”→“阳台”命令。

本节以图 2-62 所示的阳台绘制结果为例，介绍阳台命令的操作方法。

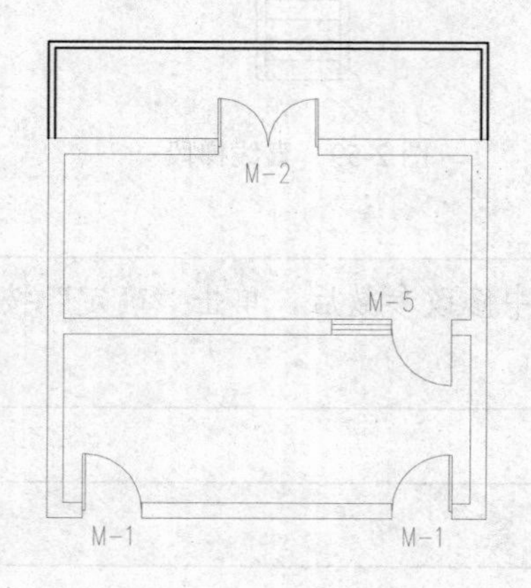

图 2-62 绘制阳台

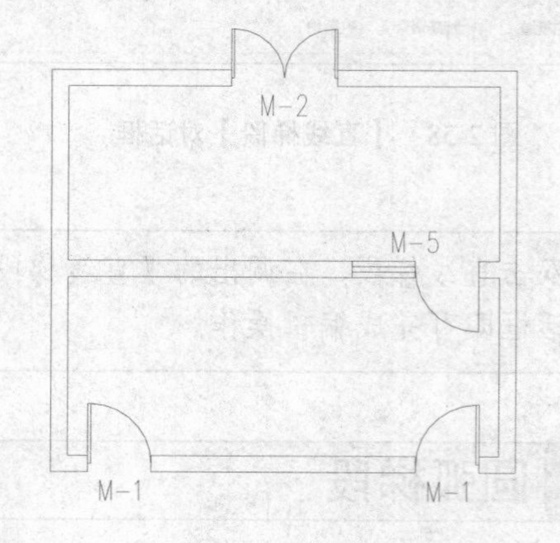

图 2-63 打开素材

01 按 Ctrl+O 组合键，打开配套光盘提供的“第 2 章/ 2.11 阳台.dwg”素材文件，结果如图 2-63 所示。

02 单击“建筑”→“阳台”命令，在【绘制阳台】对话框中设置阳台的伸出距离为 2000，单击“矩形三面阳台”按钮，如图 2-64 所示。

03 同时命令行提示如下：

```
命令: TBalcony
阳台起点<退出>:
阳台终点或 [翻转到另一侧(F)]<取消>:F↙          //选择“翻转到另一侧”选项;
阳台终点或 [翻转到另一侧(F)]<取消>:            //绘制阳台如图 2-62 所示。
```

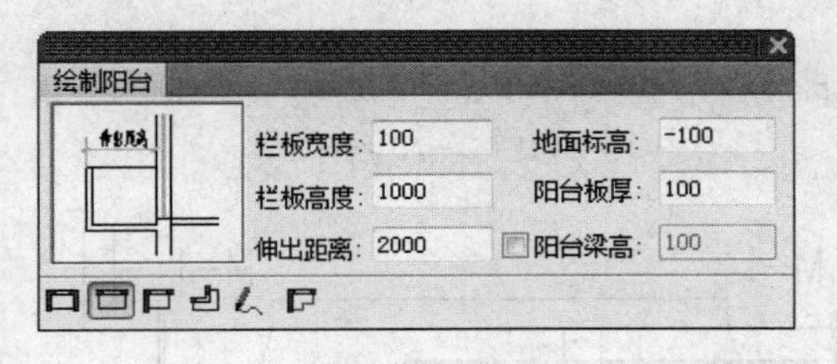

图 2-64 【绘制阳台】对话框

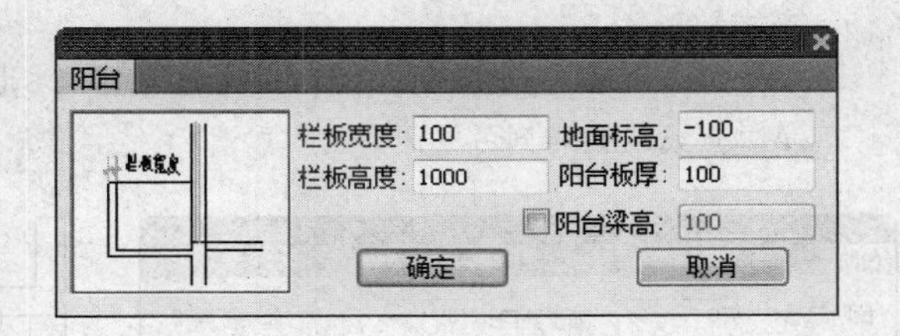

图 2-65 【阳台】对话框

提示

双击阳台图形，在如图 2-65 所示的【阳台】对话框中设置参数后，单击“确定”按钮关闭对话框即可完成编辑操作。

2.12 台阶

调用台阶命令，通过直接在对话框中设置参数来创建台阶图形。

调用台阶命令的方法有：

➢ 菜单栏：单击“建筑”→“台阶”命令。

本节以图 2-66 所示的台阶绘制结果为例，介绍台阶命令的调用方法。

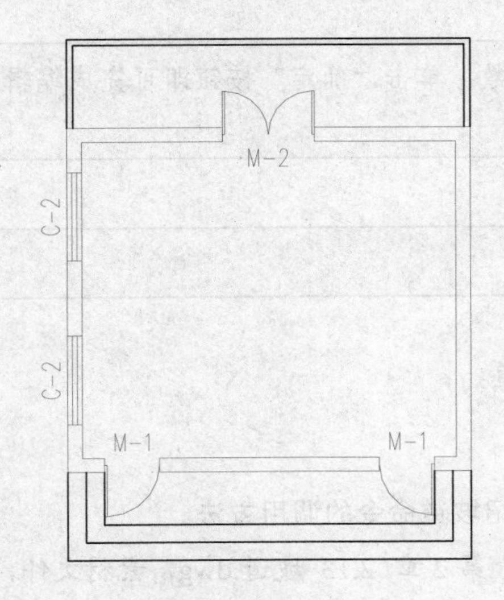

图 2-66 绘制台阶

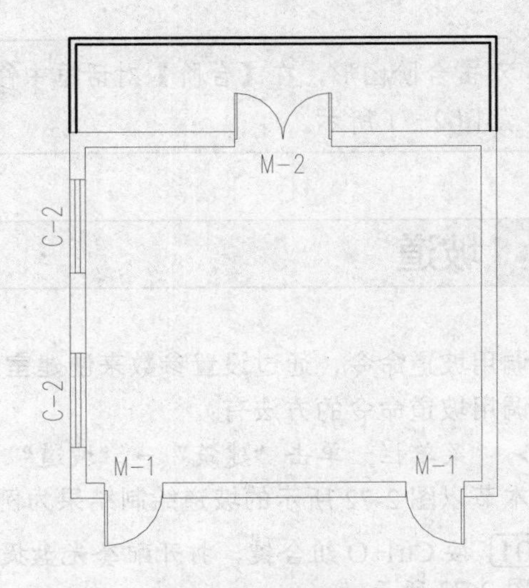

图 2-67 打开素材

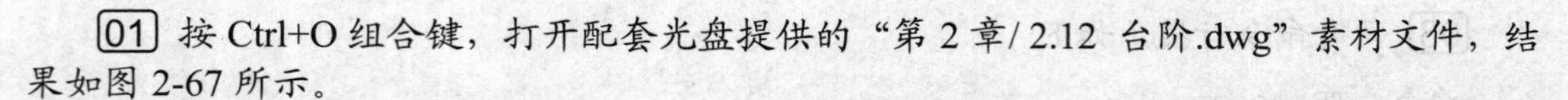

01 按 Ctrl+O 组合键，打开配套光盘提供的“第 2 章/ 2.12 台阶.dwg”素材文件，结果如图 2-67 所示。

02 单击“建筑”→“台阶”命令，在【台阶】对话框中设置台阶总高为 450，平台宽度为 900，单击“矩形三面台阶”按钮，如图 2-68 所示。

03 同时命令行提示如下：

```
命令： TSTEP
指定第一点或 [中心定位(C)/门窗对中(D)]<退出>:              //如图 2-69 所示。
第二点或 [翻转到另一侧(F)]<取消>:                          //如图 2-70 所示。
```

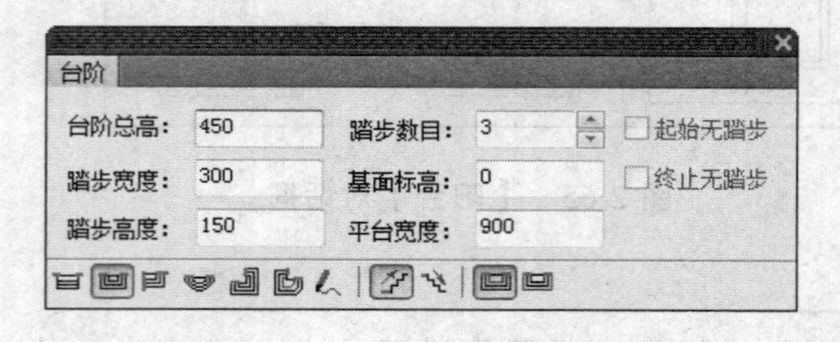

图 2-68 设置参数

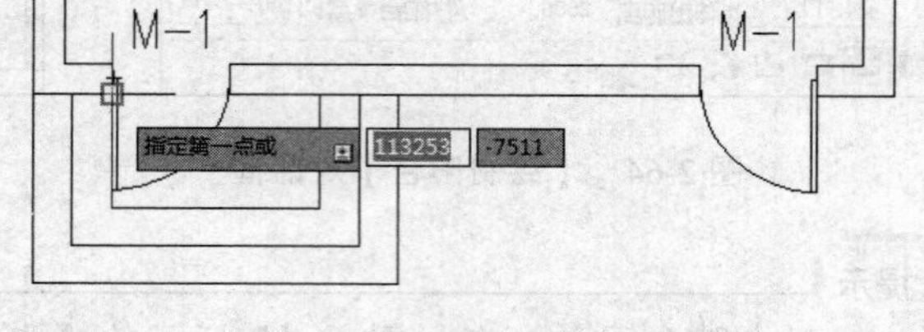

图 2-69 指定第一点

04 创建台阶的结果如图 2-66 所示。

图 2-70 指定第二点

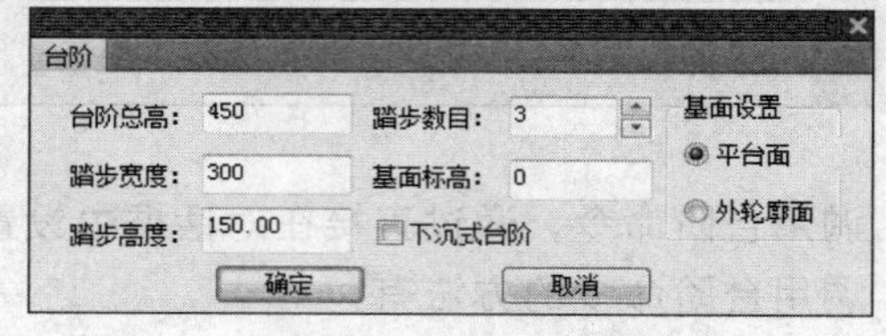

图 2-71 【台阶】对话框

提示

双击台阶图形，在【台阶】对话框中修改参数，单击“确定”按钮即可完成编辑操作，如图 2-71 所示。

2.13 坡道

调用坡道命令，通过设置参数来创建室外坡道。

调用坡道命令的方法有：

➢ 菜单栏：单击“建筑”→“坡道”命令。

本节以图 2-72 所示的坡道绘制结果为例，介绍坡道命令的调用方法。

01 按 Ctrl+O 组合键，打开配套光盘提供的“第 2 章/ 2.13 坡道.dwg”素材文件，结果如图 2-73 所示。

02 单击“建筑”→“坡道”命令，在【坡道】对话框中设置坡道长度为 6600，宽度为1500，其他参数设置如图2-74所示。

[03] 点取插入点，创建坡道图形的结果如图2-72所示。

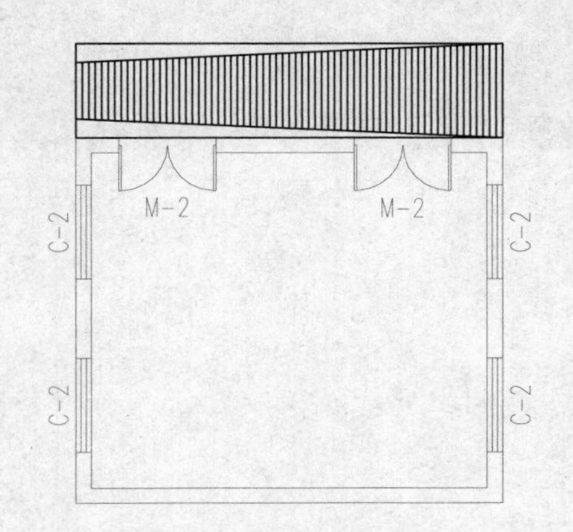

图2-72　绘制坡道

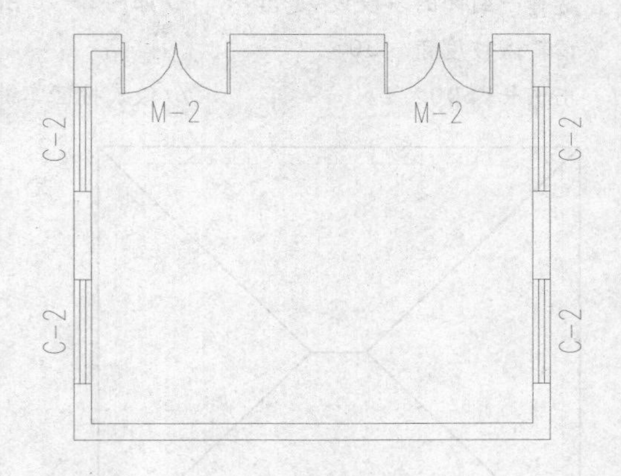

图2-73　打开素材

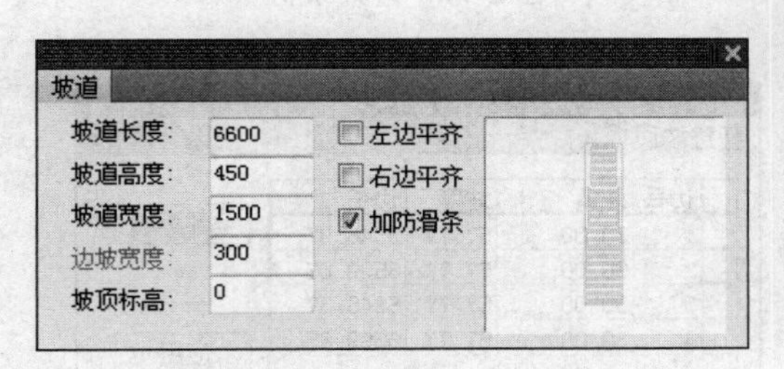

图2-74　设置参数

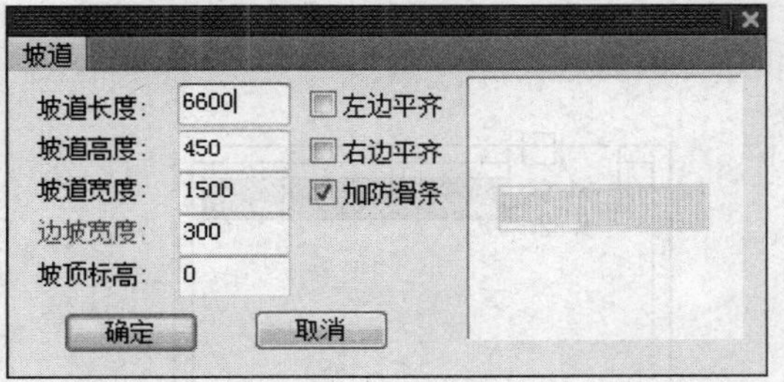

图2-75　【坡道】对话框

提示

双击坡道，在如图2-75所示的【坡道】对话框中修改参数，单击“确定”按钮关闭对话框以完成修改操作。

2.14 任意坡顶

调用任意坡顶命令，可由封闭的多段线生成指定坡度的屋顶，对象编辑可分别修改各坡度角。

调用任意坡顶命令的方法有：

➢ 菜单栏：单击“建筑”→“任意坡顶”命令。

本节以图2-76所示的任意坡顶绘制结果为例，介绍任意坡顶命令的调用方法。

[01] 按Ctrl+O组合键，打开配套光盘提供的“第2章/2.14 任意坡顶.dwg”素材文件，结果如图2-77所示。

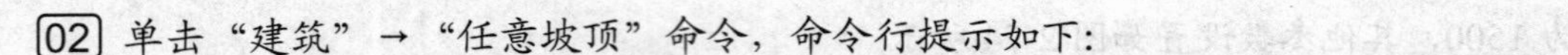

[02] 单击“建筑”→“任意坡顶”命令，命令行提示如下：

```
命令：TSlopeRoof
选择一封闭的多段线<退出>：  //如图 2-78 所示。
请输入坡度角 <30>:
出檐长<600>                //依次按回车键，绘制任意坡顶的结果如图 2-76 所示。
```

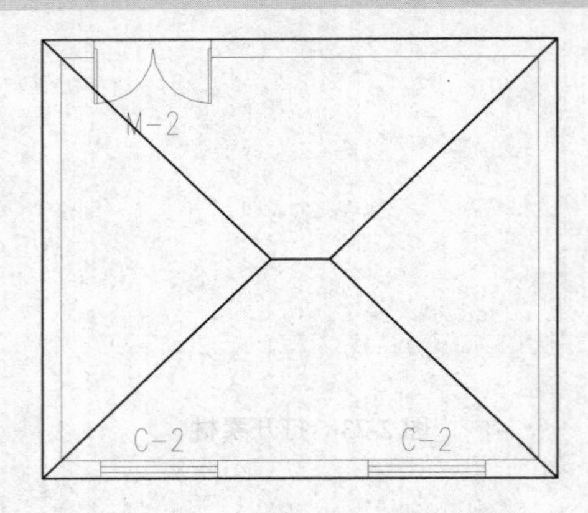

图 2-76 任意坡顶

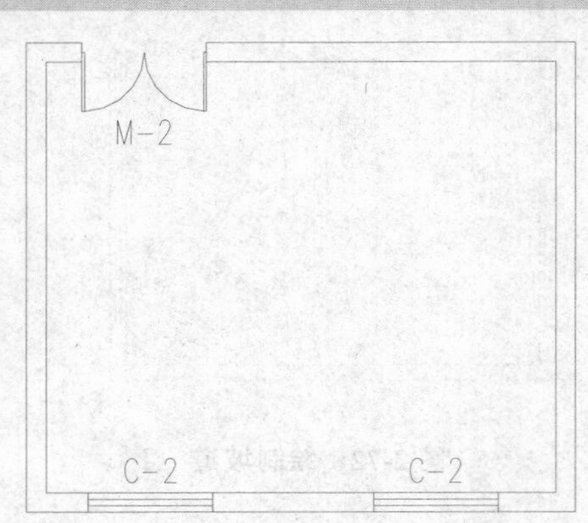

图 2-77 打开素材

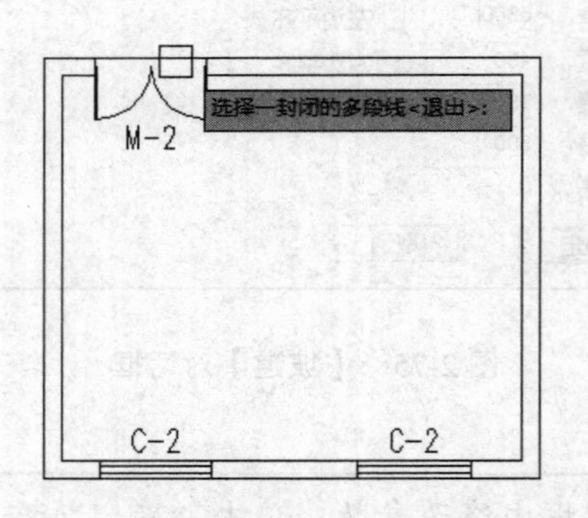

图 2-78 选择多段线

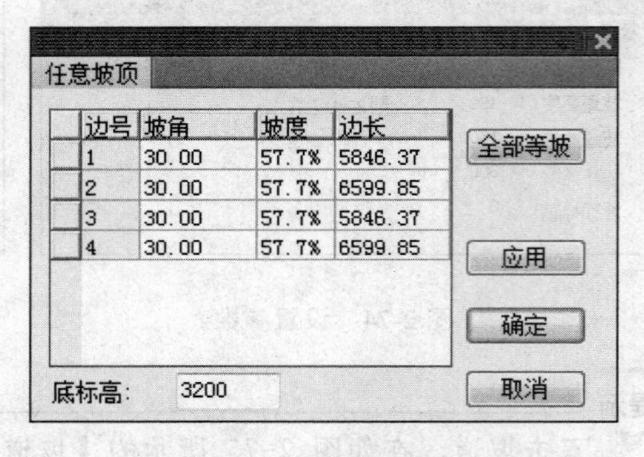

图 2-79 【任意坡顶】对话框

提示

双击任意坡顶，在调出的【任意坡顶】对话框中可以修改各坡度角的参数，如图 2-79 所示。

2.15 搜索房间

调用搜索房间命令，可以新生成或更新已有的房间信息对象，可编辑生成的房间对象。调用搜索房间命令的方法有：

➢ 菜单栏：单击“建筑”→“搜索房间”命令。

本节以图 2-80 所示的搜索房间结果为例，介绍搜索房间命令的操作方法。

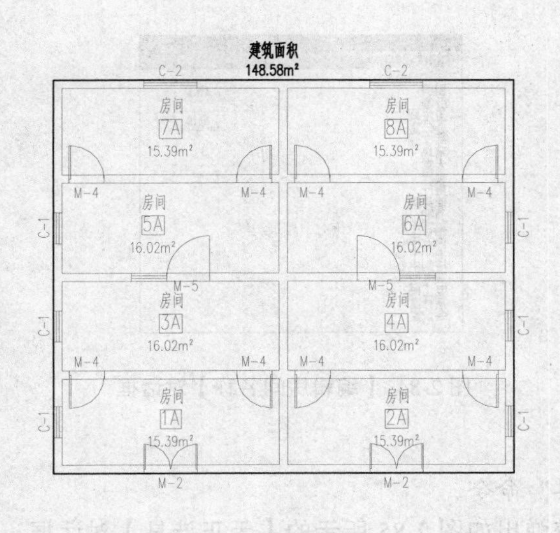

图 2-80 搜索房间

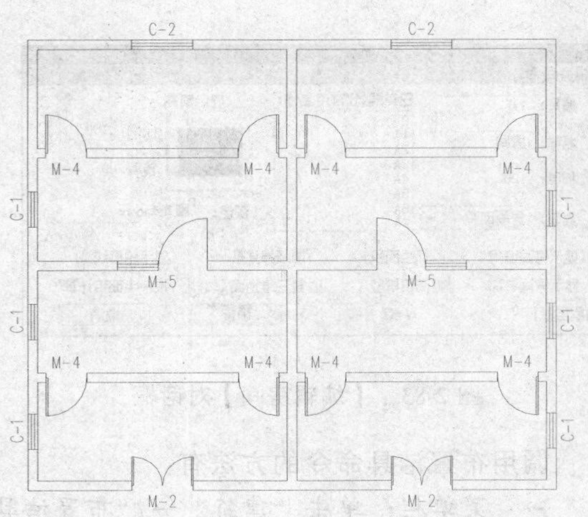

图 2-81 打开素材

01 按 Ctrl+O 组合键，打开配套光盘提供的“第 2 章/ 2.15 搜索房间.dwg”素材文件，结果如图 2-81 所示。

02 单击“建筑”→“搜索房间”命令，在【搜索房间】对话框中设置搜索条件，如图 2-82 所示。

03 同时命令行提示如下：

```
命令: TUpdSpace
请选择构成一完整建筑物的所有墙体(或门窗)<退出>:指定对角点:
请点取建筑面积的标注位置<退出>:                //搜索结果如图 2-80 所示。
```

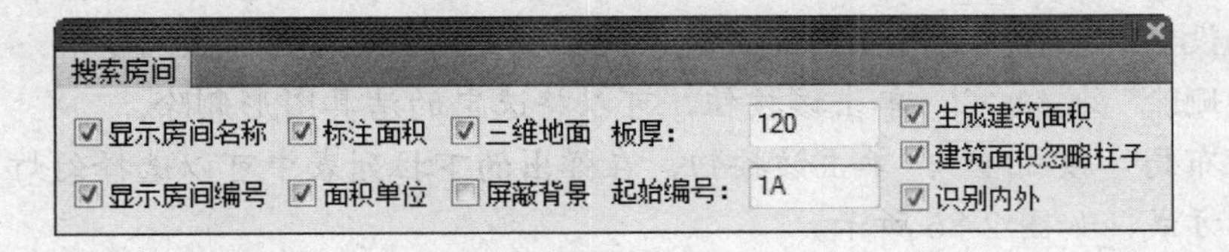

图 2-82 【搜索房间】对话框

提示

双击房间搜索结果的标注文字，系统调出如图 2-83 所示的【编辑房间】对话框，在其中可以修改房间的编号、名称、板厚等参数。单击“编辑名称”按钮，在【编辑房间名称】对话框中可以选择各类房间名称，如图 2-84 所示。

2.16 布置洁具

调用布置洁具命令，可以在厨房或卫生间中使用多种方式布置任意类型的洁具图形。下面为读者介绍调用多种方式布置洁具的方法。

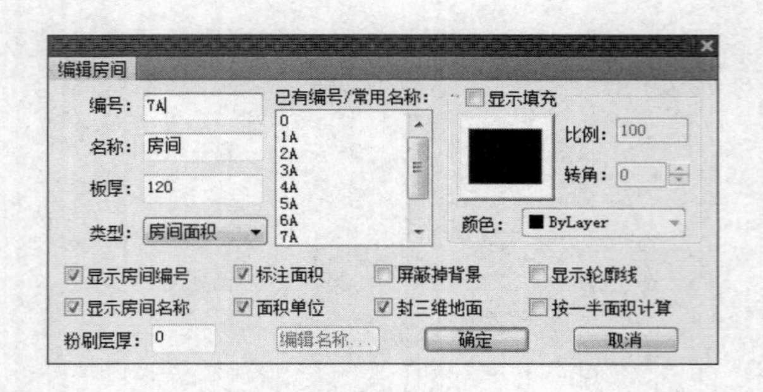

图 2-83 【编辑房间】对话框

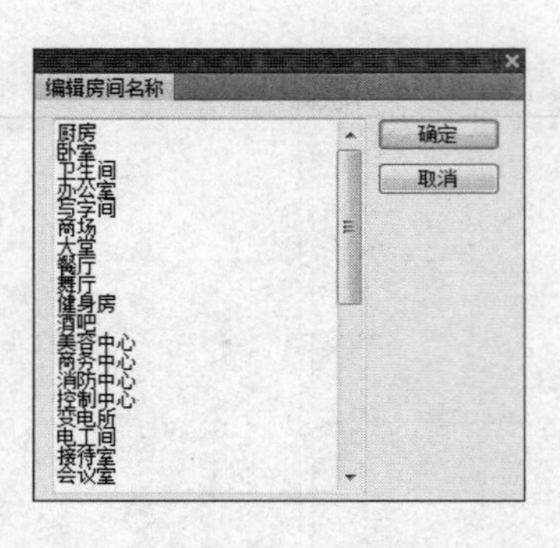

图 2-84 【编辑房间名称】对话框

调用布置洁具命令的方法有:

➢ 菜单栏: 单击“建筑”→“布置洁具”命令。

单击“建筑”→“布置洁具”命令，系统弹出如图 2-85 所示的【天正洁具】对话框。在对话框中提供了各类洁具，有小便池、盥洗槽、淋浴喷头等。对话框左边的类别区显示卫生洁具库的类别树形目录，其中黑体部分代表当前类别。名称区显示卫生洁具库当前类别下的图块名称。右边的预览区显示当前库中所有卫生洁具图块的幻灯片，被选中的图块以红色方框框选，并亮显名称区列表的该项。

以下是【天正洁具】对话框中一些功能按钮的介绍:

➢ “新图入库”按钮: 单击该按钮，在绘图区中选择待添加的卫生洁具，即可将其调入图库中保存。

➢ “重制”按钮: 单击该按钮，重新绘制指定的卫生洁具的样式，且可取代原有的样式。

➢ “属性”按钮: 单击该按钮，系统弹出【洁具属性】对话框; 在对话框中可以设定洁具插入的各项间距参数，比如初始间距、离墙间距等。

➢ “删除”按钮: 单击该按钮，可以将选定的洁具图形删除。

➢ “布局”按钮: 单击该按钮，在弹出的下拉列表中可以选择幻灯片图形的布局方式，如图 2-86 所示。

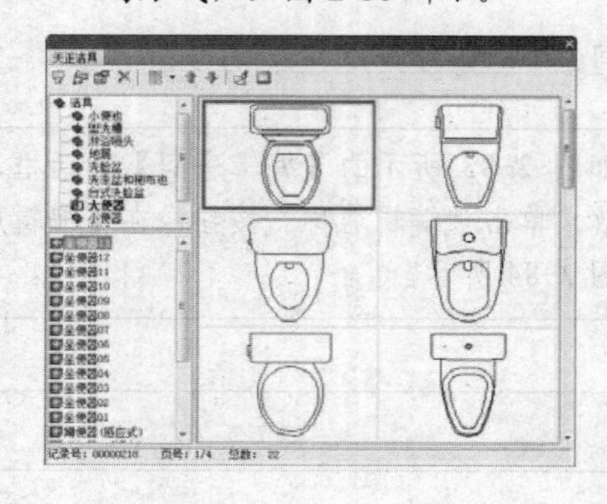

图 2-85 【天正洁具】对话框

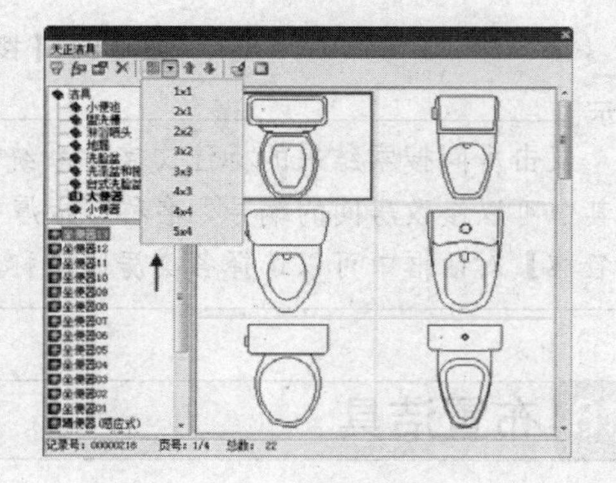

图 2-86 洁具布局菜单

➢ “向上”按钮、“向下”按钮: 单击按钮，可以向上或向下翻页。

➢ “替换”按钮：单击该按钮，可以将对话框中已选中的洁具图形替换当前图中的洁具图形。

➢ “确认”按钮：单击该按钮，弹出洁具布置对话框，在其中可设置洁具图形的尺寸和插入间距。

1. 布置常规洁具图形（大、小便器、淋浴喷头、洗涤盆等）

01 按 Ctrl+O 组合键，打开配套光盘提供的“第 2 章/ 2.16 布置洁具.dwg”素材文件，结果如图 2-87 所示。

02 单击“建筑”→“布置洁具”命令，在弹出的【天正洁具】对话框中选择名称为“座便器 01”的洁具图形。

03 双击图形，系统弹出【布置座便器 01】对话框，单击“沿墙内侧边线布置”按钮，并设置参数如图 2-88 所示。

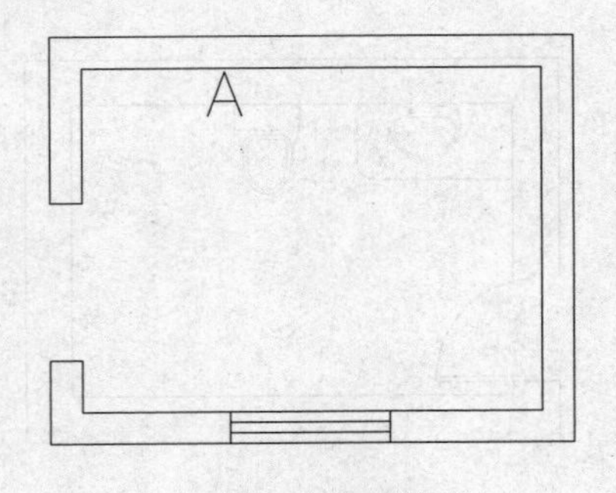

图 2-87 打开素材

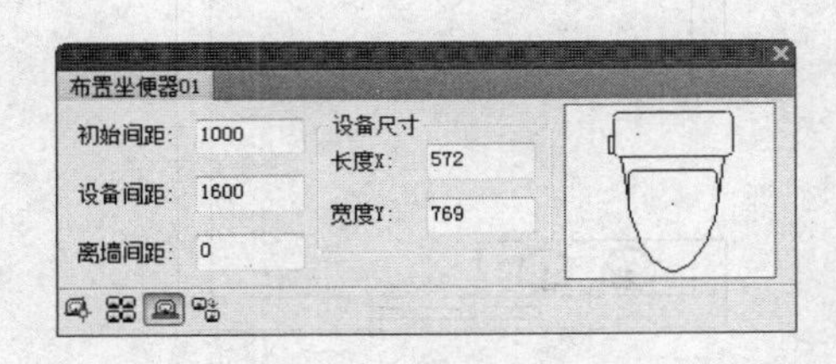

图 2-88 【布置坐便器 01】对话框

04 同时命令行提示如下：

```
命令: T98_TSan
请选择沿墙边线 <退出>:                    //单击 A 墙体的内墙线。
插入第一个洁具[插入基点(B)] <退出>:        //鼠标右移，单击指定第一个洁具的插入点。
下一个 <结束>:
下一个 <结束>:                            //继续向右移动鼠标，单击指定洁具的插入点，
完成结果如图 2-89 所示。
```

2. 布置台上式洗脸盆

01 在【天正洁具】对话框中选择名称为“台上式洗脸盆 1”的洁具图形，双击图形，在弹出的【布置台上式洗脸盆 1】对话框中设置参数，如图 2-90 所示。

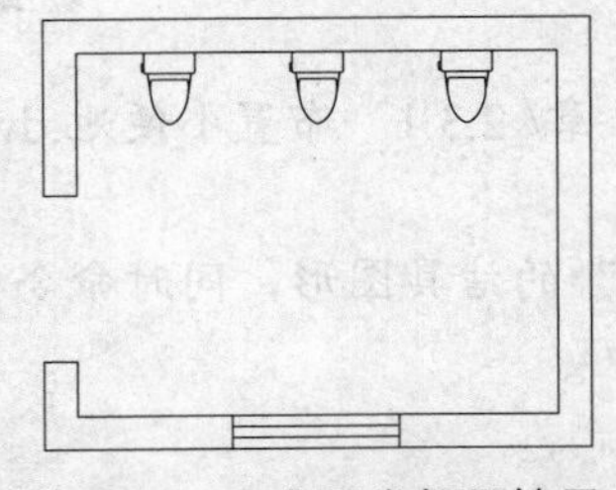

图 2-89 布置坐便器结果

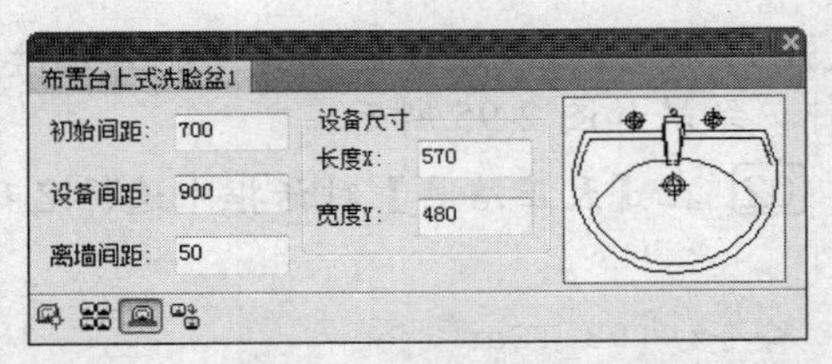

图 2-90 【布置台上式洗脸盆 1】对话框

02 此时命令行提示如下：

命令：T98_TSan
请选择沿墙边线 <退出>： //点取平开窗所在墙体的内墙线；
插入第一个洁具[插入基点(B)] <退出>： //向右移动鼠标，单击指定洁具的插入点；
下一个 <结束>： //继续指定洁具的下一个插入点；
台面宽度<600>：
台面长度<2300>： //分别单击回车键，默认使用系统提供的台面长度和宽度参数，布置结果如图 2-91 所示。

3. 布置浴缸

01 按 Ctrl+O 组合键，打开配套光盘提供的“第 2 章/ 2.3.1 布置浴缸.dwg”素材文件，结果如图 2-92 所示。

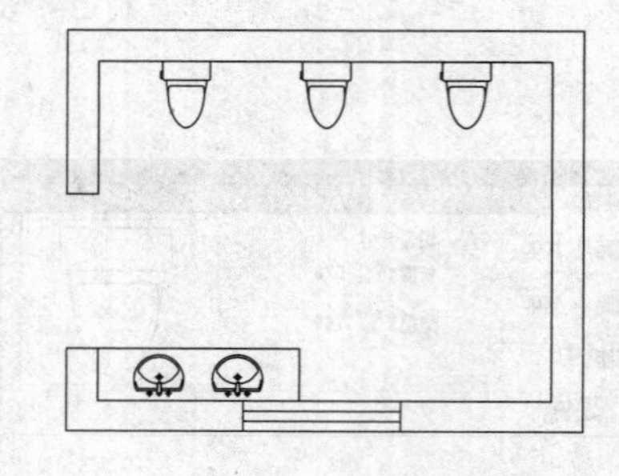
图 2-91 布置洗脸盆结果

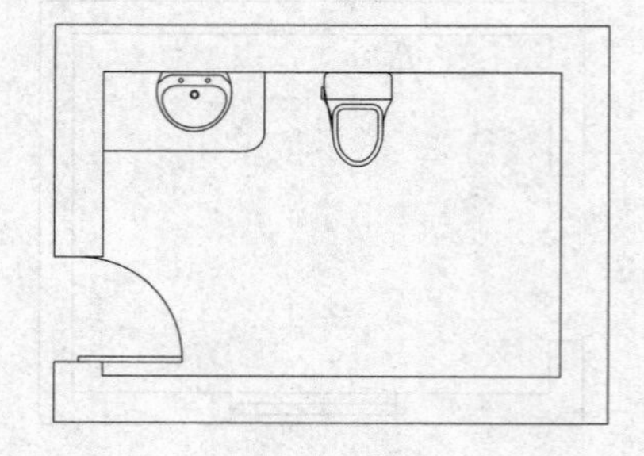
图 2-92 打开素材

02 在【天正洁具】对话框中选择名称为“浴缸 04”的洁具图形，双击图形，在弹出的【布置浴缸 04】对话框中设置参数，如图 2-93 所示。

03 同时命令行提示如下：

命令：T98_TSan
请选择布置洁具沿线位置 [点取方式布置(D)]:D↙ //输入 D，选择“点取方式布置”方式。
点取位置或 [转 90 度(A)/左右翻(S)/上下翻(D)/对齐(F)/改转角(R)/改基点(T)/参考点(Q)]<退出> //输入 T，选择“转改基点”。
输入插入点或 [参考点(R)]<退出>： //指定浴缸的右上角点为新的插入点。
点取位置或 [转 90 度(A)/左右翻(S)/上下翻(D)/对齐(F)/改转角(R)/改基点(T)/参考点(Q)]<退出>： //插入浴缸图形的结果如图 2-94 所示。

4. 布置小便池

01 按 Ctrl+O 组合键，打开配套光盘提供的“第 2 章/ 2.3.1 布置小便池.dwg”素材文件，结果如图 2-95 所示。

02 在【天正洁具】对话框中选择名称为“小便池”的洁具图形，同时命令行提示如下：

命令：T98_TSan
请选择布置洁具的墙线 <退出>： //点取 A 墙体的内墙线。

请输入小便池离墙角的距离 <100>:0
请输入小便池长度 <6980>:6900
请输入小便池的宽度 <700>:
请输入小便池台阶的宽度 <300>: //依次按回车键，完成小便池操作的结果如图 2-96 所示。

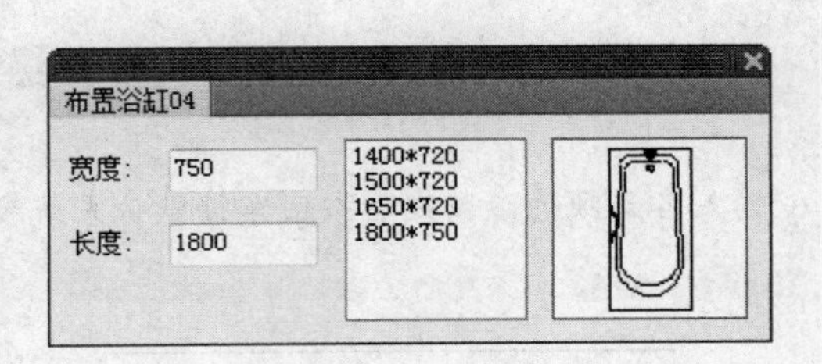

图 2-93 【布置浴缸 04】对话框

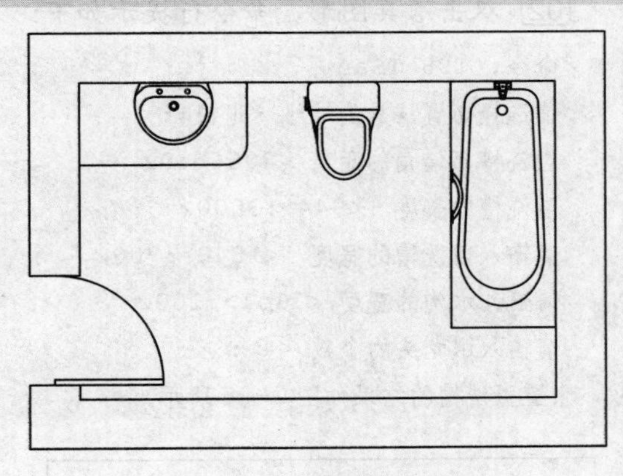

图 2-94 布置浴缸结果

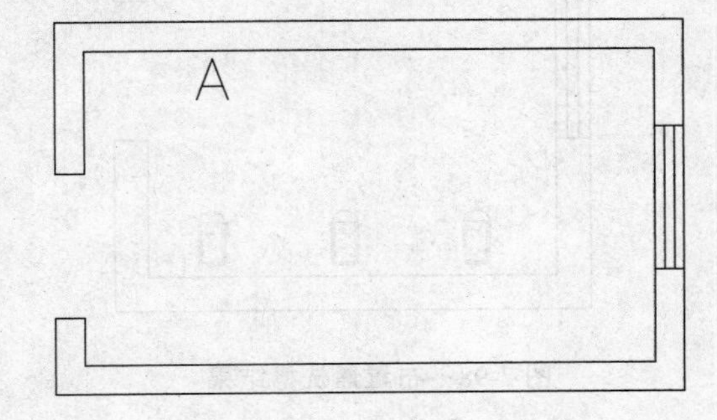

图 2-95 打开素材

图 2-96 布置小便池结果

5. 布置地漏

01 单击“建筑”→“布置洁具”命令，在弹出的【天正洁具】对话框中选择名称为“圆形地漏”的洁具图形。

02 同时命令行提示如下：

命令：T98_TSan
点取插入点或 [参考点(R)]<退出>: //在绘图区中点取地漏的插入点，布置地漏的结果如图 2-97 所示。

03 在命令行中输入 R，选择“参考点(R)”选项，命令行提示如下：

命令：T98_TSan
点取插入点或 [参考点(R)]<退出>:R↙
参考点: //指定地漏插入的参考点。
点取插入点或 [参考点(R)]<退出>: //在绘图区中点取插入点，即可插入地漏。

可重复点取插入点，逐个插入地漏，按回车键或者 Esc 键退出命令。

6. 布置盥洗槽

01 在【天正洁具】对话框中选择名称为“盥洗槽”的洁具图形。

02 双击洁具图形，命令行提示如下：

```
命令：T98_TSan
请选择布置洁具的墙线 <退出>:                    //单击选择内墙线;
盥洗槽离墙角的距离 <2056>:0↙
盥洗槽的长度  <944>:3000↙
请输入盥洗槽的宽度  <1348>:700↙
请输入水沟的宽度 <1151>:100↙
请输入水龙头的个数 <4>:                         //输入各选项的参数或者按回车键默认系统参
数，布置盥洗槽的结果如图 2-98 所示。
```

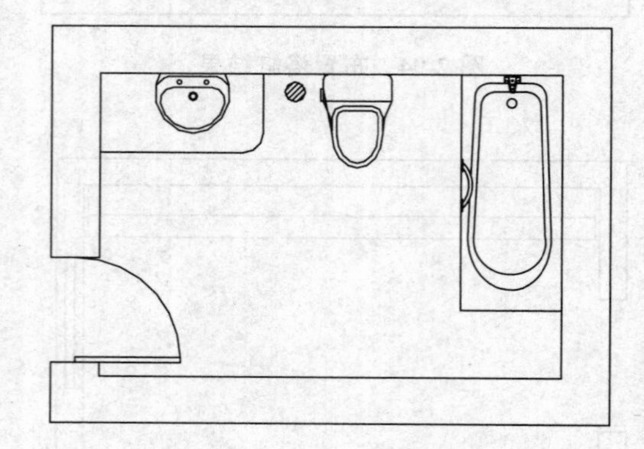

图 2-97 布置地漏结果

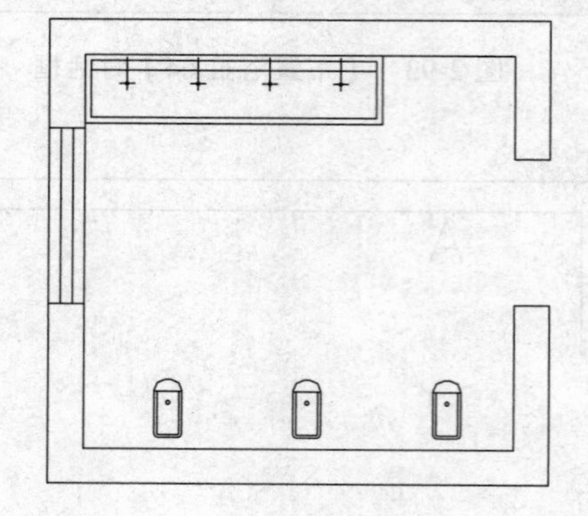

图 2-98 布置盥洗槽结果

2.17 布置隔断

调用布置隔断命令，可以通过线选已插入的卫生洁具，达到布置卫生间隔断的目的。如图 2-99 所示为布置隔断命令的操作结果。

布置隔断命令的执行方式有：

➢ 菜单栏：单击“建筑”→“布置隔断”命令。

下面以如图 2-99 所示的布置隔断结果为例，介绍调用布置隔断命令的方法。

01 按 Ctrl+O 组合键，打开配套光盘提供的“第 2 章/ 2.17 布置隔断.dwg”素材文件，结果如图 2-100 所示。

02 单击“建筑”→“布置隔断”命令，命令行提示如下：

```
命令：T98_TApart
输入一直线来选洁具！
```

起点：　　　　　　//单击 A 点。
终点：　　　　　　//单击 B 点。
隔板长度<1200>:
隔断门宽<600>://依次按回车键默认系统所提供的参数，布置隔断的结果如图 2-99 所示。

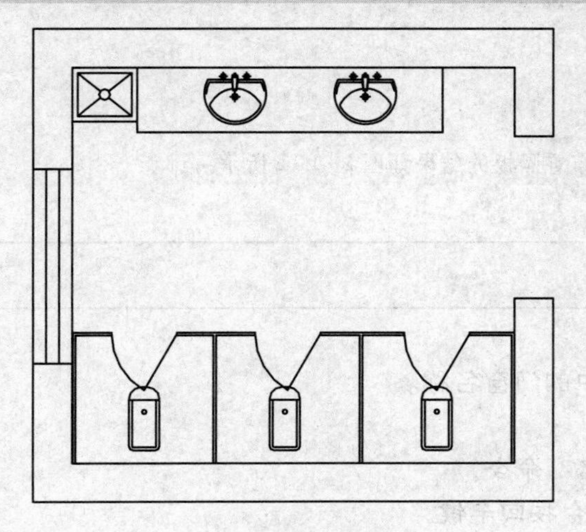

图 2-99　布置隔断

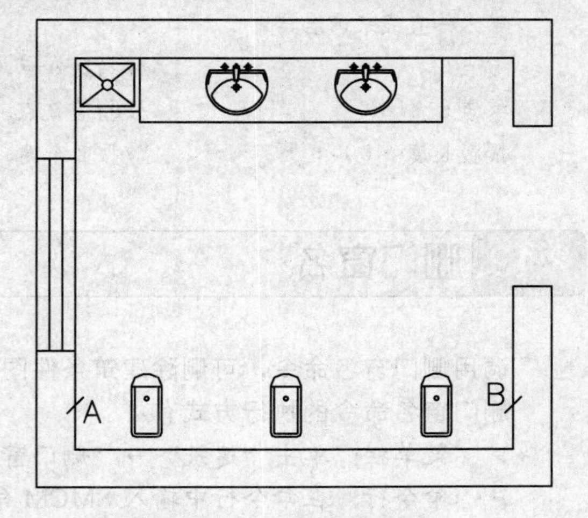

图 2-100　打开布置隔断素材

2.18 布置隔板

调用布置隔板命令，通过线选卫生洁具来布置隔板。

布置隔板命令的执行方式有：

➤ 菜单栏：单击“建筑”→“布置隔板”命令。

本节以图 2-101 所示的布置隔板结果为例，介绍调用布置隔板命令的方法。

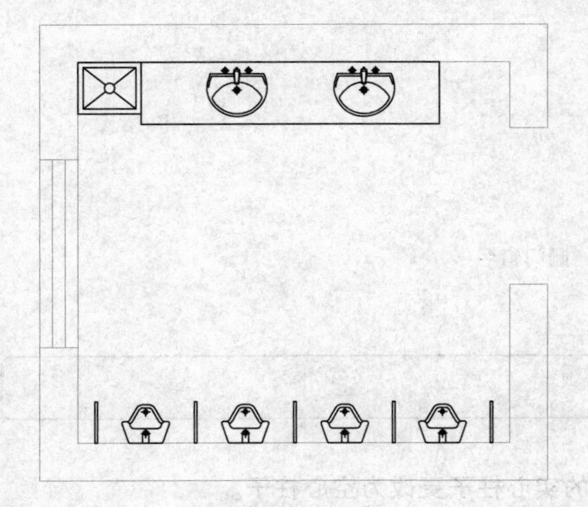

图 2-101　布置隔板

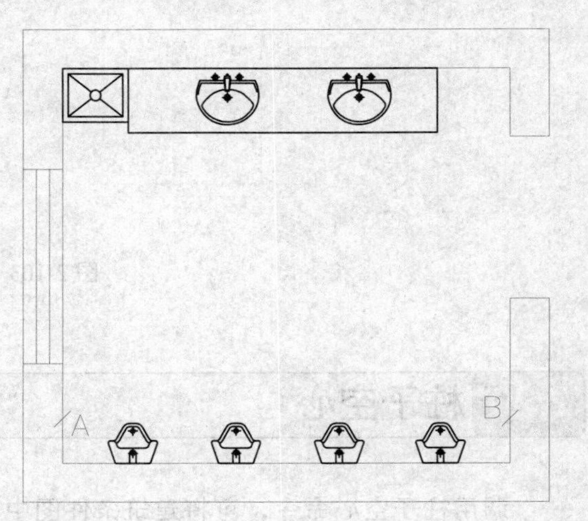

图 2-102　打开素材

01 按 Ctrl+O 组合键，打开配套光盘提供的“第 2 章/ 2.18 布置隔板.dwg”素材文件，结果如图 2-102 所示。

02 单击“建筑”→“布置隔板”命令，命令行提示如下：

```
命令：TClap
输入一直线来选洁具！
起点：                    //指定 A 点。
终点：                    //指定 B 点。
隔板长度<400>：           //按回车键，布置隔板的结果如图 2-101 所示。
```

2.19 删门窗名

调用删门窗名命令，可删除建筑条件图中的门窗名称。

删门窗名命令的执行方式有：

- 菜单栏：单击“建筑”→“删门窗名”命令。
- 命令行：在命令行中输入 SMCM 命令按回车键。

单击“建筑”→“删门窗名”命令，命令行提示如下：

```
命令：SMCM↙
请选择需要删除编号的门窗:<退出>指定对角点：找到 8 个
                    //选择门窗，按回车键可完成删除门窗编号的操作，如图 2-103 所示。
```

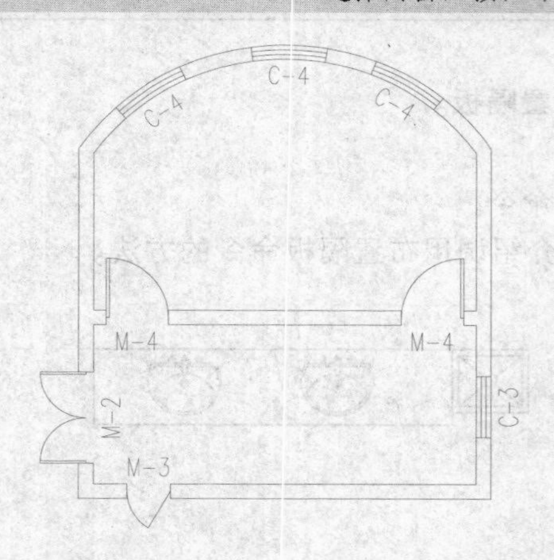

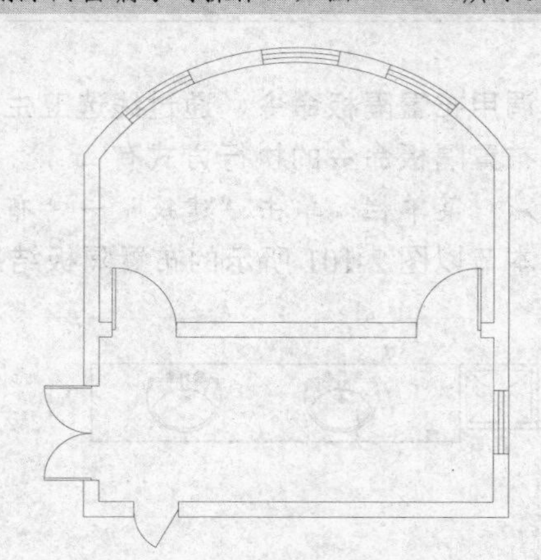

图 2-103 删门窗名

2.20 柱子空心

调用柱子空心命令，可将建筑条件图中的实心柱子更改为空心柱子。

柱子空心命令的执行方式有：

➢ 菜单栏：单击“建筑”→“柱子空心”命令。
➢ 命令行：在命令行中输入 ZZKX 命令按回车键。

执行上述任意一项操作，可将实心柱子转换为空心柱子。

2.21 粗线关闭

调用粗线关闭命令，可将墙柱由细线显示切换为粗线显示。

粗线关闭命令的执行方式有：

➢ 菜单栏：单击“建筑”→“粗线关闭”命令。

执行“粗线关闭”命令后，墙柱轮廓线以粗线显示。此时单击“粗线关闭”命令，可以细线显示墙柱轮廓线。

2.22 填充关闭

调用填充关闭命令，可以将混凝土墙柱由空心显示切换为填充显示。

填充关闭命令的执行方式有：

➢ 菜单栏：单击“建筑”→“填充关闭”命令。

执行“填充关闭”命令后，混凝土墙柱以填充样式来显示。此时单击“填充打开”命令，则混凝土墙柱以空心样式来显示。

第3章
管 线

● 本章导读

T20-WT V2.0 中的管线命令可以绘制各类管线图形，还可以对所绘制的管线进行编辑修改。本章主要介绍管线命令的调用，包括绘制管线、沿线绘管、立管布置等命令。

● 本章重点

◈ 管线设置
◈ 绘制管线

3.1 管线设置

在绘制管线图形之前，先对管线的相关属性进行设置，可以使所绘制的管线更加符合使用需求。管线设置在【管线设置】对话框中进行，下面为读者介绍管线设置的方法。

打开【管线设置】对话框的方法有：

➢ 菜单栏：单击“管线”→“绘制管线”命令。
➢ 命令行：在命令行中输入 OPTIONS 按回车键。

单击“管线”→“绘制管线”命令，系统弹出【管线】对话框；在对话框中单击“管线设置”按钮，系统弹出如图 3-1 所示的【管线设置】对话框。

对话框中的各选项说明：

➢ “颜色”选项组：单击“颜色”选项组下的色块按钮，系统弹出【选择颜色】对话框，在对话框中可以更改管线图层的颜色。
➢ “线宽”选项组：设置管线的粗细，该线宽即图纸出图时的线宽。
➢ “线型”选项组：单击文本框，在其弹出的下拉列表中可以更改线型。单击“天正线型库”按钮，系统弹出如图 3-2 所示的【天正线型库】对话框。在该对话框中可以将 AutoCAD 中加载的线型库导入到天正线型库中。

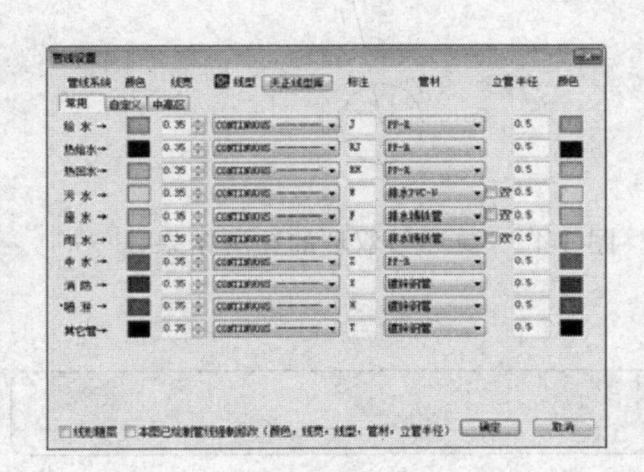

图 3-1 【管线设置】对话框

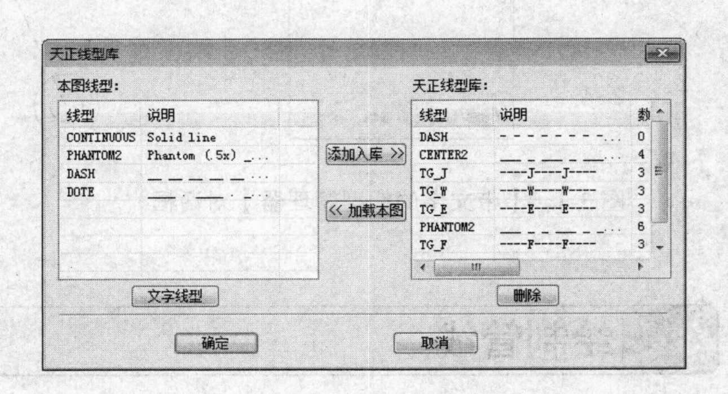

图 3-2 【天正线型库】对话框

【天正线型库】对话框中各选项的含义如下：

➢ “添加入库”按钮：单击该按钮，可以将“本图线型”列表框中的所选定的线型添加至“天正线型库”列表中。这样在打开新图时可以快速地将自定义的线型信息提取到本图中。
➢ “加载本图”按钮：单击按钮，可以将“天正线型库”中的线型加载到本图中使用。
➢ “删除”按钮：在“天正线型库”列表中选定待删除的线型，单击该按钮，即可将线型删除。
➢ “文字线型”按钮：单击该按钮，系统弹出如图 3-3 所示的【带文字线型管理器】对话框；在对话框中单击“创建”按钮，即可在对话框中创建线型的示意图，在对话框上方的各选项文本框中定义参数后，即可创建带文字的管线线型。

返回【管线设置】对话框，继续对其进行介绍：

➢ “标注”选项组：在选项组下方的文本框中可以选择管线标注时使用的字母。在执行“管线文字”命令中，选择“自动提取”选项，可以自动提取该文本框中的字母对管线进行标注。在执行“立管标注”命令中，提取该文本框中的字母作为标注开头的表示类型的字母。

➢ “管材”选项组：在选项组下方的文本框中选择管线材料的类型。不同的管材选用不同的计算内径，会影响后续的计算和材料统计。

➢ “立管”选项组：勾选选项组下方的复选框，可以定义在绘制该类型立管的时候，是以单环绘制还是以双环绘制，如图 3-4 所示为单环绘图和双环绘图的效果。

➢ “半径”选项组：在选项组下方的文本框中可以定义指定管线的半径值。

此外，勾选【管线设置】对话框下方的“本图已绘制管线强制修改”复选框，可以对已绘制完毕的管线进行修改。

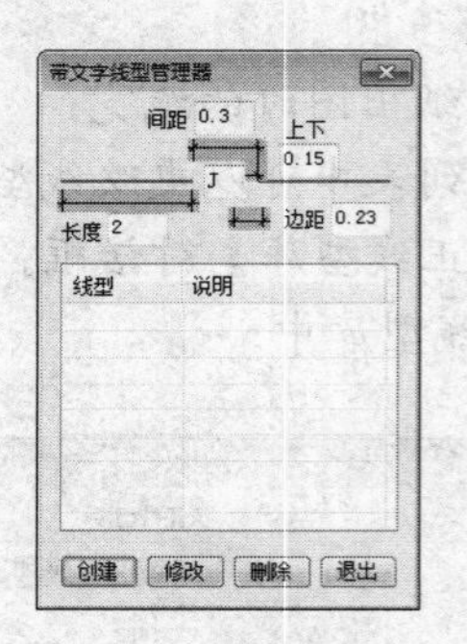

图 3-3 【带文字的线型管理器】对话框

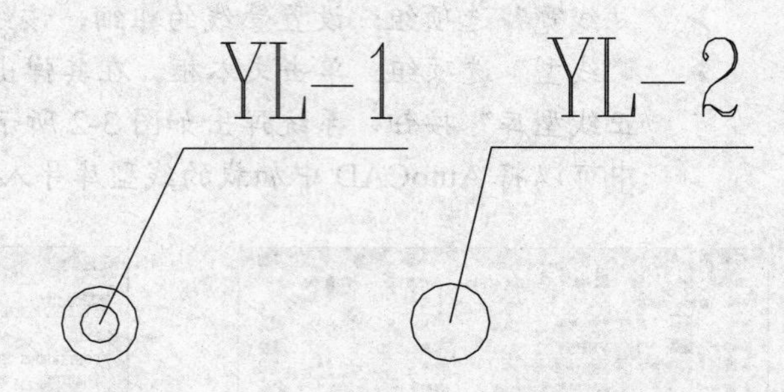

图 3-4 单环与双环的绘制结果

3.2 绘制管线

调用绘制管线命令，可以在平面图中绘制管线。如图 3-5 所示为绘制管线命令的操作结果。

绘制管线命令的执行方式有：

➢ 命令行：输入 HZGX 命令按回车键。

➢ 菜单栏：单击“管线”→“绘制管线”命令。

输入 HZGX 命令按回车键，系统弹出如图 3-6 所示的【管线】对话框；在对话框中点取待绘制的管线类型按钮，命令行提示如下：

```
命令：HZGX↙
请点取管线的起始点[输入参考点(R)]<退出>:
[给水(J)/污水(W)/废水(F)/雨水(Y)/中水(Z)/消防(X)/喷淋(H)]
请点取管线的终止点[轴锁0度(A)/轴锁30度(S)/轴锁45度(D)/选取行向线(G)/弧管线(R)/
```

回退(U)]<结束>(当前标高:0):　　　　　　//在绘图区中分别单击管线的起点和终点，即可完成管线的绘制，结果如图3-5所示。

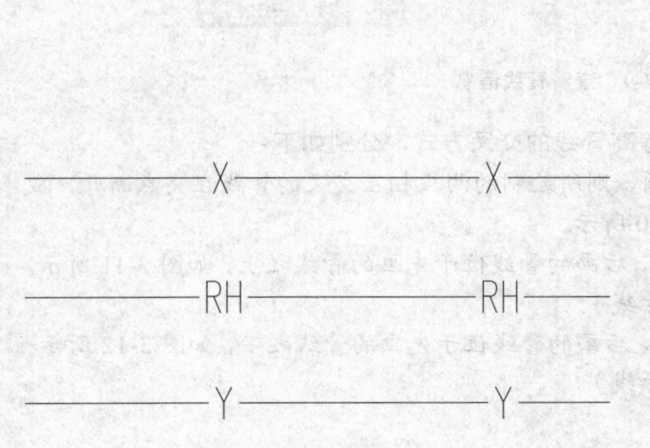

图3-5　绘制管线

管线
管线设置 >>
管线类型　标注
低　中　高
给水 J
热给水 RJ
热回水 RH
污水 W
废水 F
雨水 Y
中水 Z
消防 X
喷淋 ZP
凝结 N
管径: 25
标高(m) 0
等标高管线交叉
生成四通
管线置上
管线置下
锁定角度

图3-6　【管线】对话框

下面对执行命令过程中命令行各选项的含义进行介绍:

➢ “[给水(J)/污水(W)/废水(F)/雨水(Y)/中水(Z)/消防(X)/喷淋(H)]”选项：输入各选项后相对应的字母，可以绘制该类型的管线。
➢ “轴锁0度(A)”选项：输入A，可以使管线的绘制锁定在水平方向。
➢ “轴锁30度(S)”选项：输入S，可以在30°角方向绘制管线，如图3-7所示。
➢ “轴锁45度(D)”选项：输入D，可以在45°角方向绘制管线，如图3-8所示。

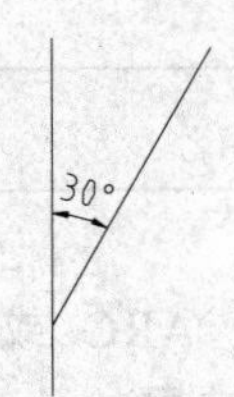

图3-7　30°角方向绘制管线

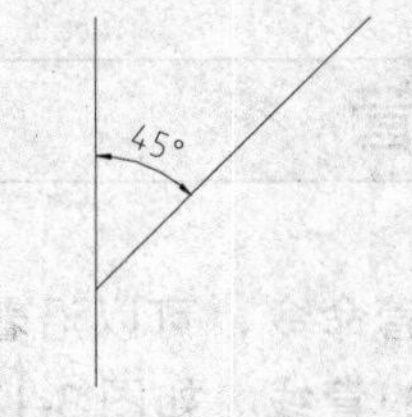

图3-8　45°角方向绘制管线

➢ “选取行向线(G)”选项：输入G，可以点取已有的参照线来绘制管线。
➢ “弧管线(R)”选项：输入R，可以绘制弧形的管线。

执行“绘制管线”命令所绘制的管线其实是不包含标注文字的，图3-5所示的管线上的标注是执行“管线文字”命令所绘制。

选中绘制完成的管线，按下Ctrl+1组合键，在弹出的【特性】选项板中可以查看选中的管线的信息，如图3-9所示。

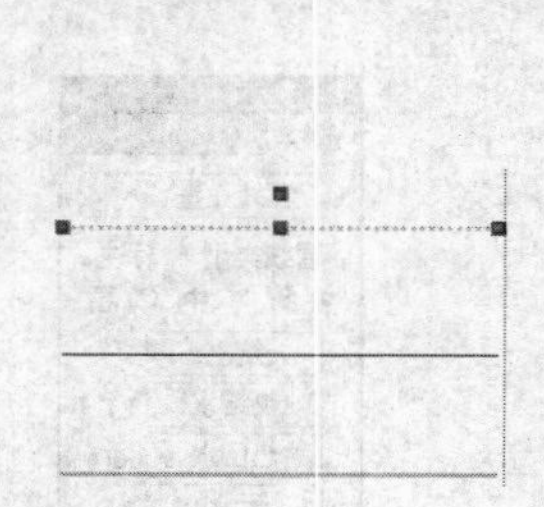

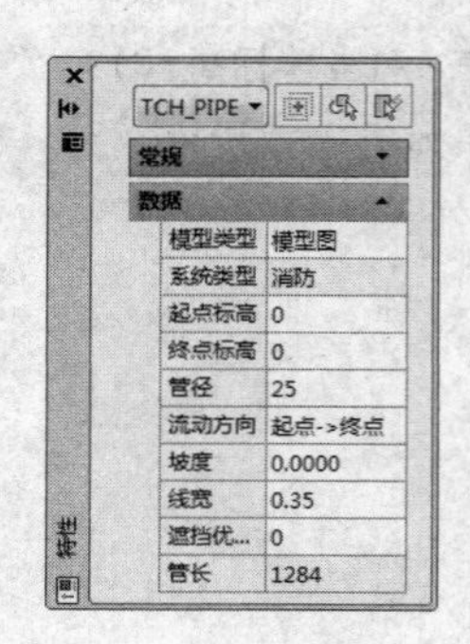

图 3-9　查看管线信息

在【管线】对话框中提供了三种等高管线的交叉方式，分别如下：

➢　“生成四通”选项：选中该项，则所绘制的两段相互交叉的管线在交点断开，成为四段独立的管线，如图 3-10 所示。

➢　“管线置上”选项：选中该项，后画的管线位于先画的管线之上，如图 3-11 所示。（先画水平管线，再画垂直管线）

➢　“管线置下”选项：选中该项，后画的管线位于先画的管线之下，如图 3-12 所示。（先画水平管线，再画垂直管线）

图 3-10　生成四通　　图 3-11　管线置上　　图 3-12　管线置下

3.3 沿线绘管

调用沿线绘管命令，可以沿着指定的线段（LINE、PLINE、ARC 或者天正墙线）绘制与其相互平行的管线。如图 3-13 所示为沿线绘管命令的操作结果。

沿线绘管命令的执行方式有：

➢　命令行：输入 YXHG 命令按回车键。

➢　菜单栏：单击“管线”→“沿线绘管”命令。

下面以如图 3-13 所示的沿线绘管结果为例，介绍调用沿线绘管命令的方法。

01 按 Ctrl+O 组合键，打开配套光盘提供的“第 3 章/ 3.3 沿线绘管.dwg”素材文件，结果如图 3-14 所示。

02 输入 YXHG 命令按回车键，系统弹出【管线】对话框，同时命令行提示如下：

命令：YXHG↙

请点取管线的起始点（注意，点取靠近线的一侧，不要点在线上）[输入参考点(R)]<退出>:

//在A墙体的左侧单击左键。

请拾取布置管线需要沿的直线、弧线、墙线 <退出> //点取A墙体的内墙线。

请输入距线距离<180>300

请拾取下一段PLINE、直线、弧线 <退出> //点取 B 墙体，完成沿线绘管的操作如图3-13所示。

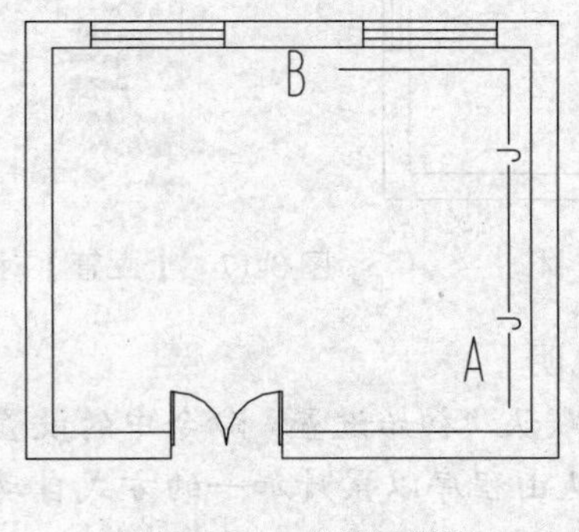

图3-13 沿线绘管

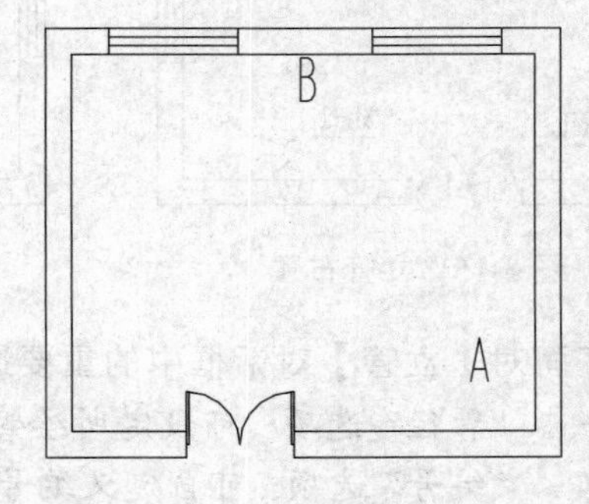

图3-14 打开素材

3.4 立管布置

调用立管布置命令，可以在平面图中绘制立管图形。如图3-15所示为立管布置命令的操作结果。

立管布置命令的执行方式有：

➢ 命令行：输入LGBZ命令按回车键。

➢ 菜单栏：单击“管线”→“立管布置”命令。

下面以如图3-15所示的立管布置结果为例，介绍调用立管布置命令的方法。

01 按Ctrl+O组合键，打开配套光盘提供的“第3章/3.4立管布置.dwg”素材文件，结果如图3-16所示。

02 输入LGBZ命令按回车键，系统弹出如图3-17所示的【立管】对话框，同时命令行提示：

命令：LGBZ↙

请指定立管的插入点[输入参考点(R)]<退出>: //在【立管】对话框中选择“任意布置”按钮，在平面图中点取立管的插入点，绘制结果如图3-15所示中编号为JL-1的立管。

请拾取靠近立管的墙线<退出> //在【立管】对话框中选择“墙角布置”按钮，点取墙线，绘制结果如图3-15所示中编号为RJL-1的立管。

请拾取靠近立管的墙线<退出> //在【立管】对话框中选择“沿墙布置”按钮，点取墙线，绘制结果如图3-15所示中编号为XL-1的立管。

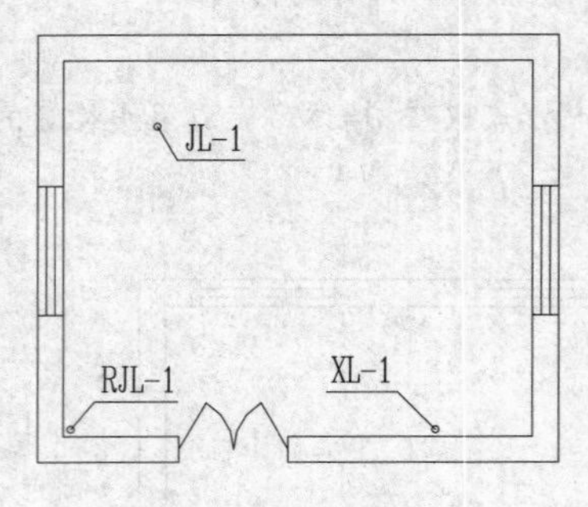

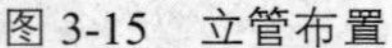

图 3-15　立管布置

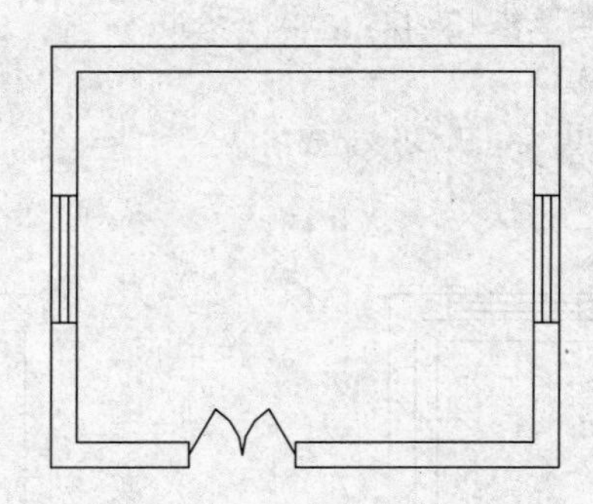

图 3-16　打开素材

图 3-17　【立管】对话框

下面对【立管】对话框中的重要选项进行解释说明：

➢　“管径”选项：可设定所绘管线的半径值，默认“初始设置”命令中的设置结果。

➢　“编号”选项：可自定义编号参数，系统默认由程序以累计加一的方式自动标注。

➢　“布置方式”选项组：

“任意布置”选项：选择该选项，可以在任意指定点布置立管。

“墙角布置”选项：选择该选项，可以在指定的墙角布置立管。

“沿墙布置”选项：选择该选项，可以靠近指定的墙线布置立管。

➢　“底标高”、“顶标高”选项：在这两个选项的文本框中可以设定立管管底、管顶标高。

➢　“楼号”选项：在选项文本框中可自定义前缀楼号。

假如在绘制立管时没有对立管的参数进行设定，在绘制完成后可以对立管的参数进行修改。选择立管，按下 Ctrl+1 组合键，在弹出的【特性】选项板中可以修改立管的参数，如图 3-18 所示。

或者双击立管图形，系统弹出【修改立管】对话框，在其中可以编辑立管的各项参数，如图 3-19 所示。

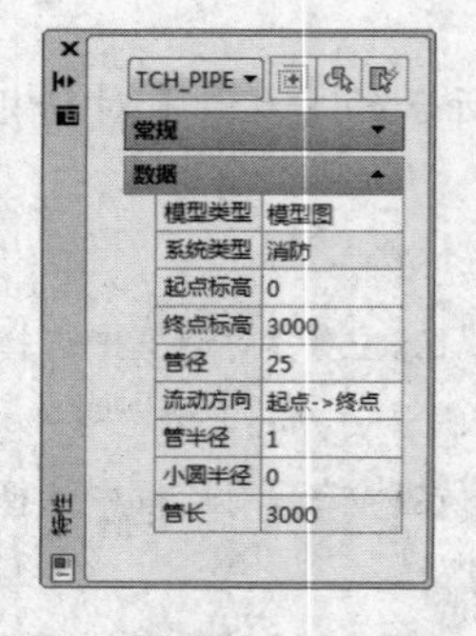

图 3-18　【特性】选项板

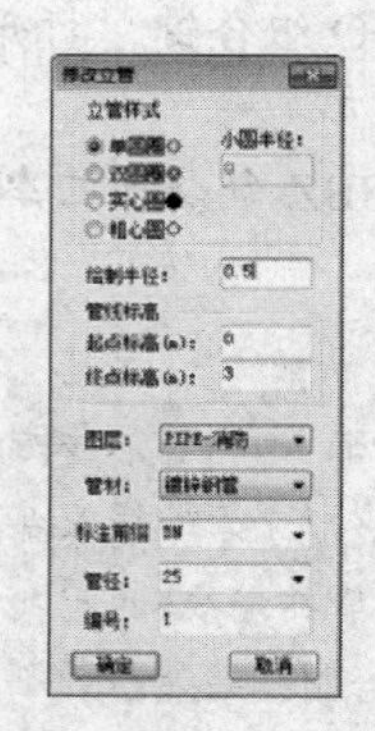

图 3-19　【修改立管】对话框

3.5 上下扣弯

调用上下扣弯命令，可以在指定的平面管线上插入扣弯。如图 3-20、图 3-21 所示为上下扣弯命令的操作结果。

上下扣弯命令的执行方式有：

- 命令行：输入 SXKW 命令按回车键。
- 菜单栏：单击“管线”→“上下扣弯”命令。

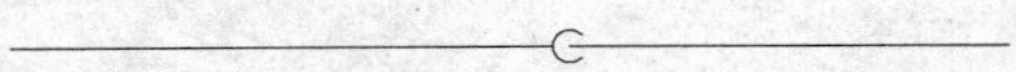

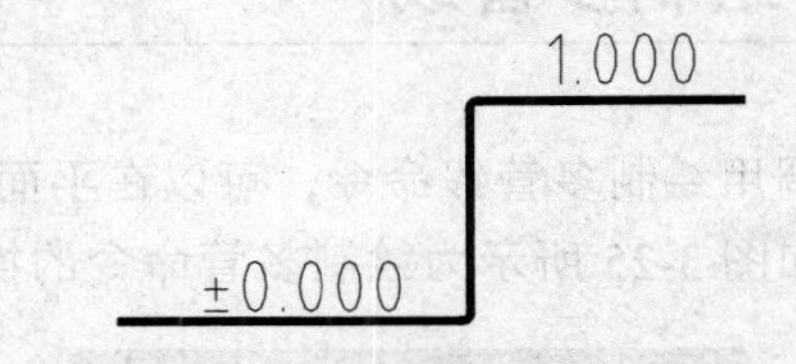

图 3-20　上下扣弯平面显示

图 3-21　上下扣弯立面显示

下面以如图 3-21 所示的上下扣弯结果为例，介绍调用上下扣弯命令的方法。

01 按 Ctrl+O 组合键，打开配套光盘提供的“第 3 章/ 3.5 上下扣弯.dwg”素材文件。

02 输入 SXKW 命令按回车键，命令行提示如下：

```
命令：SXKW↙
请点取插入扣弯的位置<选择 2 管线交叉处插入扣弯>://在已绘制完成的平面管线上单击；
请输入管线的标高(米)<0.000>                    //按下回车键；
请输入管线的标高(米)<0.000>1.000              //输入标高参数，即可完成上下扣弯的操作，结果如图 3-20 所示；将视图转换为“前视图”，可查看上下扣弯命令操作的立面效果，如图 3-21 所示。
```

扣弯的绘制样式有两种，分别是弧形和圆形；执行“初始设置”命令后，在系统弹出的【选项】对话框中选择“天正设置”选项卡，在其中的“扣弯设置”选项组中可以对扣弯样式进行设定，如图 3-22 所示；圆形扣弯的绘制结果如图 3-23 所示。

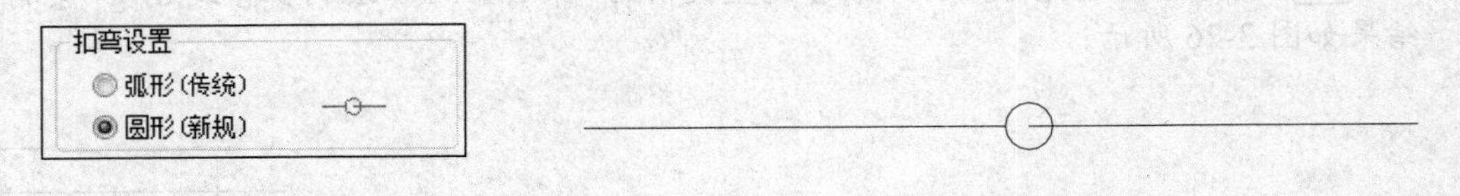

图 3-22　“扣弯设置”选项组

图 3-23　圆形扣弯平面显示

3.6 选择管线

调用选择管线命令，可以按照所设定的条件，对某个系统图的立管及立管编号进行批量选择。

选择管线命令的执行方式有：

➢ 命令行：输入 XZGX 命令按回车键。

➢ 菜单栏：单击“管线”→“选择管线”命令。

输入 XZGX 命令按回车键，系统弹出如图 3-24 所示的【选择管线】对话框。在对话框中可以通过定义管线的种类、分区等，来选择相应的管线图形。可以全部勾选对话框中的所有选项，也可按照需要来选择勾选选项。

3.7 绘制多管线

调用绘制多管线命令，可以在平面图中绘制多根管线，比如冷热管、热给水、热回水等。如图 3-25 所示为绘制多管命令的操作结果。

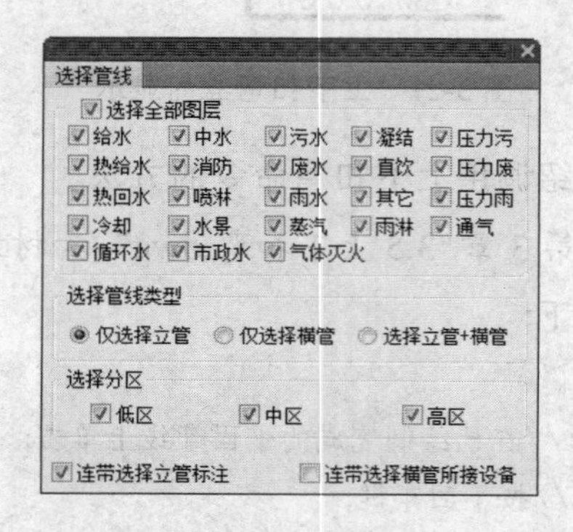

图 3-24 【选择管线】对话框

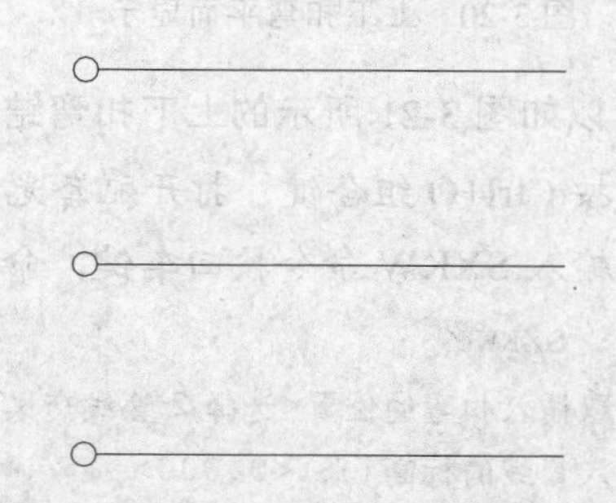

图 3-25 绘制多管

绘制多管命令的执行方式有：

➢ 命令行：输入 HZDG 命令按回车键。

➢ 菜单栏：单击“管线”→“绘制多管线”命令。

下面以如图 3-25 所示的绘制多管线结果为例，介绍调用绘制多管线命令的方法。

01 按 Ctrl+O 组合键，打开配套光盘提供的“第 3 章/ 3.7 绘制多管线.dwg”素材文件，结果如图 3-26 所示。

图 3-26 打开素材

图 3-27 从管线引出来绘制多管线

02 输入 HZDG 命令按回车键，命令行提示如下：

```
命令：HZDG↙
请选择需要引出的立管或管线：<新绘制>指定对角点：找到 3 个
请输入消防管标高<0.0m>：
请输入消防管标高<0.0m>：
请输入消防管标高<0.0m>：        //分别按下回车键；
请输入终点<退出>[生成四通(S)/管线置上(D)/管线置下(F)/回退(U)]：（当前状态:置上）
                            //移动鼠标指定终点，绘制结果如图 3-25 所示。
```

除了可以从立管引出来绘制多管线之外，还可以从管线引出来绘制多管线。执行 HZDG 命令，框选平面管线；点取引出位置点和终点，即可绘制与所选管线相同类型的管线，如图 3-27 所示。

另外一种绘制方法是可以同时绘制立管和多管线。执行 HZDG 命令，单击鼠标右键，系统可弹出如图 3-28 所示的【多立管绘制】对话框。单击对话框中的“增加”按钮，可添加管线；管线名称文本框，在其下拉列表中可以更改管线的类型；“距基点距离”指的是各管线之间的距离。

单击“确定”按钮关闭对话框，在绘图区中先单击指定立管的位置，然后指定管线的终点，即可完成绘制，结果如图 3-29 所示。

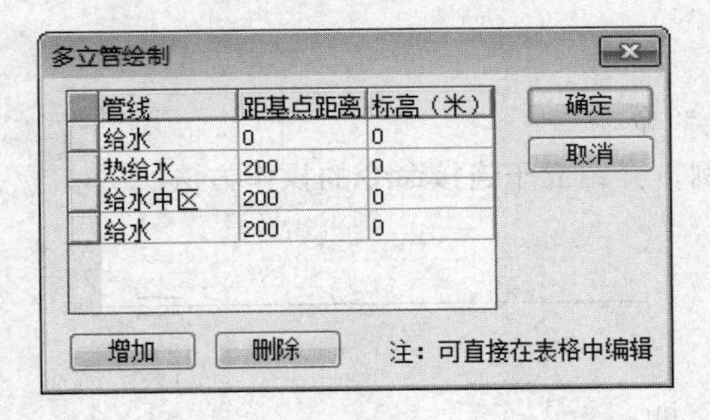

图 3-28 【多立管绘制】对话框

图 3-29 多管绘制结果

3.8 双线水管

调用双线水管命令，可以在平面图中绘制双线水管，并自动生成弯头、三通、法兰和变径。如图 3-30 所示为双线水管命令的操作结果。

双线水管命令的执行方式有：

➢ 命令行：输入 HSXG 命令按回车键。

➢ 菜单栏：单击“管线”→“双线水管”命令。

输入 HSXG 命令按回车键，系统弹出如图 3-31 所示的【绘制双管线】对话框。在对话框中的“管道连接方式”选项组下选择管道的连接方式，在绘图区只需输入双线水管的起点和终点，即可完成双线水管的绘制，结果如图 3-30 所示。

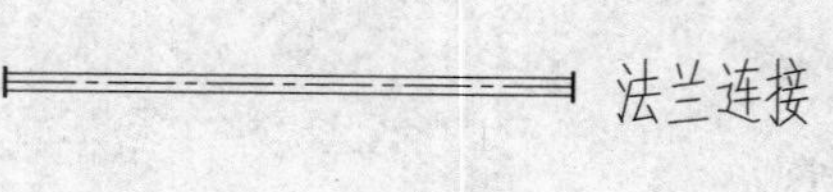

图 3-30　双线水管

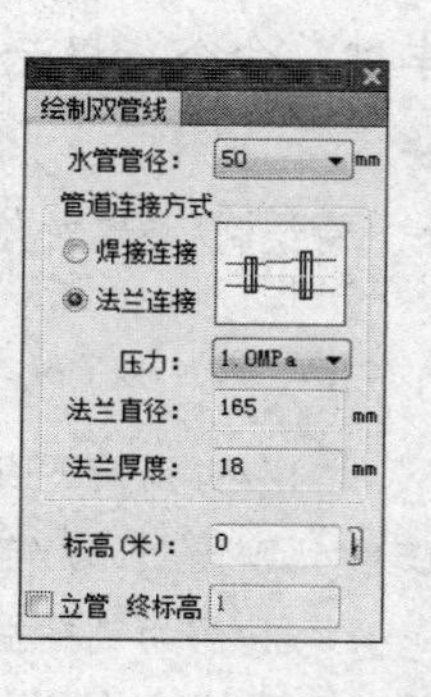

图 3-31　【绘制双管线】对话框

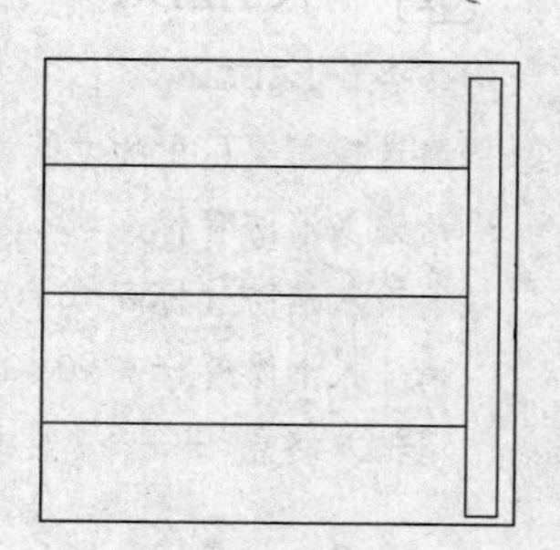

图 3-32　绘制法兰连接

在【绘制双管线】对话框中选择“法兰连接”选项，绘制法兰连接，结果如图 3-32 所示。

3.9 立干连接

调用立干连接命令，可以完成立管与干管之间的连接。

立干连接命令的执行方式有：

- 命令行：输入 LGLJ 命令按回车键。
- 菜单栏：单击“管线”→“立干连接”命令。

下面以如图 3-33 所示的管线连接结果为例，介绍立干连接命令的操作方法。

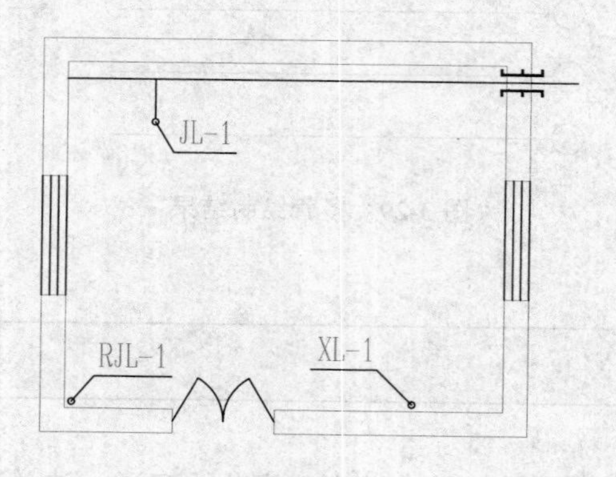

图 3-33　立干连接

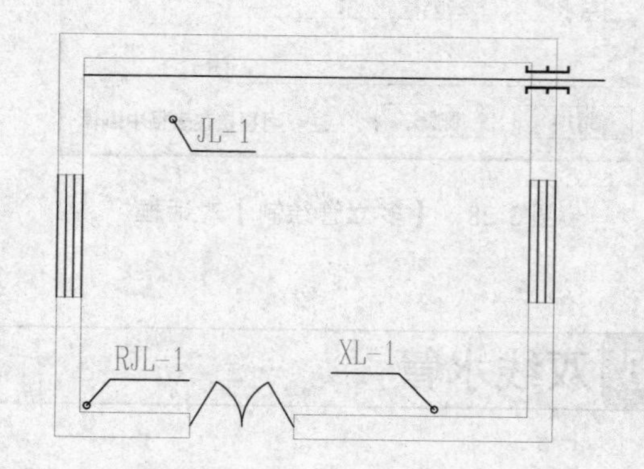

图 3-34　打开素材

01 按 Ctrl+O 组合键，打开配套光盘提供的“第 3 章/ 3.9 立干连接.dwg”素材文件，结果如图 3-34 所示。

02 输入 LGLJ 命令按回车键，命令行提示如下：

```
命令：LGLJ↙
请选择要连接的干管及附近的立管<退出>:找到 2 个
                    //分别选择干管及立管，按下回车键即可完成连接操作，如图 3-33 所示。
```

3.10 管线联动

调用管线联动命令，可以快速移动管线位置，并且与其相关联的管线会产生联动反应。

管线联动命令的执行方式有：

- 命令行：输入 GXLD 命令按回车键。
- 菜单栏：单击“管线”→“管线联动”命令。

下面以如图 3-35 所示的管线联动结果为例，介绍管线联动命令的操作方法。

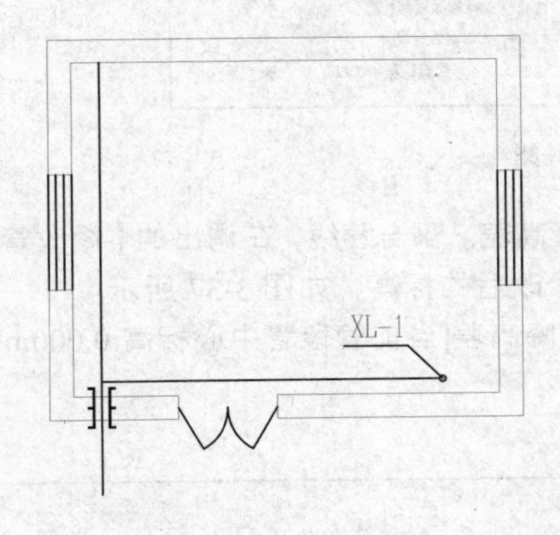

图 3-35 管线联动

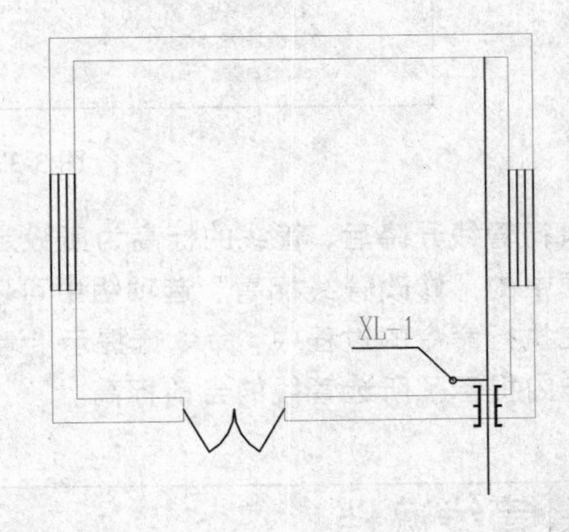

图 3-36 打开素材

01 按 Ctrl+O 组合键，打开配套光盘提供的“第 3 章/ 3.10 管线联动.dwg”素材文件，结果如图 3-36 所示。

02 输入 GXLD 命令按回车键，命令行提示如下：

```
命令： GXLD↙
请选择需要移动的管段：<退出>            //选择消防干管。
与其相交管段是否联动：[Y/N]:<Y>Y↙  //按下回车键选择 Y。
请点取位置点：<退出>                    //向左移动光标，完成管线联动的操作，结果如图 3-35
所示。
```

3.11 管线升降

调用管线升降命令，可将某段管线的某一部分进行升高或降低。

管线升降命令的执行方式有：

- 命令行：输入 GXSJ 命令按下回车键。
- 菜单栏：单击“管线”→“管线升降”命令。

输入 GXSJ 命令按下回车键，命令行提示如下：

命令：GXSJ↙

请选取水管上第一点<退出>:

请选取该水管上第二点<退出>:　　　　　　　　//在管线上单击指定第一点、第二点，系统将对两点间的管线段进行升降操作。

请输入升降高差[当前管段管中心标高:0.000m]:<退出>5

　　　　　　　　//输入高差值，按下回车键即可完成升降操作。

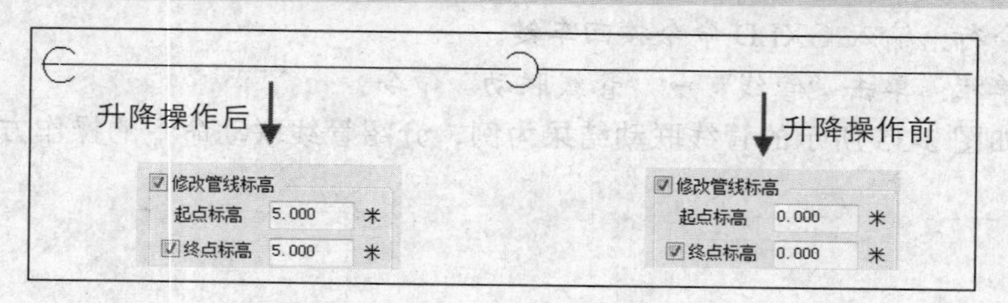

图 3-37　管线升降

执行管线升降后，管线的标高为所设定的升降高差。双击管线，在调出的【修改管线】对话框中的“修改管线标高”选项组中可以查看修改后的标高，如图 3-37 所示。

在执行命令的过程中，命令行提示“请输入升降高差[当前管段管中心标高:0.000m]:”，中括号内提示了所选管线的当前标高。

3.12 管线遮挡

调用管线遮挡命令，可将管线的某段进行遮挡。

管线遮挡命令的执行方式有：

- 命令行：输入 GXZD 命令按下回车键。
- 菜单栏：单击“管线”→“管线遮挡”命令。

输入 GXZD 命令按下回车键，系统调出【管线遮挡】对话框。在对话框中可以设置遮挡间距参数，如图 3-38 所示。

同时命令行提示如下：

命令：GXZD↙

请选择插入点:<退出>　　　　　　//在管线上点取插入点，遮挡结果如图 3-39 所示。

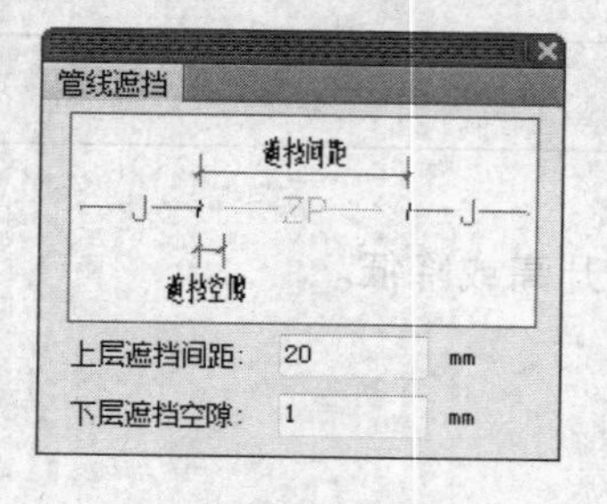

图 3-38　【管线遮挡】对话框

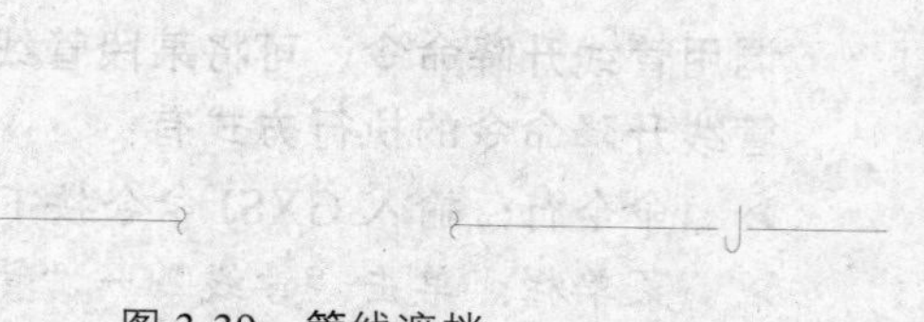

图 3-39　管线遮挡

3.13 管线打断

调用管线打断命令，可以将一段完整的管线从选取的两点之间打断，使其变成两端独立的管线。如图3-40所示为管线打断命令的操作结果。

管线打断命令的执行方式有：

- 命令行：输入GXDD命令按回车键。
- 菜单栏：单击“管线”→“管线打断”命令。

下面以如图3-40所示的管线打断结果为例，介绍调用管线打断命令的方法。

01 按Ctrl+O组合键，打开配套光盘提供的“第3章/3.13 管线打断.dwg”素材文件，结果如图3-41所示。

02 输入GXDD命令按回车键，命令行提示如下：

命令：GXDD↙

请选取要打断管线的第一截断点<退出>：　　//单击A点；

再点取该管线上另一截断点<退出>：　　//单击B点，绘制管线打断的结果如图3-40所示。

A　B

图3-40　管线打断

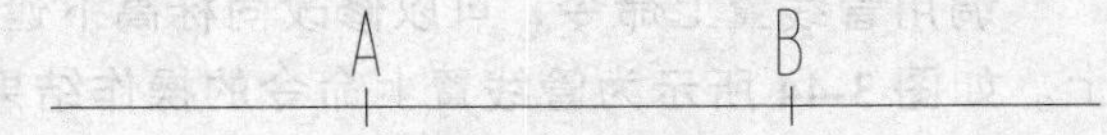

A　B

图3-41　打开素材

> **提示**
>
> 执行管线打断后，管线即成为两段独立的管线；而管线交叉处的打断只是由优先级或标高所决定的遮挡，管线并没有被打断。因此不能使用此命令对管线交叉处进行打断。

3.14 管线连接

调用管线连接命令，可以将处于同一水平线上的两段管线相连成一段完整的管线；或将延长线相互垂直的两条管线连接成直角。如图3-42所示为管线连接命令的操作结果。

管线连接命令的执行方式有：

- 命令行：输入GXLJ命令按回车键。
- 菜单栏：单击“管线”→“管线连接”命令。

下面以如图3-42所示的管线连接结果为例，介绍调用管线连接命令的方法。

01 按Ctrl+O组合键，打开配套光盘提供的“第3章/3.14 管线连接.dwg”素材文件，结果如图3-43所示。

[02] 输入 GXLJ 命令按回车键，命令行提示如下：

命令：GXLJ↙

请拾取要连接的第一根管线 <退出>:

请拾取要连接的第二根管线 <退出>:　　　　　　//分别点取 A 管线和 B 管线，连接管线的结果如图 3-42 所示。

图 3-42　管线连接 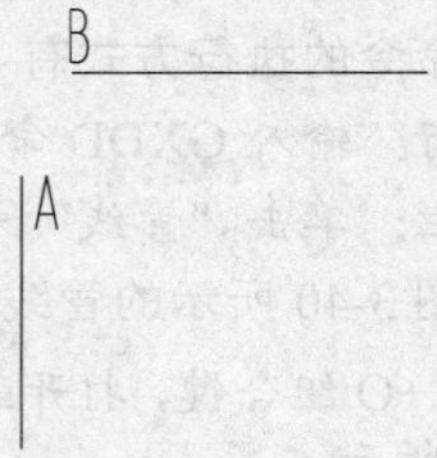　　　　　　图 3-43　打开素材

3.15 管线置上

调用管线置上命令，可以修改同标高下遮挡优先级别低的管线，使其置于其他管线之上。如图 3-44 所示为管线置上命令的操作结果。

管线置上命令的执行方式有：

➢ 命令行：输入 GXZS 命令按回车键。

➢ 菜单栏：单击“管线”→“管线置上”命令。

下面以如图 3-45 所示的管线置上结果为例，介绍调用管线置上命令的方法。

[01] 按 Ctrl+O 组合键，打开配套光盘提供的“第 3 章/ 3.15 管线置上.dwg”素材文件，结果图 3-46 所示。

[02] 输入 GXZS 命令按回车键，命令提示如下：

命令：GXZS↙

请选择需要置上的管线<退出>找到 1 个　　　　//选择 A 管线，即可完成管线置上的操作，结果如图 3-44 所示。

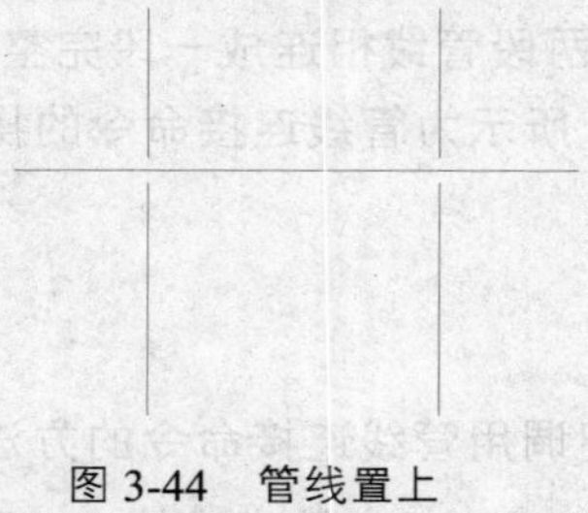

图 3-44　管线置上 　　　　　　图 3-45　打开素材

已经形成四通的相互交叉的管线，调用“管线连接”命令将其中的两段管线连接；执行“管线置上”命令，可以使其遮挡关系优先。

3.16 管线置下

调用管线之下命令，可以修改同标高下遮挡优先级别的管线，使其置于其他管线之下。

管线置下命令的执行方式有：

- 命令行：输入 GXZX 命令按回车键。
- 菜单栏：单击“管线”→“管线置下”命令。

输入 GXZX 命令按回车键，选择需要置下的管线，即可完成管线置下的操作。

提示

执行初始设置命令，在“管线设置”选项组下可以设置管线打断的间距，如图 3-46 所示。

3.17 管线延长

调用管线延长命令，可以沿着管线方向延长管线端点，并支持相关管线及设备的联动。如图 3-47 所示为管线延长命令的操作结果。

管线延长命令的执行方式有：

- 命令行：输入 GXYC 命令按回车键。
- 菜单栏：单击“管线”→“管线延长”命令。

下面以如图 3-47 所示的管线延长结果为例，介绍调用管线延长命令的方法。

01 按 Ctrl+O 组合键，打开配套光盘提供的“第 3 章/ 3.17 管线延长.dwg”素材文件，结果如图 3-48 所示。

02 输入 GXYC 命令按回车键，命令行提示如下：

命令： GXYC↙

请拾取要延长的管线（注意点取靠近要延长的端点） <选择附件延长管线>：　//单击 A 管线的端点。

请点取延长位置点:<退出>　//向右移动鼠标，单击指定延长的位置点，延长的结果如图 3-47 所示。

3.18 套管插入

调用套管插入命令，可以给穿墙管线插入保护套管。如图 3-49 所示为套管插入命令的操作结果。

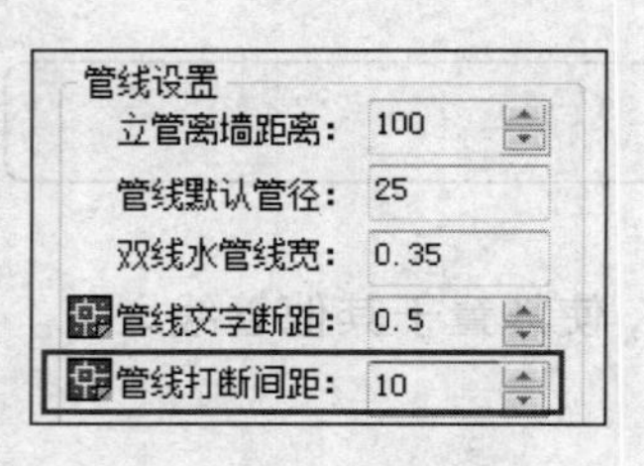

图 3-46 设置打断间距

图 3-47 管线延长

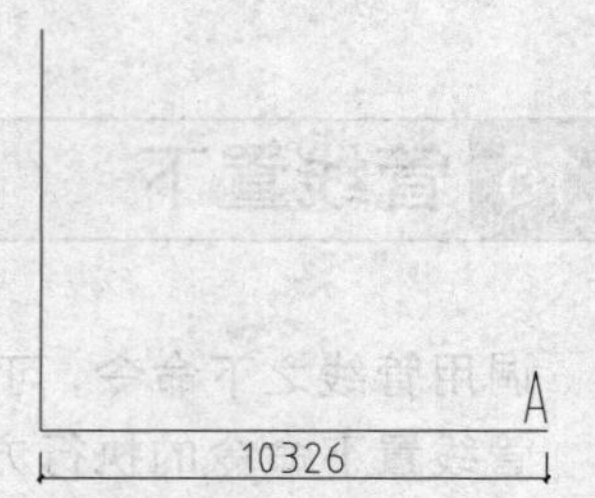

图 3-48 打开素材

套管插入命令的执行方式有：

➢ 命令行：输入 TGCR 命令按回车键。

➢ 菜单栏：单击“管线”→“套管插入”命令。

下面以如图 3-49 所示的套管插入结果为例，介绍调用套管插入命令的方法。

[01] 按 Ctrl+O 组合键，打开配套光盘提供的“第 3 章/ 3.18 套管插入.dwg”素材文件，结果如图 3-50 所示。

[02] 输入 TGCR 命令按回车键，命令行提示如下：

```
命令: TGCR↙
请选择穿墙管线[墙体插入套管(W)]<退出>:找到 1 个
                    //选择待插入套管的管线，按下回车键，系统弹出如图 3-51 所示的【套管类型】对话框；选择套管类型，单击“确定”按钮，即可完成套管的插入，如图 3-49 所示。
```

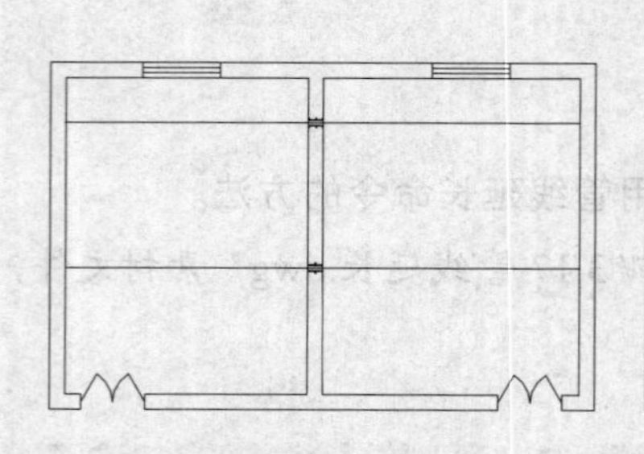

图 3-49 套管插入

图 3-50 打开素材

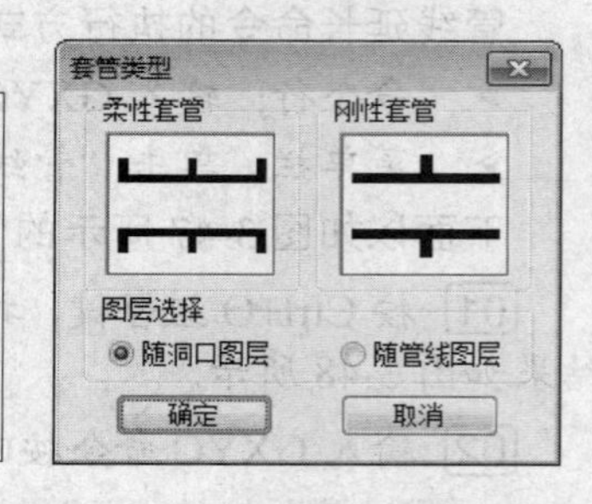

图 3-51 【套管类型】对话框

提示

在执行命令的过程中，输入 W，可在墙体上自定义套管的插入点。

3.19 修改管线

调用修改管线命令，可以修改管线的线型、颜色、线宽、管材等参数。

修改管线命令的执行方式有：

➢ 命令行：输入 XGGX 命令按回车键。

➢ 菜单栏：单击“管线”→“修改管线”命令。

输入 XGGX 命令按回车键，系统弹出如图 3-52 所示的【修改管线】对话框。在对话框中可以更改管线的图层、颜色、线宽等；勾选指定选项前的复选框，即可在选项后的文本框中修改参数，从而完成该项修改。

在【修改管线】对话框中修改管线的参数后，在【特性】面板中可以查看修改结果，如图 3-53、图 3-54 所示为执行“管线修改”命令前后的对比。

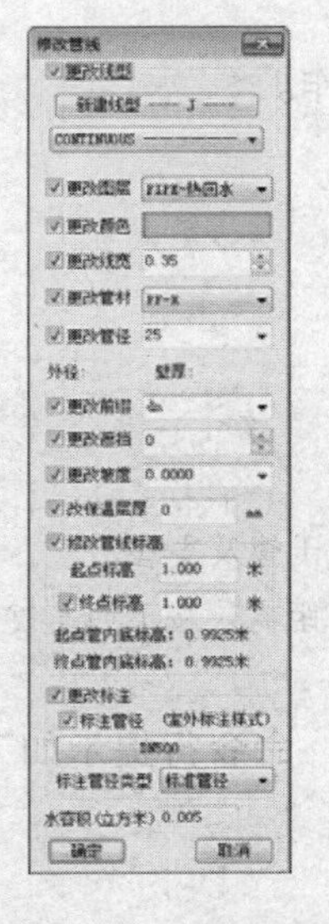

图 3-52 【修改管线】对话框

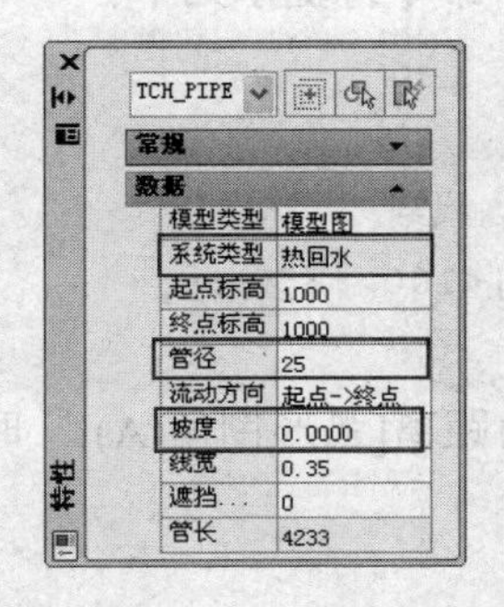

图 3-53 管线修改前

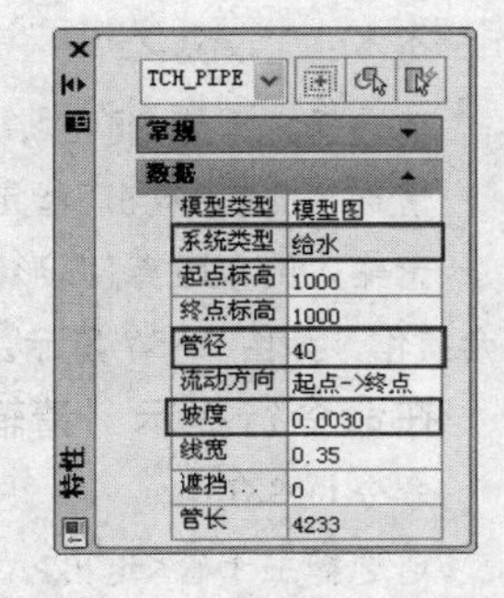

图 3-54 管线修改后

3.20 单管标高

调用单管标高命令，可以标注或修改所选的管线或立管的标高。如图 3-55 所示为单管标高的操作结果。

单管标高命令的执行方式有：

➢ 命令行：输入 DGBG 命令按回车键。

➢ 菜单栏：单击“管线”→“单管标高”命令。

下面以如图 3-55 所示的单管标高结果为例，介绍调用单管标高命令的方法。

01 调用 HZGX 命令，在绘图区中绘制一根管线，如图 3-56 所示。

02 修改管线标高。输入 DGBG 命令按回车键，命令行提示如下：

```
命令：DGBG↙
请选择管线(右键进行标高修改，左键对选中管线标高标注)<退出>:
请点取标高方向<当前>:.REDRAW                    //单管标高的结果如图 3-55 所示。
```

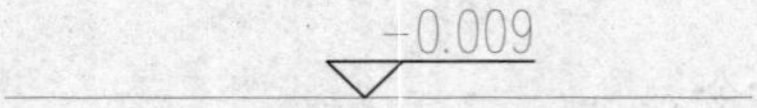

图 3-55　单管标高　　　　　　　　图 3-56　绘制管线

3.21 管线倒角

调用管线倒角命令，通过指定倒角距离来对管线执行倒角操作。

管线倒角命令的执行方式有：

- ➢ 命令行：输入 GXDJ 命令按回车键。
- ➢ 菜单栏：单击“管线”→“管线倒角”命令。

输入 GXDJ 命令按回车键，命令行提示如下：

```
命令: GXDJ↙
请选择主干管<退出>
请选择支管<退出>指定对角点: 找到 5 个                    //分别选择干管及支管。
请输入倒角距离[弧形倒角(A)]<100>:350                    //输入倒角距离，按下回车键即可完成
倒角操作，如图 3-57 所示。
```

在命令行提示“请输入倒角距离[弧形倒角(A)]”时，输入 A，命令行提示如下：

```
命令: GXDJ↙
请选择主干管<退出>
请选择支管<退出>指定对角点: 找到 5 个
请输入倒角距离[弧形倒角(A)]<350>:A
请输入倒角半径<100>:300                  //设置倒角半径，倒角结果如图 3-58 所示。
```

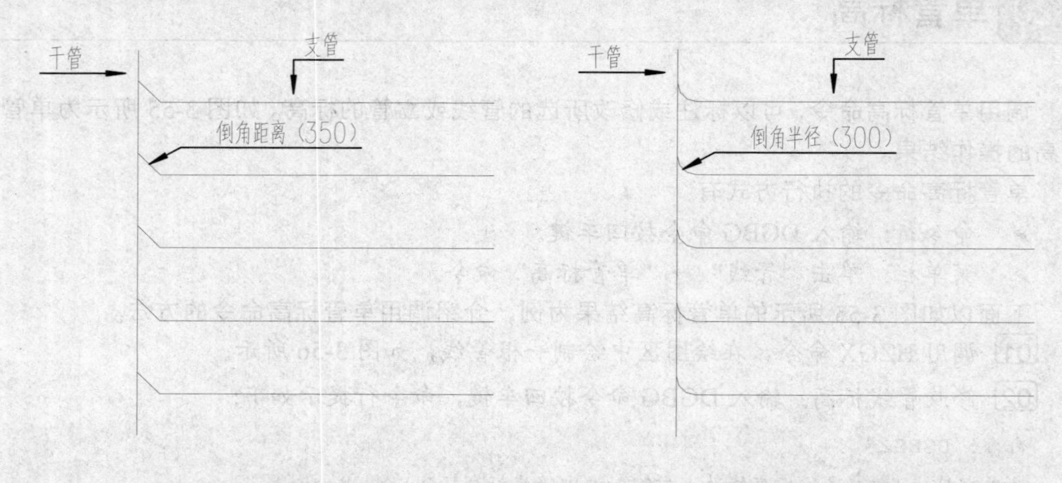

图 3-57　直角倒角　　　　　　　　图 3-58　圆弧倒角

3.22 断管符号

调用断管符号命令，可以在管线的末端插入倒角符号。

断管符号命令的执行方式有：

➢ 命令行：输入 DGFH 命令按回车键。

➢ 菜单栏：单击“管线”→“断管符号”命令。

输入 DGFH 命令按回车键，命令行提示如下：

命令：DGFH↙

请选择需要插入断管符号的管线<退出>找到 4 个　　　　//选择管线，按下回车键即可完成插入断管符号的操作，如图 3-59 所示。

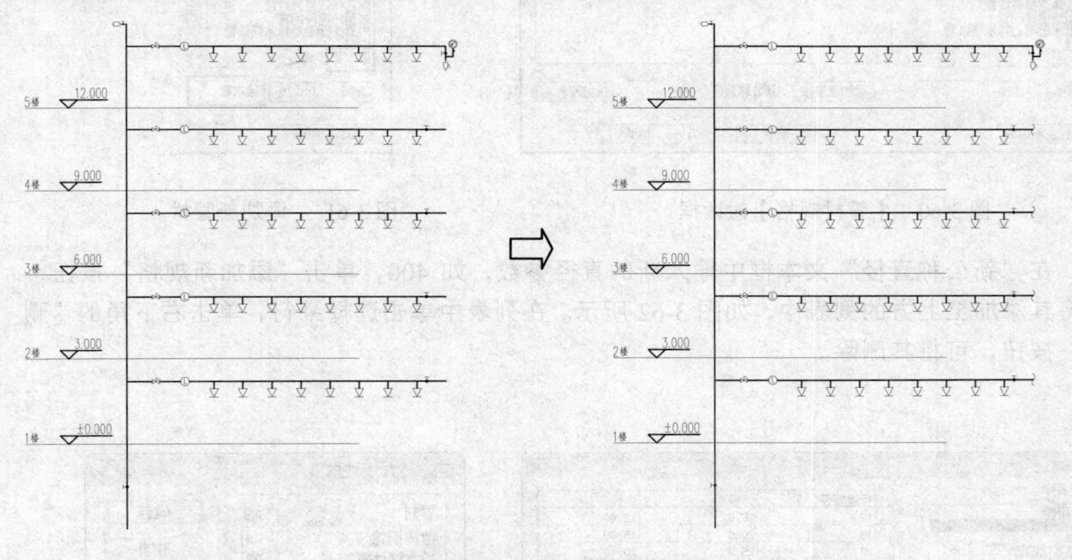

图 3-59　插入断管符号

3.23 管材规格

调用管材规格命令，可以设置系统管材的管径，如公称直径、计算内径、外径。

管材规格命令的执行方式有：

➢ 命令行：输入 GCGG 命令按回车键。

➢ 菜单栏：单击“管线”→“管材规格”命令。

执行“管材规格”命令后，系统调出如图 3-60 所示的【管材规格】对话框。在“管材名称”列表中选择某种管材，在右侧的列表中会显示所选管材已有的“标注管径”、“外径”、“内径”参数。

在“管材名称”列表下的空白文本框中输入新管材的名称，单击“添加”按钮，可将所输入新管材添加至“管材名称”列表中。在列表中选择管材，单击左下角的“删除”按钮，可将管材删除。

如在文本框中输入“废水管”，单击“添加”按钮即可将其添加至列表中，如图 3-61 所示。

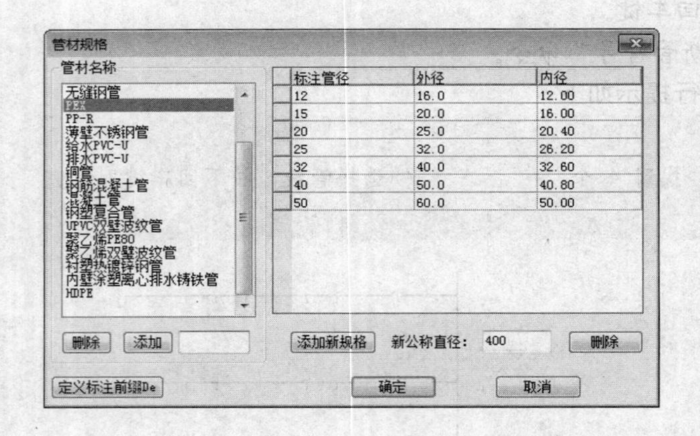

图 3-60 【管材规格】对话框

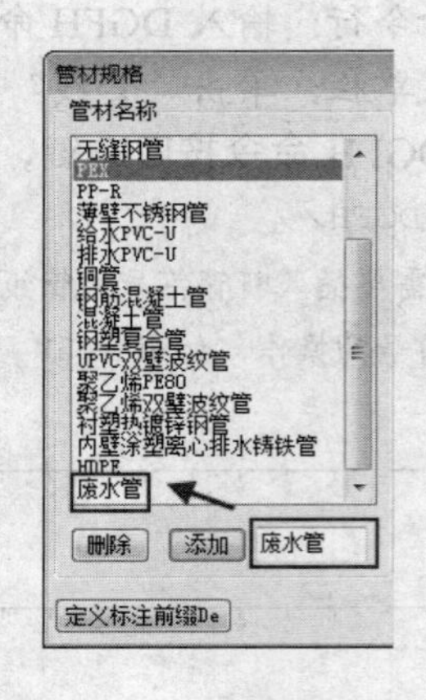

图 3-61 添加新管材

在“新公称直径”文本框中输入新的直径参数，如 400，单击“添加新规格”按钮，可将其添加至上方的列表中，如图 3-62 所示。在列表中单击选择某行，单击右下角的“删除”按钮，可将其删除。

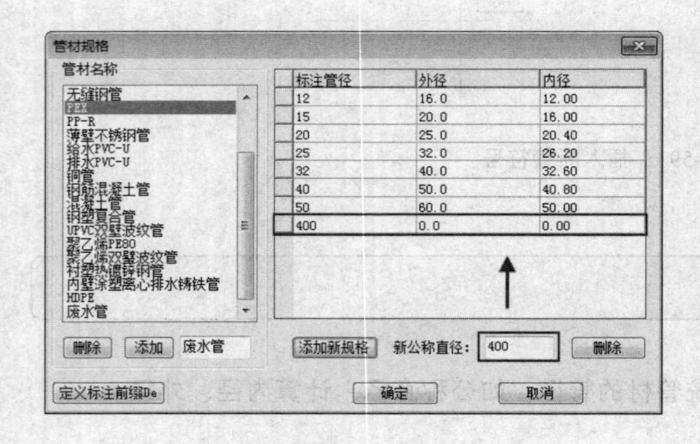

图 3-62 添加新管径

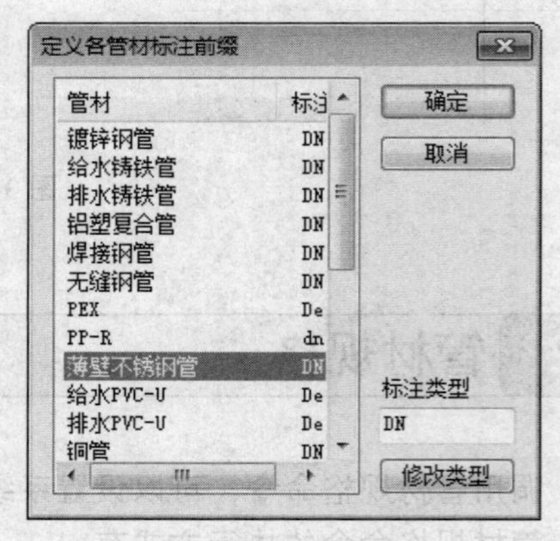

图 3-63 【定义各管材标注前缀】对话框

单击“定义标注前缀 De”按钮，调出【定义各管材标注前缀】对话框，在其中可以定义各类管材的标注前缀。在“标注类型”文本框中输入标注前缀，单击“修改类型”按钮即可完成定义操作，如 图 3-63 所示。

3.24 变更管材

调用变更管材命令，可以统一修改图中某根管材的管线，变更为另外一种管材，同时修改管线标注。

变更管材命令的执行方式有：

➢ 命令行：输入 BGGC 命令按回车键。

➢ 菜单栏：单击“管线”→“变更管材”命令。

执行“变更管材”命令，系统调出【变更管材】对话框。在“原管材”列表中显示了所选管线的管材，在“新管材”列表中显示了多种管材，选择其中的一种可将其赋予目标管线。

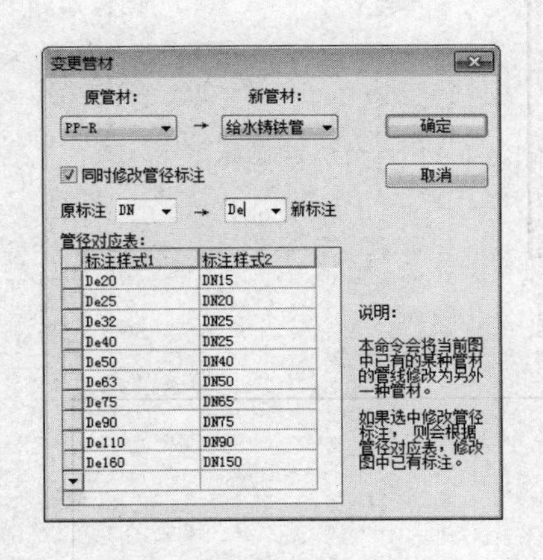

图 3-64 【变更管材】对话框

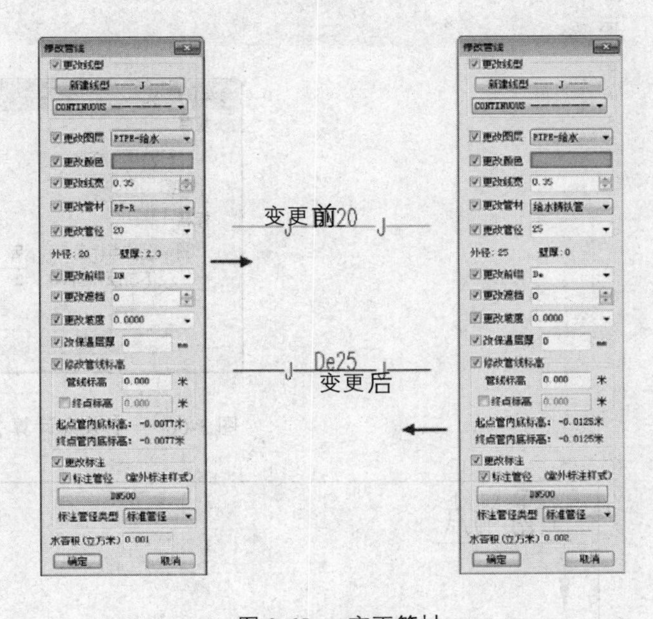

图 3-65 变更管材

勾选“同时修改管径标注”选项，在“原标注”文本框中显示了管材的已有标注前缀，在“新标注”列表中选择其中一种标注前缀，以将其指定给目标管材，如图 3-64 所示。

单击“确定”按钮，命令行提示如下：

```
命令: BGGC↙
请选择要变更的范围:<整张图>找到 1 个
所有要修改管材的管线已经亮显。是否确认变更它们的管材? <N>:Y
                    //输入 Y 按下回车键，变更管材的结果如图 3-65 所示。
```

3.25 坡高计算

调用坡高计算命令，可根据管线的坡度计算连续管线的各段起点和终点标高，也可根据起点终点标高反算管线坡度。

坡高计算命令的执行方式有：

➢ 命令行：输入 PGJS 命令按回车键。

➢ 菜单栏：单击“管线”→“坡高计算”命令。

输入 PGJS 命令按回车键，命令行提示如下：

命令：PGJS↙

请选择管线下游端点[选择上游端点(S)]<退出>: //系统调出【坡高计算】对话框，在对话框中勾选“上游点标高”选项，如图 3-66 所示。

请选择上游端点位置<退出> //点取上游端点，完成坡高计算操作，如图 3-67 所示。

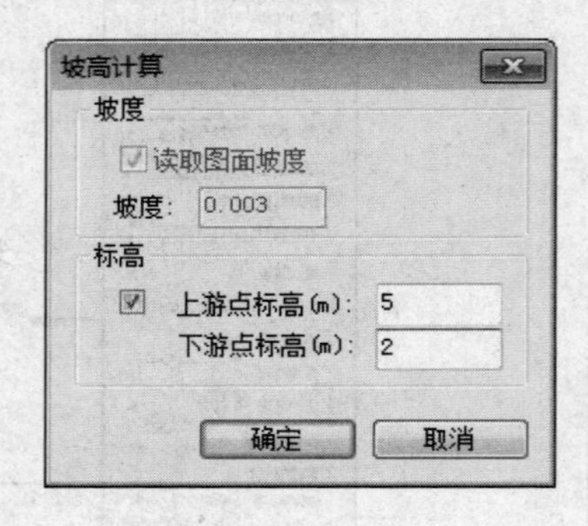

图 3-66 【坡高计算】对话框

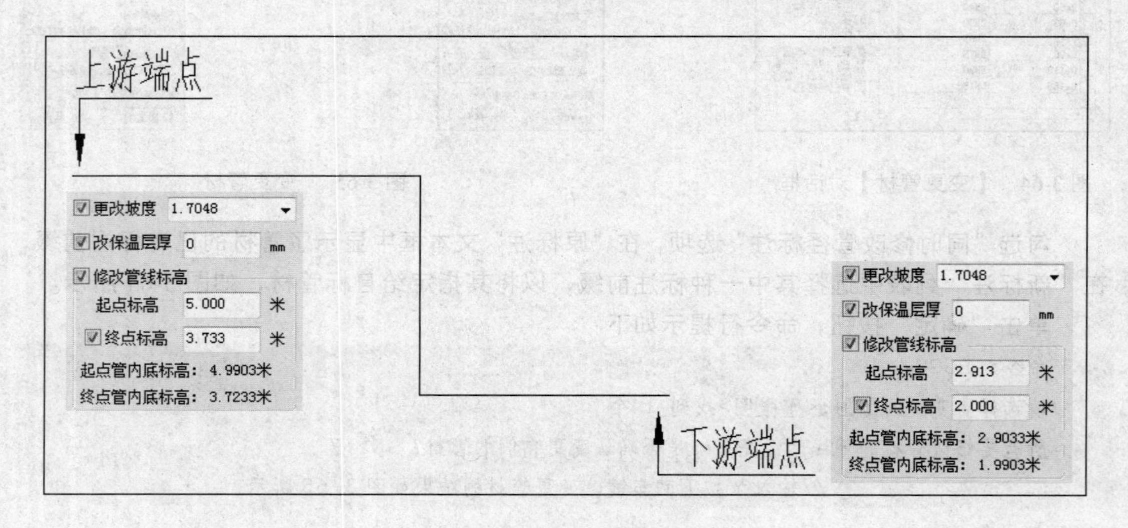

图 3-67 坡高计算

3.26 碰撞检查

调用碰撞检查命令，可将图中管线交叉的地方用红叉表示出来，提醒用户修改管线标高。

碰撞检查命令的执行方式有：

➢ 命令行：输入 3WPZ 命令按回车键。

➢ 菜单栏：单击“管线”→“碰撞检查”命令。

执行“碰撞检查”命令，在如图 3-68 所示的【碰撞检查】对话框中单击“开始碰撞检查”按钮，命令行提示如下：

```
命令：3wpz↙
请选择碰撞检查的对象(对象类型:土建 桥架 风管 水管 )<退出>:指定对角点：找到 4 个
```

单击“标注”按钮，可将检查结果标注于图上。

在【碰撞检查】对话框中单击“设置”按钮，在【设置】对话框中可以对碰撞检查的条件进行设置，如图 3-69 所示。

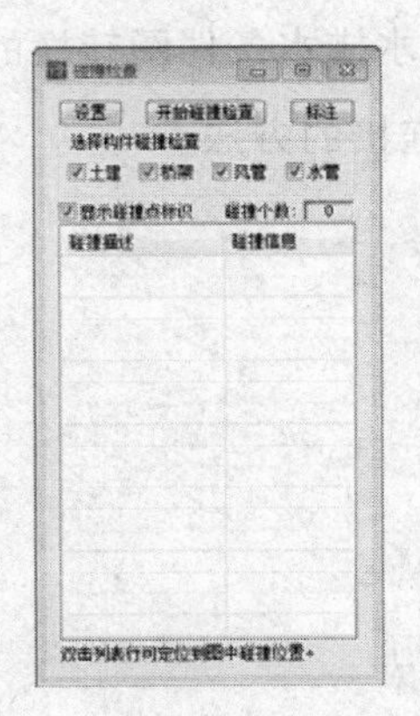

图 3-68 【碰撞检查】对话框

图 3-69 【设置】对话框

3.27 管线粗细

调用管线粗细命令，用来设置当前图中所有的管线是否加粗。

管线粗细命令的执行方式有：

➢ 命令行：输入 GXCX 命令按回车键。

➢ 菜单栏：单击“管线”→“管线粗细”命令。

执行“管线粗细”命令，可控制管线在粗线显示与细线显示之间切换。

第4章

给水排水平面

● 本章导读

本章介绍给水排水平面相关命令的调用，包括转条件图、布置/编辑洁具等命令。转条件图命令介绍从建筑图到给水排水条件图转换的方法；平面命令则介绍了布置洁具以及管线与洁具连接的方法。

● 本章重点

◈ 转条件图
◈ 平面

4.1 转条件图

T20-WT V2.0 中转条件图命令可以实现建筑图到给水排水条件图的转换，且可同时过滤掉一些与给水排水专业设计无关的图块。

本节为读者介绍转条件图命令的调用方法。

调用转条件图命令，可以根据需要对当前开启的一张建筑图进行给水排水条件图转换，在此基础上进行给水排水平面图的绘制。

转条件图命令的执行方式有：

➢ 命令行：输入 ZTJT 命令按回车键。

➢ 菜单栏：单击“平面”→“转条件图”命令。

下面以具体实例介绍调用转条件图命令的方法。

01 按 Ctrl+O 组合键，打开配套光盘提供的“第 4 章/ 4.1 转条件图.dwg”素材文件，结果如图 4-1 所示。

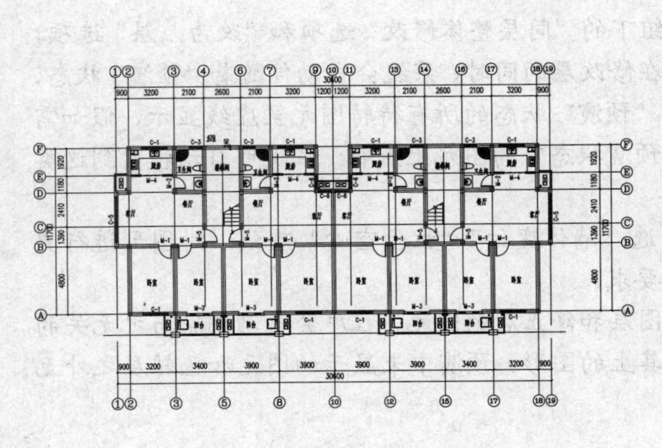

图 4-1 打开素材

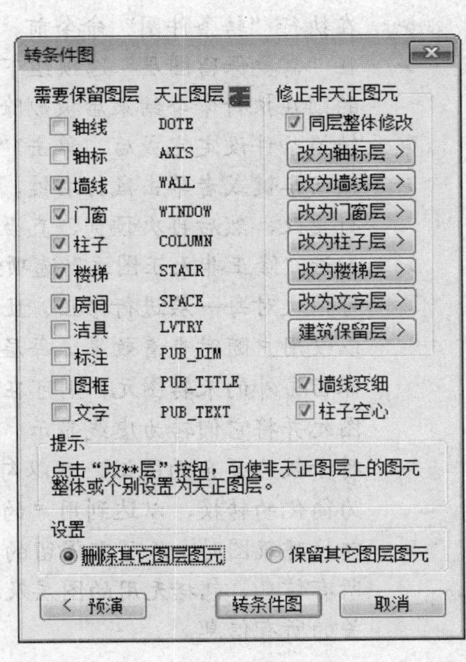

图 4-2 【转条件图】对话框

02 输入 ZTJT 命令按回车键，系统弹出【转条件图】对话框，设置参数如图 4-2 所示。

03 单击“转条件图”按钮，在绘图区中框选待转换的建筑平面图；按回车键即可完成转换操作，结果如图 4-3 所示。

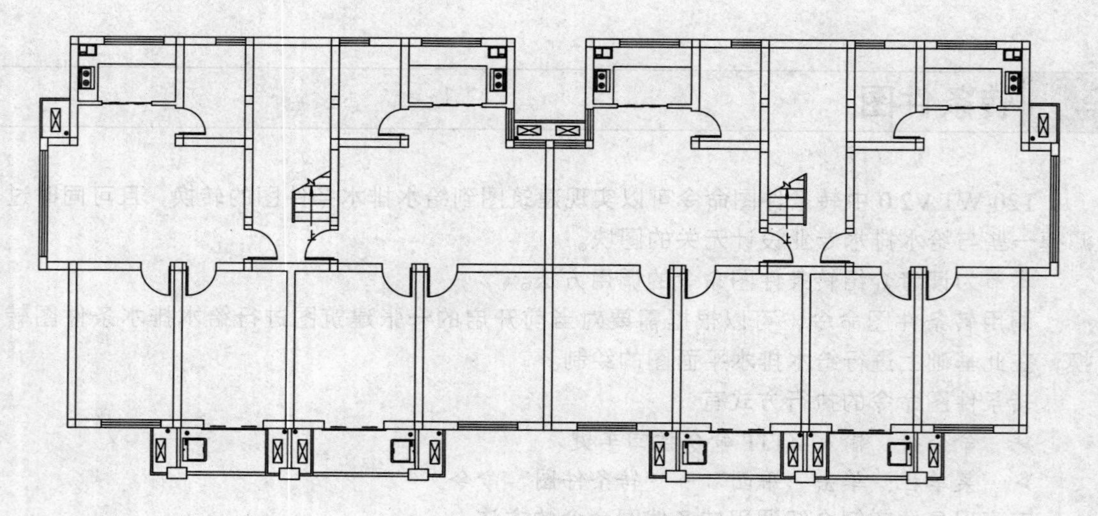

图 4-3　转条件图结果

下面对在执行“转条件图”命令过程中一些应注意的事项进行说明：

- 在执行“转条件图”命令前，要先打开一张 DWG 图纸。
- 在“需要保留图层”选项组下，被勾选的图层及其上面的图形被保存，未被勾选的则在执行命令结束后被删除。
- 转换条件设定完成后，单击“预览”按钮，可以在绘图区中预览转换后的效果。
- 按回车键或者单击鼠标右键，可以返回【转条件图】对话框；继续对转换条件进行更改，然后再次预览，直至满意为止。
- 勾选“修正非天正图元”选项组下的“同层整体修改”选项和“改为...层”选项，可依次对每一层进行修正。且在修改层的同时，系统会自动伴随着“预演”状态，以便用户随时查看效果。每层“预演”状态的所有待转图元呈虚线显示，假如需保留另外的未转图元，则可在预演状态下的图元上点取；系统可自动搜索到这类图元并将它们转为虚线显示。
- 对于较为复杂的图纸，可以勾选“墙体变细”“柱子空心”虚线；对图形进行更为简化的转换，以达到用户的要求。
- 转换建筑图时，除了需保留的图层和修正后的图元，程序会自动删除与之无关的所有信息，包括无用的图层及其上的图形、预演中未显示的图元和已转层之外无关的所有信息。

4.2 平面

T20-WT V2.0 中平面菜单的相关命令包括任意洁具、定义洁具、管连洁具等，这些命令可以在平面图上布置洁具，布置隔断、隔板并进行奇数、偶数分格等操作。

本节为读者介绍这类命令的调用结果。

4.2.1 任意洁具

调用任意洁具命令，可以在厨房或者卫生间中任意布置卫生洁具。如图 4-4 所示为任意洁具命令的调用方法。

任意洁具命令的执行方式有：

➢ 命令行：输入 RYJJ 命令按回车键。

➢ 菜单栏：单击“平面”→“任意洁具”命令。

下面以图 4-4 所示的任意洁具结果为例，介绍调用任意洁具命令的方法。

01 按 Ctrl+O 组合键，打开配套光盘提供的“第 4 章/ 4.2.1 任意洁具.dwg”素材文件，结果如图 4-5 所示。

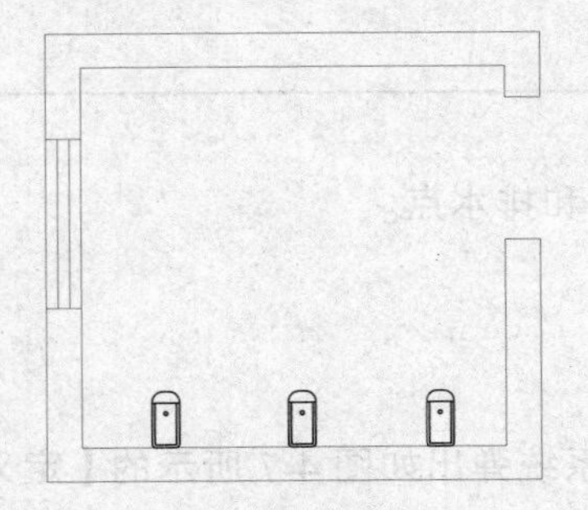

图 4-4 任意洁具

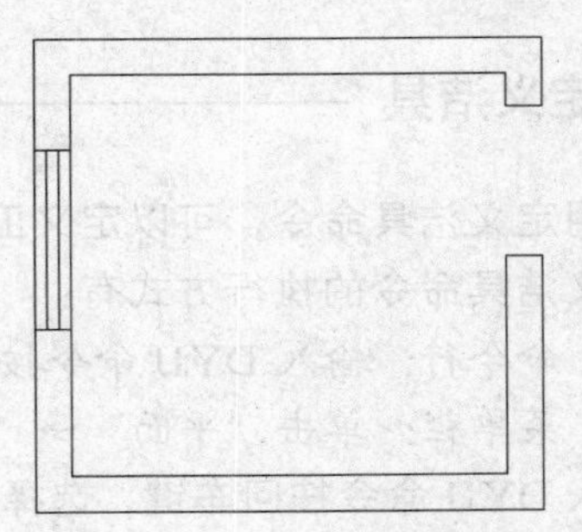

图 4-5 打开任意洁具素材

02 输入 RYJJ 命令按回车键，在调出的【T20 天正给水排水软件图块】对话框中选择洁具图形，如图 4-6 所示。

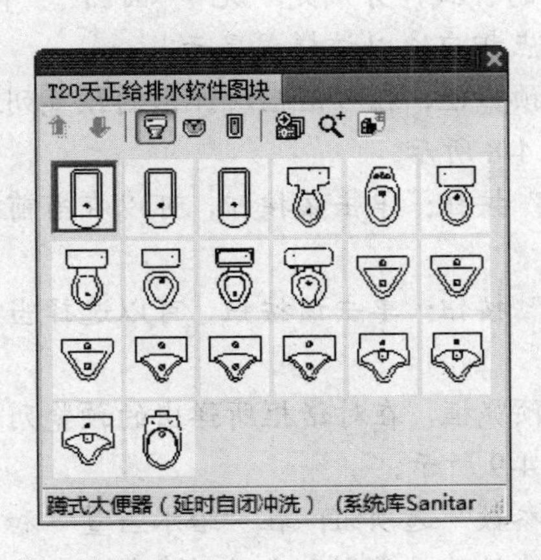

图 4-6 【T20 天正给水排水软件图块】对话框

03 同时命令行提示如下：

```
命令：RYJJ↙
请指定洁具的插入点 [90° 旋转(A)/左右翻转(F)/放大(E)/缩小(D)/距墙距离(C)/替换(P)]<退出>:A                    //输入 A，选择“90° 旋转”选项.
```

请指定洁具的插入点 [90° 旋转(A)/左右翻转(F)/放大(E)/缩小(D)/距墙距离(C)/替换(P)]<退出>: //分别指定洁具的插入点，任意布置洁具，结果如图 4-4 所示。

提示

下面介绍命令执行过程中一些选项的含义：

左右翻转(F)：输入 F，可以对洁具图形进行左右翻转的操作。

放大(E)：输入 E，可成倍放大洁具。

缩小(D)：输入 D，可成倍缩小洁具。

替换(P)：输入 P，可将洁具替换成所选择的替换洁具。

4.2.2 定义洁具

调用定义洁具命令，可以定义卫生洁具的给水点和排水点。

定义洁具命令的执行方式有：

- 命令行：输入 DYJJ 命令按回车键。
- 菜单栏：单击“平面”→“定义洁具”命令。

输入 DYJJ 命令按回车键，选择待定义的洁具，系统弹出如图 4-7 所示的【定义洁具】对话框。

- “给水点”选项组：“冷水给水点位置”按钮、“热水给水点位置”按钮：单击这两个按钮，可以在当前的洁具图形中选取冷、热水给水位置。在这两个按钮下，显示了三种给水点的样式，分别是“无”“圆圈”“十字叉”。单击选择相应的选项，则指定的给水点相应地以该样式显示。
- 点取“系统图块”预览框，在对话框所弹出的预览列表中可以选择所需要的给水点附件形式，如图 4-8 所示。
- “指定排水点位置”按钮：单击该按钮，可以在当前的洁具图形中指定排水点的位置。
- “选择已有排水圆”按钮：单击该按钮，可以选择当前洁具中已有的排水圆作为排水点。
- 点取“系统图块”预览框，在对话框所弹出的预览列表中可以选择所需要的排水点附件形式，如图 4-9 所示。
- “非住宅给水计算参数”选项组：在“给水当量”和“额定流量”选项文本框系统中均按照前面所选的洁具类型和定义的参数来给出相应的参数。假如要修改，可以单击“给水当量”文本框后面的按钮，系统会弹出如图 4-10 所示的【卫生器具给/排水额定流量/当量】对话框，其中显示了各种类型的洁具相对应的额定流量、当量等参数。选定其中的一组，单击“确定”按钮关闭对话框，即可完成参数的修改。
- “排水计算参数”选项组：在“排水当量”“额定流量”选项文本框中显示了系

统默认的指定类型的洁具的参数；单击“排水当量”文本框后的按钮，系统照样会弹出如图 4-11 所示的【卫生器具给/排水额定流量/当量】对话框；单击选中其中一组即可完成参数的修改。

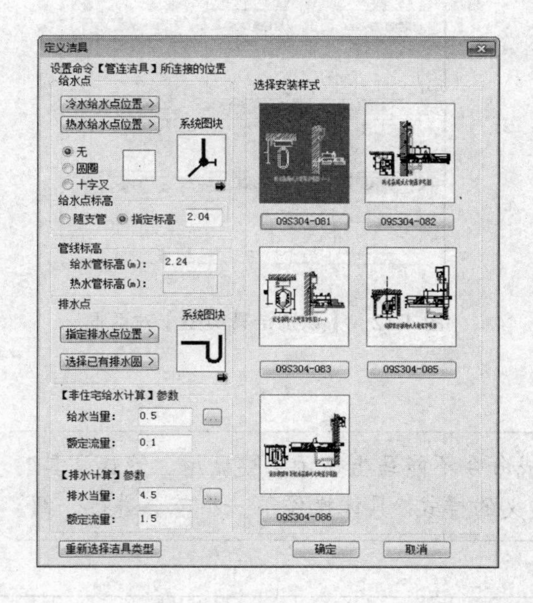

图 4-7 【定义洁具】对话框

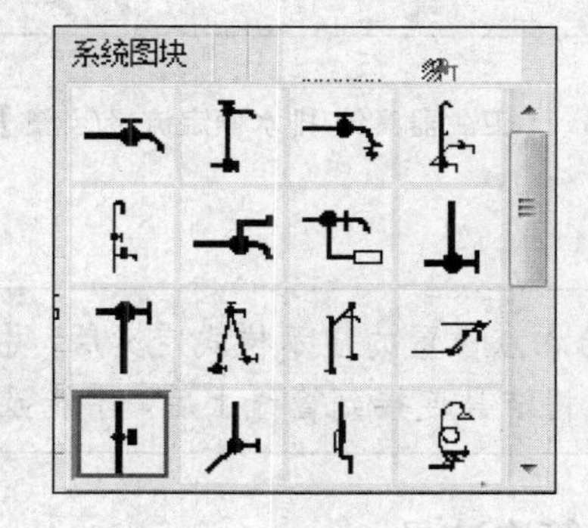

图 4-8 选择给水点附件形式

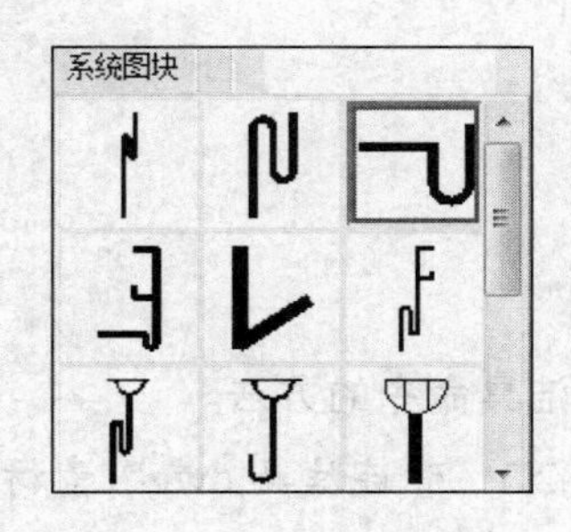

图 4-9 选择排水点附件形式

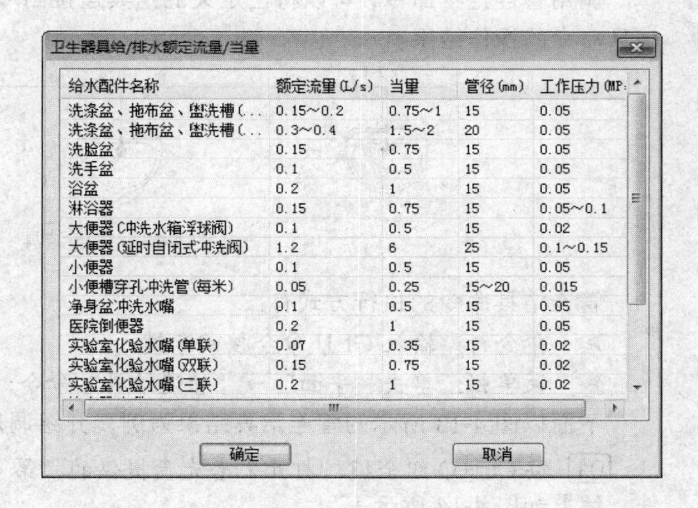

图 4-10 【卫生器具给/排水额定流量/当量】对话框

在【定义洁具】对话框中单击左下角点的“重新选择洁具类型”按钮，系统调出【识别洁具类型】对话框，在其中可以选择其他类型的洁具进行重新定义，如图 4-12 所示。

单击“确定”按钮，关闭【定义洁具】对话框；根据命令行的提示，指定洁具的方向，即给水点指向排水点的方向，即可完成定义洁具的操作。

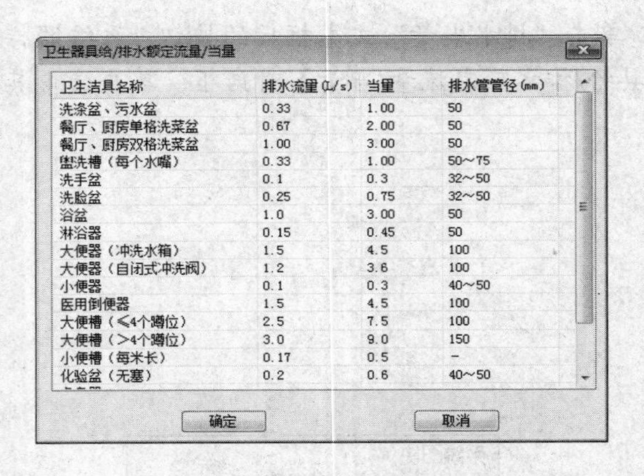

卫生器具给/排水额定流量/当量

卫生洁具名称	排水流量(L/s)	当量	排水管管径(mm)
洗涤盆、污水盆	0.33	1.00	50
餐厅、厨房单格洗菜盆	0.67	2.00	50
餐厅、厨房双格洗菜盆	1.00	3.00	50
盥洗槽（每个水嘴）	0.33	1.00	50～75
洗手盆	0.1	0.3	32～50
洗脸盆	0.25	0.75	32～50
浴盆	1.0	3.00	50
淋浴器	0.15	0.45	50
大便器（冲洗水箱）	1.5	4.5	100
大便器（自闭式冲洗阀）	1.2	3.6	100
小便器	0.1	0.3	40～50
医用倒便器	1.5	4.5	100
大便槽（≤4个蹲位）	2.5	7.5	100
大便槽（>4个蹲位）	3.0	9.0	150
小便槽（每米长）	0.17	0.5	-
化验盆（无塞）	0.2	0.6	40～50

确定　取消

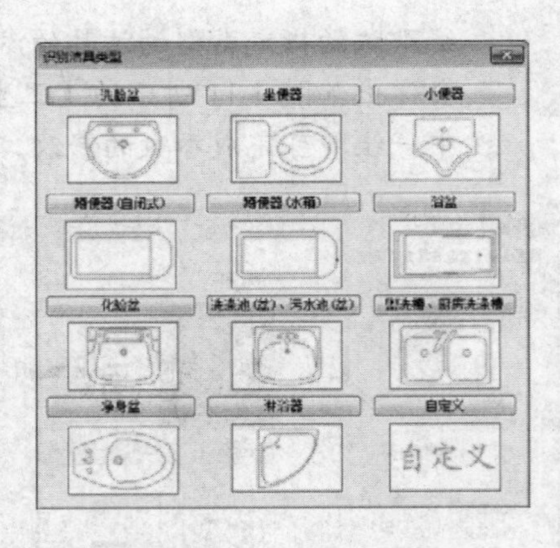

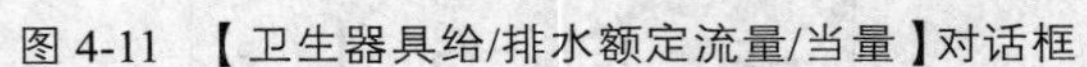

图 4-11 【卫生器具给/排水额定流量/当量】对话框　　图 4-12 【识别洁具类型】对话框

提示

给水点位置的显示样式定义后，执行完成命令不能马上显示；要调用“管连洁具”命令，将洁具连接到管线上后，才能显示所定义的样式。具体操作下一小节会进行介绍。

4.2.3 管连洁具

调用管连洁具命令，可以将已定义的洁具连接到冷、热水管上。如图 4-13 所示为管连洁具命令的操作结果。

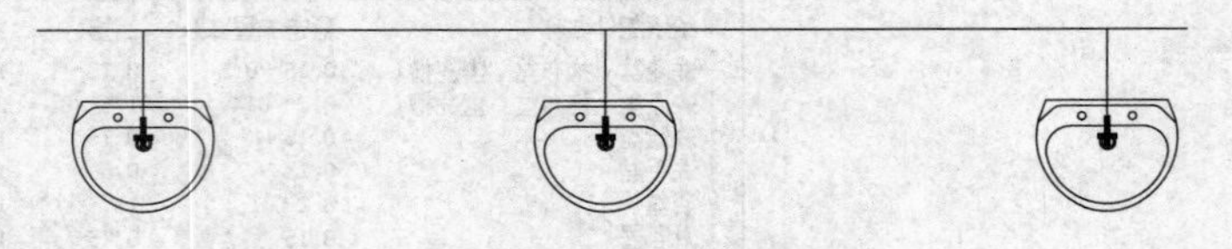

图 4-13　管连洁具

管连洁具命令的执行方式有：

- 命令行：输入 GLJJ 命令按回车键。
- 菜单栏：单击“平面”→“管连洁具”命令。

下面以图 4-13 所示的管连洁具结果为例，介绍调用管连洁具命令的方法。

01 按 Ctrl+O 组合键，打开配套光盘提供的“第 4 章/ 4.2.3　管连洁具.dwg”素材文件，结果如图 4-14 所示。

02 输入 GLJJ 命令按回车键，命令行提示如下：

```
命令：GLJJ ↙
请选择支管<退出>:
请选择需要连接管线的洁具<退出>指定对角点：找到 3 个　　　//分别选择支管和洁具，按回车键即可完成操作，结果如图 4-13 所示（给水点的位置为所定义的“十字叉”样式）。
```

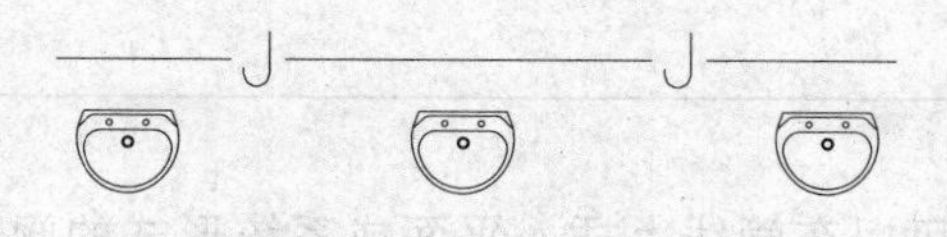

图 4-14　打开素材

提示

进行“管连洁具”操作的洁具必须先调用“定义洁具”命令对洁具进行定义后，方可进行连接管线的操作。

4.2.4 快连洁具

调用快连洁具命令，可以通过框选图面洁具和管线，一键完成管线与洁具的连接，且可自动识别定义过的洁具类型。如图 4-15 所示为快连洁具命令的操作结果。

快连洁具命令的执行方式有：

➢ 命令行：输入 KLJJ 命令按回车键。

➢ 菜单栏：单击“平面”→“快连洁具”命令。

下面以图 4-15 所示的快连洁具结果为例，介绍调用快连洁具命令的方法。

01 按 Ctrl+O 组合键，打开配套光盘提供的“第 4 章/ 4.2.4　快连洁具.dwg”素材文件，结果如图 4-16 所示。

02 输入 KLJJ 命令按回车键，命令行提示如下：

```
命令：KLJJ ↙
请框选立管或靠近立管的管线及需要连接的洁具[连接设置(S)]<退出>:指定对角点：找到 4 个
                                              //框选管线与洁具并按回车键。
请选择安装方式 [暗装(A)/明装(D)]<A>:A            //选择安装方式，按回车键即可完成连接，结果如图 4-15 所示。
```

在执行命令的过程中，输入 S，选择“连接设置(S)”选项，系统弹出如图 4-17 所示的【自动连接洁具设置】对话框；在对话框中可以设置连接样式的各项参数，包括“重力流管线”“压力流管线”等的参数设置。

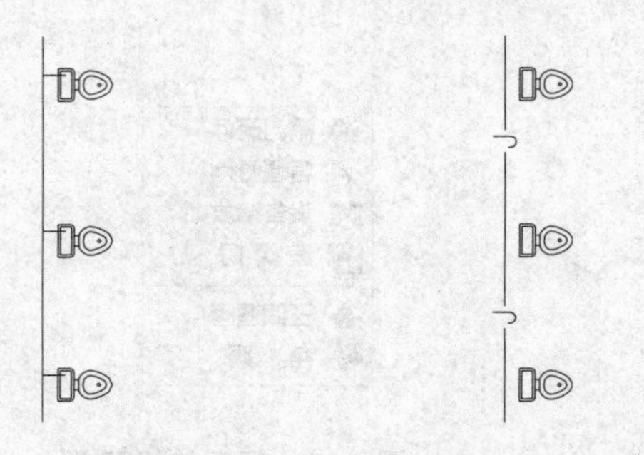

图 4-15　快连洁具　　　图 4-16　打开素材

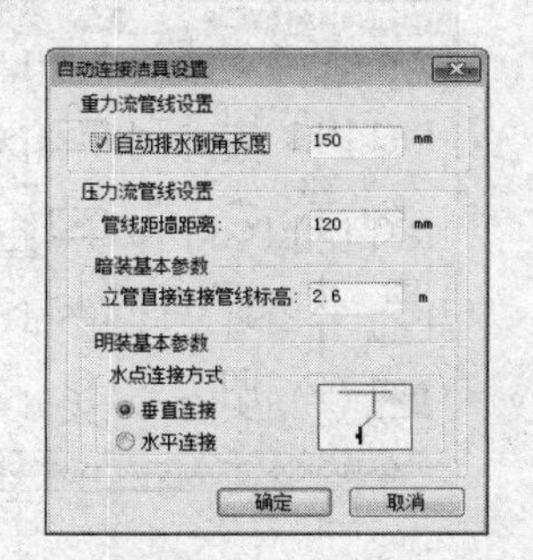

图 4-17　【自动连接洁具设置】对话框

4.2.5 阀门阀件

调用阀门阀件命令，可以在管线上插入平面或系统形式的阀门图件。如图 4-18 所示为阀门阀件命令的操作结果。

阀门阀件命令的执行方式有：

- 命令行：输入 FMFJ 命令按回车键。
- 菜单栏：单击“平面”→“阀门阀件”命令。

下面以图 4-18 所示的阀门阀件结果为例，介绍调用阀门阀件命令的方法。

01 按 Ctrl+O 组合键，打开配套光盘提供的“第 4 章/ 4.2.5 阀门阀件.dwg”素材文件，结果如图 4-19 所示。

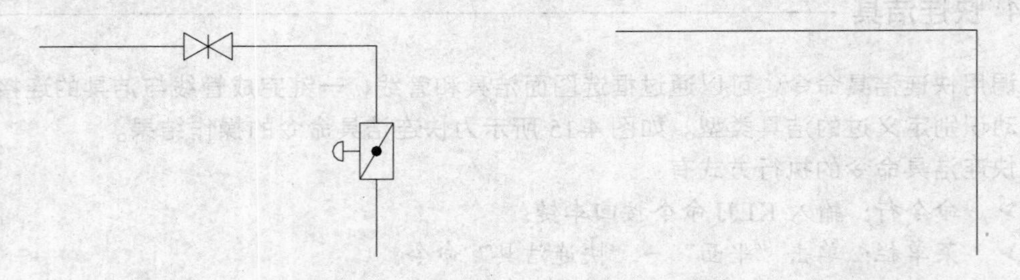

图 4-18 阀门阀件　　图 4-19 打开素材

02 输入 FMFJ 命令按回车键，系统弹出【T20 天正给水排水软件图块】对话框，在其中选择待插入的图形，如图 4-20 所示。

03 同时命令行提示如下：

命令：FMFJ↙

当前阀门插入比例:1.2

请指定阀件的插入点 [放大(E)/缩小(D)/左右翻转(F)]<退出>: //在绘图区中指定阀门的插入点，绘制阀门阀件的结果如图 4-18 所示。

在已插入的阀门图块上单击鼠标右键，系统会弹出如图 4-21 所示的快捷菜单，选择其中的选项，可以对图块进行相应的编辑。

图 4-20 【T20 天正给水排水软件图块】对话框

图 4-21 阀门快捷菜单

双击已插入的阀门图块，系统弹出如图 4-22 所示的【阀门编辑】对话框；在对话框中可以更改所插入的阀门图块的大小，勾选“带法兰阀门”选项，可以为指定的阀门添加双线法兰形式，结果如图 4-23 所示。

【T20 天正给水排水软件图块】对话框中一些功能按钮含义如下：

- “插入阀件”按钮：单击该按钮，可以在预览区中选择阀门图形进行插入。
- “替换阀门”按钮：单击该按钮，可以在预览区中选择新的阀件对管线上原有的阀件进行替换。
- “造阀门”按钮：单击该按钮，可以添加新的阀门。
- “平面阀门”按钮：单击该按钮，可以插入平面阀门。
- “系统阀门”按钮：单击该按钮，预览区即转换显示系统图形式的阀门图块；在其中可以选择指定的阀门进行插入。

图 4-22 【阀门编辑】对话框

图 4-23 添加双线法兰形式

4.2.6 给水附件

调用给水附件命令，可以在管线上插入平面或系统形式的给水附件图块。如图 4-24 所示为给水附件命令的操作结果。

给水附件命令的执行方式有：

- 命令行：输入 GSFJ 命令按回车键。
- 菜单栏：单击“平面”→“给水附件”命令。

下面以图 4-24 所示的给水附件结果为例，介绍调用给水附件命令的方法。

01 输入 GSFJ 命令按回车键，系统弹出【给水附件】对话框，设置参数如图 4-25 所示。

02 同时命令行提示如下：

```
命令：GSFJ↙
请指定附件在管线上的插入点[旋转 90 度(A)/放大(E)/缩小(D)]<退出>:
                    //在待插入附件的管线上单击插入点。
```

请选择插入方向<确定>　　　　　//鼠标向下移动，单击指定插入方向，绘制结果如图 4-24 所示（需要注意的是，通过预设距离生成的短管，不会随着平面图生成系统图）。

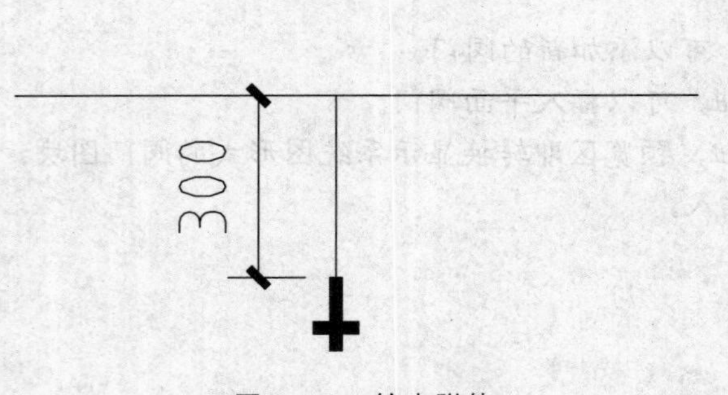

图 4-24　给水附件

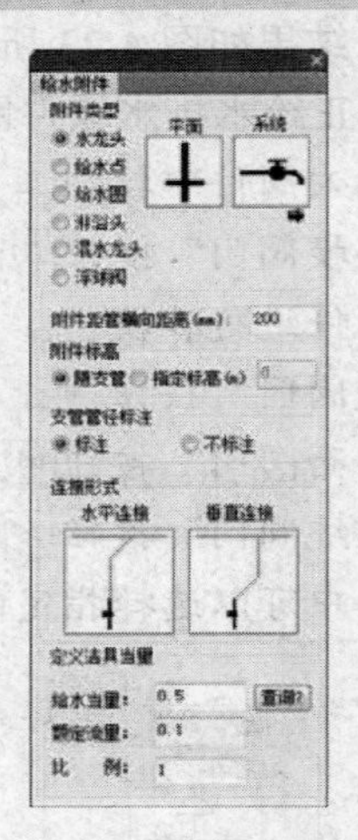

图 4-25　【给水附件】对话框

执行“给水附件”命令后，直接点取管线的端点为插入点，如图 4-26 所示，将不生成短线，如图 4-27 所示，而平面图可以完整地转换成系统图。

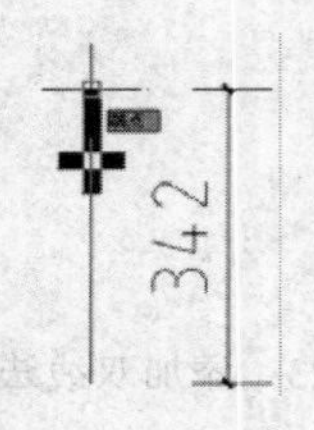

图 4-26　点取端点

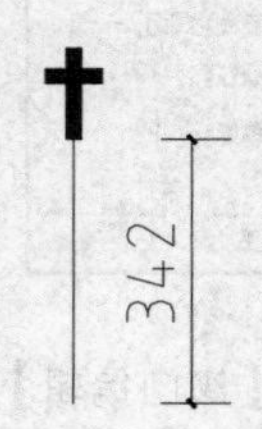

图 4-27　不生成短线

调用“管连洁具”命令可以连接洁具和管线，而“给水附件”命令也可同样完成操作；且两者生成的系统图一致，如图 4-28 与图 4-29 所示（给水附件因设置的不同而会有所区别）。

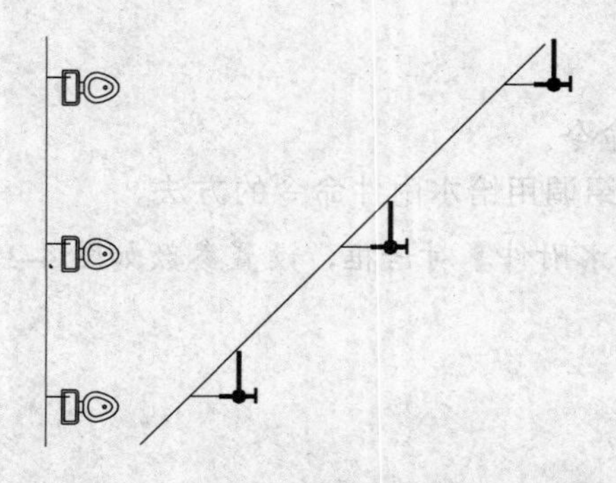

图 4-28　“管连洁具”命令操作结果

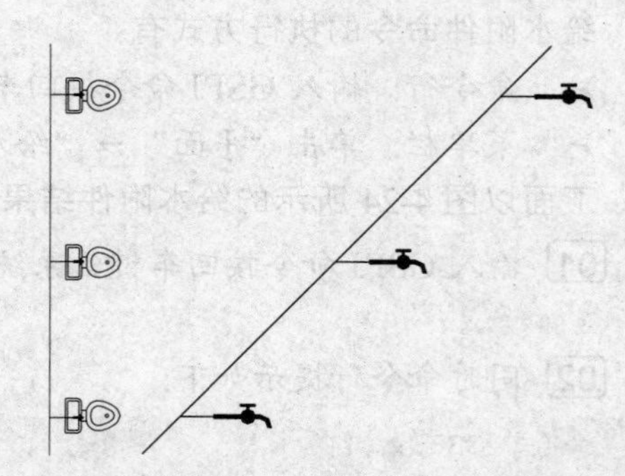

图 4-29　“给水附件”命令操作结果

4.2.7 排水附件

调用排水附件命令，可以在管线上插入平面或系统形式的排水附件图块。如图 4-30 所示为排水附件命令的操作结果。

排水附件命令的执行方式有：

- 命令行：输入 PSFJ 命令按回车键。
- 菜单栏：单击“平面”→“排水附件”命令。

下面以图 4-30 所示的排水附件结果为例，介绍调用排水附件命令的方法。

01 按 Ctrl+O 组合键，打开配套光盘提供的“第 4 章/ 4.2.7 排水附件.dwg”素材文件。

02 输入 PSFJ 命令按回车键，系统弹出如图 4-31 所示的【排水附件】对话框。

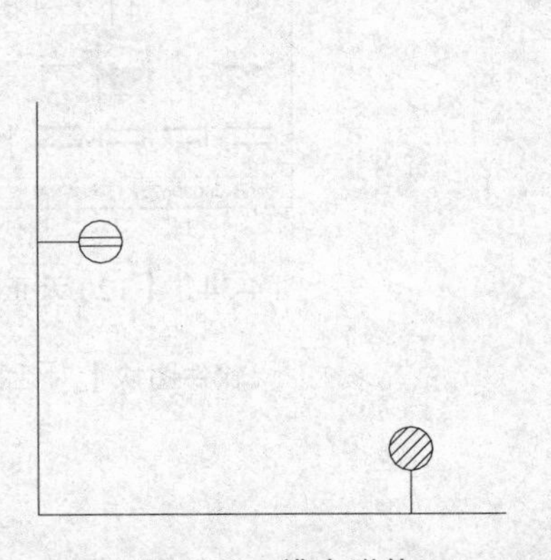

图 4-30 排水附件

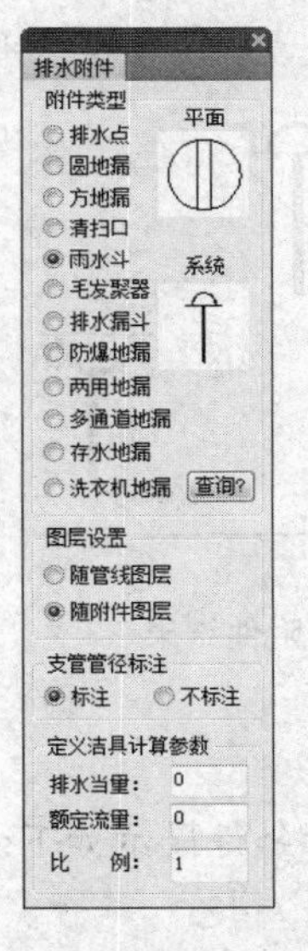

图 4-31 【排水附件】对话框

03 同时命令行提示如下：

命令：PSFJ↙

请指定附件在管线上的插入点[放大(E)/缩小(D)/替换(S)]<退出>:

//在待插入附件的管线指定插入点。

请点取引出管线端点： //向上移动光标引出管线端点，单击左键左键完成绘制，结果如图 4-30 所示。

提示

调用“排水附件”命令，也可在布置平面图时连接管线和洁具；与“管连洁具”命令和“给水附件”命令的操作结果相同，其所生成的系统图与“管连洁具”命令和“给水附件”命令所生成的系统图相同，如图 4-32 所示。

4.2.8 管道附件

调用管道附件命令，可以在管线上插入平面或系统形式的管道附件图块。如图 4-33 所示为管道附件命令的操作结果。

管道附件命令的执行方式有：

- 命令行：输入 GDFJ 命令按回车键。
- 菜单栏：单击“平面”→“管道附件”命令。

下面以图 4-33 所示的管道附件结果为例，介绍调用管道附件命令的方法。

01 按 Ctrl+O 组合键，打开配套光盘提供的“第 4 章/4.2.8 管道附件.dwg”素材文件。

02 输入 GDFJ 命令按回车键，系统弹出如图 4-34 所示的【T20 天正给排水软件图块】对话框，选定待插入的附件图块。

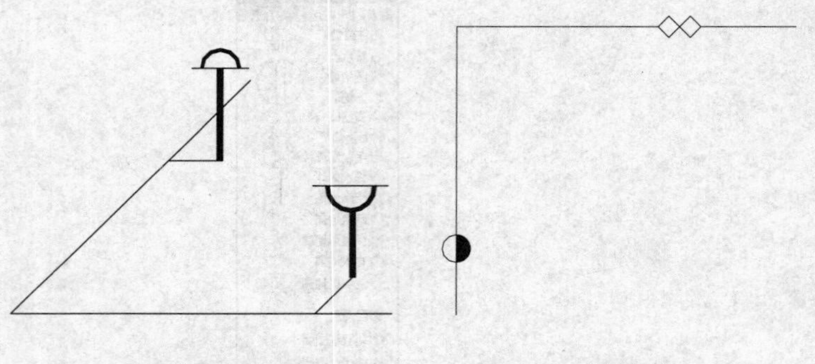

图 4-32 排水附件结果　　图 4-33 管道附件

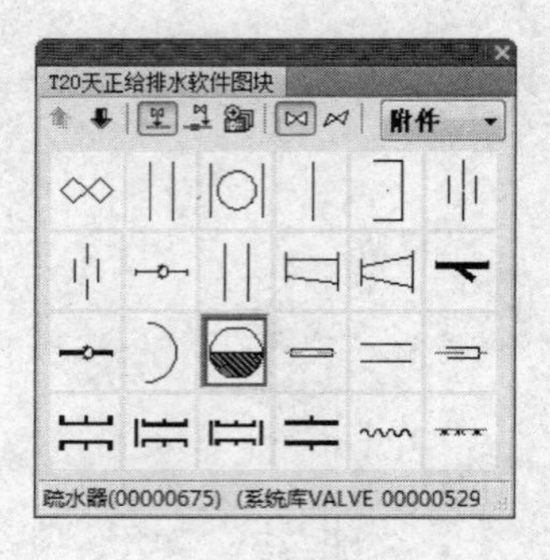

图 4-34 【T20 天正给排水软件图块】对话框

03 同时命令行提示如下：

```
命令：GDFJ↙
当前阀门插入比例:1.2
请指定附件的插入点 [放大(E)/缩小(D)/左右翻转(F)]<退出>:        //在管线上单击指定附件的插入点，即可完成命令的操作，结果如图 4-33 所示。
```

4.2.9 常用仪表

调用常用仪表命令，可以在管线上插入仪表图形。如图 4-35 所示为常用仪表命令的调用方法。

常用仪表命令的执行方式有：

- 命令行：输入 CYYB 命令按回车键。
- 菜单栏：单击“平面”→“常用仪表”命令。

下面以图 4-35 所示的常用仪表结果为例，介绍调用常用仪表命令的方法。

01 按 Ctrl+O 组合键，打开配套光盘提供的“第 4 章/4.2.9 常用仪表.dwg”素材文件。

02 输入 CYYB 命令按回车键，系统弹出如图 4-36 所示的【T20 天正给排水软件图块】对话框，选定待插入的仪表图块。

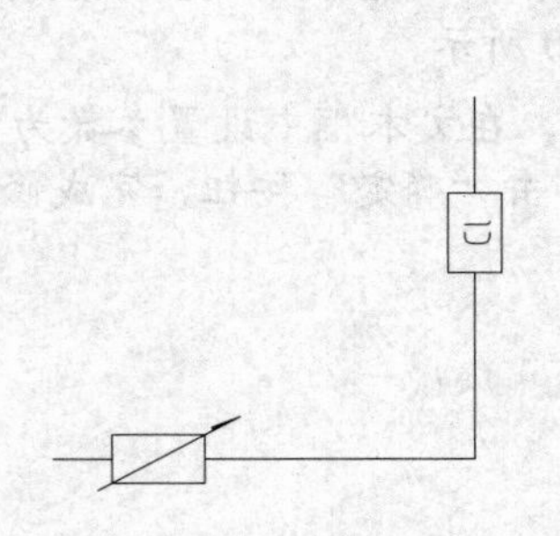

图 4-35 常用仪表

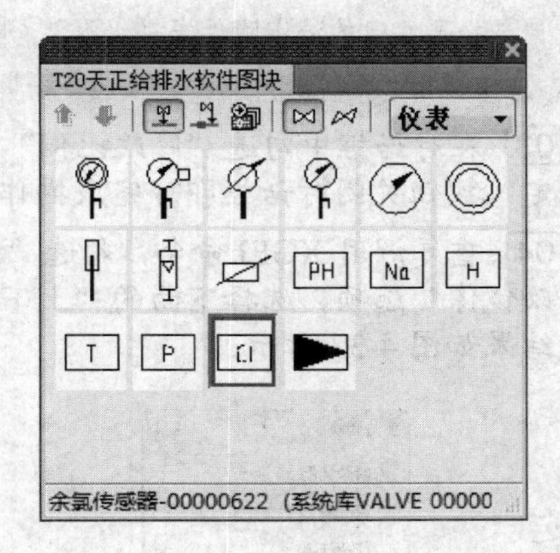

图 4-36 【T20 天正给排水软件图块】对话框

03 同时命令行提示如下：

```
命令：CYYB↙
当前阀门插入比例:1.2
请指定仪表的插入点 [放大(E)/缩小(D)/左右翻转(F)]<退出>:          //在管线上指定仪表的插入点，完成插入仪表操作的结果如图 4-35 所示。
```

4.2.10 修改附件

调用修改附件命令，可以修改图中的给水排水附件的属性。如图 4-37 所示为修改附件命令的操作结果。

修改附件命令的执行方式有：

➢ 命令行：输入 XGFJ 命令按回车键。

➢ 菜单栏：单击"平面"→"修改附件"命令。

下面以图 4-37 所示的修改附件结果为例，介绍调用修改附件命令的方法。

01 按 Ctrl+O 组合键，打开配套光盘提供的"第 4 章/ 4.2.10 修改附件.dwg"素材文件，结果如图 4-38 所示。

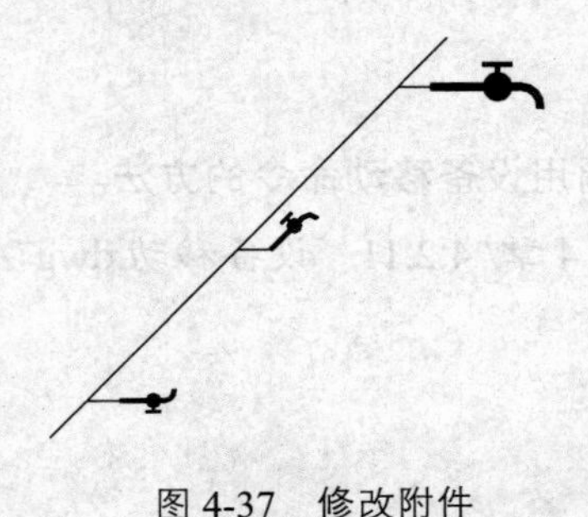

图 4-37 修改附件

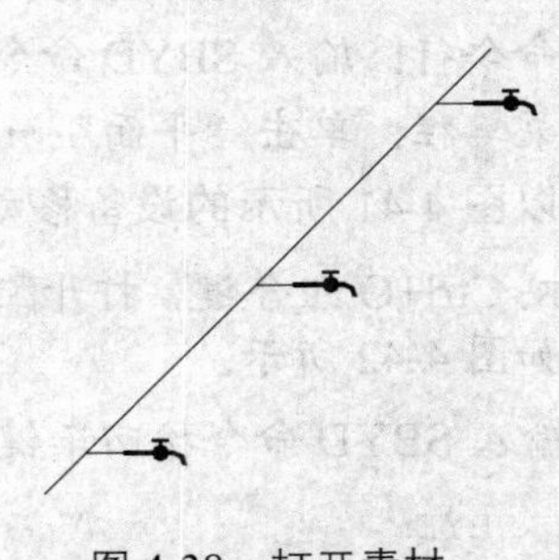

图 4-38 打开素材

02 输入 XGFJ 命令按回车键，命令行提示如下：

```
命令：XGFJ↙
请选择要修改的给水附件或排水附件<退出>找到 1 个            //选择待修改的附件，按回车键，系统弹出如图 4-39 所示的【设备编辑】对话框。
```

03 在对话框中勾选“修改比例”选项前的复选框，在文本框中设置参数为 2；单击“确定”按钮关闭对话框即可完成操作，结果如图 4-40 所示。

04 重复调用 XGFJ 命令，勾选“修改角度”选项，在文本框中设置参数为 45；勾选“修改镜像”选项，选择下面的“上下翻转”选项，单击“确定”按钮，完成修改附件操作的结果如图 4-37 所示。

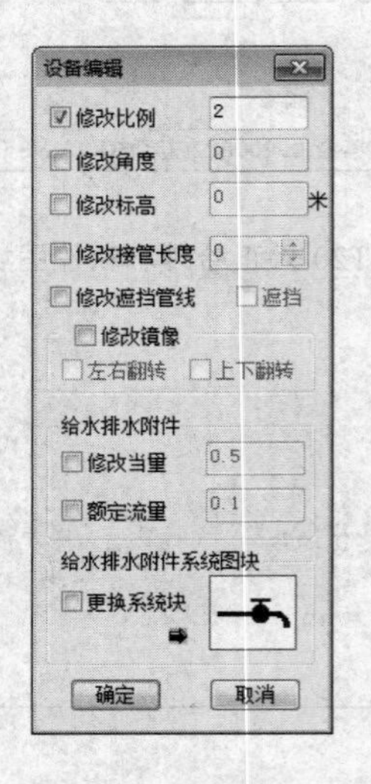

图 4-39 【设备编辑】对话框

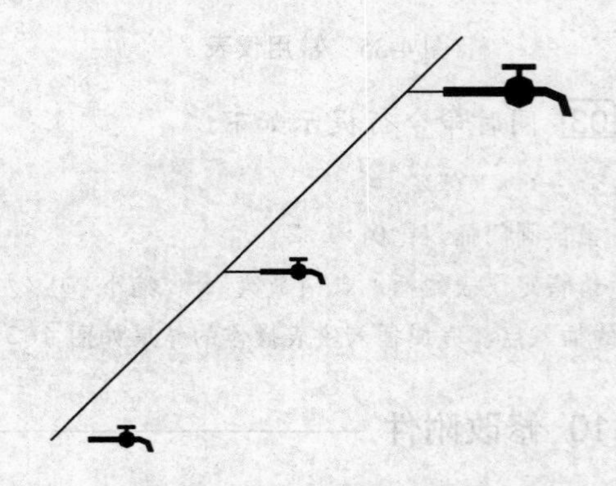

图 4-40 修改附件比例结果

4.2.11 设备移动

调用设备移动命令，可以在设备之间发生遮挡关系时，或者建筑物与设备放置相冲突时，移动设备；使之绕开建筑物或者错开其他的设备；且设备被移动后，连接设备与干管的管线会自动形成联动连接。如图 4-41 所示为设备移动命令的操作结果。

设备移动命令的执行方式有：

➢ 命令行：输入 SBYD 命令按回车键。

➢ 菜单栏：单击“平面”→“设备移动”命令。

下面以图 4-41 所示的设备移动结果为例，介绍调用设备移动命令的方法。

01 按 Ctrl+O 组合键，打开配套光盘提供的“第 4 章/ 4.2.11　设备移动.dwg”素材文件，结果如图 4-42 所示。

02 输入 SBYD 命令按回车键，命令行提示如下：

```
命令：SBYD↙
请选择需要移动的设备<退出>找到 1 个，总计 1 个
```

```
点取位置或 [转 90 度(A)/左右翻(S)/上下翻(D)/对齐(F)/改转角(R)/改基点(T)]<退出>:
                //选择设备后，移动鼠标点取位置即可完成操作，结果如图 4-41 所示。
```

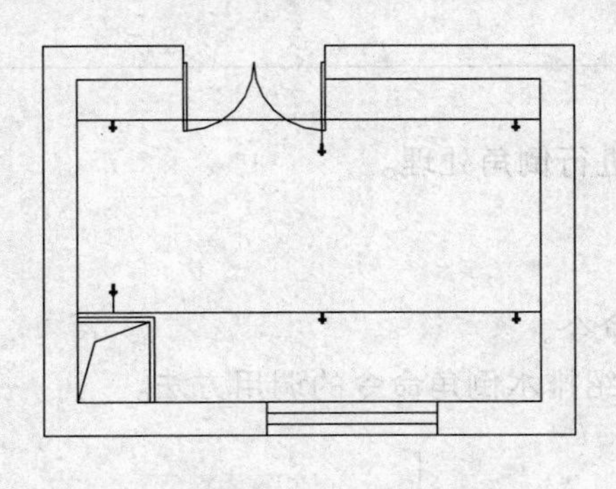

图 4-41　设备移动结果

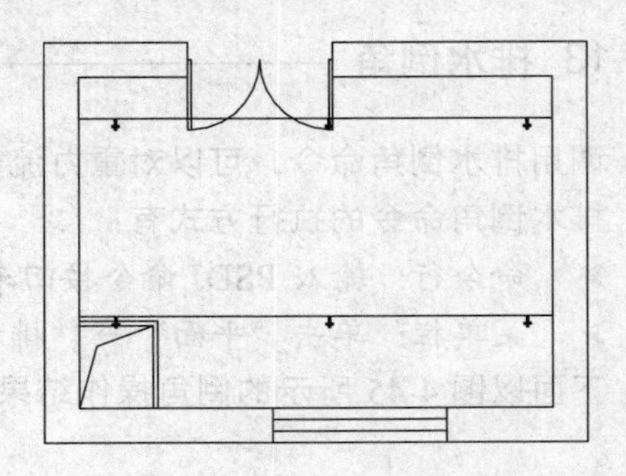

图 4-42　打开素材

4.2.12 设备缩放

调用设备缩放命令，可以对设备进行缩放处理；缩放操作后所连管线联动，可对同种设备整体修改。如图 4-43 所示为设备缩放命令的操作结果。

设备缩放命令的执行方式有：

- 命令行：输入 SBSF 命令按回车键。
- 菜单栏：单击“平面”→“设备缩放”命令。

下面以图 4-43 所示的设备缩放结果为例，介绍调用设备缩放命令的方法。

01 按 Ctrl+O 组合键，打开配套光盘提供的“第 4 章/4.2.12　设备缩放.dwg”素材文件，结果如图 4-44 所示。

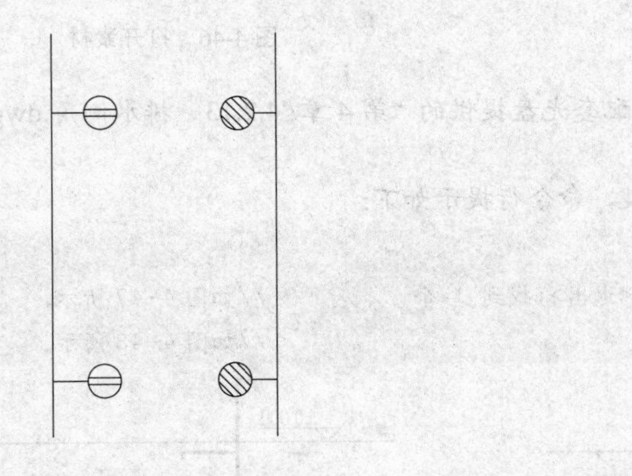

图 4-43　设备缩放

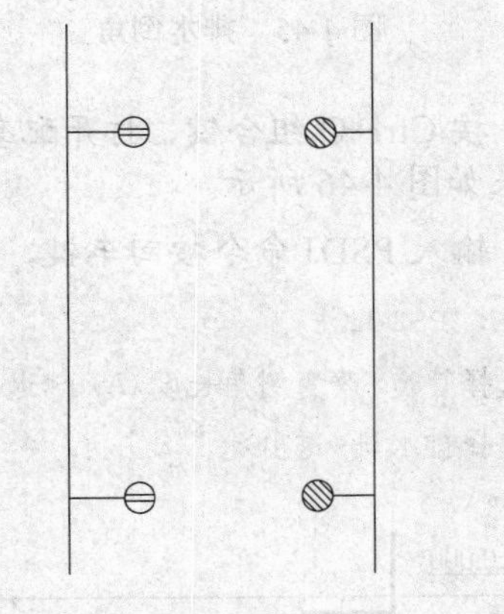

图 4-44　打开设备缩放素材

02 输入 SBSF 命令按回车键，命令行提示如下：

```
命令: SBSF↙
请选取要缩放的设备<缩放所有同名设备>:指定对角点: 找到 4 个
```

请输入缩放比例 <1>1.5　　　　　　//框选待缩放的设备后输入比例参数，按回车键即可完成缩放操作，结果如图 4-43 所示。

4.2.13 排水倒角

调用排水倒角命令，可以对重力流管线自动进行倒角处理。

排水倒角命令的执行方式有：

- ➢ 命令行：输入 PSDJ 命令按回车键。
- ➢ 菜单栏：单击“平面”→“排水倒角”命令。

下面以图 4-45 所示的倒角操作结果为例，介绍排水倒角命令的调用方法。

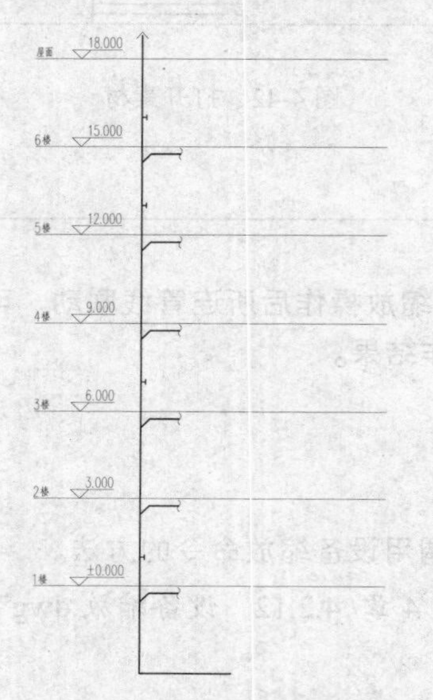

图 4-45　排水倒角

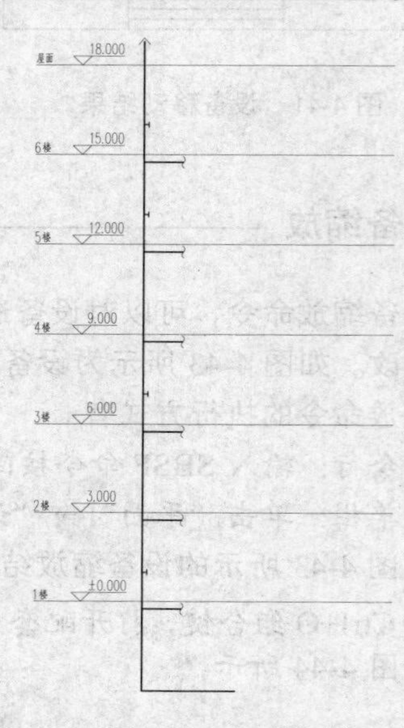

图 4-46　打开素材

01 按 Ctrl+O 组合键，打开配套光盘提供的“第 4 章/ 4.2.13　排水倒角.dwg”素材文件，结果如图 4-46 所示。

02 输入 PSDJ 命令按回车键，命令行提示如下：

命令：PSDJ↙

请选择管道{改变倒角长度(A)}<退出>:找到 1 个　　　　//如图 4-47 所示。

请选择排水口<退出>:　　　　//如图 4-48 所示。

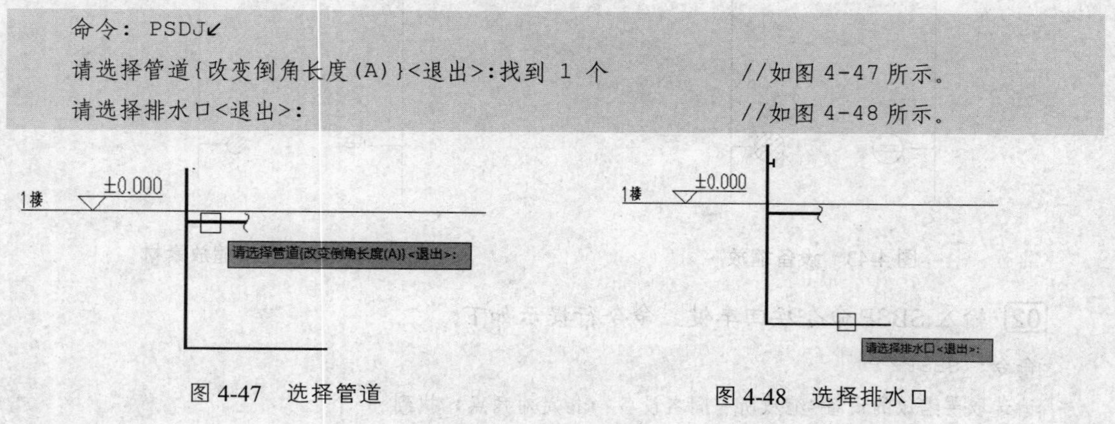

图 4-47　选择管道　　　　图 4-48　选择排水口

03 倒角操作的结果如图 4-49 所示。

04 重复操作，继续对剩下的排水管线执行倒角操作，结果如图 4-45 所示。

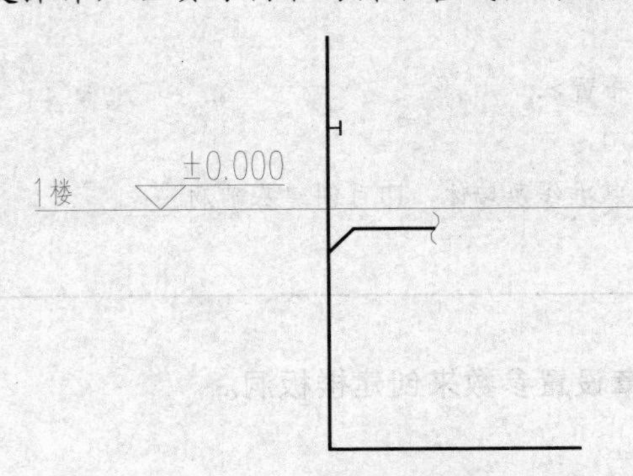

图 4-49　倒角操作

在命令行提示“请选择管道{改变倒角长度(A)}”时，输入 A，命令行提示如下：

```
命令：PSDJ↙
请选择管道{改变倒角长度(A)}<退出>:
请输入倒角长度(mm)<300>:600                    //自定义倒角的长度。
请选择管道{改变倒角长度(A)}<退出>:找到 1 个
请选择排水口<退出>:
```

如图 4-50、图 4-51 所示为不同的倒角长度的绘制结果。

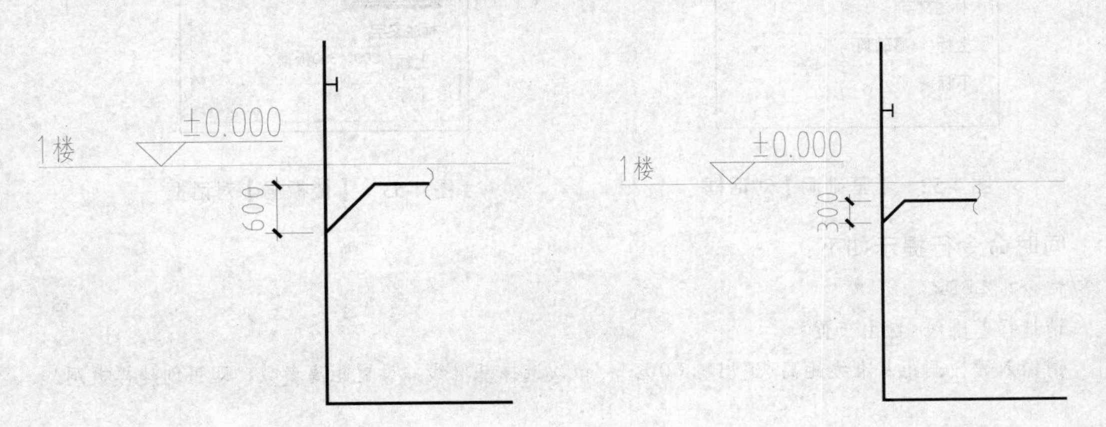

图 4-50　倒角长度为 600　　　图 4-51　倒角长度为 300（默认）

4.2.14 基础洞

调用基础洞命令，可以在墙体上绘制基础洞。

基础洞命令的执行方式有：

- ➢ 命令行：输入 JCD 命令按回车键。
- ➢ 菜单栏：单击“平面”→“基础洞”命令。

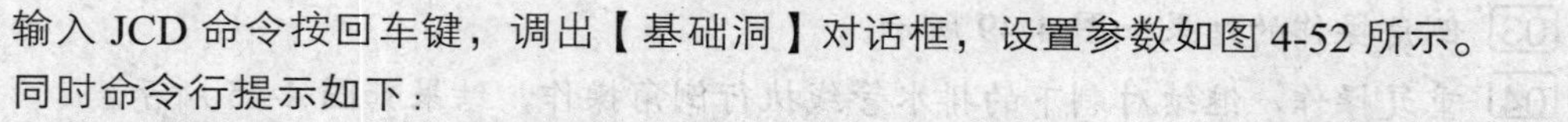

输入 JCD 命令按回车键，调出【基础洞】对话框，设置参数如图 4-52 所示。

同时命令行提示如下：

```
命令：JCD↙
请选择基准线[选择消火栓(F)]<自由布置>:
请输入基础洞距基准线距离<退出>:500
请选择墙体<退出>        //依次选择基准线及墙体，即可创建基础洞。
```

4.2.15 楼板洞

调用楼板洞命令，通过在对话框章设置参数来创建楼板洞。

楼板洞命令的执行方式有：

- ➢ 命令行：输入 LBD 命令按回车键。
- ➢ 菜单栏：单击“平面”→“楼板洞”命令。

输入 LBD 命令按回车键，在如图 4-53 所示的【楼板洞】对话框中设置参数。

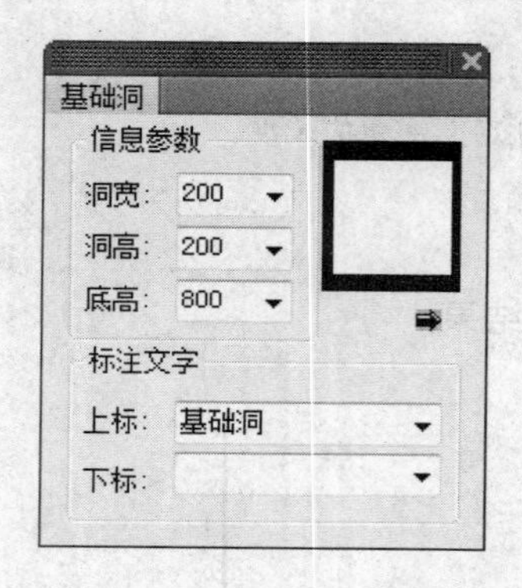

图 4-52 【基础洞】对话框

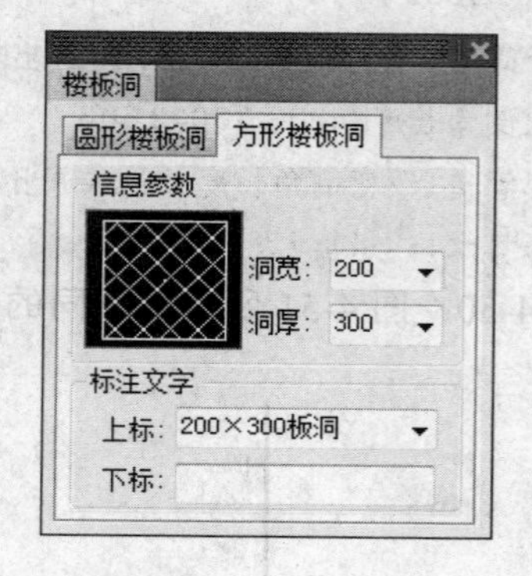

图 4-53 【楼板洞】对话框

同时命令行提示如下：

```
命令：LBD↙
请选择基准线<自由布置>:
请输入楼板洞距基准线距离<退出>:600  //依次选择基准线并设置距离参数，即可创建楼板洞。
```

4.2.16 材料统计

调用材料统计命令，可对当前图形进行材料统计，并按照管线、附件、设备排序。

材料统计命令的执行方式有：

- ➢ 命令行：输入 CLTJ 命令按回车键。
- ➢ 菜单栏：单击“平面”→“材料统计”命令。

输入 CLTJ 命令按回车键，在如图 4-54 所示的【给水排水材料统计】对话框中选择统计内容，并对表格的样式进行设置，如表格高度、文字样式、文字高度等。单击“表列设置”按钮，在【设置统计表样式】对话框中可以设置表列的类型、列宽参数等，如图 4-55

所示。

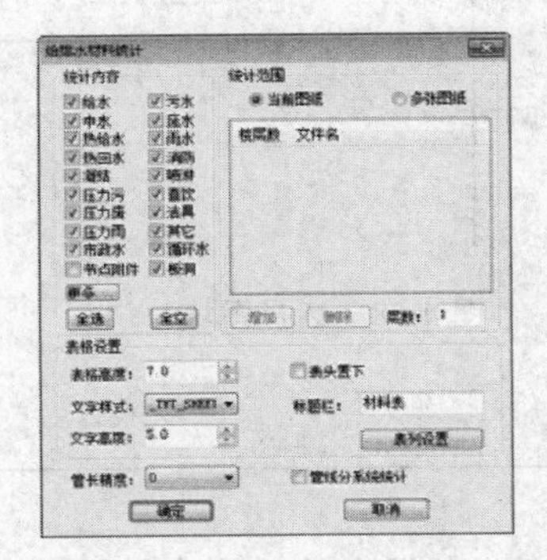

图 4-54 【给水排水材料统计】对话框

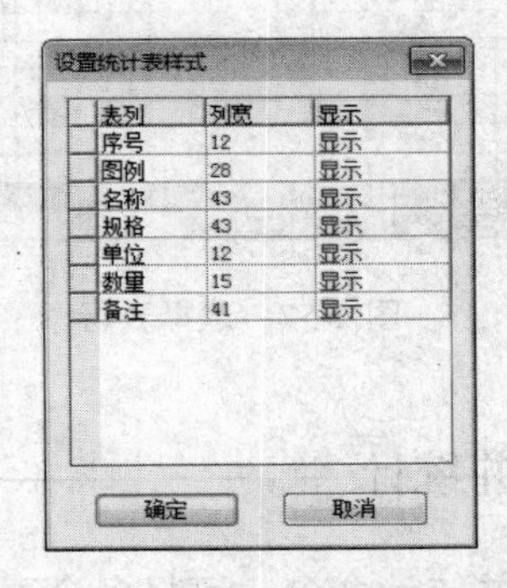

图 4-55 【设置统计表样式】对话框

单击“确定”按钮，命令行提示如下：

命令：CLTJ↙

请选择统计范围{选取闭合 PLINE(P)}<整张图>指定对角点：找到 157 个

//框选图形。

点取表格左上角位置或 [参考点(R)]<退出>： //按回车键，点取表格的插入点，统计结果如图 4-56 所示。

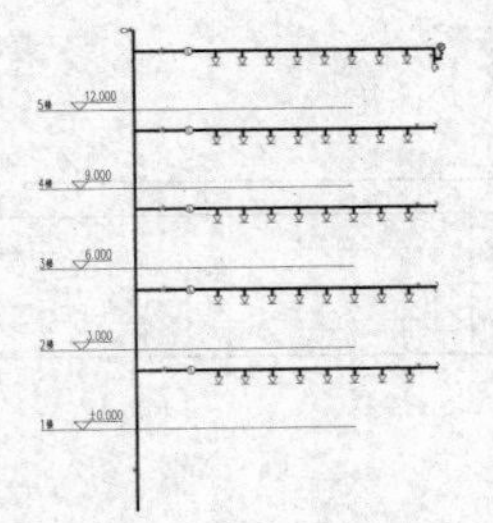

材料表

序号	图例	名称	规格	单位	数量	备注
1		镀锌钢管	25	米	84	
2		压力表	25	个	1	
3		截止阀	25	个	6	
4		末端试水阀	25	个	1	
5		水流指示器	25	个	5	
6		自动排气阀	25	个	1	
7		遥控信号阀	25	个	5	
8		喷淋头闭式		个	40	
9		断线		个	1	

图 4-56 材料统计

4.2.17 统计查询

调用统计查询命令，通过选中统计表上的内容，搜索并选中图上相应的图元。

统计查询命令的执行方式有：

- 命令行：输入 TJCX 命令按回车键。
- 菜单栏：单击“平面”→“统计查询”命令。

输入 TJCX 命令按回车键，命令行提示如下：

命令： TJCX↙

请点取要查询材料的表行<退出> //如图 4-57 所示；

总共选中了 8 个图块 //如图 4-58 所示。

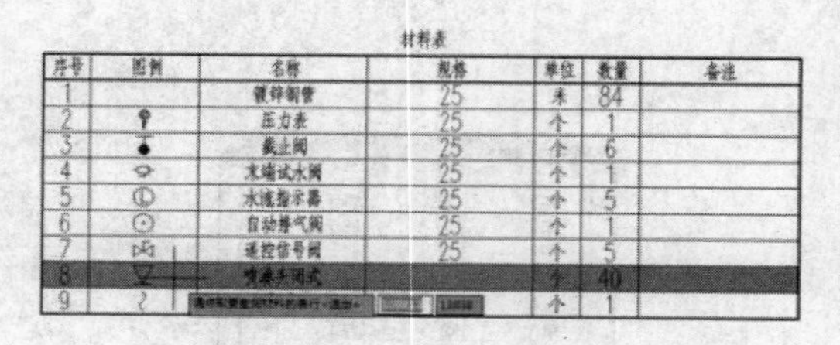

材料表

序号	图例	名称	规格	单位	数量	备注
1		镀锌钢管	25	米	84	
2		压力表	25	个	1	
3		截止阀	25	个	6	
4		末端试水阀	25	个	1	
5		水流指示器	25	个	5	
6		自动排气阀	25	个	1	
7		遥控信号阀	25	个	5	
8		喷淋头闭式		个	40	
9				个	1	

图 4-57 选择表行

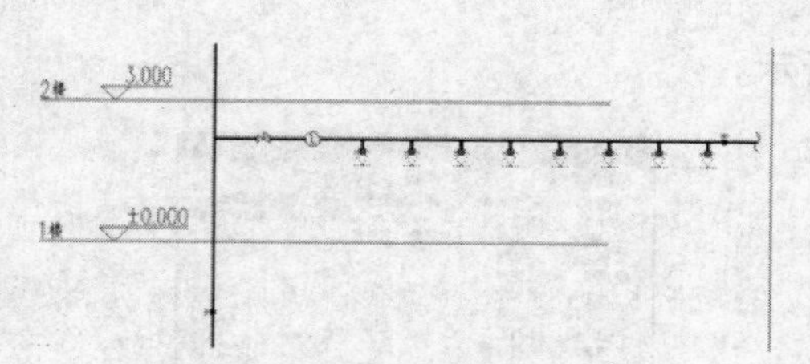

图 4-58 选择图块

4.2.18 合并统计

调用合并统计命令，可将多个表格合并为一个表格，有行合并及列合并两种方式。合并统计命令的执行方式有：

- ➢ 命令行：输入 HBTJ 命令按回车键。
- ➢ 菜单栏：单击“平面”→“合并统计”命令。

输入 HBTJ 命令按回车键，命令行提示如下：

命令：HBTJ

请选择要合并的天正统计表格:<退出>找到 2 个，总计 2 个 //选择如图 4-59 所示的表格;

点取新表格左上角位置或 [参考点(R)]<退出>: //点取插入点，合并结果如图 4-60 所示。

材料表

序号	图例	名称	规格	单位	数量	备注
1		镀锌钢管	25	米	84	
2		压力表	25	个	1	
3		截止阀	25	个	6	
4		末端试水阀	25	个	1	
5		水流指示器	25	个	5	
6		自动排气阀	25	个	1	
7		遥控信号阀	25	个	5	
8		喷淋头闭式		个	40	
9		断线		个	1	

材料表

序号	图例	名称	规格	单位	数量	备注
1		镀锌钢管	70	米	3	
2		镀锌钢管	100	米	16	
3		通用阀门	100	个	1	
4		单出口系统消火栓		个	5	

图 4-59 待合并的表格

序号	图例	名称	规格	单位	数量	备注
1		镀锌钢管	25	米	84	
2		镀锌钢管	70	米	3	
3		镀锌钢管	100	米	16	
4		单出口系统消火栓		个	5	
5		压力表	25	个	1	
6		喷淋头闭式		个	40	
7		截止阀	25	个	6	
8		断线		个	1	
9		末端试水阀	25	个	1	
10		水流指示器	25	个	5	
11		自动排气阀	25	个	1	
12		通用阀门	100	个	1	
13		遥控信号阀	25	个	5	

图 4-60 合并结果

第 5 章

平面消防

● 本章导读

T20-WT V2.0 中的消防平面命令包括布消火栓、连消火栓、任意喷头、交点喷头等，这些命令提供了消防布置和布置喷淋管线的各种方法。本章为读者介绍消防平面各类命令的调用方法。

● 本章重点

◈ 布灭火器
◈ 任意喷头

5.1 布灭火器

调用布灭火器命令，可通过框选消火栓来布置灭火器，也可在任意位置布置灭火器。

布灭火器命令的执行方式有：

➢ 命令行：输入 BMHQ 命令按回车键。

➢ 菜单栏：单击“平面消防”→“布灭火器”命令。

输入 BMHQ 命令按回车键，在【布灭火器】对话框中设置布置参数。在“灭火器选型”选项组下可以设置灭火器的类型，如手提式、推车式等，在右侧的预览框中可以实时显示所选的灭火器样式。此外，在“布置方式”选项组中设置灭火器的布置方式，在“设备选型”选项组中设置灭火器的型号及规格，如图 5-1 所示。

同时命令行提示如下：

```
命令：BMHQ↙
请选择消火栓的范围{选取闭合 PLINE(P)}<退出>：指定对角点：找到 4 个
                    //选择消火栓按回车键，布置灭火器的结果如图 5-2 所示。
```

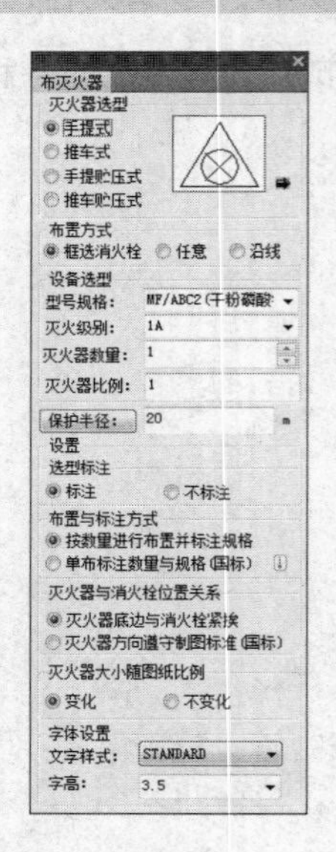

图 5-1 【布灭火器】对话框

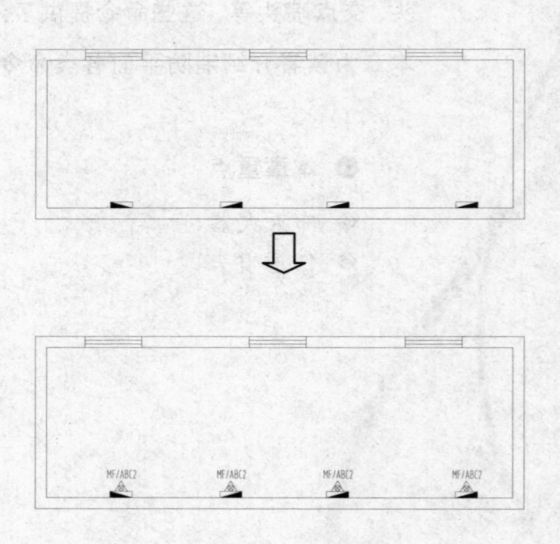

图 5-2 布灭火器

5.2 布消火栓

调用布消火栓命令，可以设置平面消火栓的形式，以及系统接管的方式，并且在平面图中布置消火栓。如图 5-3 所示为布消火栓命令的操作结果。

布消火栓命令的执行方式有：

➢ 命令行：输入 BXHS 命令按回车键。

➢ 菜单栏：单击“平面消防”→“布消火栓”命令。

下面以图 5-3 所示的布消火栓结果为例，介绍调用布消火栓命令的方法。

01 按 Ctrl+O 组合键，打开配套光盘提供的“第 5 章/ 5.2 布消火栓.dwg”素材文件，结果如图 5-4 所示。

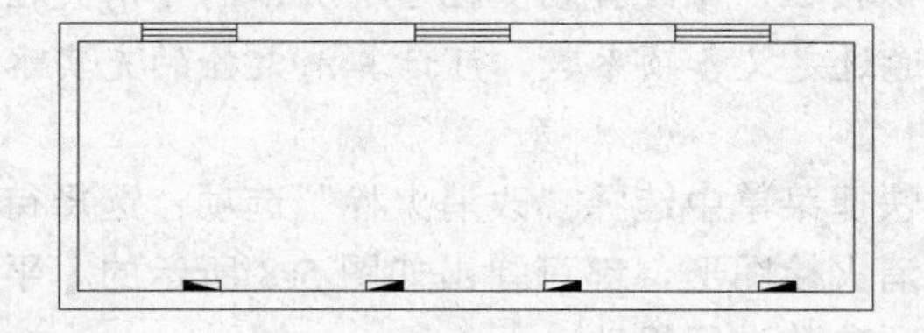

图 5-3 布消火栓

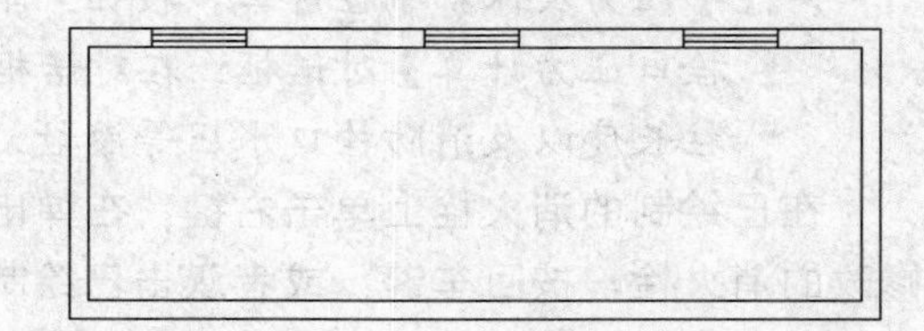

图 5-4 打开素材

02 输入 BXHS 命令按回车键，系统弹出【平面消火栓】对话框，设置参数如图 5-5 所示。

03 同时命令行提示如下：

```
命令：BXHS↙
请拾取布置消火栓的外部参照、墙线、柱子、直线、弧线 <退出>
                    //点取消火栓的插入位置，即可完成图形的插入，结果如图 5-3 所示。
```

以下为【平面消火栓】对话框中各功能选项的解释说明：

➢ “样式尺寸”选项组：对话框中提供了两种消火栓的布置样式，分别是“上接”和“平接”；单击选中指定选项前的按钮，即可以所选的样式布置消火栓。

➢ “常用尺寸”列表框：在列表框中显示了当前系统提供的消火栓的具体尺寸，单击选择其中的一项尺寸，即可以该尺寸插入消火栓图形。

图 5-5 【平面消火栓】对话框

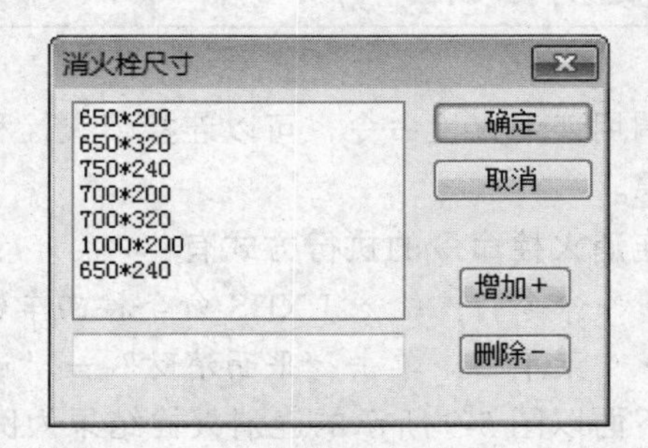

图 5-6 【消火栓尺寸】对话框

➢ “常用尺寸”按钮：单击该按钮，系统弹出如图 5-6 所示的【消火栓尺寸】对话框；在对话框下方的空白文本框内可定义新的尺寸参数，单击“增加”按钮，可将所定义的参数添加到列表框中；单击“删除”按钮，可以将选定的尺寸参数删除。

- “距墙距离”选项：在文本框中可以调整消火栓沿墙布置的距墙距离。
- “保护半径”选项：在文本框的下拉列表中可以选定消火栓保护半径值；在执行命令的过程中可以显示保护半径，命令操作结束后在图上不予显示。
- “压力及保护半径计算”按钮：单击该按钮，系统弹出如图 5-7 所示的【消火栓栓口压力计算】对话框；在对话框中通过定义各项参数，可计算消火栓的充实水柱长度以及消防栓口水压等参数。

在已绘制的消火栓上单击右键，在弹出的快捷菜单中选择“改消火栓”选项；选择待修改的消火栓，按回车键；或者双击已绘制的消火栓图形，都可弹出如图 5-8 所示的【平面消火栓】对话框，在其中可以对消火栓的各项参数进行修改。

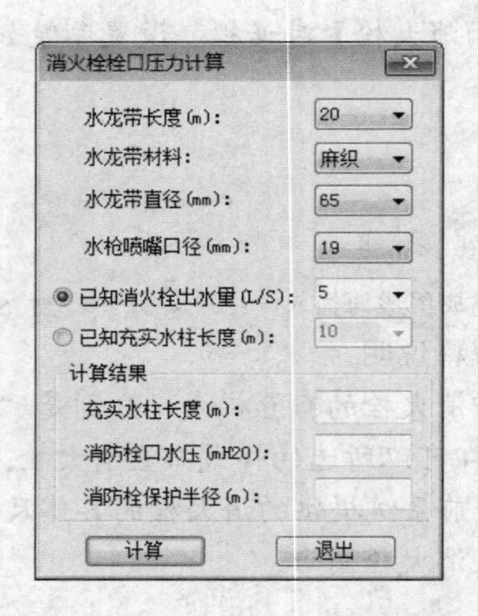

图 5-7 【消火栓栓口压力计算】对话框

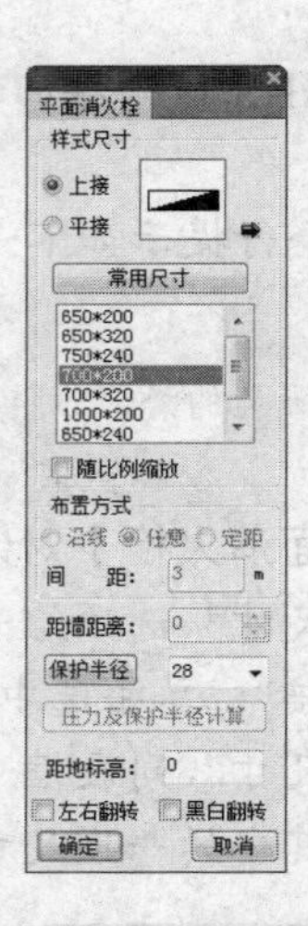

图 5-8 修改消火栓参数

5.3 连消火栓

调用连消火栓命令，可以连接消火栓和消防立管。如图 5-9 所示为连消火栓命令的操作结果。

连消火栓命令的执行方式有：

- 命令行：输入 LXHS 命令按回车键。
- 菜单栏：单击“平面消防”→“连消火栓”命令。

下面以图 5-9 所示的连消火栓结果为例，介绍调用连消火栓命令的方法。

01 按 Ctrl+O 组合键，打开配套光盘提供的“第 5 章/ 5.3 连消火栓.dwg”素材文件，结果如图 5-10 所示。

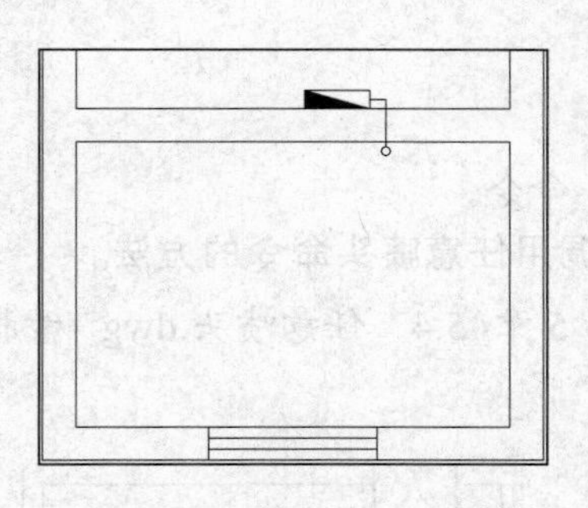
图 5-9　连消火栓

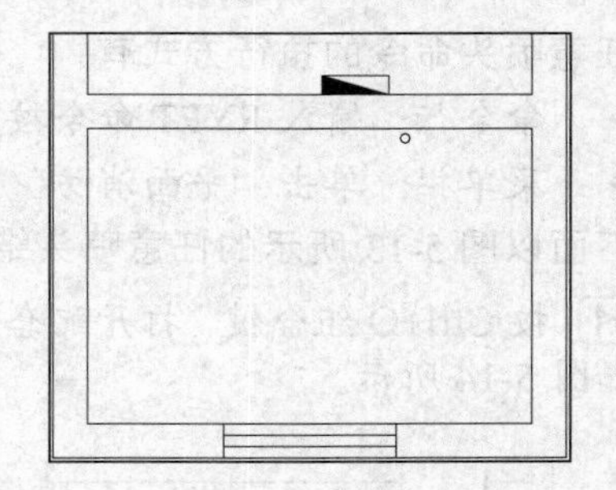
图 5-10　打开素材

02 输入 LXHS 命令按回车键，在【连消火栓】对话框中设置参数，如图 5-11 所示。

03 同时命令行提示如下：

```
命令：LXHS↙
请选择消火栓<退出>:
请选择消防立管<退出>:指定对角点:
请输入支管标高(0.8m)<退出>1
系统自动就近连接消火栓<Y>:              //按回车键，即可完成连消火栓命令的操作，结果如图
5-9 所示。
```

在【连消火栓】对话框中选择“干消连接”选项卡，设置其中的各项参数以执行连接消防干管与消火栓的操作，如图 5-12 所示。

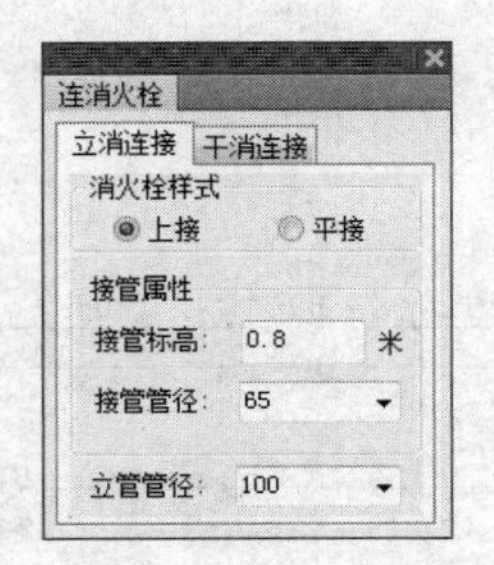

图 5-11　【连消火栓】对话框

图 5-12　“干消连接”选项

5.4 任意喷头

调用任意喷头命令，可以在绘图中自由插入喷头。如图 5-13 所示为任意喷头命令的操作结果。

任意喷头命令的执行方式有：

- 命令行：输入 RYPT 命令按回车键。
- 菜单栏：单击“平面消防”→“任意喷头”命令。

下面以图 5-13 所示的任意喷头结果为例，介绍调用任意喷头命令的方法。

01 按 Ctrl+O 组合键，打开配套光盘提供的“第 5 章/ 5.4　任意喷头.dwg”素材文件，结果如图 5-14 所示。

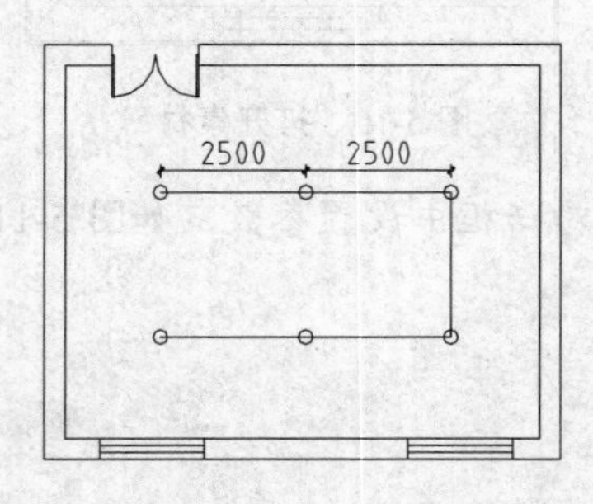

图 5-13　任意喷头

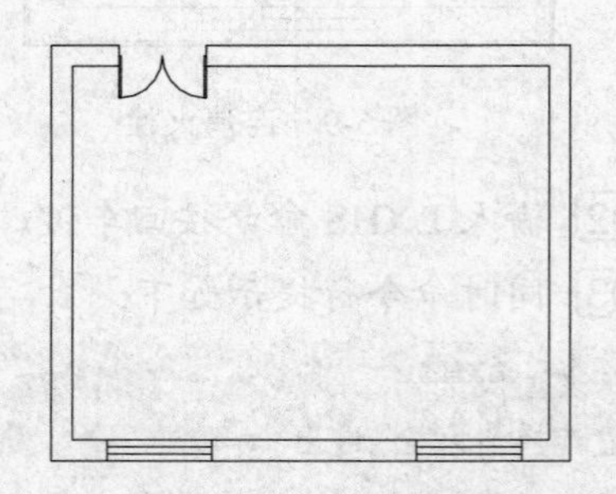

图 5-14　打开素材

02 输入 RYPT 命令按回车键，系统弹出【任意布置喷头】对话框，设置参数如图 5-15 所示。

03 同时命令行提示如下：

```
命令：RYPT↙
请点取参考点<退出>:                                    //点取起始点.
请输入喷头插入点[回退(U))/选取行向线(F)]<退出>:          //点取下一个喷头的插入点，完成喷头插入的结果如图 5-13 所示。
```

在【任意布置喷头】对话框中，可以选中其他方法绘制喷头，喷头的样式也可按照系统所提供的进行更改，如图 5-16 所示。

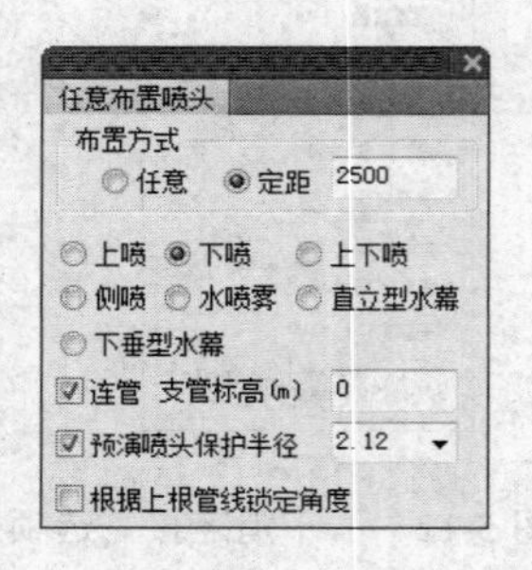

图 5-15　【任意布置喷头】对话框

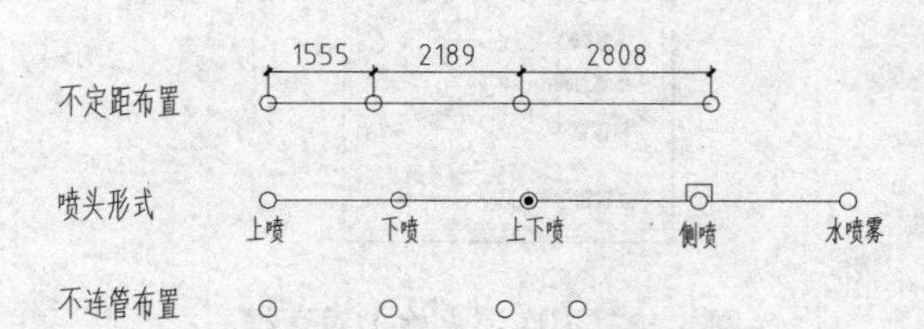

图 5-16　各类喷头绘制结果

在不规则建筑物内布置喷头时，“任意喷头”命令可自动拾取上一已绘喷头的间距参数来进行绘制；拾取如图 5-17 所示的参考点，可以按照图中已有的喷头间距参数来布置喷头，结果如图 5-18 所示。

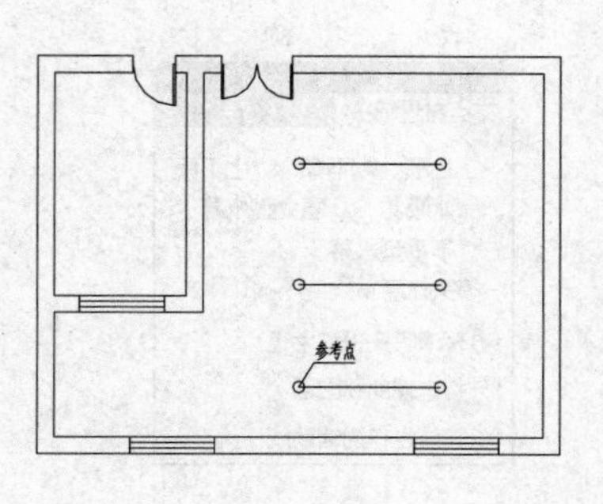

图 5-17　点取参考点

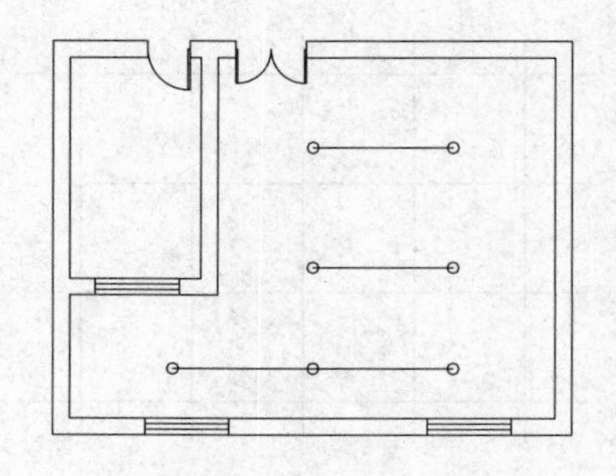

图 5-18　绘制喷头结果

提示

执行“初始设置”命令，在“设备设置”选项组下，可以修改喷头的半径参数，如图 5-19 所示。

5.5 交点喷头

调用交点喷头命令，可以在辅助线网格中插入喷头图形。如图 5-20 所示为交点喷头命令的操作结果。

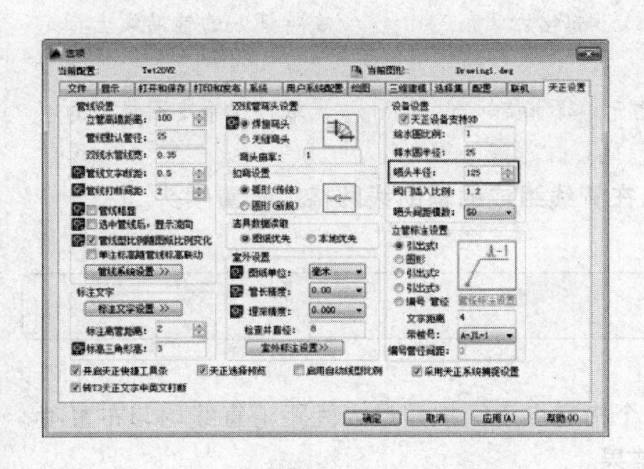

图 5-19　修改喷头参数

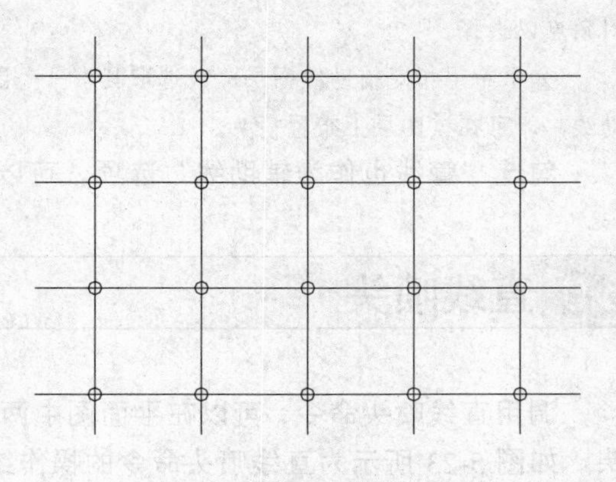

图 5-20　交点喷头

交点喷头命令的执行方式有：

- 命令行：输入 JDPT 命令按回车键。
- 菜单栏：单击“平面消防”→“交点喷头”命令。

下面以图 5-20 所示的交点喷头结果为例，介绍调用交点喷头命令的方法。

[01] 按 Ctrl+O 组合键，打开配套光盘提供的“第 5 章/ 5.5　交点喷头.dwg”素材文件，结果如图 5-21 所示。

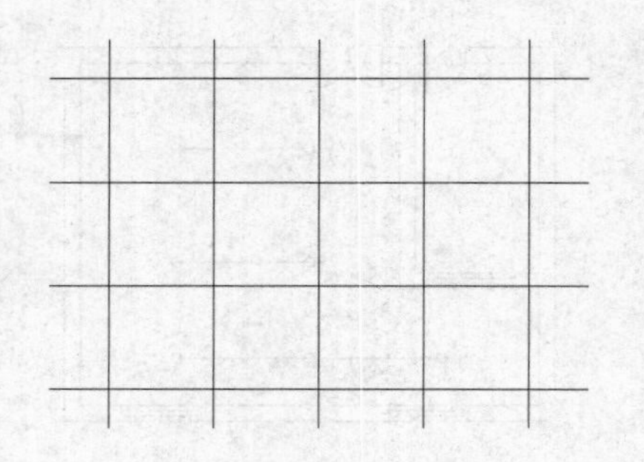

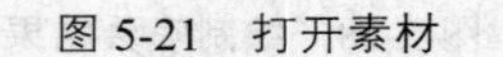
图 5-21 打开素材

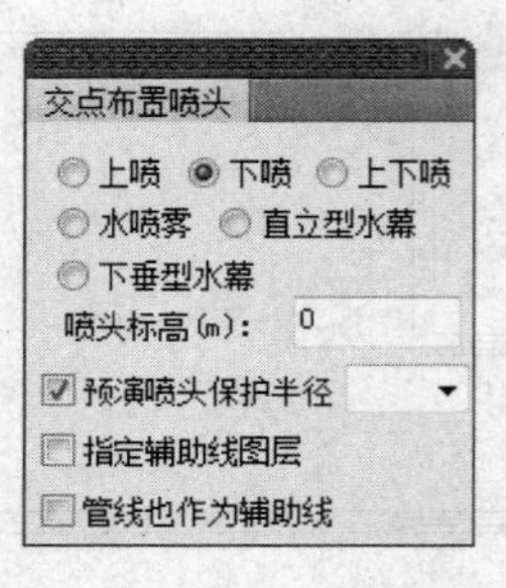

图 5-22 【交点布置喷头】对话框

02 输入 JDPT 命令按回车键，系统弹出【交点布置喷头】对话框，设置参数如图 5-22 所示。

03 同时命令行提示如下：

命令： JDPT↙
请输入第一角点(辅助线 LINE,ARC,CIRCLE):<退出>
再点取其对角点(辅助线 LINE,ARC,CIRCLE) <退出>: //框选辅助线网格，布置喷头图形的结果如图 5-20 所示。

在【交点布置喷头】对话框中勾选“指定辅助线图层”选项，命令行提示如下：

命令： JDPT↙
请输入第一角点(辅助线 LINE,ARC,CIRCLE):<退出>
再点取其对角点(辅助线 LINE,ARC,CIRCLE) <退出>: //在待插入的辅助线上指定对角点以选择。
如果希望指定辅助线图层，请选取其中一个图元:<不指定> //点取位于指定图层上的辅助线，即可在该图层上布置喷头。

勾选“管线也作为辅助线”选项，可以在管线组成的辅助线网格上布置喷头。

5.6 直线喷头

调用直线喷头命令，可以在平面图中两个指定点之间按照最大间距沿直线均匀布置喷头。如图 5-23 所示为直线喷头命令的操作结果。

直线喷头命令的执行方式有：

- 命令行：输入 ZXPT 命令按回车键。
- 菜单栏：单击“平面消防”→“直线喷头”命令。

下面以图 5-23 所示的直线喷头结果为例，介绍调用直线喷头命令的方法。

01 按 Ctrl+O 组合键，打开配套光盘提供的“第 5 章/ 5.6 直线喷头.dwg”素材文件，结果如图 5-24 所示。

02 输入 ZXPT 命令按回车键，系统弹出【两点均布喷头】对话框，设置参数如图 5-25 所示。

03 同时命令行提示如下：

命令：ZXPT↙

请输入起始点<退出>:

请输入终点<退出>:　　　　　　　　//分别指定直线的起点和终点，即可完成喷头的布置，结果如图 5-23 所示。

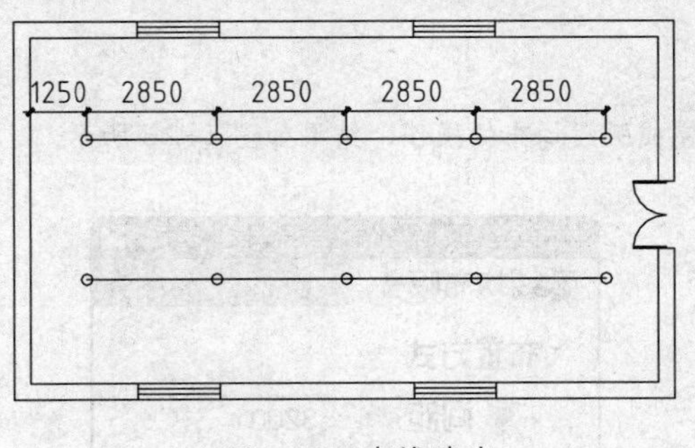

图 5-23　直线喷头

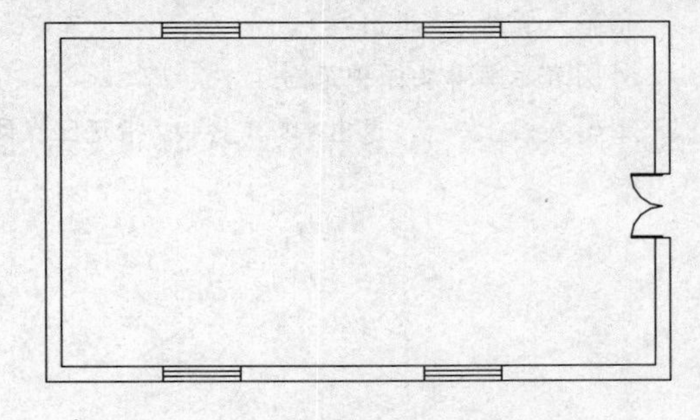

图 5-24　打开素材

5.7 弧线喷头

调用弧线喷头命令，可以通过指定弧线的三个点来布置弧线喷头。如图 5-26 所示为弧线喷头命令的操作结果。

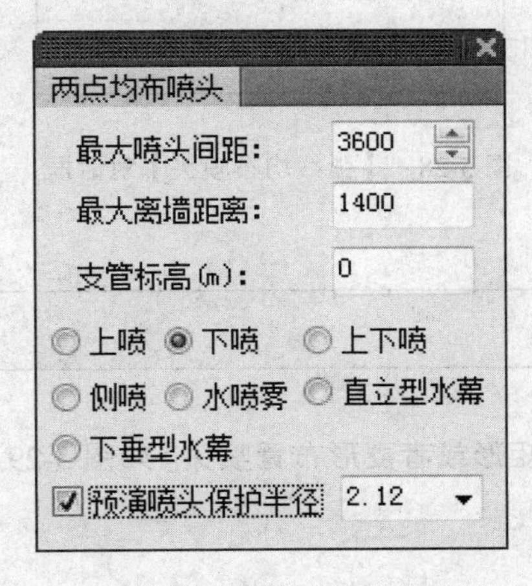

图 5-25　【两点均布喷头】对话框

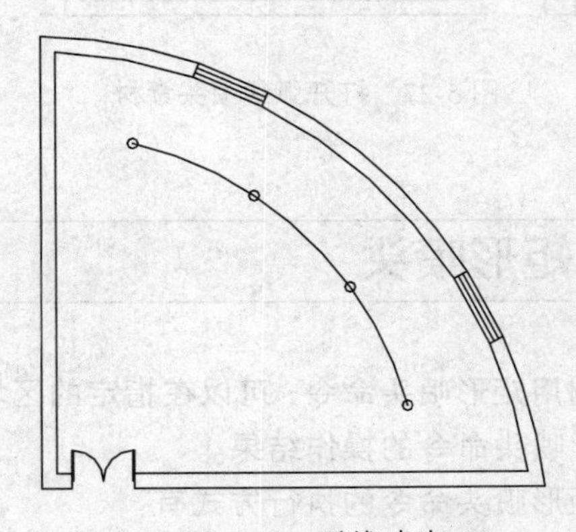

图 5-26　弧线喷头

弧线喷头命令的执行方式有：

- 命令行：输入 HXPT 命令按回车键。
- 菜单栏：单击"平面消防"→"弧线喷头"命令。

下面以图 5-26 所示的弧线喷头结果为例，介绍调用弧线喷头命令的方法。

01 按 Ctrl+O 组合键，打开配套光盘提供的"第 5 章/ 5.7　弧线喷头.dwg"素材文件，结果如图 5-27 所示。

02 输入 HXPT 命令按回车键，系统弹出【弧线均布喷头】对话框，设置参数如图 5-28

所示。

03 同时命令行提示如下：

```
命令：HXPT↙
请输入弧起始点<退出>:
请输入弧终点<退出>:
外圆表示喷淋头保护范围
请输入弧上一点<退出>:        //指定三点即可完成弧线均布的操作，结果如图 5-26 所示。
```

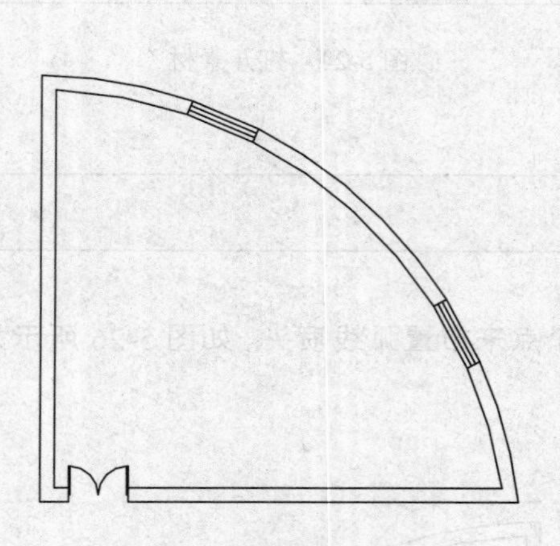
图 5-27　打开弧线喷头素材

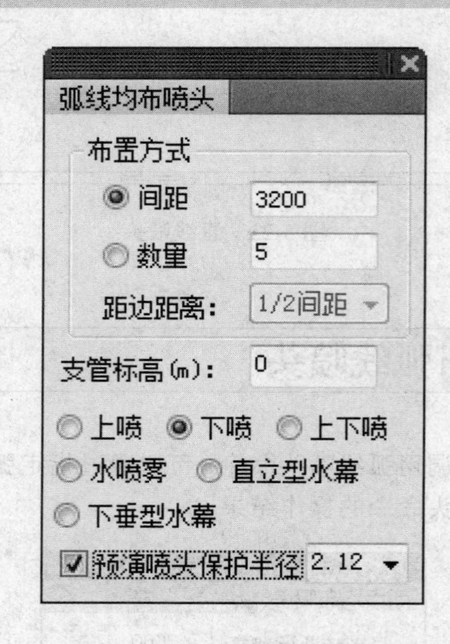

图 5-28　【弧线均布喷头】对话框

5.8 矩形喷头

调用矩形喷头命令，可以在指定的区域内按照矩形或者菱形布置喷头。如图 5-29 所示为矩形喷头命令的操作结果。

矩形喷头命令的执行方式有：

➢ 命令行：输入 JXPT 命令按回车键。

➢ 菜单栏：单击“平面消防”→“矩形喷头”命令。

下面以图 5-29 所示的矩形喷头结果为例，介绍调用矩形喷头命令的方法。

01 按 Ctrl+O 组合键，打开配套光盘提供的“第 5 章/ 5.8　矩形喷头.dwg”素材文件，结果如图 5-30 所示。

02 输入 JXPT 命令按回车键，系统弹出【矩形布置喷头】对话框，设置参数如图 5-31 所示。

03 同时命令行提示如下：

命令：JXPT↙

请输入起始点[选取行向线(S)]<退出>:

请输入终点<退出>:　　　　　　　　　　//指定矩形的对角点，即可完成矩形喷头命令的操作，结果如图 5-29 所示。

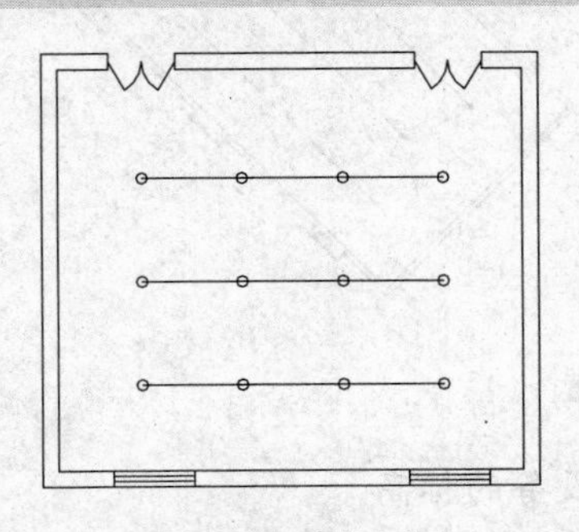

图 5-29　矩形喷头

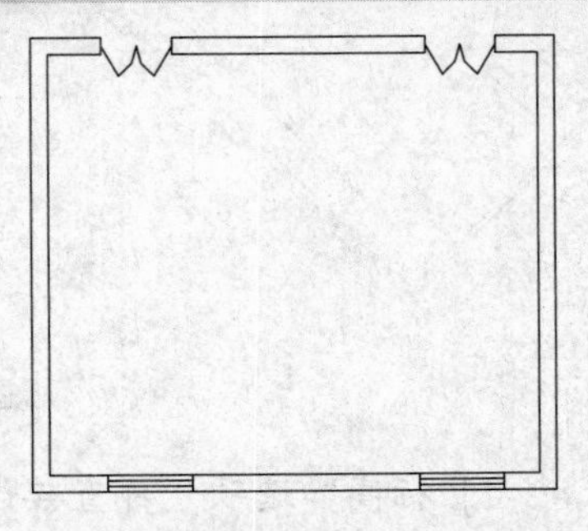

图 5-30　打开矩形喷头素材

在【矩形布置喷头】对话框中单击“菱形”按钮，根据命令行的提示分别点取起始点和终点，完成菱形布置喷头，结果如图 5-32 所示。

以下为【矩形布置喷头】对话框中一些功能选项的含义：

➢ “危险等级”选项：系统提供了四种危险等级，分别是轻微等级、中危Ⅰ级、中危Ⅱ级、严重危险；在文本框的下拉列表中可以选择危险等级。
➢ “喷头最小间距”“距墙最小间距”选项：定义喷头间的最小间距参数。
➢ “行数”“列数”选项：可手动输入喷头的行数、列数，也可使用增减按钮调整。

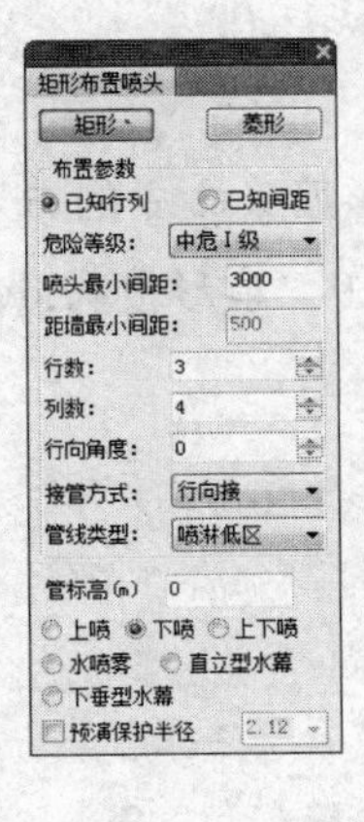

图 5-31　【矩形布置喷头】对话框

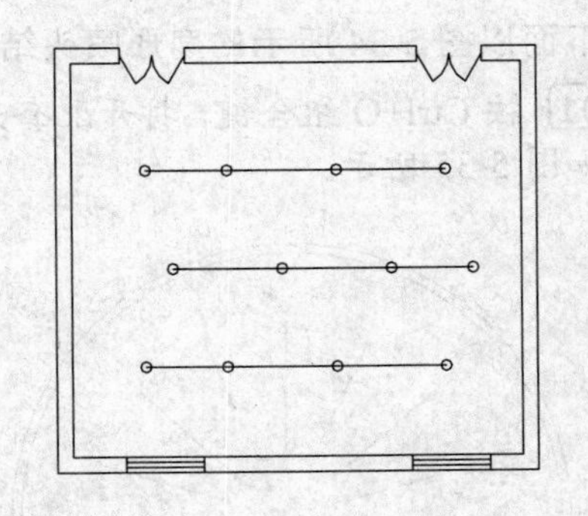

图 5-32　菱形布置

➢ “行向角度”选项：在文本框中定义绘制喷头时管线的旋转角度。也可在布置设备时的预演中随时调整旋转角度，也可在文本框中调整角度参数，如图 5-33 所示。
➢ “接管方式”选项：系统提供三种接管方式，分别是行向接、列向接和不接管，在下拉列表中选择。
➢ “管线类型”选项：系统提供三种类型的管线，分别是喷淋低区、喷淋中区、喷淋高区，在下拉列表中选择。

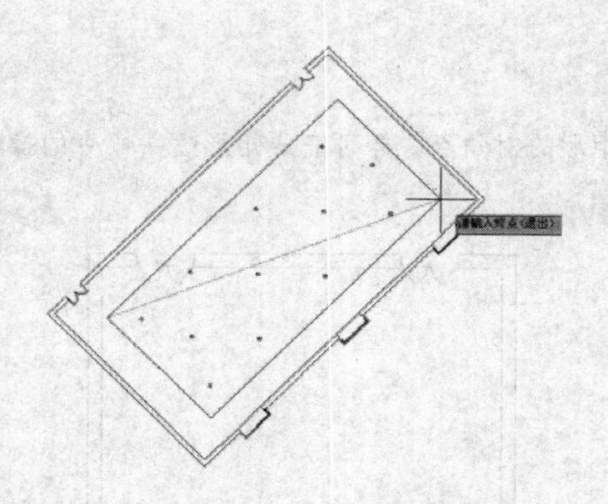

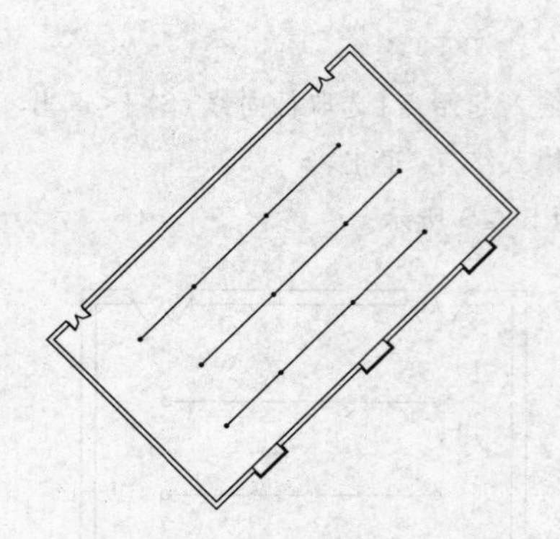

图 5-33　45° 角布置

➢ “管标高”选项：可直接设置绘制管线和设备的标高。
➢ “预演保护半径”选项：勾选选项前的复选框，可以在下拉列表中选择半径范围参数；在执行命令的过程中可以预演保护半径范围。

5.9 扇形喷头

调用扇形喷头命令，可以在扇形内，按照一定的间距弧形插入喷头。扇形喷头命令的操作结果如图 5-34 所示。

扇形喷头命令的执行方式有：

➢ 命令行：输入 SXPT 命令按回车键。
➢ 菜单栏：单击“平面消防”→“扇形喷头”命令。

下面以图 5-34 所示的扇形喷头结果为例，介绍调用扇形喷头命令的方法。

01 按 Ctrl+O 组合键，打开配套光盘提供的“第 5 章/ 5.9　扇形喷头.dwg”素材文件，结果如图 5-35 所示。

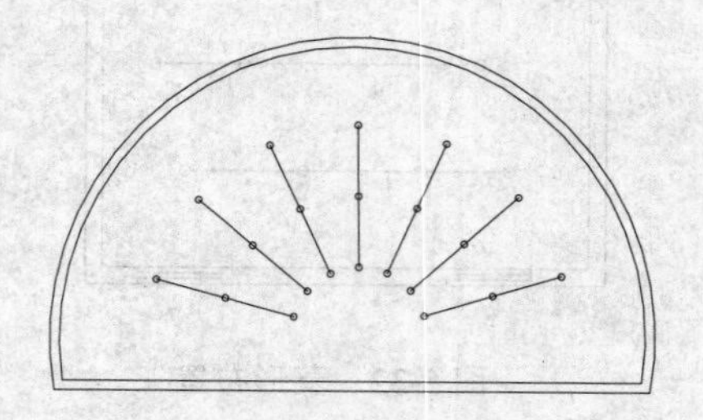

图 5-34　扇形喷头

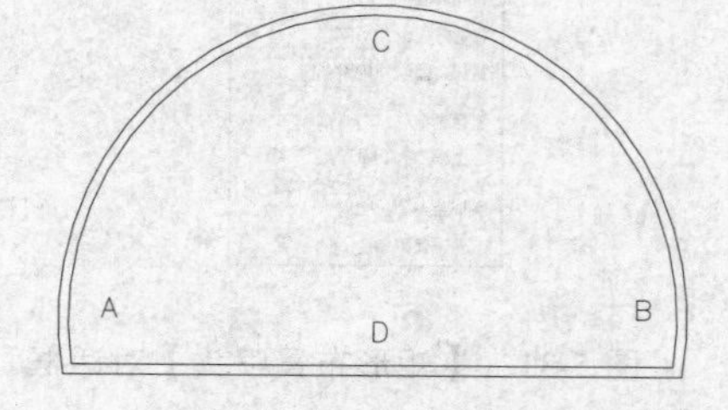

图 5-35　打开扇形喷头素材

02 输入 SXPT 命令按回车键，系统弹出【扇形布置喷头】对话框，设置参数如图 5-36 所示。

03 同时命令行提示如下：

命令：SXPT↙

```
请输入扇形大弧起始点<退出>:        //点取 A 点。
请输入扇形大弧终点<退出>:          //点取 B 点。
点取扇形大弧上一点<退出>:          //点取 C 点。
请输入终点<退出>:                  //点取 D 点，扇形布置喷头的操作结果如图 5-34 所示。
```

在【扇形布置喷头】对话框中提供了三种接管方式，分别是接直管、不接管、接弧管。在"接管方式"文本框下的下拉列表中可以选择。如图 5-37 所示为"不接管"方式的绘制方法，如图 5-38 所示为"接弧管"方式的绘制方法。

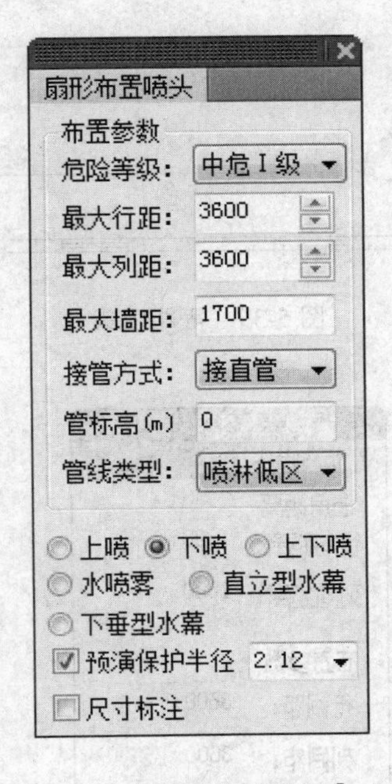

图 5-36 【扇形布置喷头】对话框

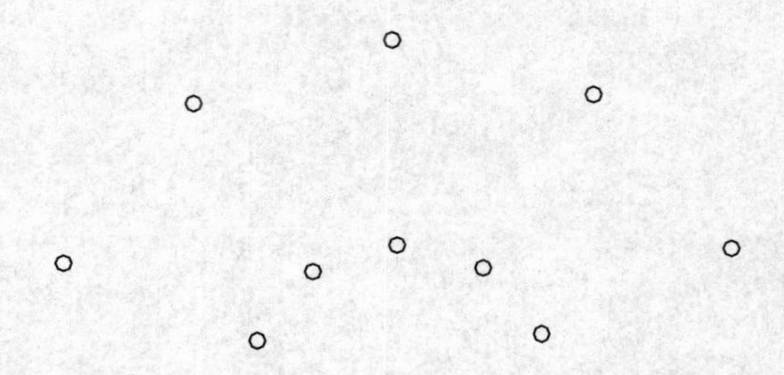

图 5-37 "不接管"方式

5.10 等距喷头

调用等距喷头命令，可以在指定的区域内按一定的间距矩形布置喷头。如图 5-39 所示为等距喷头命令的操作结果。

等距喷头命令的执行方式有：

➢ 命令行：输入 DJPT 命令按回车键。

➢ 菜单栏：单击"平面消防"→"等距喷头"命令。

下面以图 5-39 所示的等距喷头结果为例，介绍调用等距喷头命令的方法。

01 按 Ctrl+O 组合键，打开配套光盘提供的"第 5 章/ 5.10 等距喷头.dwg"素材文件，结果如图 5-40 所示。

02 输入 DJPT 命令按回车键，系统弹出【等距布喷头】对话框，设置参数如图 5-41 所示。

03 同时命令行提示如下：

命令：DJPT↙

请输入起始点[选取行向线(S)]<退出>：

请输入终点<退出>： //分别点取A、B两个对角点，即可完成等距喷头的操作，结果如图5-39所示。

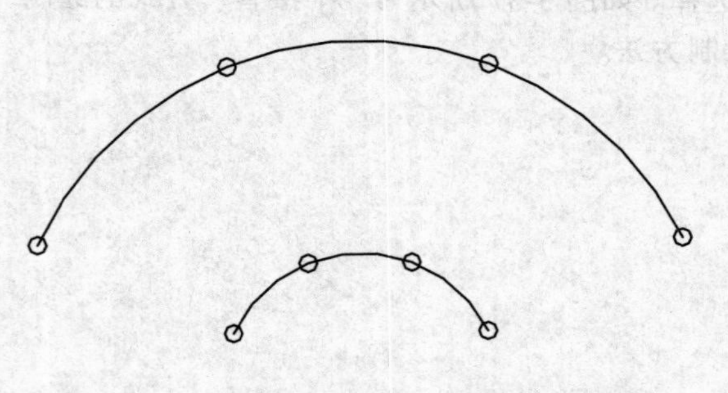

图5-38 “接弧管”方式

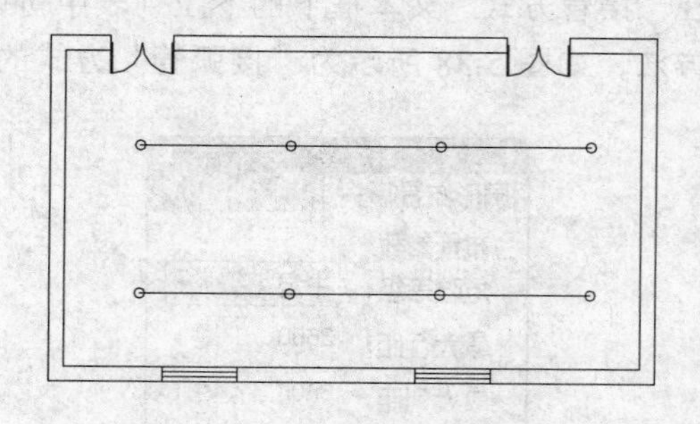

图5-39 等距喷头

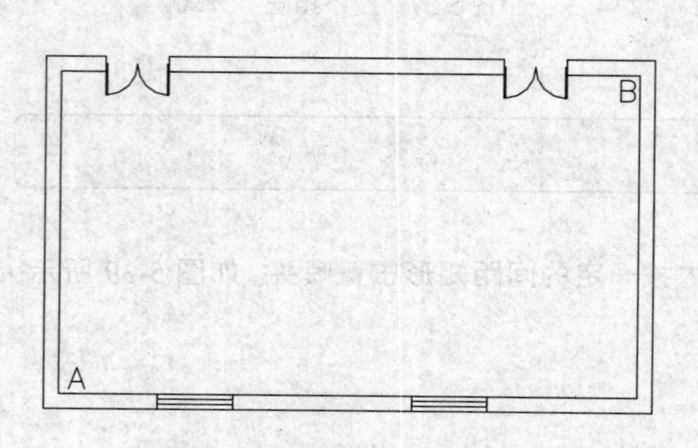

图5-40 打开素材

图5-41 【等距布喷头】对话框

在【等距布喷头】对话框中提供了三种接管方式，分别是行向接、列向接、不接管。在“接管方式”选项文本框的下拉列表中可以选择不同的接管方式。如图5-42所示为“列向接”方式的绘制方法，如图5-43所示为“不接管”方式的绘制方法。

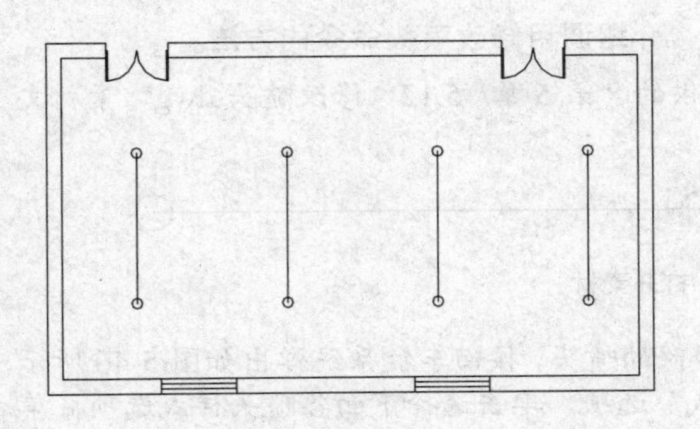

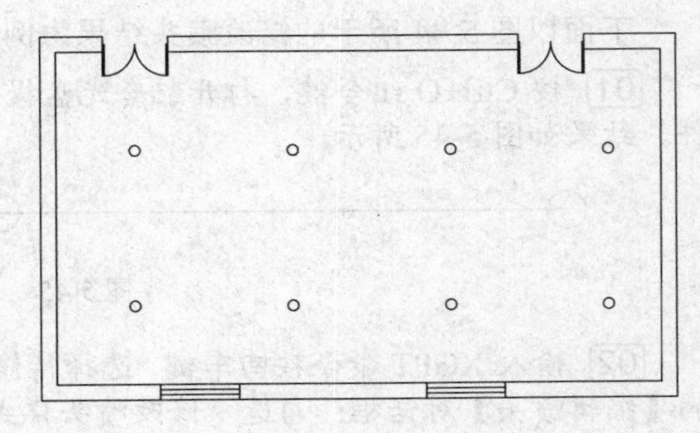

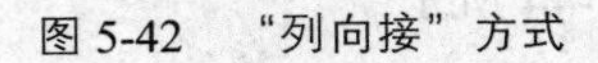

图 5-42 "列向接"方式

图 5-43 "不接管"方式

5.11 喷头转化

调用喷头转化命令，可以将圆圈转化为标准的天正喷头。

喷头转化命令的执行方式有：

- 命令行：输入 PTZH 命令按回车键。
- 菜单栏：单击"平面消防"→"喷头转化"命令。

输入 PTZH 命令按回车键，命令行提示如下：

```
命令：PTZH↙
请选择需要转化的样板喷头(圆或者图块):<退出>                //选择待转化的样板图形。
请选择需要转化的范围:<退出>指定对角点：找到 8 个             //框选包括样板图形在内的待转化的图形范围。
请选择需要转化的范围:<退出> 共有 8 个喷头被转化为天正喷头     //按回车键，系统提示所选的喷头已被转化。
```

5.12 修改喷头

调用修改喷头命令，可以修改指定喷头的样式、插入比例等参数。如图 5-44 所示为修改喷头命令的操作结果。

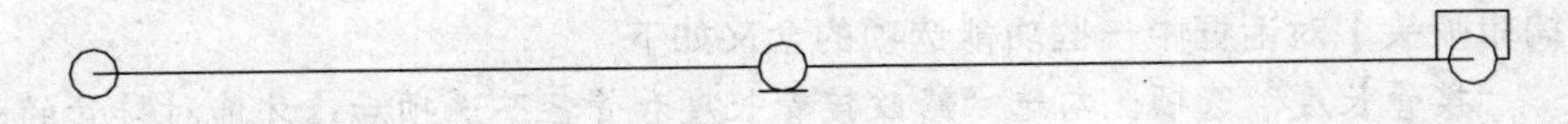

图 5-44 修改喷头

修改喷头命令的执行方式有：

- 命令行：输入 XGPT 命令按回车键。
- 菜单栏：单击"平面消防"→"修改喷头"命令。

下面以图5-44所示的修改喷头结果为例，介绍调用修改喷头命令的方法。

01 按Ctrl+O组合键，打开配套光盘提供的“第5章/ 5.12 修改喷头.dwg”素材文件，结果如图5-45所示。

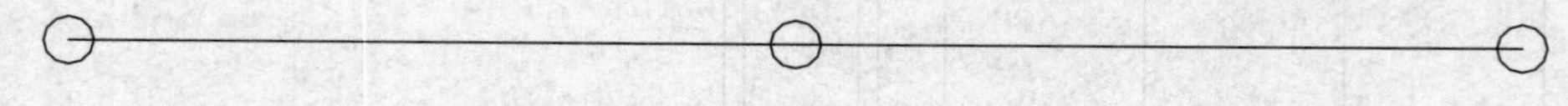

图5-45 打开素材

02 输入XGPT命令按回车键，选择待修改的喷头，按回车键系统弹出如图5-46所示的【编辑喷头】对话框；勾选“修改喷头样式”选项，单击选择下面各喷头样式选项，单击“确定”按钮即可完成喷头样式的修改，结果如图5-44所示。

在【编辑喷头】对话框中勾选“修改标高”选项，在“喷头标高”选项文本框中修改喷头的标高参数，如图5-47所示。单击“确定”按钮关闭对话框即可完成喷头标高的修改，修改前后的对比如图5-48所示。

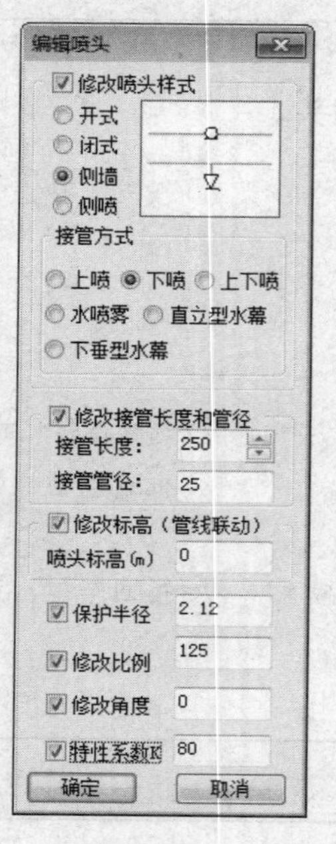

图5-46 【编辑喷头】对话框

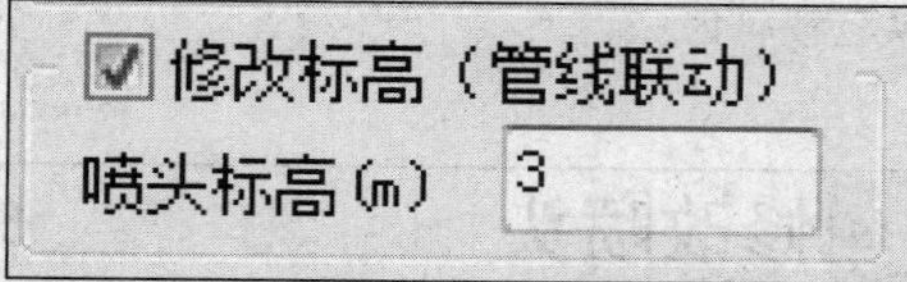

图5-47 设定喷头标高参数

在【编辑喷头】对话框中勾选“修改比例”选项，在其后面的文本框中定义新的比例参数，即可对喷头进行显示比例的修改，结果如图5-49所示。

【编辑喷头】对话框中一些功能选项的含义如下：

- “接管长度”选项：勾选“修改接管长度和管径”选项后，才能对接管的长度参数进行更改；但是接管长度的修改要在系统图中才能查看。
- “修改角度”选项：可自定义喷头的角度参数，值得注意的是，在修改开式或者闭式喷头的插入角度时，图中所反映的实际效果是不明显的。
- “特性系数K”选项：在选项后的文本框中可自定义喷头的特性系数值，该参数值在喷淋计算中会用到。

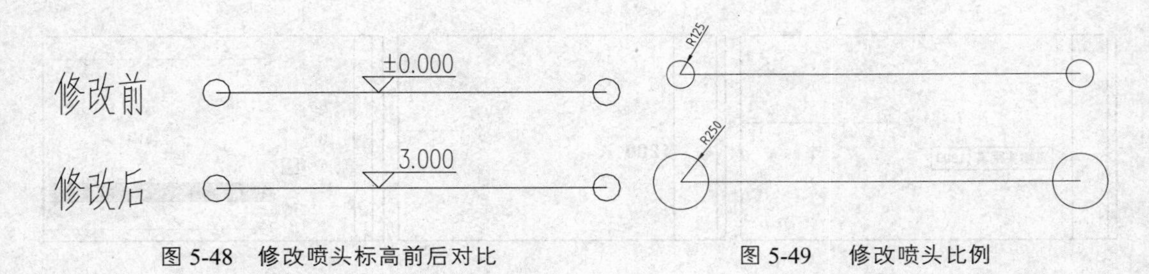

图 5-48　修改喷头标高前后对比　　　　图 5-49　修改喷头比例

5.13 喷头定位

调用喷头定位命令，可以测量指定喷头到墙或者距其他喷头的距离，并可修正喷头的位置。如图 5-50 所示为喷头定位命令的操作结果。

喷头定位命令的执行方式有：

- ➢ 命令行：输入 PTDW 命令按回车键。
- ➢ 菜单栏：单击“平面消防”→“喷头定位”命令。

下面以图 5-44 所示的喷头定位结果为例，介绍调用喷头定位命令的方法。

01 按 Ctrl+O 组合键，打开配套光盘提供的“第 5 章/ 5.13　喷头定位.dwg”素材文件，结果如图 5-51 所示。

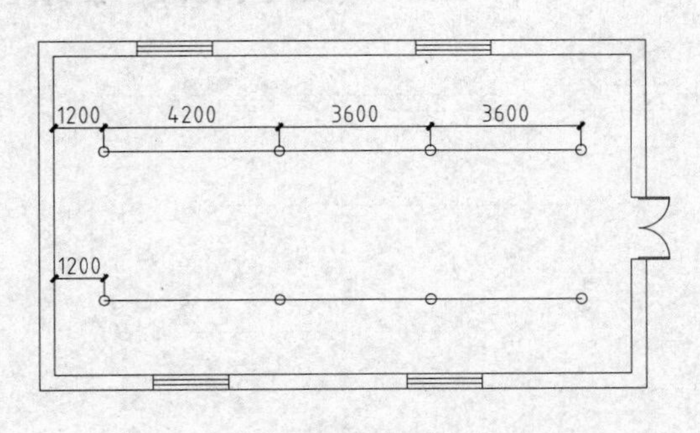

图 5-50　喷头定位

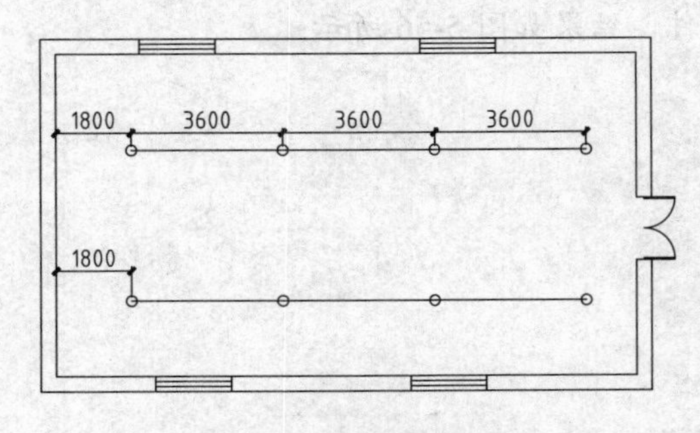

图 5-51　打开喷头素材

02 输入 PTDW 命令按回车键，命令行提示如下：

命令：PTDW↙

请选择需要定位的喷头或立管<退出>：　　//选择待定位的喷头。

请选择参考位置，如墙、喷头<退出>：　　//将鼠标移至喷头左边的墙体，可动态显示喷头离墙的距离，如图 5-52 所示。

请在编辑框内输入新的距离<回车键完成，ESC 键退出>1200　　//鼠标在墙体上单击，在弹出的编辑框中输入新的距离参数，如图 5-53 所示。

请选择联动喷头及管线：<只移动本喷头>指定对角点：找到 1 个　　//按回车键，选择需联动的喷头，如图 5-54 所示。

03 喷头定位操作的结果如图 5-50 所示。

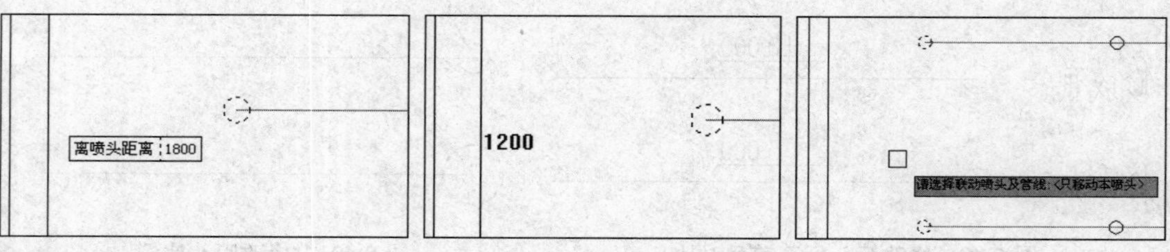

图 5-52　显示距离参数　　图 5-53　定义距离参数　　图 5-54　选择需联动的喷头

5.14 喷头尺寸

调用喷头尺寸命令，可以标注喷头或洁具间的距离参数。如图 5-55 所示为喷头尺寸命令的操作结果。

喷头尺寸命令的执行方式有：

➢ 命令行：输入 PTCC 命令按回车键。

➢ 菜单栏：单击“平面消防”→“喷头尺寸”命令。

下面以图 5-55 所示的喷头尺寸结果为例，介绍调用喷头尺寸命令的方法。

01 按 Ctrl+O 组合键，打开配套光盘提供的“第 5 章/ 5.14　喷头尺寸.dwg”素材文件，结果如图 5-56 所示。

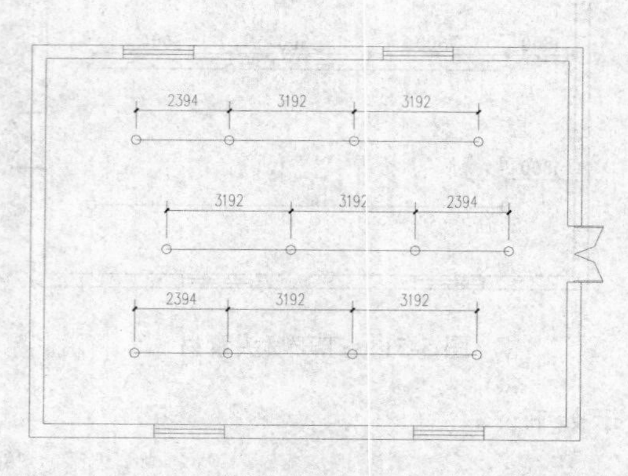

图 5-55　喷头尺寸

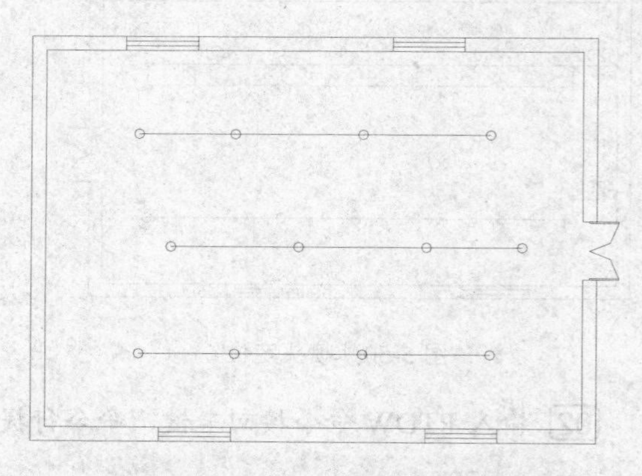

图 5-56　打开喷头尺寸素材

02 输入 PTCC 命令按回车键，在【喷头尺寸】对话框中设置标注参数，如图 5-57 所示。

03 同时命令行提示如下：

命令：PTCC

请选取喷头<退出>:指定对角点：找到 4 个

请选取喷头<退出>:

请点取尺寸线位置<退出>:　　//鼠标向上移动点取尺寸线的位置，标注结果如图 5-55 所示。

调用喷头尺寸命令，还可以标注洁具间的尺寸参数，结果如图5-58所示。

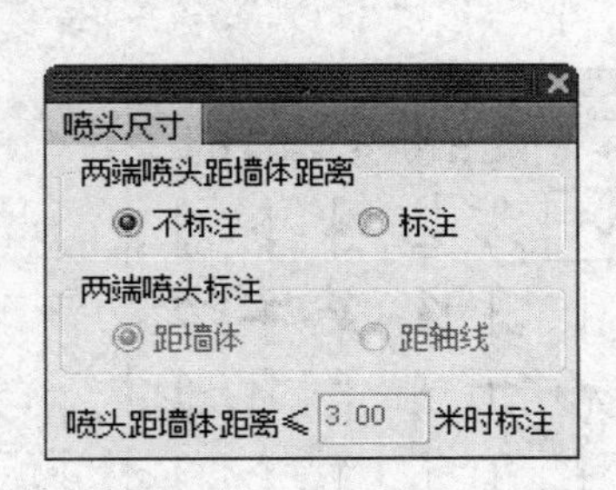

图5-57 【喷头尺寸】对话框

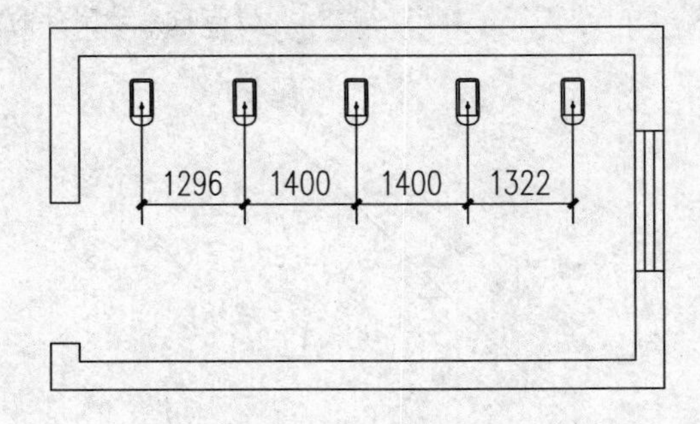

图5-58 标注洁具尺寸

5.15 系统附件

调用系统附件命令，可以插入系统图附件。如图5-59所示为系统附件命令的操作结果。

系统附件命令的执行方式有：

- 命令行：输入XTFJ命令按回车键。
- 菜单栏：单击“平面消防”→“系统附件”命令。

下面以图5-59所示的系统附件结果为例，介绍调用系统附件命令的方法。

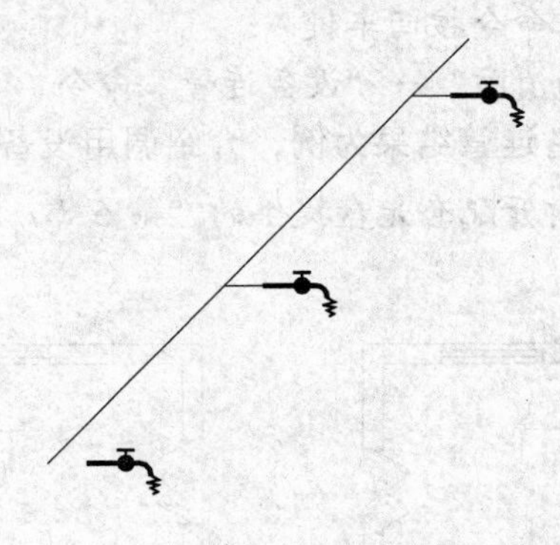

图5-59 系统附件

01 按Ctrl+O组合键，打开配套光盘提供的“第5章/ 5.15 系统附件.dwg”素材文件，结果如图5-60所示。

02 输入XTFJ命令按回车键，系统弹出【T20天正给排水软件图块】对话框，在其中选择待插入的附件图形，结果如图5-61所示。

03 同时命令行提示如下：

```
命令：XTFJ↙
请指定系统附件的插入点 [90度旋转(A)/左右翻转(F)/放大(E)/缩小(D)]<退出>:F
                    //输入F，将附件图形进行左右翻转。
```

请指定系统附件的插入点 [90 度旋转(A)/左右翻转(F)/放大(E)/缩小(D)]<退出>:

//点取系统附件的插入点，绘制结果如图 5-59 所示。

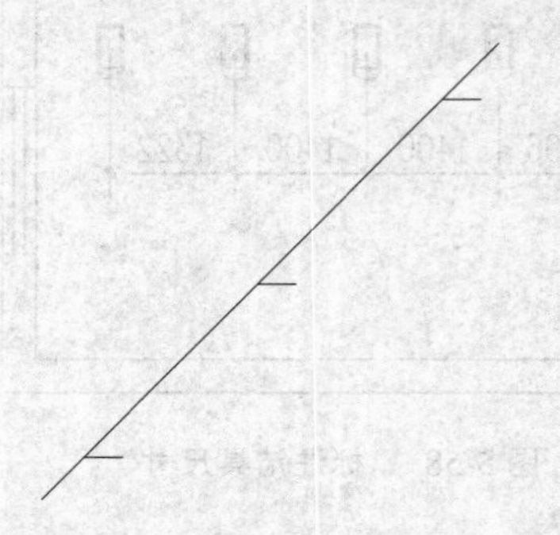

图 5-60 打开系统附件素材

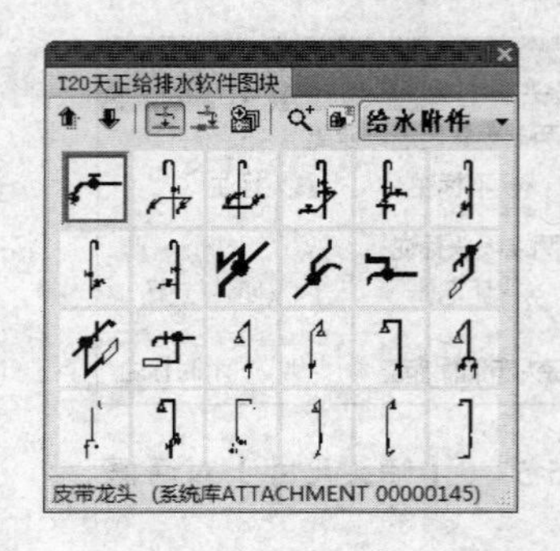

图 5-61 【天正给排水图块】对话框

5.16 设备连管

调用设备连管命令，可以将选定的干管和设备相连接。如图 5-62 所示为设备连管命令的操作结果。

设备连管命令的执行方式有:

- 命令行: 输入 SBLG 命令按回车键。
- 菜单栏: 单击“平面消防”→“设备连管”命令。

下面以图 5-62 所示的设备连管结果为例，介绍调用设备连管命令的方法。

01 按 Ctrl+O 组合键，打开配套光盘提供的“第 5 章/ 5.16 设备连管.dwg”素材文件，结果如图 5-63 所示。

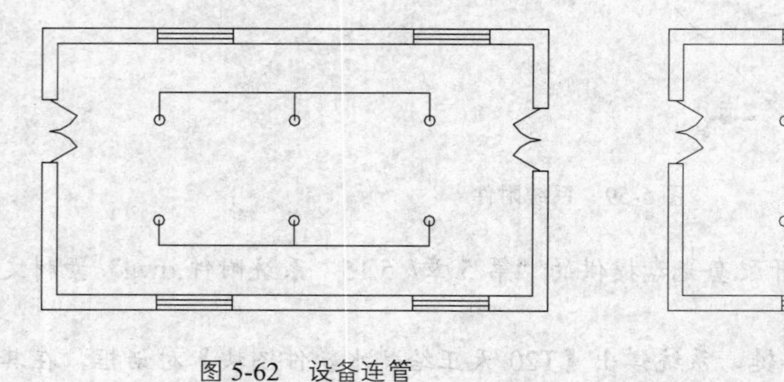

图 5-62 设备连管

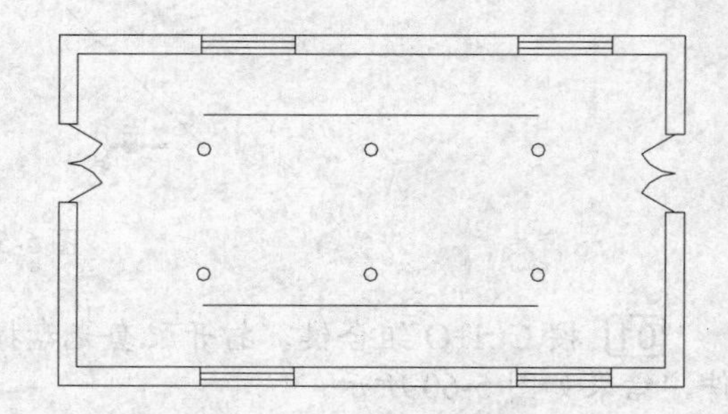

图 5-63 打开素材

02 输入 SBLG 命令按回车键，命令行的提示如下:

命令: SBLG↙

请选择干管<退出>:

请选择需要连接管线的设备<退出> //分别选择干管和设备，按回车键即可完成连接操作，结果如图 5-62 所示。

5.17 设备移动

调用设备移动命令，可移动天正设备，并在新老位置重新接管线。

设备移动命令的执行方式有：

➢ 命令行：输入 SBYD 命令按回车键。

➢ 菜单栏：单击“平面消防”→“设备移动”命令。

输入 SBYD 命令按回车键，命令行提示如下：

命令：SBYD↙

请选择需要移动的设备<退出>找到 1 个 //选择消火栓按回车键。

点取位置或 [转 90 度(A)/左右翻(S)/上下翻(D)/对齐(F)/改转角(R)/改基点(T)]<退出>:

//向右移动鼠标，单击左键指定目标点，移动设备的结果如图 5-64 所示。

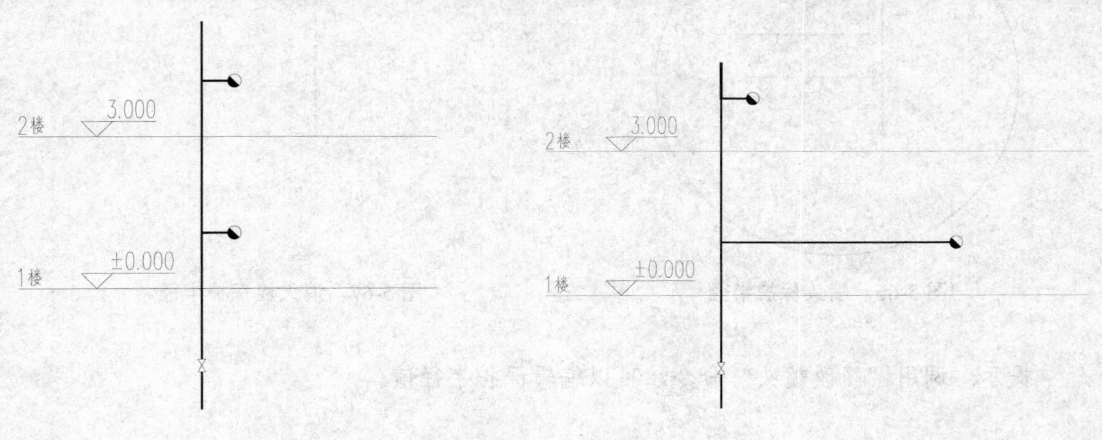

图 5-64 设备移动

5.18 保护半径

调用保护半径命令，可显示喷头和消火栓的保护面积。

保护半径命令的执行方式有：

➢ 命令行：输入 BHBJ 命令按回车键。

➢ 菜单栏：单击“平面消防”→“保护半径”命令。

输入 BHBJ 命令按回车键，命令行提示如下：

命令：BHBJ↙

请选择要显示的消火栓、灭火器或喷头范围{选取闭合 PLINE(P)/修改保护半径(R)}:<整张图>

找到 1 个 //选择设备，在【保护半径】对话框中设置参数，如设备类型等，如图 5-65 所示。

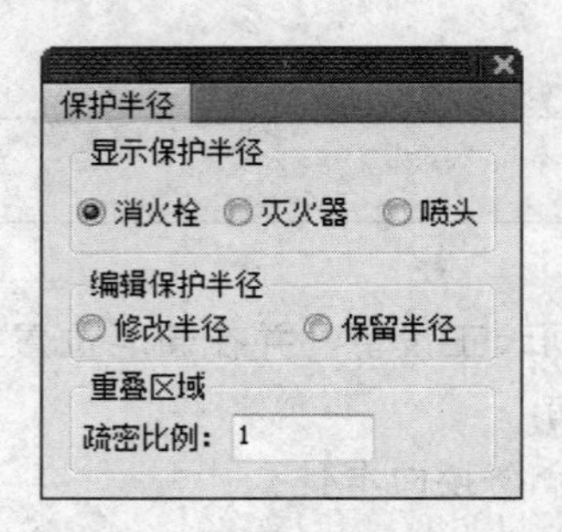

图 5-65 【保护半径】对话框

在对话框中单击“保留半径”按钮，可将保护半径轮廓线保留，如图 5-66、图 5-67 所示。

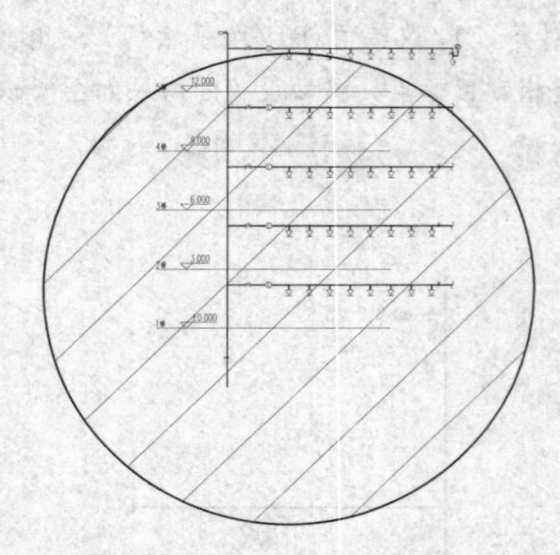

图 5-66 喷头保护半径

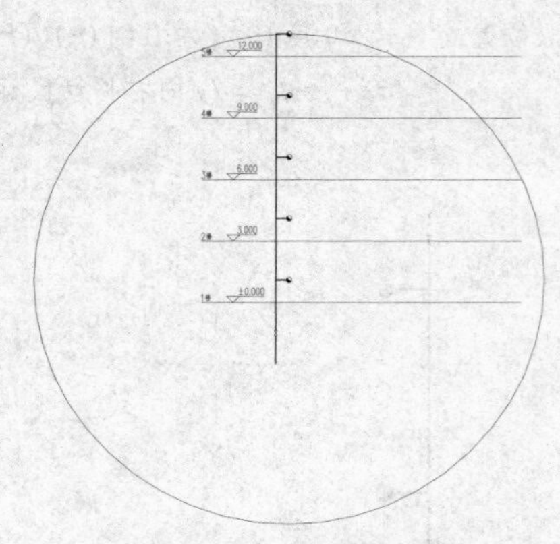

图 5-67 消火栓保护半径

提示：调用“修改喷头”命令，可以编辑保护半径值。

5.19 最远路径

调用最远路径命令，可以搜索出本图最不利点到起始立管的路径。

最远路径命令的执行方式有：

- 命令行：输入 ZYLJ 命令按回车键。
- 菜单栏：单击“平面消防”→“最远路径”命令。

输入 ZYLJ 命令按回车键，命令行提示如下：

```
命令： ZYLJ↙
请选择主干管(搜索指定干管所连最远路径):<指定范围搜索>
共 2 根立管!
立管距最不利点距离: 0.00!        //选择立管，按回车键即可完成搜索操作。
```

第 6 章
系 统 图

● 本章导读

本章为读者介绍三个方面的知识，分别是系统生成命令的操作、各类原理图的绘制、使用系统绘制工具绘制各类系统附件以及对系统附件执行编辑修改操作。

● 本章重点

◈ 系统生成
◈ 原理图

6.1 系统生成

本节介绍由平面管线信息自动绘制给水、热给水、热回水、污水、废水、雨水、消防、喷淋等系统图的功能。

调用系统生成命令，可以根据平面图生成系统轴测图，可生成多楼层管道的系统图。如图 6-1 所示为系统生成命令的操作结果。

系统生成命令的执行方式有：

- 命令行：输入 XTSC 命令按回车键。
- 菜单栏：单击“系统”→“系统生成”命令。

下面以图 6-1 所示的系统生成结果为例，介绍调用系统生成命令的方法。

01 按 Ctrl+O 组合键，打开配套光盘提供的“第 6 章/ 6.1 系统生成.dwg”素材文件，结果如图 6-2 所示。

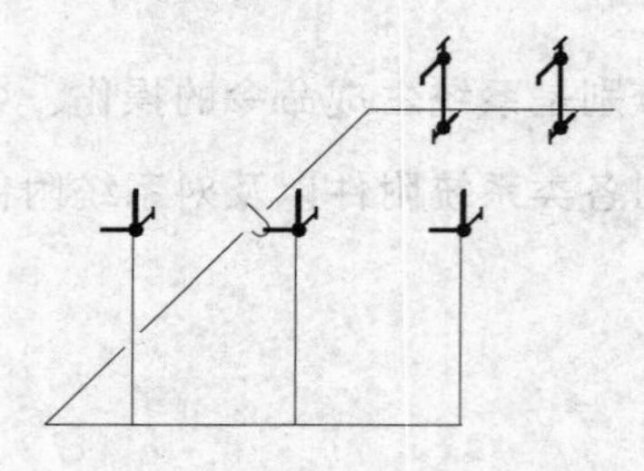

图 6-1 给水系统图

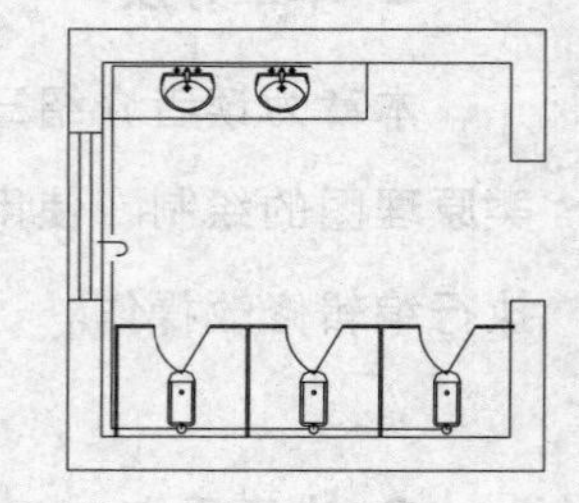

图 6-2 给水平面图

02 输入 XTSC 命令按回车键，系统弹出如图 6-3 所示为【平面图生成系统图】对话框，分别在“管线类型”和“角度”选项中设置参数。

03 在对话框下方单击“直接生成单层系统图”按钮，命令行提示如下：

```
命令: XTSC↙
选择自动生成系统图的所有平面图管线<退出>:指定对角点: 找到 16 个
                                        //框选待生成系统图的管线。
请点取系统图位置<退出>:                   //按回车键，点取系统图的插入位置，绘制系统图的结果如图 6-1 所示。
```

【平面图生成系统图】对话框一些功能控件的含义如下：

- “管线类型”选项：在选项的下拉列表中可以选择所生成系统图的管线类型，如图 6-4 所示。需要注意的是，该选项必须与被转换平面图内的管线类型相一致，否则程序不会生成系统图。
- “角度”选项：在选项文本框中可以定义所生成的系统图的角度，在下拉列表中可以选择 45° 和 30° 。
- “比例”选项：选项下有三个文本框，分别是 X、Y、Z；在文本框中可修改 X 轴、Y 轴、Z 轴的系统图生成的比例。

> “添加楼层”“删除楼层”按钮：单击指定的按钮，可以添加或者删除相同楼层的种类数量。

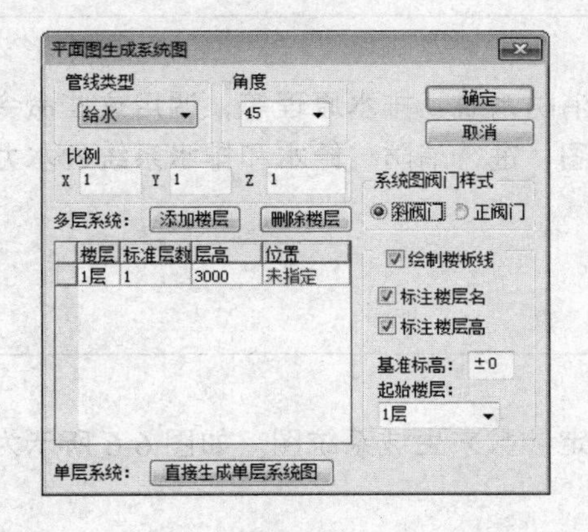

图 6-3 【平面图生成系统图】对话框

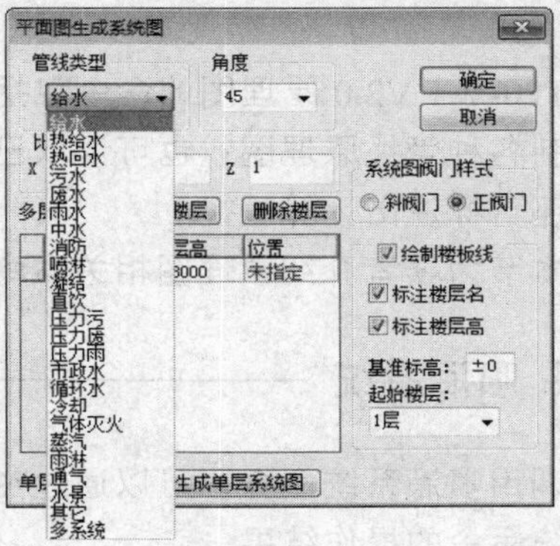

图 6-4 管线类型菜单

其中“多层系统”列表框中各项含义如下：

> “楼层”选项：显示楼层种类的序号。
> “标准层数”选项：可定义同形式楼层的数量。
> “层高”选项：定义层高参数。
> “位置”选项：定义生成系统图的平面图范围，以及生成多层系统图时的相连立管接线点的位置。需要注意的是，文本框显示“未确定”时，表示没有确定所选平面范围及连接基点；如果显示“已框选”，则表示已经选定平面范围及连接基点。
> “绘制楼板线”选项：在系统图上绘制楼板线。
> “标注楼层名”选项：在系统图上显示楼层名。
> “标注楼层高”选项：在系统图上标注楼层高。
> “基准标高”文本框：在系统图上显示为首层地面标高，单位为 m。
> “起始楼层”选项：在选项文本框的下拉列表提供了系统图章的起始楼层的层数和显示方式，可通过单击选定。
> “直接生成单层系统图”按钮：在需要生成单层系统图时，单击该按钮，在绘图区中框选平面管线即可。

调用系统生成命令绘制消防系统图的结果如图 6-5 所示，需要注意的是，在框选待生成系统图的管线之前，需要在“管线类型”选项中选择“消防”类型的管线。

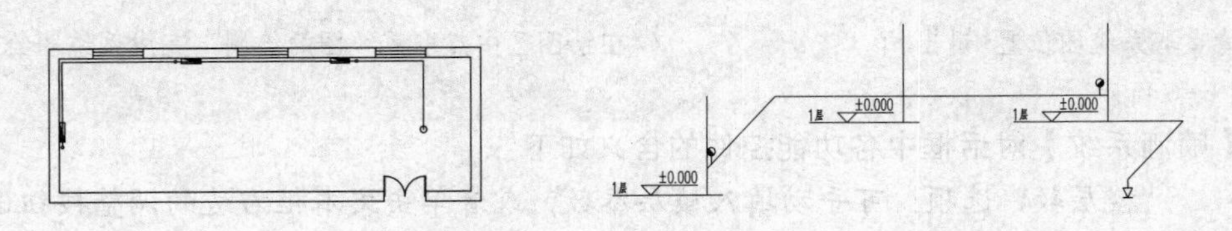

图 6-5 消防系统图

6.2 原理图

T20-WT V2.0 原理图的命令包括喷洒系统、消防系统、排水原理等，调用这些命令可以绘制各种管线原理图；也可读取已绘制的原理图，进行消防、给水和排水系统的水力计算，还可标注出计算管径。

本节为读者介绍原理图相关命令的调用方法。

6.2.1 喷洒系统

调用喷洒系统命令，可以通过在对话框中设定参数来生成系统图。如图 6-6 所示为喷洒系统命令的操作结果。

喷洒系统命令的执行方式有：

- 命令行：输入 PSXT 命令按回车键。
- 菜单栏：单击“系统”→“喷洒系统”命令。

下面以图 6-6 所示的喷洒系统结果为例，介绍调用喷洒系统命令的方法。

01 输入 PSXT 命令按回车键，系统弹出【喷洒系统】对话框，设置参数如图 6-7 所示。

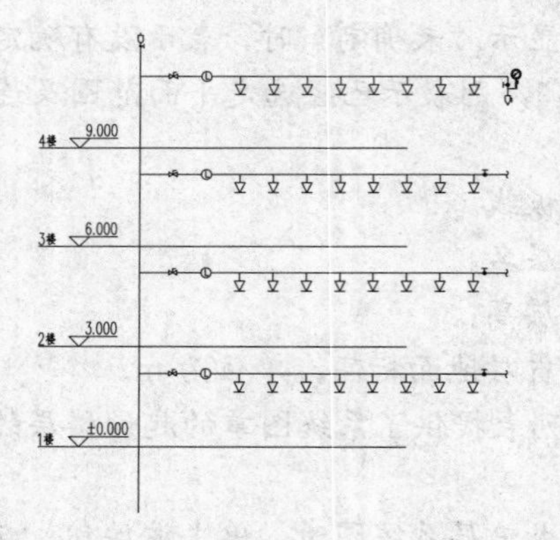

图 6-6 喷洒系统

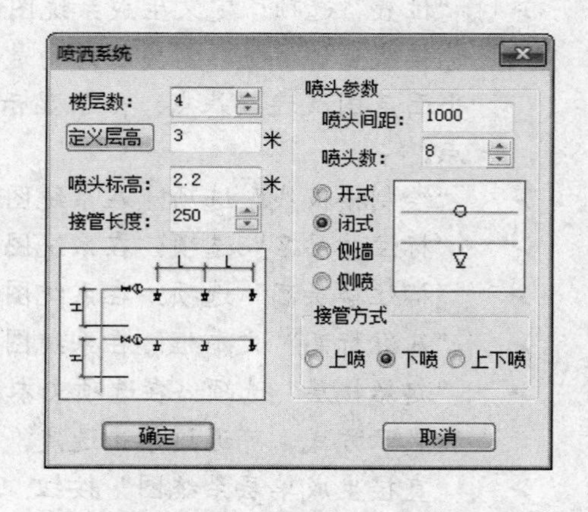

图 6-7 【喷洒系统】对话框

02 在对话框中单击“确定”按钮，同时命令行提示如下：

```
命令: PSXT↙
请点取系统图位置<退出>:                //在绘图区中点取系统图的绘制，完成系统图绘制的结果如图 6-6 所示。
```

【喷洒系统】对话框中各功能控件的含义如下：

- “楼层数”选项：可手动填入楼层参数，或者单击文本框右边的调整按钮进行定义。假如要绘制带地下室的系统图，则需要把地下和地上的楼层总数填入到文本框中。

➢ “定义层高”文本框：在文本框中定义每层的高度。

➢ “定义层高”按钮：单击该按钮，系统弹出如图 6-8 所示的【定义楼层间距】对话框。在对话框左边的预览框中点取待修改层高的楼层，在左边的“楼层高”文本框中即可显示该楼层的层高。在文本框中定义新的层高后，单击下方的“修改楼层高”按钮，即可完成修改。

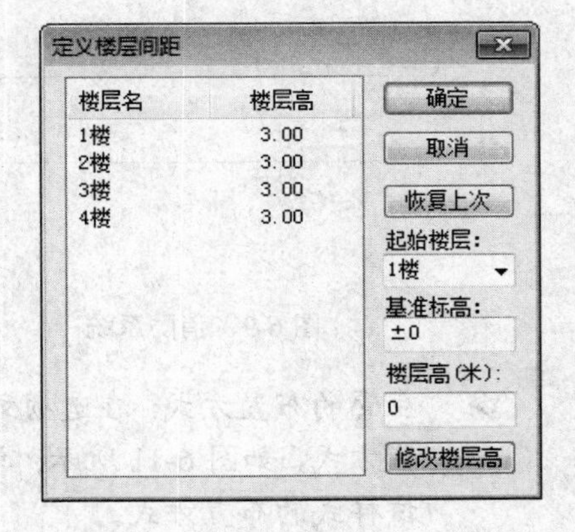

图 6-8 【定义楼层间距】对话框

➢ “喷头标高”选项：系统默认为 2.2m，也可自定义参数。

➢ “接管长度”选项：可手动定义接管长度选项，也可单击文本框右边的调整按钮来调整参数。

其中“喷头参数”选项组中各项含义如下：

➢ “喷头间距”文本框：系统定义喷头间的距离为 1000，可在文本框中输入自定义参数。

➢ “喷头数”选项：可手动填入 喷头的数量，也可单击文本框右边的调整按钮来调整个数。

➢ 喷头形式选项组：系统提供了四种喷头形式，分别是开式、闭式、侧墙、侧喷。单击选定某个样式的喷头，在选项右边的预览框中可以预览该样式喷头的平面图样式和系统图样式。

➢ “接管方式”选项组：系统提供了三种接管方式，分别是上喷、下喷、上下喷。单击即可选择指定的接管方式，并以该方式绘制系统图。

6.2.2 消防系统

调用消防系统命令，可以通过在对话框中设定参数来生成系统图。如图 6-9 所示为消防系统命令的操作结果。

消防系统命令的执行方式有：

➢ 命令行：输入 XFXT 命令按回车键。

➢ 菜单栏：单击“系统”→“消防系统”命令。

下面以图 6-9 所示的消防系统结果为例，介绍调用消防系统命令的方法。

01 输入 XFXT 命令按回车键，系统弹出【消火栓系统】对话框，设置参数如图 6-10 所示。

02 在对话框中单击“确定”按钮，同时命令行提示如下：

```
命令： XFXT↙
请点取系统图位置<退出>:                    //在绘图区中点取系统图的绘制，完成系统图绘制的结果如图 6-9 所示。
```

【消火栓系统】对话框中各功能控件的含义如下：

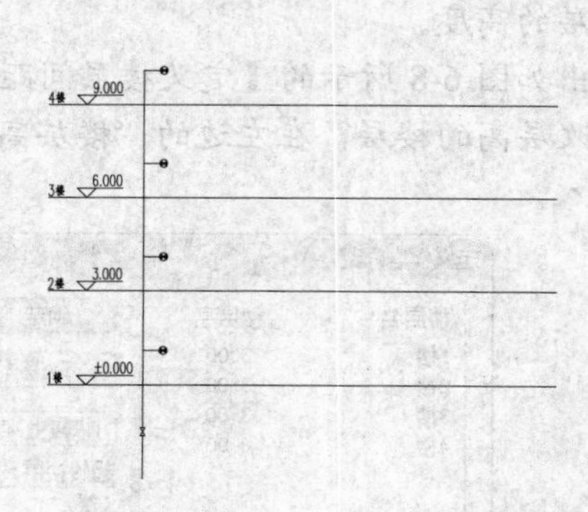

图 6-9　消防系统

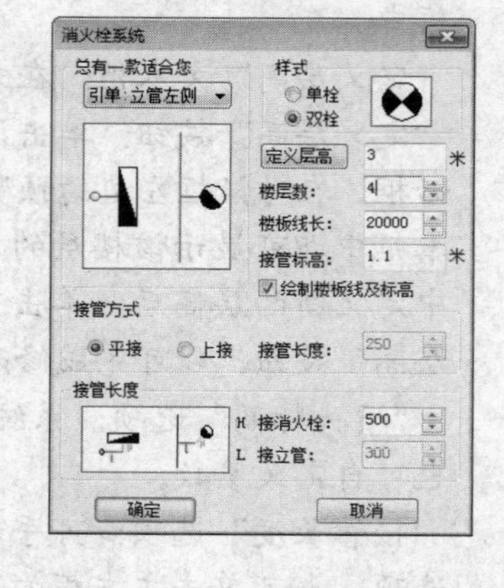

图 6-10　【消火栓系统】对话框

➢ 立管的布置方式：在选项文本框的下拉列表中显示了系统所提供的各种立管的布置方式，如图 6-11 所示；单击选择其中一种，在文本框下方的预览框中即可显示该样式的布置方式。

➢ “样式”选项组：系统提供了两种消火栓的方式，分别是单栓、双栓；单击选中其中一种，可按照该样式绘制系统图。

➢ “接管标高”选项：指的是楼板线与接管之间的距离，系统默认为 1.1m，也可自行定义参数，如图 6-12 所示。

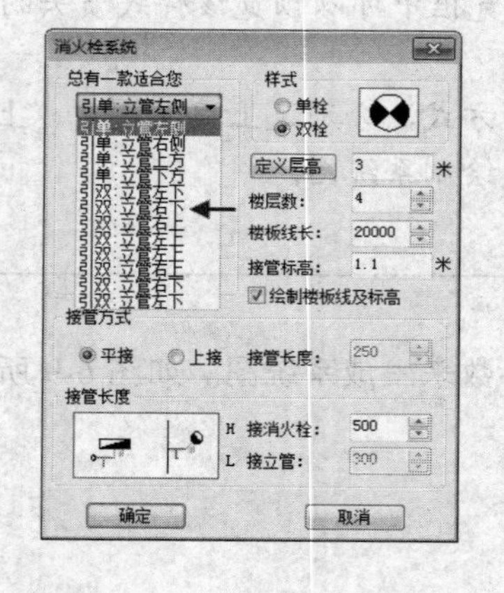

图 6-11　布置方式列表

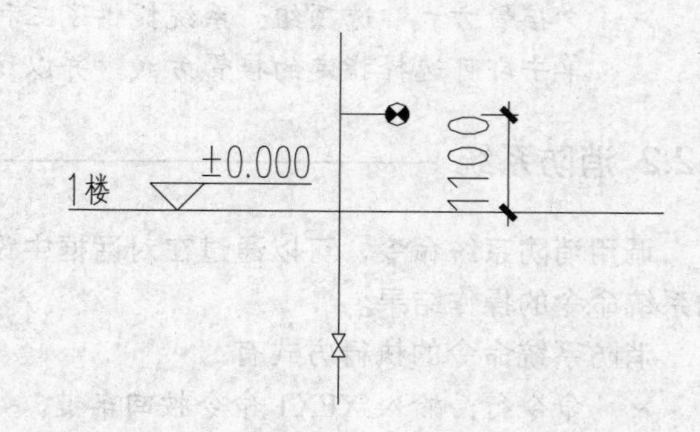

图 6-12　接管标高

➢ “绘制楼板线及标高”选项：勾选选项前的复选框，可以在所绘制的系统图中显示楼板线和标高；不勾选则只显示消火栓和立管。

➢ “楼板线长”选项：如图 6-13 所示为楼板线的长度，可手动定义参数，也可单击文本框右边的调整按钮来调整。

➢ “接管方式”选项组：系统提供了两种接管方式，分别是平接、上接。选择“上接”选项，可以在选项后的“接管长度”文本框中定义接管的参数。

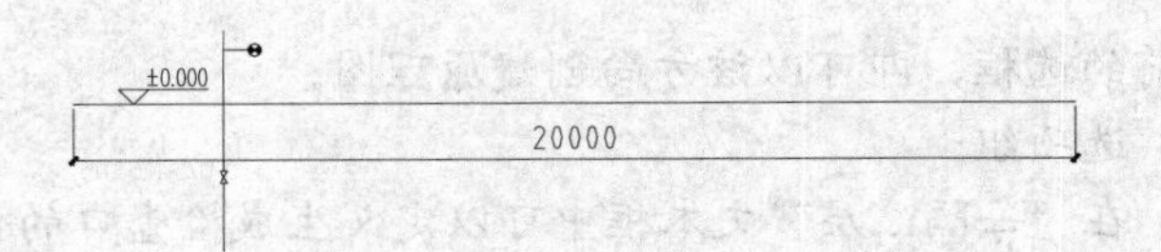

图 6-13　楼板线长

6.2.3 排水原理

调用排水原理图，可以生成污水原理图，可进行污水计算。如图 6-14 所示为排水原理命令的操作方法。

排水原理命令的执行方式有：

- ➢ 命令行：输入 WSYL 命令按回车键。
- ➢ 菜单栏：单击“系统”→“排水原理”命令。

下面以图 6-9 所示的排水原理结果为例，介绍调用排水原理命令的方法。

01 输入 WSYL 命令按回车键，系统弹出【绘制污水展开图】对话框，设置参数如图 6-15 所示。

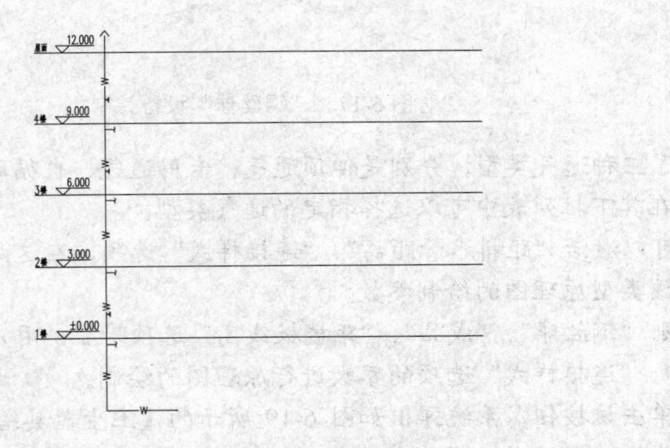

图 6-14　排水原理图

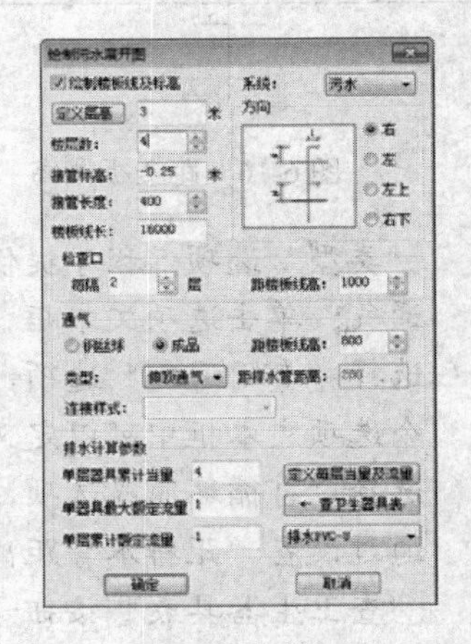

图 6-15　【绘制污水展开图】对话框

02 同时命令行提示如下：

```
命令: WSYL↙
请点取系统图位置<退出>:          //在绘图区中指定系统图的位置，绘制结果如图 6-14 所示。
```

【绘制污水展开图】对话框一些功能选项的含义如下：

- ➢ “接管标高”文本框：在选项文本框中可以定义横支管的标高参数。
- ➢ “接管长度”选项：在选项文本框中可以定义横支管的长度。
- ➢ “系统”选项：程序提供了两种系统形式，分别是污水、废水。单击选项文本框，在弹出的下拉列表中可以选择所需要的系统形式。
- ➢ “方向”选项组：程序提供了四种原理图的方向，分别是右、左、左上、右下。

单击选项前的选框，即可以该方向创建原理图。

➢ “检查口”选项组：

位置选项：在“每隔...层”文本框中可以定义生成检查口的位置；也可通过单击文本框右边的调整按钮进行设置。

“距楼板线高”选项：指检查口与楼板线的距离，如图 6-16 所示；可自定义，可通过单击文本框右边的调整按钮进行设置。

➢ “通气”选项组：系统提供了两种通气设备，分别是钢丝球和成品，单击选中其中一种，则所绘制的原理图上的通气设备以所选的样式显示，如图 6-17、图 6-18 所示为钢丝球和成品通气设备的绘制效果。

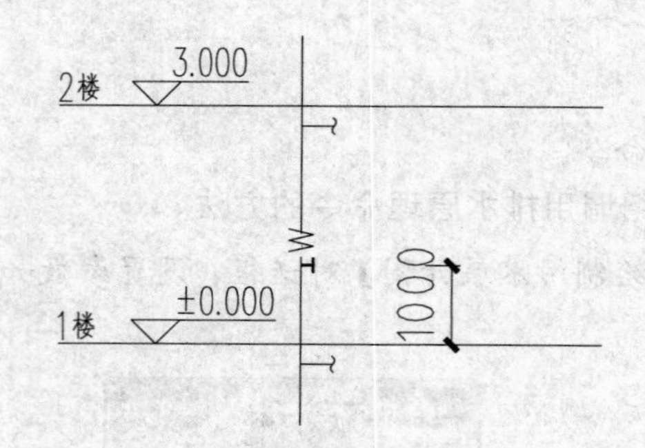

图 6-16 距楼板线高

图 6-17 “钢丝球”设备绘制

➢ “类型”选项：程序提供了三种通气类型，分别是伸顶通气、专用通气、自循环通气；单击选项文本框，在其下拉列表中可以选择指定的通气类型。

选择“专用通气”选项，可以激活“距排水管距离”、“连接样式”选项，在这两个选项文本框中可以定义该类型原理图的绘制参数。

选择“自循环通气选项，则“钢丝球”、“成品”、“距楼板线高”选项暗显，用户通过设置“距排水管距离”、“连接样式”选项的参数进行原理图的绘制。

➢ “查卫生器具表”按钮：单击该按钮，系统弹出如图 6-19 所示的【卫生器具给/排水额定流量/当量】对话框。双击表中所需的排水洁具，就能计算出额定流量、最大流量和总当量；单击“确定”按钮返回【绘制污水展开图】对话框。

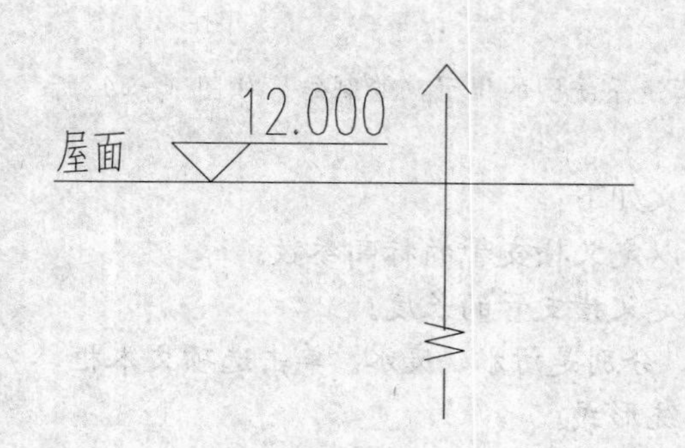

图 6-18 “成品”设备绘制

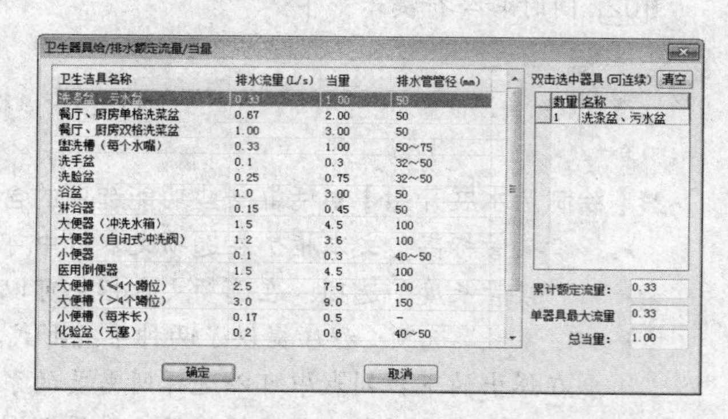

卫生洁具名称	排水流量(L/s)	当量	排水管管径(mm)
洗涤盆、污水盆	0.33	1.00	50
餐厅、厨房单格洗菜盆	0.67	2.00	50
餐厅、厨房双格洗菜盆	1.00	3.00	50
盥洗槽（每个水嘴）	0.33	1.00	50~75
洗手盆	0.1	0.3	32~50
洗脸盆	0.25	0.75	32~50
浴盆	1.0	3.00	50
淋浴器	0.15	0.45	50
大便器（冲洗水箱）	1.5	4.5	100
大便器（自闭式冲洗阀）	1.2	3.6	100
小便器	0.1	0.3	40~50
医用倒便器	1.5	4.5	100
大便槽（≤4个蹲位）	2.5	7.5	100
大便槽（>4个蹲位）	3.0	9.0	150
小便槽（每米长）	0.17	0.5	-
化验盆（无塞）	0.2	0.6	40~50

图 6-19 【卫生器具给/排水额定流量/当量】对话框

同时在【绘制污水展开图】对话框中的“排水计算参数”选项组中可显示计算结果，如图 6-20 所示。

在“查卫生器具表”按钮下方的选项文本框中，可以定义排水管的类型；单击文本框右边的向下箭头，可在弹出的菜单中选择所需要的排水管类型，如图 6-21 所示。

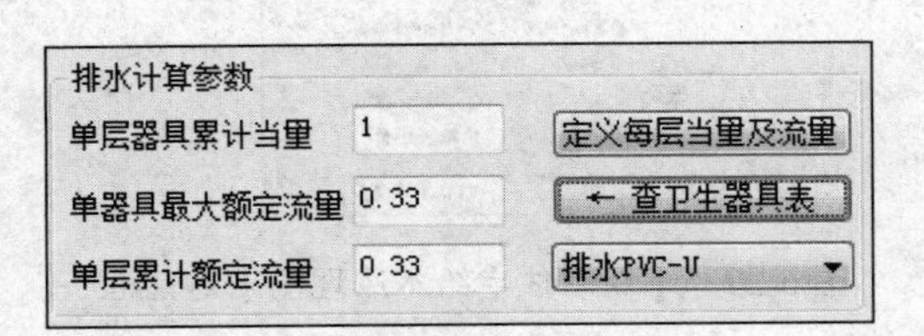

图 6-20　显示排水计算结果

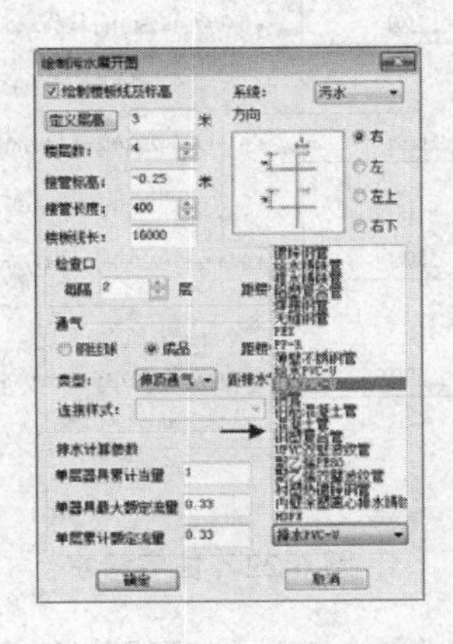

图 6-21　排水管类型菜单

6.2.4 住宅给水

调用住宅给水命令，可以绘制住宅给水原理图，支持多立管给水原理的绘制；还可以进行给水计算。如图 6-22 所示为住宅给水命令的操作结果。

住宅给水命令的执行方式有：

➢ 命令行：输入 GSYL 命令按回车键。

➢ 菜单栏：单击“系统”→“住宅给水”命令。

下面以图 6-22 所示的住宅给水结果为例，介绍调用住宅给水命令的方法。

01 输入 GSYL 命令按回车键，系统弹出【绘制住宅给水原理图】对话框，设置参数如图 6-23 所示。

02 同时命令行提示如下：

```
命令： GSYL↙
请点取系统图位置<退出>:                //在绘图区中点取原理图的插入点，绘制住宅给水原理图的结果如图 6-22 所示。
```

【绘制住宅给水原理图】对话框中一些功能选项的含义如下：

➢ “绘制截止阀”选项：勾选选项前的复选框，即可在所绘制的原理图上绘制截止阀。

➢ “绘制水表”选项：勾选选项前的复选框，即可在所绘制的原理图上绘制水表。

➢ “方向”选项组：程序提供了左、右两个系统图的方向，单击选中其中的选项可对系统图的方向进行定义。

➢ “末端样式”选项组：定义管线末端的样式，程序提供了“断管符号”“水龙头”

两种样式；单击选择其中的一种可定义原理图管线的末端样式。

➢ “管材”选项：单击选项文本框，在弹出的快捷菜单中可选择各类管材的样式。

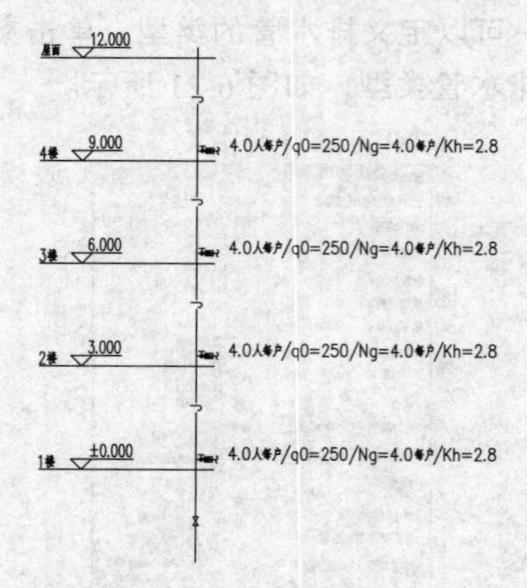

图 6-22 住宅给水

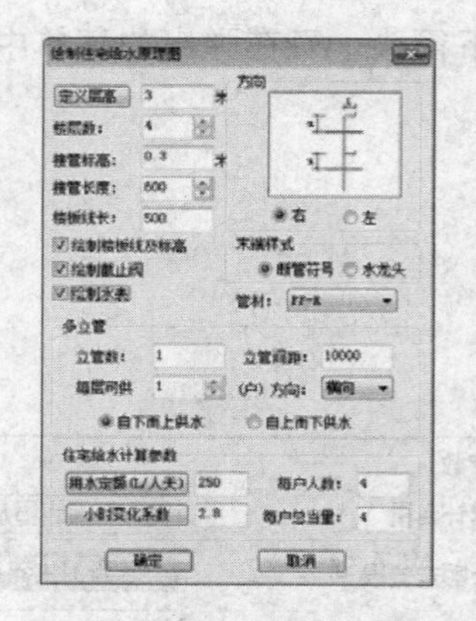

图 6-23 【绘制住宅给水原理图】对话框

其中“多立管”选项组中各项的含义如下：

➢ “立管数”选项：定义立管数量。

➢ “立管间距”选项：指的是两根立管之间管段的长度。

➢ “方向”选项：管道的排列方式，分为横向、竖向两类。

➢ “供水方式”选项：系统提供两种供水方式，分别是“自下而上供水”“自上而下供水”。

其中“住宅给水计算参数”选项组中各项的含义如下：

➢ “用水定额（L/人天）”选项：在文本框中定义人均用水定额，单击“用水定额（L/人天）”按钮，系统弹出如图 6-24 所示的【用水定额】对话框，显示了各类住宅中器具的用水定额范围。

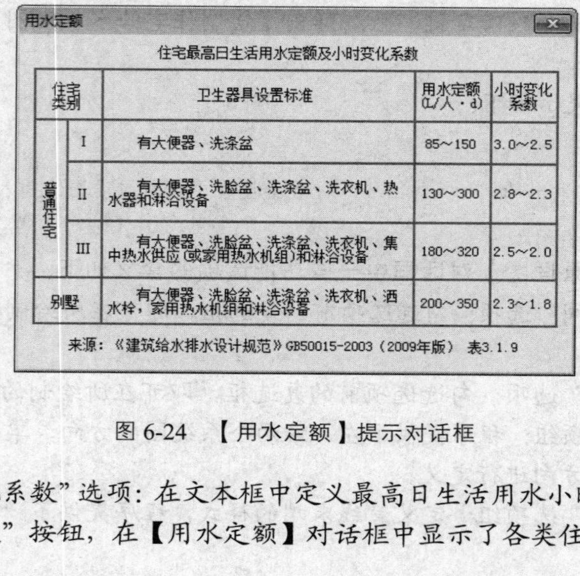

用水定额

住宅最高日生活用水定额及小时变化系数

住宅类别		卫生器具设置标准	用水定额(L/人·d)	小时变化系数
普通住宅	I	有大便器、洗涤盆	85~150	3.0~2.5
	II	有大便器、洗脸盆、洗涤盆、洗衣机、热水器和淋浴设备	130~300	2.8~2.3
	III	有大便器、洗脸盆、洗涤盆、洗衣机、集中热水供应(或家用热水机组)和淋浴设备	180~320	2.5~2.0
别墅		有大便器、洗脸盆、洗涤盆、洗衣机、洒水栓，家用热水机组和淋浴设备	200~350	2.3~1.8

来源：《建筑给水排水设计规范》GB50015-2003（2009年版） 表3.1.9

图 6-24 【用水定额】提示对话框

➢ “小时变化系数”选项：在文本框中定义最高日生活用水小时变化系数，单击“小时变化系数”按钮，在【用水定额】对话框中显示了各类住宅最高日生活用水小时变化系数。

➢ “每户人数”“每户总当量”文本框：在选项文本框中可自定义每户人数参数和每户总当量参数。

6.2.5 公建给水

调用公建给水命令，可以生成公共建筑给水原理图，并进行给水计算。如图 6-25 所示为公建给水命令的操作结果。

公建给水命令的执行方式有：

➢ 命令行：输入 GJGS 命令按回车键。

➢ 菜单栏：单击“系统”→“公建给水”命令。

下面以图 6-25 所示的公建给水结果为例，介绍调用公建给水命令的方法。

01 输入 GJGS 命令按回车键，系统弹出【绘制公共建筑给水原理图】对话框，设置参数如图 6-26 所示。

02 同时命令行提示如下：

命令：GJGS↙

请点取系统图位置<退出>:　　　　//在绘图区中点取原理图的插入位置，绘制公共建筑给水原理图的结果如图 6-25 所示。

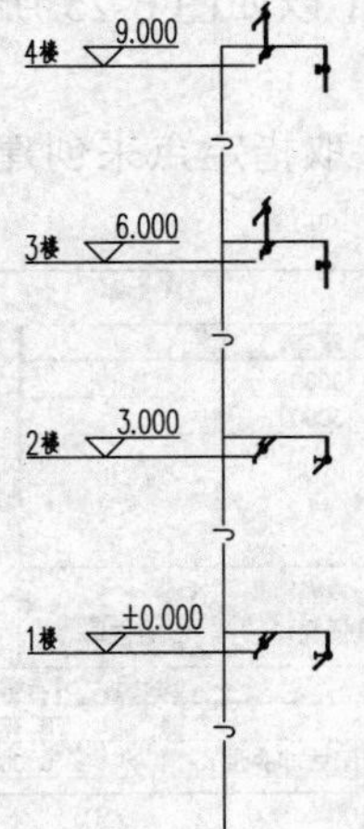

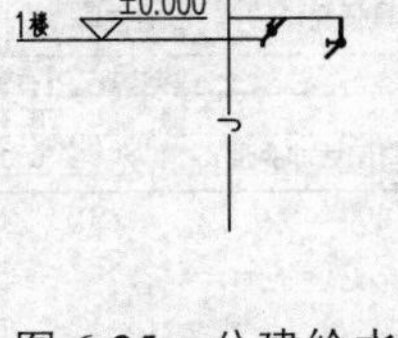

图 6-25　公建给水

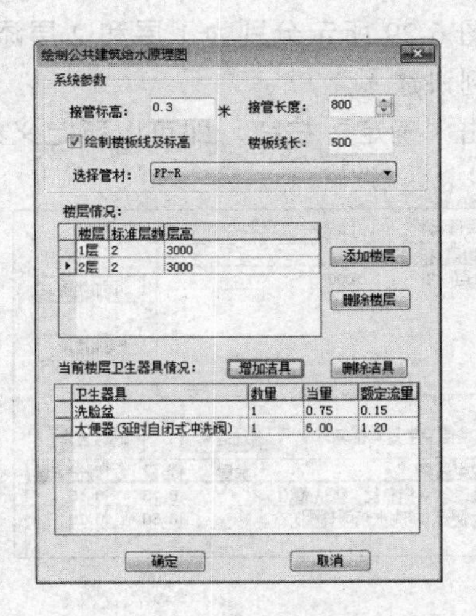

图 6-26　【绘制公共建筑给水原理图】对话框

【绘制公共建筑给水原理图】对话框中一些功能选项的含义如下：

➢ “楼层情况”选项组：公建给水原理图支持多标准层系统，用户可分别设置各标准层的参数。

➢ “添加楼层”按钮：单击该按钮，在“楼层情况”列表即可按顺序添加新楼层。比如系统默认 1 层的存在，单击“添加楼层”按钮后，即可在 1 层的后面添加层号为 2 层的新楼层，如图 6-27 所示。

➢ “删除楼层”按钮：单击该按钮，可以将选定的楼层删除。

➢ “当前楼层卫生器具情况”选项组：在“当前楼层卫生器具情况”列表中，需要为指定的楼层定义卫生器具的具体情况。

➢ “增加器具”按钮：单击该按钮，系统弹出如图 6-28 所示的【卫生器具给/排水额定流量/当量】对话框。在对话框中选中所需要的卫生器具，单击“确定”按钮返回至【绘制公共建筑给水原理图】对话框，即可将其添加到指定楼层中。

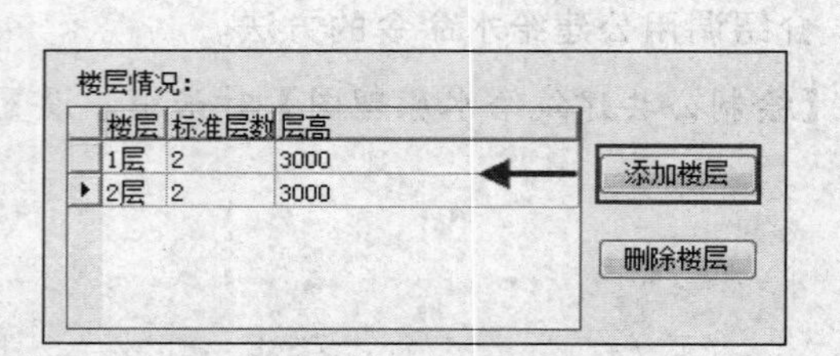

图 6-27　添加楼层

卫生器具给/排水额定流量/当量

给水配件名称	额定流量(L/s)	当量	管径(mm)	工作压力(MP:
洗涤盆、拖布盆、盥洗槽(...	0.15~0.2	0.75~1	15	0.05
洗涤盆、拖布盆、盥洗槽(...	0.3~0.4	1.5~2	20	0.05
洗脸盆	0.15	0.75	15	0.05
洗手盆	0.1	0.5	15	0.05
浴盆	0.2	1	15	0.05
淋浴器	0.15	0.75	15	0.05~0.1
大便器(冲洗水箱浮球阀)	0.1	0.5	15	0.02
大便器(延时自闭式冲洗阀)	1.2	6	25	0.1~0.15
小便器	0.1	0.5	15	0.05
小便槽穿孔冲洗管(每米)	0.05	0.25	15~20	0.015
净身盆冲洗水嘴	0.1	0.5	15	0.05
医院倒便器	0.2	1	15	0.05
实验室化验水嘴(单联)	0.07	0.35	15	0.02
实验室化验水嘴(双联)	0.15	0.75	15	0.02
实验室化验水嘴(三联)	0.2	1	15	0.02

确定　取消

图 6-28　【卫生器具给/排水额定流量/当量】对话框

如图 6-29 所示分别为 1 层和 2 层添加卫生器具的结果（以如图 6-25 所示的公建给水排水为例讲述）。

单击“确定”按钮，即可以所定义的参数在绘图区中点取指定点来创建原理图。

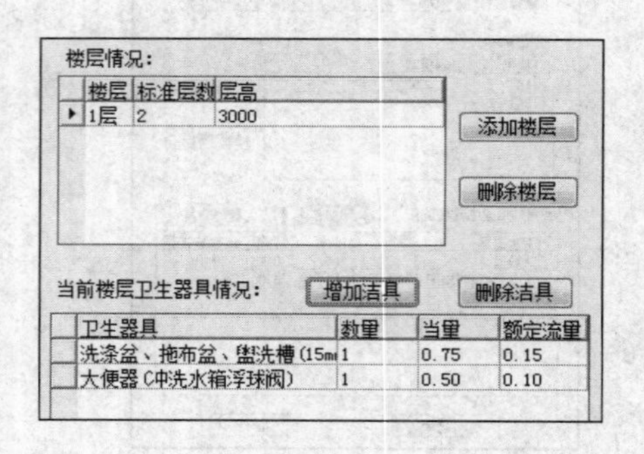

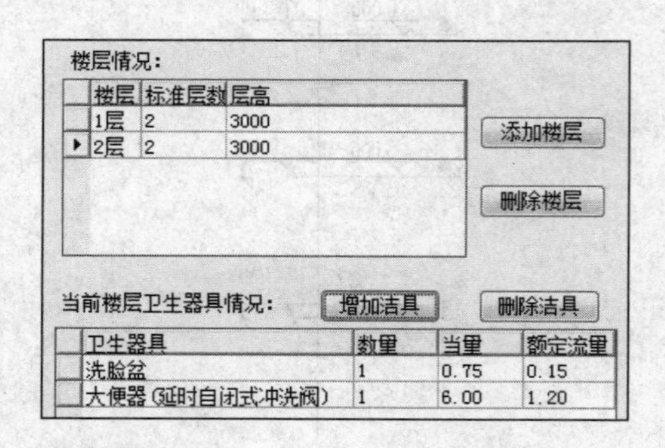

图 6-29　添加结果

6.2.6 绘展开图

调用绘展开图命令，可以绘制展开立管图。如图 6-30 所示为绘展开图命令的操作结果。

绘展开图命令的执行方式有：

➢ 命令行：输入 HZKT 命令按回车键。

➢ 菜单栏：单击“系统”→“绘展开图”命令。

下面以图 6-30 所示的绘展开图结果为例，介绍调用绘展开图命令的方法。

01 输入 HZKT 命令按回车键，系统弹出【绘制展开图】对话框，设置参数如图 6-31 所示。

02 同时命令行提示如下：

命令： HZKT↙

请点取系统图位置<退出>： //在绘图区中点取系统图的插入位置，绘制系统图的结果如图 6-32 所示。

03 程序仅提供单根立管的绘制，需绘制多根立管可以执行 CO“复制”命令进行移动复制来得到。

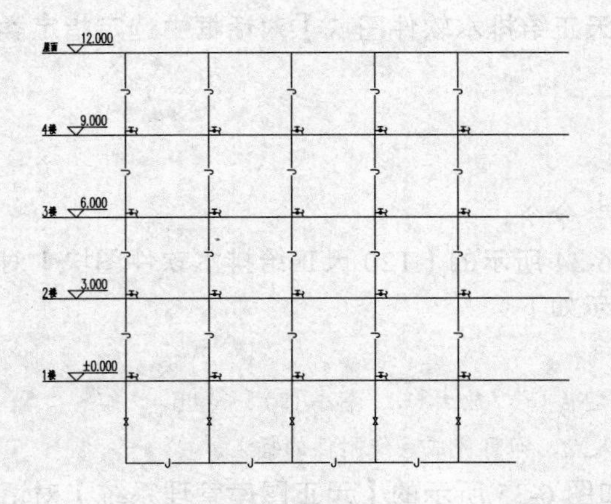

图 6-30 绘展开图

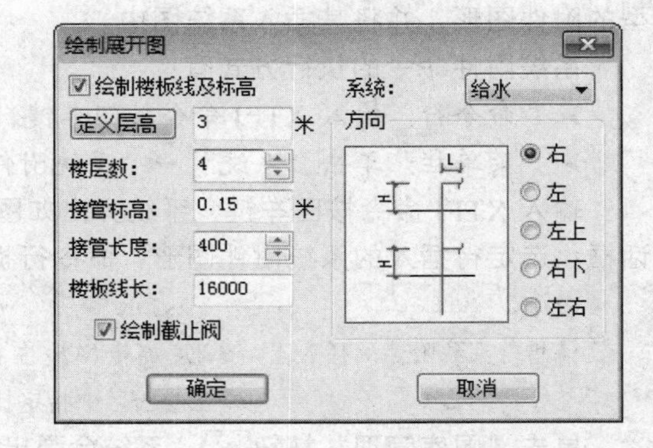

图 6-31 【绘制展开图】对话框

04 执行 CO“复制”命令移动复制立管后，还要执行“绘制管线”命令，绘制总给水管线，结果如图 6-30 所示。

在【绘制展开图】对话框中，首先要选择系统的类型，如图 6-33 所示，然后再定义各项参数，方能绘制指定类型的系统图。

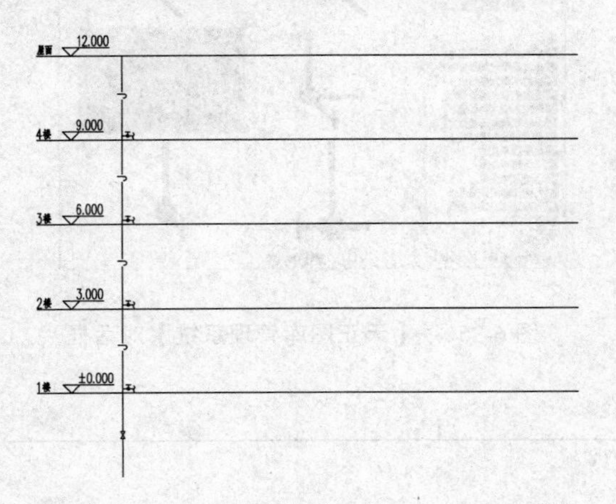

图 6-32 绘系统图

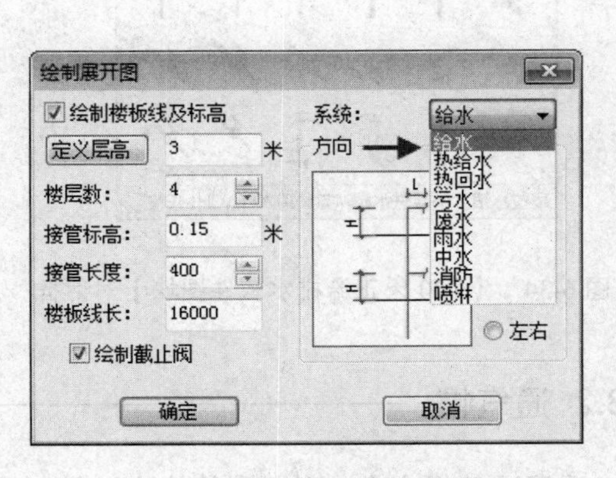

图 6-33 选择系统类型列表框

6.3 系统绘制工具

执行系统绘制工具的相关命令，可以绘制包括消火栓、通气帽、检查口、系统附件等系统管件及提供对已生成系统图的辅助修改工具，比如系统选择、系统缩放等。

本节为读者介绍系统绘制工具命令的调用方法。

6.3.1 系统附件

调用系统附件命令，可以在弹出的【T20 天正给排水软件图块】对话框中选定指定类型的附件图形，并将其插入系统图中。

系统附件命令的执行方式有：

➢ 命令行：输入 XTFJ 命令按回车键。

➢ 菜单栏：单击“系统”→“系统附件”命令。

输入 XTFJ 命令按回车键，系统弹出如图 6-34 所示的【T20 天正给排水软件图块】对话框；选定待插入的系统附件图形，命令行提示如下：

```
命令： XTFJ↙
请指定系统附件的插入点 [90度旋转(A)/左右翻转(F)/放大(E)/缩小(D)]<退出>:
                        //在绘图区中指定插入点，即可完成系统附件的插入。
```

单击“图库管理”按钮，系统会弹出如图 6-35 所示的【天正图库管理系统】对话框。在对话框中可以查看所选附件图形的大图，也可选择其他的系统附件调入至系统图中。

图 6-34 【T20 天正给排水软件图块】对话框

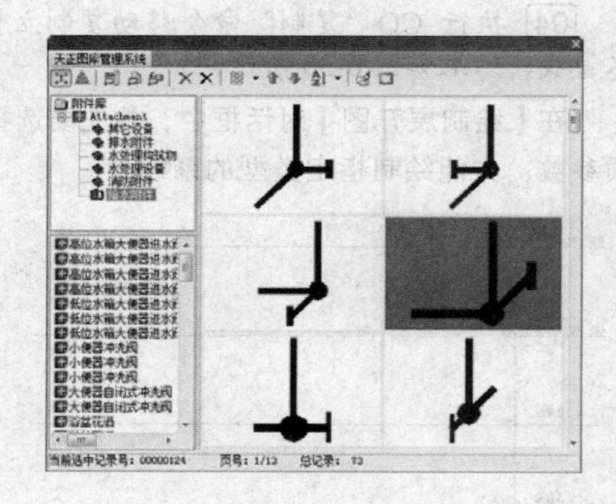

图 6-35 【天正图库管理系统】对话框

6.3.2 通气帽

调用通气帽命令，可以在管线末端绘制通气帽，并标注其尺寸。如图 6-36 所示为通气帽命令的操作结果。

通气帽命令的执行方式有：

- ➢ 命令行：输入 TQM 命令按回车键。
- ➢ 菜单栏：单击"系统"→"通气帽"命令。

下面以图 6-36 所示的通气帽结果为例，介绍调用通气帽命令的方法。

01 按 Ctrl+O 组合键，打开配套光盘提供的"第 6 章/6.3.2 通气帽.dwg"素材文件，结果如图 6-37 所示。

02 输入 TQM 命令按回车键，命令行提示如下：

```
命令：TQM↙
请选择需要插入通气帽的管线<退出>找到 1 个//选定排水管线。
通气帽选用 1:钢丝球 2:成品<钢丝球>:        //按回车键，选择"钢丝球"样式。
请输入通气帽管长<800>:                      //按回车键默认通气帽的管长参数。
请点取尺寸线位置<退出>:                     //点取尺寸线的位置，绘制结果如图 6-36 所示。
```

可以使用不同的通气帽样式和不同的通气帽长来绘制通气帽，结果如图 6-38 所示。

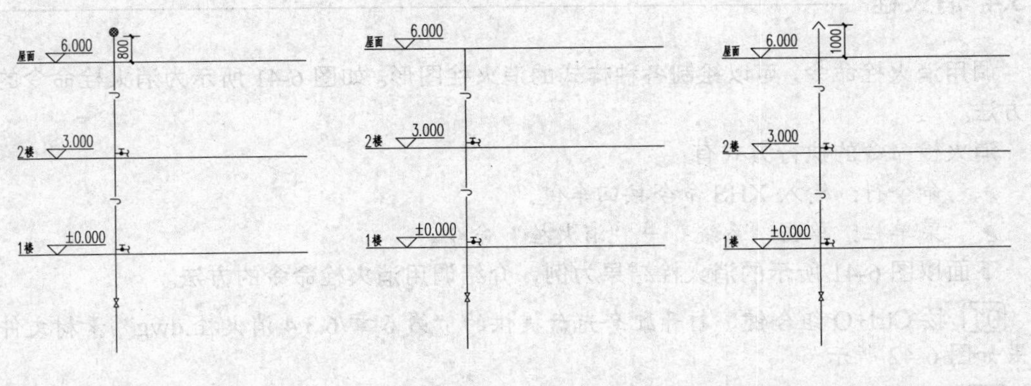

图 6-36 通气帽　　图 6-37 打开通气帽素材　　图 6-38 不同通气帽绘制结果

6.3.3 检查口

调用检查口命令，可以在距离地面一定的高度插入检查口，并绘制尺寸标注。如图 6-39 所示为检查口命令的调用方法。

检查口命令的执行方式有：

- ➢ 命令行：输入 JCK 命令按回车键。
- ➢ 菜单栏：单击"系统"→"检查口"命令。

下面以图 6-39 所示的检查口结果为例，介绍调用检查口命令的方法。

01 按 Ctrl+O 组合键，打开配套光盘提供的"第 6 章/ 6.3.3 检查口.dwg"素材文件，结果如图 6-40 所示。

02 输入 JCK 命令按回车键，命令行提示如下：

```
命令：JCK↙
请输入检查口距地面距离<1000>:              //按回车键，默认系统提供的距离参数。
```

请点取检查口所在地面位置:<退出>　　　　　　//点取楼板线与管线的交点。

请点取尺寸线位置<退出>:　　　　　　//点取尺寸线的位置即可完成图形的绘制，结果如图 6-39 所示。

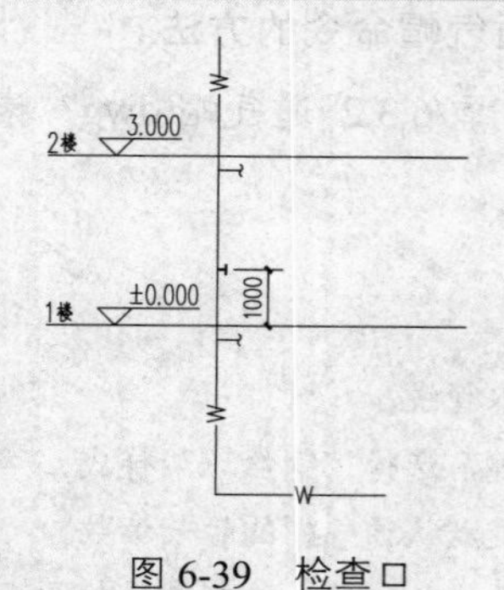

图 6-39　检查口

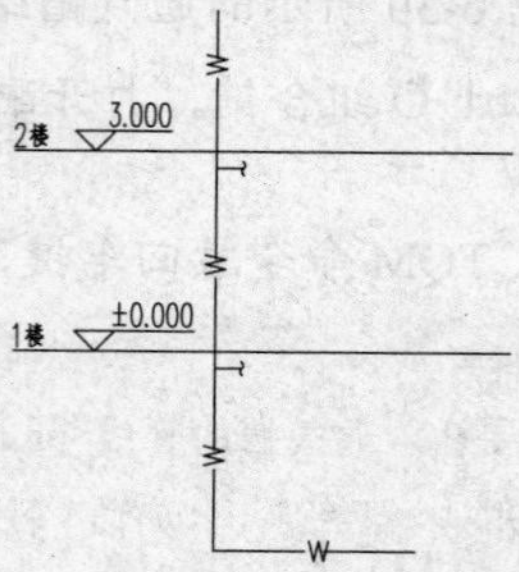

图 6-40　打开检查口素材

6.3.4 消火栓

调用消火栓命令，可以绘制各种样式的消火栓图形。如图 6-41 所示为消火栓命令的操作方法。

消火栓命令的执行方式有：

- 命令行：输入 XHS 命令按回车键。
- 菜单栏：单击“系统”→“消火栓”命令。

下面以图 6-41 所示的消火栓结果为例，介绍调用消火栓命令的方法。

01 按 Ctrl+O 组合键，打开配套光盘提供的“第 6 章/6.3.4 消火栓.dwg”素材文件，结果如图 6-42 所示。

02 输入 XHS 命令按回车键，命令行提示如下：

命令：XHS↙

请点取消火栓插入点[放大(E)/缩小(D)/左右翻转(F)/双栓(S)/平接管(1)/上接管(2)/不接管(3)]<完成>:　　　　//点取 A 点。

请选择插入方向<确定>　　　　//鼠标右移，单击指定方向，绘制消火栓的结果如图 6-41 所示。

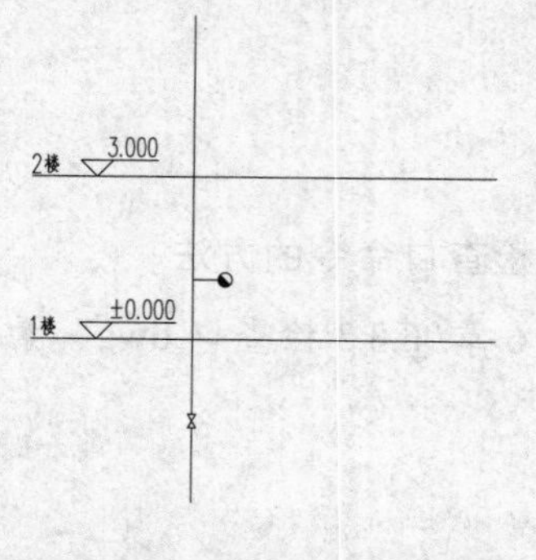

图 6-41　消火栓

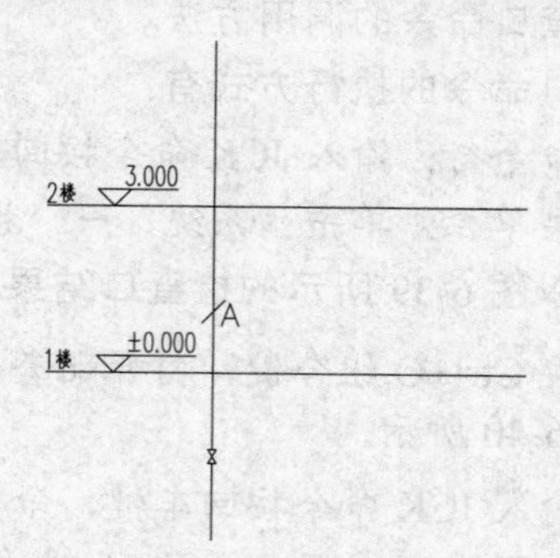

图 6-42　打开素材

在执行命令的过程中，输入 S，可绘制双栓样式的消火栓，如图 6-43 所示。输入 2，可绘制接管方式为“上接管”的消火栓，如图 6-44 所示。

输入 3，可绘制接管方式为“不接管”的消火栓，如图 6-45 所示。

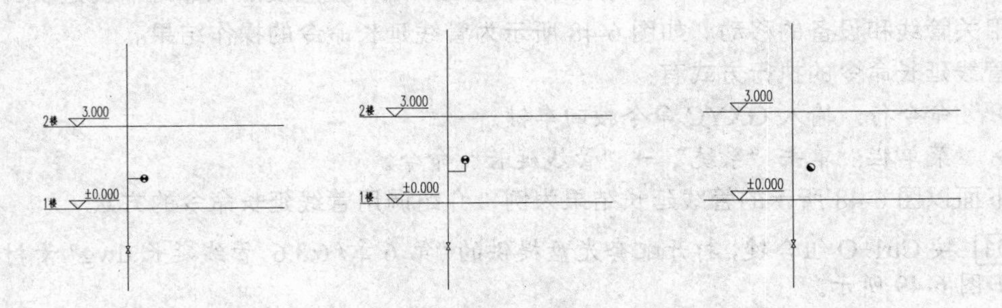

图 6-43　双栓样式消火栓　　图 6-44　上接管消火栓　　图 6-45　不接管消火栓

6.3.5 系统缩放

调用系统缩放命令，可解决系统图中各个配件因距离过小而需要将其进行放大的问题。执行系统缩放命令后，管线的长度得到调整，但配件的大小可保持不变。如图 6-46 所示为系统缩放命令的操作结果。

系统缩放命令的执行方式有：

- 命令行：输入 XTSF 命令按回车键。
- 菜单栏：单击“系统”→“系统缩放”命令。

下面以图 6-46 所示的系统缩放结果为例，介绍调用系统缩放命令的方法。

01 按 Ctrl+O 组合键，打开配套光盘提供的“第 6 章/ 6.3.5 系统缩放.dwg”素材文件，结果如图 6-47 所示。

02 输入 XTSF 命令按回车键，命令行提示如下：

```
命令: XTSF↙
请选择需要改变比例的系统图:<退出>指定对角点: 找到 33 个
请选择基点:<退出>                //指定系统图的左下角点。
缩放比例<1.0>: 1.2              //输入缩放参数，按回车键即可完成系统缩放操作，结果如
图 6-46 所示。
```

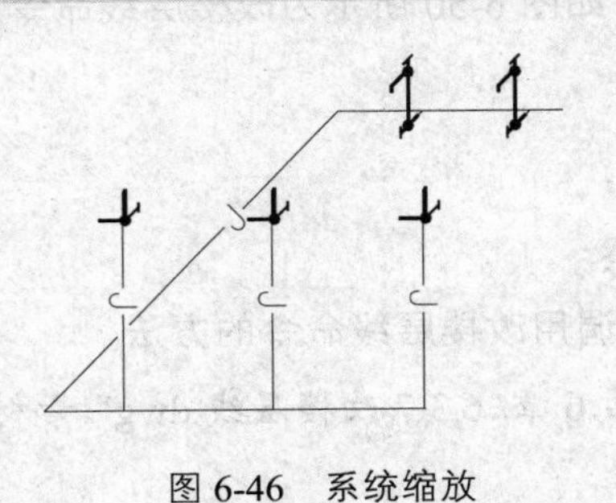

图 6-46　系统缩放

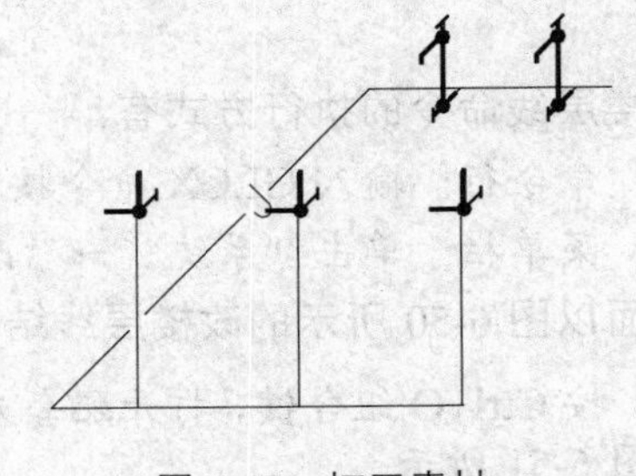

图 6-47　打开素材

6.3.6 管线延长

调用管线延长命令，可以沿管线方向延长管线端点，注意要点取靠近需要延长的端点，支持相关管线和设备的移动。如图 6-48 所示为管线延长命令的操作结果。

管线延长命令的执行方式有：

➢ 命令行：输入 GXYC 命令按回车键。

➢ 菜单栏：单击“系统”→“管线延长”命令。

下面以图 6-48 所示的管线延长结果为例，介绍调用管线延长命令的方法。

01 按 Ctrl+O 组合键，打开配套光盘提供的“第 6 章/ 6.3.6 管线延长.dwg”素材文件，结果如图 6-49 所示。

02 输入 GXYC 命令按回车键，命令行提示如下：

```
命令：GXYC↙
请拾取要延长的管线（注意点取靠近要延长的端点） <选择附件延长管线>:
                                          //点取管线的端点。
请点取延长位置点:<退出>1000               //输入延长距离，按回车键即可完成操作，结果如图
6-48 所示。
```

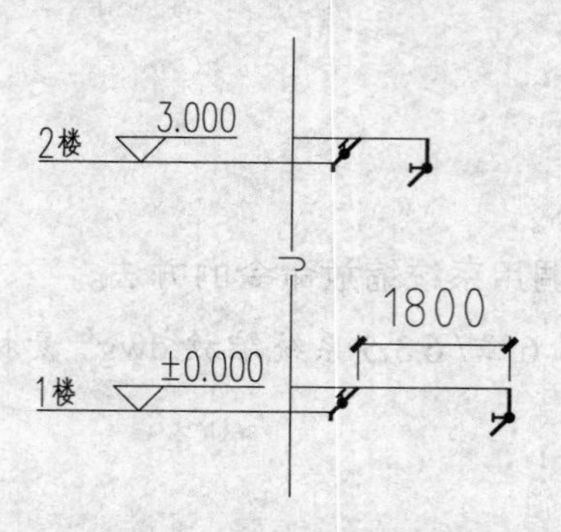

图 6-48　管线延长

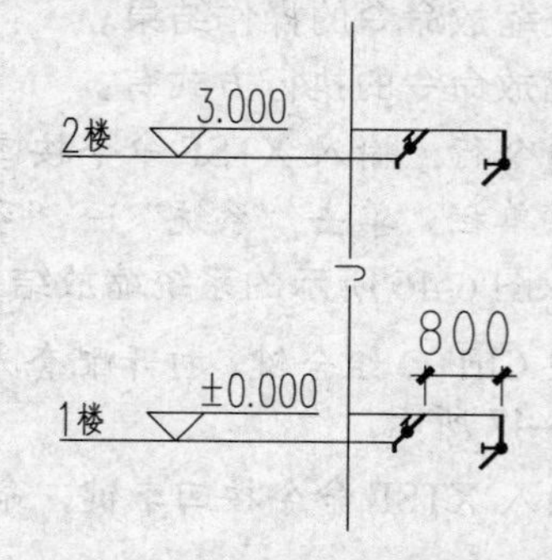

图 6-49　打开素材

6.3.7 改楼层线

调用改楼层线命令，可以镜像或者移动楼层线。如图 6-50 所示为改楼层线命令的操作结果。

改楼层线命令的执行方式有：

➢ 命令行：输入 GLCX 命令按回车键。

➢ 菜单栏：单击“系统”→“改楼层线”命令。

下面以图 6-50 所示的改楼层线结果为例，介绍调用改楼层线命令的方法。

01 按 Ctrl+O 组合键，打开配套光盘提供的“第 6 章/ 6.3.7 改楼层线.dwg”素材文件，结果如图 6-51 所示。

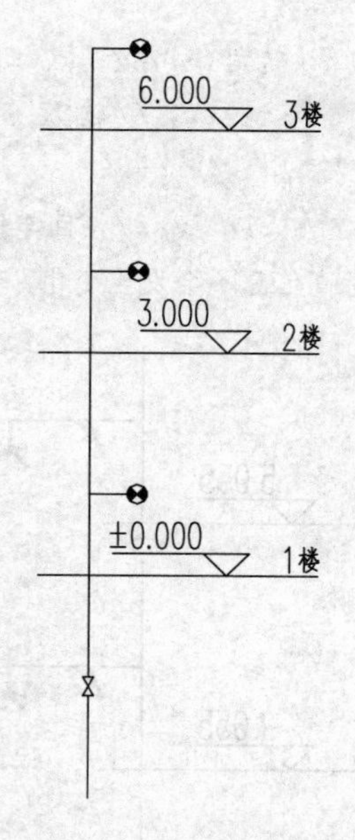

图 6-50　改楼层线

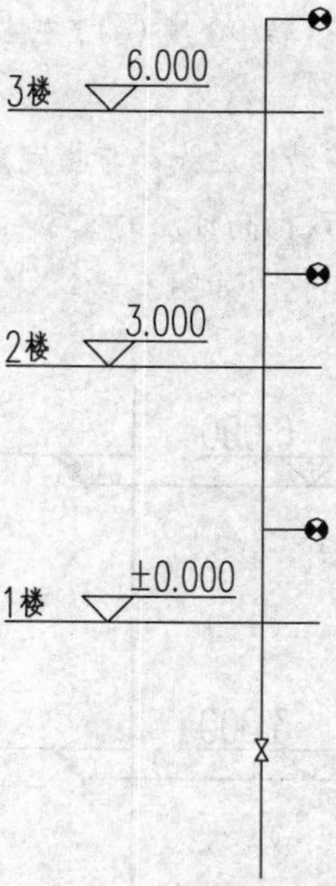

图 6-51　打开素材

命令：GLCX↙

请选择需要镜像的楼层线、标高:<退出>指定对角点：找到 9 个

//选择待镜像的图形，如图 6-52 所示。

请选择镜像的参考线（立管）:<上下移位>　　　//选择立管，如图 6-53 所示；按回车键即可完成镜像楼层线的操作，结果如图 6-50 所示。

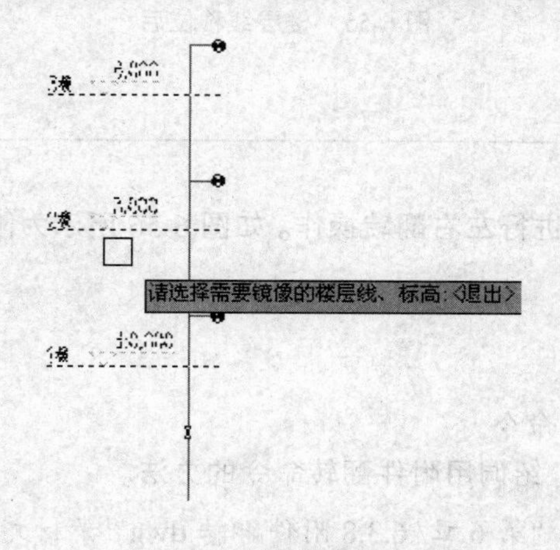

图 6-52　选择待镜像的图形

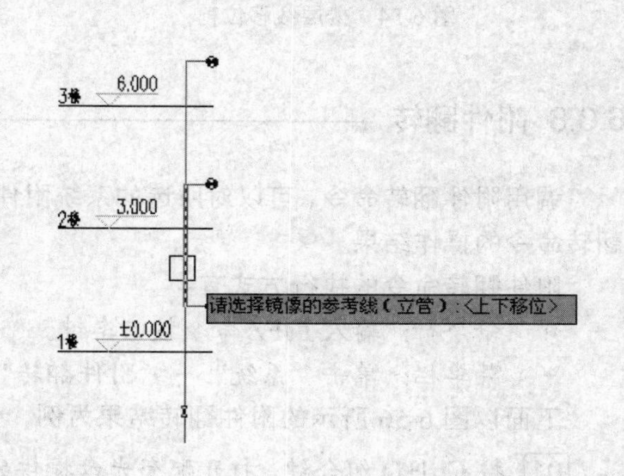

图 6-53　选择立管

在执行命令过程中选择“上下移位”选项，命令行提示如下：

命令：GLCX↙

请选择需要镜像的楼层线、标高:<退出>指定对角点：找到 9 个　　　//选择待镜像的图形。

请选择镜像的参考线（立管）:<上下移位>　　　//按回车键，选择“上下移位”选项；

点取位置或 [转 90 度(A)/左右翻(S)/上下翻(D)/对齐(F)/改转角(R)/改基点(T)]<退出>: //输入 F，选择“对齐”选项，向下移动楼层线，与指定点对齐。

是否继续修改标高标注的文字<Y>: //按回车键，此时标高标注信息会发生变化，如图 6-54、图 6-55 所示；而输入 N，则标高信息不会发生变化。

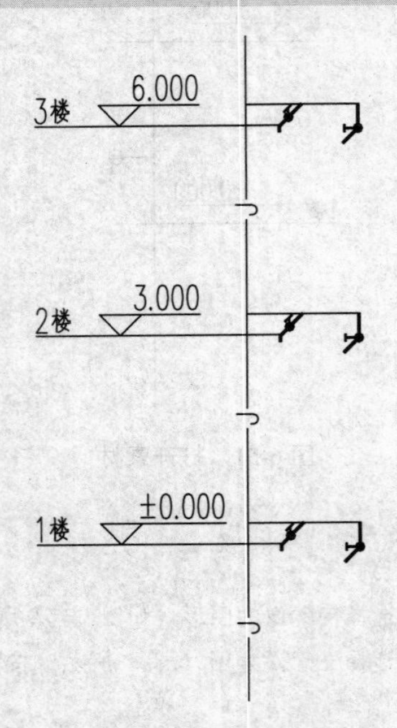

图 6-54 楼层线移位前

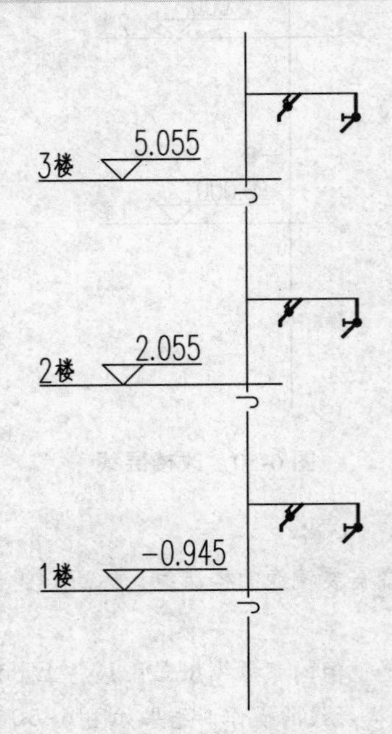

图 6-55 楼层线移位后

6.3.8 附件翻转

调用附件翻转命令，可以对所选的系统附件进行左右翻转操作。如图 6-56 所示为附件翻转命令的操作结果。

附件翻转命令的执行方式有：

- 命令行：输入 FJFZ 命令按回车键。
- 菜单栏：单击“系统”→“附件翻转”命令。

下面以图 6-56 所示的附件翻转结果为例，介绍调用附件翻转命令的方法。

01 按 Ctrl+O 组合键，打开配套光盘提供的“第 6 章/6.3.8 附件翻转.dwg”素材文件，结果如图 6-57 所示。

02 输入 FJFZ 命令按回车键，命令行提示如下：

命令：FJFZ↙

请选择要翻转的附件:<退出>找到 1 个，总计 4 个 //选择待翻转的附件图形，按回车键即可完成操作，结果如图 6-56 所示。

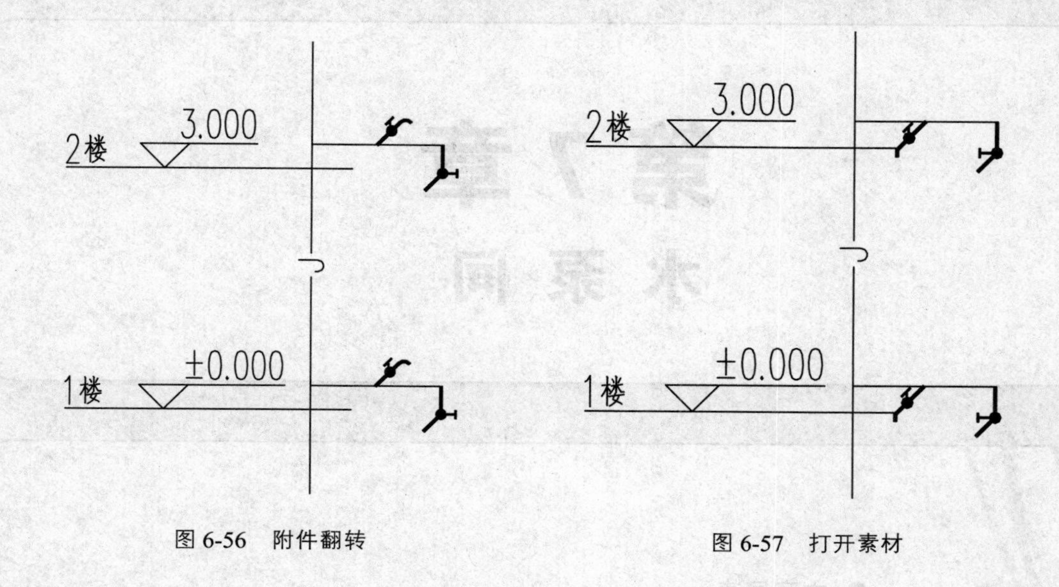

图 6-56　附件翻转　　　　图 6-57　打开素材

6.3.9 系统选择

调用系统选择命令，通过选择系统图上的任意一根管线，与之相连的所有管线、设备都被选中。

系统选择命令的执行方式有：

➢　命令行：输入 XTXZ 命令按回车键。

➢　菜单栏：单击“系统”→“系统选择”命令。

输入 XTXZ 命令按回车键，命令行提示如下：

```
命令：XTXZ↙
请拾取系统上的管线[仅选择立管和标注(R)/选择多管线系统(M)]<退出>:
                    //如选择系统图上的干管，则与干管相连的管线、设备都被选中。
```

第 7 章

水 泵 间

● 本章导读

本章为读者介绍四个方面的知识，分别是水箱、水泵、绘制剖面以及绘制双线水管。其中水箱命令介绍了水箱以及溢流管和进水管等的绘制，水泵命令介绍了水泵选型以及绘制水泵等的操作；绘制剖面命令介绍了生成水箱剖面图的方法，绘制双线水管命令介绍了双线水管、双线阀门等的绘制方法。

● 本章重点

◈ 水箱
◈ 水泵
◈ 绘制剖面
◈ 绘制双线水管

7.1 水箱

本节介绍了绘制水箱的方法，主要介绍绘制水箱、溢流管、进水管以及水箱系统命令的调用方法。

7.1.1 绘制水箱

调用绘制水箱命令，可以绘制各种类型的水箱。如图 7-1 所示为绘制水箱命令的操作结果。

绘制水箱命令的执行方式有：

- 命令行：输入 HZSX 命令按回车键。
- 菜单栏：单击“水泵间”→“绘制水箱”命令。

下面以图 7-1 所示的绘制水箱结果为例，介绍调用绘制水箱命令的方法。

[01] 输入 HZSX 命令按回车键，系统弹出【绘制水箱】对话框，设置参数如图 7-2 所示。

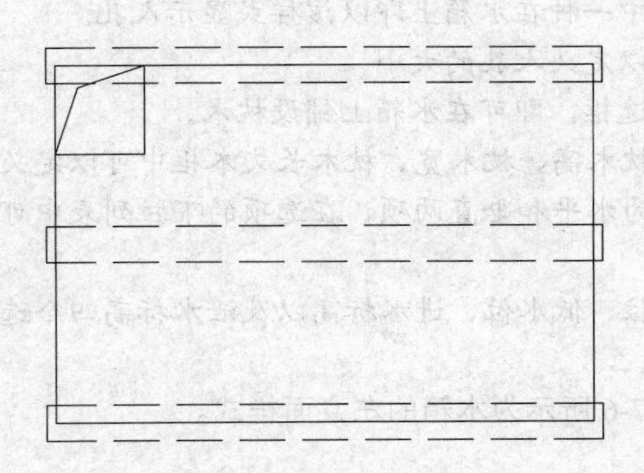

图 7-1　绘制水箱

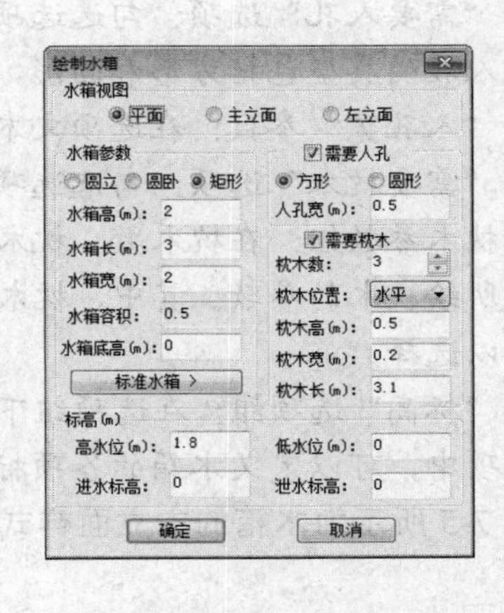

图 7-2　【绘制水箱】对话框

[02] 同时命令行提示如下：

```
命令：HZSX↙
请点取水箱插入点<退出>:            //在绘图区中点取水箱的插入点，绘制水箱的结果如图 7-1 所示。
```

[03] 将视图转换为三维视图，可以查看水箱的三维形式，结果如图 7-3 所示。

【绘制水箱】对话框中功能控件的含义如下：

- “水箱视图”选项组：系统提供了三种视图方式，分别是平面、主立面、左立面。单击选中其中的一种，即可以该视图样式绘制水箱。
- “水箱参数”选项组：系统提供了三种水箱的形状，分别是圆立、圆卧、方形，单击选中其中的一种，即可绘制该样式的水箱。

- “水箱高、长、宽”参数：在各选项文本框中定义水箱参数，然后在“水箱容积”选项框中即可显示体积值。
- “标准水箱”按钮：单击该按钮，系统弹出如图 7-4 所示的【选择水箱】对话框。在其中点取任意一标准水箱型号的尺寸，数据即可导入到“水箱参数”选项组中。

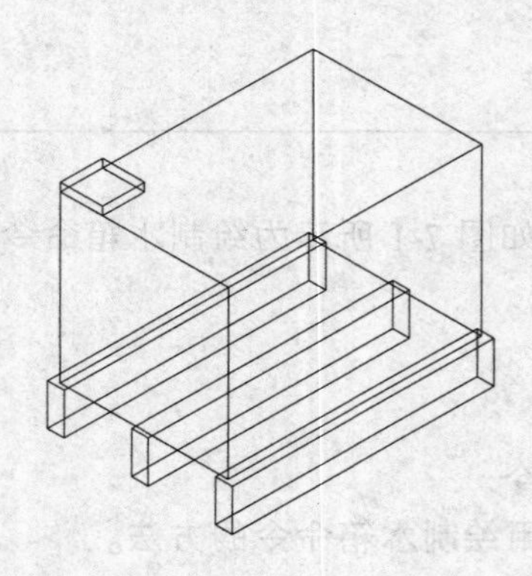

图 7-3　水箱的三维样式

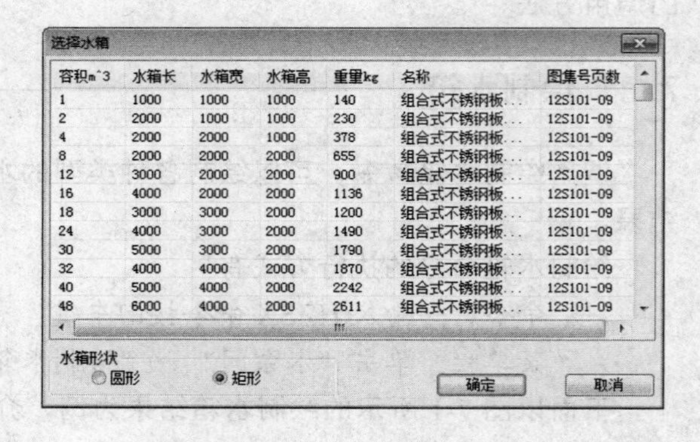

容积m^3	水箱长	水箱宽	水箱高	重量kg	名称	图集号页数
1	1000	1000	1000	140	组合式不锈钢板...	12S101-09
2	2000	1000	1000	230	组合式不锈钢板...	12S101-09
4	2000	2000	1000	378	组合式不锈钢板...	12S101-09
8	2000	2000	2000	655	组合式不锈钢板...	12S101-09
12	3000	2000	2000	900	组合式不锈钢板...	12S101-09
16	4000	2000	2000	1136	组合式不锈钢板...	12S101-09
18	3000	3000	2000	1200	组合式不锈钢板...	12S101-09
24	4000	3000	2000	1490	组合式不锈钢板...	12S101-09
30	5000	3000	2000	1790	组合式不锈钢板...	12S101-09
32	4000	4000	2000	1870	组合式不锈钢板...	12S101-09
40	5000	4000	2000	2242	组合式不锈钢板...	12S101-09
48	6000	4000	2000	2611	组合式不锈钢板...	12S101-09

图 7-4　【选择水箱】对话框

- “需要人孔”选项：勾选选项前的复选框，可在水箱上绘制人孔。
- 人孔的类型包括方形和圆形，选中其中一种在水箱上即以该样式显示人孔。
- “人孔宽”参数：在选项文本框中可以定义人孔的大小。
- “需要枕木”选项：勾选选项前的复选框，即可在水箱上铺设枕木。
- 枕木参数组：在枕木数、枕木位置、枕木高、枕木宽、枕木长文本框中可以定义所绘枕木的参数。其中，枕木位置分为水平和垂直两项，在选项的下拉列表中可以选择。
- “标高”选项组：在选项组下的高水位、低水位、进水标高以及泄水标高四个选项中，可以定义水箱的各项标高参数。

如图 7-5 所示为水箱的主立面样式，如图 7-6 所示为水箱的左立面样式。

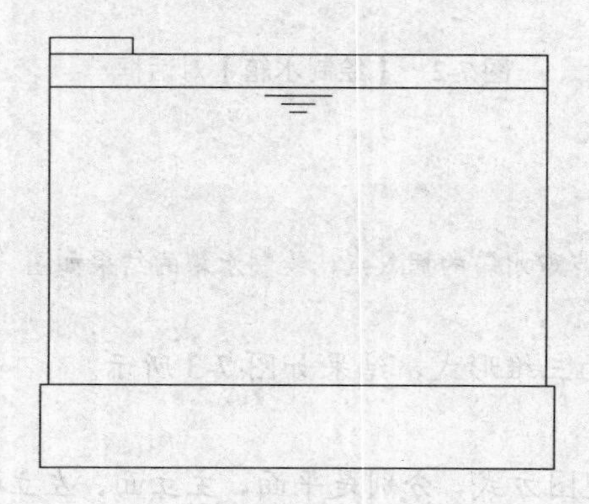

图 7-5　水箱主立面样式

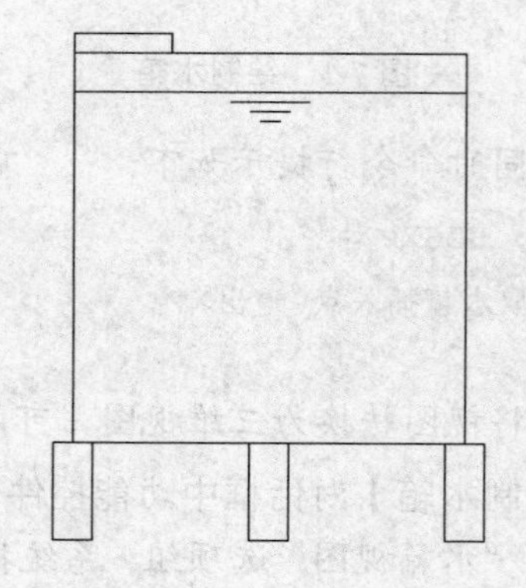

图 7-6　水箱左立面样式

提示

双击绘制完成的水箱，可以弹出【绘制水箱】对话框，在其中可以对水箱的各项参数进行修改。

7.1.2 溢流管

调用溢流管命令，可以在指定的水箱图形上绘制溢流管图形。如图 7-7 所示为溢流管命令的操作结果。

溢流管命令的执行方式有：

➢ 命令行：输入 YLG 命令按回车键。

➢ 菜单栏：单击“水泵间”→“溢流管”命令。

下面以图 7-7 所示的溢流管结果为例，介绍调用溢流管命令的方法。

01 按 Ctrl+O 组合键，打开配套光盘提供的“第 7 章/ 7.1.2 溢流管.dwg”素材文件，结果如图 7-8 所示。

02 输入 YLG 命令按回车键，系统弹出【增加溢流管】对话框，设置参数如图 7-9 所示。

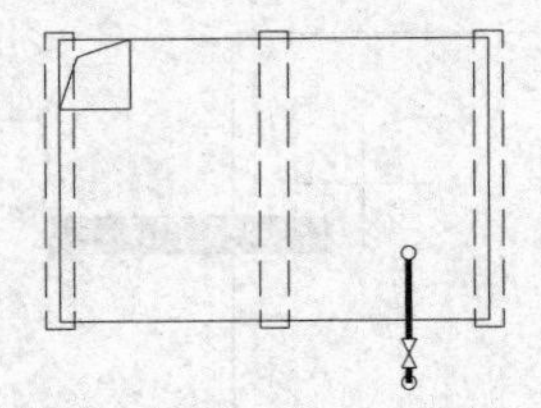

图 7-7 溢流管

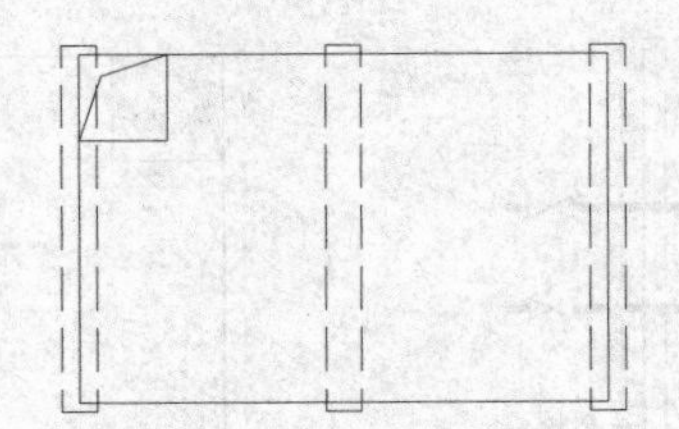

图 7-8 打开素材

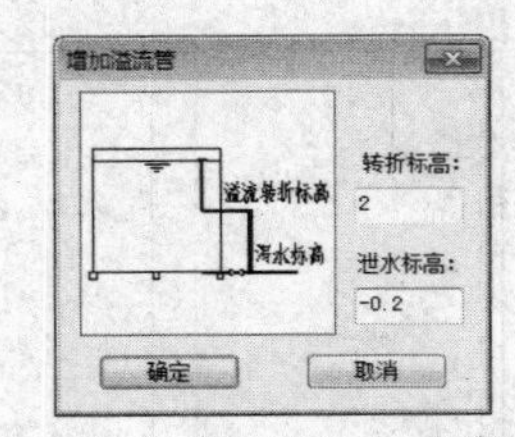

图 7-9 【增加溢流管】对话框

03 同时命令行提示如下：

```
命令：YLG↙
请选择平面方水箱<退出>:
请点取溢流管位置<退出>:      //点取位置，结果如图 7-10 所示。
请点取溢流管引出位置<退出>://向下移动光标，指定溢流管的引出位置，如图 7-11 所示。
```

04 单击左键左键即可完成溢流管的绘制，结果如图 7-7 所示。

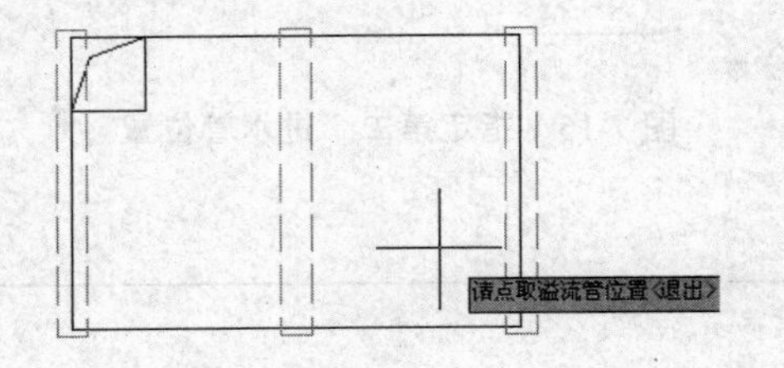

图 7-10 点取溢流管位置

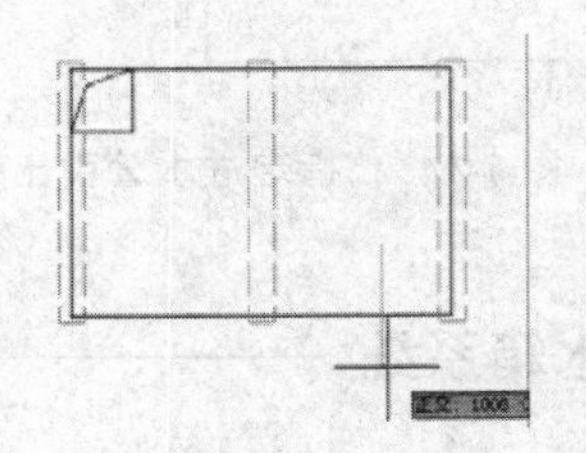

图 7-11 点取溢流管引出位置

7.1.3 进水管

调用进水管命令，可以在水箱上定义进水管的位置。如图 7-12 所示为进水管命令的操作结果。

进水管命令的执行方式有：

➢ 命令行：输入 JSG 命令按回车键。

➢ 菜单栏：单击“水泵间”→“进水管”命令。

下面以图 7-12 所示的进水管结果为例，介绍调用进水管命令的方法。

输入 JSG 命令按回车键，命令行提示如下：

命令：JSG↙

请选择平面方水箱<退出>:

请点取进水管位置<退出>: //点取位置，如图 7-13 所示。

请点取进水管引出位置<退出>: //鼠标左移，指定进水管的位置，如图 7-14 所示。

请点取第二个进水管位置<退出>: //鼠标下移，指定第二个进水管位置，如图 7-15 所示。

请输入进水管标高<退出>:2 //定义标高参数，按下回车键即可完成进水管的绘制，结果如图 7-12 所示。

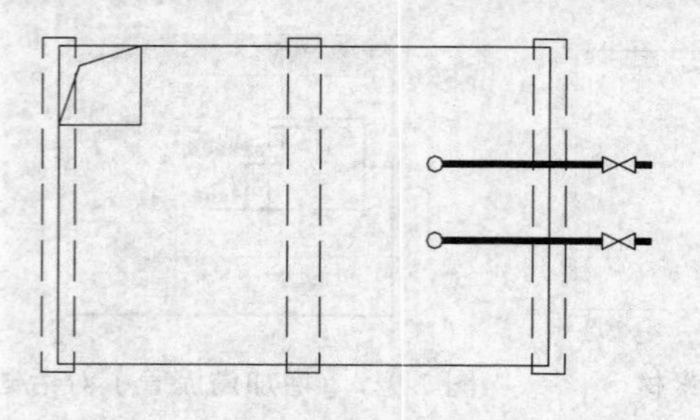

图 7-12 进水管

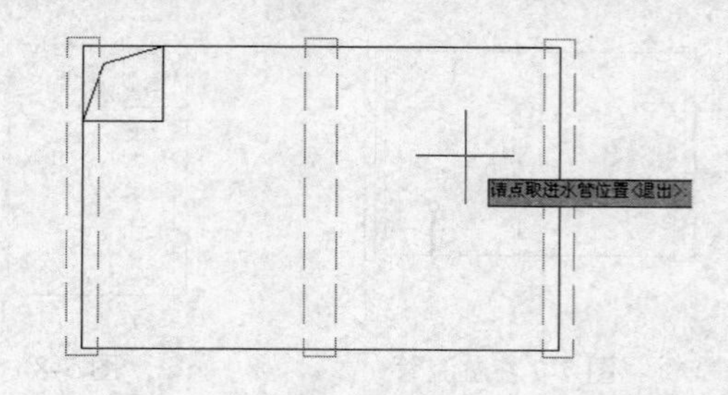

图 7-13 点取进水管位置

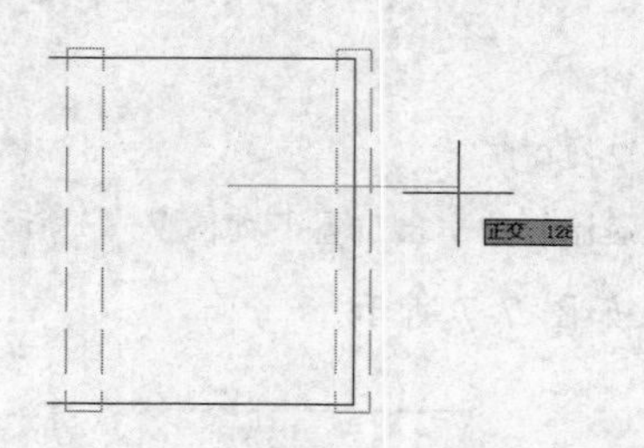

图 7-14 指定进水管引出位置

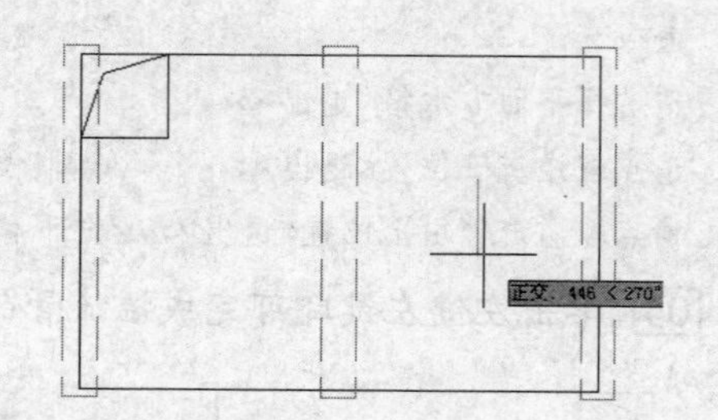

图 7-15 指定第二个进水管位置

7.1.4 水箱系统

调用水箱系统命令，可以由水箱的平面图生成水箱的系统图。

水箱系统命令的执行方式有：

➢ 命令行：输入 SXXT 命令按回车键。

➢ 菜单栏：单击“水泵间”→“水箱系统”命令。

输入 SXXT 命令按回车键，命令行提示如下：

命令： SXXT↙

选择自动生成系统图的所有平面图管线和水箱<退出>:指定对角点： //选定图形。

请点取系统图位置<退出>: //按下回车键，点取系统图的插入点，即可完成水箱系统图的绘制。

7.2 水泵

水泵系列命令提供水泵选型、绘制平面水泵及其基础的方法。本节为读者介绍水泵系列命令的调用方法。

7.2.1 水泵选型

调用水泵选型命令，根据已知的流量及其扬程，软件会自动选择合适的水泵厂家和型号规格。

水泵选型命令的执行方式有：

➢ 命令行：输入 SBXX 命令按回车键。

➢ 菜单栏：单击“水泵间”→“水泵选型”命令。

输入 SBXX 命令按回车键，系统弹出如图 7-16 所示的【水泵选型】对话框。在“输入条件”选项组中分别定义“流量”“扬程”选项的参数，如图 7-17 所示。

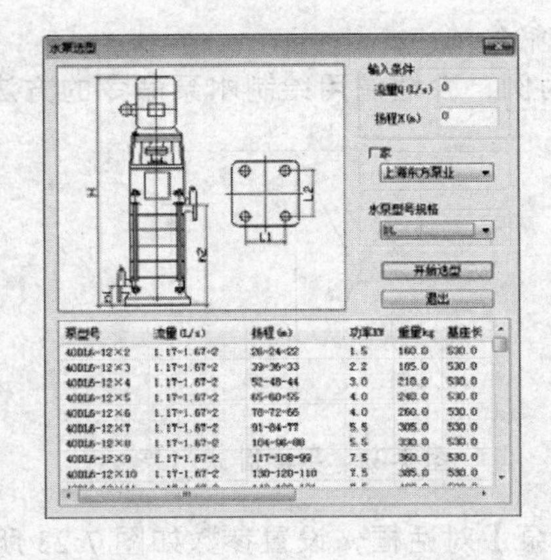

图 7-16 【水泵选型】对话框

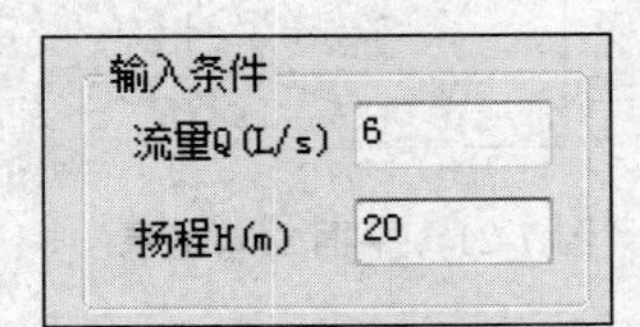

图 7-17 “输入条件”选型组

单击“开始选型”按钮，系统即可按照所指定的“流量”“扬程”等选项参数，筛选出适合该参数的水泵型号，如图 7-18 所示。

“厂家”选项：系统提供了三种厂家的水泵供用户选择，单击下拉列表，在其中选择所需要的厂家名称即可，如图 7-19 所示。

“水泵型号规格”选项：系统提供了三种型号的水泵，单击下拉列表，在其中选择所需要的水泵型号即可，如图 7-20 所示。

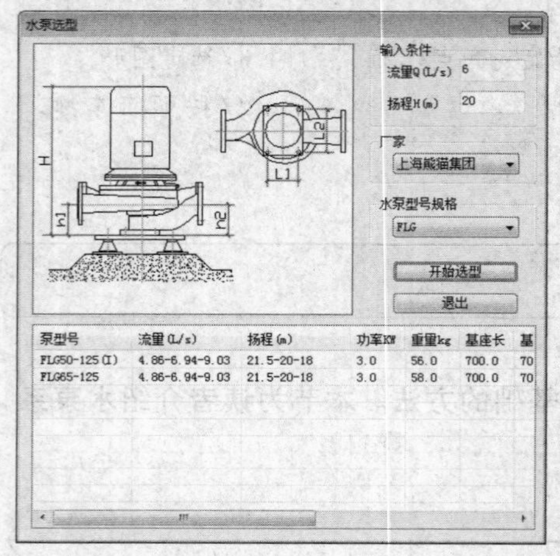

图 7-18　筛选水泵结果

图 7-19　“厂家”选项

图 7-20　“水泵型号规格”选项

7.2.2 绘制水泵

调用绘制水泵命令，可以绘制平面立式、卧式水泵。如图 7-21、图 7-22 所示为绘制水泵命令的操作结果。

绘制水泵命令的执行方式有：

- 命令行：输入 HZSB 命令按回车键。
- 菜单栏：单击“水泵间”→“绘制水泵”命令。

下面以图 7-21、图 7-22 所示的绘制水泵结果为例，介绍调用绘制水泵命令的方法。

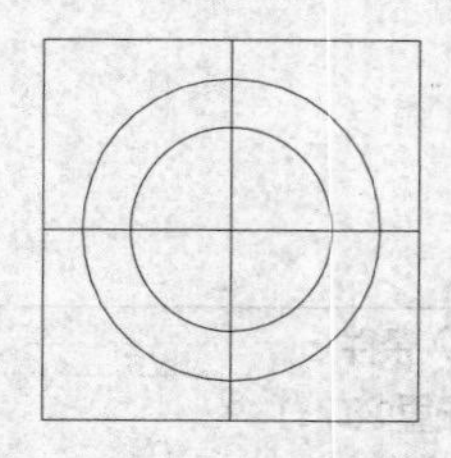

图 7-21　平面立式水泵

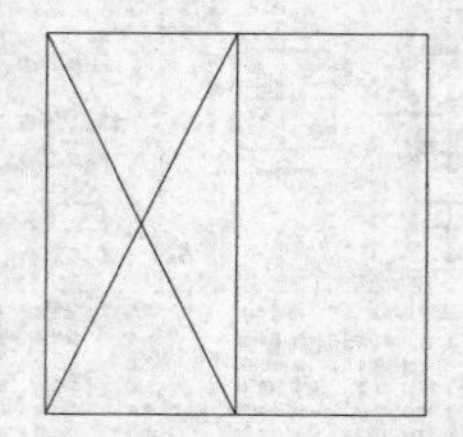

图 7-22　平面卧式水泵

输入 HZSB 命令按回车键，系统弹出【绘制水泵】对话框，设置参数如图 7-23 所示。同时命令行提示如下：

```
命令：HZSB↙
点取位置或 [转 90 度(A)/左右翻(S)/上下翻(D)/对齐(F)/改转角(R)/改基点(T)]<退出>:
                    //在绘图区中点取水泵的插入位置，即可完成水泵的绘制。
```

【绘制水泵】对话框中功能控件的含义如下：

➢ 水泵参数选项组：在对话框的左上方提供了五个设置水泵参数的选项文本框，分别是基座长、基座宽、水泵高、进水管高、出水管高；在这些选项文本框中可以定义水泵参数。

➢ “水泵样式”选项组：系统提供了两种水泵样式，分别是卧式和立式。单击选择其中的一种样式，即可以该样式绘制水泵。

➢ “水泵选型”按钮：单击该按钮，系统可弹出【水泵选型】对话框；在对话框中选定所需要的水泵，双击即可将该水泵的参数返回至【绘制水泵】对话框中。

➢ “剖面样式”预览框：单击预览框，系统弹出如图 7-24 所示的选项表，在其中可以选择水泵的显示样式。

图 7-23 【绘制水泵】对话框（一）

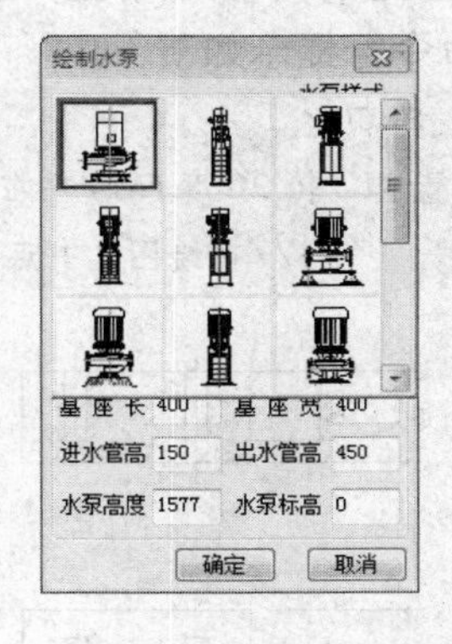

图 7-24 选项表

➢ “水泵型号”文本框：在【水泵选型】对话框中选定水泵后，在“水泵型号”文本框中即可显示该水泵的型号。

➢ “水泵标高”选项：自定义水泵的标高参数。

双击绘制完成的水泵图形，系统弹出如图 7-25 所示为【绘制水泵】对话框，在其中可以对水泵的参数进行更改。

将视图转换为三维视图，可查看水泵的三维样式，结果如图 7-26、图 7-27 所示。

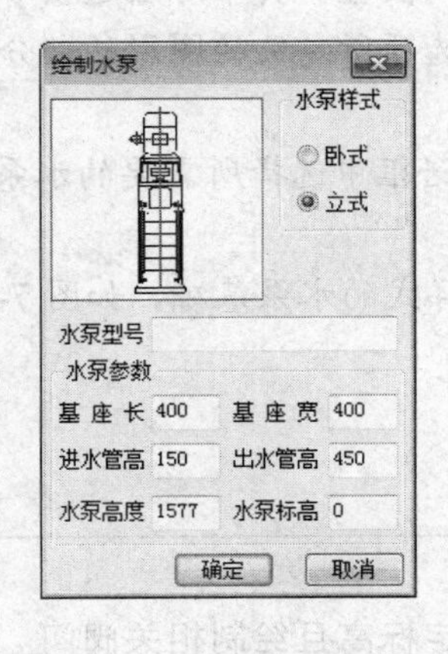

图 7-25 【绘制水泵】对话框（二）

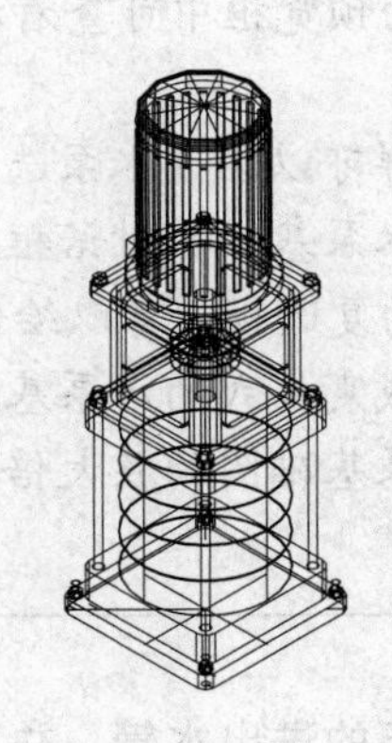

图 7-26 立式水泵三维样式

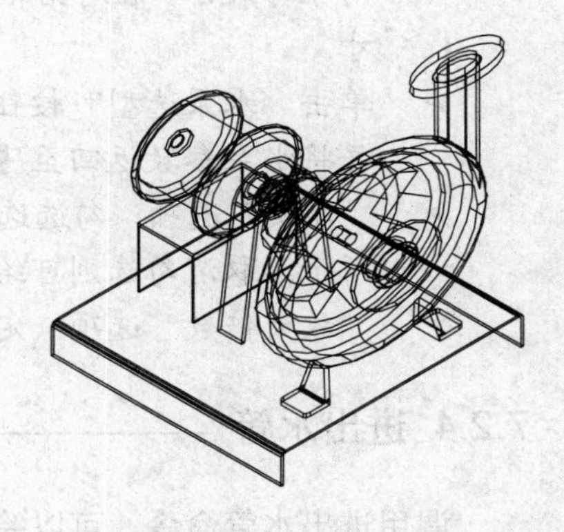

图 7-27 卧式水泵三维样式

7.2.3 水泵基础

调用水泵基础命令，可以绘制形式为减震、不减震的水泵基础。如图 7-28 所示为水泵基础命令的操作结果。

水泵基础命令的执行方式有：

➢ 命令行：输入 SBJC 命令按回车键。

➢ 菜单栏：单击“水泵间”→“水泵基础”命令。

下面以图 7-28 所示的水泵基础结果为例，介绍调用水泵基础命令的方法。

输入 SBJC 命令按回车键，系统弹出【绘制水泵基础】对话框，设置参数如图 7-29 所示。同时命令行提示如下：

```
命令： SBJC↙
点取位置或 [转 90 度(A)/左右翻(S)/上下翻(D)/对齐(F)/改转角(R)/改基点(T)]<退出>:
        //在绘图区中点取水泵基础图形的插入点，绘制水泵基础的结果如图 7-28 所示。
```

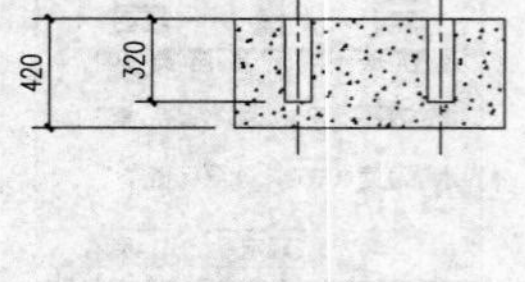

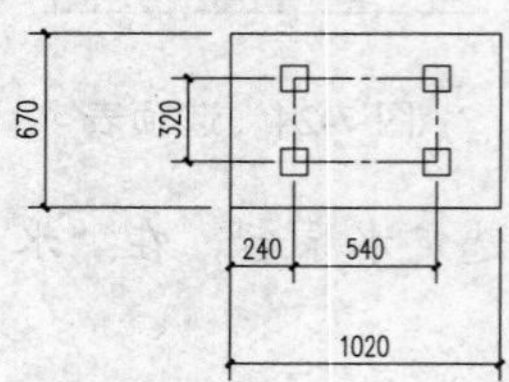

图 7-28 水泵基础（不减震样式）

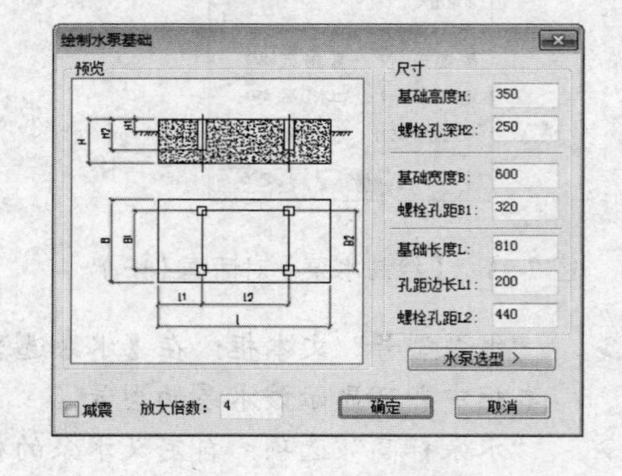

图 7-29 【绘制水泵基础】对话框

【绘制水泵基础】对话框中功能控件的含义如下：

➢ “尺寸”选项组：在该选项组中提供了七个选项供用户设置，其中对应选项参数用字母表示，在对话框左边的预览框中可查看相对应选项所定义的图形的部分尺寸。

➢ 单击“水泵选型”按钮，同样可以在【水泵选型】对话框中选择所需要的水泵，并将水泵参数返回至【绘制水泵基础】对话框中。

➢ “减震”选项：勾选选项前的复选框，可以绘制减震样式的水泵基础，如图 7-30 所示；取消勾选则可绘制不减震样式的水泵基础。

➢ “放大倍数”选项：定义水泵基础图的放大倍数。

7.2.4 进出水管

调用进出水管命令，可以绘制水泵的进出水管，并自动确定标高且绘制相关阀门。如图 7-31 所示为进出水管命令的操作结果。

进出水管命令的执行方式有：

- ➢ 命令行：输入 JCSG 命令按回车键。
- ➢ 菜单栏：单击“水泵间”→“进出水管”命令。

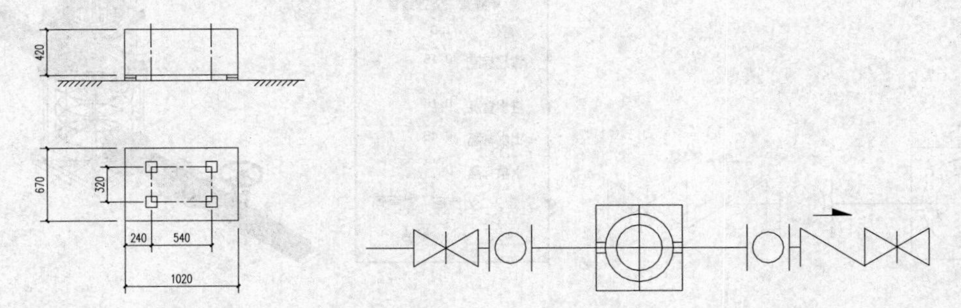

图 7-30 水泵基础（减震样式） 图 7-31 进出水管

下面以图 7-31 所示的进出水管结果为例，介绍调用进出水管命令的方法。

01 按 Ctrl+O 组合键，打开配套光盘提供的“第 7 章/ 7.2.4 进出水管.dwg”素材文件。

02 输入 JCSG 命令按回车键，命令行提示如下：

命令：JCSG↙

请选择要连接的水泵<退出>： //选择水泵，系统弹出【绘制水泵进出水管】对话框，单击“出水管”按钮，设置参数如图 7-32 所示；

请点取管线终点<退出>： //在绘图区中点取管线的终点，如图 7-33 所示。

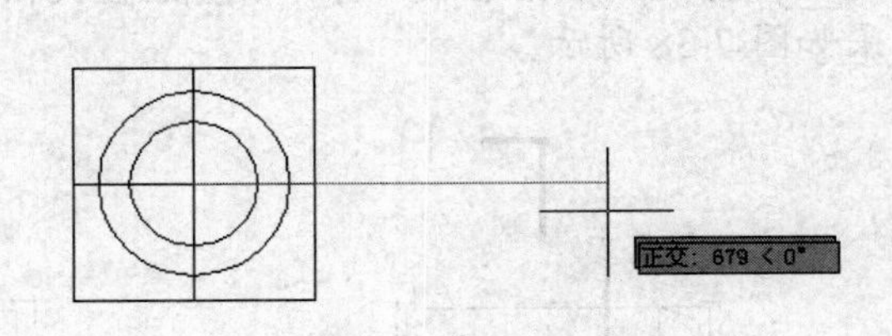

图 7-32 【绘制水泵进出水管】对话框 图 7-33 点取管线终点

03 绘制出水管图形的结果如图 7-34 所示。

04 重复执行 JCSG 命令，在【绘制水泵进出水管】对话框中单击“进水管”按钮，设置参数如图 7-35 所示。

05 根据命令行的提示，点取管线终点即可完成进水管的绘制，结果如图 7-31 所示。

06 将视图转换为三维视图，可以查看绘制进出水管图形的三维样式，如图 7-36 所示。

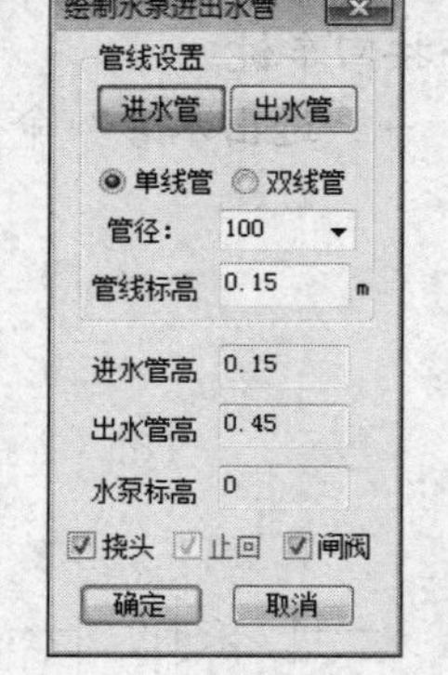

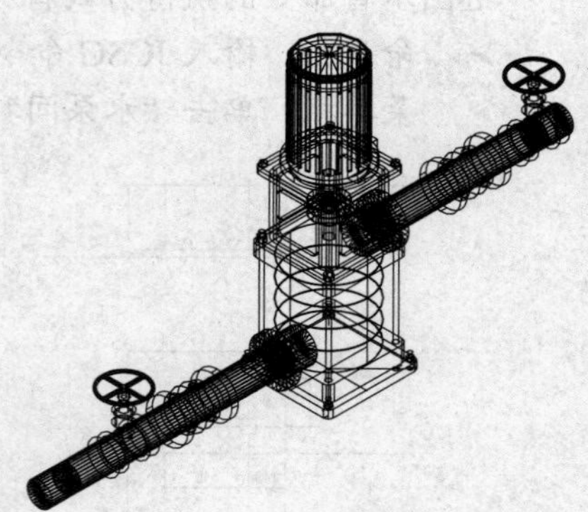

图 7-34　绘制出水管　　图 7-35　设置出水管参数　　图 7-36　进出水管三维视图

7.3 绘制剖面

通过定义剖切符号，可以生成平面水泵、水箱的剖面图。本节为读者介绍剖面剖切和剖面生成命令的调用方法。

7.3.1 剖面剖切

调用剖面剖切命令，可以在图中标注剖面剖切符号。如图 7-37 所示为剖面剖切命令的操作结果。

剖面剖切命令的执行方式有：

➢　菜单栏：单击“水泵间”→“剖面剖切”命令。

下面以图 7-37 所示的剖面剖切结果为例，介绍调用剖面剖切命令的方法。

01 按 Ctrl+O 组合键，打开配套光盘提供的“第 7 章/ 7.3.1 剖面剖切.dwg”素材文件，结果如图 7-38 所示。

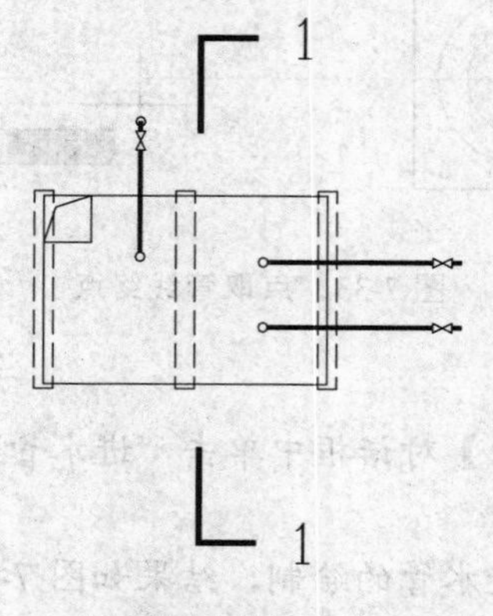

图 7-37　剖面剖切

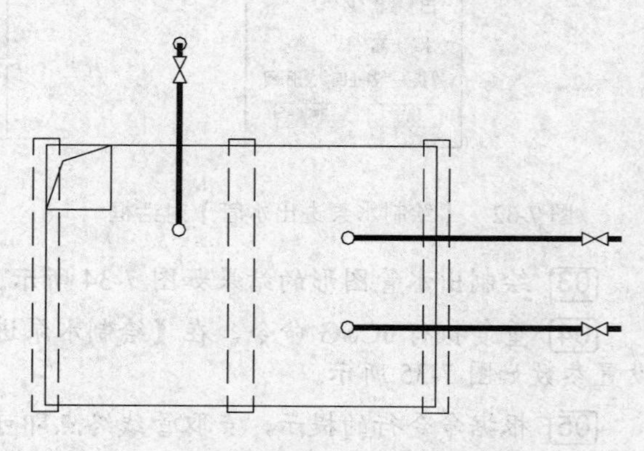

图 7-38　打开剖面剖切素材

[02] 单击“水泵间”→“剖面剖切”命令，系统弹出【剖切符号】对话框，设置参数如图 7-39 所示。

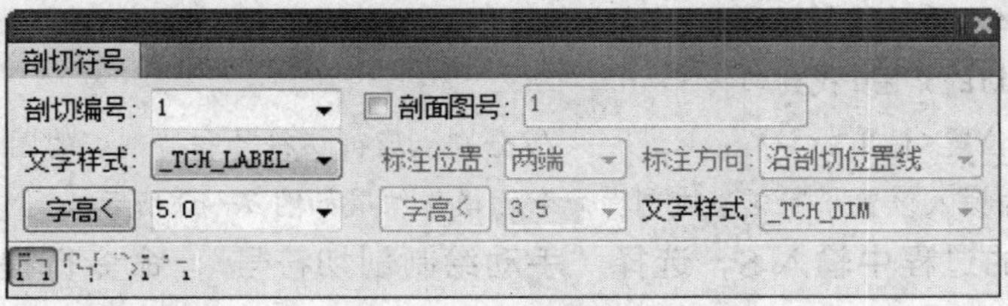

剖切符号
剖切编号: 1 □剖面图号: 1
文字样式: _TCH_LABEL 标注位置: 两端 标注方向: 沿剖切位置线
字高< 5.0 字高< 3.5 文字样式: _TCH_DIM

图 7-39 【剖切符号】对话框

[03] 同时命令行提示如下:

```
命令: T98_TSection
点取第一个剖切点<退出>:          //在图形上方单击左键。
点取第二个剖切点<退出>:          //在图形下方单击左键。
点取剖视方向<当前>:              //右移鼠标，单击左键以指定剖视方向，绘制剖切符号的结果如图 7-37 所示。
```

7.3.2 剖面生成

调用剖面生成命令，可以生成水箱或水泵的剖面图形。如图 7-40 所示为剖面生成命令的操作结果。

生成剖面命令的执行方式有:

- 命令行: 输入 SBPM 按回车键。
- 菜单栏: 单击“水泵间”→“剖面生成”命令。

下面以图 7-40 所示的剖面生成结果为例，介绍调用剖面生成命令的方法。

[01] 按 Ctrl+O 组合键，打开配套光盘提供的“第 7 章/ 7.3.2 剖面生成.dwg”素材文件，结果如图 7-41 所示。

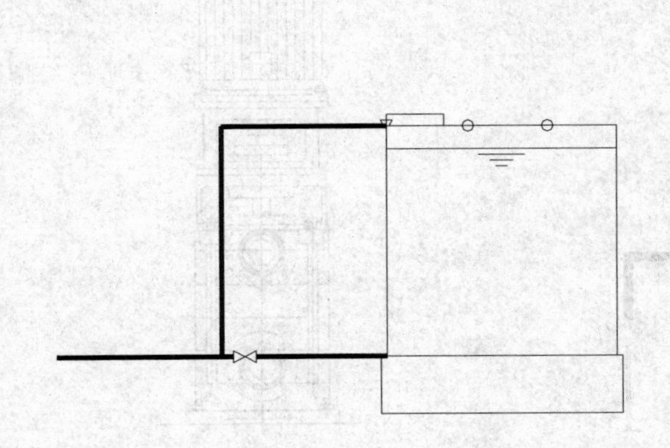

图 7-40 剖面生成

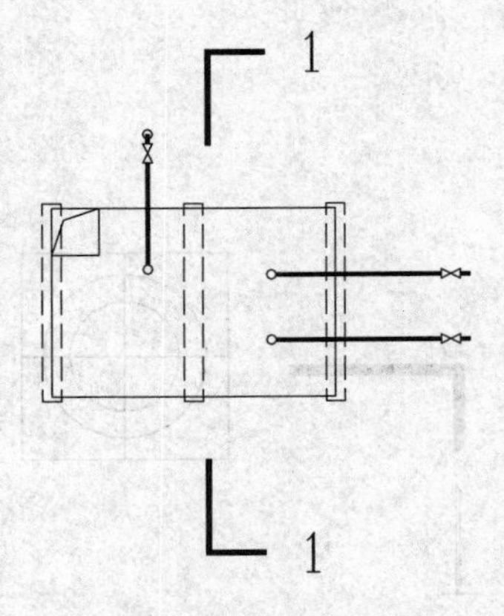

图 7-41 打开面生成素材

02 输入 SBPM 按回车键，命令行提示如下：

命令：SBPM↙

请选择剖切符号[手动绘制剖切符号(S)]<退出>:

请选择需要剖切的范围:找到 1 个

请点取系统图位置<退出>:　　　　//分别点取剖切符号和待剖切的图形，按下回车键并在绘图区中点取图形的插入位置，完成生成剖面命令的操作结果如图 7-40 所示。

在执行命令的过程中输入 S，选择“手动绘制剖切符号”，命令行提示如下：

命令： SBPM↙

请选择剖切符号[手动绘制剖切符号(S)]<退出>:

请输入剖切编号<1>:

点取第一个剖切点<退出>:

点取第二个剖切点<退出>:

点取剖视方向<当前方向>:　　　　//指定剖切编号、剖切点以及剖视方向，即可完成剖切符号的绘制。

调用剖面生成命令，同样可以生成水泵的剖面图。如图 7-42 所示为卧式水泵的剖面图生成效果，如图 7-43 所示为立式水泵剖面图的生成效果。

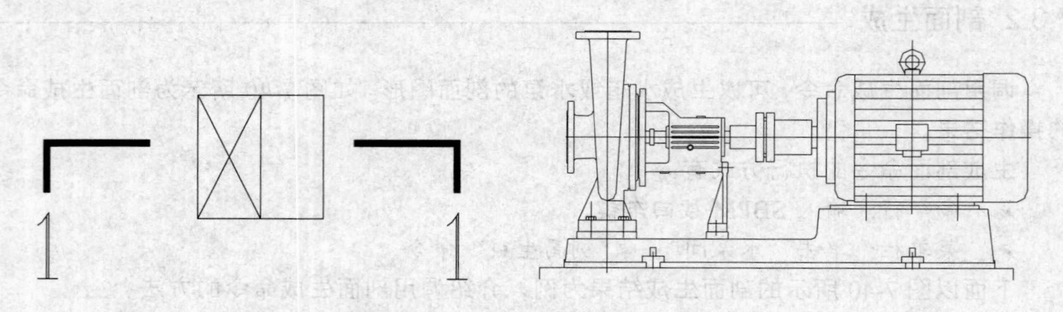

图 7-42　卧式水泵剖面图

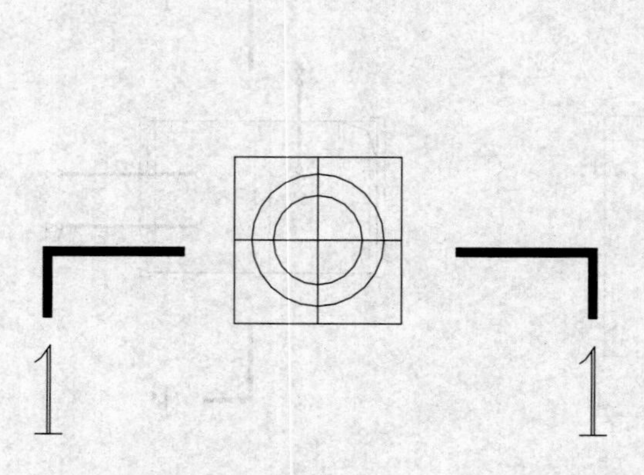

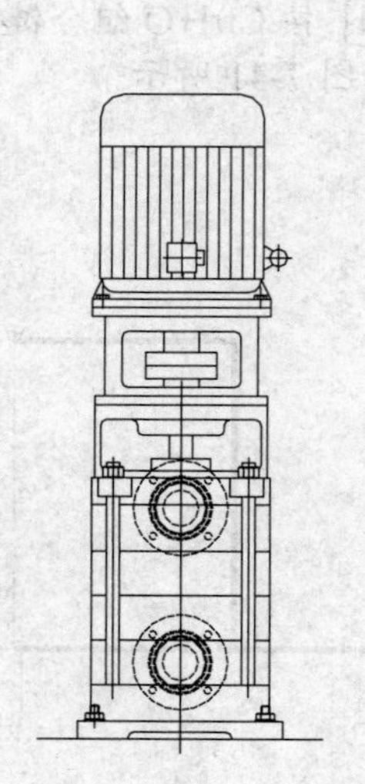

图 7-43　立式水泵剖面图

7.4 绘制双线水管

T20-WT V2.0 中绘制双线水管的命令可以提供绘制双线水管的方法，本节为读者介绍双线水管、双线阀门、单线阀门以及管道附件命令的执行方法。

7.4.1 双线水管

调用双线水管命令，可以绘制双线水管，并自动生成弯头、三四通、法兰、变径以及扣弯。如图 7-44 所示为双线水管命令的操作结果。

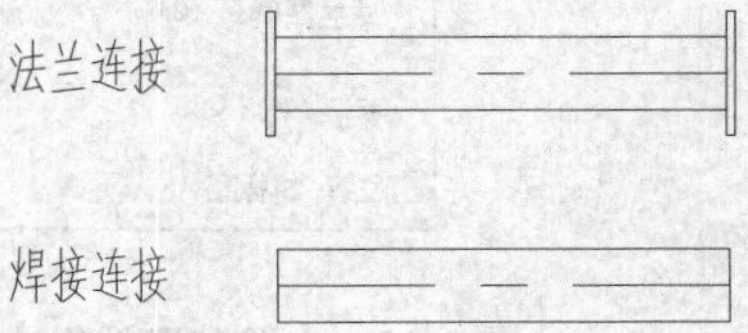

法兰连接

焊接连接

图 7-44 双线水管

双线水管命令的执行方式有：

- 命令行：输入 HSXG 按回车键。
- 菜单栏：单击"水泵间"→"双线水管"命令。

下面以图 7-44 所示的双线水管结果为例，介绍调用双线水管命令的方法。

01 输入 HSXG 按回车键，系统弹出【绘制双线管】对话框，设置参数如图 7-45 所示。

02 同时命令行提示如下：

```
命令：HSXG↙
请输入起点:<退出>
请输入双线水管终点<退出>:                    //分别指定双线水管的起点和终点，完成双线水管的绘制结果如图 7-44 所示。
```

【绘制双线管】对话框中功能控件的含义如下：

- "水管管径"选项：单击选项文本框，在其下拉列表中可以选择系统所提供的水管管径参数。
- "管道连接方式"选项组：系统提供了两种管道连接方式，分别是焊接连接、法兰连接；单击选中其中一种，在选项右边的预览框中可以查看该样式的绘制结果。
- "压力"选项：定义双线管的压力值，单击选项文本框，在弹出的下拉列表中可选择系统给定的压力值参数。
- "法兰直径"选项：选择"法兰连接"选项，方能激活该选项；在文本框中显示当前管径对应的法兰盘直径。
- "法兰厚度"选项：选择"法兰连接"选项，方能激活该选项；在文本框中显示当前管径对应的法兰盘厚度。
- "标高"选项：定义所绘制双管线的标高，可以在命令执行过程中直接改变，管线会自动升降成扣弯。
- "立管终标高"选项：勾选选项前的复选框，可根据上一初始标高给出最终标高值，可以绘制立管。

在绘制完成的双线管上单击鼠标右键，在弹出的快捷菜单中选择“大小接头”选项，如图 7-46 所示。

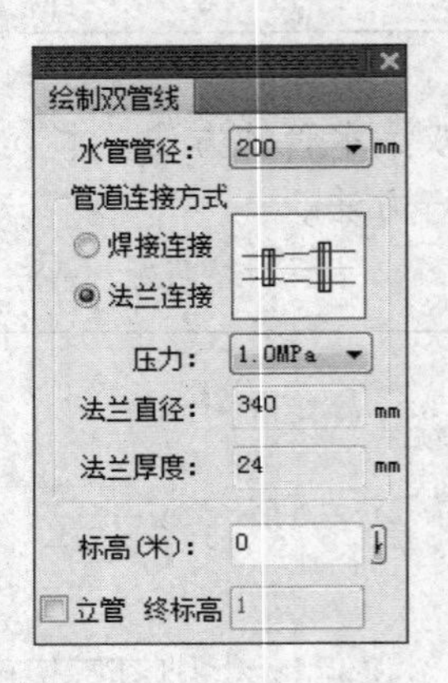

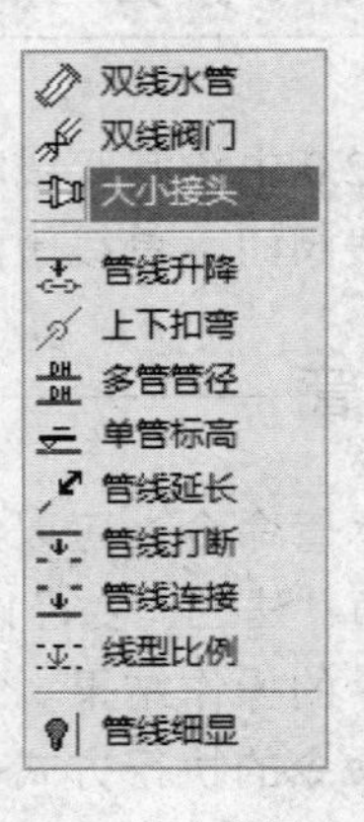

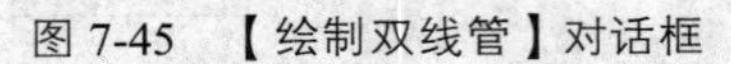

图 7-45 【绘制双线管】对话框

图 7-46 快捷菜单

根据命令行的提示，选择待插入大小接头的管线，系统弹出【大小接头】对话框，设置参数如图 7-47 所示。单击“确定”按钮，绘制大小接头的结果如图 7-48 所示。

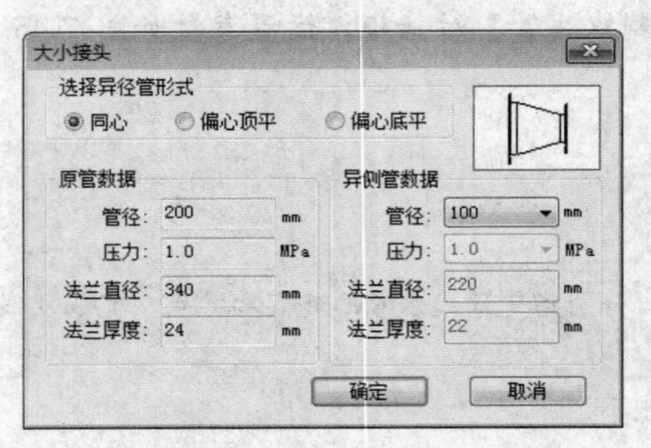

图 7-47 【大小接头】对话框

图 7-48 绘制大小接头操作前后对比

分别绘制垂直的双线管和水平的双线管，系统可自动生成四通、三通，如图 7-49、图 7-50 所示。

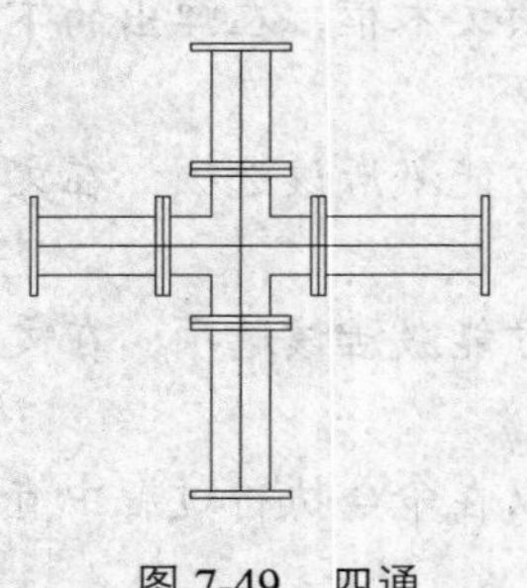

图 7-49 四通

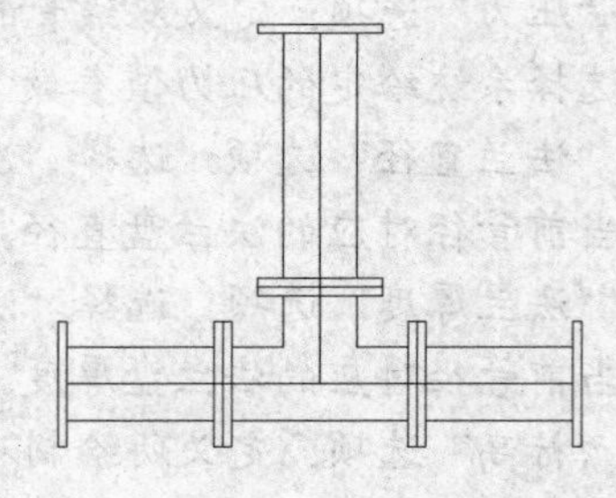

图 7-50 三通

连续绘制水平的和垂直的双线管，系统可自动生成弯头，如图 7-51 所示。在绘制完成的双线管上单击鼠标右键，在弹出的快捷菜单中选择“上下扣弯”选项，命令行提示如下：

```
命令：SXKW↙
请点取插入扣弯的位置<选择 2 管线交叉处插入扣弯>:.BREAK //在双线管点取扣弯的插入点。
选择对象：
指定第二个打断点 或 [第一点(F)]: F
指定第一个打断点：
指定第二个打断点：
命令：
请输入管线的标高(米)<0.000>1
请输入管线的标高(米)<0.000>2                    //分别定义管线的标高，按下
回车键即可完成扣弯的绘制，结果如图 7-52 所示。
```

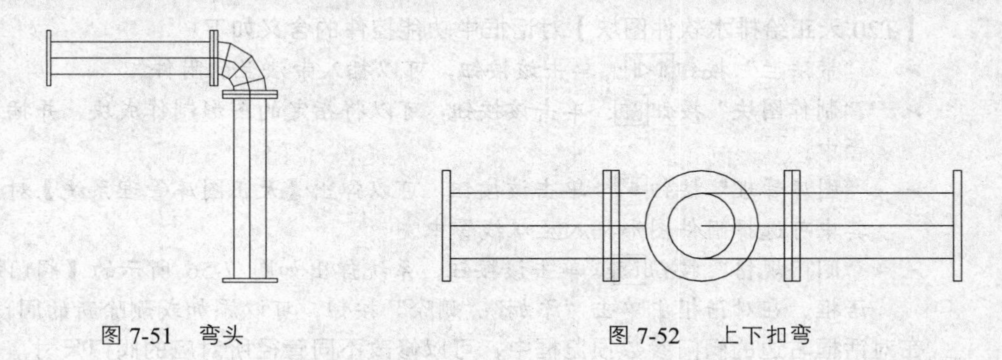

图 7-51　弯头　　　　图 7-52　上下扣弯

弯头的曲率在绘制完成后还可以修改，双击弯头，命令行提示如下：

```
命令：T98_TObjEdit
请输入自动连接件曲率参数<1.0>3          //定义曲率参数，按下回车键即可完成曲率的修
改，结果如图 7-53 所示。
```

7.4.2 双线阀门

调用双线阀门命令，可以在双线双管上插入阀门阀件，并打断水管。如图 7-54 所示为双线阀门命令的操作结果。

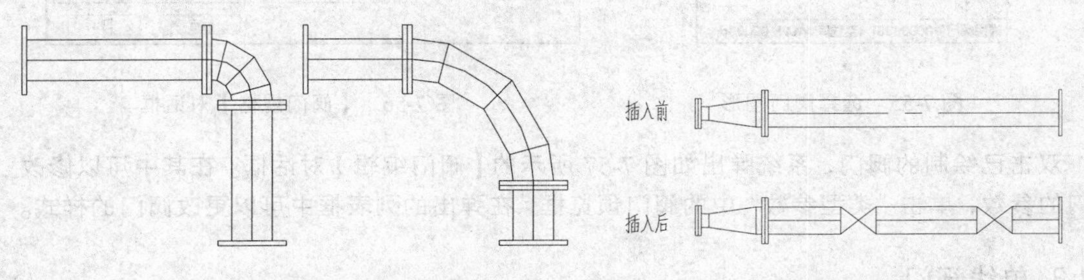

图 7-53　曲率修改的前后对比　　　　图 7-54　双线阀门

双线阀门命令的执行方式有：

- 命令行：输入 SXFM 按回车键。
- 菜单栏：单击“水泵间”→“双线阀门”命令。

下面以图 7-54 所示的双线阀门结果为例，介绍调用双线阀门命令的方法。

01 按 Ctrl+O 组合键，打开配套光盘提供的“第 7 章/ 7.4.2　双线阀门.dwg”素材文件。

02 输入 SXFM 按回车键，系统弹出【T20 天正给排水软件图块】对话框，选择待插入的阀门图形，如图 7-55 所示。

03 同时命令行提示如下：

```
命令：SXFM↙
请指定阀件的插入点 [左右翻转(F)/上下翻转(D)]<退出>:                    //在双线管指定
阀门图形的插入单，即可完成阀门的绘制，结果如图 7-54 所示。
```

【T20 天正给排水软件图块】对话框中功能控件的含义如下：

- “带法兰”按钮：单击该按钮，可以插入带法兰的附件。
- “制作图块”按钮：单击该按钮，可以将指定的图形制作成块，并插入到双线管中。
- “图库管理”按钮：单击该按钮，可以弹出【天正图库管理系统】对话框，在其中可选择附件图形插入至双线管中。
- “阀门规格”按钮：单击该按钮，系统弹出如图 7-56 所示的【阀门规格】对话框。在对话框中单击“添加”“删除”按钮，可以添加或删除新的阀门。

在对话框右边的阀门参数预览框中，可以修改不同管径所对应的阀门尺寸。

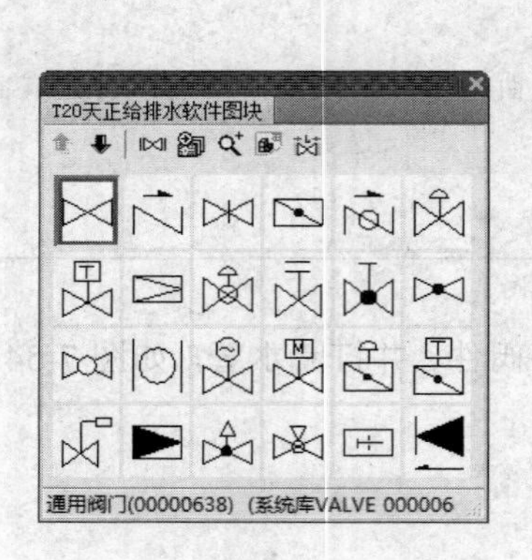

图 7-55　选择阀门图形

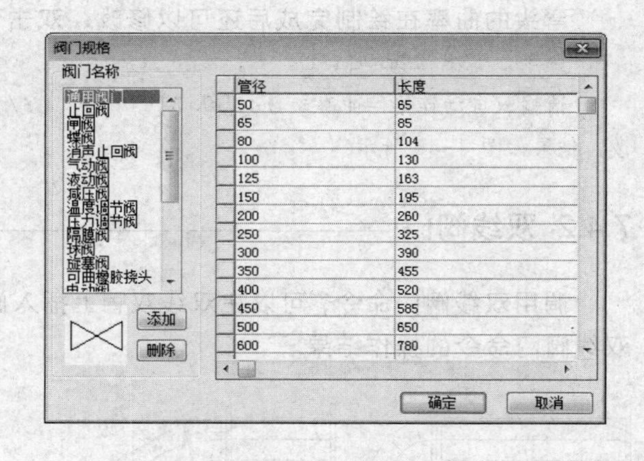

图 7-56　【阀门规格】对话框

双击已绘制的阀门，系统弹出如图 7-57 所示的【阀门编辑】对话框。在其中可以修改阀门的参数，单击“类型参数”中的阀门预览框，在弹出的列表框中可以更改阀门的样式。

7.4.3 单线阀门

调用单线阀门命令，可以在管线上插入平面或系统形式的阀门附件。如图 7-58 所示为单线阀门命令的操作结果。

单线阀门命令的执行方式有：

➢ 命令行：输入 FMFJ 按回车键。

➢ 菜单栏：单击“水泵间”→“单线阀门”命令。

下面以图 7-58 所示的单线阀门结果为例，介绍调用单线阀门命令的方法。

01 输入 FMFJ 按回车键，系统弹出如图 7-59 所示的【T20 天正给排水软件图块】对话框，选择待插入的附件图块。

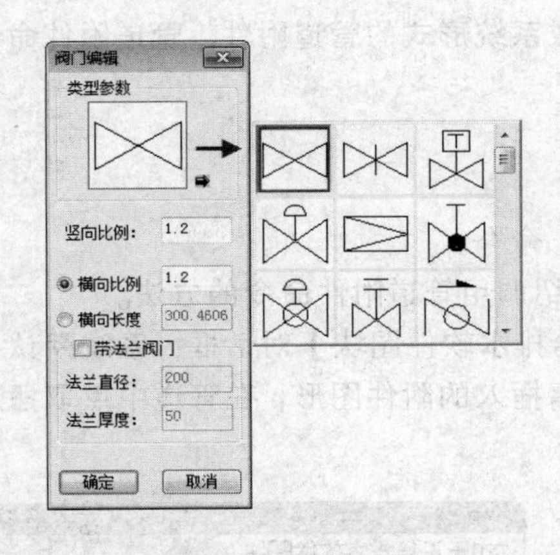

图 7-57 【阀门编辑】对话框

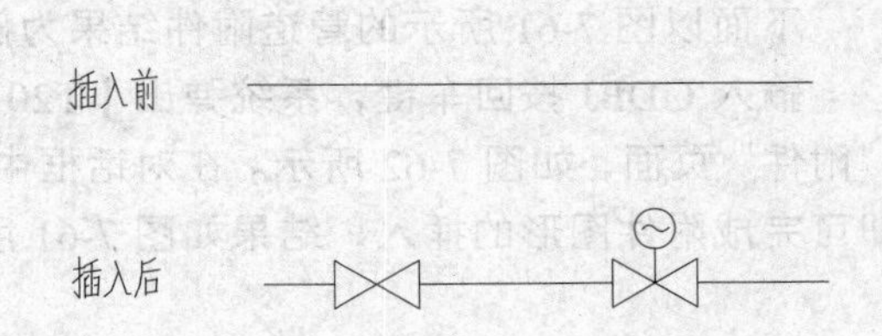

图 7-58 单线阀门

02 同时命令行提示如下：

```
命令：FMFJ↙
当前阀门插入比例:1.2
请指定阀件的插入点 [放大(E)/缩小(D)/左右翻转(F)]<退出>:                //在绘图区中点
取插入点即可完成阀门的绘制，结果如图 7-58 所示。
```

03 单击对话框右上角的阀门类型选项框，在弹出的下拉列表中可以选择所插入附件的类型，如图 7-60 所示。

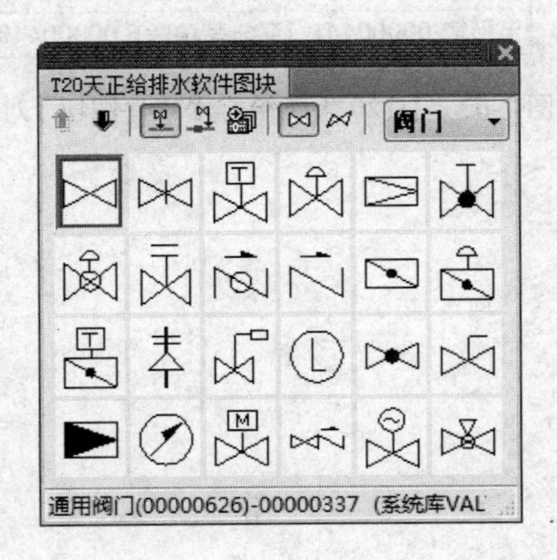

图 7-59 选择附件图块

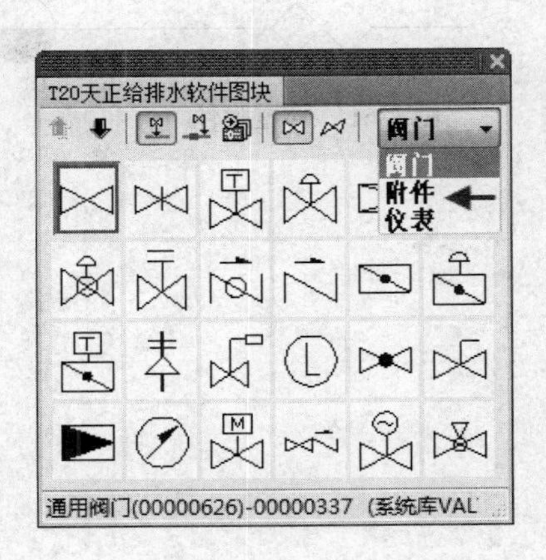

图 7-60 选择附件类型下拉列表

> **提示**
>
> 双击已插入的阀门图形，也可弹出【阀门编辑】对话框，在其中可以对阀门的参数和样式进行修改。

7.4.4 管道附件

调用管道附件命令，可以在管道上插入平面或系统形式的管道附件。管道附件命令的操作结果如图 7-61 所示。

管道附件命令的执行方式有：

- ➢ 命令行：输入 GDFJ 按回车键。
- ➢ 菜单栏：单击“水泵间”→“管道附件”命令。

下面以图 7-61 所示的管道附件结果为例，介绍调用管道附件命令的方法。

输入 GDFJ 按回车键，系统弹出【T20 天正给排水软件图块】对话框；系统默认显示“附件”页面，如图 7-62 所示。在对话框中选定需插入的附件图形，在管道中点取插入点即可完成附件图形的插入，结果如图 7-61 所示。

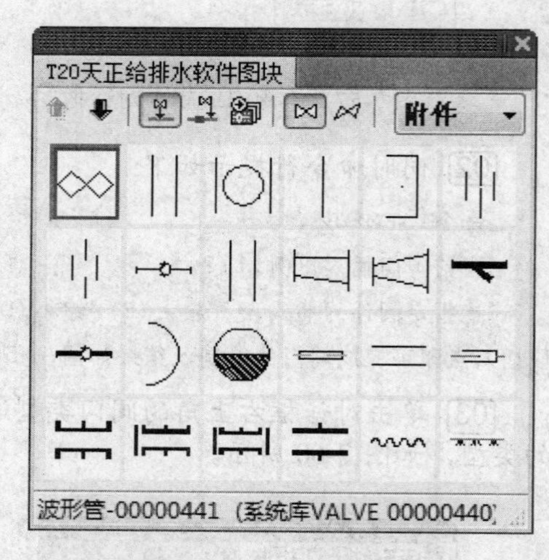

图 7-62 【T20 天正给排水软件图块】对话框

插入前

插入后

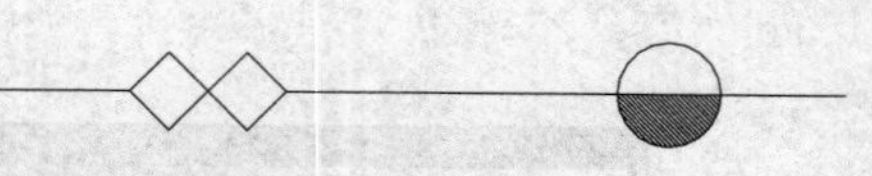

图 7-61 管道附件

第 8 章 专业计算

● 本章导读

本章介绍了在绘制建筑给水排水施工图中一些必须要进行的专业水力排污计算。T20-WT V2.0 在进行相应的计算后，可以将计算结果以天正表格或者 Word 文档的形式生成；方便检索以及查找相关的数据。

● 本章重点

◈ 建筑给水系统水力计算
◈ 消火栓水力计算
◈ 用水量计算
◈ 气压水罐计算
◈ 灭火器计算
◈ 消火栓栓口压力计算
◈ 排水计算
◈ 自动喷淋灭火系统水力计算
◈ 水箱容积计算
◈ 贮水池计算
◈ 减压孔板计算

8.1 建筑给水系统水力计算

本节介绍建筑给水系统的水力计算，包括住宅给水系统的水力计算、公共建筑的水力计算。其中分别采用概率法和当量法来计算住宅和公共建筑的给水系统。

8.1.1 住宅参数

调用住宅参数命令，可以修改给水系统中的当量值，以便进行给水计算。如图 8-1 所示为住宅参数命令的操作结果。

住宅参数命令的执行方式有：

- 命令行：输入 XGDL 命令按回车键。
- 菜单栏：单击“计算”→“住宅参数”命令。

下面以图 8-1 所示的住宅参数结果为例，介绍调用住宅参数命令的方法。

01 按 Ctrl+O 组合键，打开配套光盘提供的“第 8 章/ 8.1.1 住宅参数.dwg”素材文件，结果如图 8-2 所示。

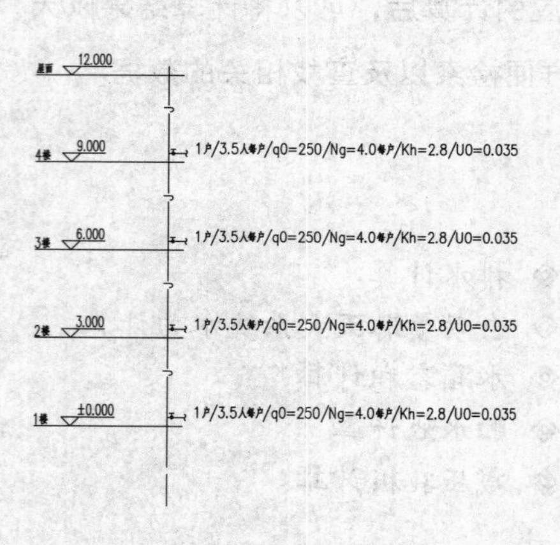

图 8-1 住宅参数

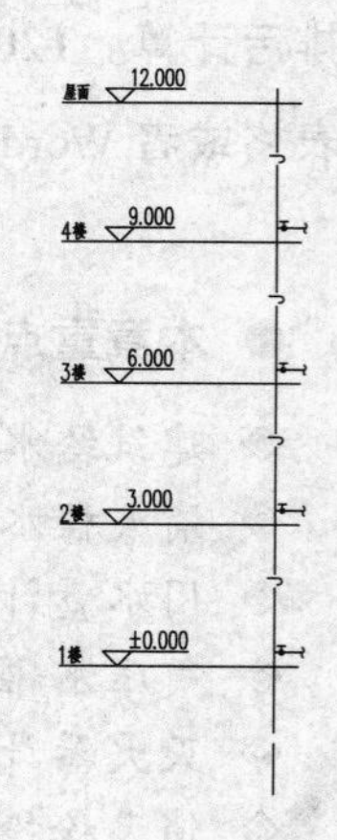

图 8-2 打开素材

02 输入 XGDL 命令按回车键，命令行提示如下：

```
命令： XGDL↙
请选择每层支管末端的断管符号或水龙头:<修改楼栋编号>指定对角点：找到 4 个
                    //框选断管符号，如图 8-3 所示。
```

03 单击鼠标右键，系统弹出如图 8-4 所示的【住宅给水计算参数】对话框。

04 在对话框中分别单击“用水定额（L/人天）”“小时变化系数”按钮，参考各自弹出的【AutoCAD】信息提示对话框中的“用水定额”参数、“小时变化系数”的设置范围，在【住宅给水计算参数】对话框中分别设定“用水定额（L/人天）”“小时变化系数”选项中的参数。

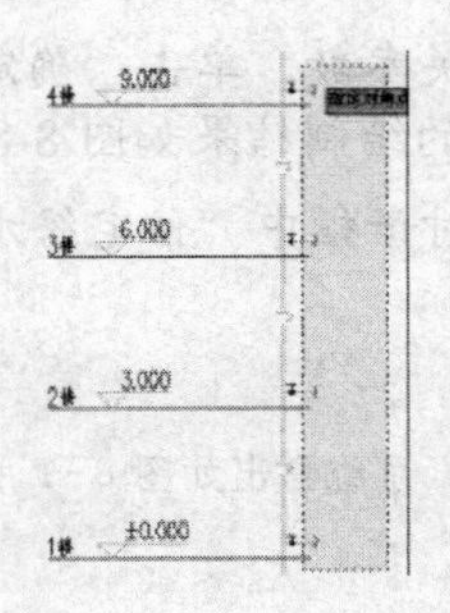

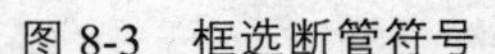

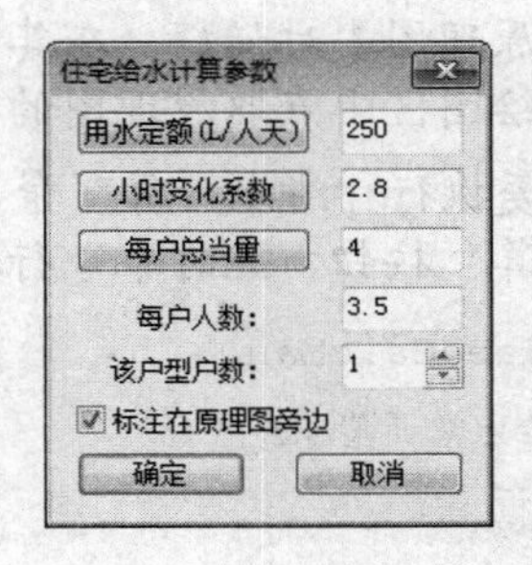

图 8-3 框选断管符号

图 8-4 【住宅给水计算参数】对话框

[05] 单击“每户总当量”按钮，系统弹出如图 8-5 所示的【卫生器具给/排水额定流量/当量】对话框；在左边的列表中选定给水配件名称，双击即可将其添加到右侧的计算栏中，并自动显示总当量值。单击“确定”按钮可将参数返回【住宅给水计算参数】对话框。

[06] 在【住宅给水计算参数】对话框中单击“确定”按钮，即可完成住宅给水的计算，结果如图 8-1 所示。

8.1.2 给水计算

调用给水计算命令，可以分别绘制住宅给水原理图和公建给水原理图，并分别对给水系统进行水力计算。

给水计算命令的执行方式有：

➢ 菜单栏：单击“计算”→“给水计算”命令。

下面分别以住宅和公建的给水水力计算为例，介绍给水计算命令的调用方法。

1. 住宅给水计算

[01] 单击“计算”→“给水计算”命令，系统弹出如图 8-6 所示的【给水计算】对话框。

[02] 单击“设置管径和流速的对应关系”按钮，系统弹出如图 8-7 所示的【设置管径和流速的关系】对话框，在其中可以对生活给水管道的水流速度进行更改，该设置对住宅给水计算、公建给水计算均有效。

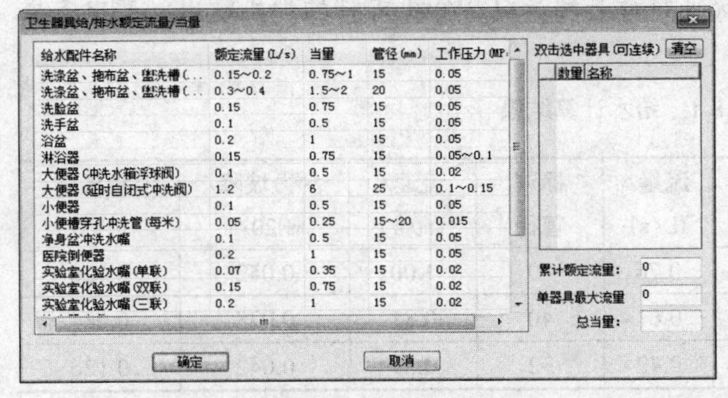

图 8-5 【卫生器具给/排水额定流量/当量】对话框

图 8-6 【给水计算】对话框

[03] 在“住宅给水计算”选项组中，单击“绘制住宅给水原理图”按钮，系统弹出【绘

制住宅给水原理图】对话框，在其中设置住宅原理图的相关参数，单击“确定”按钮关闭对话框，在绘图区中点取原理图的插入位置，完成原理图的绘制结果如图 8-8 所示。

04 重复执行“给水计算”命令，单击【给水计算】对话框中“住宅给水计算”选项组下的“计算”按钮，此时命令行提示如下：

命令：FeedCalcMan

请选择给水总干管<退出>　　//单击给水总干管，系统弹出如图 8-9 所示的【住宅给水计算】对话框。

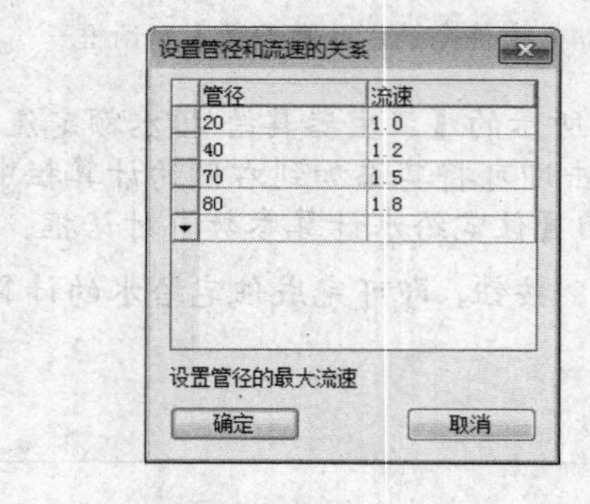

图 8-7　【设置管径和流速的关系】对话框

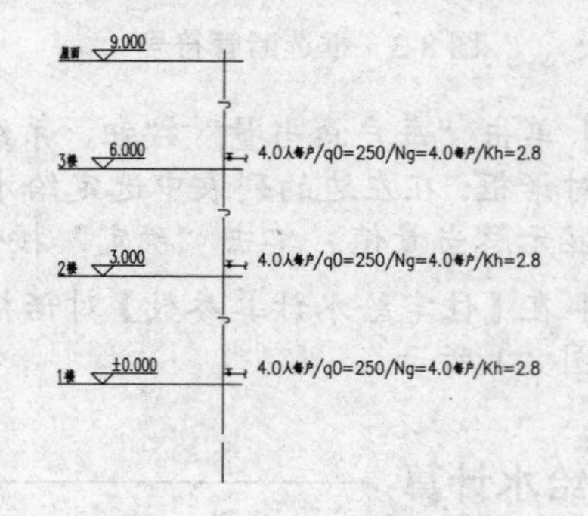

图 8-8　原理图的绘制结果

05 单击“初算”按钮，系统可自动计算给水的各项参数，结果如图 8-10 所示。

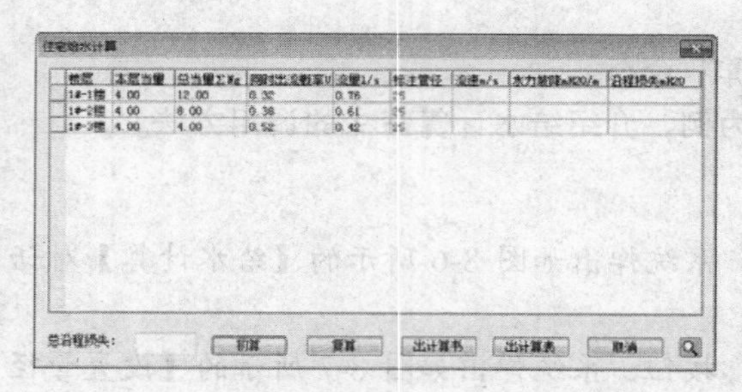

图 8-9　【住宅给水计算】对话框

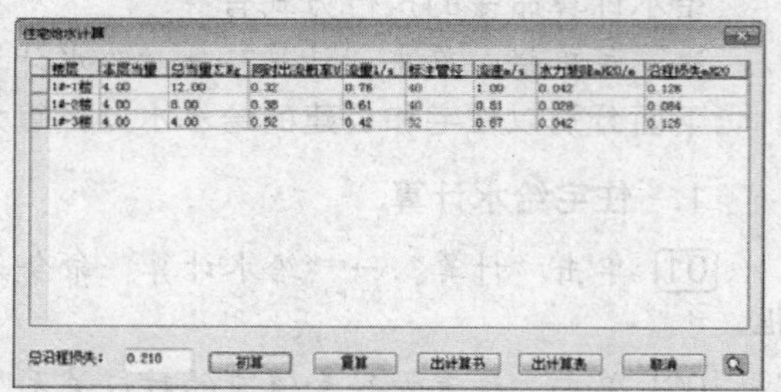

图 8-10　计算结果

06 单击“出计算书”按钮，系统可将计算结果以 Word 文档的形式输出；其中各楼层给水计算的结果见表 8-1。

表 8-1　给水计算结果

楼层	本层当量	总当量 $\sum Ng$	同时出流概率 U	流量/(L/s)	标注管径	流速/(m/s)	水力坡降/mH20/m	沿程损失/mH20
1#-1 楼	4.0	12.0	0.32	0.76	40	1.00	0.042	0.126
1#-2 楼	4.0	8.0	0.38	0.61	40	0.81	0.028	0.084
1#-3 楼	4.0	4.0	0.52	0.42	32	0.87	0.042	0.126

07 同时，计算结果可以附于原理图之上，如图 8-11 所示。

2. 住宅给水计算（已知管径）

给水计算命令提供了两种计算住宅给水的方法，分别是未知管径和已知管径的计算方法。下面介绍在已知管径的情况下进行住宅给水计算的操作步骤。

01 按 Ctrl+O 组合键，打开配套光盘提供的“第 8 章/ 8.1.2 给水计算.dwg”素材文件，结果如图 8-12 所示。

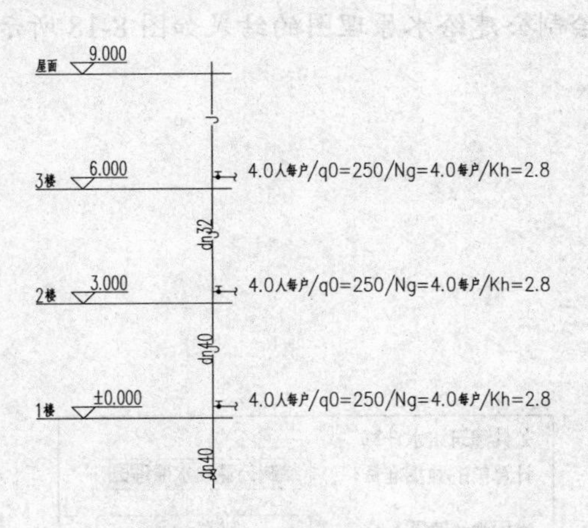

图 8-11 给水计算结果

图 8-12 打开素材

02 单击“计算”→“给水计算”命令，系统弹出【给水计算】对话框；在“住宅给水计算”选项组中单击“计算”按钮，选择给水总干管，弹出【住宅给水计算】对话框。

03 在对话框中单击“复算”按钮，即可在对话框中显示计算结果，如图 8-13 所示。

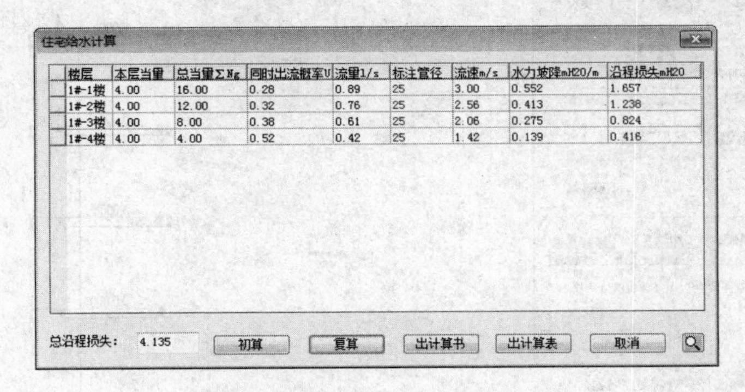

住宅给水计算

楼层	本层当量	总当量ΣNg	同时出流概率U	流量l/s	标注管径	流速m/s	水力坡降mH20/m	沿程损失mH20
1#-1楼	4.00	16.00	0.28	0.89	25	3.00	0.552	1.657
1#-2楼	4.00	12.00	0.32	0.76	25	2.56	0.413	1.238
1#-3楼	4.00	8.00	0.38	0.61	25	2.06	0.275	0.824
1#-4楼	4.00	4.00	0.52	0.42	25	1.42	0.139	0.416

总沿程损失： 4.135 初算 复算 出计算书 出计算表 取消

图 8-13 计算结果

04 单击“出计算表”按钮，点取表格的左上角点位置，绘制计算表格的结果如图 8-14 所示。

住宅给水计算表

楼层	本层当量	总当量ΣNq	同时出流概率U	流量(l/s)	立管管径	流速m/s	水力坡降mH20/m	沿程损失mH20
1#-1楼	4.00	16.00	0.28	0.89	25	3.00	0.552	1.657
1#-2楼	4.00	12.00	0.32	0.76	25	2.56	0.413	1.238
1#-3楼	4.00	8.00	0.38	0.61	25	2.06	0.275	0.824
1#-4楼	4.00	4.00	0.52	0.42	25	1.42	0.139	0.416

图 8-14 计算表格

05 同时，计算结果可以附于原理图之上，如图 8-15 所示。

3. 公建给水计算

01 单击“计算”→“给水计算”命令，系统弹出【给水计算】对话框；在“公共建筑给水计算”选项组中单击“绘制公建给水原理图”按钮，如图 8-16 所示。

02 在弹出的【绘制公共建筑给水原理图】对话框中定义公建给水原理图的参数，如图 8-17 所示；单击“确定”按钮关闭对话框，绘制公建给水原理图的结果如图 8-18 所示。

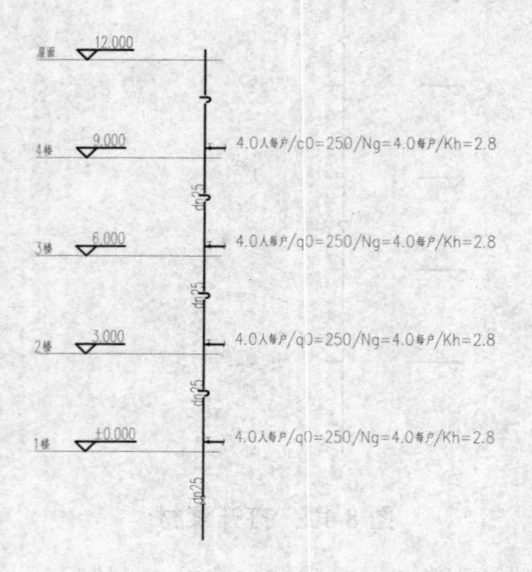

图 8-15 计算结果

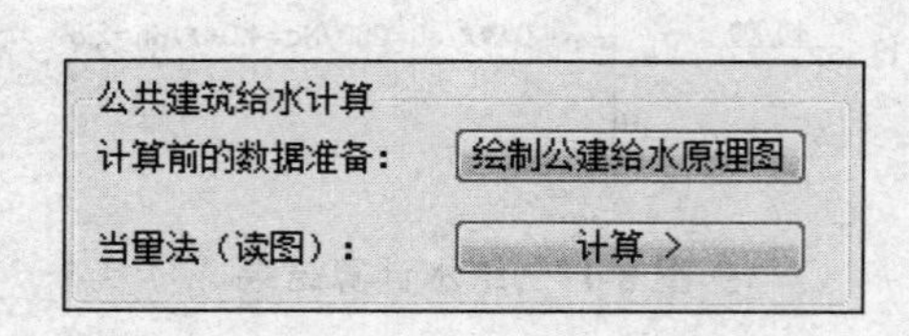

图 8-16 单击“绘制公建给水原理图”按钮

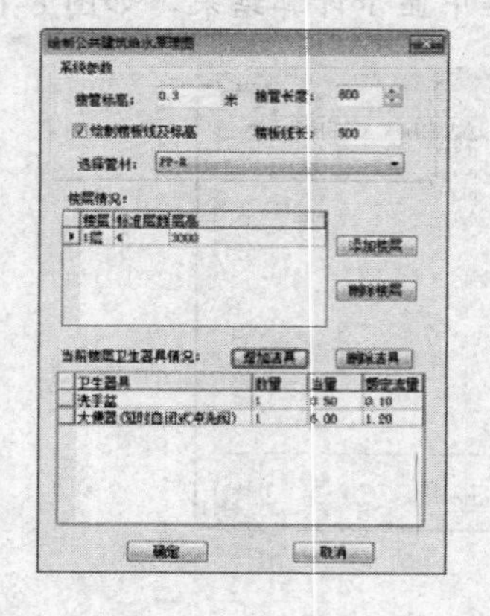

图 8-17 设置参数

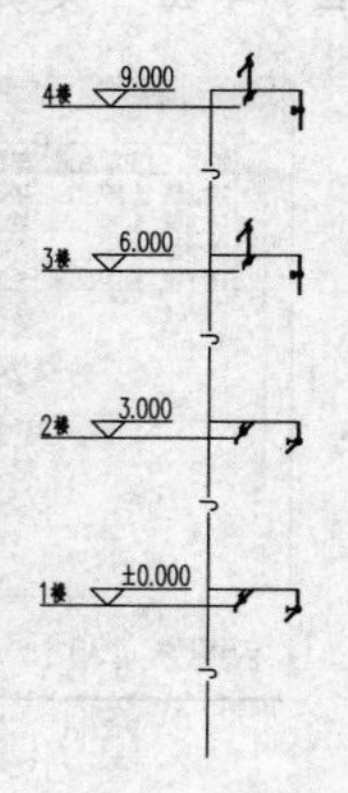

图 8-18 公建给水原理图

03 重复执行给水计算命令，在【给水计算】对话框下的“公共建筑给水计算”选项组中单击“计算”按钮；根据命令行的提示，选择给水总干管，系统弹出【公共建筑给水计算】对话框。

04 在对话框中的“建筑类型”下拉列表中选择“办公楼、商场”选项，设置“大便器延时自闭冲洗阀末端管径”方式为“自动”；单击“初算”按钮，计算结果即在对话框中显示，如图 8-19 所示。

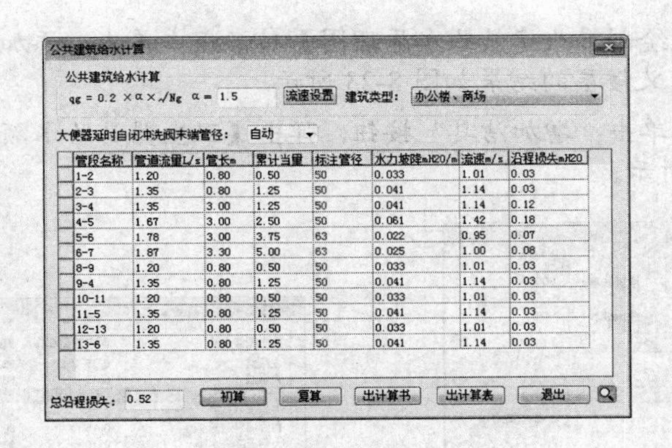

管段名称	管道流量L/s	管长m	累计当量	标注管径	水力坡降mH20/m	流速m/s	沿程损失mH20
1-2	1.20	0.80	0.50	50	0.033	1.01	0.03
2-3	1.35	0.80	1.25	50	0.041	1.14	0.03
3-4	1.35	3.00	1.25	50	0.041	1.14	0.12
4-5	1.67	3.00	2.50	50	0.061	1.42	0.18
5-6	1.78	3.00	3.75	63	0.022	0.95	0.07
6-7	1.87	3.30	5.00	63	0.025	1.00	0.08
8-9	1.20	0.80	0.50	50	0.033	1.01	0.03
9-4	1.35	0.80	1.25	50	0.041	1.14	0.03
10-11	1.20	0.80	0.50	50	0.033	1.01	0.03
11-5	1.35	0.80	1.25	50	0.041	1.14	0.03
12-13	1.20	0.80	0.50	50	0.033	1.01	0.03
13-6	1.35	0.80	1.25	50	0.041	1.14	0.03

图 8-19 【公共建筑给水计算】对话框

05 单击“出计算表”按钮，点取表格的插入点，可将计算结果以表格的形式输出，如图 8-20 所示。

公共建筑给水计算表

管段名称	管道流量l/s	管长m	累计当量	标注管径	水力坡降mH20/m	流速m/s	沿程损失mH20
1-2	1.20	0.80	0.50	50	0.033	1.01	0.03
2-3	1.35	0.80	1.25	50	0.041	1.14	0.03
3-4	1.35	3.00	1.25	50	0.041	1.14	0.12
4-5	1.67	3.00	2.50	50	0.061	1.42	0.18
5-6	1.78	3.00	3.75	63	0.022	0.95	0.07
6-7	1.87	3.30	5.00	63	0.025	1.00	0.08
8-9	1.20	0.80	0.50	50	0.033	1.01	0.03
9-4	1.35	0.80	1.25	50	0.041	1.14	0.03
10-11	1.20	0.80	0.50	50	0.033	1.01	0.03
11-5	1.35	0.80	1.25	50	0.041	1.14	0.03
12-13	1.20	0.80	0.50	50	0.033	1.01	0.03
13-6	1.35	0.80	1.25	50	0.041	1.14	0.03

图 8-20 计算结果

06 同时，计算结果可以附于原理图之上，如图 8-21 所示。

4. 工业给水计算

01 单击“计算”→“给水计算”命令，系统弹出【给水计算】对话框；在“工业建筑给水计算”选项组中单击“绘制工业给水原理图”按钮，如图 8-22 所示。

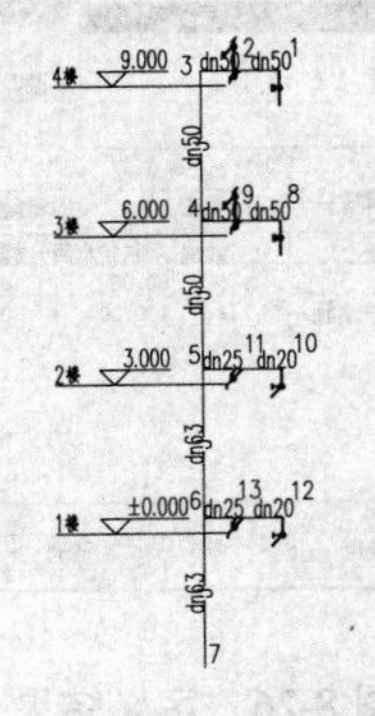

图 8-21 计算结果

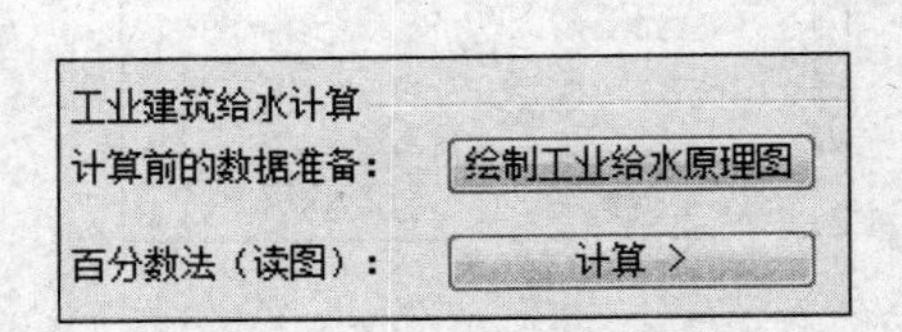

图 8-22 单击“绘制工业给水原理图”按钮

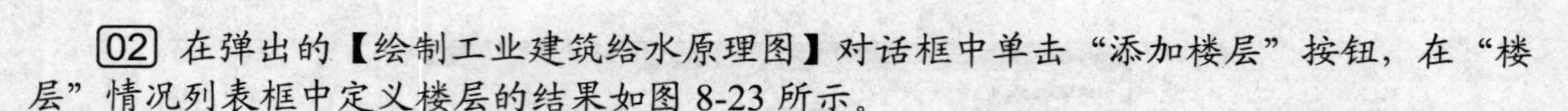

[02] 在弹出的【绘制工业建筑给水原理图】对话框中单击“添加楼层”按钮，在“楼层”情况列表框中定义楼层的结果如图 8-23 所示。

[03] 选定 1 层，单击“增加洁具”按钮，弹出【卫生器具给水额定流量】对话框，选择洁具，如图 8-24 所示。

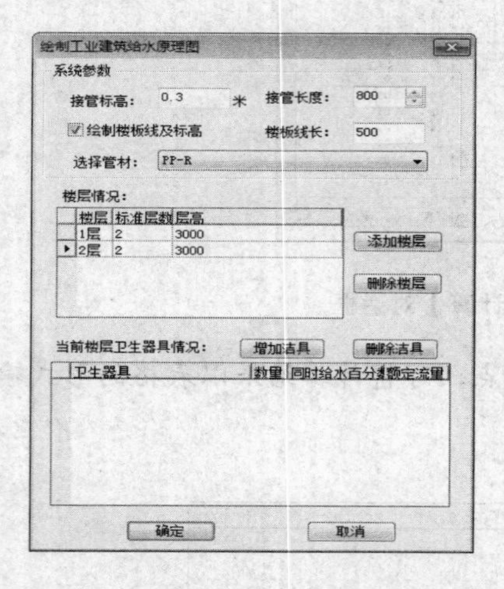

图 8-23 【绘制工业建筑给水原理图】对话框

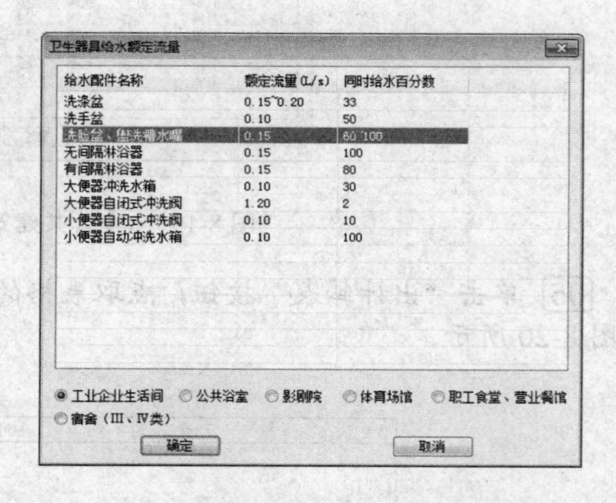

图 8-24 【卫生器具给水额定流量】对话框

[04] 双击选定的给水配件，可以将其相关参数返回至【绘制工业建筑给水原理图】对话框中，如图 8-25 所示。

[05] 重复操作，继续定义 2 层的给水配件，结果如图 8-26 所示。

[06] 单击“确定”按钮，关闭对话框，完成工业建筑给水原理图的绘制结果如图 8-27 所示。

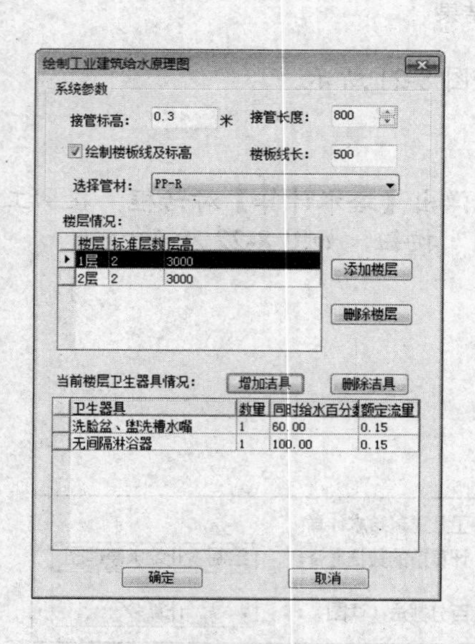

图 8-25 返回参数

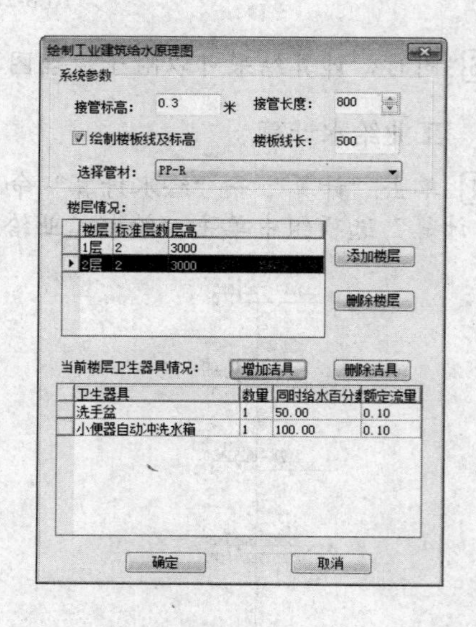

图 8-26 定义结果

[07] 重复执行给水计算命令，在【给水计算】对话框下的“工业建筑给水计算”选项

组中单击“计算”按钮；根据命令行的提示，选择给水总干管，系统弹出【工业建筑给水计算】对话框。

[08] 在对话框中单击“初算”按钮，即可在对话框中显示计算结果，如图 8-28 所示。

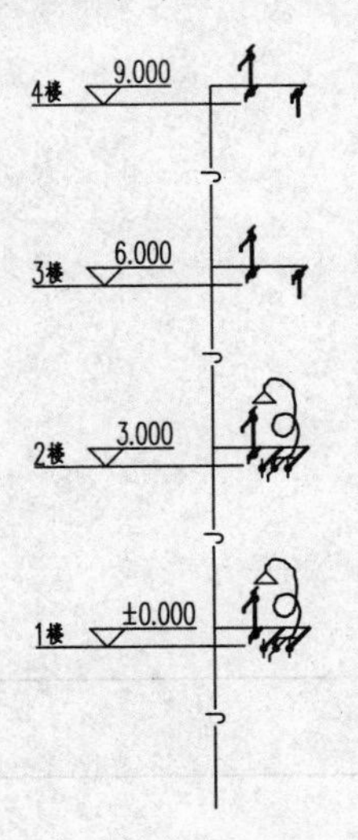

图 8-27 工业建筑给水原理图

图 8-28 计算结果

[09] 单击“出计算书”按钮，系统可将计算结果以 Word 文档的形式输出；其中各楼层给水计算的结果见表 8-2。

表 8-2 工业建筑给水计算结果

管段名称	管道流量/(L/s)	管长/m	标注管径	水力坡降/(mH2O/m)	流速/(m/s)	沿程损失/mH_2O	管材
1-2	0.10	0.80	20	0.030	0.54	0.02	PP-R
2-3	0.15	0.80	20	0.064	0.81	0.05	PP-R
3-4	0.15	3.00	20	0.064	0.81	0.19	PP-R
4-5	0.30	3.00	25	0.074	1.01	0.22	PP-R
5-6	0.54	3.00	32	0.067	1.12	0.20	PP-R
6-7	0.78	3.00	40	0.044	1.03	0.13	PP-R
8-9	0.10	0.80	20	0.030	0.54	0.02	PP-R
9-4	0.15	0.80	20	0.064	0.81	0.05	PP-R
10-11	0.15	0.80	20	0.064	0.81	0.05	PP-R
11-5	0.24	0.80	25	0.049	0.81	0.04	PP-R
12-13	0.15	0.80	20	0.064	0.81	0.05	PP-R
13-6	0.24	0.80	25	0.049	0.81	0.04	PP-R

总沿程水头损失= 0.82 mH_2O

[10] 同时，计算结果可以附于原理图之上，如图 8-29 所示。

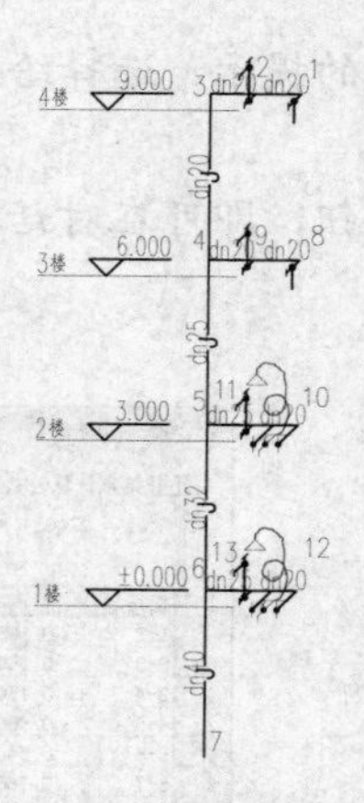

图 8-29　标注结果

8.2 排水计算

调用排水计算命令，可以对室内排水系统的水力进行计算。如图 8-30 所示为排水计算命令的操作结果。

排水计算命令的执行方式有：

- ➢ 命令行：输入 WSJS 命令按回车键。
- ➢ 菜单栏：单击“计算”→“排水计算”命令。

下面以图 8-30 所示的排水计算结果为例，介绍调用排水计算命令的方法。

01 按 Ctrl+O 组合键，打开配套光盘提供的“第 8 章/ 8.2 排水计算.dwg”素材文件，结果如图 8-31 所示。

02 输入 WSJS 命令按回车键，命令行提示如下：

命令：WSJS↙

请选择排水出口管<退出>　//选择排水出口管，系统弹出如图 8-32 所示的【排水计算】对话框．

按任意键返回对话框:<返回>　//单击“标注”按钮，即可在原理图中标注管径及排水量；按回车键返回【排水计算】对话框。

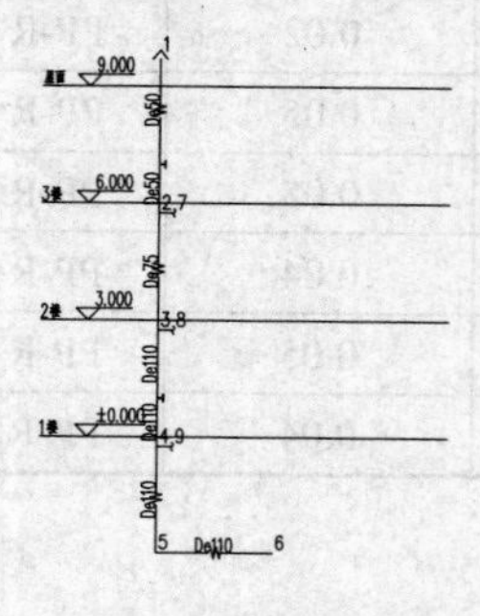

图 8-30　排水计算

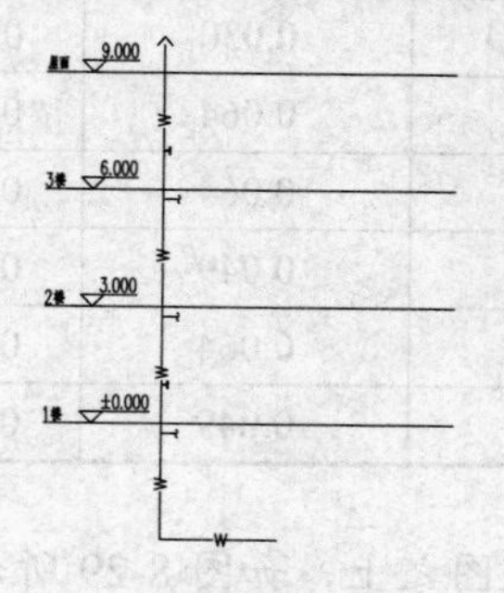

图 8-31　打开素材

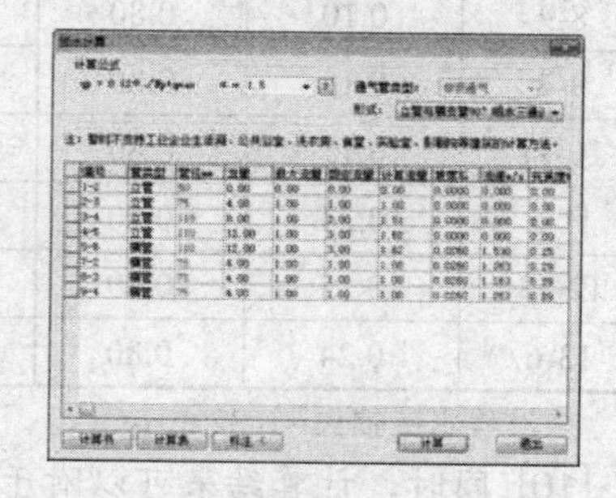

图 8-32　【排水计算】对话框

03 单击“出计算书”按钮，系统可将计算结果以 Word 文档的形式输出；其中各楼层给水计算的结果见表 8-3。

表 8-3　住宅排水系统计算结果

管段名称	管道流量/（L/s）	管道类型	累计当量	公称直径	水力坡降/（mH_2O/m）	流速/（m/s）	充满度	管材
1-2	0.00	立管	0.00	50	0.000	0.00	0.00	排水 PVC-U
2-3	1.00	立管	4.00	75	0.000	0.00	0.00	排水 PVC-U
3-4	1.51	立管	8.00	110	0.000	0.00	0.00	排水 PVC-U
4-5	1.62	立管	12.00	110	0.000	0.00	0.00	排水 PVC-U
5-6	1.62	横管	12.00	110	0.026	1.53	0.25	排水 PVC-U
7-2	1.00	横管	4.00	75	0.026	1.26	0.29	排水 PVC-U
8-3	1.00	横管	4.00	75	0.026	1.26	0.29	排水 PVC-U
9-4	1.00	横管	4.00	75	0.026	1.26	0.29	排水 PVC-U

8.3 消火栓水力计算

调用消防计算命令，可以计算消防系统的水力计算。如图 8-33 所示为消防计算命令的操作结果。

消防系统命令的执行方式有：

➢ 命令行：输入 XFJS 命令按回车键。

➢ 菜单栏：单击“计算”→“消防系统”命令。

下面以图 8-33 所示的消防系统结果为例，介绍调用消防系统命令的方法。

01 按 Ctrl+O 组合键，打开配套光盘提供的“第 8 章/ 8.3 消防计算.dwg”素材文件，结果如图 8-34 所示。

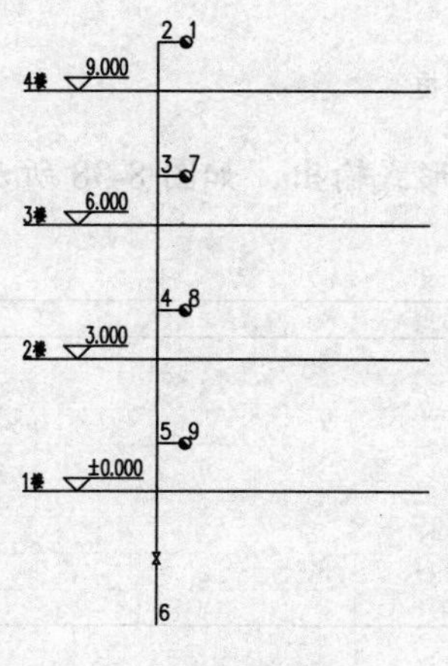

图 8-33　消防计算

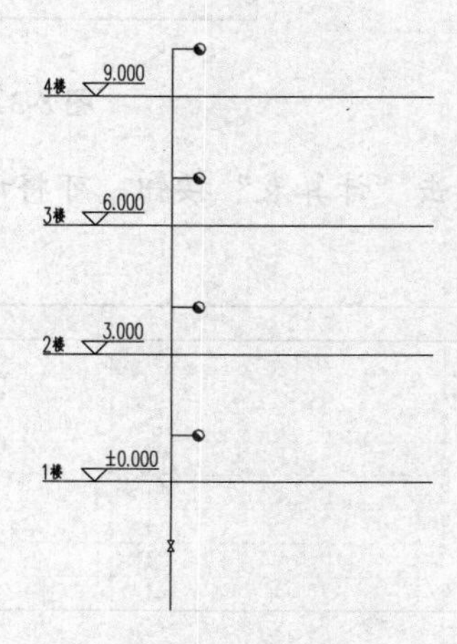

图 8-34　打开素材

02 输入 XFJS 命令按回车键，选择消火栓干管，如图 8-35 所示。

03 系统弹出【消火栓水力计算】对话框，设置参数如图 8-36 所示。

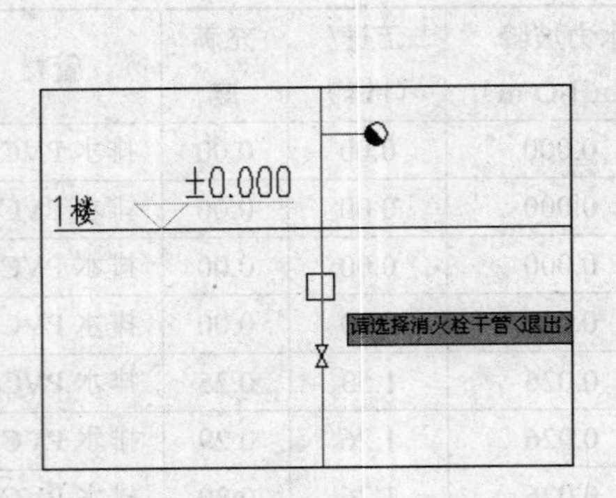

图 8-35 选定消火栓干管

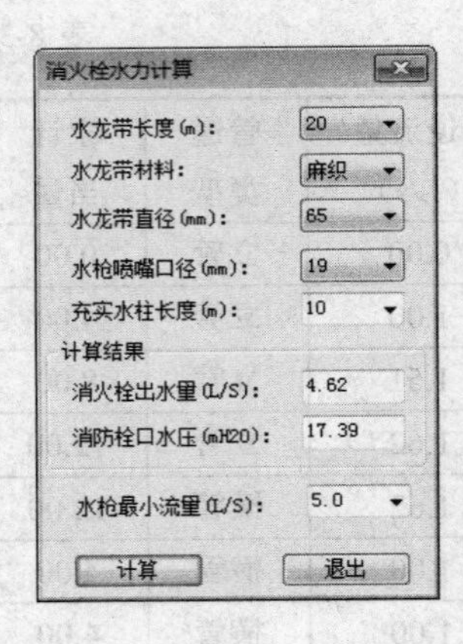

图 8-36 设置消火栓参数

04 单击“计算”按钮，命令行提示“请选择作用消火栓<退出>:”，在绘图区中框选原理图上的消火栓，按回车键调出【消防计算】对话框，计算结果如图 8-37 所示。

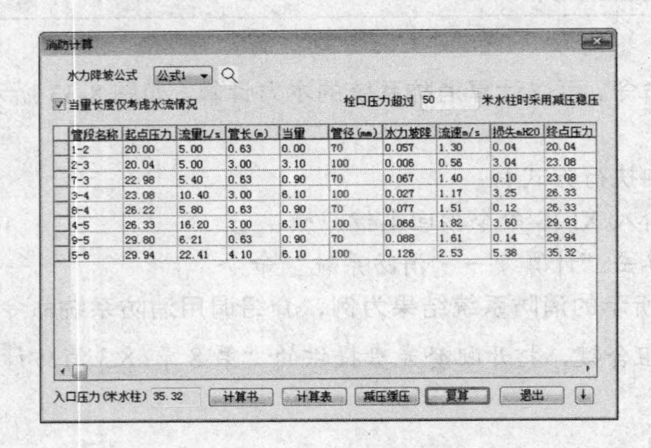

图 8-37 【消防计算】对话框

05 单击“计算表”按钮，可将计算结果以表格的形式输出，如图 8-38 所示。

消防计算表

管段名称	起点压力	流量L/s	管长(m)	当量	管径(mm)	水力坡降	流速m/s	损失mH20	终点压力
1-2	20.00	5.00	0.63	0.00	70	0.057	1.30	0.04	20.04
2-3	20.04	5.00	3.00	3.10	100	0.006	0.56	3.04	23.08
7-3	22.98	5.40	0.63	0.90	70	0.067	1.40	0.10	23.08
3-4	23.08	10.40	3.00	6.10	100	0.027	1.17	3.25	26.33
8-4	26.22	5.80	0.63	0.90	70	0.077	1.51	0.12	26.33
4-5	26.33	16.20	3.00	6.10	100	0.066	1.82	3.60	29.93
9-5	29.80	6.21	0.63	0.90	70	0.088	1.61	0.14	29.94
5-6	29.94	22.41	4.10	6.10	100	0.126	2.53	5.38	35.32

图 8-38 计算表格

[06] 同时可将计算结果标注在原理图上，如图 8-33 所示。

8.4 自动喷淋灭火系统水力计算

本节介绍采用作用面积法，进行自动喷淋灭火系统的水力计算，主要介绍喷淋计算命令的调用方法。

8.4.1 喷淋管径

调用喷淋管径命令，可以计算喷淋管径并标注在平面图中。如图 8-39 所示为喷淋管径命令的操作结果。

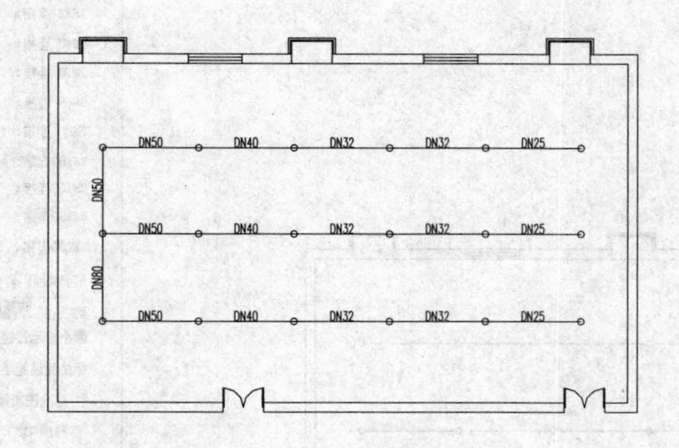

图 8-39 喷淋管径

喷淋管径命令的执行方式有：

➢ 命令行：输入 PLGJ 命令按回车键。

➢ 菜单栏：单击“计算”→“喷淋管径”命令。

下面以图 8-39 所示的喷淋管径结果为例，介绍调用喷淋管径命令的方法。

[01] 按 Ctrl+O 组合键，打开配套光盘提供的“第 8 章/ 8.4.1 喷淋管径.dwg”素材文件，结果如图 8-40 所示。

[02] 输入 PLGJ 命令按回车键，系统弹出【根据喷头数计算管径】对话框，设置参数如图 8-41 所示。

[03] 同时命令行提示如下：

```
命令： PLGJ↙
请选择喷淋干管<退出>                //在对话框中单击“确定”按钮，在绘图区中选择喷淋干管，标注喷淋管径的结果如图 8-39 所示。
```

【根据喷头数计算管径】对话框中功能控件的含义如下：

➢ “管径与喷头数对应关系”选项组：在选项组下的各个文本框中，可使用原有系统的设置，也可自定义不同管径连接的喷头数。在文本框中设置 0 个喷头的时候，

系统将跳过不标注该管的管径。

➢ “危险等级”选项组：系统提供了三种危险等级，分别是轻危险级、中危险级和严重危险。定义不同的建筑物危险等级，对应喷头数会发生相应的变化。

➢ “恢复缺省设置”按钮：单击该按钮，系统会将被修改的喷头数恢复至原始设置。

➢ “考虑 K 值”选项：勾选选项前的复选框，可以在进行喷淋管径赋值的时候考虑到不同喷头特性系数 K 对管径产生的影响。

➢ “DN65 改用 DN70”选项：勾选选项前的复选框，可使用 DN70 的管径代替 DN65 的管径进行赋值。

➢ “管径文字高度”文本框：在文本框中可以定义管径标注文字的大小。

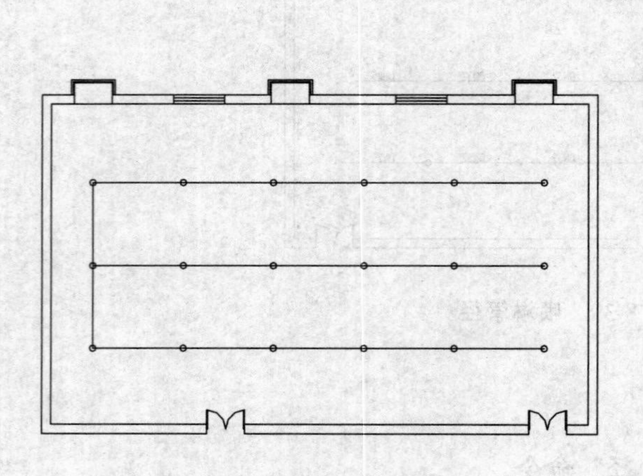

图 8-40 打开素材

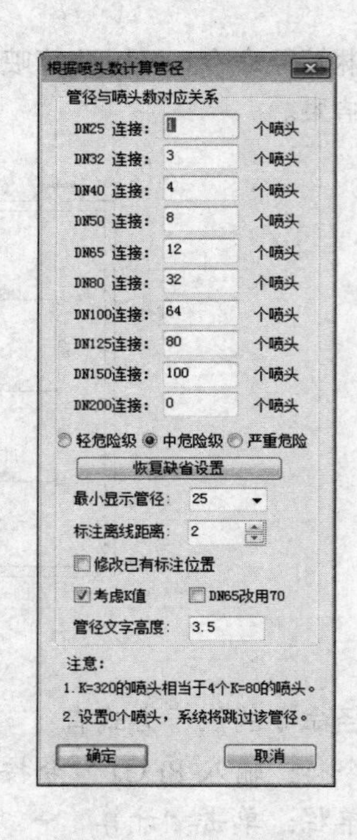

图 8-41 【根据喷头数计算管径】对话框

8.4.2 喷淋计算

调用喷淋计算命令，可以对自动喷淋系统进行水力计算。如图 8-42 所示为喷淋计算命令的操作结果。

喷淋计算命令的执行方式有：

➢ 命令行：输入 PLJS 命令按回车键。

➢ 菜单栏：单击“计算”→“喷淋计算”命令。

下面以图 8-42 所示的喷淋计算结果为例，介绍调用喷淋计算命令的方法。

01 按 Ctrl+O 组合键，打开配套光盘提供的“第 8 章/ 8.4.2 喷淋计算.dwg”素材文件，结果如图 8-43 所示。

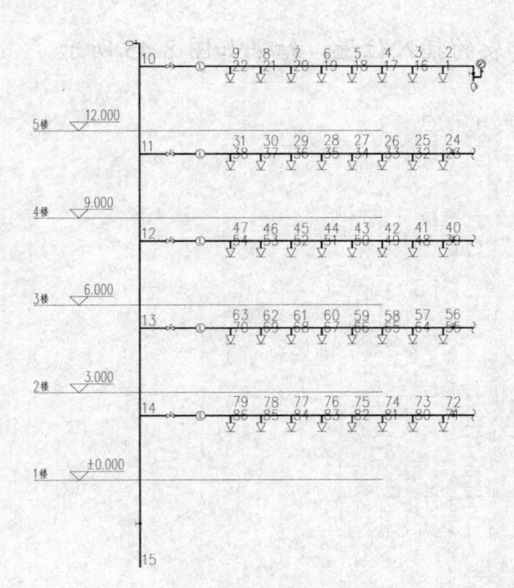

图 8-42 喷淋计算

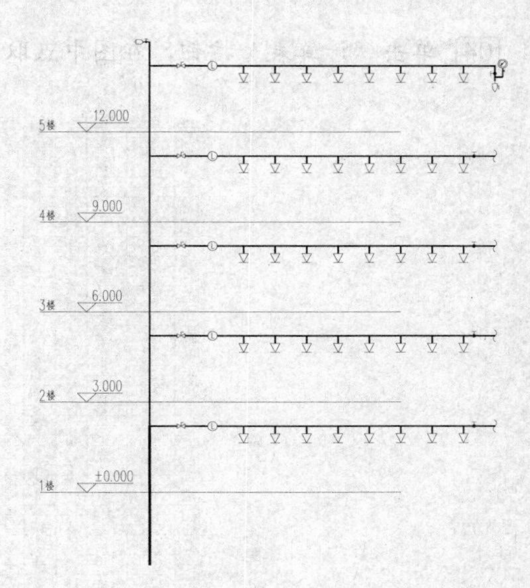

图 8-43 打开素材

02 输入 PLJS 命令按回车键，命令行提示如下：

命令：PLJS↙

请选择喷淋干管<退出> //选定喷淋干管。

请输入起点编号<1> //按回车键，默认系统编号。

请选择最不利喷头<系统默认>：图中红叉为系统最不利点，请选择计算范围。

//可按回车键默认系统的选择，也可自定义选定最不利的喷头。

选择第一点[选取闭合 PLINE(S)/多选喷头(D)]

//全选系统图中的喷头。

03 指定计算范围后，系统弹出【喷洒计算】对话框，在其中显示了喷淋计算的结果，如图 8-44 所示。

喷洒计算

默认特性系数K：80　计算模式　○入口压力（米水柱）20　◉最不利喷头压力 7

☑当量长度仅考虑水流情况

管段名称	起点压力	流量L/s	管长(m)	当量	管径(mm)	特性K	水力坡降	流速m/s	损失mH2O	终点压力
1-2	7.00	1.11	0.25	0.00	25	默认	0.42	1.90	0.10	7.10
2-3	7.10	1.11	1.00	1.50	25	默认	0.42	1.90	1.04	8.14
16-3	7.98	1.19	0.25	0.00	25	默认	0.47	2.03	0.12	8.10
3-4	8.14	2.30	1.00	1.50	25	默认	1.78	3.93	4.45	12.59
17-4	12.36	1.48	0.25	0.00	25	默认	0.73	2.52	0.18	12.54
4-5	12.59	3.77	1.00	1.50	25	默认	4.80	6.45	12.00	24.59
18-5	24.29	2.07	0.25	0.00	25	默认	1.44	3.54	0.36	24.64
5-6	24.59	5.84	1.00	1.50	25	默认	11.51	9.98	28.77	53.36
19-6	28.00	2.22	0.25	0.00	25	默认	1.66	3.80	0.42	28.42
6-7	53.36	8.07	1.00	1.50	25	默认	21.92	13.78	54.81	108.17
20-7	28.00	2.22	0.25	0.00	25	默认	1.66	3.80	0.42	28.42
7-8	108.17	10.29	1.00	1.50	25	默认	35.67	17.58	89.17	197.34
21-8	28.00	2.22	0.25	0.00	25	默认	1.66	3.80	0.42	28.42
8-9	197.34	12.51	1.00	1.50	25	默认	52.74	21.37	131.85	329.20
22-9	28.00	2.22	0.25	0.00	25	默认	1.66	3.80	0.42	28.42
9-10	329.20	14.73	3.00	1.50	25	默认	73.14	25.17	329.15	658.34
10-11	658.34	14.73	3.00	1.50	25	默认	73.14	25.17	329.15	987.49
23-24	10.49	1.36	0.25	0.00	25	默认	0.62	2.32	0.16	10.64

计算结果

所选作用面积m2 136.68　总流量L/s 87.47　平均喷水强度 38.40　入口压力（米水柱）29996.71

计算表　计算书　校正管径　预算　退出

图 8-44 【喷洒计算】对话框

04 单击“计算表”按钮，在图中点取计算表的插入位置，结果如图 8-45 所示。

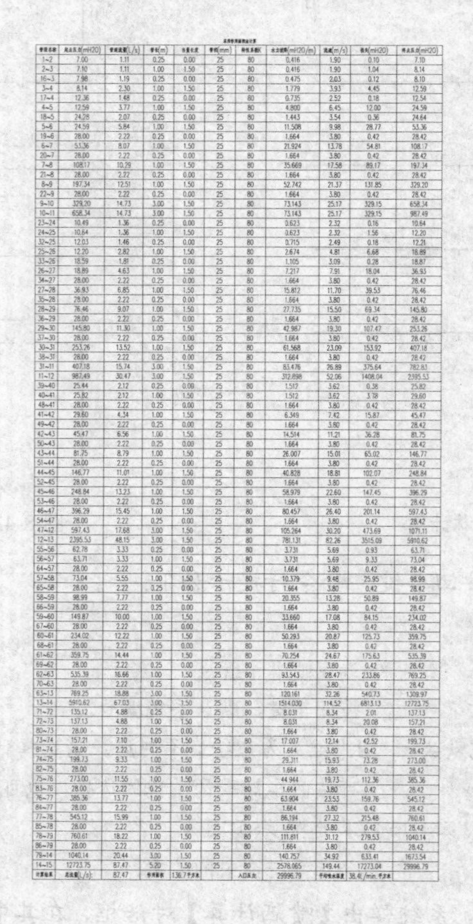

管段名称	起点压力(mH20)	管道流量(L/s)	管长(m)	当量长度	管径(mm)	特性系数K	水力坡降(mH20/m)	流速(m/s)	损失(mH20)	终点压力(mH20)
1~2	7.00	1.11	0.25	0.00	25	80	0.416	1.90	0.10	7.10
2~3	7.10	1.11	1.00	1.50	25	80	0.416	1.90	1.04	8.14
16~3	7.98	1.19	0.25	0.00	25	80	0.475	2.03	0.12	8.10
3~4	8.14	2.30	1.00	1.50	25	80	1.779	3.93	4.45	12.59
17~4	12.36	1.48	0.25	0.00	25	80	0.735	2.52	0.18	12.54
4~5	12.59	3.77	1.00	1.50	25	80	4.800	6.45	12.00	24.59
18~5	24.28	2.07	0.25	0.00	25	80	1.443	3.54	0.36	24.64
5~6	24.59	5.84	1.00	1.50	25	80	11.508	9.98	28.77	53.36
19~6	28.00	2.22	0.25	0.00	25	80	1.664	3.80	0.42	28.42
6~7	53.36	8.07	1.00	1.50	25	80	21.924	13.78	54.81	108.17
20~7	28.00	2.22	0.25	0.00	25	80	1.664	3.80	0.42	28.42
7~8	108.17	10.29	1.00	1.50	25	80	35.669	17.58	89.17	197.34
21~8	28.00	2.22	0.25	0.00	25	80	1.664	3.80	0.42	28.42
8~9	197.34	12.51	1.00	1.50	25	80	52.742	21.37	131.85	329.20
22~9	28.00	2.22	0.25	0.00	25	80	1.664	3.80	0.42	28.42
9~10	329.20	14.73	3.00	1.50	25	80	73.143	25.17	329.15	658.34
10~11	658.34	14.73	3.00	1.50	25	80	73.143	25.17	329.15	987.49
23~24	10.49	1.36	0.25	0.00	25	80	0.623	2.32	0.16	10.64
24~25	10.64	1.36	1.00	1.50	25	80	0.623	2.32	1.56	12.20
32~25	12.03	1.46	0.25	0.00	25	80	0.715	2.49	0.18	12.21
25~26	12.20	2.82	1.00	1.50	25	80	2.674	4.81	6.68	18.89
33~26	18.59	1.81	0.25	0.00	25	80	1.105	3.09	0.28	18.87
26~27	18.89	4.63	1.00	1.50	25	80	7.217	7.91	18.04	36.93
34~27	28.00	2.22	0.25	0.00	25	80	1.664	3.80	0.42	28.42
27~28	36.93	6.85	1.00	1.50	25	80	15.812	11.70	39.53	76.46
35~28	28.00	2.22	0.25	0.00	25	80	1.664	3.80	0.42	28.42
28~29	76.46	9.07	1.00	1.50	25	80	27.735	15.50	69.34	145.80
36~29	28.00	2.22	0.25	0.00	25	80	1.664	3.80	0.42	28.42
29~30	145.80	11.30	1.00	1.50	25	80	42.987	19.30	107.47	253.26
37~30	28.00	2.22	0.25	0.00	25	80	1.664	3.80	0.42	28.42
30~31	253.26	13.52	1.00	1.50	25	80	61.568	23.09	153.92	407.18
38~31	28.00	2.22	0.25	0.00	25	80	1.664	3.80	0.42	28.42
31~11	407.18	15.74	3.00	1.50	25	80	83.476	26.89	375.64	782.83
11~12	987.49	30.47	3.00	1.50	25	80	312.898	52.06	1408.04	2395.53
39~40	25.44	2.12	0.25	0.00	25	80	1.512	3.62	0.38	25.82
40~41	25.82	2.12	1.00	1.50	25	80	1.512	3.62	3.78	29.60
48~41	28.00	2.22	0.25	0.00	25	80	1.664	3.80	0.42	28.42
41~42	29.60	4.34	1.00	1.50	25	80	6.349	7.42	15.87	45.47
49~42	28.00	2.22	0.25	0.00	25	80	1.664	3.80	0.42	28.42
42~43	45.47	6.56	1.00	1.50	25	80	14.514	11.21	36.28	81.75
50~43	28.00	2.22	0.25	0.00	25	80	1.664	3.80	0.42	28.42
43~44	81.75	8.79	1.00	1.50	25	80	26.007	15.01	65.02	146.77
51~44	28.00	2.22	0.25	0.00	25	80	1.664	3.80	0.42	28.42
44~45	146.77	11.01	1.00	1.50	25	80	40.828	18.81	102.07	248.84
52~45	28.00	2.22	0.25	0.00	25	80	1.664	3.80	0.42	28.42
45~46	248.84	13.23	1.00	1.50	25	80	58.979	22.60	147.45	396.29
53~46	28.00	2.22	0.25	0.00	25	80	1.664	3.80	0.42	28.42
46~47	396.29	15.45	1.00	1.50	25	80	80.457	26.40	201.14	597.43
54~47	28.00	2.22	0.25	0.00	25	80	1.664	3.80	0.42	28.42
47~12	597.43	17.68	3.00	1.50	25	80	105.264	30.20	473.69	1071.11
12~13	2395.53	48.15	3.00	1.50	25	80	781.131	82.26	3515.09	5910.62
55~56	62.78	3.33	0.25	0.00	25	80	3.731	5.69	0.93	63.71
56~57	63.71	3.33	1.00	1.50	25	80	3.731	5.69	9.33	73.04
64~57	28.00	2.22	0.25	0.00	25	80	1.664	3.80	0.42	28.42
57~58	73.04	5.55	1.00	1.50	25	80	10.379	9.48	25.95	98.99
65~58	28.00	2.22	0.25	0.00	25	80	1.664	3.80	0.42	28.42
58~59	98.99	7.77	1.00	1.50	25	80	20.355	13.28	50.89	149.87
66~59	28.00	2.22	0.25	0.00	25	80	1.664	3.80	0.42	28.42
59~60	149.87	10.00	1.00	1.50	25	80	33.660	17.08	84.15	234.02
67~60	28.00	2.22	0.25	0.00	25	80	1.664	3.80	0.42	28.42
60~61	234.02	12.22	1.00	1.50	25	80	50.293	20.87	125.73	359.75
68~61	28.00	2.22	0.25	0.00	25	80	1.664	3.80	0.42	28.42
61~62	359.75	14.44	1.00	1.50	25	80	70.254	24.67	175.63	535.39
69~62	28.00	2.22	0.25	0.00	25	80	1.664	3.80	0.42	28.42
62~63	535.39	16.66	1.00	1.50	25	80	93.543	28.47	233.86	769.25
70~63	28.00	2.22	0.25	0.00	25	80	1.664	3.80	0.42	28.42
63~13	769.25	18.88	3.00	1.50	25	80	120.161	32.26	540.73	1309.97
13~14	5910.62	67.03	3.00	1.50	25	80	1514.030	114.52	6813.13	12723.75
71~72	135.12	4.88	0.25	0.00	25	80	8.031	8.34	2.01	137.13
72~73	137.13	4.88	1.00	1.50	25	80	8.031	8.34	20.08	157.21
80~73	28.00	2.22	0.25	0.00	25	80	1.664	3.80	0.42	28.42
73~74	157.21	7.10	1.00	1.50	25	80	17.007	12.14	42.52	199.73
81~74	28.00	2.22	0.25	0.00	25	80	1.664	3.80	0.42	28.42
74~75	199.73	9.33	1.00	1.50	25	80	29.311	15.93	73.28	273.00
82~75	28.00	2.22	0.25	0.00	25	80	1.664	3.80	0.42	28.42
75~76	273.00	11.55	1.00	1.50	25	80	44.944	19.73	112.36	385.36
83~76	28.00	2.22	0.25	0.00	25	80	1.664	3.80	0.42	28.42
76~77	385.36	13.77	1.00	1.50	25	80	63.904	23.53	159.76	545.12
84~77	28.00	2.22	0.25	0.00	25	80	1.664	3.80	0.42	28.42
77~78	545.12	15.99	1.00	1.50	25	80	86.194	27.32	215.48	760.61
85~78	28.00	2.22	0.25	0.00	25	80	1.664	3.80	0.42	28.42
78~79	760.61	18.22	1.00	1.50	25	80	111.811	31.12	279.53	1040.14
86~79	28.00	2.22	0.25	0.00	25	80	1.664	3.80	0.42	28.42
79~14	1040.14	20.44	3.00	1.50	25	80	140.757	34.92	633.41	1673.54
14~15	12723.75	87.47	5.20	1.50	25	80	2578.065	149.44	17273.04	29996.79
计算结果	总流量(L/s):	87.47	作用面积	136.7平方米		入口压力	29996.79	平均喷水强度	38.4L/min.平方米	

图 8-45 计算表

【喷洒计算】对话框中功能选项的含义如下：

- “默认特性系数 K”文本框：可修改喷头对应的喷头特性系数 K。
- “计算模式”选项组：系统提供了两种计算方式：根据最不利点喷头压力计算入口压力；提供入口压力反算最不利点喷头压力。

在对话框的计算列表区域中，有三种颜色显示数值，分别是黑色、红色、蓝色。

其中，管段名称、起点压力、流量 L/s、管长（m）、当量为黑色的字体显示，属于图面参数读入数值，所以不可更改。

管径（mm）、特性 K 选项为红色的字体显示，属于图面读入的管径参数，可以修改。

水力坡降、流速 m/s、损失 mH20、终点压力为蓝色字体显示，属于计算结果，所以不可更改。

- “计算结果”选项组：在选项组下分别显示了所选作用面积 m2、总流量 L/s、平均喷水强度、入口压力（米水柱）的计算结果，可以显示在计算表中。
- “计算表”按钮：单击该按钮，可以在绘图区中绘制计算表。

➢ “计算书”按钮：单击该按钮，计算结果即以 Word 的形式输出。

➢ “校正管径”按钮：单击该按钮，可以找到管道流速大于 5m/s 的管段，自动将该段管径扩大以便降低流速。

➢ “复算”按钮：在执行修改管径、更改计算模式及其数值、调整特性系数后，单击该按钮，可以保证计算结果的正确性；管径修改后图面可自动完成更新。

8.5 住宅简算

调用住宅简算命令，用来计算住宅给水的流量、管径与流速。

住宅简算命令的执行方式有：

➢ 命令行：输入 ZZJS 命令按回车键。

➢ 菜单栏：单击“计算”→“住宅简算”命令。

执行“住宅简算”命令，系统调出如图 8-46 所示的【住宅简算】对话框。单击“用水定额”按钮，在调出的【用水定额】对话框中显示了各类住宅的用水定额，如图 8-47 所示。

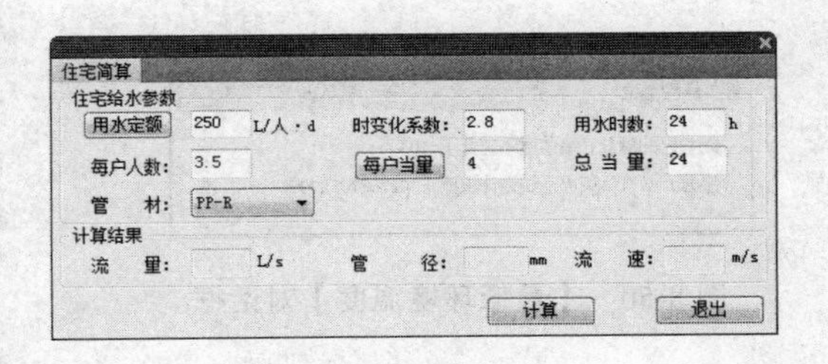

图 8-46 【住宅简算】对话框

用水定额

住宅最高日生活用水定额及小时变化系数

住宅类别		卫生器具设置标准	用水定额(L/人·d)	小时变化系数
普通住宅	I	有大便器、洗涤盆	85～150	3.0～2.5
	II	有大便器、洗脸盆、洗涤盆、洗衣机、热水器和淋浴设备	130～300	2.8～2.3
	III	有大便器、洗脸盆、洗涤盆、洗衣机、集中热水供应(或家用热水机组)和淋浴设备	180～320	2.5～2.0
别墅		有大便器、洗脸盆、洗涤盆、洗衣机、洒水栓，家用热水机组和淋浴设备	200～350	2.3～1.8

来源：《建筑给水排水设计规范》GB50015-2003（2009年版） 表3.1.9

图 8-47 【用水定额】对话框

关闭对话框返回【住宅简算】对话框中设置其他参数值，如“时变化系数”“用水时数”等，最后单击“计算”按钮，即可完成计算操作，结果如图 8-48 所示。

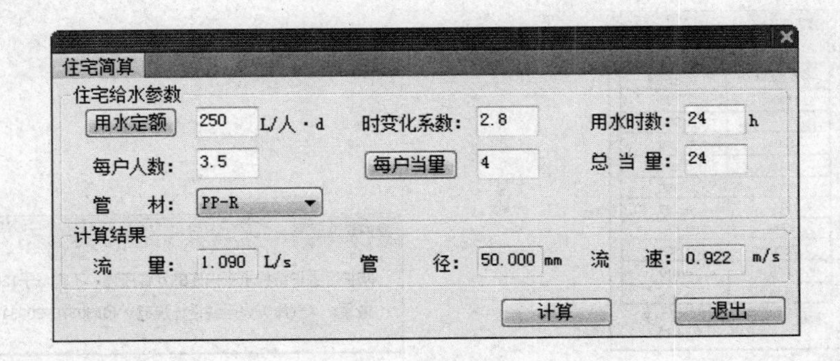

图 8-48 计算结果

8.6 气灭简算

调用气灭简算命令，用来计算气体灭火时需要的灭火设计用量或惰化设计用量以及泄压口面积。

气灭简算命令的执行方式有：

➢ 命令行：输入 QMJS 命令按回车键。

➢ 菜单栏：单击“计算”→“气灭简算”命令。

执行“气灭简算”命令，系统调出如图 8-49 所示的【气体灭火】对话框。在其中选择“七氟丙烷灭火系统”选项卡，分别设置各选项组中的参数。在“防护区设计浓度”选项组中选择浓度类型；在“防护区参数”选项组中设置防护区的各类型参数，如在“防护区类型”下拉列表中提供了多种类型的防护区以供选择。

单击“最低环境温度”选项后的按钮?，在调出的【最低环境温度】对话框中提示了最低环境温度的设置范围，如图 8-50 所示。

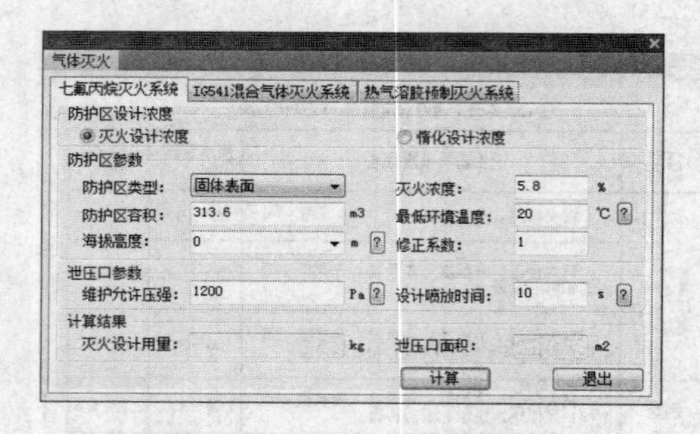

图 8-49　【气体灭火】对话框

图 8-50　【最低环境温度】对话框

单击“海拔高度”选项后的按钮?，在弹出的【海拔高度】对话框中显示了各类海拔高度修正系数，如图 8-51 所示。

单击“维护允许压强”选项后的按钮?，在【维护允许压强】对话框中显示了压强的设置范围，如图 8-52 所示。

海拔高度

海拔高度修正系数

海拔高度(m)	修正系数
-1000	1.130
0	1.000
1000	0.885
1500	0.830
2000	0.785
2500	0.735
3000	0.690
3500	0.650
4000	0.610
4500	0.565

来源：《气体灭火系统设计规范》(GB50370-2005) 附录B

图 8-51　【海拔高度】对话框

图 8-52　【维护允许压强】对话框

单击“设计喷放时间”选项后的按钮?，在【设计喷放时间】对话框中显示了喷放时间的设置范围，如图 8-53 所示。

参数设置完成后，单击“计算”按钮，系统可按照所设定的参数来计算，结果如图 8-54 所示。

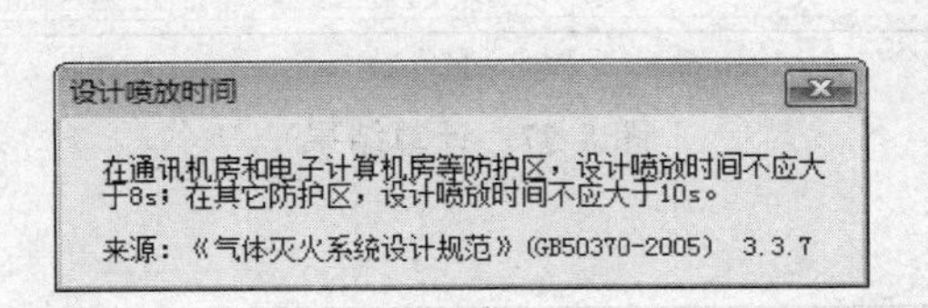

图 8-53　【设计喷放时间】对话框　　　　图 8-54　计算结果

选择“IG541 混合气体灭火系统”选项卡，在其中设置各项参数，单击“计算”按钮，可以计算该系统下的“灭火设计用量”以及“泄压口面积”参数，如图 8-55 所示。

图 8-55　“IG541 混合气体灭火系统”选项卡

选择“热气溶胶预制灭火系统”选项卡，设置计算热溶胶系统灭火设计用量时所需的各项参数。其中，单击“修正系数”选项后的按钮?，在【修正系数】对话框中提供了容积修正系数的设计范围，如图 8-56 所示。

关闭对话框返回【气体灭火】对话框，单击“计算”按钮，计算结果如图 8-57 所示。

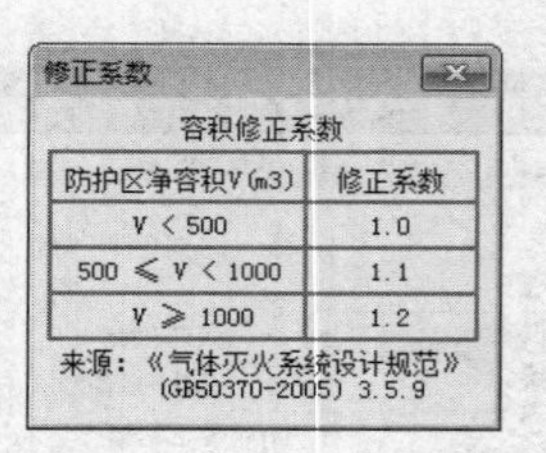
修正系数

容积修正系数

防护区净容积V(m3)	修正系数
V < 500	1.0
500 ≤ V < 1000	1.1
V ≥ 1000	1.2

来源：《气体灭火系统设计规范》(GB50370-2005) 3.5.9

图 8-56　【修正系数】对话框

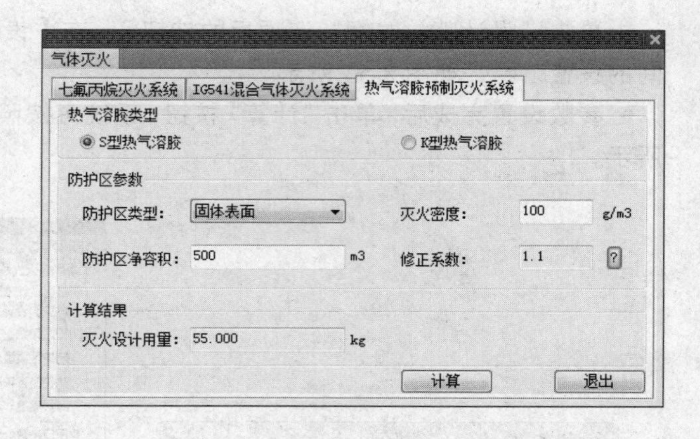

图 8-57　计算结果

8.7 单位换算

调用单位换算命令，可以执行单位换算操作。

单位换算命令的执行方式有：

➢ 命令行：输入 DWHS 命令按回车键。

➢ 菜单栏：单击“计算”→“单位换算”命令。

执行“单位换算”命令，系统调出如图 8-58 所示的【单位换算工具】对话框。在“换算内容”下拉列表中提供了多种换算方式，如图 8-59 所示，单击可选择其中的一种。

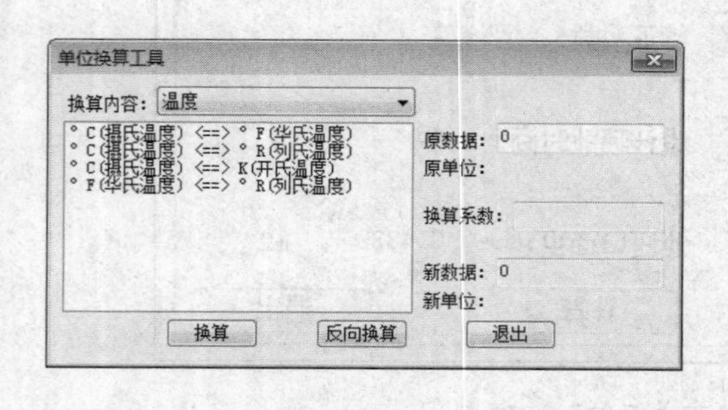

图 8-58　【单位换算工具】对话框

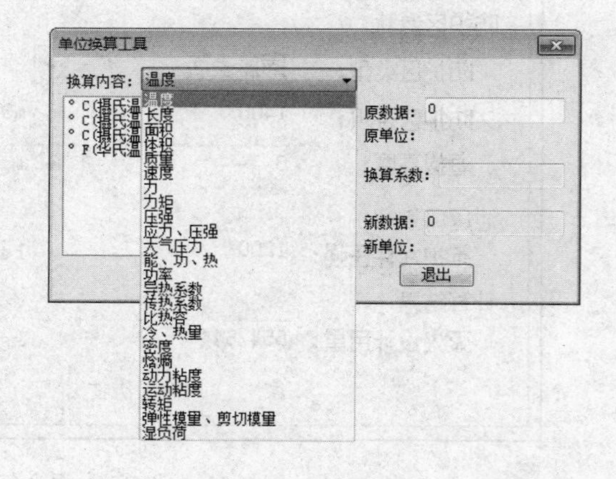

图 8-59　“换算内容”下拉列表

在预览框中选择任意一项换算内容，在右侧的数据列表中设置“原数据”值，单击“换算”按钮，可以按照所设定的条件执行换算操作，如图 8-60 所示。

单击“反向换算”按钮，系统在原有参数的基础上执行反向运算，结果如图 8-61 所示。

单击“退出”按钮，结束计算操作。

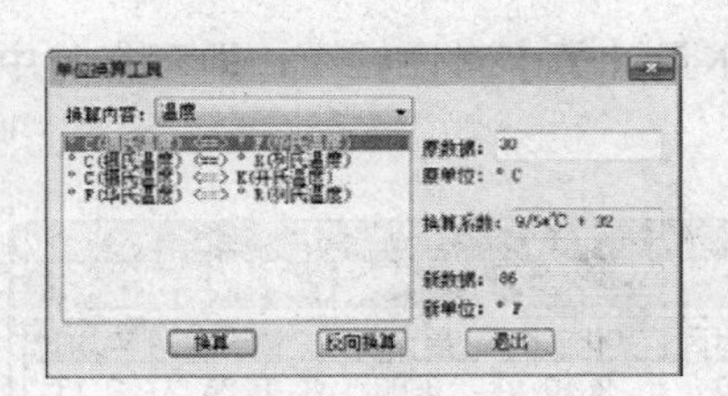

图 8-60 换算操作

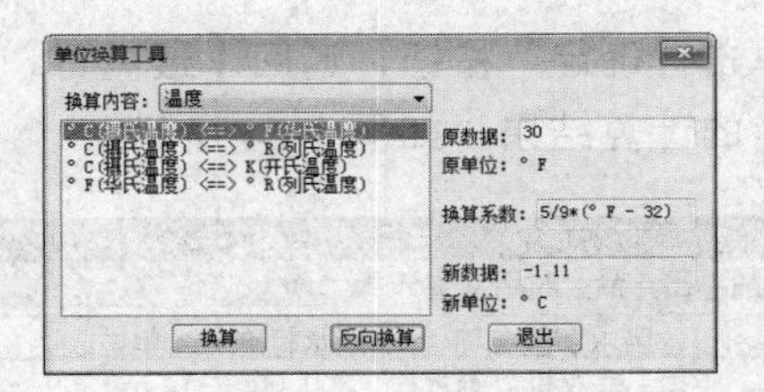

图 8-61 反向换算

8.8 用水量计算

本节介绍建筑物冷、热水的最高日用水量，最高时用水量以及最大日平均时用水量。主要介绍用水量、热用水量命令的调用方法。

8.8.1 用水量

调用用水量命令，可以计算建筑物的最高日用水量、最高日高时用水量以及最大日平均时用水量。

用水量命令的执行方式有：

➢ 命令行：输入 YSL 命令按回车键。

➢ 菜单栏：单击“计算”→“用水量”命令。

输入 YSL 命令按回车键，系统弹出如图 8-62 所示的【最高日，最大时用水量计算】对话框，在对话框中可以进行指定卫生器具的用水量计算。

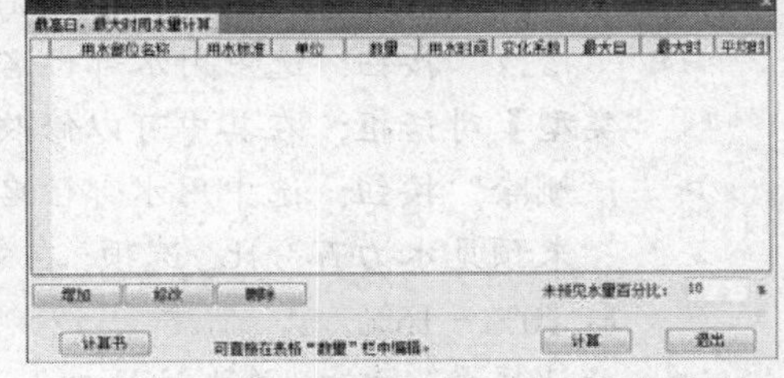

图 8-62 【最高日，最大时用水量计算】对话框

在对话框中单击“增加”按钮，系统即弹出【选择用水部位类型】对话框。在对话框中选择待计算的卫生器具名称，在对话框下方即可显示该组卫生器具的相关参数，包括最高用水量、变化系数、用水时间。其中，“数量”文本框中的参数需要用户自行输入，如图 8-63 所示。

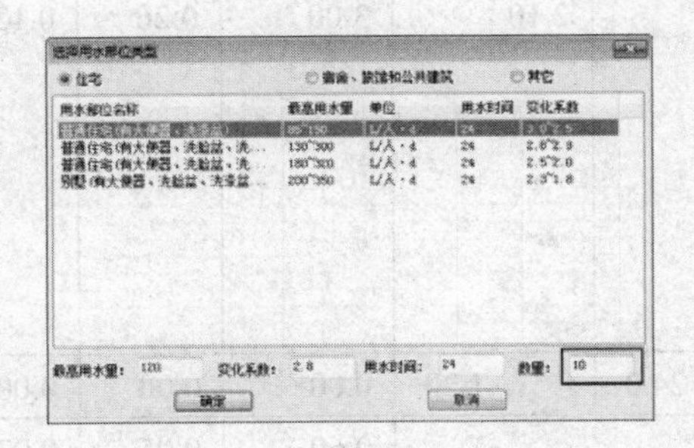

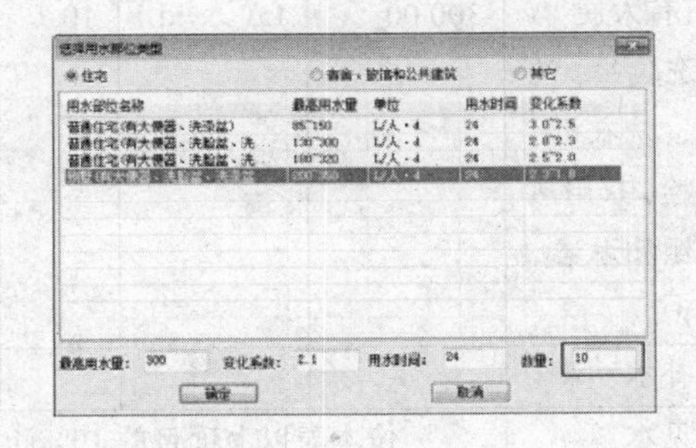

图 8-63 添加用水部位

单击“确定”按钮，返回【最高日，最大时用水量计算】对话框中，即可在其中显示用水量的计算结果，如图 8-64 所示。

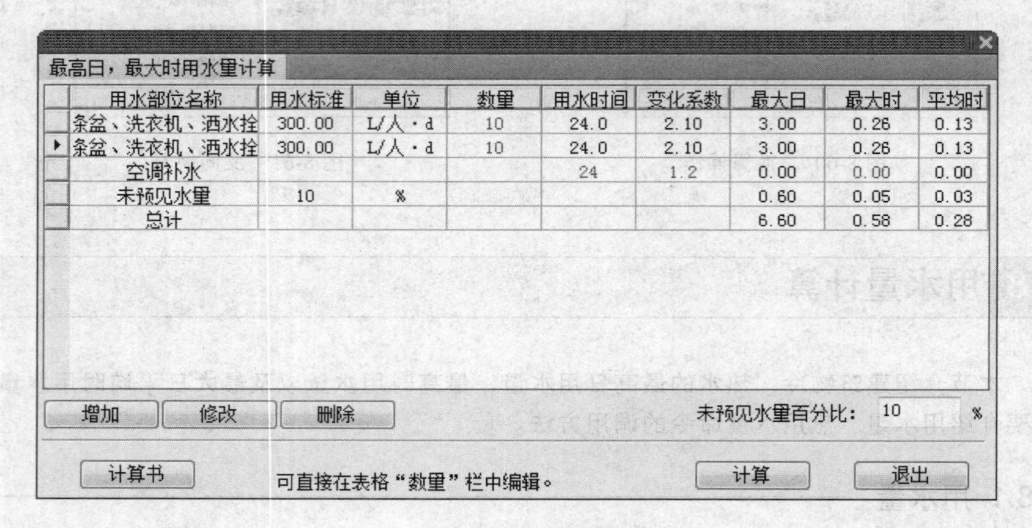

图 8-64　计算结果

【最高日，最大时用水量计算】对话框中功能按钮的含义：

➢ “修改”按钮：选中用水部位名称选项，单击该按钮，可以弹出【选择用水部位类型】对话框；在其中可以修改用水部位的各项参数值。

➢ “删除”按钮：选中用水部位名称选项，单击该按钮，可删除该项。

➢ “未预见水力百分比”选项：在文本框中可以定义管网流失和未预见水量的系数，取 10%～15%。

➢ “计算书”按钮：单击该按钮，计算结果即可以 Word 文档的形式输出，见表 8-4。

表 8-4　最高日，最大时用水量计算书

按照《建筑给水排水设计规范》（GB 50015—2003）（2009 年版）进行计算.

用水部位	用水标准	单位	数量	用水时间	变化系数	用水量/m^3		
						最大日	最大时	平均时
别墅(有大便器、洗脸盆、洗涤盆、洗衣机、洒水栓，家用热水机组和淋浴设备)	300.00	L/(人·d)	10	24.0	2.10	3.00	0.26	0.13
空调补水				24.0	1.20	0.00	0.00	0.00
未预见水	按本表以上项目的 10%计					0.60	0.05	0.03
合计						6.60	0.58	0.28

8.8.2 热用水量

调用热用水量命令，可以计算建筑物的热用水量。

热用水量命令的执行方式有：

➢ 命令行：输入 RYSL 命令按回车键。

➢ 菜单栏：单击“计算”→“热用水量”命令。

输入 RYSL 命令按回车键，系统弹出如图 8-65 所示的【热水小时用水量计算】对话框，在其中可以进行热用水量的计算。

在对话框中单击“增加”按钮，系统弹出如图 8-66 所示的【选择用水部位类型】对话框。在其中可以通过选定建筑物的名称，来对其下的特定的卫生器具的用水额进行计算。

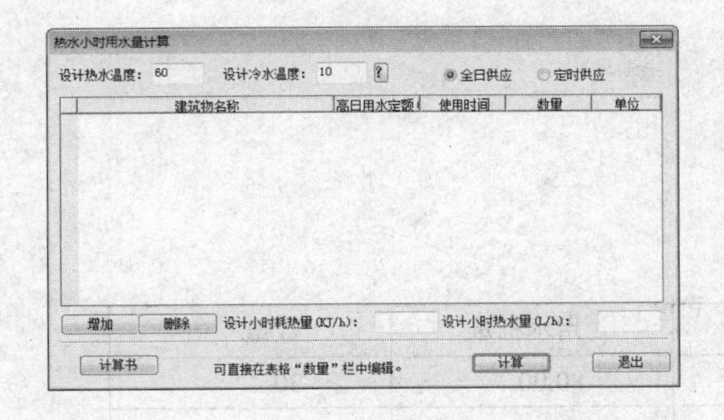

图 8-65 【热水小时用水量计算】对话框

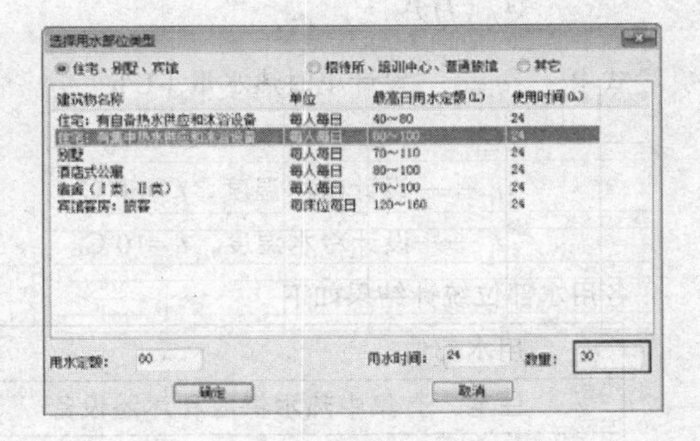

图 8-66 【选择用水部位类型】对话框

选定指定的建筑类型后，单击“确定”按钮，返回【热水小时用水量计算】对话框，可以查看其中的计算结果，如图 8-67 所示。

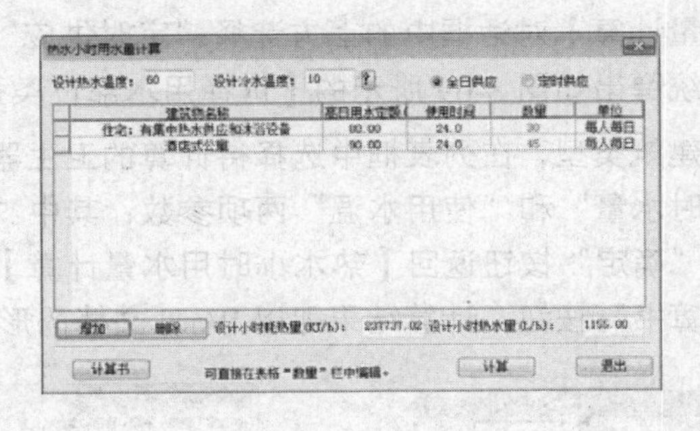

图 8-67 计算结果

单击“计算书”按钮，计算结果即以 Word 文档的形式输出。

热水小时用量计算书

按照《建筑给水排水设计规范》（GB 50015—-2003）(2009 年版）进行计算

$$Q_h = K_h \frac{mq_r C(t_r - t_l)\rho_r}{T}$$

式中：Q_h ——设计小时耗热量（KJ/h）；

M ——用水计算单位数（人数或床位数）；

q_r ——热水用水定额[L/（人·d）或 L/(床·d）]；

C ——水的比热 ，C=4.187KJ/（kg·℃）；

t_r ——热水温度，t_r=60℃；

t_l ——冷水温度，t_l=10℃；

ρ_r——热水密度， $\rho_r = 0.9832$ kg/L；

T ——每日使用时间（h）；

K_h——小时变化系数。

$$q_{rh} = \frac{Q_h}{(t_r - t_l) C \rho_r}$$

式中：q_{rh}——设计小时热水量（L/h）；

Q_h—— 设计小时耗热量（KJ/h）；

t_r ——设计热水温度，t_r =60℃；

t_l ——设计冷水温度，t_l =10℃。

各用水部位统计结果如下：

用水部位	用水标准	数量
住宅：有集中热水供应和沐浴设备	80.00	30
酒店式公寓	90.00	45

总计如下

设计小时热水量：1155.00 L/h

设计小时耗热量：237737.02 kJ/h

在【热水小时用水量计算】对话框中的上方选择“定时供应”，如图 8-68 所示；然后单击“增加”按钮，系统弹出如图 8-69 所示的【选择用水部位类型】对话框。

在其中选择特定的建筑类型，在列表框中选择待计算的卫生器具的名称，在对话框下方的选项框中显示“小时水量”和“使用水温”两项参数；其中“数量”文本框中的参数需要用户自定义。单击“确定”按钮返回【热水小时用水量计算】对话框，在其中可以显示计算结果。单击“计算书”按钮，计算结果即以 Word 文档的形式输出。

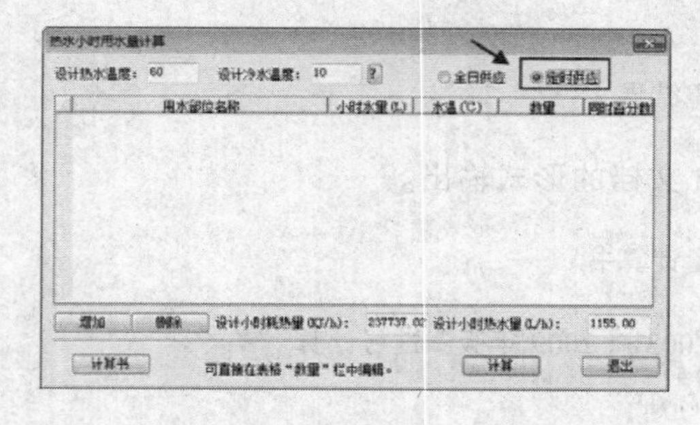

图 8-68 选择“定时供应”

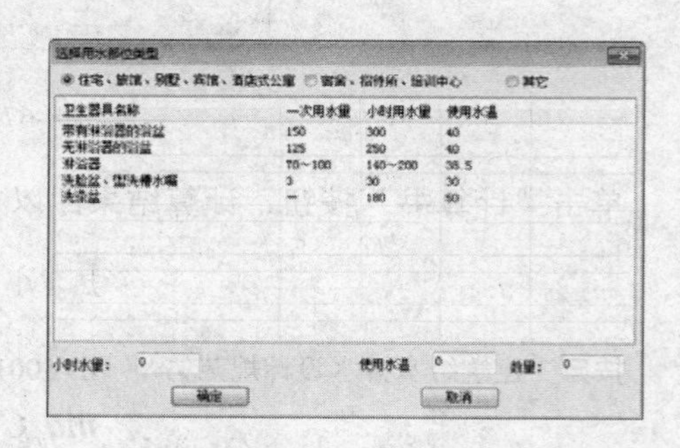

图 8-69 【选择用水部位类型】对话框

8.9 水箱容积计算

调用水箱计算命令，可以计算指定水箱的容积。

水箱计算命令的执行方式有：

➢ 命令行：输入 SXJS 命令按回车键。

➢ 菜单栏：单击“计算”→“水箱计算”命令。

输入 SXJS 命令按回车键，系统默认弹出如图 8-70 所示的【水箱容积计算】对话框。

在“用途”选项组中选定“合用”选项，使对话框中的各选项亮显，设置相应的参数如图 8-71 所示。

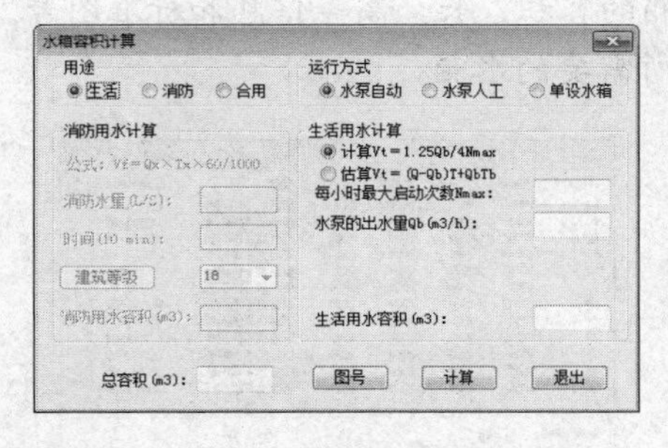

图 8-70 【水箱容积计算】对话框

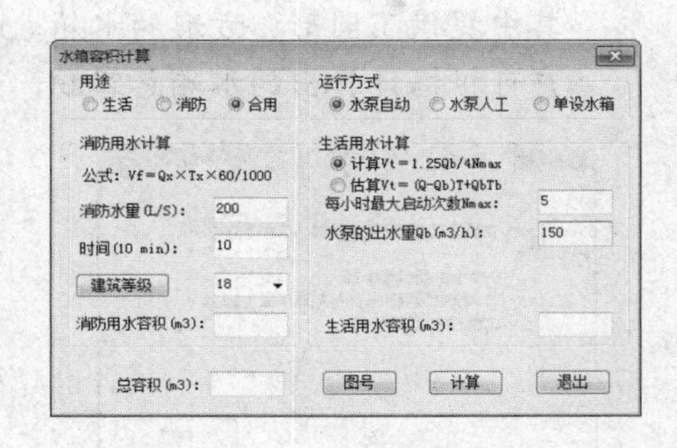

图 8-71 设置水箱容积参数

单击“计算”按钮，即可在对话框中显示计算结果，如图 8-72 所示。

【水箱容积计算】对话框中功能选项的含义如下：

➢ “用途”选项组：系统提供了三种类型的水箱用途，选定不同的类型，对话框中亮显的选项各不同，如图 8-73 所示为选定“消防”选项的情况下，对话框的显示式样。

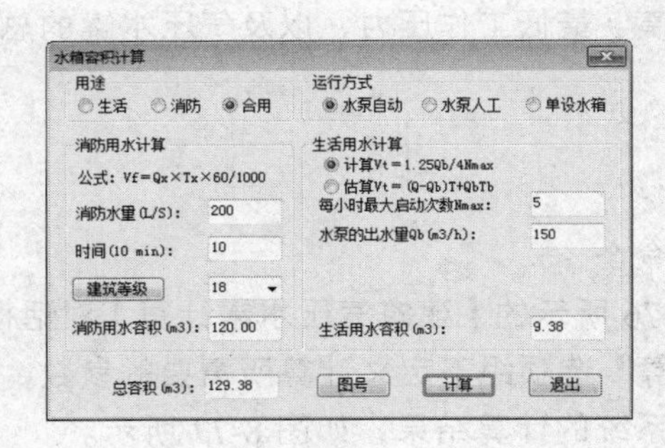

图 8-72 计算结果

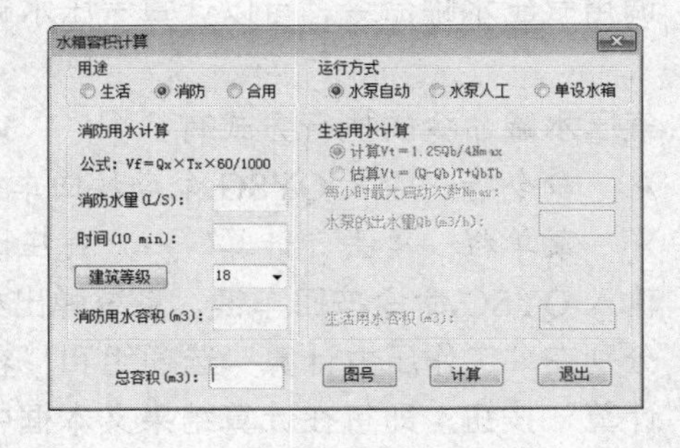

图 8-73 选定“消防”选项

➢ “消防用水计算”选项组：

“消防水量”选项：在其中定义消防用水量参数。

“时间（10min）”选项：系统默认为 10min。因为我国《建筑设计防火规范》规定，消防水箱应贮存 10min 的室内消防用水，以提供初期火灾之用。

"建筑等级"选项：定义所计算的建筑物的建筑等级，单击选项文本框，在其下拉列表中可以选择建筑等级。

"建筑等级"按钮：单击该按钮，系统弹出如图 8-74 所示的【AutoCAD】提示对话框，在该对话框中显示了各类建筑等级的设定范围。

定义完成"建筑等级"参数后，假如计算出的"消防用水容积"参数大于该"建筑等级"参数，则选用计算出来的"消防用水容积"参数；假如小于该"建筑等级"参数，则使用选定的"建筑等级"参数。

- "计算"按钮：单击该按钮，计算结果即显示在"消防用水容积""生活用水容积""总容积"三个选项文本框中。其中，"总容积"选项框中的容积为"消防用水容积"和"生活用水容积"之和。
- "图号"按钮：单击该按钮，系统弹出如图 8-75 所示的【选择水箱】对话框。在其中提供了圆形、方形的水箱，以及水箱的容积、长、高等信息和标准图号。用户可根据计算出的水箱总容积，来选定所需要的水箱。

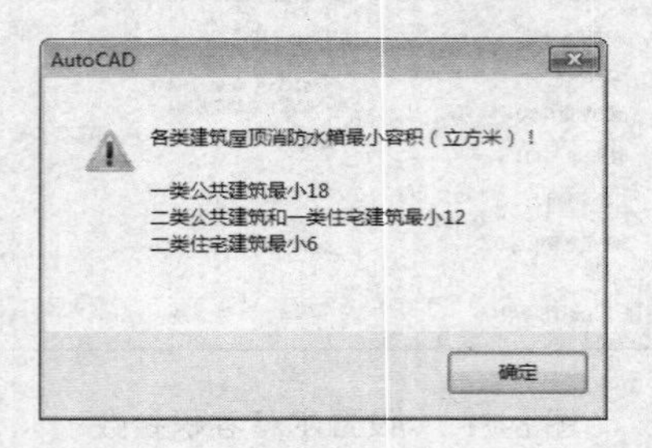

图 8-74 【AutoCAD】提示对话框

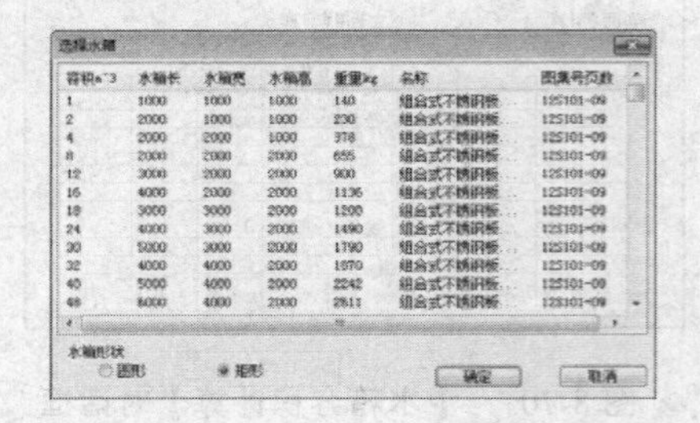

图 8-75 【选择水箱】对话框

8.10 气压水罐计算

调用气压水罐命令，可以计算气压水罐的最高、最低工作压力，以及气压水罐的总容积。

气压水罐命令的执行方式有：

- 命令行：输入 QYSG 命令按回车键。
- 菜单栏：单击"计算"→"气压水罐"命令。

输入 QYSG 命令按回车键，系统弹出如图 8-76 所示的【建筑气压水罐计算】对话框。

分别在"工作压力计算"选项组和"容积计算"选项组下定义计算所需要的参数，单击"计算"按钮，即可在计算结果文本框中显示系统的计算结果，如图 8-77 所示。

8.11 贮水池计算

调用贮水池命令，可以计算贮水池的容积。

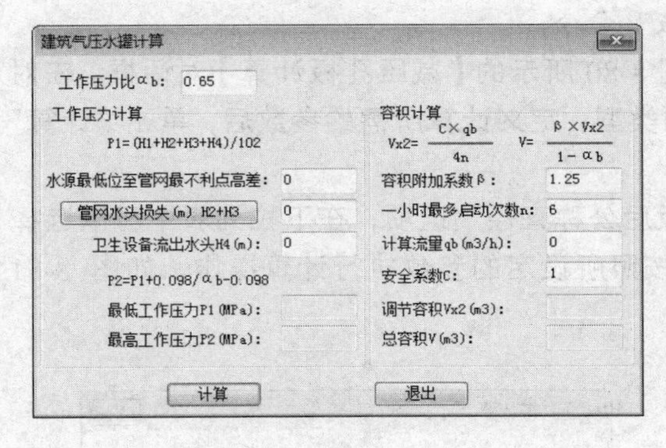

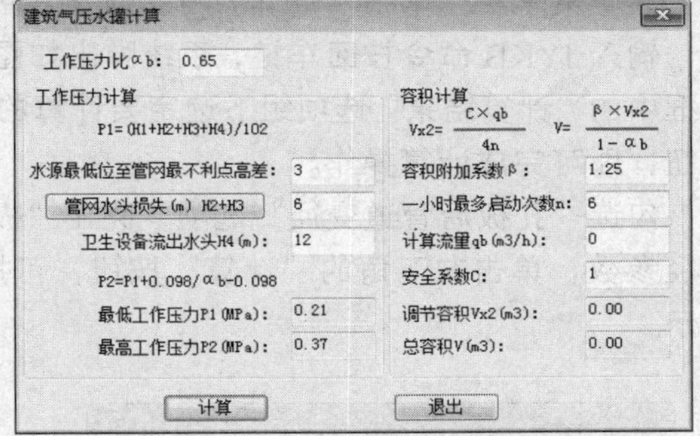

图 8-76 【建筑气压水罐计算】对话框　　　　图 8-77 气压水罐计算结果

贮水池命令的执行方式有：

➢ 命令行：输入 ZSC 命令按回车键。
➢ 菜单栏：单击“计算”→“贮水池”命令。

输入 ZSC 命令按回车键，系统弹出如图 8-78 所示的【贮水池】对话框。

在对话框中的“调节容积”选项组下设置参数，单击“计算”按钮，即可在“调节容积”“消防用水量”“水池总容积”文本框中显示计算结果，如图 8-79 所示。

其中，“水池总容积”的数值为“调节容积”和“消防用水量”之和。

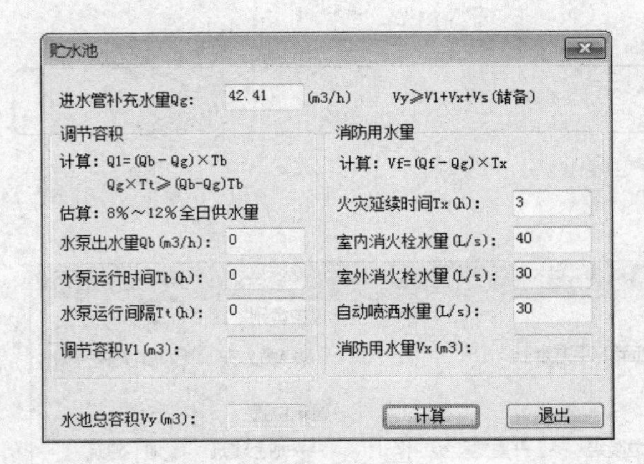

图 8-78 【贮水池】对话框　　　　图 8-79 贮水池计算结果

8.12 减压孔板计算

调用减压孔板命令，可以计算减压孔板孔径或者要减压力（即水流通过孔板时的水头流失）。

减压孔板命令的执行方式有：

➢ 命令行：输入 JYKB 命令按回车键。

➢ 菜单栏：单击“计算”→“减压孔板”命令。

输入 JYKB 命令按回车键，系统弹出如图 8-80 所示的【减压孔板计算】对话框。在对话框中的“计算结果”选项组下选定要计算的类型，定义计算所需的参数后，单击“计算”按钮，即可完成计算操作。

勾选“孔板后管道变径”选项，亮显“板后公称直径”选项，在下拉列表中可以选择直径参数，单击左下角的“计算”按钮，可按照所设定的参数执行计算操作，如图 8-81 所示。

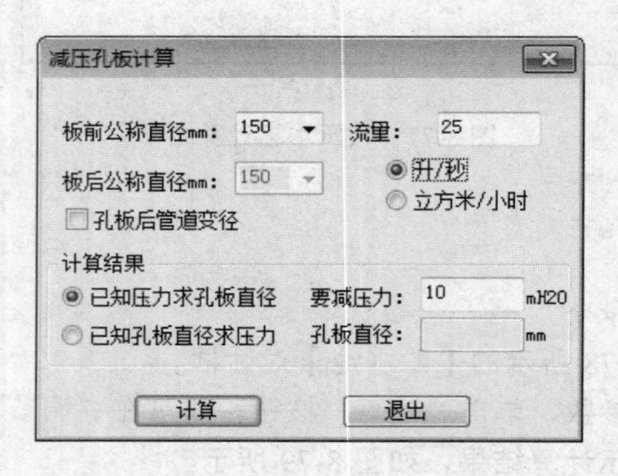

图 8-80 【减压孔板计算】对话框

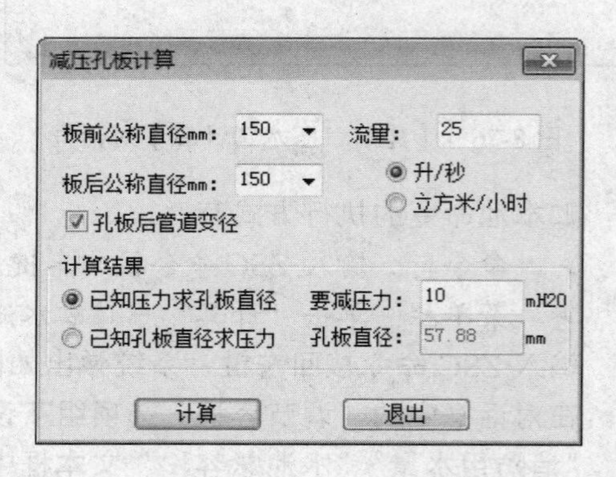

图 8-81 计算结果

8.13 灭火器计算

调用灭火器命令，可以计算灭火器配置场所所需的灭火级别和最小配置灭火级别。

灭火器命令的执行方式有：

➢ 命令行：输入 MHQ 命令按回车键。

➢ 菜单栏：单击“计算”→“灭火器”命令。

输入 MHQ 命令按回车键，系统弹出如图 8-82 所示的【灭火器计算】对

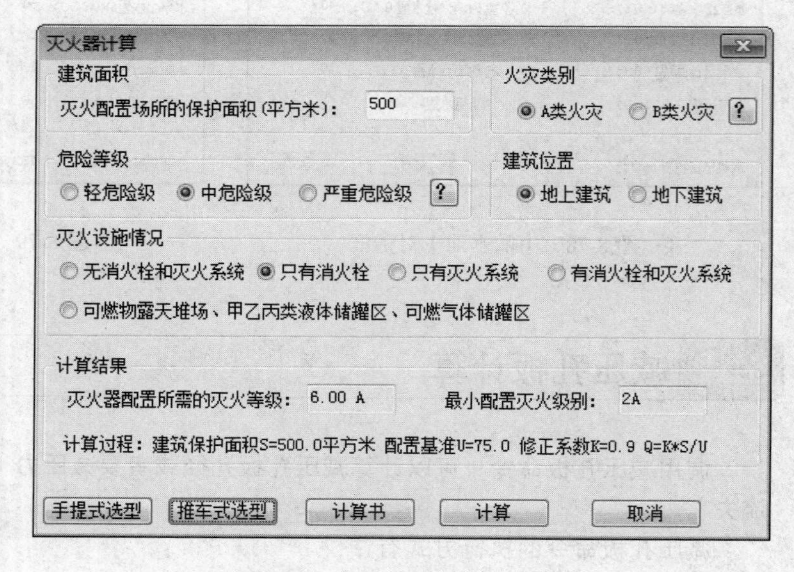

图 8-82 【灭火器计算】对话框

话框。在其中定义了计算的各项参数后，单击“计算”按钮，即可在“计算结果”选项组中显示计算结果。

单击“计算书”按钮，则计算结果可以 Word 文档的形式输出，如表 8-5 和表 8-6 所示。

表 8-5　修正系数列表

计算单元	k
未设室内消火栓系统和灭火系统	1.0
设有室内消火栓系统	0.9
设有灭火系统	0.7
设有室内消火栓系统和灭火系统	0.5
可燃物露天堆场，甲、乙、丙类液体储罐区，可燃气体储罐区	0.3

注：依据《建筑灭火器配置设计规范》(GB50140—2005)。

表 8-6　A 类火灾场所灭火器的最低配置基准（配置基准 U 的取值）

危险等级	严重危险级	中危险级	轻危险级
单具灭火器最小配置灭火级别	3A	2A	1A
单位灭火级别最大保护面积/(m^2/A)	50	75	100

注：依据《建筑灭火器配置设计规范》(GB50140—2005)

已知条件：

灭火配置场所的保护面积：$S = 500.00\ m^2$；

危险等级,火灾级别：中危险级,A 类火灾；

单位灭火级别最大保护面积：$U = 75.0m^2/A$；

灭火设施情况：只有消火栓；

修正系数：$K = 0.9$。

计算结果：

灭火器配置所需的灭火级别：$Q = 6.00A$；

单具灭火器最小配置灭火级别：2A。

【灭火器计算】对话框中功能选项的含义如下：

- “灭火配置场所的保护面积”选项：可自定义面积参数。
- “火灾类别”选项组：系统提供了两类级别，分别是 A 类和 B 类。选定“A 类火灾”选项，单击选项组后的“？”按钮，系统弹出【AutoCAD】对话框，在其中提示了输入 A 类火灾的一些情况，以方便用户进行选择，如图 8-83 所示。

同理，选定“B 类火灾”选项，单击其后面的“？”按钮，系统同样弹出【AutoCAD】对话框，如图 8-84 所示。

- “危险等级”选项组：系统提供了三种危险等级以供选择，分别是轻危险级、中危险级、严重危险级。选定指定的危险等级，单击后面的“？”按钮，都可弹出关于该类危险等级的相关知识介绍。如图 8-85 所示为分别选定“中危险级”“严重危险级”选型后，单击“？”按钮所弹出的【AutoCAD】信息提示对话框。

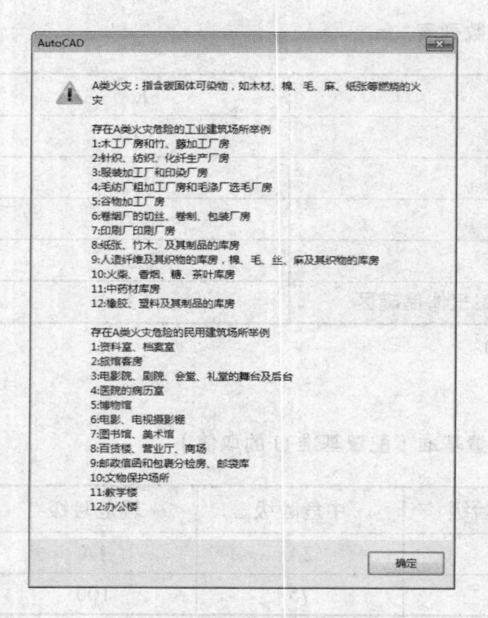

图 8-83　A 类火灾范围

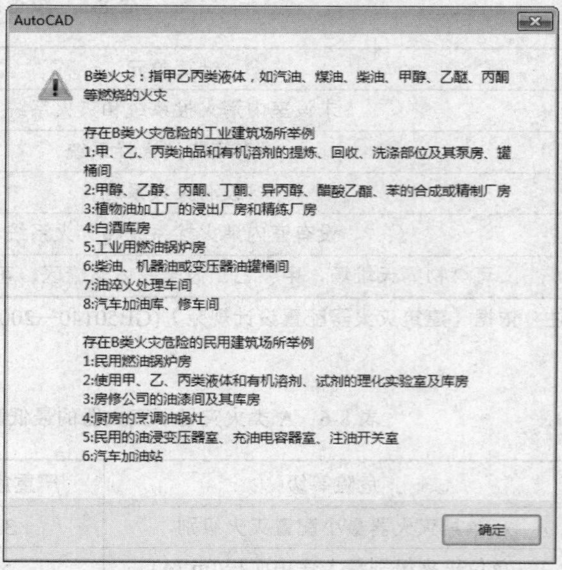

AutoCAD
B类火灾：指甲乙丙类液体，如汽油、煤油、柴油、甲醇、乙醚、丙酮等燃烧的火灾
存在B类火灾危险的工业建筑场所举例
1:甲、乙、丙类油品和有机溶剂的提炼、回收、洗涤部位及其泵房、罐桶间
2:甲醇、乙醇、丙酮、丁酮、异丙醇、醋酸乙酯、苯的合成或精制厂房
3:植物油加工厂的浸出厂房和精练厂房
4:白酒库房
5:工业用燃油锅炉房
6:柴油、机器油或变压器油罐桶间
7:油淬火处理车间
8:汽车加油库、修车间
存在B类火灾危险的民用建筑场所举例
1:民用燃油锅炉房
2:使用甲、乙、丙类液体和有机溶剂、试剂的理化实验室及库房
3:房修公司的油漆间及其库房
4:厨房的烹调油锅灶
5:民用的油浸变压器室、充油电容器室、注油开关室
6:汽车加油站
确定

图 8-84　B 类火灾范围

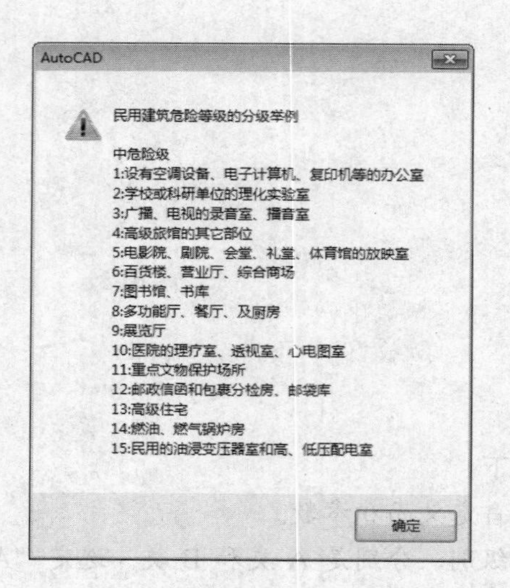

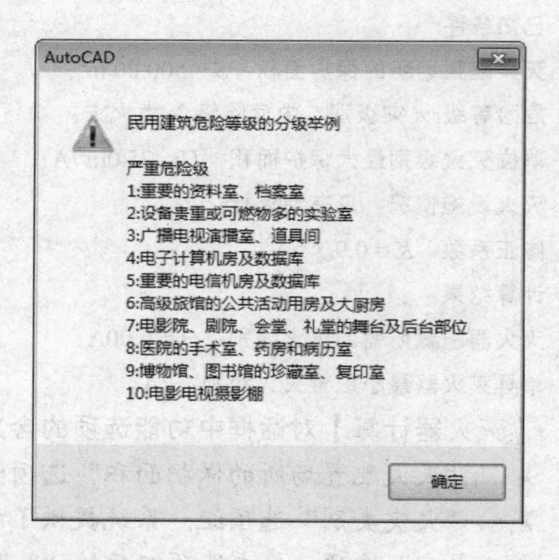

图 8-85　危险等级的相关知识介绍

➢ “建筑位置”选项组：系统提供两种位置以供选择，分别是地上建筑和地下建筑。选定不同的建筑位置，则所使用的计算公式不同。

➢ “灭火设施情况”选项组：系统提供了五种情况供用户选择。选择不同的灭火设施情况，则相对应的修正系数 K 值会有相应的变化。

➢ “计算结果”选项组：在该选项组下分别显示“灭火器配置所需的灭火等级”和“最小配置灭火级别”的计算结果，同时还显示计算过程所需要用的公式。

➢ “手提式选型”和“推车式选型”按钮：单击该按钮，系统弹出【AtuoCAD】信息提示对话框，在其中显示相对应类型的灭火器的级别，如图 8-86 所示。

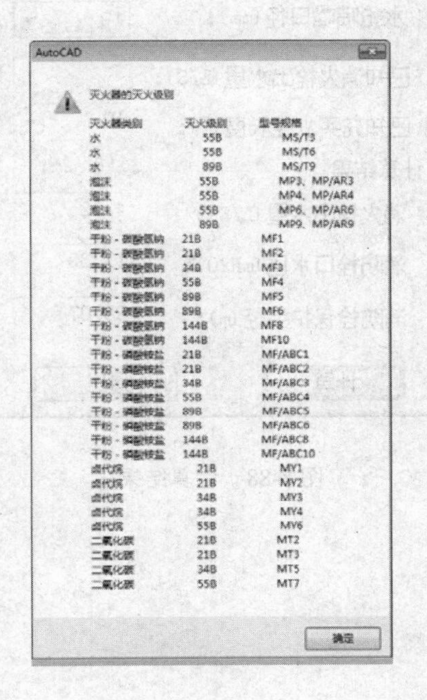

图 8-86 灭火器的级别介绍

8.14 消火栓栓口压力计算

调用消火栓命令，可以计算消火栓栓口压力和充实水柱长度。

消火栓命令的执行方式有：

➢ 命令行：输入 XHSJS 命令按回车键。

➢ 菜单栏：单击“计算”→“消火栓”命令。

输入 XHSJS 命令按回车键，系统弹出【消火栓栓口压力计算】对话框。在其中选定“已知消火栓出水量”，并定义“水龙带长度”“水龙带材料”“水龙带直径”“水枪喷嘴口径”选项后，单击“计算”按钮，即可在“计算结果”选项组下显示计算结果，如图 8-87 所示。

选定“已知充实水柱长度”按钮，在定义了各项计算所需的参数后，单击“计算”按钮，即可显示计算结果在“计算结果”选项组下，如图 8-88 所示。

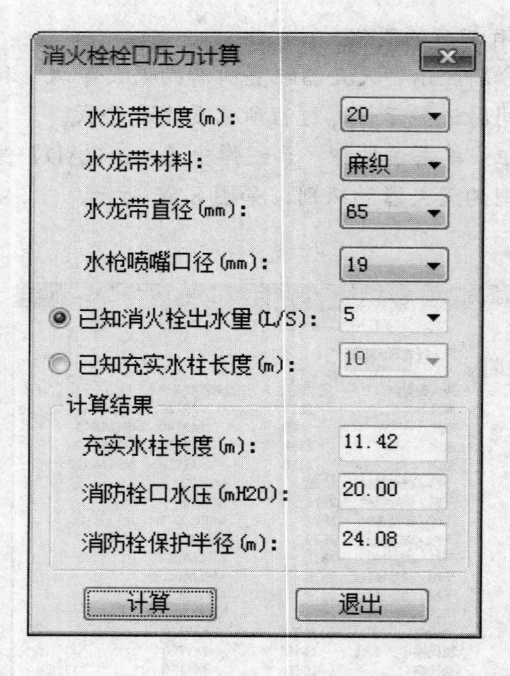

图 8-87 【消火栓栓口压力计算】对话框

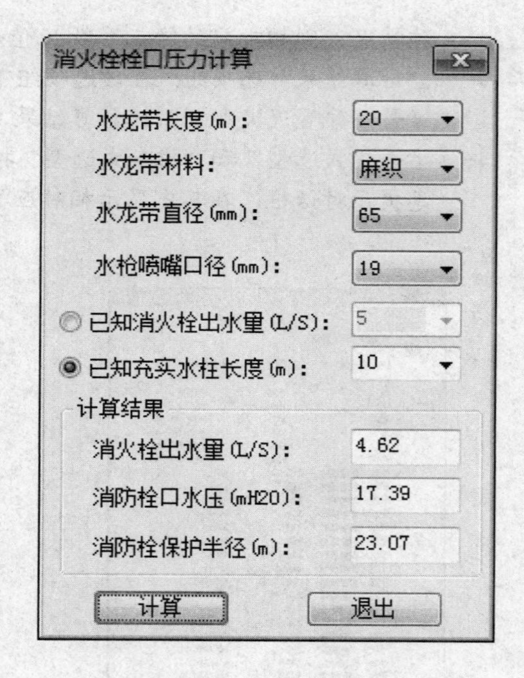

图 8-88 计算结果

第 9 章 专业标注

● **本章导读**

本章介绍根据不同的绘图要求自定义修改剖切号、指北针、箭头、引出标注等工程符号的方法；主要介绍标注立管、入户管号、标注洁具等专业标注命令的调用方法。

● **本章重点**

◈ 管径标注命令
◈ 引线标注命令
◈ 符号标注命令

9.1 标注立管

调用标注立管命令，可以对指定的立管绘制编号标注，还可对绘制完成的立管编号进行标注。如图 9-1 所示为标注立管命令的操作结果。

标注立管命令的执行方式有：

- 命令行：在命令行中输入 BZLG 命令按回车键。
- 菜单栏：单击“专业标注”→“标注立管”命令。

下面以图 9-1 所示的标注立管结果为例，介绍调用标注立管命令的方法。

01 按 Ctrl+O 组合键，打开配套光盘提供的“第 9 章/ 9.1 标注立管.dwg”素材文件，结果如图 9-2 所示。

02 在命令行中输入 BZLG 命令按回车键，命令行提示如下：

```
命令：BZLG↙
请选择要标注的立管:<搜索立管>找到 1 个
请选择要标注的立管:<搜索立管> 请输入立管编号 JL-<3>:1
请输入立管所属楼号(按 ESC 设置为空):<4>1          //指定立管编号和楼号，绘制立管编号的结果如图 9-1 所示。
```

双击绘制完成的立管标注，系统弹出如图 9-3 所示的【管分索引-管线 立管】对话框；在其中可以更改立管标注的各项参数。

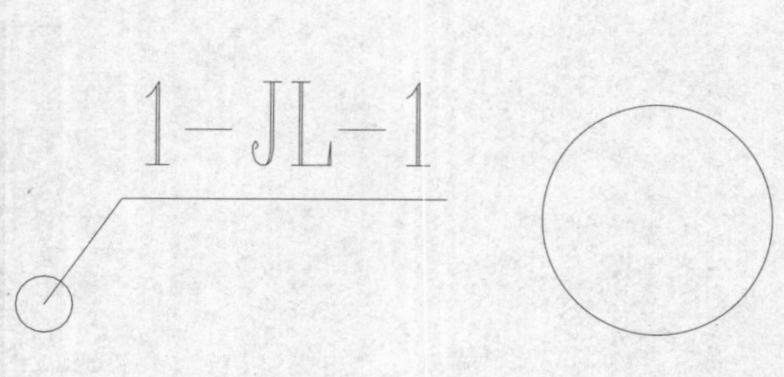

图 9-1 标注立管

图 9-2 打开素材

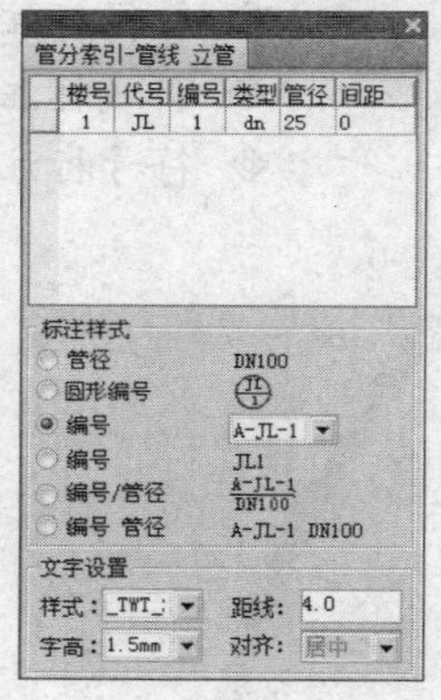

图 9-3 【管分索引-管线 立管】对话框

9.2 查替立编

调用查替立编命令，可快速完成对立管编号的查找和替换。

查替立编命令的执行方式有：

➢ 命令行：在命令行中输入 CTLB 命令按回车键。

➢ 菜单栏：单击“专业标注”→“查替立编”命令。

执行“查替立编”命令，在【查替立编】对话框中分别设置查找内容和替换内容，如图 9-4 所示。单击“查找”按钮，系统即开始查找工作。被查找到的内容在绘图区中以红色的方框框选。

单击“替换”按钮即完成查找替换操作，结果如图 9-5 所示。

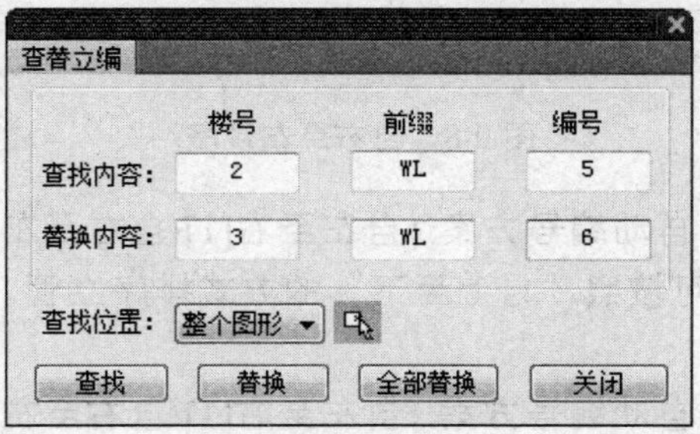

查替立编

	楼号	前缀	编号
查找内容:	2	WL	5
替换内容:	3	WL	6

查找位置：整个图形

查找 替换 全部替换 关闭

图 9-4 【查替立编】对话框

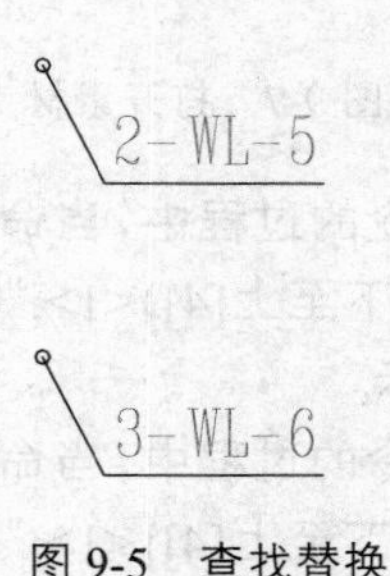

图 9-5 查找替换

9.3 立管排序

调用立管排序命令，可以将立管的编号按照所指定的顺序进行重新排序。如图 9-6 所示为立管排序命令的操作结果。

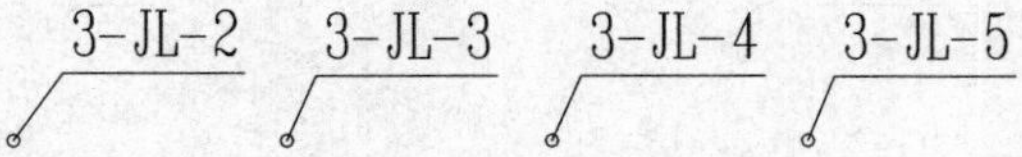

3-JL-2 3-JL-3 3-JL-4 3-JL-5

图 9-6 立管排序

立管排序命令的执行方式有：

➢ 命令行：输入 LGPX 命令按回车键。

➢ 菜单栏：单击“专业标注”→“立管排序”命令。

下面以图 9-6 所示的立管排序结果为例，介绍调用立管排序命令的方法。

01 按 Ctrl+O 组合键，打开配套光盘提供的“第 9 章/9.3 立管排序.dwg”素材文件，结果如图 9-7 所示。

02 输入 LGPX 命令按回车键，命令行提示如下：

```
命令：LGPX↙
请选择立管:<退出>指定对角点：找到 4 个
请选择自动编号方案:{自左至右[1]/自右至左[2]/自上至下[3]/自下至上[4]}<1>:
                                        //按回车键，默认使用第一种排序方式。
请输入起始编号:<1>:2
```

请输入立管所属楼号：3　　　　　　　　　　　　　　//分别定义起始编号和楼号参数，按回车键即可完成立管排序命令的操作，结果如图 9-6 所示。

在执行命令的过程中，当命令行提示“请选择自动编号方案:{自左至右[1]/自右至左[2]/自上至下[3]/自下至上[4]}<1>:”时，输入 2，即可按照“自右至左”的方式排序立管，结果如图 9-8 所示。

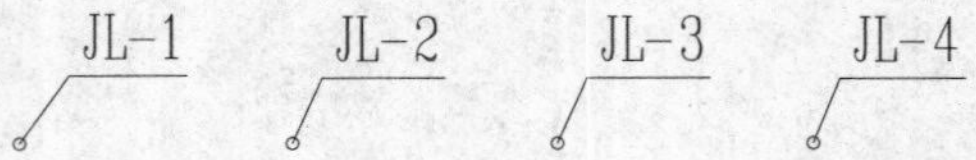

JL-1　JL-2　JL-3　JL-4

图 9-7　打开素材

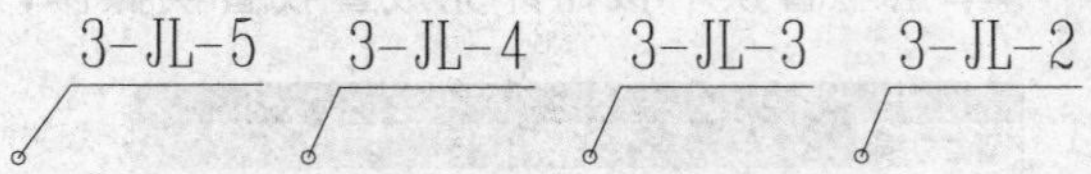

3-JL-5　3-JL-4　3-JL-3　3-JL-2

图 9-8　自右至左排序

在执行命令的过程中，当命令行提示“请选择自动编号方案:{自左至右[1]/自右至左[2]/自上至下[3]/自下至上[4]}<1>:”时，输入 3，即可按照“自上至下”的方式排序立管，结果如图 9-9 所示。

在执行命令的过程中，当命令行提示“请选择自动编号方案:{自左至右[1]/自右至左[2]/自上至下[3]/自下至上[4]}<1>:”时，输入 4，即可按照“自下至上”的方式排序立管，结果如图 9-10 所示。

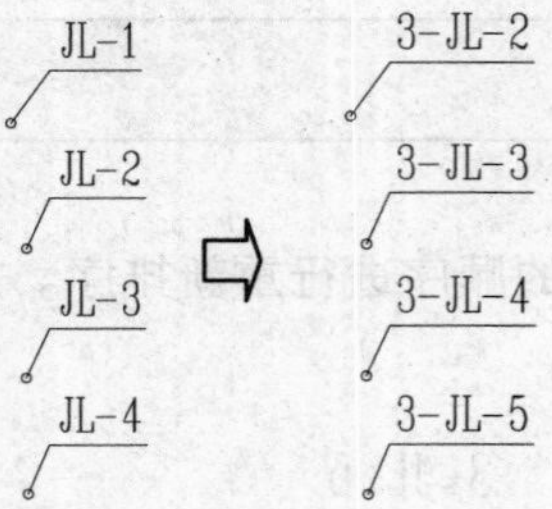

JL-1　JL-2　JL-3　JL-4 ⇨ 3-JL-2　3-JL-3　3-JL-4　3-JL-5

图 9-9　自上至下排序

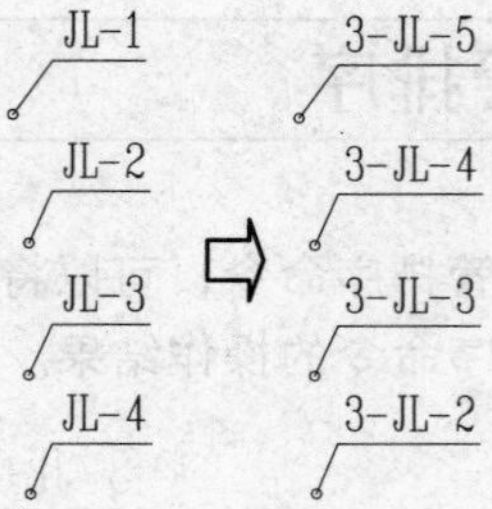

JL-1　JL-2　JL-3　JL-4 ⇨ 3-JL-5　3-JL-4　3-JL-3　3-JL-2

图 9-10　自下至上排序

9.4 入户管号

调用入户管号命令，可以标注管线的入户管号。如图 9-11 所示为入户管号命令的操作结果。

入户管号命令的执行方式有：

➢ 命令行：在命令行中输入 RHGH 命令按回车键。

➢ 菜单栏：单击“专业标注”→“入户管号”命令。

下面以图 9-11 所示的入户管号结果为例，介绍调用入户管号命令的方法。

01 按 Ctrl+O 组合键，打开配套光盘提供的“第 9 章/ 9.4 入户管号.dwg”素材文件，结果如图 9-12 所示。

02 在命令行中输入 RHGH 命令按回车键，系统弹出【入户管号标注】对话框，设置参数如图 9-13 所示。

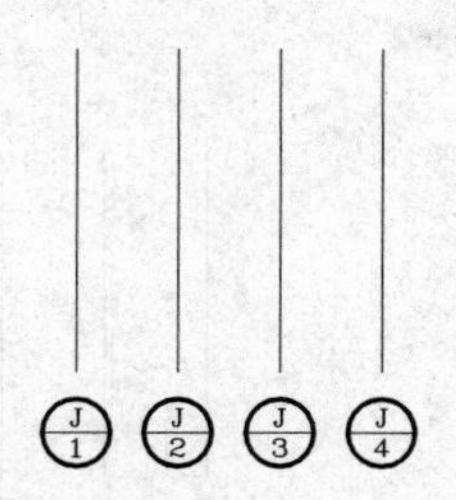

图 9-11　入户管号

图 9-12　打开素材

03 同时命令行提示如下：

命令：RHGH↙

请选择出户管:<自由绘制>指定对角点：找到 4 个

选择位置点<退出>　　　　　　　　//在管线下方指定位置点；

请输入给水管起始编号:<1>　　　　//按回车键默认系统给予的起始编号，完成入户管号命令的操作结果如图 9-11 所示。

不同类型的管线也可同时绘制入户管号编号，命令行提示如下：

命令：RHGH↙

请选择出户管:<自由绘制>指定对角点：找到 4 个

选择位置点<退出>

请输入污水管起始编号:<1>

请输入废水管起始编号:<1>

请输入雨水管起始编号:<1>

请输入中水管起始编号:<1>　　　　//按回车键默认起始编号为 1（也可自行输入），完成不同类型管线的入户管号编号的结果如图 9-14 所示。

【入户管号标注】对话框中功能选项的含义如下：

- "圆半径"选项：定义所插入的入管标注的圆半径尺寸，可在文本框中输入或者单击右边的调整按钮来调整参数值。
- "圆线宽"选项：定义所插入的入管标注的圆的线宽参数；可在文本框中输入或者单击右边的调整按钮来调整参数值。
- "文字样式"选项：单击选项文本框，可以在弹出的下拉列表中选择系统所提供的文字样式类型。
- "X: /Y:"选项：用来改变入管标注的圆内的内容，更改后在右边的预览框可以显示修改结果。可输入编号内容，也可单击文本框的下拉列表，在弹出的选项中更改编号的内容。

在执行命令的过程中，单击鼠标右键，可以自由绘制入户管号，命令行提示如下：

命令：RHGH↙

请选择出户管:<自由绘制>　　　　　　//单击右键。

请给出标注位置<退出>:　　　　　　//点取编号的位置，每插入一次则系统会自动加 1，标注结果如图 9-15 所示。

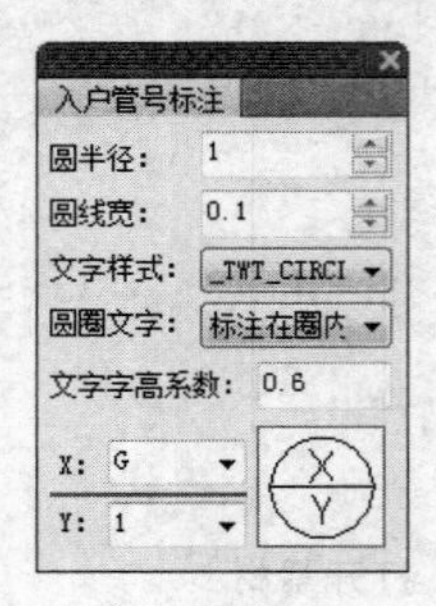

图 9-13 【入户管号标注】对话框

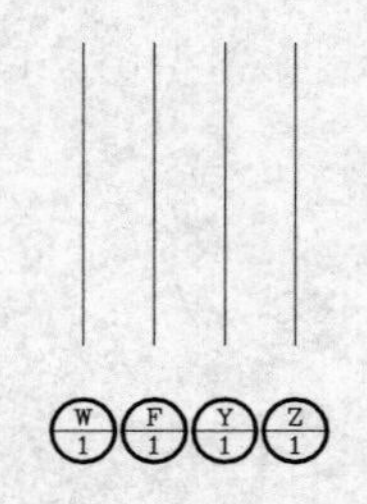

图 9-14 编号结果

图 9-15 自由绘制管号

9.5 入户排序

调用入户排序命令，可以将入户管号按照指定的排序方式进行重新排序。如图 9-16 所示为入户排序命令的操作结果。

入户排序命令的执行方式有：

- 命令行：输入 RHPX 命令按回车键。
- 菜单栏：单击“专业标注”→“入户排序”命令。

下面以图 9-16 所示的入户排序结果为例，介绍调用入户排序命令的方法。

01 按 Ctrl+O 组合键，打开配套光盘提供的“第 9 章/ 9.5 入户排序.dwg”素材文件，结果如图 9-17 所示。

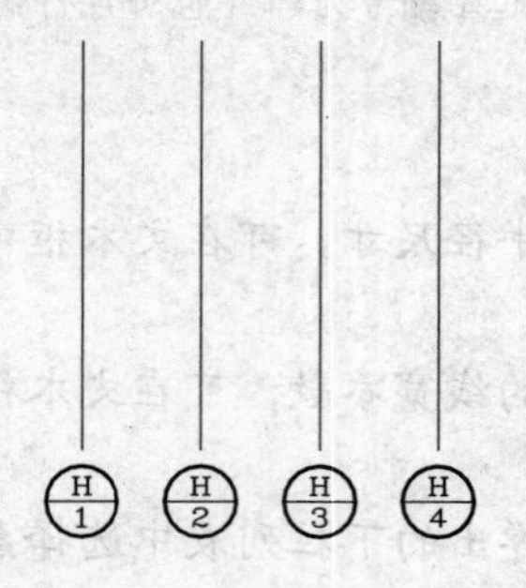

图 9-16 入户排序

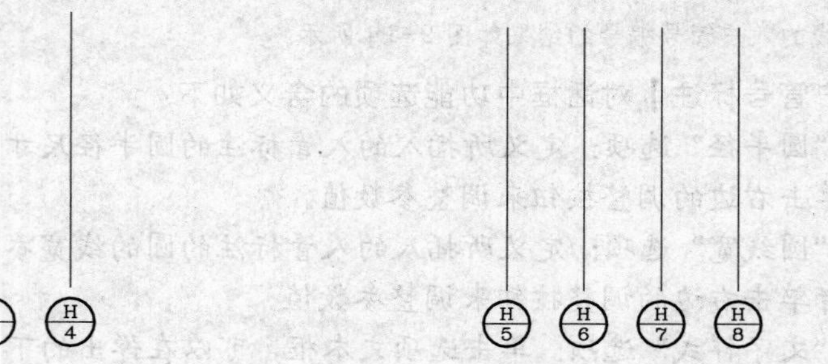

图 9-17 打开素材

02 输入 RHPX 命令按回车键，命令行提示如下：

命令：RHPX↙

请选择入户管号标注:<退出>指定对角点：找到 4 个

请选择自动编号方案:{自左至右[1]/自右至左[2]/自上至下[3]/自下至上[4]}<1>:

//按回车键，默认使用第一种排序方式。

```
请输入H起始编号:<5>:1                              //输入起始编号，按回车键即可完成排序操作，结果如图 9-16 所示。
请继续选择入户管号标注，序号会继续排列:<退出>          //按下 Esc 键退出命令。
```

在执行命令的过程中，当命令行提示“请选择自动编号方案:{自左至右[1]/自右至左[2]/自上至下[3]/自下至上[4]}<1>:”时，输入相应的编号，可以使用相应方式对入户管号执行排序操作。

9.6 标注洁具

调用标注洁具命令，可以标注系统图中洁具的种类。如图 9-18 所示为标注洁具命令的操作结果。

标注洁具命令的执行方式有：

- 命令行：在命令行中输入 BZJJ 命令按回车键。
- 菜单栏：单击“专业标注”→“标注洁具”命令。

下面以图 9-18 所示的标注洁具结果为例，介绍调用标注洁具命令的方法。

[01] 按 Ctrl+O 组合键，打开配套光盘提供的“第 9 章/ 9.6 标注洁具.dwg”素材文件，结果如图 9-19 所示。

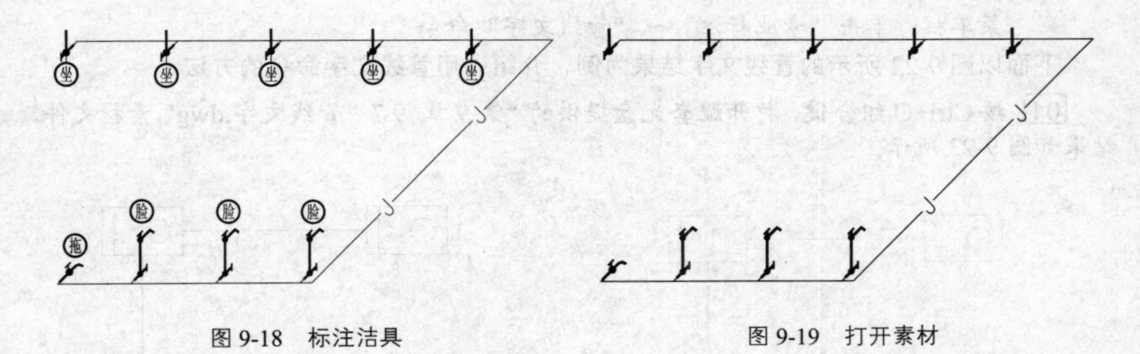

图 9-18　标注洁具　　　　图 9-19　打开素材

[02] 在命令行中输入 BZJJ 命令按回车键，系统弹出【洁具标注】对话框，设置参数如图 9-20 所示。

[03] 同时命令行提示如下：

```
命令: BZJJ↙
请给出标注位置<退出>:        //在对话框中单击“脸”按钮，在绘图区中指定标注位置;
请给出引出位置<不引出>:      //按回车键，默认不绘制标注引出线，标注结果如图 9-21 所示。
```

[04] 重复执行 BZJJ 命令，在【洁具标注】对话框中单击“坐”按钮，在绘图区中分别指定标注引线的位置和编号的标注位置，绘制洁具标注的结果如图 9-18 所示。

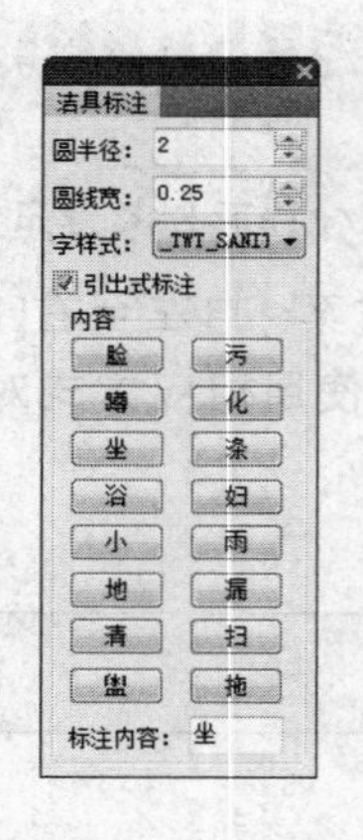

图 9-20 【洁具标注】对话框

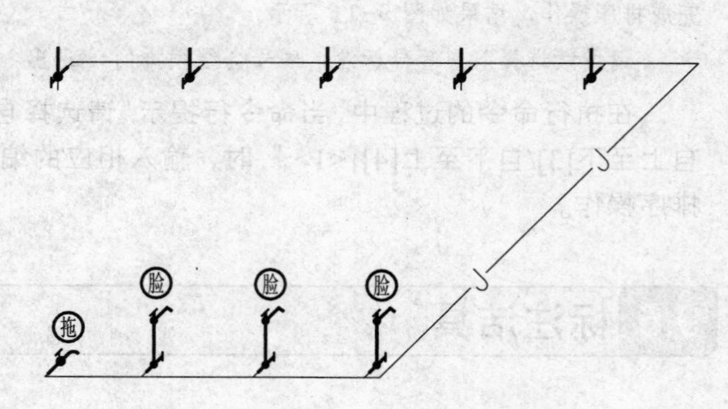

图 9-21 洁具标注结果

9.7 管线文字

调用管线文字命令，可以在管线上标注管线类型的名字。如图 9-22 所示为管线文字命令的操作结果。

管线文字命令的执行方式有:

➢ 命令行: 输入 GXWZ 命令按回车键。

➢ 菜单栏: 单击“专业标注”→“管线文字”命令。

下面以图 9-22 所示的管线文字结果为例，介绍调用管线文字命令的方法。

01 按 Ctrl+O 组合键，打开配套光盘提供的“第 9 章/ 9.7 管线文字.dwg”素材文件，结果如图 9-23 所示。

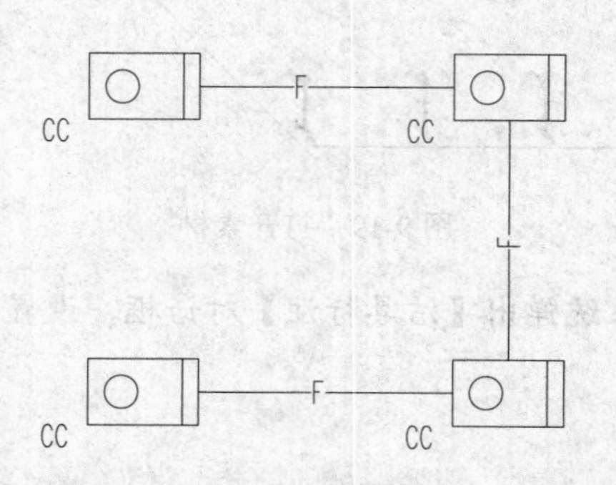

图 9-22 管线文字

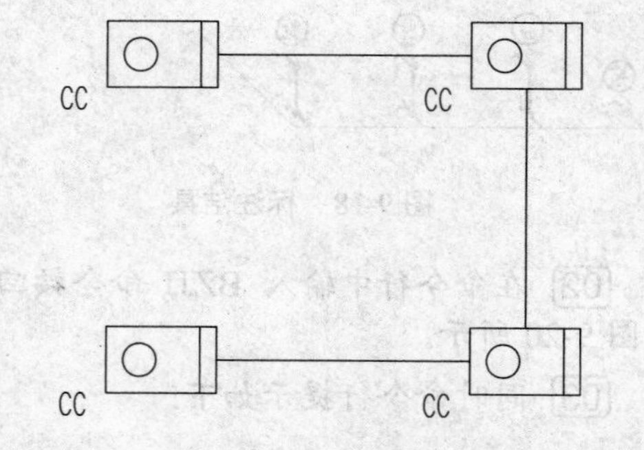

图 9-23 打开素材

02 输入 GXWZ 命令按回车键，命令行提示如下:

```
命令: GXWZ↙
请输入文字内容<自动读取>: F
请点取要插入文字管线的位置[多选管线(M)/多选指定层管线(N)/两点栏选(T)/修改文字(F)]
```

<退出>:　　　//在待标注的管线上点取文字的插入点，完成管线文字标注的结果如图 9-22 所示。

在执行命令的过程中，输入 M，选择“多选管线(M)”选项，命令行提示如下：

命令：GXWZ↙
请输入文字内容<自动读取>：F
请点取要插入文字管线的位置[多选管线(M)/多选指定层管线(N)/两点栏选(T)/修改文字(F)]<退出>:M
请选择所有要标注的管线<退出>:找到 3 个　　//选择待标注的所有管线。
请输入文字最小间距:<5000>3000　　　//定义间距参数，按回车键即可完成标注。

在执行命令的过程中，输入 N，选择“多选指定层管线(N)”选项；可以对位于同一图层上的管线执行文字标注，命令行提示如下

命令：GXWZ↙
请输入文字内容<自动读取>：F
请点取要插入文字管线的位置[多选管线(M)/多选指定层管线(N)/两点栏选(T)/修改文字(F)]<退出>:
请选择要标注的其中一根管线<退出>:　　　//选择待标注的其中一根管线。
请选择要标注的管线的范围<退出>:指定对角点：找到 3 个
　　　//框选包括上一根管线在内的所有位于同一图层的管线。
请输入文字最小间距:<5000>3000　　　//定义间距参数，按回车键即可完成标注。

在执行命令的过程中，输入 T，选择“两点栏选(T)”选项；通过两点来选择待标注的管线，命令行提示如下：

命令：GXWZ↙
请输入文字内容<自动读取>：F
请点取要插入文字管线的位置[多选管线(M)/多选指定层管线(N)/两点栏选(T)/修改文字(F)]<退出>:T
多管文字标注，与管线相交处进行标注:
起点:
终点:　　　//在不同的管线上分别指定起点和终点，即可在被指定的管线上绘制标注文字。

在执行命令的过程中，输入 F，选择“修改文字(F)”选项，命令行提示如下：

命令：GXWZ↙
请输入文字内容<自动读取>：Y
请点取要插入文字管线的位置[多选管线(M)/多选指定层管线(N)/两点栏选(T)/修改文字(F)]<退出>:F
请选择系统上其中一根管线<退出>:　　　//单击其中的一根管线，则系统上所有的管线文字即可被修改。

9.8 管道坡度

调用管道坡度命令，用来标注管道坡度，可动态决定箭头方向。

管道坡度命令的执行方式有：

➢ 命令行：输入 GDPD 命令按回车键。

➢ 菜单栏：单击“专业标注”→“管道坡度”命令。

输入 GDPD 命令按回车键，在调出的【坡度】对话框中分别设置坡度值、字高、箭头大小及样式等参数，如图 9-24 所示。

同时命令行提示如下：

命令：GDPD↙

请选择要标注坡度的管线<退出>：　//点取待标注的管线，标注坡度的结果如图 9-25 所示。

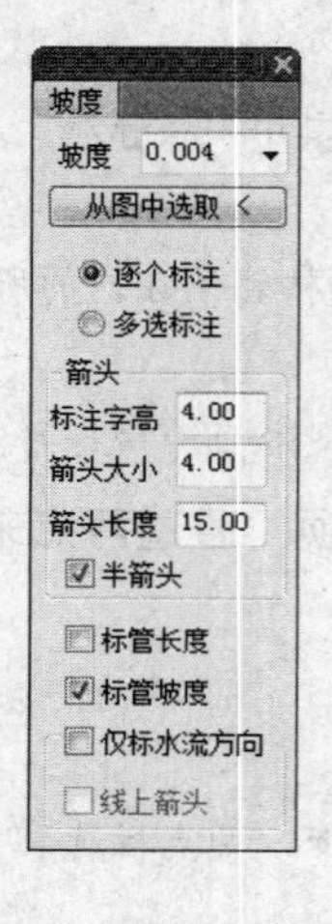

图 9-24　【坡度】对话框

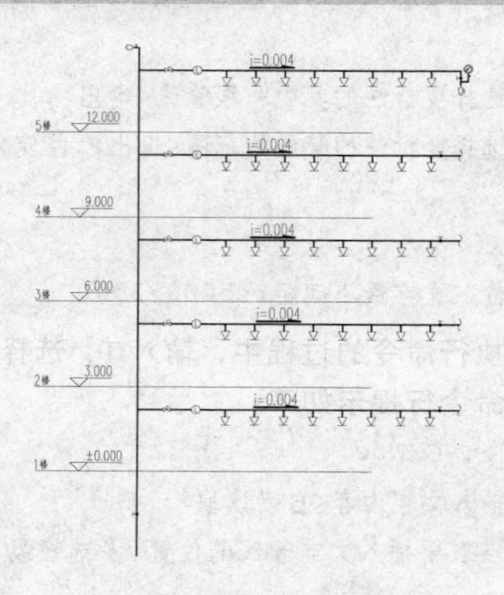

图 9-25　标注坡度

9.9 多管管径

调用多管管径命令，可以多选管径来统计绘制管径标注。如图 9-26 所示为多管管径命令的操作结果。

多管管径命令的执行方式有：

➢ 命令行：输入 GJBZ 命令按回车键。

➢ 菜单栏：单击“专业标注”→“多管管径”命令。

下面以图 9-26 所示的多管管径结果为例，介绍调用多管管径命令的方法。

[01] 按 Ctrl+O 组合键，打开配套光盘提供的“第 9 章/9.9　多管管径.dwg”素材文件，结果如图 9-27 所示。

[02] 输入 GJBZ 命令按回车键，系统弹出如图 9-28 所示的【管径】对话框，在其中单击“自动读取”按钮。

[03] 同时命令行提示如下：

```
命令：GJBZ↙
请选取要标注管径的管线(多选，标注在管线中间)<退出>:找到 1 个
请选取要标注管径的管线(多选，标注在管线中间)<退出>:找到 1 个，总计 2 个
请选取要标注管径的管线(多选，标注在管线中间)<退出>:找到 1 个，总计 3 个
//分别点取待标注的管线，按回车键即可完成管径的标注，结果如图 9-26 所示。
```

图 9-26　多管管径　　　　图 9-27　打开素材

【管径】对话框中功能选项的含义如下：

- “常用管径”选项组：在该选项组下系统提供了十种常用管径按钮，单击其中一个管径参数按钮，即可按该管径参数为指定的管线绘制标注。
- “自动读取”按钮：单击该按钮，则系统可自动读取所选管线的管径并进行标注。
- “删除标注”按钮：单击该按钮，可以将选中的管径标注删除。
- “字高”选项：在文本框中可以定义标注文字的大小，可单击文本框右边的调整按钮或者自行在文本框中定义参数。
- “类型”按钮：单击该按钮，系统弹出如图 9-29 所示的【定义各管材标注前缀】对话框；在其中可以选择管材的标注前缀，单击选中其中的一个管材，即可在对话框右下角的“标注类型”文本框中显示，单击“修改类型”按钮，即可完成管材前缀的修改。

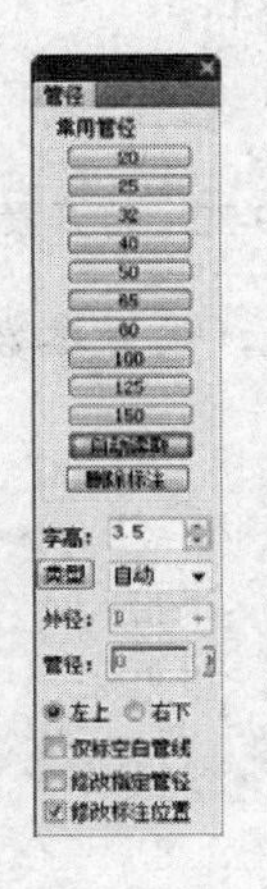

图 9-28　【管径】对话框

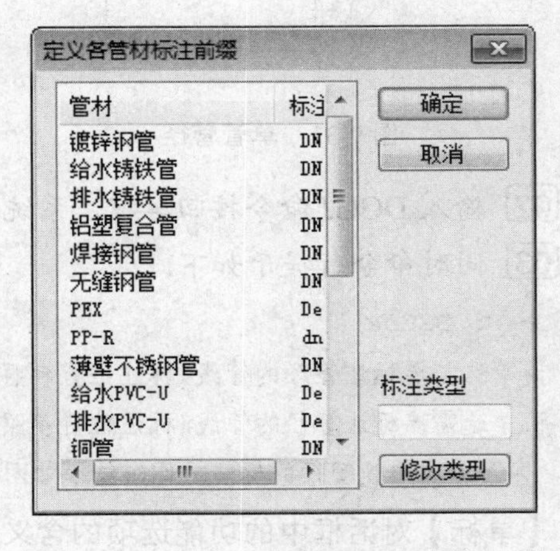

图 9-29　【定义各管材标注前缀】对话框

- “管径”选项：单击系统所提供的各管径标注按钮，则其相应的管径参数会显示

在该选项文本框中；单击文本框右边的按钮，在弹出的列表中也可选定系统所定义的三种管径。

➢ “标注位置”选项组：系统提供了两种标注位置，分别是左上、右下。单击选中其中的一种，即可按照给定的位置在管线上绘制管径标注。

➢ “仅标空白管线”选项：勾选该选项，则只能在没有类型代号的管线上绘制管径标注；如图 9-30 所示为不能绘制标注的管线。

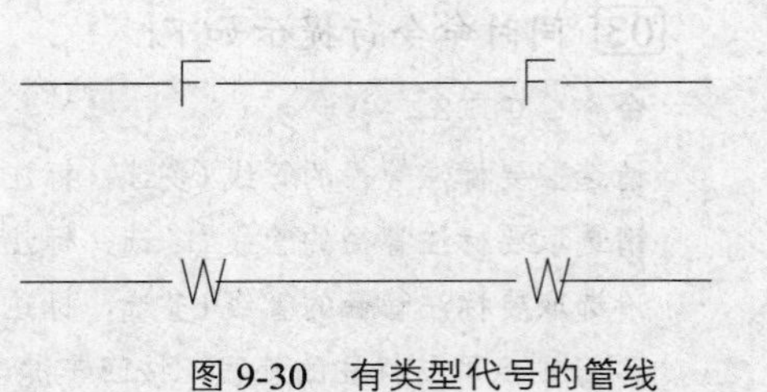

图 9-30　有类型代号的管线

9.10 单管管径

调用单管管径命令，可以单选管线，并标注管径。如图 9-31 所示为单管管径命令的操作结果。

单管管径命令的执行方式有：

➢ 命令行：输入 DGGJ 命令按回车键。

➢ 菜单栏：单击“专业标注”→“单管管径”命令。

下面以图 9-31 所示的单管管径结果为例，介绍调用单管管径命令的方法。

01 按 Ctrl+O 组合键，打开配套光盘提供的“第 9 章/ 9.10　单管管径.dwg”素材文件，结果如图 9-32 所示。

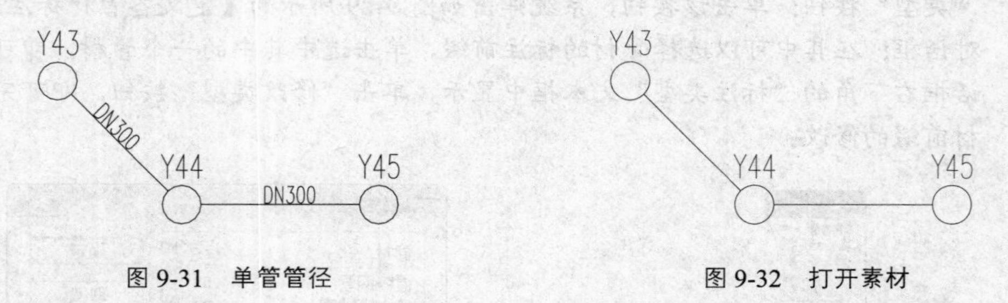

图 9-31　单管管径　　　　图 9-32　打开素材

02 输入 DGGJ 命令按回车键，系统弹出【单标】对话框，设置参数如图 9-33 所示。

03 同时命令行提示如下：

命令：DGGJ↙

请单选需要标注管径的管线（标注位置参照光标与管线的相对位置）<退出>:

请单选需要标注管径的管线（标注位置参照光标与管线的相对位置）<退出>:　　//点取待标注的管线，即可完成单管管径的标注操作，结果如图 9-31 所示。

【单标】对话框中的功能选项的含义如下：

➢ “历史记录”列表框：在该列表框中存储前几次的管径标注记录，同时也可选择其中的某项进行标注。

➢ “删除记录”按钮：选中“历史记录”列表框中的管径标注记录，单击该按钮，即可将该标注记录删除。

➢ 在【单标】对话框中的“标注样式”选项组下，系统提供了几种标注样式供用户选择；单击标注样式的预览框，即可使用该样式绘制管径标注，如图 9-34 所示。

图 9-33 【单标】对话框

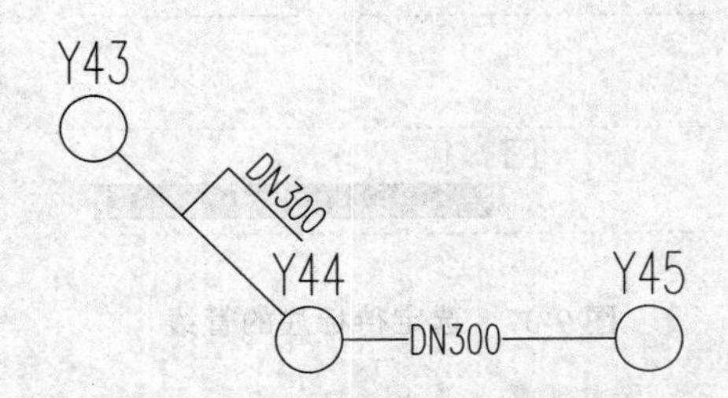

图 9-34 绘制管径标注

9.11 多管标注

调用多管标注命令，可以在选定的多根立管和管线上标注编号和管径。如图 9-35 所示为多管标注命令的操作结果。

多管标注命令的执行方式有：

➢ 命令行：输入 DGBZ 命令按回车键。

➢ 菜单栏：单击“专业标注”→“多管标注”命令。

下面以图 9-35 所示的多管标注结果为例，介绍调用多管标注命令的方法。

01 按 Ctrl+O 组合键，打开配套光盘提供的“第 9 章/ 9.11 多管标注.dwg”素材文件，结果如图 9-36 所示。

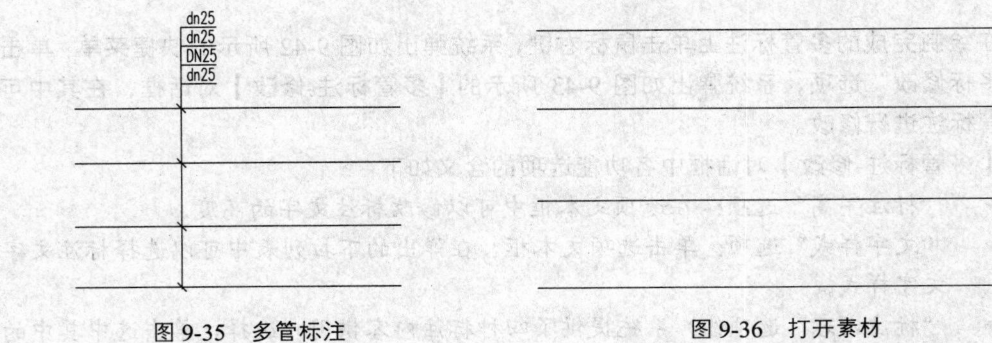

图 9-35 多管标注　　图 9-36 打开素材

02 输入 DGBZ 命令按回车键，命令行提示如下：

命令：DGBZ↙

请选择需要标注的管线或立管：<退出>指定对角点：找到 4 个 //选定待标注的管线，如图 9-37 所示。

确定一直线的起点与终点

用该直线与待标注的管线（可以是多根）相交

起点： //指定起点，如图 9-38 所示。

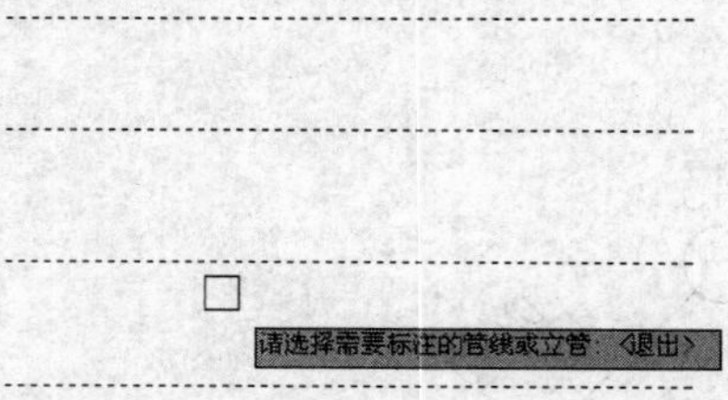

图 9-37 选定待标注的管线

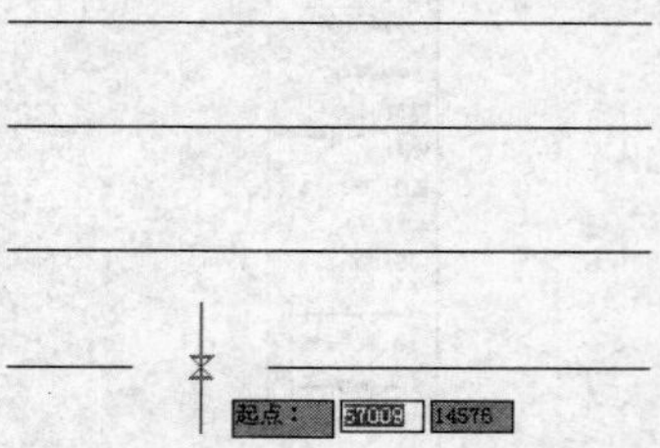

图 9-38 指定起点

终点： //指定终点，如图 9-39 所示

进行管径标注[标高标注(E)/管径、标高同时标注(F)]<管径标注>

//按回车键，默认进行管径标注，如图 9-40 所示。

请给出标注点<退出>： //点取标注点，如图 9-41 所示；单击鼠标左键，完成多管标注命令的操作结果如图 9-35 所示。

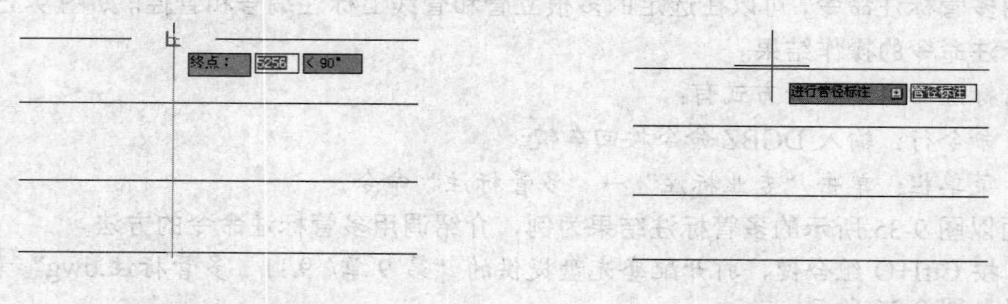

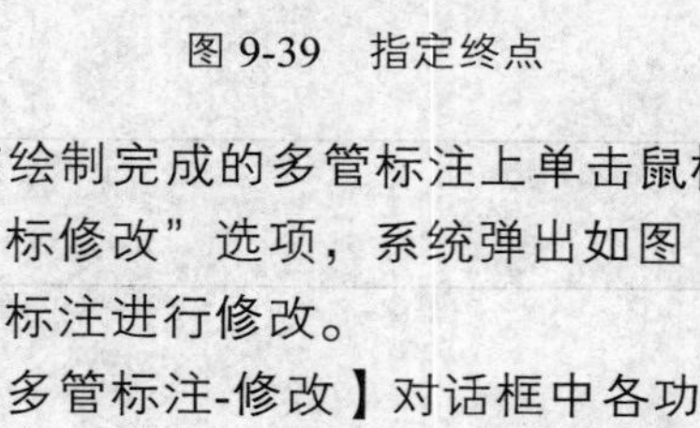

图 9-39 指定终点

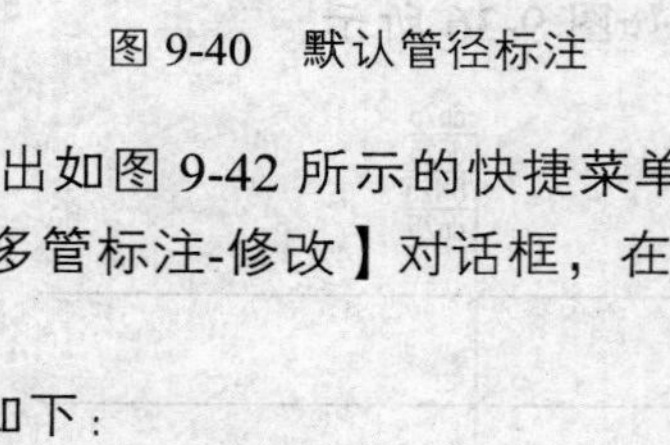

图 9-40 默认管径标注

在绘制完成的多管标注上单击鼠标右键，系统弹出如图 9-42 所示的快捷菜单；单击选中“多标修改”选项，系统弹出如图 9-43 所示的【多管标注-修改】对话框，在其中可以对多管标注进行修改。

【多管标注-修改】对话框中各功能选项的含义如下：

- “标注字高”选项：在选项文本框中可以修改标注文字的高度。
- “文字样式”选项：单击选项文本框，在弹出的下拉列表中可以选择标注文字的文字样式。
- “标注内容”选项组：系统提供了四种标注内容供用户选择，单击选中其中的一种，即可在执行多管标注命令的时候，绘制所指定的标注类型。

- ➢ “新增”按钮：单击该按钮，可在绘图区中选择管线以绘制该管线的标注。
- ➢ “删除”按钮：单击该按钮，可以删除选定的某管线标注。
- ➢ “定位”按钮：单击该按钮，可以在绘图区中查看被指定的管线的位置。例如在对话框中指定编号为 1 的管线，单击该按钮后，则系统会自动隐藏对话框，在绘图区中编号为 1 的管线会自动亮显。

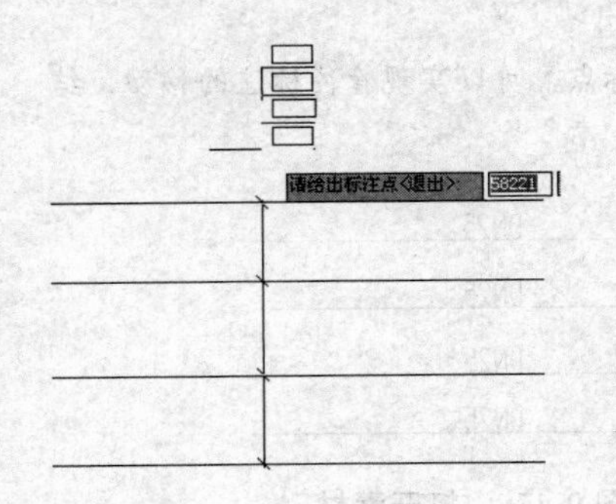

多标修改
多管标注
多管管径
更改管径

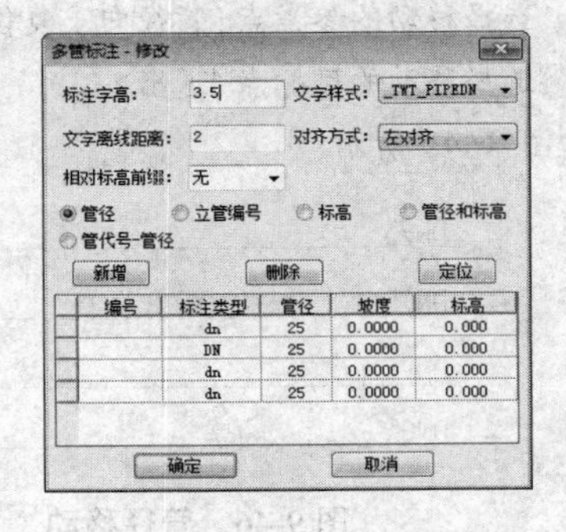

图 9-41　点取标注点　　图 9-42　快捷菜单　　图 9-43　【多管标注—修改】对话框

在执行命令的过程中，当命令行提示“进行管径标注[标高标注(E)/管径、标高同时标注(F)]<管径标注>”时；输入 E，可以标注所选管线的标高，如图 9-44 所示。

在执行命令的过程中，当命令行提示“进行管径标注[标高标注(E)/管径、标高同时标注(F)]<管径标注>”时；输入 F，可以标注所选管线的管径和标高，如图 9-45 所示。

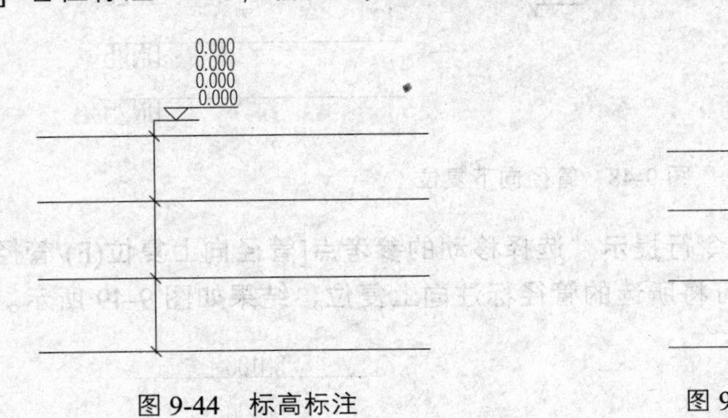

图 9-44　标高标注

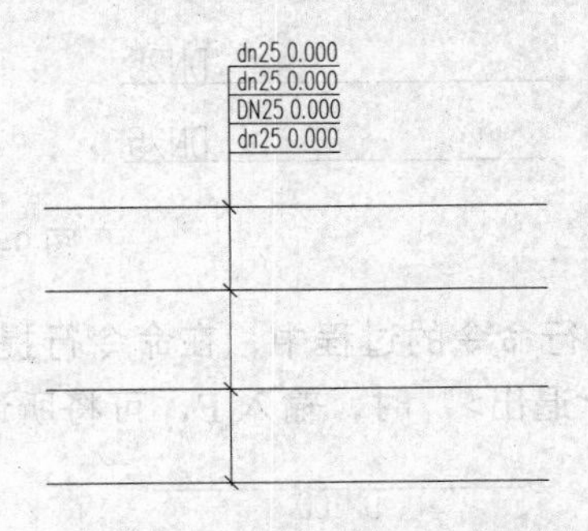

图 9-45　管径、标高同时标注

9.12 管径移动

调用管径移动命令，可以支持批量管线的管径标注移动、复位。如图 9-46 所示为管径移动命令的操作结果。

管径移动命令的执行方式有：

- ➢ 命令行：输入 GJYD 命令按回车键。
- ➢ 菜单栏：单击“专业标注”→“管径移动”命令。

下面以图 9-46 所示的管径移动结果为例，介绍调用管径移动命令的方法。

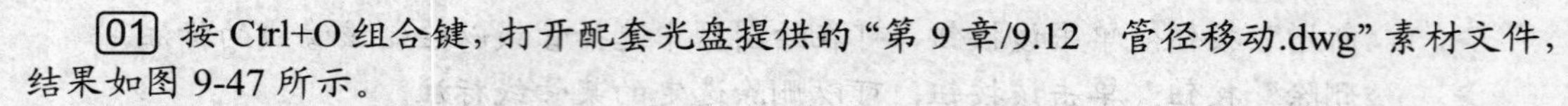

01 按 Ctrl+O 组合键，打开配套光盘提供的“第 9 章/9.12　管径移动.dwg”素材文件，结果如图 9-47 所示。

02 输入 GJYD 命令按回车键，命令行提示如下：

```
命令：GJYD↙
请选择需要移动管径标注的管线：<退出>指定对角点：找到 4 个
选择移动的参考点[管径向上复位(F)/管径向下复位(R)]<退出>
选择移动的目标点<退出>                    //指定参考点和目标点，可以实现管径标注的移动，结果如图 9-46 所示。
```

图 9-46　管径移动

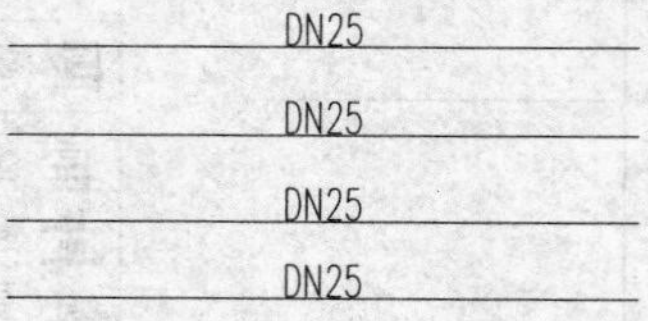

图 9-47　打开素材

在执行命令的过程中，在命令行提示“选择移动的参考点[管径向上复位(F)/管径向下复位(R)]<退出>”时，输入 R，可将所选的管径标注向下复位，结果如图 9-48 所示。

图 9-48　管径向下复位

在执行命令的过程中，在命令行提示“选择移动的参考点[管径向上复位(F)/管径向下复位(R)]<退出>”时，输入 F，可将所选的管径标注向上复位，结果如图 9-49 所示。

图 9-49　管径向上复位

9.13 标注镜像

调用标注镜像命令，可以对管道坡度、管长标注沿管道镜像。

标注镜像命令的执行方式有：

- 命令行：输入 BZJX 命令按回车键。
- 菜单栏：单击“专业标注”→“标注镜像”命令。

下面以图 9-50 所示的标注镜像结果为例，介绍调用标注镜像命令的方法。

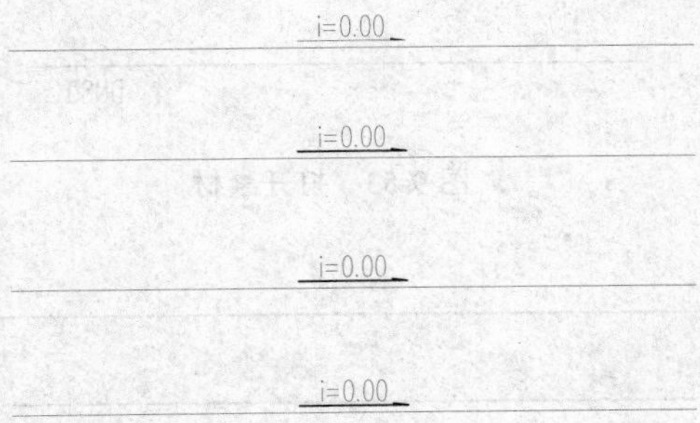

i=0.00
i=0.00
i=0.00
i=0.00

图 9-50　标注镜像

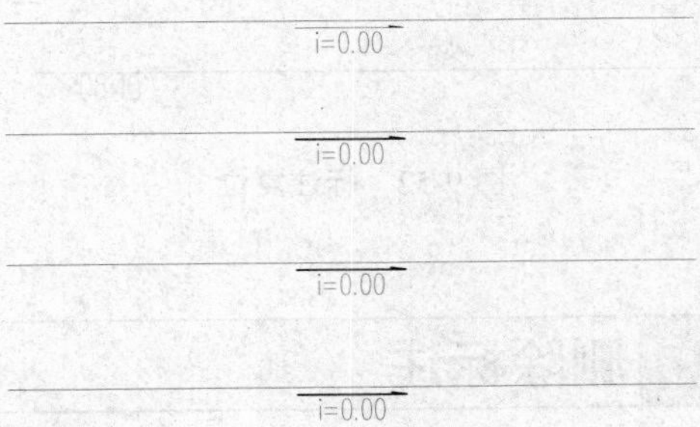

i=0.00
i=0.00
i=0.00
i=0.00

图 9-51　打开素材

01 按 Ctrl+O 组合键，打开配套光盘提供的“第 9 章/ 9.13　标注镜像.dwg”素材文件，结果如图 9-50 所示。

02 输入 BZJX 命令按回车键，命令行提示如下：

```
命令：BZJX↙
请选择要改变镜像标注的管线:<退出>指定对角点：找到 4 个
                //选择管线，按回车键即可完成镜像操作，结果如图 9-51 所示。
```

9.14 标注复位

因更改比例等而导致管径、坡度、井编号等标注位置的变化，调用标注复位命令可以使标注回到默认的位置。如图 9-52 所示为标注复位命令的操作结果。

标注复位命令的执行方式有：

- 命令行：输入 BZFW 命令按回车键。
- 菜单栏：单击“专业标注”→“标注复位”命令。

下面以图 9-52 所示的标注复位结果为例，介绍调用标注复位命令的方法。

01 按 Ctrl+O 组合键，打开配套光盘提供的“第 9 章/ 9.14　标注复位.dwg”素材文件，结果如图 9-53 所示。

02 输入 BZFW 命令按回车键，命令行提示如下：

```
命令：BZFW↙
请选择要复位的管径标注、坡度标注，井标注:<退出>指定对角点：找到 4 个　　//框选待标注复位的管径标注，按回车键即可完成操作，结果如图 9-52 所示。
```

DN80

DN80

DN80

DN80

图 9-52　标注复位

DN80

DN80

DN80

DN80

图 9-53　打开素材

9.15 删除标注

调用删除标注命令，可以删除指定的标注类型。

删除标注命令的执行方式有：

- 命令行：输入 SCBZ 命令按回车键。
- 菜单栏：单击“专业标注”→“删除标注”命令。

输入 SCBZ 命令按回车键，系统弹出【删除标注】对话框；在其中勾选待删除的标注类型，如图 9-54 所示。

同时命令行提示如下：

```
命令： SCBZ↙
请选择要删除的标注:<退出>找到 1 个                    //选择待删除的标注，按回车键即可完成标注的删除操作。
```

9.16 单注标高

调用单注标高命令，可一次绘制一个标高，一般用于平面标高标注。如图 9-55 所示为单注标高命令的操作结果。

单注标高命令的执行方式有：

- 命令行：输入 DZBG 命令按回车键。
- 菜单栏：单击“专业标注”→“单注标高”命令。

下面以图 9-55 所示的单注标高结果为例，介绍调用单注标高命令的方法。

输入 DZBG 命令按回车键，系统弹出【单注标高】对话框，设置参数如图 9-56 所示。同时命令行提示如下：

```
命令： DZBG↙
请点取标高点或 [参考标高(R)]<退出>:                    //点取标高点；
请点取引出点:<不引出>                                  //水平移动鼠标点取引出点；
```

请点取标高方向<当前>: //单击点取标高方向，绘制标高标注的结果如图 9-55 所示。

图 9-54 【删除标注】对话框

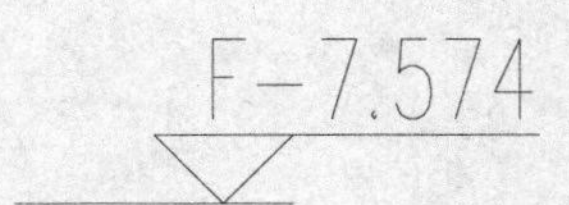

图 9-55 单注标高

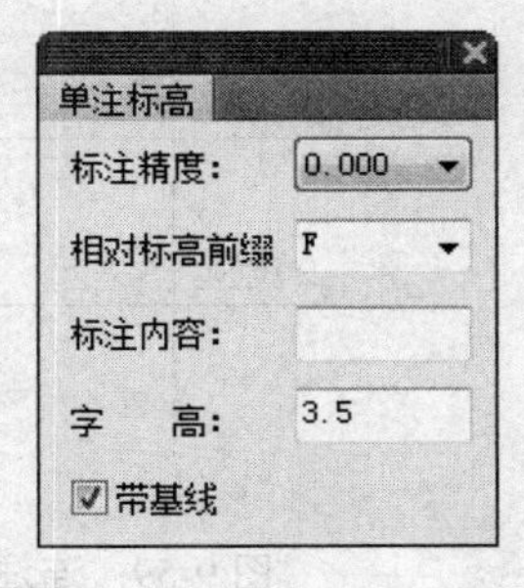

图 9-56 【单注标高】对话框

双击绘制完成的标高标注，系统弹出如图 9-57 所示的【标高标注】对话框，在其中可以修改标高标注的各项参数，包括标注文字和标注样式等。

双击标高标注的标注文字，可进入在位编辑状态，在其中可修改标高标注的文字，如图 9-58 所示。

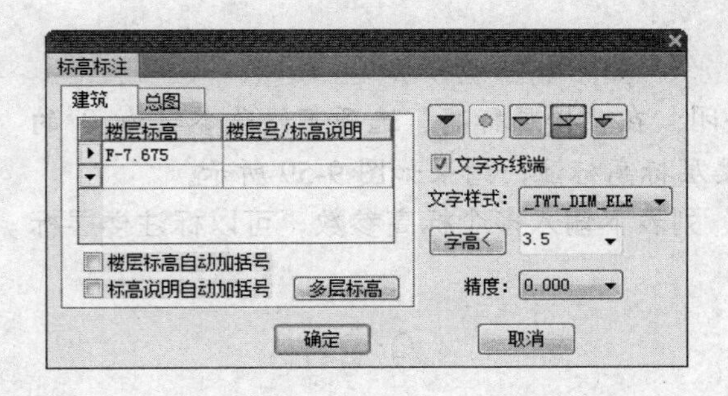

图 9-57 【标高标注】对话框

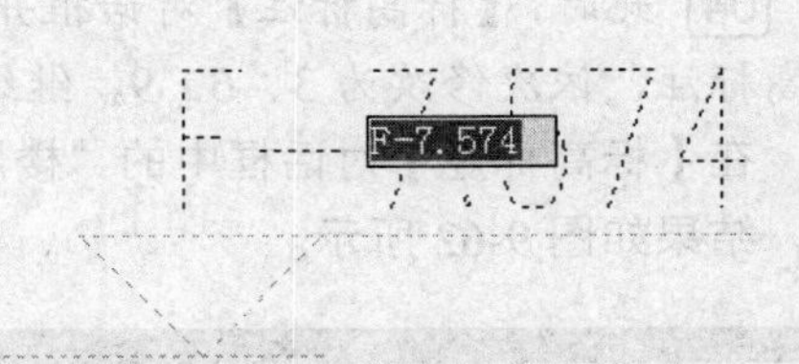

图 9-58 修改单注标高文字

9.17 连注标高

调用连注标高命令，可以连续标注标高，通常用于立剖面标高标注。如图 9-59 所示为连注标高命令的操作结果。

连注标高命令的执行方式有：

➢ 菜单栏：单击“专业标注”→“连注标高”命令。

下面以图 9-59 所示的连注标高结果为例，介绍调用连注标高命令的方法。

01 按 Ctrl+O 组合键，打开配套光盘提供的“第 9 章/ 9.17 连注标高.dwg”素材文

件，结果如图 9-60 所示。

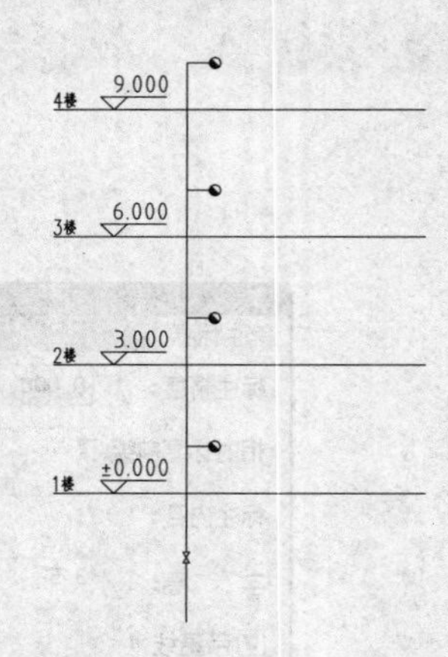

图 9-59　连注标高

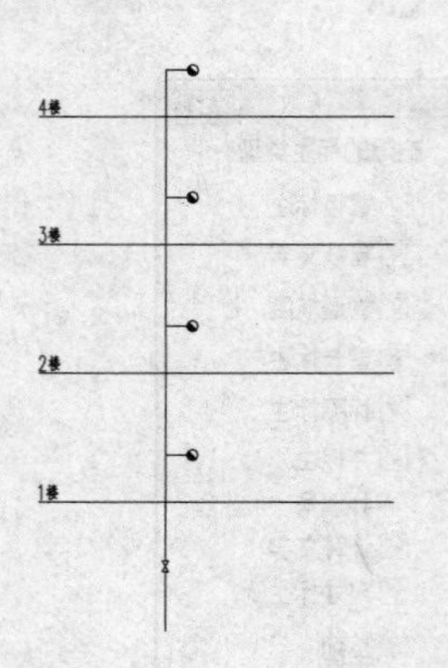

图 9-60　打开素材

02 单击“专业标注”→“连注标高”命令，系统弹出【标高标注】对话框；勾选“手工输入”复选框，在“楼层标高”选项下输入标高参数，如图 9-61 所示。

03 同时命令行提示如下：

```
命令：T98_TMElev
请点取标高点或 [参考标高(R)]<退出>:
请点取标高方向<退出>:
点取基线位置<退出>:                    //分别点取标高的各个点，即可完成标高标注。
```

04 此时，【标高标注】对话框并没有关闭；在“楼层标高”选项下修改参数为 0 的标高标注，依次修改为 3、6、9，继续绘制楼层标高标注，结果如图 9-59 所示。

在【标高标注】对话框中的“楼层标高”列表下输入多个标高参数，可以标注楼层标高，结果如图 9-62 所示。

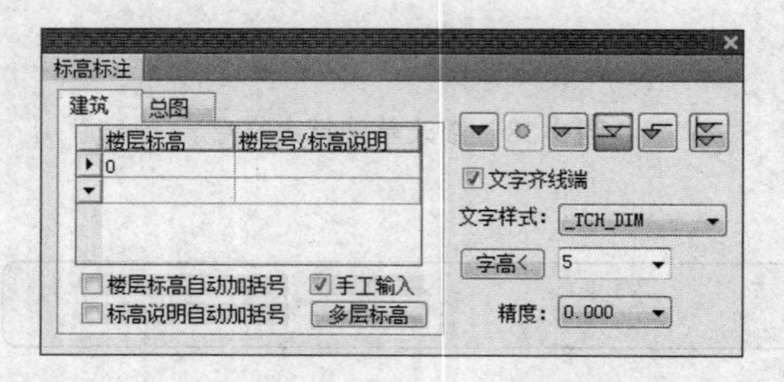

图 9-61　【标高标注】对话框

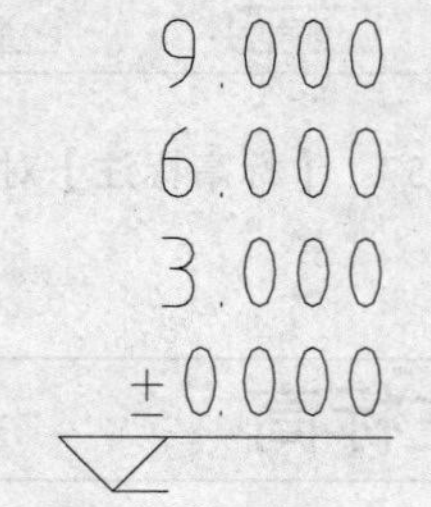

图 9-62　绘制多个标高

9.18 注坐标点

调用注坐标点命令，可以在总平面图上标注测量坐标或者施工坐标，取值则根据世界坐标或者当前用户坐标 UCS。如图 9-63 所示为注坐标点命令的操作结果。

注坐标点命令的执行方式有：

➢ 菜单栏：单击“专业标注”→“注坐标点”命令。

下面以图 9-63 所示的注坐标点结果为例，介绍调用注坐标点命令的方法。

01 按 Ctrl+O 组合键，打开配套光盘提供的“第 9 章/ 9.18 注坐标点.dwg”素材文件，结果如图 9-64 所示。

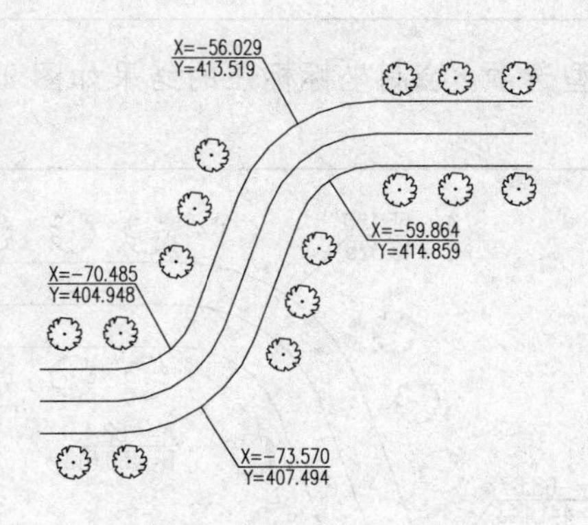

图 9-63 注坐标点

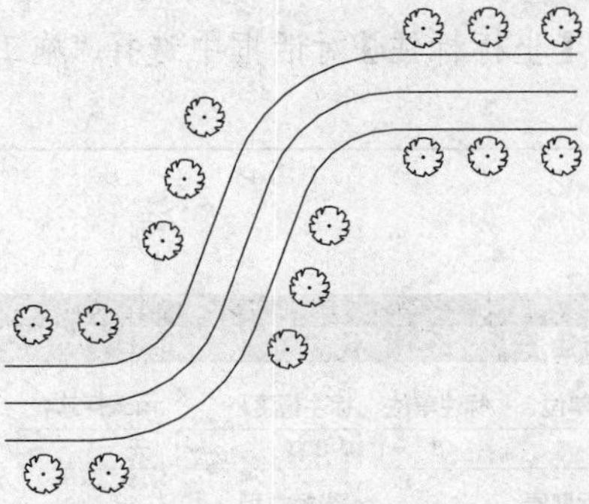

图 9-64 打开素材

02 单击“专业标注”→“注坐标点”命令，命令行提示如下：

命令：T98_TCoord

当前绘图单位:mm,标注单位:M;以世界坐标取值;北向角度 90 度

请点取标注点或 [设置(S)\批量标注(Q)]<退出>: //输入 S，系统弹出【坐标标注】对话框，设置参数如图 9-65 所示。

请点取标注点<退出>: //单击“确定”按钮，关闭对话框并在绘图区中点取标注点。

点取坐标标注方向<退出>: //指定标注方向即可完成坐标标注，结果如图 9-63 所示。

【坐标标注】对话框中功能选项的含义如下：

➢ “绘图单位 标注单位”选项：在选项文本框中提供了 mm、m 的单位标注，在选框的下拉列表中可以选择所需要的选项进行坐标标注。

➢ “标注精度”选项：单击选项文本框，在弹出的下拉列表中可以选定系统所给予的精度选项。

➢ “箭头样式”选项：系统提供了四种样式，分别是无、箭头、圆点和十字。单击选项文本框，在弹出的下拉列表中可选择指定的箭头样式。

➢ “坐标取值”选项组：系统提供了三种坐标取值方式，分别是世界坐标、用户坐标和场地坐标。单击即可选中其中的一种坐标取值方式，在同一个 dwg 图中不得使用三种坐标系统进行坐标标注。

➢ “坐标类型”选项组：系统提供了两种类型的坐标标注方式，分别是测量坐标和施工坐标。单击其中一个选项，在选项右边可预览该标注样式。

➢ “设置坐标系”按钮：单击该按钮，可通过在绘图区中输入坐标值来定义坐标点。

➢ “选指北针”按钮：单击该按钮，可以在绘图区中选择已绘制的指北针，则系统可以它的指向为 X（A）方向标注新的坐标点。

➢ “固定角度”选项：勾选选项前的复选框，可以在后面的文本框中定义坐标标注的引线的角度。

提示

在【坐标标注】对话框中选择“施工坐标”类型选项，绘制坐标标注的结果如图 9-66 所示。

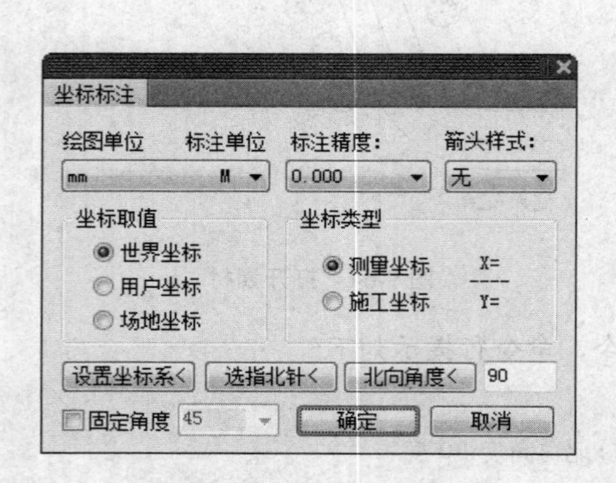

图 9-65 【坐标标注】对话框

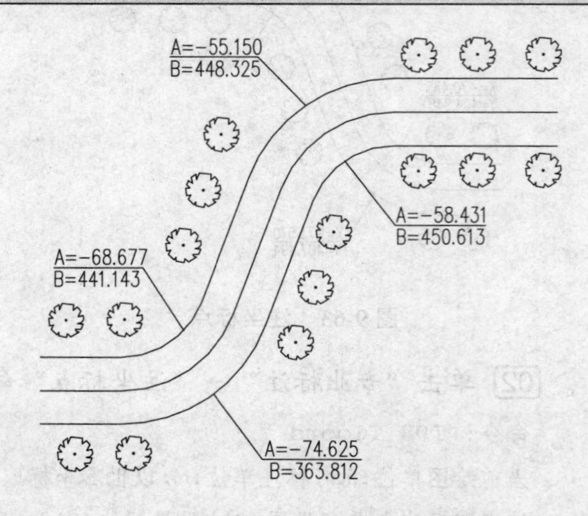

图 9-66 施工坐标

9.19 箭头引注

调用箭头引注命令，可以绘制带有箭头的引出标注，多用于楼梯方向线，新增半箭头用于国标的坡度符号。如图 9-67 所示为箭头引注命令的操作结果。

箭头引注命令的执行方式有：

➢ 菜单栏：单击“专业标注”→“箭头引注”命令。

下面以图 9-67 所示的箭头引注结果为例，介绍调用箭头引注命令的方法。

01 按 Ctrl+O 组合键，打开配套光盘提供的“第 9 章/ 9.19 箭头引注.dwg”素材文件，结果如图 9-68 所示。

02 单击“专业标注”→“箭头引注”命令，系统弹出【箭头引注】对话框，设置参数如图 9-69 所示。

03 同时命令行提示如下：

```
命令: T98_TArrow
箭头起点或 [点取图中曲线(P)/点取参考点(R)]<退出>:                //点取箭头的起点。
```

直段下一点或 [弧段(A)/回退(U)]<结束>: //点取箭头的终点，绘制箭头引出的结果如图 9-70 所示。

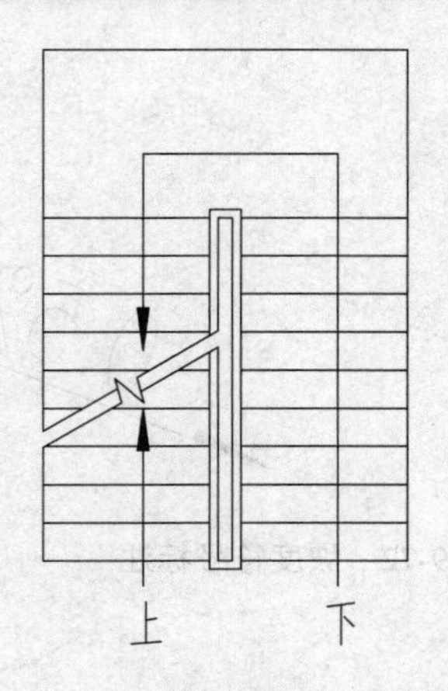

图 9-67 箭头引注

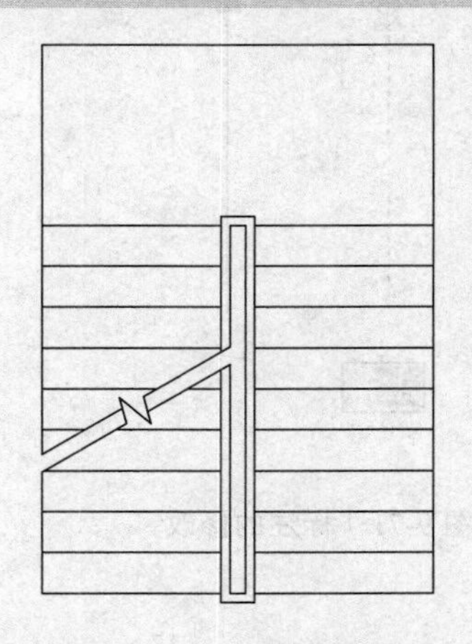

图 9-68 打开箭头引注素材

04 重复操作，继续绘制箭头引注，结果如图 9-67 所示。

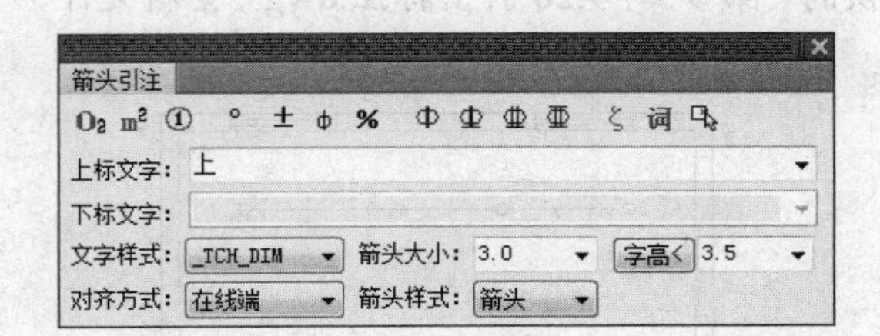

图 9-69 【箭头引注】对话框

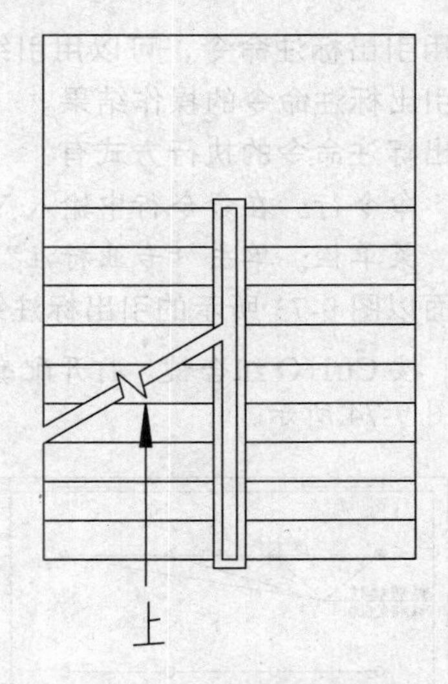

图 9-70 箭头引注绘制结果

在执行命令的过程中，输入 P，选择“点取图中曲线(P)”选项；可点取图中已绘制的曲线作为箭头引线。

在绘制完成的箭头引注上双击标注文字，可进入在位编辑状态；输入修改的文字后，按回车键即可完成标注的修改，结果如图 9-71 所示。

在位编辑操作还可以绘制符号标注，按回车键可结束标注，结果如图 9-72 所示。

双击箭头引线，可以弹出【箭头引注】对话框，在其中可以修改标注的参数，包括文字的大小、标注位置、箭头样式等。

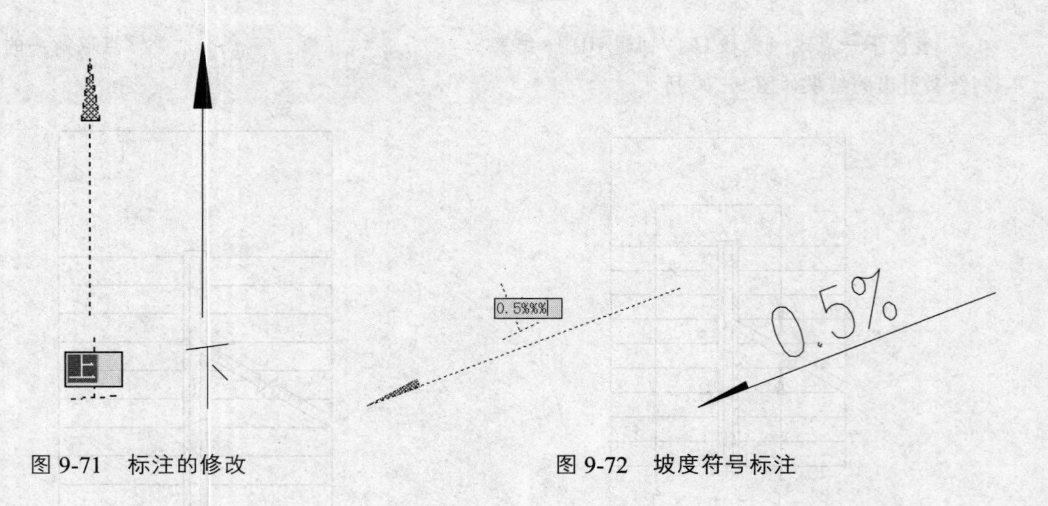

图 9-71　标注的修改　　　　图 9-72　坡度符号标注

9.20 引出标注

调用引出标注命令，可以用引线引出来对多个标注点做同一内容的标注。如图 9-73 所示为引出标注命令的操作结果。

引出标注命令的执行方式有：

➢ 命令行：在命令行中输入 YCBZ 命令按回车键。

➢ 菜单栏：单击“专业标注”→“引出标注”命令。

下面以图 9-73 所示的引出标注结果为例，介绍调用引出标注命令的方法。

01 按 Ctrl+O 组合键，打开配套光盘提供的“第 9 章/ 9.20 引出标注.dwg”素材文件，结果如图 9-74 所示。

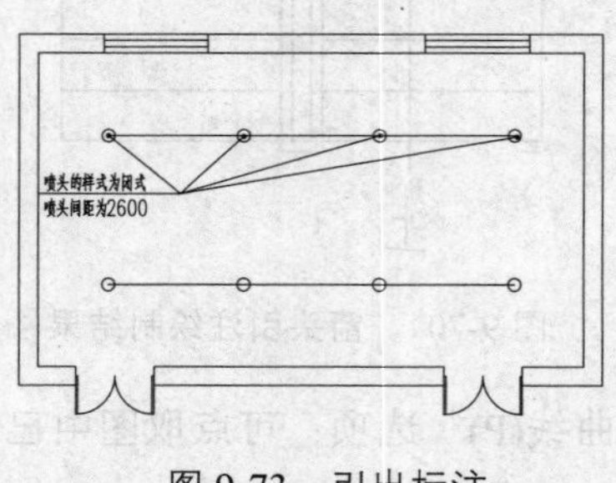

图 9-73　引出标注

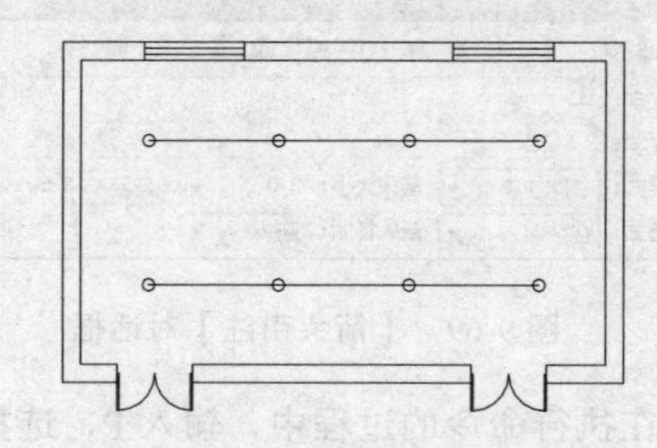

图 9-74　打开引出标注素材

02 在命令行中输入 YCBZ 命令按回车键，系统弹出【引出标注】对话框，设置参数如图 9-75 所示。

03 同时命令行提示如下：

```
命令： YCBZ↙
请给出标注第一点<退出>:
输入引线位置或 [更改箭头型式(A)]<退出>:
```

```
点取文字基线位置<退出>:    //指定文字基线位置即可完成其中一个点的引出标注。
输入其他的标注点<结束>:
输入其他的标注点<结束>:    //继续指定其他标注点，完成引出标注的结果如图 9-73 所示。
```

【引出标注】对话框中功能选项的含义如下：

- "上标注文字"选项：在文本框中定义位于标注引线上的标注文字，在下一次调用该命令时，可显示上一次指定的标注文字，也可在该选项的下拉列表中选择曾定义过的标注文字。
- "箭头样式"选项：在下拉列表中可以选择系统所提供的箭头样式。
- "系统类别"选项：单击该选项文本框，在弹出的下拉列表中可以选择标注的系统，有给水系统、污水系统等。
- "引出多线"选项：勾选该选项，在执行引出标注命令的时候，可以对多个标注点绘制引线；取消勾选则只能绘制一个点的引出标注。
- "文字相对基线对齐方式"选项：单击选项文本框，在弹出的下拉列表中选定系统给予的三种对齐方式的其中一种。

双击绘制完成的引出标注，系统弹出如图 9-76 所示的【引出标注】对话框；在其中可以修改引出标注的各项参数，其中，单击"引出多线"按钮，可以为该引出标注添加标注点。

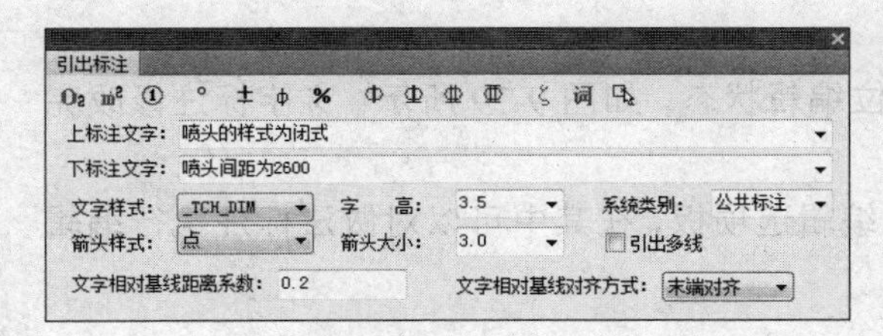

图 9-75 【引出标注】对话框

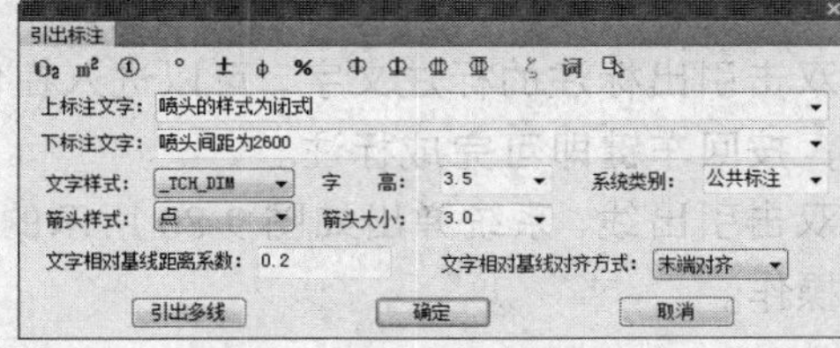

图 9-76 修改参数

9.21 多线引出

调用多线引出命令，可以标注工程做法。如图 9-77 所示为多线引出命令的操作结果。

多线引出命令的执行方式有：

- 菜单栏：单击"专业标注"→"多线引出"命令。

下面以图 9-77 所示的多线引出结果为例，介绍调用多线引出命令的方法。

01 单击"专业标注"→"多线引出"命令，系统弹出【做法标注】对话框，在对话框中输入标注文字，结果如图 9-78 所示。

02 同时命令行提示如下：

```
命令: T98_TComposing
请给出标注第一点<退出>:
请给出文字基线位置<退出>:
```

请给出文字基线方向和长度<退出>:　　　　　　　　　　　　//分别指定标注的各个点，绘制多线引出标注的结果如图 9-77 所示。

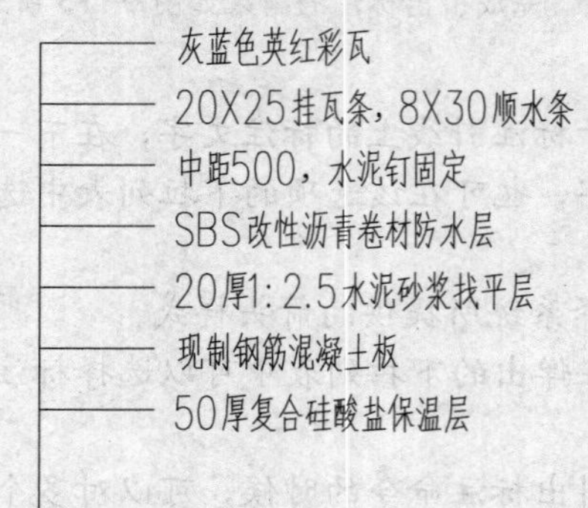

图 9-77　多线引出

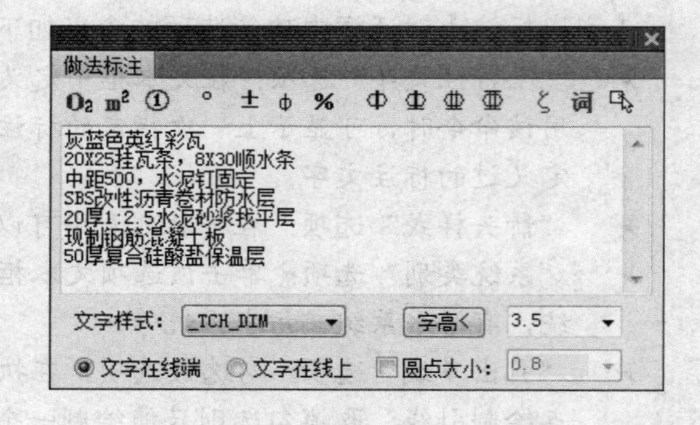

图 9-78　【做法标注】对话框

【做法标注】对话框中功能选项的含义如下：

➢ “文字在线端”选项：选定该项，则文字内容标注在文字基线线端，一般用于建筑图。

➢ “文字在线上”选项：选定该项，则文字内容标注在文字基线上，并可按基线长度自动换行，一般用于装修图。

双击引出标注的标注文字，可以进入在位编辑状态，如图 9-79 所示；文字标注修改完成后，按回车键即可完成标注。

双击引出线，系统弹出如图 9-80 所示的编辑选项板，在其中可以对做法标注执行编辑修改操作。

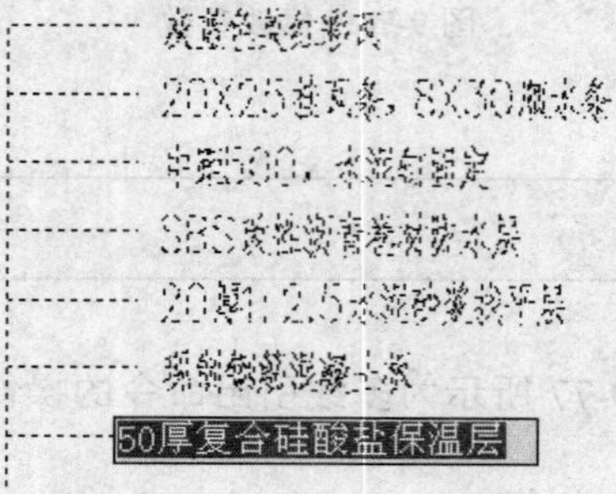

灰蓝色英红彩瓦
20X25挂瓦条，8X30顺水条
中距500，水泥钉固定
SBS改性沥青卷材防水层
20厚1:2.5水泥砂浆找平层
现制钢筋混凝土板
50厚复合硅酸盐保温层

图 9-79　在位编辑状态

图 9-80　编辑选项板

9.22 画指北针

调用画指北针命令，可以绘制符合国标规定的指北针符号，并可在绘制的过程中自定义指北针符号。如图 9-81、图 9-82 所示为画指北针命令的操作结果。

画指北针命令的执行方式有：

➢ 菜单栏：单击“专业标注”→“画指北针”命令。

下面以图 9-81 所示的画指北针结果为例，介绍调用画指北针命令的方法。

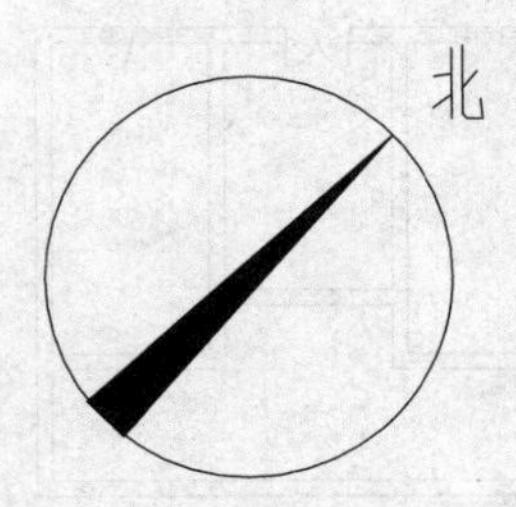

图 9-81　45° 绘制

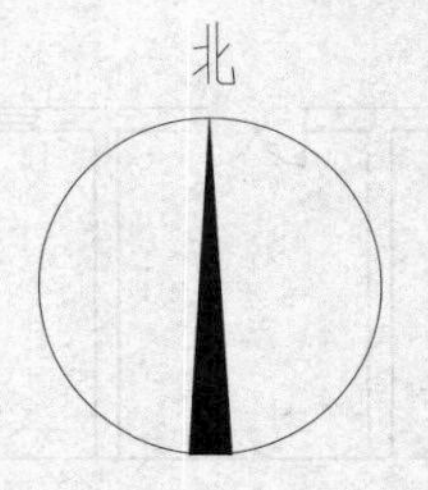

图 9-82　90° 绘制

01 单击“专业标注”→“画指北针”命令，命令行提示如下：

```
命令：T98_TNorthThumb
指北针位置<退出>:                //指定指北针的位置，如图 9-83 所示。
指北针方向<90.0>:                //指定指北针的角度，如图 9-84 所示；单击鼠标即可结束
绘制，结果如图 9-81 所示。
```

02 直接按回车键，可以绘制角度为 90° 的指北针，结果如图 9-82 所示。

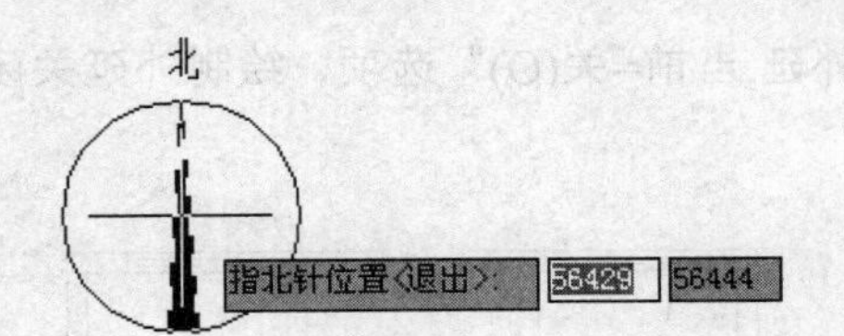

图 9-83　指定指北针的位置

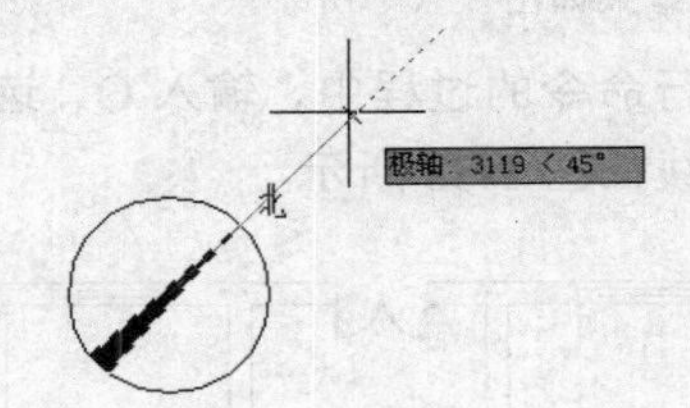

图 9-84　指定指北针的角度

9.23 加折断线

调用加折断线命令，可以在图中加入符合制图规范的折断线，可依照当前的比例，在选择对象的时候更新其大小。如图 9-85 所示为加折断线命令的操作结果。

加折断线命令的执行方式有：

➢ 菜单栏：单击“专业标注”→“加折断线”命令。

下面以图 9-85 所示的加折断线结果为例，介绍调用加折断线命令的方法。

01 按 Ctrl+O 组合键，打开配套光盘提供的“第 9 章/ 9.23 加折断线.dwg”素材文件，结果如图 9-86 所示。

02 单击“专业标注”→“加折断线”命令，命令行提示如下：

```
命令：T98_TRupture
```

点取折断线起点<退出>:

点取折断线终点或 [折断数目,当前=1(N)/自动外延,当前=开(O)]<退出>: //分别指定折断线的起点和终点，完成折断线的绘制结果如图 9-85 所示。

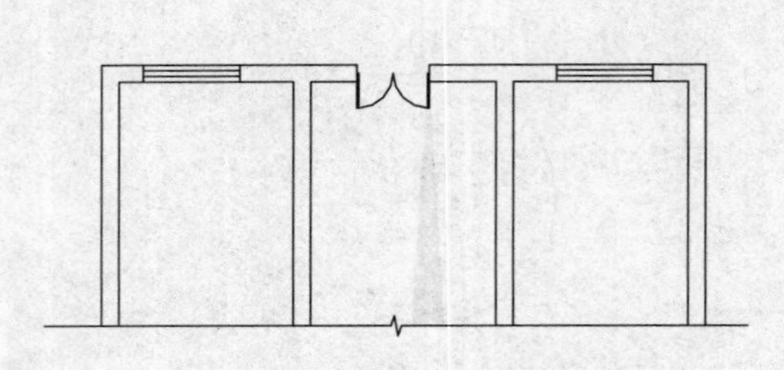

图 9-85 加折断线

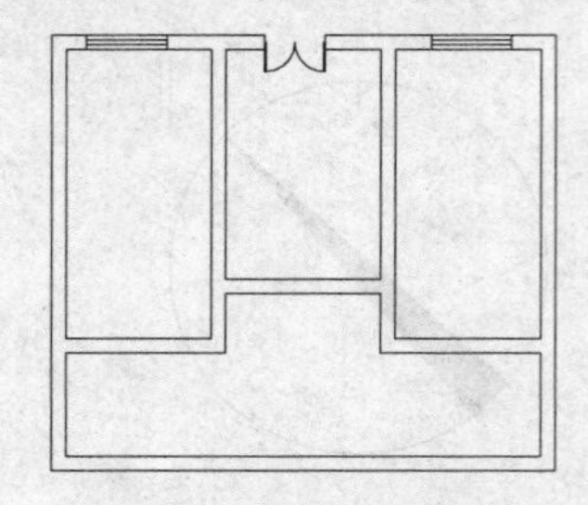

图 9-86 打开加折断线素材

在执行命令的过程中，输入 N，选择“折断数目,当前=1(N)”选项，命令行提示如下：

命令：T98_TRupture

点取折断线起点<退出>:

点取折断线终点或 [折断数目,当前=1(N)/自动外延,当前=关(O)]<退出>: N

折断数目<1>:2 //定义折断数目。

点取折断线终点或 [折断数目,当前=2(N)/自动外延,当前=关(O)]<退出>: //点取折断线的终点，绘制结果如图 9-87 所示。

在执行命令的过程中，输入 O，选择“自动外延,当前=关(O)”选项，绘制外延关闭样式的折断线如图 8-88 所示。

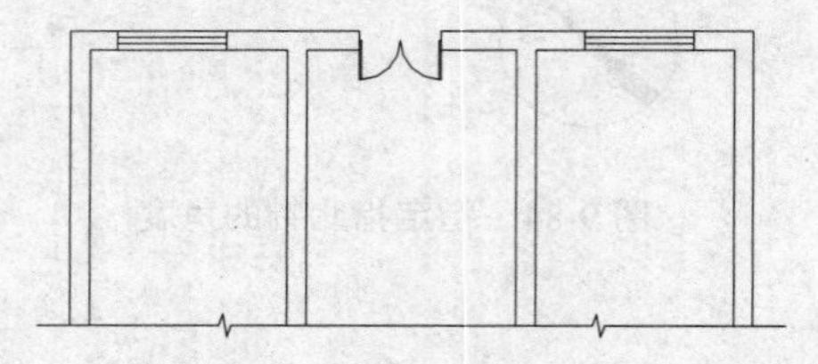

图 9-87 折断线数目为 2

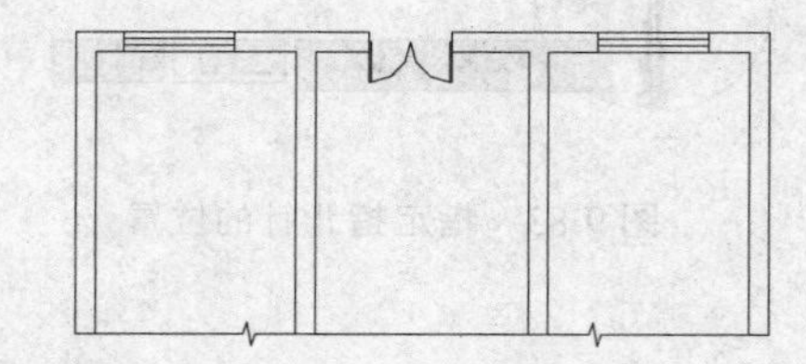

图 9-88 关闭自动外延

9.24 绘制云线

调用绘制云线命令，用来在图纸上以云线符号标注出要求修改的范围。

绘制云线命令的执行方式有：

➢ 菜单栏：单击“专业标注”→“绘制云线”命令。

执行“绘制云线”命令，在【云线】对话框设置云线的样式、弧长值等参数，单击“矩形云线”按钮，如图 9-89 所示。

同时命令行提示如下：

命令：trevcloud
请指定第一个角点<退出>:
请指定另一个角点<退出>://在图形上分别指定对角点，绘制矩形云线的结果如图 9-90 所示。

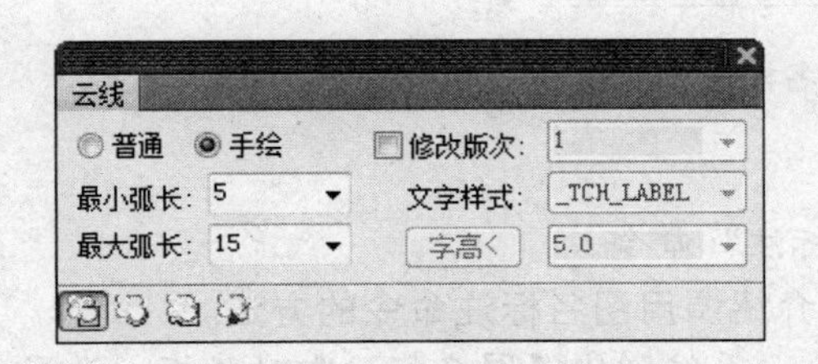

图 9-89 【云线】对话框

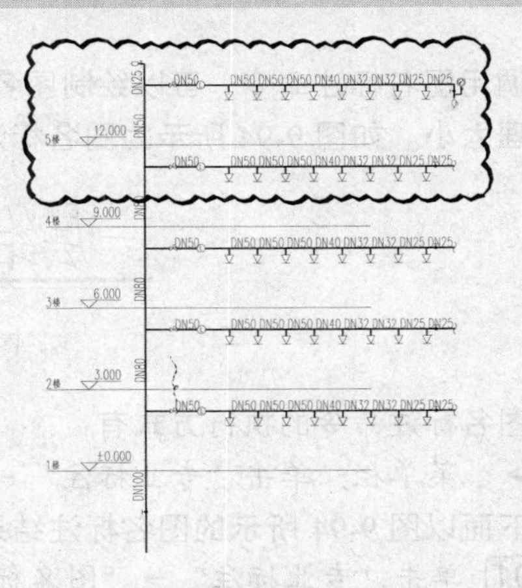

图 9-90 矩形云线

在对话框中单击“圆形云线”按钮，绘制圆形云线的结果如图 9-91 所示。
单击“任意绘制”按钮，绘制任意形状的云线，如图 9-92 所示。

图 9-91 圆形云线

图 9-92 任意形状的云线

单击“选择已有对象生成”按钮，可以按照选中的路径生成云线，如图 9-93 所示。

图 9-93 按照已有路径生成云线

9.25 图名标注

调用图名标注命令，可以绘制图名和比例标注，且在比例变化时可自动调整其中文字的合理大小。如图 9-94 所示为图名标注命令的操作结果。

一层给水平面图 1:100

图 9-94　图名标注

图名标注命令的执行方式有：

➢ 菜单栏：单击“专业标注”→“图名标注”命令。

下面以图 9-94 所示的图名标注结果为例，介绍调用图名标注命令的方法。

01 单击“专业标注”→“图名标注”命令，系统弹出【图名标注】对话框，设置参数如图 9-95 所示。

同时命令行提示如下：

命令：T98_TDrawingName

请点取插入位置<退出>:　　//在绘图区中点取图名标注的插入位置，绘制结果如图 9-94 所示。

02 双击标注文字，进入在位编辑状态，如图 9-96 所示，可以修改图名标注文字。

图 9-95　【图名标注】对话框

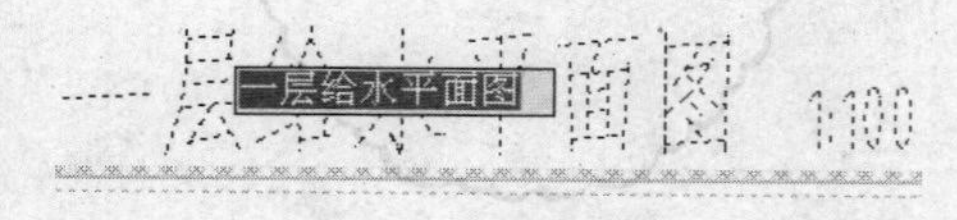

图 9-96　修改图名标注文字

选中图名标注，移动夹点，可以移动图名标注或者比例标注的位置，如图 9-97 所示。双击图名标注，系统弹出如所示的编辑选项板，在其中可以更改图名标注，如图 9-98 所示。

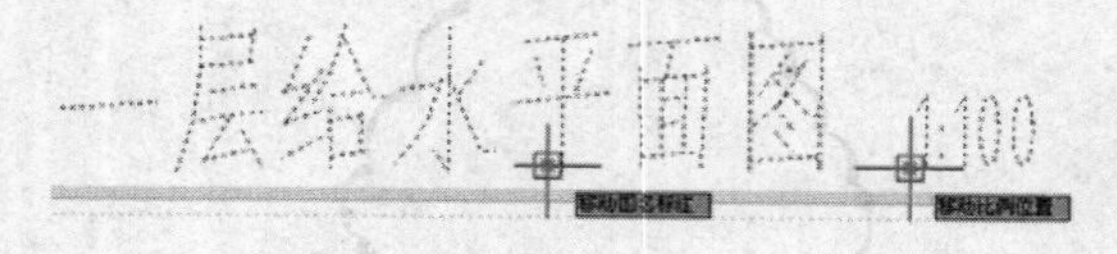

图 9-97　选中夹点移动标注位置

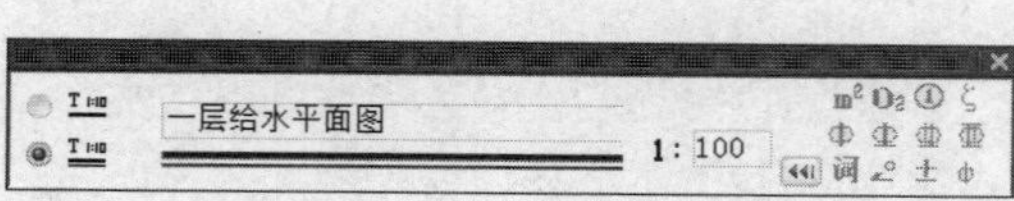

图 9-98　编辑选项板

第 10 章 尺寸标注

● 本章导读

本章介绍天正尺寸标注的相关知识。通过了解尺寸标注的特征，大致知悉绘制与编辑天正尺寸标注。不同类型的尺寸标注的夹点有不同的作用，如移动标注文字的夹点，可以修改文字的位置。

最后，介绍各类尺寸标注命令的调用方法，如逐点标注命令、快速标注命令等。

● 本章重点

◈ 天正尺寸标注的特征
◈ 天正尺寸标注的夹点
◈ 尺寸标注命令

10.1 天正尺寸标注的特征

天正尺寸标注是与 AutoCAD 中的 dimension 不同的自定义对象，在使用方法上与普通的 AutoCAD 尺寸标注也有明显的区别。

天正尺寸标注包含连续标注和半径标注两部分，其连续标注包括线性标注和角度标注。

10.1.1 天正尺寸标注的基本单位

天正的尺寸标注以区间为基本单位。单击绘制完成的天正尺寸标注，可以看到多个相邻的尺寸标注区间同时亮显；在亮显的尺寸标注中会出现一系列的夹点，这些夹点与 AutoCAD 尺寸标注一次仅亮显一个夹点的意义不同。

10.1.2 转化和分解天正尺寸标注

在天正软件与 AutoCAD 软件之间，有时候需要互相转化图形。比如，在利用旧图资源的时候，需将原图的 AutoCAD 尺寸标注转化为等效的天正尺寸标注对象。在需要将天正图形对象输出至天正环境不支持的其他建筑软件时，需要分解天正尺寸标注对象。

调用 X“分解”命令，可直接分解天正尺寸标注对象，生成与 AutoCAD 外观一致的尺寸标注。

10.1.3 修改天正尺寸标注的基本样式

天正绘图软件是基于 AutoCAD 运行的平台，所以天正的尺寸标注对象是基于 AutoCAD 的标注样式发展而成的。用户可以在【标注样式管理器】对话框中对天正的某些尺寸标注样式执行修改操作，执行 REGEN“重生成”命令，即可将已有的标注按新的设定更改过来。

因为建筑制图规范的规定，只有部分标注样式的设定在天正尺寸标注中才能体现。对天正尺寸有效的 AutoCAD 标注设定的范围见表 10-1。

表 10-1　对天正尺寸有效的 AutoCAD 标注设定的范围

中文含义	英文名称	标注变量	默认值
尺寸线 Dimension Line			
尺寸线颜色	Color	Dimclrd	随块
尺寸界线 Extension Line			
尺寸线颜色	Color	Dimclre	随块
超出尺寸线	Extend Beyond	Dimexe	2.5

中文含义	英文名称	标注变量	默认值
起点偏移量	Offset	Dimexo	3
文字外观 Text Appearance			
文字样式	Text Style	Dimtxsty	_TCH_DIM
文字颜色	Color	Dimclrt	黑色
文字高度	Text Height	Dimtxt	3.5
箭头 Arrow			
第一个	1st	Dimblkl	建筑标记
第二个	2nd	dimblk2	建筑标记
箭头大小	Size	Dimase	1
主单位 Primary Unit			
线性标注精度	Precision	dimdec	0
角度标注精度	Precision	dimadec	0

10.1.4 尺寸标注的快捷菜单

在绘制完成的天正尺寸标注上单击鼠标右键，系统可将尺寸标注的内容切换为尺寸标注命令，如图 10-1 所示。用户可以在快捷菜单中单击选定其中的任何一个菜单项，来调用该尺寸标注命令。

10.2 天正尺寸标注的夹点

选中天正各类标注，会出现一些夹点，利用这些夹点可以对尺寸标注进行编辑。下面分别介绍天正的直线标注、角度标注以及半径标注夹点的使用方法。

1. 直线标注

天正的直线标注结果如图 10-2 所示，以下介绍直线标注各夹点的含义。

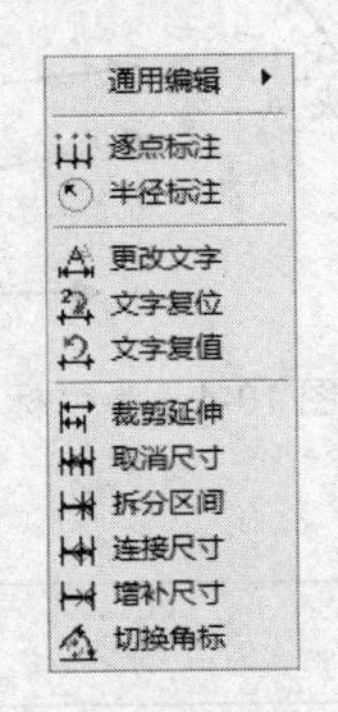

图 10-1 尺寸标注快捷菜单

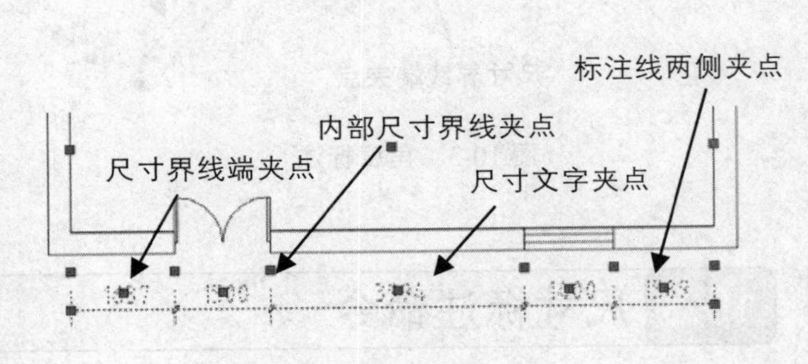

图 10-2 直线标注

➢ “尺寸界线端夹点”：作为首末两尺寸界线，该夹点用于移动定位点或者更改开间（沿尺寸标注方向）方向的尺寸。

➢ “内部尺寸界线夹点”：用于更改开间方向尺寸，在拖曳夹点至重合与相邻夹点时，两尺寸界线合二为一，可以起到“合并标注”的作用。

➢ “尺寸文字夹点”：单击该夹点，可移动尺寸文字。

➢ “标注线两侧夹点”：用于尺寸线的纵向移动（垂直于尺寸线），用来改变成组尺寸线的位置，尺寸定位点不变，即尺寸标注的参数不会改变。

2. 角度标注

天正的角度标注如图 10-3 所示，下面介绍角度标注的含义。

➢ “尺寸界线端夹点”：对于首末两尺寸界线，可用于移动定位点又可以更改开间（沿圆弧切向）角度。而中间的尺寸界线夹点只能用来更改开间角度；当拖曳该夹点与相邻夹点重合时，则两角度合二为一；可以认为是新增加了角度标注的合并功能。

➢ “标注线两侧夹点”：单击该夹点，可沿径向改变尺寸线位置，此时整组尺寸线动态沿径向拖动，但尺寸界线的起点不变，角度的标注参数不变。

➢ “尺寸文字夹点”：单击该夹点，可移动尺寸文字。

3. 半径标注

天正的半径标注尺寸如图 10-4 所示，下面介绍尺寸标注各夹点的含义。

➢ “圆心夹点”：单击并拖曳该夹点，可以改变标注圆心，同时保持箭头端位置不变。

➢ “引线端夹点”：单击并拖曳该夹点，可以改变引线长度。

➢ “箭头端夹点”：单击并拖曳该夹点，可改变箭头引线的位置，达到避开附近其他物体进行标注的目的。

➢ “尺寸文字夹点”：单击并拖曳该夹点，可移动尺寸文字

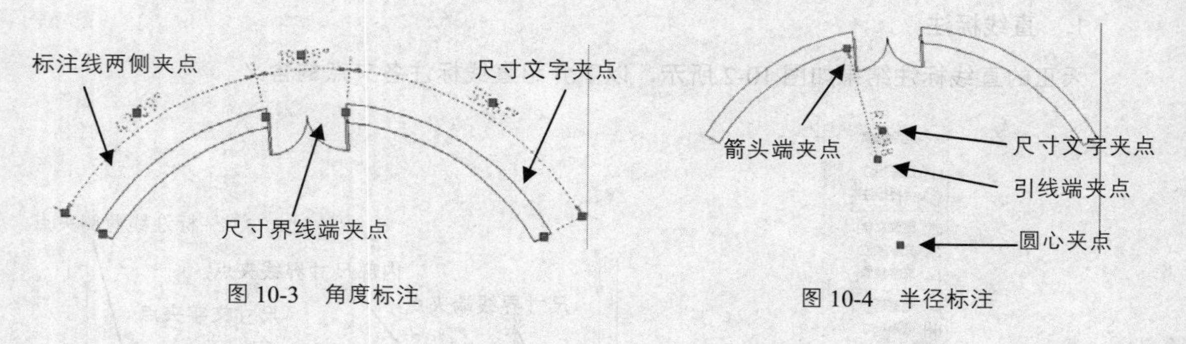

图 10-3 角度标注　　图 10-4 半径标注

10.3 尺寸标注命令

本节介绍天正绘图软件配套提供的一系列调整和移动标注位置、修改标注值、擦除标

注的方法，而一些常用的操作通过移动夹点即可实现。主要介绍绘制各类标注命令和编辑标注的命令调用方法。

10.3.1 逐点标注

调用逐点标注命令，可以对所点击的若干个点沿指定的方向标注尺寸。如图 10-5 所示为逐点标注命令的操作结果。

逐点标注命令的执行方式有：

➢ 菜单栏：单击“尺寸标注”→“逐点标注”命令。

下面以图 10-5 所示的逐点标注结果为例，介绍调用逐点标注命令的方法。

01 按 Ctrl+O 组合键，打开配套光盘提供的“第 10 章/ 10.3.1 逐点标注.dwg”素材文件，结果如图 10-6 所示。

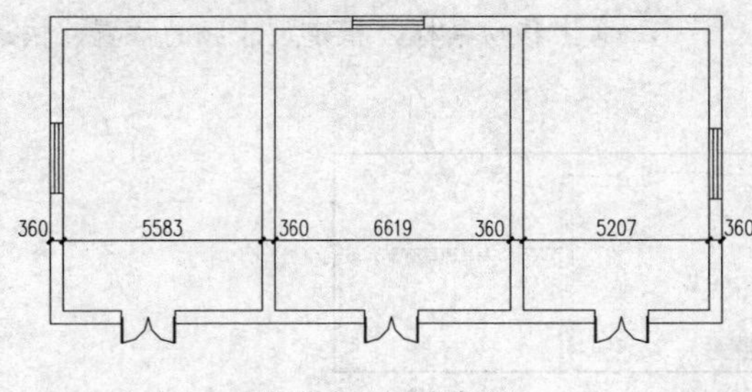

图 10-5　逐点标注

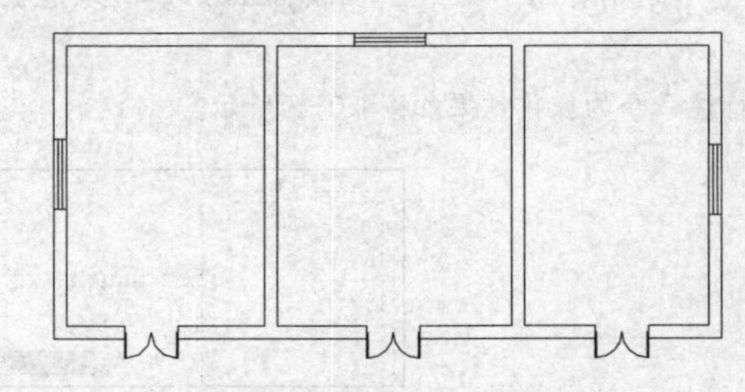

图 10-6　打开逐点标注素材

02 单击“尺寸标注”→“逐点标注”命令，命令行提示如下：

```
命令：ZDBZ↙
起点或 [参考点(R)]<退出>:
第二点<退出>:                                      //指定标注的起点和终点;
请点取尺寸线位置或 [更正尺寸线方向(D)]<退出>:          //向上移动鼠标，单击指定尺寸线的位置;
请输入其他标注点或 [撤消上一标注点(U)]<结束>: *取消*    //重复操作，直至标注操作绘制完成，结果如图 10-5 所示。
```

10.3.2 快速标注

调用快速标注命令，可以快速标注所选图形的尺寸，分为整体、连续、连续加整体三种标注方式。如图 10-7 所示为快速标注命令的操作结果。

快速标注命令的执行方式有：

➢ 菜单栏：单击“尺寸标注”→“快速标注”命令。

下面以图 10-7 所示的快速标注结果为例，介绍调用快速标注命令的方法。

01 按 Ctrl+O 组合键，打开配套光盘提供的“第 10 章/ 10.3.2 快速标注.dwg”素材文件，结果如图 10-8 所示。

02 单击“尺寸标注”→“快速标注”命令，命令行提示如下：

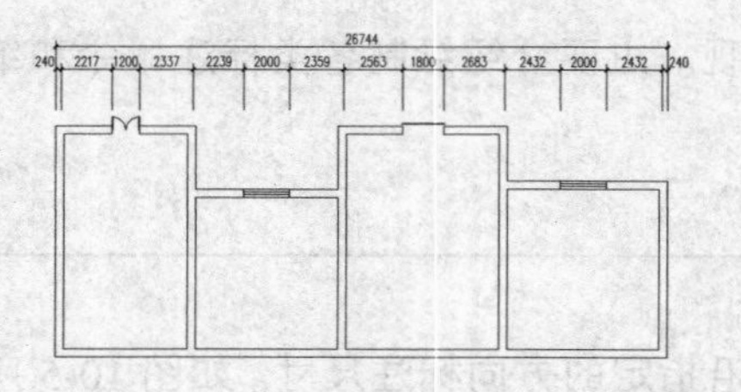

图 10-7　快速标注

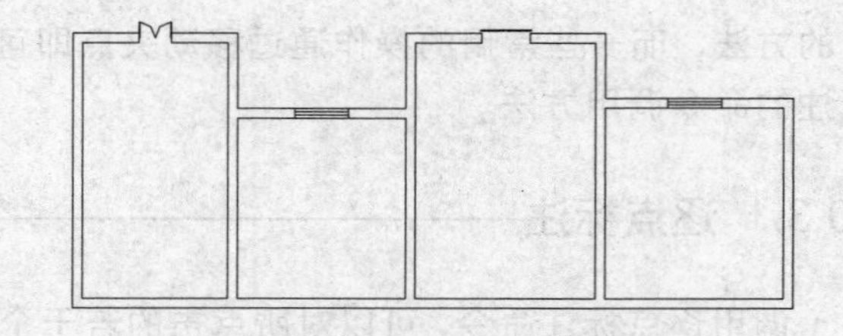

图 10-8　打开素材

命令：T98_TQuickDim

选择要标注的几何图形:指定对角点：找到 17 个//框选待标注的几何图形，如图 10-9 所示；

请指定尺寸线位置(当前标注方式:整体)或 [整体(T)/连续(C)/连续加整体(A)]<退出>:A

//输入 A，选择“连续加整体(A)”选项；

请指定尺寸线位置(当前标注方式:连续加整体)或 [整体(T)/连续(C)/连续加整体(A)]<退出>:

//向上移动鼠标，指定尺寸线的位置，快速标注命令的操作结果如图 10-7 所示。

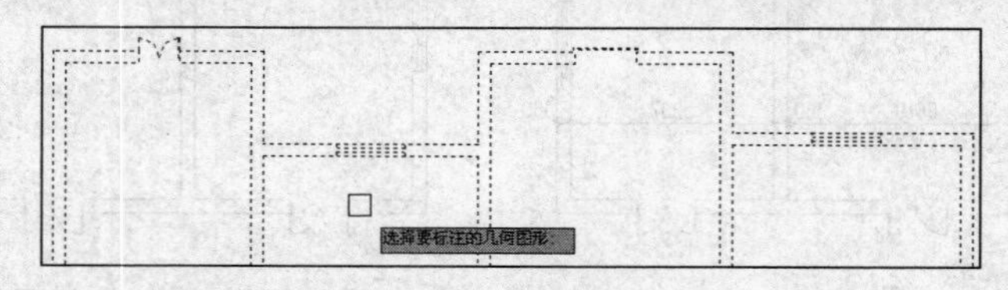

图 10-9　选择要标注的图形

提示

输入 T，选择“整体(T)”选项，尺寸标注的结果如图 10-10 所示。输入 C，选择“连续(C)”选项，尺寸标注的结果如图 10-11 所示。

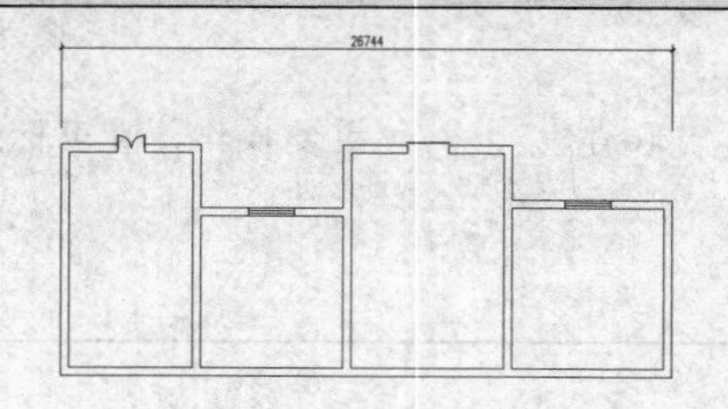

图 10-10　整体标注

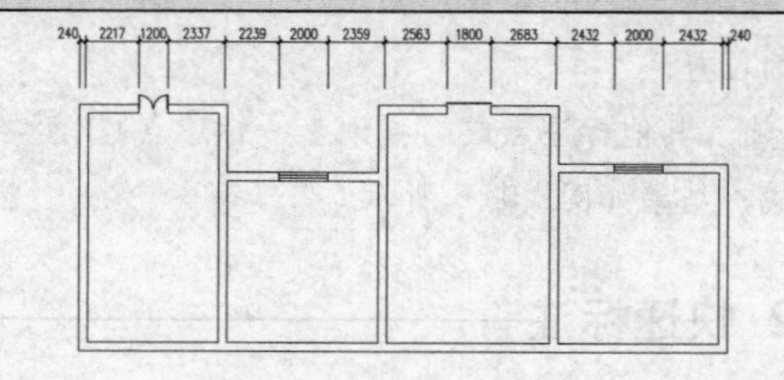

图 10-11　连续标注

10.3.3 半径标注

调用半径标注命令，可以标注指定的弧线或者弧墙的半径尺寸。如图 10-12 所示为半径标注命令的操作结果。

半径标注命令的执行方式有：

➢ 菜单栏：单击“尺寸标注”→“半径标注”命令。

下面以图10-12所示的半径标注结果为例，介绍调用半径标注命令的方法。

01 按Ctrl+O组合键，打开配套光盘提供的“第10章/10.3.3半径标注.dwg”素材文件，结果如图10-13所示。

02 单击“尺寸标注”→“半径标注”命令，命令行提示如下：

```
命令：T98_TDimRad
请选择待标注的圆弧<退出>:        //选择弧墙，完成半径标注的操作结果如图10-12所示。
```

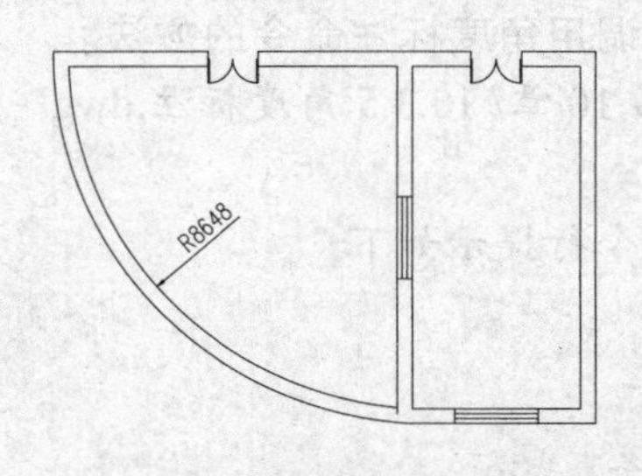

图10-12 半径标注

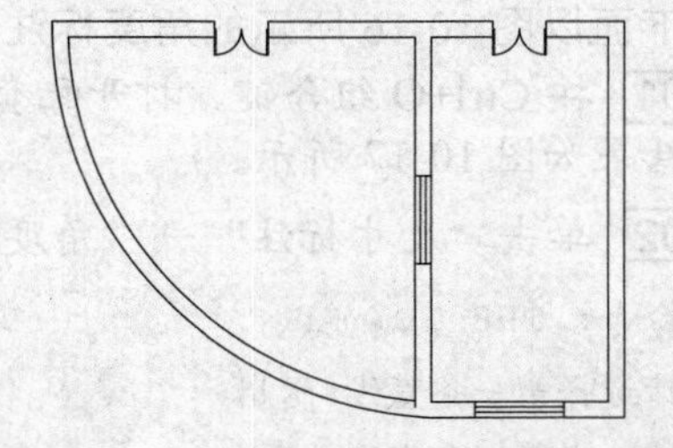

图10-13 打开半径标注素材

10.3.4 直径标注

调用直径标注命令，可以标注指定的弧线或者弧墙的直径尺寸。如图10-14所示为直径标注命令的操作结果。

直径标注命令的执行方式有：

➢ 菜单栏：单击“尺寸标注”→“直径标注”命令。

下面以图10-14所示的直径标注结果为例，介绍调用直径标注命令的方法。

01 按Ctrl+O组合键，打开配套光盘提供的“第10章/10.3.5直径标注.dwg”素材文件，结果如图10-15所示。

02 单击“尺寸标注”→“直径标注”命令，命令行提示如下：

```
命令：T98_TDimDia
请选择待标注的圆弧<退出>://选择待标注直径的弧墙，完成直径标注的结果如图10-14所示。
```

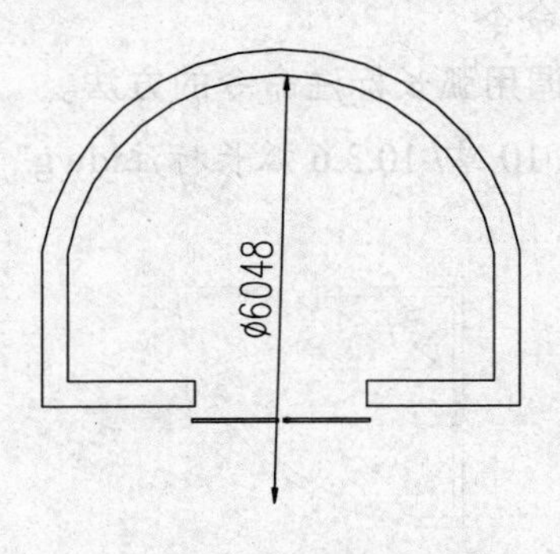

图10-14 直径标注

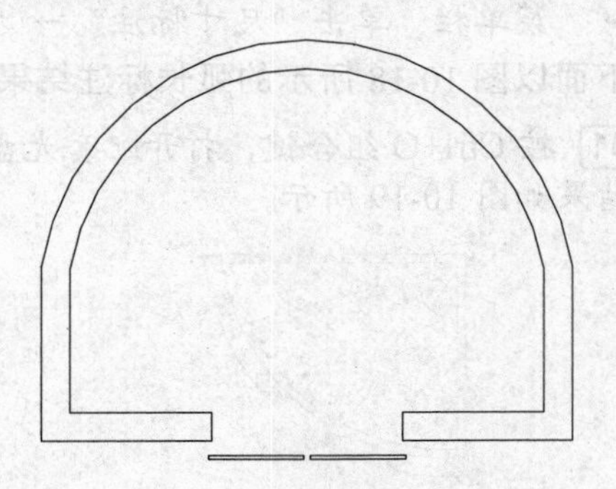

图10-15 打开素材

10.3.5 角度标注

调用角度标注命令，可以按照逆时针方向标注两线之间的角度。如图 10-16 所示为角度标注命令的操作结果。

角度标注命令的执行方式有：

➢ 菜单栏：单击“尺寸标注”→“角度标注”命令。

下面以图 10-16 所示的角度标注结果为例，介绍调用角度标注命令的方法。

[01] 按 Ctrl+O 组合键，打开配套光盘提供的“第 10 章/ 10.3.5 角度标注.dwg”素材文件，结果如图 10-17 所示。

[02] 单击“尺寸标注”→“角度标注”命令，命令行提示如下：

```
命令: T98_TDimAng
请选择第一条直线<退出>:
请选择第二条直线<退出>:      //分别选择成角度的两条直线;
请确定尺寸线位置<退出>:      //点取尺寸线的位置，绘制角度标注的结果如图 10-16 所示。
```

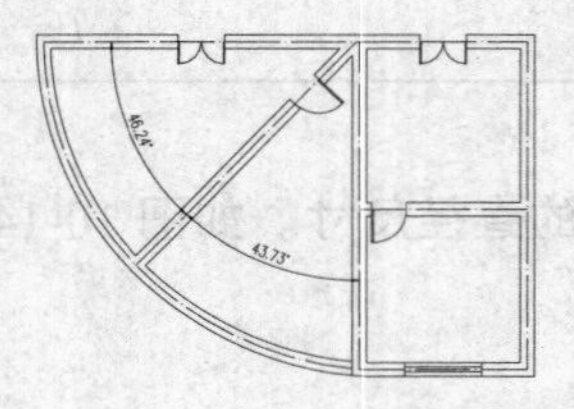

图 10-16 角度标注

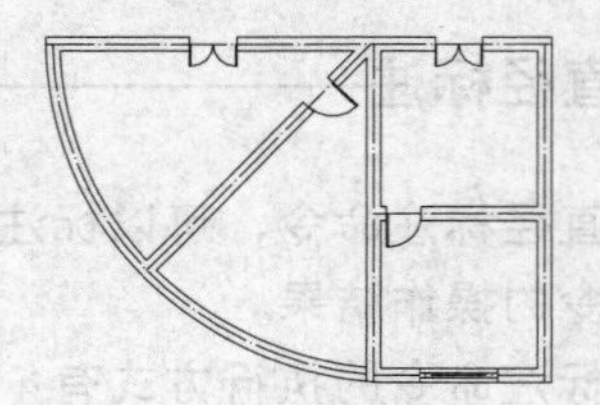

图 10-17 打开素材

10.3.6 弧长标注

调用弧长标注，可以分段标注弧长，且可保持尺寸标注的整体。如图 10-18 所示为弧长标注命令的操作结果。

弧长标注命令的执行方式有：

➢ 菜单栏：单击“尺寸标注”→“弧长标注”命令。

下面以图 10-18 所示的弧长标注结果为例，介绍调用弧长标注命令的方法。

[01] 按 Ctrl+O 组合键，打开配套光盘提供的“第 10 章/ 10.3.6 弧长标注.dwg”素材文件，结果如图 10-19 所示。

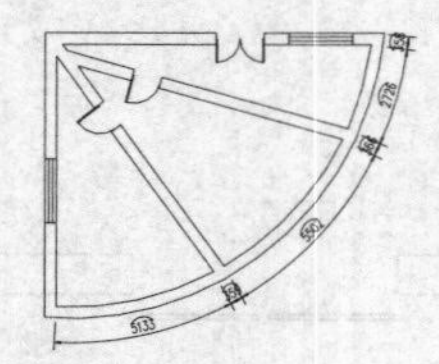

图 10-18 弧长标注

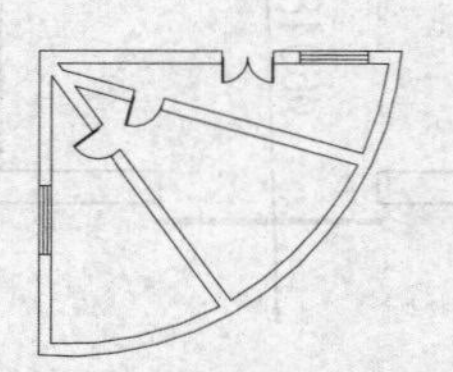

图 10-19 打开素材

02 单击“尺寸标注”→“弧长标注”命令，命令行提示如下：

```
命令：T98_TDimArc
请选择要标注的弧段：          //点取待标注的弧段.
请点取尺寸线位置<退出>：      //点取尺寸线的位置。
请输入其他标注点<结束>：      //继续点取其他标注点，绘制弧长标注的结果如图 10-18 所示。
```

10.3.7 更改文字

调用更改文字命令，可以更改尺寸标注的文字。如图 10-20 所示为更改文字命令的操作结果。

更改文字命令的执行方式有：

➢ 菜单栏：单击“尺寸标注”→“更改文字”命令。

下面以图 10-20 所示的更改文字结果为例，介绍调用更改文字命令的方法。

01 按 Ctrl+O 组合键，打开配套光盘提供的“第 10 章/ 10.3.7 更改文字.dwg”素材文件，结果如图 10-21 所示。

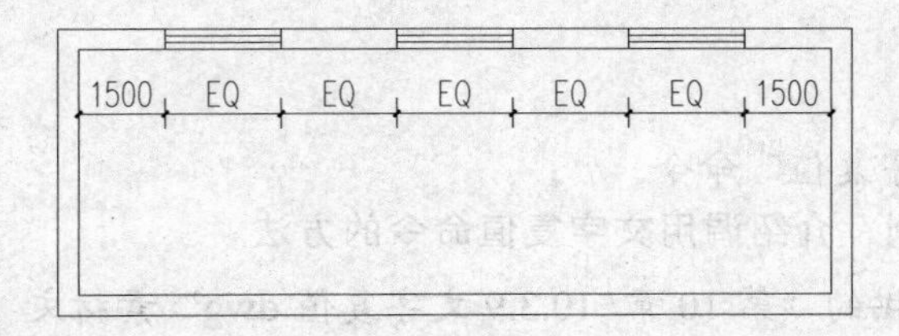

图 10-20 更改文字

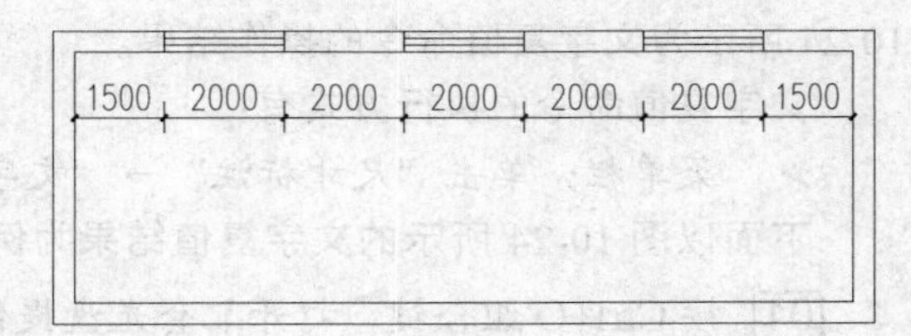

图 10-21 打开素材

02 单击“尺寸标注”→“更改文字”命令，命令行提示如下：

```
命令：T98_TChDimText
请选择尺寸区间<退出>：                //选择待更改文字的尺寸区间。
输入标注文字<2000>：EQ                //输入修改的文字，按回车键即可完成操作，结果如图
10-20 所示。
```

10.3.8 文字复位

调用文字复位命令，可以将尺寸标注中被拖动夹点移动过的文字恢复初始位置。如图 10-22 所示为文字复位命令的操作结果。

文字复位命令的执行方式有：

➢ 菜单栏：单击“尺寸标注”→“文字复位”命令。

下面以图 10-22 所示的文字复位结果为例，介绍调用文字复位命令的方法。

01 按 Ctrl+O 组合键，打开配套光盘提供的“第 10 章/ 10.3.8 文字复位.dwg”素材文件，结果如图 10-23 所示。

02 单击“尺寸标注”→“文字复位”命令，命令行提示如下：

命令：T98_TResetDimP

请选择需复位文字的对象：找到 1 个　　　　//选择待复位的尺寸标注对象，按回车键即可完成标注，结果如图 10-22 所示。

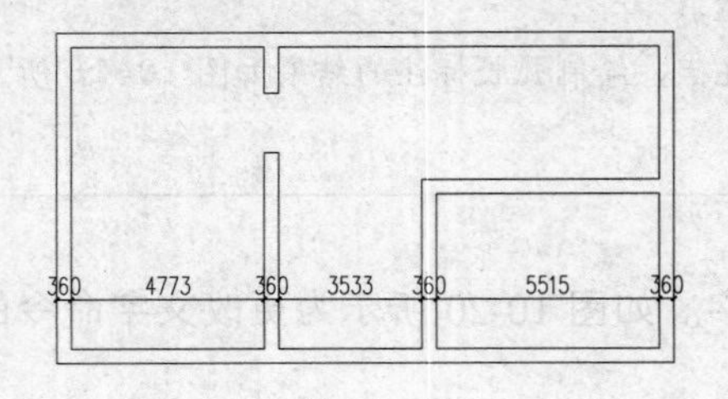

图 10-22　文字复位

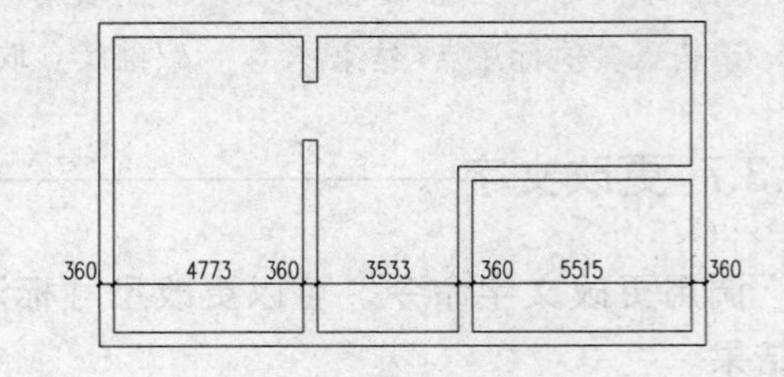

图 10-23　打开素材

10.3.9 文字复值

调用文字复值命令，可以将尺寸标注中被有意修改的文字恢复尺寸的初始数值。如图 10-24 所示为文字复值命令的操作结果。

文字复值命令的执行方式有：

➢ 菜单栏：单击“尺寸标注”→“文字复值”命令。

下面以图 10-24 所示的文字复值结果为例，介绍调用文字复值命令的方法。

01 按 Ctrl+O 组合键，打开配套光盘提供的“第 10 章/ 10.3.9 文字复值.dwg”素材文件，结果如图 10-25 所示。

02 单击“尺寸标注”→“文字复值”命令，命令行提示如下：

命令：T98_TResetDimT

请选择天正尺寸标注：找到 1 个　　　　//选择待复制的尺寸标注，按回车键即可完成操作，结果如图 10-24 所示。

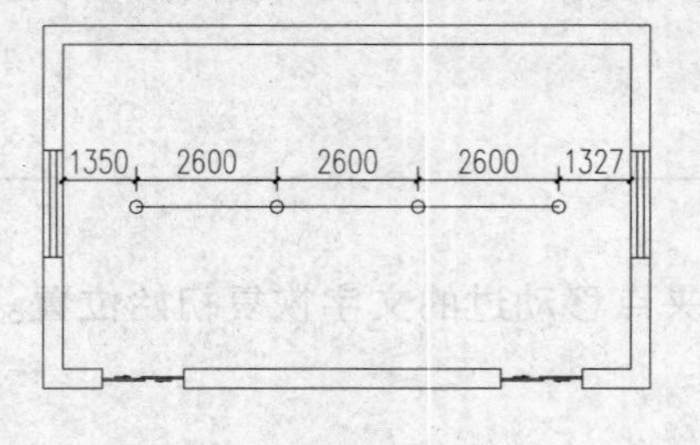

图 10-24　文字复值

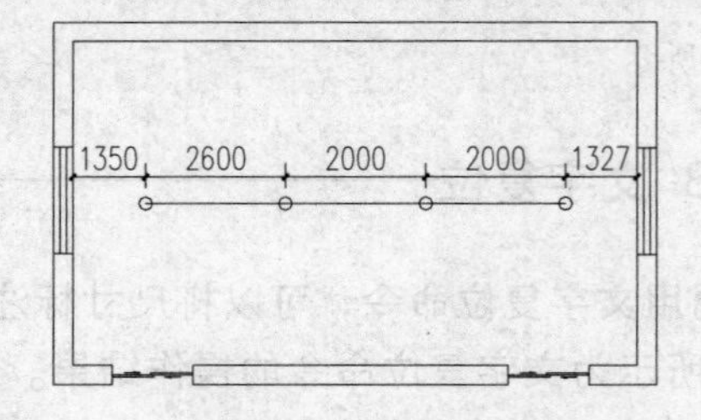

图 10-25　打开素材

10.3.10 裁剪延伸

调用裁剪延伸命令，可以在尺寸线的某一端，按照指定点裁剪或延伸该尺寸线。如图 10-26 所示为裁剪延伸命令的操作结果。

裁剪延伸命令的执行方式有：

➢ 菜单栏：单击“尺寸标注”→“裁剪延伸”命令。

下面以图 10-26 所示的裁剪延伸结果为例，介绍调用裁剪延伸命令的方法。

01 按 Ctrl+O 组合键，打开配套光盘提供的“第 10 章/ 10.3.10 裁剪延伸.dwg”素材文件，结果如图 10-27 所示。

02 单击“尺寸标注”→“裁剪延伸”命令，命令行提示如下：

```
命令：T98_TDimTrimExt
请给出裁剪延伸的基准点或 [参考点(R)]<退出>： //指定 a 点.
要裁剪或延伸的尺寸线<退出>：              //选择尺寸标注，即可完成裁剪延伸的操作。
```

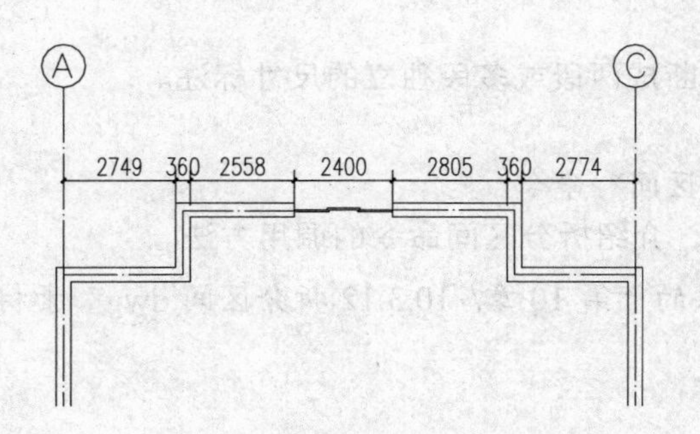

图 10-26 裁剪延伸

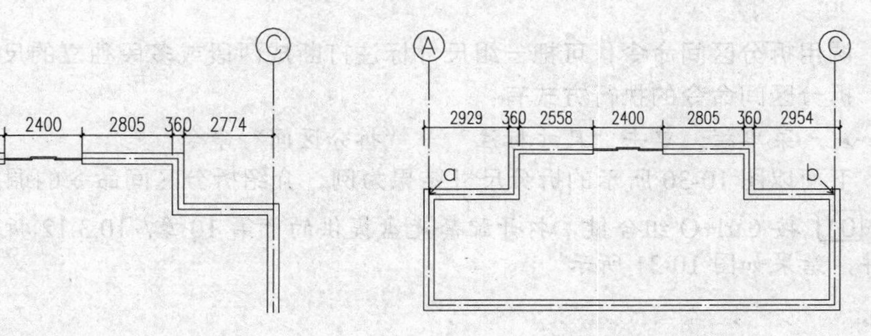

图 10-27 打开素材

03 重复操作，指定 b 点为剪裁延伸的基准点，完成剪裁延伸的操作结果如图 10-26 所示。

10.3.11 取消尺寸

调用取消尺寸命令，可以删除指定区间的尺寸标注，而使尺寸标注保持整体不变。如图 10-28 所示为取消尺寸命令的操作结果。

取消尺寸命令的执行方式有：

➢ 菜单栏：单击“尺寸标注”→“取消尺寸”命令。

下面以图 10-28 所示的取消尺寸结果为例，介绍调用取消尺寸命令的方法。

01 按 Ctrl+O 组合键，打开配套光盘提供的“第 10 章/ 10.3.11 取消尺寸.dwg”素材文件，结果如图 10-29 所示。

02 单击“尺寸标注”→“取消尺寸”命令，命令行提示如下：

```
命令：T98_TDimDel
请选择待取消的尺寸区间的文字<退出>：          //单击待取消的尺寸区间，即可完成取消尺寸命令的操作，结果如图 10-28 所示。
```

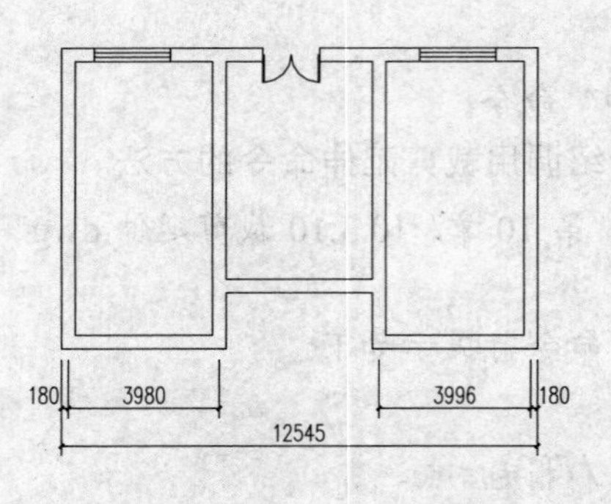

图 10-28 取消尺寸

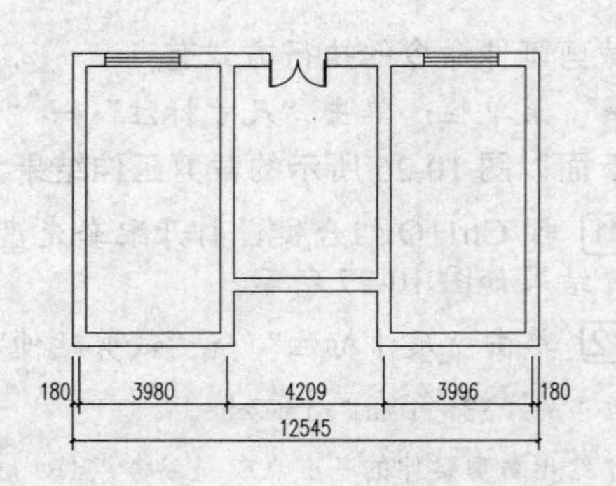

图 10-29 打开素材

10.3.12 拆分区间

调用拆分区间命令，可把一组尺寸标注打断成两段或多段独立的尺寸标注。

拆分区间命令的执行方式有：

➢ 菜单栏：单击“尺寸标注”→“拆分区间”命令。

下面以图 10-30 所示的拆分尺寸结果为例，介绍拆分区间命令的调用方法。

[01] 按 Ctrl+O 组合键，打开配套光盘提供的“第 10 章/ 10.3.12 拆分区间.dwg”素材文件，结果如图 10-31 所示。

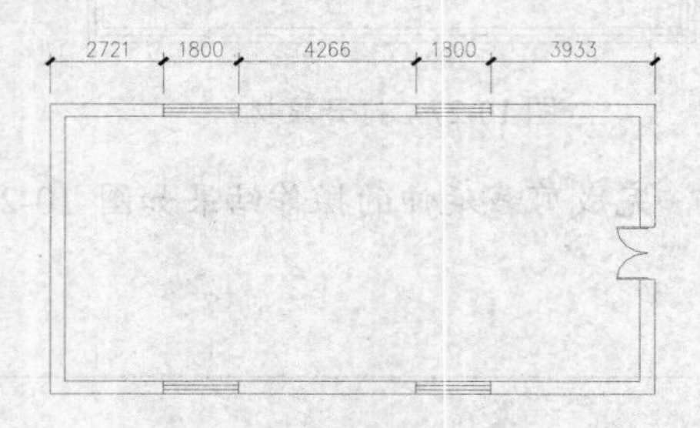

图 10-30 拆分区间

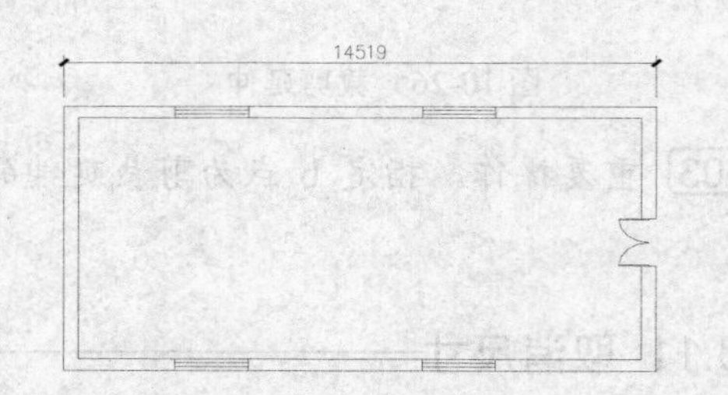

图 10-31 打开素材

[02] 单击“尺寸标注”→“拆分区间”命令，命令行提示如下：

```
命令: TDimBreak
选择待拆分的尺寸区间<退出>:        //选择尺寸标注。
点取待增补的标注点的位置<退出>: //向右下角移动鼠标，指定标注点，如图 10-32 所示.
点取待增补的标注点的位置<退出>: //如图 10-33 所示。
```

依次单击点取待增补的标注点，拆分尺寸区间的结果如图 10-30 所示。

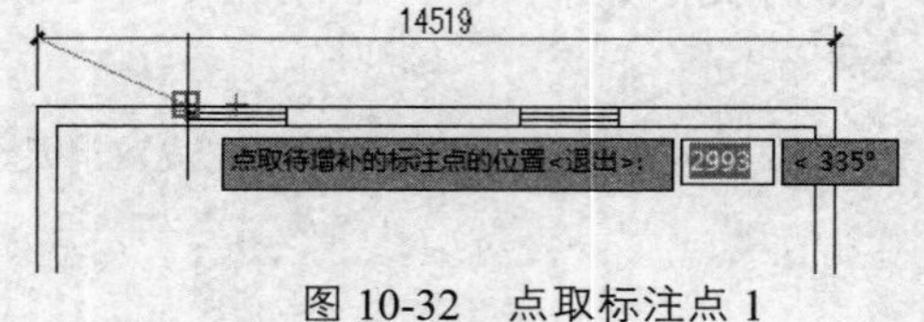

图 10-32 点取标注点 1

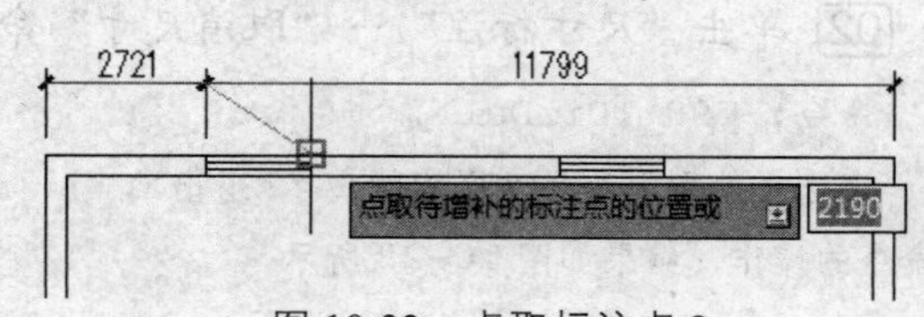

图 10-33 点取标注点 2

10.3.13 连接尺寸

调用连接尺寸命令，可以将两个独立的天正自定义标注对象进行连接；假如准备连接的标注对象尺寸线之间不共线，则连接后的标注对象将以第一个点取的标注对象为主标注尺寸对齐。如图 10-34 所示为连接尺寸命令的操作结果。

连接尺寸命令的执行方式有：

➢ 菜单栏：单击“尺寸标注”→“连接尺寸”命令。

下面以图 10-34 所示的连接尺寸结果为例，介绍调用连接尺寸命令的方法。

[01] 按 Ctrl+O 组合键，打开配套光盘提供的“第 10 章/ 10.3.13 连接尺寸.dwg”素材文件，结果如图 10-35 所示。

[02] 单击“尺寸标注”→“连接尺寸”命令，命令行提示如下：

```
命令：T98_TMergeDim
请选择主尺寸标注<退出>://选择上方的尺寸标注.
选择需要连接的其他尺寸标注( shift-取消对错误选中尺寸的选择 )<结束>: 找到 1 个
                    //选择下方的尺寸标注，按回车键即可完成操作，结果如图 10-34 所示。
```

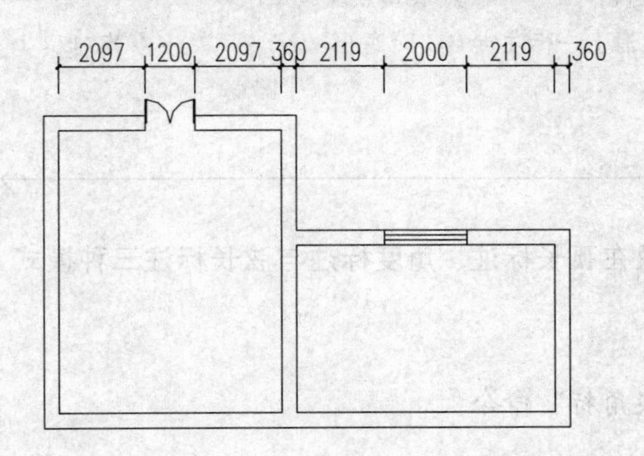

图 10-34　连接尺寸

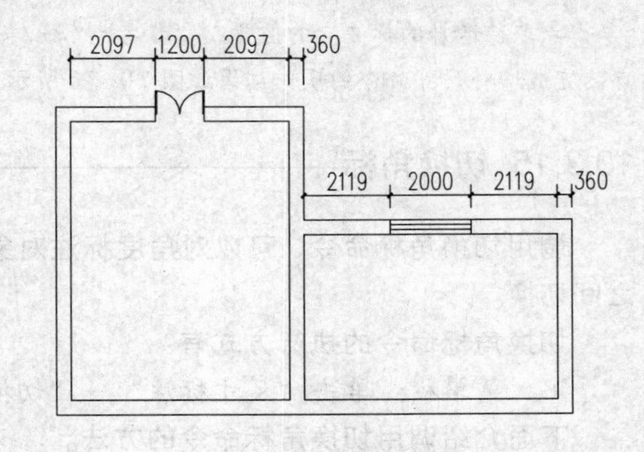

图 10-35　打开素材

提示

执行连接操作后的尺寸标注为一个整体的尺寸标注对象。

10.3.14 增补尺寸

调用增补尺寸命令，可以对已有的尺寸标注增加标注点。如图 10-36 所示为增补尺寸命令的操作结果。

增补尺寸命令的执行方式有：

➢ 菜单栏：单击“尺寸标注”→“增补尺寸”命令。

下面以图 10-36 所示的增补尺寸结果为例，介绍调用增补尺寸命令的方法。

01 按 Ctrl+O 组合键，打开配套光盘提供的“第 10 章/ 10.3.14 增补尺寸.dwg”素材文件，结果如图 10-37 所示。

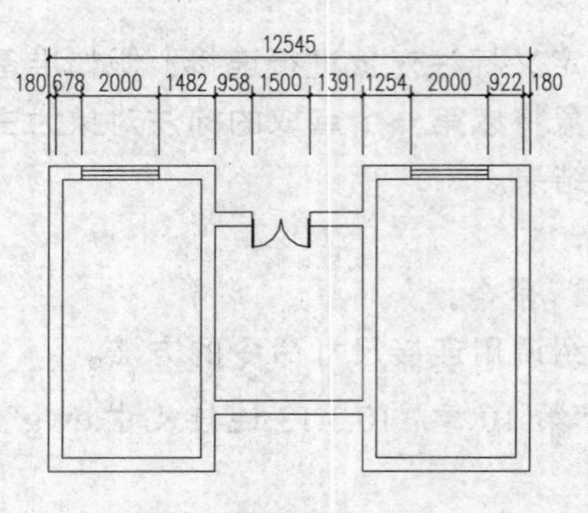

图 10-36 增补尺寸

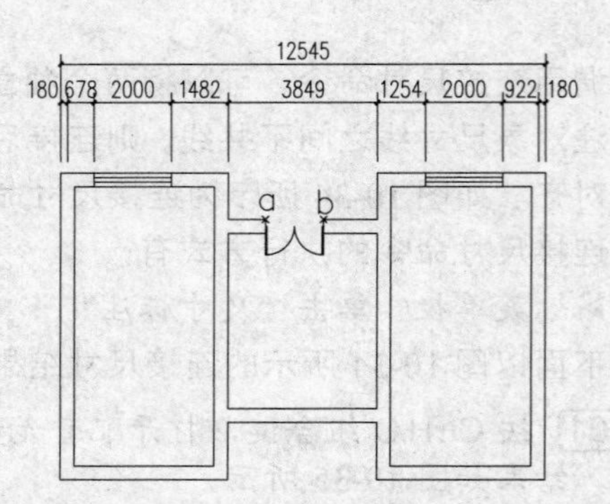

图 10-37 打开增补尺寸素材

02 单击“尺寸标注”→“增补尺寸”命令，命令行提示如下：

```
命令：T98_TBreakDim
请选择尺寸标注<退出>:                              //选择标注文字为 3849 的尺寸标注.
点取待增补的标注点的位置或 [参考点(R)]<退出>:       //点取 a 点。
点取待增补的标注点的位置或 [参考点(R)/撤消上一标注点(U)]<退出>:        // 点 取 b
点，完成增补尺寸命令的操作结果如图 10-36 所示。
```

10.3.15 切换角标

调用切换角标命令，可以对角度标注对象在弧长标注、角度标注与弦长标注三种模式之间切换。

切换角标命令的执行方式有：

➢ 菜单栏：单击“尺寸标注”→“切换角标”命令。

下面介绍调用切换角标命令的方法。

单击“尺寸标注”→“切换角标”命令，命令行提示如下：

```
命令： T98_TDIMTOG
请选择天正角度标注：找到 1 个              //选择天正标注，可以使其在弧长标注、角度标
注与弧长标注三种模式之间切换，结果分别如图 10-38、图 10-39、图 10-40 所示。
```

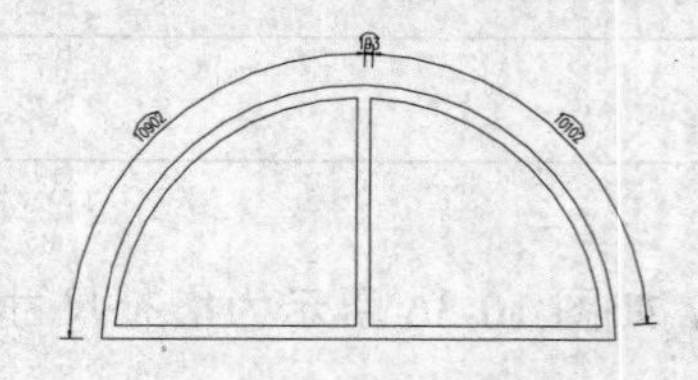

图 10-38 弧长标注

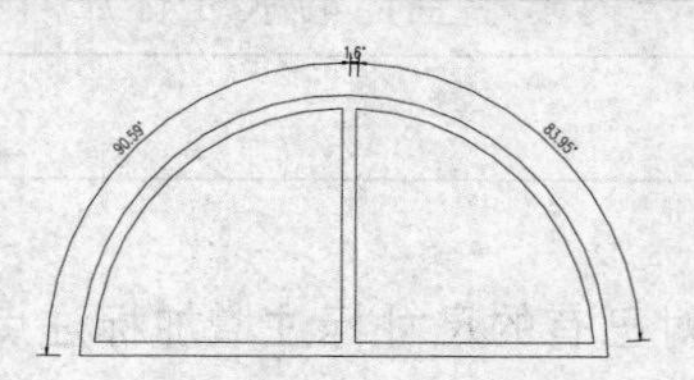

图 10-39 角度标注

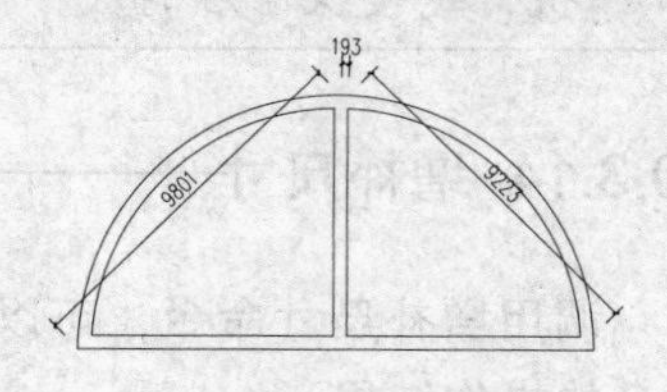

图 10-40 弦长标注

第11章

文字与表格

● 本章导读

本章介绍文字与表格的知识，包括文字的输入与编辑、表格的新建与编辑等。在天正软件中，对文字标注和表格可以使用在位编辑来修改其标注参数；由于天正软件的文字和表格都是自定义对象，因此在绘制完成后，还可以回到绘制时的参数对话框对文字或表格进行重新设定。

● 本章重点

◈ 汉字输入与文字编辑
◈ 文字相关命令
◈ 表格的绘制与编辑

11.1 汉字输入与文字编辑

天正软件提供汉字的输入和汉字的编辑方法，本节为读者简单介绍汉字的输入与编辑的相关知识。

11.1.1 汉字字体和宽高比

天正建筑软件为了解决建筑设计图纸中的中文和西文字体一致而不美观的问题，开发了自定义文字对象。天正的自定义文字对象可方便地书写和修改中西文混合文字，可使组成天正文字样式的中西文字体具有各自的宽高比例；为输入和变换文字的上下标，输入特殊字符提供方便。

如图 11-1 所示为使用天正文字编辑调整的文字与 AutoCAD 文字的比较。

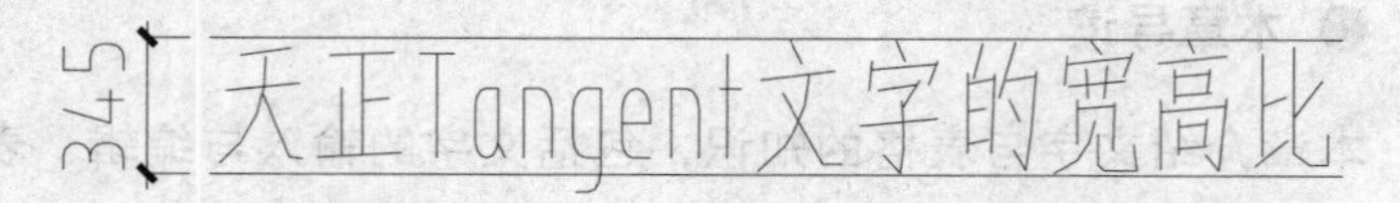

图 11-1　比较结果

11.1.2 天正文字的输入方法

在天正软件里输入文字的方法有两个，一个是使用软件自带的文字标注命令，另一个则是从其他文件里复制粘贴文本内容。

1. 直接输入文字标注

在输入文字之前，应先调用“文字样式”命令，对样式的各参数进行设置。

调用相应的文字标注命令，天正中有单行文字、多行文字、引出标注、箭头引注等绘制文字标注的命令。在执行相应的文字标注命令后，要先将当前的输入法切换为中文输入法，方可在执行命令的过程中输入中文字体。

2. 从其他文件复制粘贴文本内容

在指定天正的“多行文字”时，由于需要输入长段的文字，因此从其他文件中复制粘贴文本内容不失为一个便利的方法。

按 Ctrl+C 组合键复制文本内容，按 Ctrl+V 组合键，可以在【多行文字】对话框中粘贴文本内容。

11.2 文字相关命令

本节介绍文字相关命令的调用，包括使用自定义文字对象来处理单行或多行文字；文字输入的对话框可以为成段地输入文字提供便利，另外多种预定义图标简化了建筑设计常用的专业符号、上下标符号的输入。

本节主要介绍文字样式、单行文字、多行文字等命令的调用方法。

11.2.1 文字样式

调用文字样式命令，可以创建或修改命名天正扩展文字样式，并设置图形中文字的当前样式。

文字样式命令的执行方式有：

➢ 菜单栏：单击“文字表格”→“文字样式”命令。

下面介绍设置文字样式的操作方法。

01 单击“文字表格”→“文字样式”命令，系统弹出如图 11-2 所示的【文字样式】对话框。

02 单击“新建”按钮，系统弹出【新建文字样式】对话框，在其中定义新样式的名称，如图 11-3 所示。

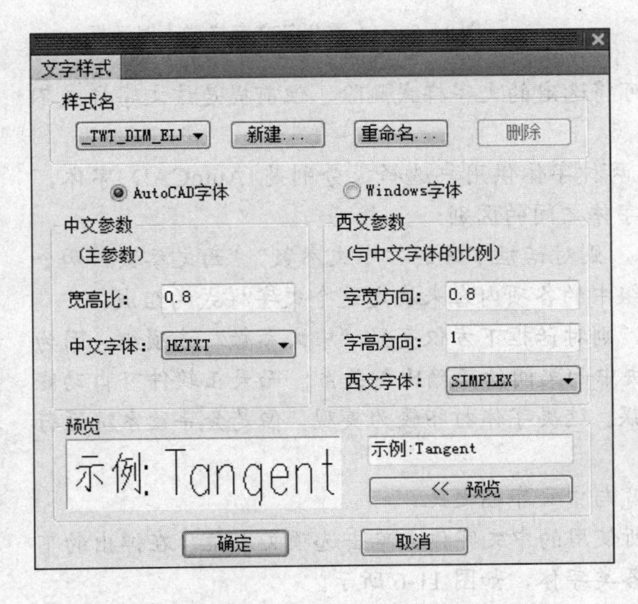

图 11-2 【文字样式】对话框

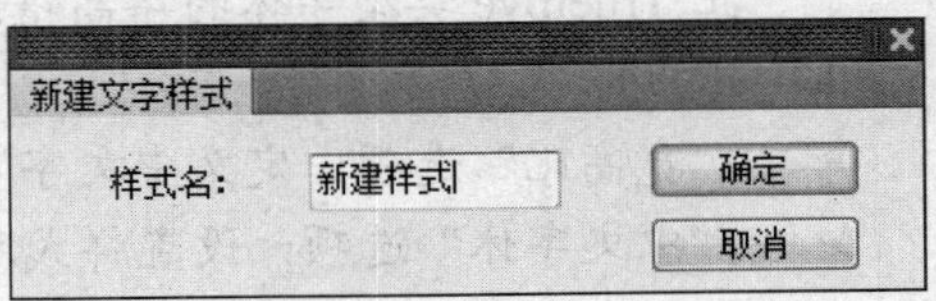

图 11-3 【新建文字样式】对话框

03 单击“确定”按钮返回【文字样式】对话框，在对话框中定义新样式的各项参数，单击“确定”按钮关闭对话框；以后执行有关的文字标注和表格处理等与文字相关的命令时，将按照此次设定的字体参数书写文字。

【文字样式】对话框中各功能选项的含义如下：

- "名称"选项框：单击该选项文本框，在弹出的下拉列表中显示了系统本身存在的所有文字样式，包括新建的文字样式和系统自带的文字样式，如图 11-4 所示。
- "新建"按钮：单击该按钮，可自定义新建样式的名称。
- "重命名"按钮：单击该按钮，系统弹出如图 11-5 所示的【重命名文字样式】对话框。在其中可以更改选中的文字样式名称，单击"确定"按钮即可完成修改操作。

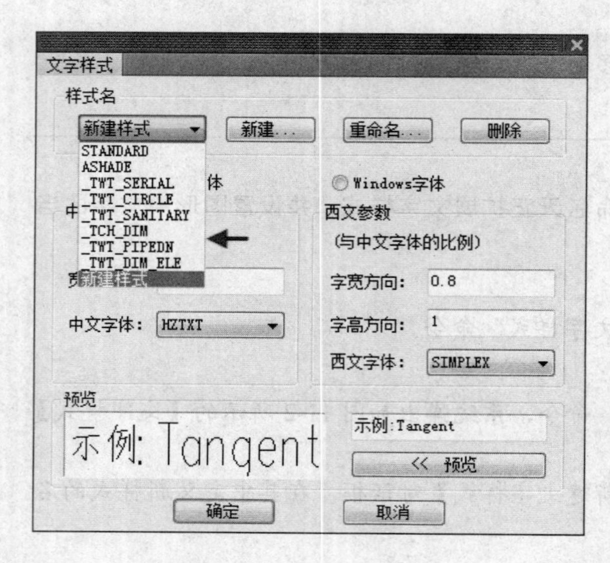

图 11-4 "文字样式"列表

图 11-5 【重命名文字样式】对话框

- "删除"按钮：单击该按钮，可将选定的文字样式删除，但前提是该文字样式不是当前正在使用的样式。
- "字体"选项组：系统提供了两种字体供用户选择，分别是 AutoCAD 字体、Windows 字体。以下简述两种字体之间的区别：
  AutoCAD 字体：选定该类字体，则对话框下方的"中文参数""西文参数"两个选项组均亮显；通过两个选项组中的各项内容来决定这个文字样式的组成。
  Windows 字体：选定该类字体，则对话框下方仅亮显"中文参数"选项组，因为 Truetpye 字体本身已经可以解决中西文间的正确比例关系；而天正软件可自动修正 Truetpye 类型字体的字高错误。这类字体打印较为美观，但是会导致系统运行速度降低。
- "宽高比"选项：定义中文字宽与中文字高之比。
- "中文字体"选项：设置样式所使用的中文字体，单击选项文本框，在弹出的下拉列表中可以选择系统提供的各类字体，如图 11-6 所示。
- "字宽方向"选项：定义西文字宽与中文字宽之比。
- "字高方向"选项：表示西文字高与中文字高之比。
- "西文字体"选项：设置组成文字样式的西文字体，单击选项文本框，在弹出的下拉列表中可以选择系统提供的各类字体，如图 11-7 所示。

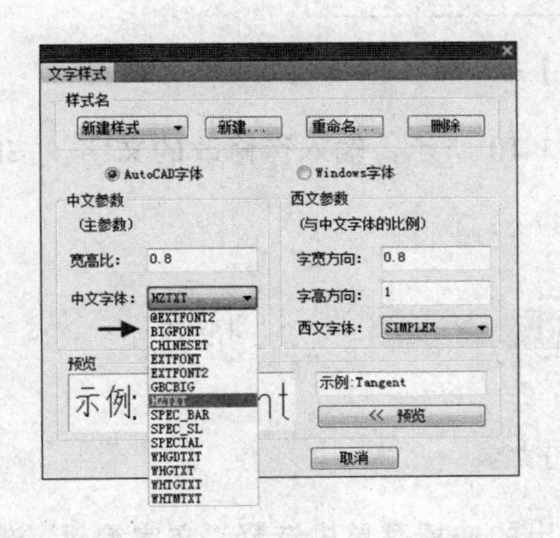

图 11-6　“中文字体”列表

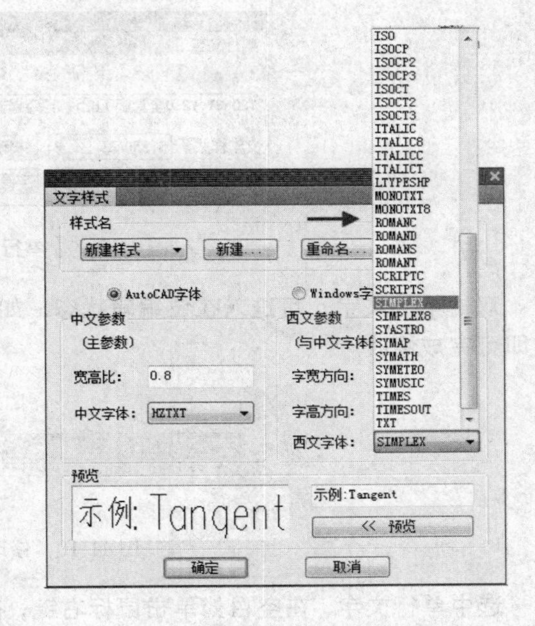

图 11-7　“西文字体”列表

- “预览”选项组：在该预览框中可以预览所定义的文字样式的效果。在右边的文本框中可以定义预览的内容，单击“预览”按钮，可在左边的预览框中显示定义的结果。

11.2.2 单行文字

调用单行文字命令，可以使用已建立的天正文字样式，输入单行文字。如图 11-8 所示为单行文字命令的操作结果。

T20-WT V2.0全套施工图设计实践与提高

图 11-8　单行文字

单行文字命令的执行方式有：

- 菜单栏：单击“文字表格”→“单行文字”命令。

下面以图 11-8 所示的单行文字结果为例，介绍调用单行文字命令的方法。

01 单击“文字表格”→“单行文字”命令，系统弹出【单行文字】对话框，设置参数如图 11-9 所示。

02 同时命令行提示如下：

```
命令：T98_TText
请点取插入位置<退出>：//在绘图区中点取单行文字的插入点，绘制单行文字的结果如图 11-9 所示。
```

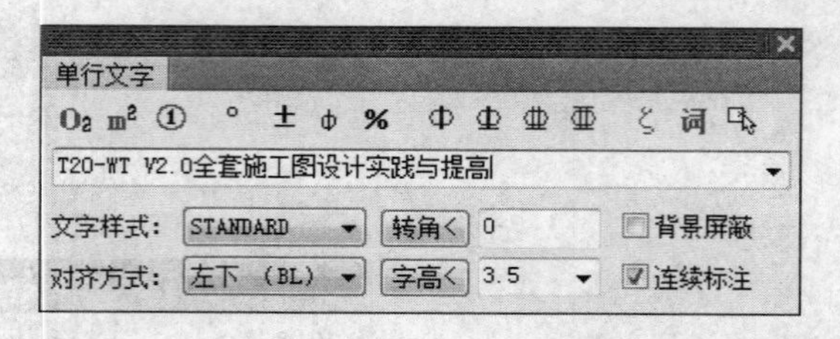

图 11-9 【单行文字】对话框

双击单行文字，可进入在位编辑状态，如图 11-10 所示；输入待修改的文字，按回车键即可完成修改。

图 11-10 修改单行文字

选中单行文字，在空白处单击鼠标右键，在弹出的快捷菜单中选择“文字编辑”选项，如图 11-11 所示。系统会弹出如图 11-12 所示的【单行文字】对话框，在其中修改了单行文字的各项参数后，单击“确定”按钮关闭对话框，即可在原基础上修改单行文字的内容或样式。

【单行文字】对话框中各功能选项的含义如下：

- “文字输入”框：在文本框中输入待绘制的单行文字，单击文本框右边的向下箭头，在弹出的下拉列表中保存了以前输入过的文字，选择其中的一行文字，可将该文字复制到首行。

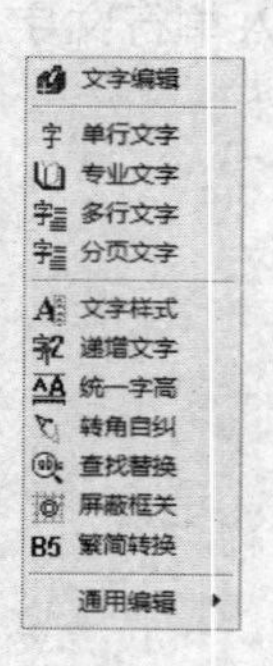

图 11-11 选择“文字编辑”选项

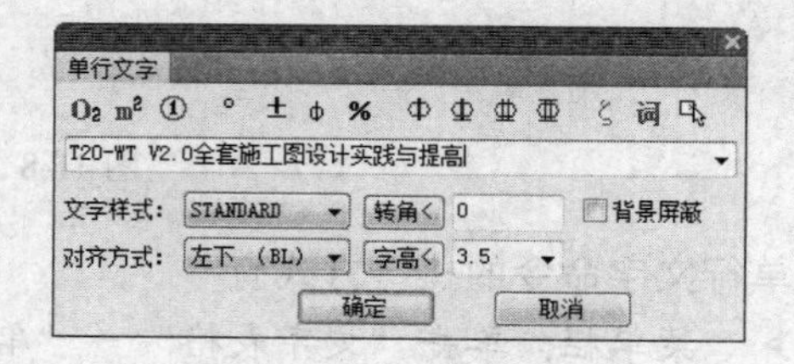

图 11-12 编辑单行文字参数

- “文字样式”选项：单击选项文本框，在弹出的下拉列表中包括了由 AutoCAD 或者天正文字样式命令定义的文字样式。
- “对齐方式”选项：单击选项文本框，在弹出的下拉列表中显示了系统所提供的各种文字对齐方式。
- “转角”选项：定义文字的转角参数。
- “字高”选项：定义最终图纸打印的字高，与在屏幕上测量出的字高数值有一个绘图比例值的倍数关系。

> “背景屏蔽”复选框：勾选该选项，文字可以遮盖背景，比如已绘制的填充图案，且屏蔽作用随文字移动存在。
> “连续标注”复选框：勾选该选项，单行文字可连续标注。
> “上标、下标”按钮 O_2 m^2：单击这两个按钮，则被选中的文字即可变为上标文字或者下标文字。
> “加圆圈”按钮①：单击该按钮，则被选中的文字可以加上圆圈。
> “钢筋符号”按钮Φ Φ Φ Φ：单击符号的插入位置，则可添加指定的钢筋符号。
> “特殊字符”按钮ζ：单击该按钮，系统弹出如图 11-13 所示的【天正字符集】对话框，在其中可以将选定的特殊字符插入到图形中。
> “词库”按钮词：单击该按钮，系统弹出如图 11-14 所示的【专业文字】对话框，在其中可以选择专业词汇插入至图形中。

提示

单行文字被选中后，只显示一个夹点，该夹点可以移动单行文字的位置，如图 11-15 所示。

图 11-13 【天正字符集】对话框

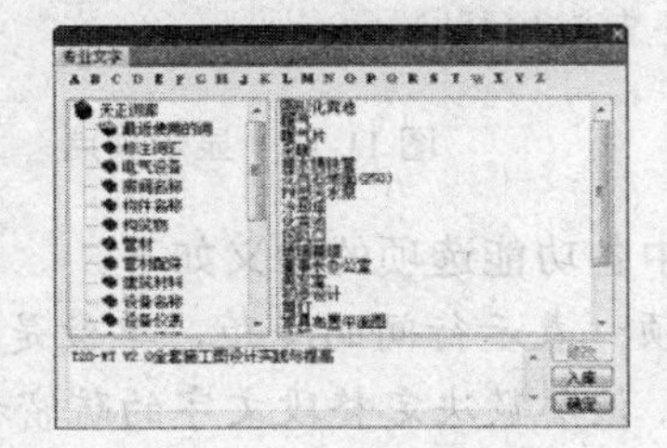

图 11-14 【专业文字】对话框

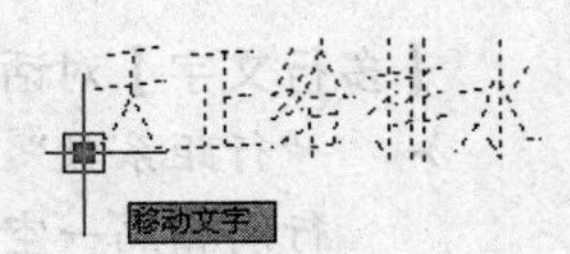

图 11-15 移动单行文字

11.2.3 多行文字

调用多行文字命令，可以创建符合我国建筑制图标准的天正整段文字。如图 11-16 所示为多行文字命令的操作结果。

多行文字命令的执行方式有：

> 菜单栏：单击“文字表格”→“多行文字”命令。

下面以图 11-16 所示的多行文字结果为例，介绍调用多行文字命令的方法。

01 单击“文字表格”→“多行文字”命令，系统弹出【多行文字】对话框，设置参数如图 11-17 所示。

02 同时命令行提示如下：

命令：T98_TMText

左上角或 [参考点(R)]<退出>: //在对话框中单击“确定”按钮，在绘图区中点取插入点，绘制多行文字的结果如图 11-16 所示。

1.设计相关规范:
1.1<高层民用建筑设计防火规范>(GB50045-95)(2005版)
1.2<自动喷水灭火系统设计规范>(GB50084-2005)
1.3<自动喷水灭火系统施工及验收规范>(GB50261-96)(2005年版)
1.4<建筑给水排水设计规范>(GB50015-2003)
1.5<给水排水管道工程施工及验收规范>(GB0286-97)
1.6<全国民用建筑工程设计技术措施>(2003版)
1.7<住宅建筑规范>(GB50368-2005)
6.8<汽车库、修车库、停车场设计防火规范>GB50067-97

图 11-16　多行文字

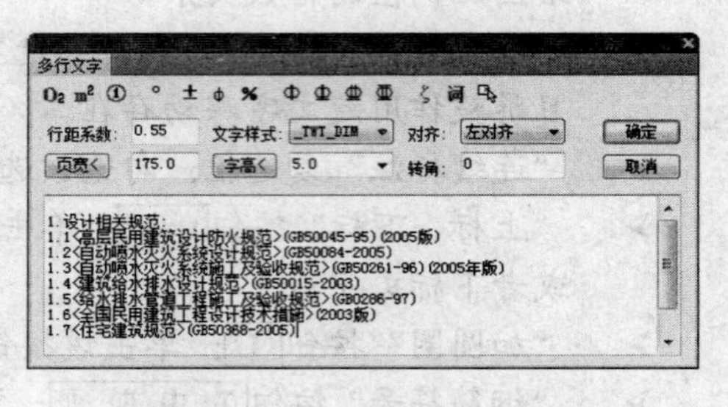

图 11-17　【多行文字】对话框

选中多行文字后，会出现两个夹点，分别可以移动文字和改变页宽，如图 11-18 所示。

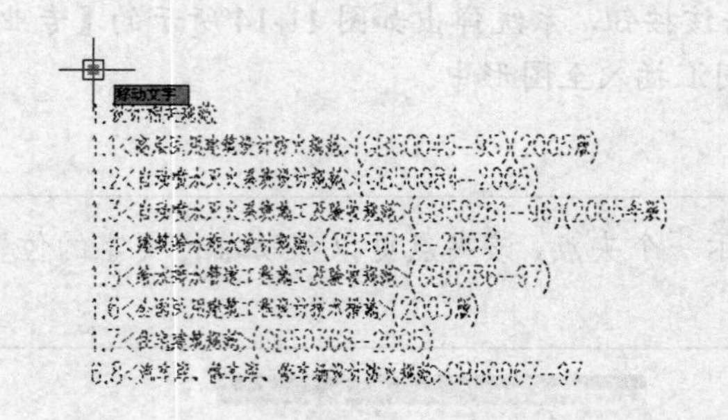

图 11-18　显示夹点

【多行文字】对话框中各功能选项的含义如下：

- "行距系数"选项：表示行间的净距，单位是当前的文字高度。例如"1"为两行间相隔一空行，该参数决定整段文字的疏密程度。
- "页宽"、"字高"选项：指出图后的纸面单位。实际的数值以输入值乘以当前比例得出，也可直接从图上取两点的距离得到。
- "对齐"选项：定义段落的对齐方式，单击选项文本框，在弹出的下拉列表中可以选择系统所提供的对齐方式选项；各对齐方式的结果如图 11-19、图 11-20 所示。
- "文字输入区"：在列表框中可以输入多行文字。在 Word 中输入文本，可通过 Ctrl+C 组合键复制至剪贴板；再由 Ctrl+V 组合键复制到列表框中。在列表框中允许按回车键换行，也可由页宽控制段落的宽度。

1.设计相关规范
1.1<高层民用建筑设计防火规范>(GB50045-95)(2005版)
1.2<自动喷水灭火系统设计规范>(GB50084-2005)
1.3<自动喷水灭火系统施工及验收规范>(GB50261-96)(2005年版)
1.4<建筑给水排水设计规范>(GB50015-2003)
1.5<给水排水管道工程施工及验收规范>(GB0286-97)
1.6<全国民用建筑工程设计技术措施>(2003版)
1.7<住宅建筑规范>(GB50368-2005)
6.8<汽车库、修车库、停车场设计防火规范>GB50067-97

图 11-19　右对齐

1.设计相关规范
1.1<高层民用建筑设计防火规范>(GB50045-95)(2005版)
1.2<自动喷水灭火系统设计规范>(GB50084-2005)
1.3<自动喷水灭火系统施工及验收规范>(GB50261-96)(2005年版)
1.4<建筑给水排水设计规范>(GB50015-2003)
1.5<给水排水管道工程施工及验收规范>(GB0286-97)
1.6<全国民用建筑工程设计技术措施>(2003版)
1.7<住宅建筑规范>(GB50368-2005)
6.8<汽车库、修车库、停车场设计防火规范>GB50067-97

图 11-20　中心对齐

选定多行文字单击鼠标右键，在弹出的快捷菜单中选择“文字编辑”选项，可以弹出【多行文字】对话框，在其中可以修改文字的内容和样式。或者双击绘制完成的多行文字，也可弹出【多行文字】对话框，在其中也可执行修改操作。

11.2.4 分页文字

调用分页文字命令，用来创建符合我国建筑制图标准的天正整段可分页的文字。

分页文字命令的执行方式有：

➢ 菜单栏：单击“文字表格”→“分页文字”命令。

➢ 命令行：输入 FYWZ 命令按回车键。

下面以图 11-21 所示的文字绘制结果为例，介绍分页文字命令的调用方法。

T20天正给排水软件在绘图区域之外的功能选择区做了全新的尝试，将设计绘图常用的通用工具抽离出来放在界面选项板上，方便用户使用。上层及下层功能选项板包括常用的视口、图层
、尺寸、编组以及专业标注等模块，选项板可实现风琴式收缩、自由换位。

图 11-21 绘制文字

01 单击“文字表格”→“分页文字”命令，在【分页文字】对话框中输入段落文字，如图 11-22 所示。

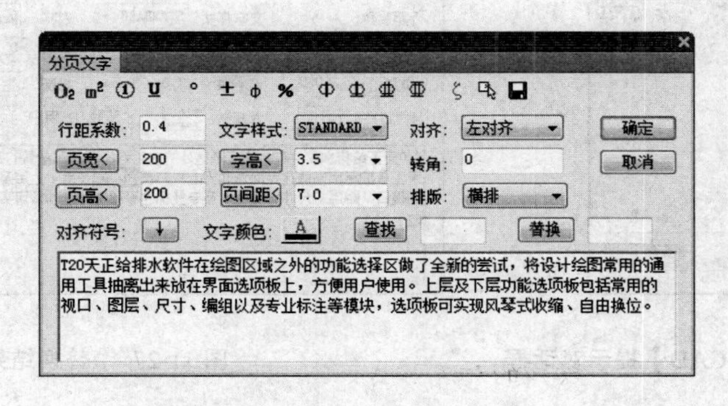

图 11-22 【分页文字】对话框

02 单击“确定”按钮，点取插入点，创建文字段落，结果如图 11-21 所示。

03 双击文字进入【分页文字】对话框，修改“行距系数”为 1，“页宽”为 100，单击“确定”按钮关闭对话框，完成文字格式编辑，结果如图 11-23 所示。

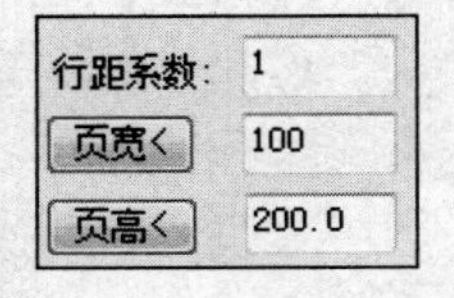

T20天正给排水软件在绘图区域之外的功能选择区做了全新的尝试，将设计绘图常用的通用工

具抽离出来放在界面选项板上，方便用户使用。上层及下层功能选项板包括常用的视口、图层

、尺寸、编组以及专业标注等模块，选项板可实现风琴式收缩、自由换位。

图 11-23 编辑文字格式

04 双击文字打开【分页文字】对话框，在“查找”文本框中输入“用户”，在“替换”文本框中输入“绘图员”，如图 11-24 所示。

05 单击“查找”按钮，被查找到的文字在段落中显示如图 11-25 所示。

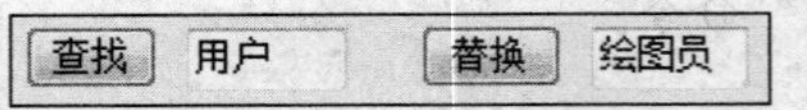

图 11-24 输入文字

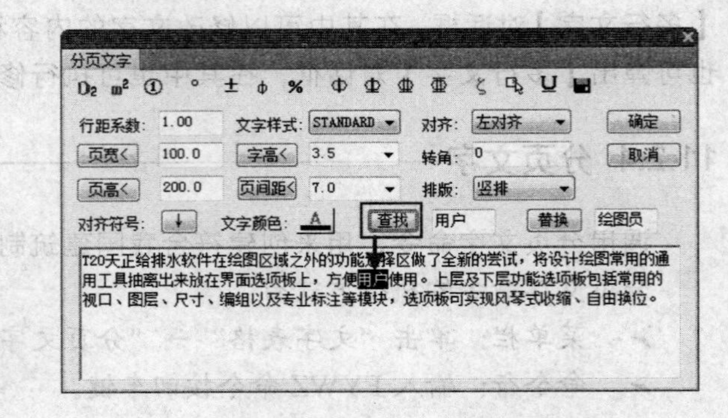

图 11-25 查找文字

06 单击“替换”按钮，调出如图 11-26 所示【AutoCAD】提示对话框，显示已替换完成。

07 替换结果如图 11-27 所示。

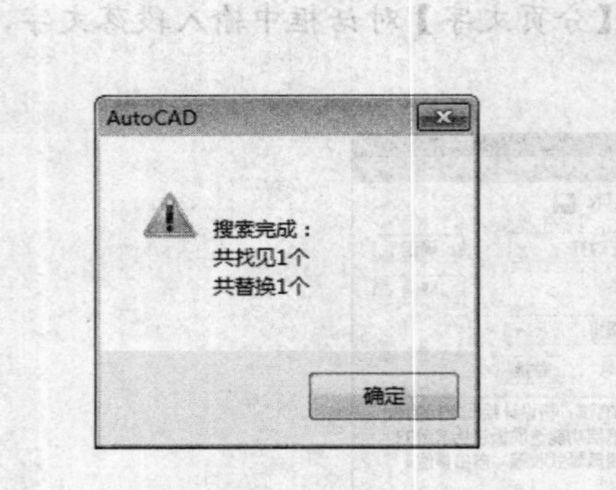

图 11-26 【AutoCAD】提示对话框

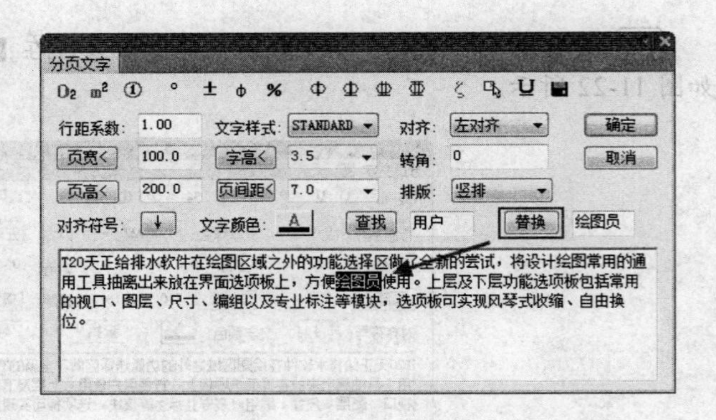

图 11-27 替换结果

08 单击“确定”按钮关闭对话框，完成文字编辑操作的结果如图 11-28 所示。

T20天正给排水软件在绘图区域之外的功能选择区做了全新的尝试，将设计绘图常用的通用工具抽离出来放在界面选项板上，方便绘图员使用。上层及下层功能选项板包括常用的视口、图层、尺寸、编组以及专业标注等模块，选项板可实现风琴式收缩、自由换位。

图 11-28 编辑结果

11.2.5 专业词库

调用专业词库命令，可以动态插入、替换专业词汇。

专业词库命令的执行方式有：

➢ 菜单栏：单击“文字表格”→“专业词库”命令。

下面介绍专业词库命令的调用方法。

单击“文字表格”→“专业词库”命令，系统弹出如图 11-29 所示的【专业词库】对话框。同时命令行提示如下：

命令：T98_TWORDLIB

请指定文字的插入点<退出>： //在绘图区中点取文字的插入点，即可完成词汇的插入。

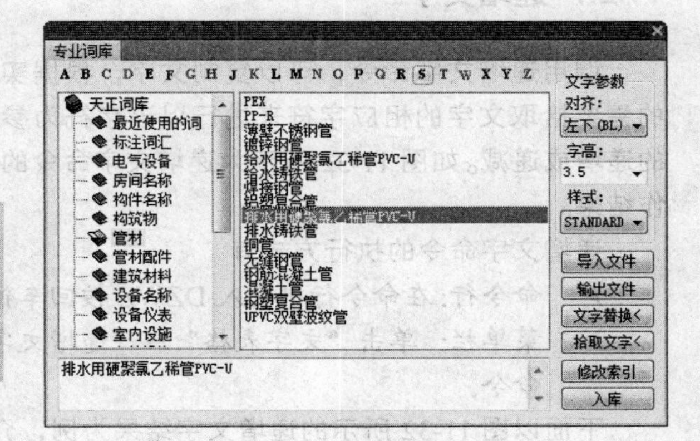

图 11-29 【专业词库】对话框

【专业词库】对话框中各功能选项的含义如下：

➢ “字母索引”：在对话框的上方，显示了 23 个字母的索引。单击其中的一个字母，以该字母开头的专业词汇即可显示在下方的列表框中，单击即可调用。
➢ “词汇类别选项组”：对话框左边罗列了各种词汇类别，单击其中一项，即可在右边的列表框中显示包含在该类别下的词汇。
➢ “词汇预览框”：单击选中某个词汇后，在对话框下方的词汇预览中可显示被选中的词汇。

11.2.6 转角自纠

调用转角自纠命令，可以把转角方向不符合建筑制图标准的文字，比如倒置的文字给予纠正。如图 11-30 所示为转角自纠命令的操作结果。

转角自纠命令的执行方式有：

➢ 菜单栏：单击“文字表格”→“转角自纠”命令。

下面以图 11-30 所示的转角自纠结果为例，介绍调用转角自纠命令的方法。

01 按 Ctrl+O 组合键，打开配套光盘提供的“第 11 章/ 11.2.6 转角自纠.dwg”素材文件，结果如图 11-31 所示。

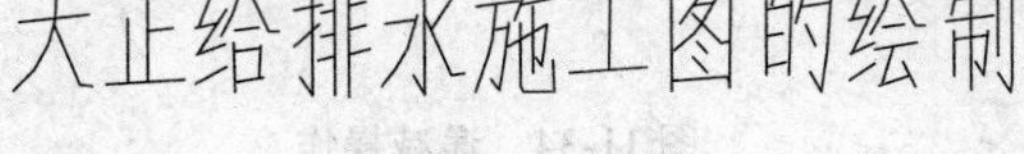

天正给排水施工图的绘制

图 11-30 转角自纠

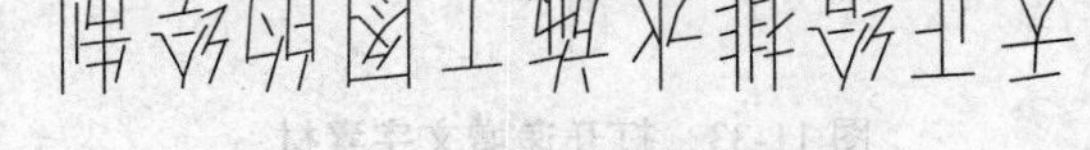

图 11-31 打开转角自纠素材

02 单击“文字表格”→“转角自纠”命令，命令行提示如下：

命令：T98_TTextAdjust

请选择天正文字：找到 1 个 //选定待纠正的文字，按回车键即可完成操作，结果如图 11-30 所示。

11.2.7 递增文字

调用递增文字命令，可以复制文字，根据实际的需要拾取文字的相应字符来进行以该字符为参照的递增或递减。如图 11-32 所示为递增文字命令的操作结果。

递增文字命令的执行方式有：

➢ 命令行：在命令行中输入 DZWZ 按回车键。
➢ 菜单栏：单击“文字表格”→“递增文字”命令。

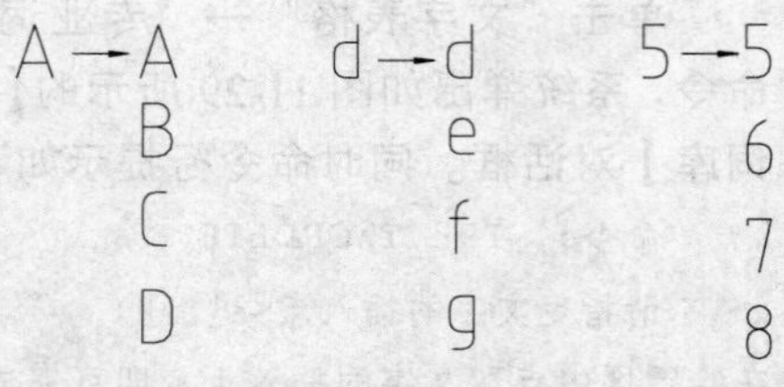

A→A d→d 5→5
B e 6
C f 7
D g 8

图 11-32 递增文字

下面以图 11-32 所示的递增文字结果为例，介绍调用递增文字命令的方法。

01 按 Ctrl+O 组合键，打开配套光盘提供的“第 11 章/ 11.2.7 递增文字.dwg”素材文件，结果如图 11-33 所示。

02 在命令行中输入 DZWZ 按回车键，命令行提示如下：

```
命令：DZWZ2↙
请选择要递增复制的文字图元(同时按 Ctrl 键进行递减复制,注意点哪个字符对哪个字符进行递增)<退出>          //选择待递增的文字;
请点选基点:                                    //单击所选文字的左下角点;
请指定文字的插入点<退出>:
请指定文字的插入点<退出>:
请指定文字的插入点<退出>:
请指定文字的插入点<退出>:                        //陆续点取文字的插入点，完成递增文字命令的操作结果如图 11-32 所示。
```

在执行命令的过程中，在命令行提示“请选择要递增复制的文字图元(同时按 Ctrl 键进行递减复制，注意点哪个字符对哪个字符进行递增)”时，按住 Ctrl 键不放，可以对所选的文字执行递减操作，结果如图 11-34 所示。

A d 5

图 11-33 打开递增文字素材

D→D d→d 5→5
C c 4
B b 3
A a 2

图 11-34 递减操作

11.2.8 文字转化

调用文字转化命令，可以将 AutoCAD 单行文字转化为天正单行文字。

文字转化命令的执行方式有：

➢ 菜单栏：单击“文字表格”→“文字转化”命令。

单击“文字表格”→“文字转化”命令，命令行提示如下：

```
命令：T98_TTextConv
请选择 ACAD 单行文字：指定对角点：找到 4 个
全部选中的 4 个 ACAD 单行文字成功转化为天正文字！            //选定待转化的AutoCAD单
行文字，按回车键即可完成文字转化操作。
```

11.2.9 文字合并

调用文字合并命令，可以将选中的天正文字合并成单行文字或多行文字。如图 11-35 所示为文字合并命令的操作结果。

文字合并命令的执行方式有：

➢ 菜单栏：单击“文字表格”→“文字合并”命令。

下面以图 11-35 所示的文字合并结果为例，介绍调用文字合并命令的方法。

01 按 Ctrl+O 组合键，打开配套光盘提供的“第 11 章/ 11.2.9 文字合并.dwg”素材文件，结果如图 11-36 所示。

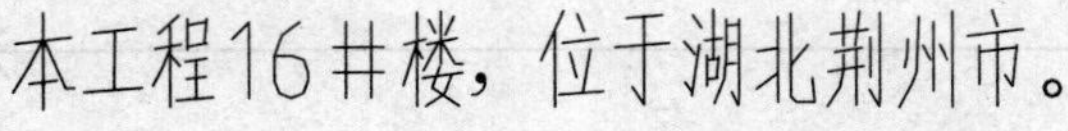

本工程16#楼，位于湖北荆州市。

图 11-35 文字合并

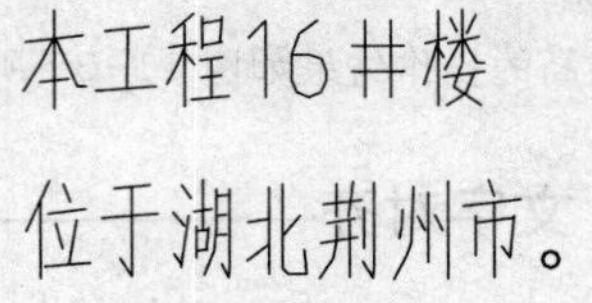

本工程16#楼

，位于湖北荆州市。

图 11-36 打开素材

02 单击“文字表格”→“文字合并”命令，命令行提示如下：

```
命令： T98_TTEXTMERGE
请选择要合并的文字段落<退出>：找到 1 个，总计 2 个
[合并为单行文字(D)]<合并为多行文字>:D          //输入 D，选中“合并为单行文字”选项。
移动到目标位置<替换原文字>:                    //将合并得到的文字移动到目标位置并单击
左键，完成文字合并操作的结果如图 11-35 所示。
```

11.2.10 统一字高

调用统一字高命令，可以将所选的文字，包括 AutoCAD 文字、天正文字、天正标注，对其重新定义字高。如图 11-37 所示为统一字高命令的操作结果。

T20-WT V2.0给排水设计软件

图 11-37 统一字高

统一字高命令的执行方式有：

➢ 命令行：在命令行中输入 TYZG 按回车键。

➢ 菜单栏：单击“文字表格”→“统一字高”命令。

下面以图 11-37 所示的统一字高结果为例，介绍调用统一字高命令的方法。

01 按 Ctrl+O 组合键，打开配套光盘提供的“第 11 章/ 11.2.10 统一字高.dwg”素材文件，结果如图 11-38 所示。

图 11-38 打开素材

02 在命令行中输入 TYZG 按回车键，命令行提示如下：

```
命令：TYZG2↙
请选择要修改的文字（ACAD 文字，天正文字，天正标注）<退出>指定对角点：找到 3 个
                                    //选定待修改的文字，按回车键。
字高() <3.5mm>                      //按回车键默认系统给予的字高值（也可自定义字高值），
完成统一字高的操作结果如图 11-37 所示。
```

11.2.11 文字对齐

调用文字对齐命令，可以使得文字按基准线对齐。如图 11-39 所示为文字对齐命令的操作结果。

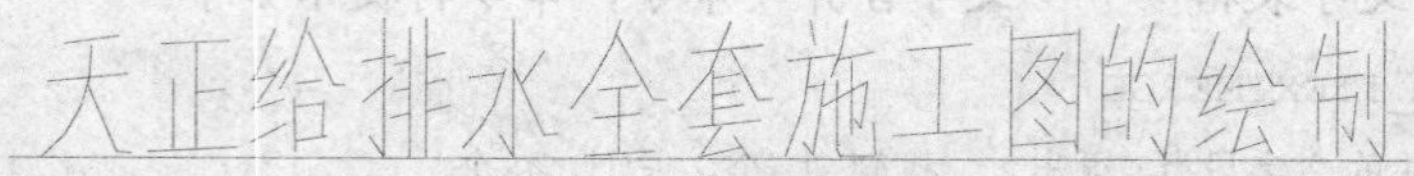

图 11-39 文字对齐

文字对齐命令的执行方式有：

➢ 命令行：在命令行中输入 WZDQ 按回车键。

➢ 菜单栏：单击“文字表格”→“文字对齐”命令。

下面以图 11-39 所示的文字对齐结果为例，介绍调用文字对齐命令的方法。

01 按 Ctrl+O 组合键，打开配套光盘提供的“第 11 章/ 11.2.11 文字对齐.dwg”素材文件，结果如图 11-40 所示。

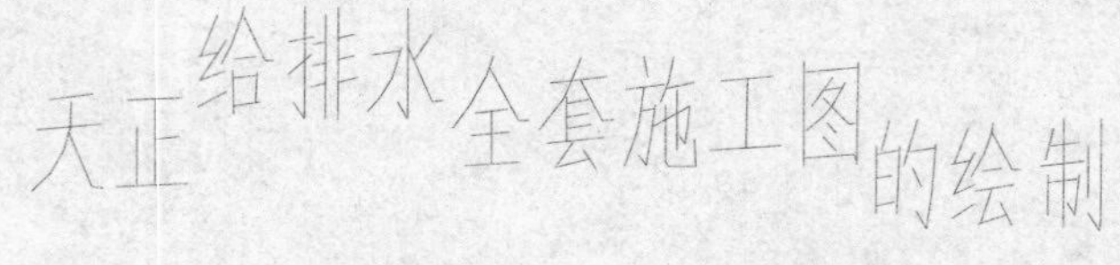

图 11-40 打开素材

[02] 在命令行中输入 WZDQ 按回车键，命令行提示如下：

命令：WZDQ↙

请选择要对齐的文字或者符号<退出>：指定对角点：找到 4 个 //选定待对齐的文字并按回车键。

请选择对齐基准线<绘制对齐基准线>： //选取对齐基准线，完成文字对齐操作的结果如图 11-39 所示。

11.2.12 查找替换

调用查找替换命令，可以搜索当前的 AutoCAD 格式文字、天正文字以及图块的属性，按照要求进行逐一替换或者全体替换。如图 11-41 所示为查找替换命令的操作结果。

查找替换命令的执行方式有：

➢ 菜单栏：单击“文字表格”→“查找替换”命令。

下面以图 11-41 所示的查找替换结果为例，介绍调用查找替换命令的方法。

[01] 按 Ctrl+O 组合键，打开配套光盘提供的“第 11 章/ 11.2.12 查找替换.dwg”素材文件，结果如图 11-42 所示。

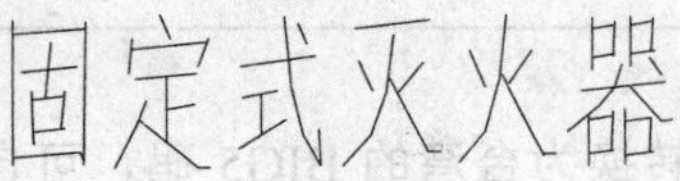

固定式灭火器

图 11-41 查找替换

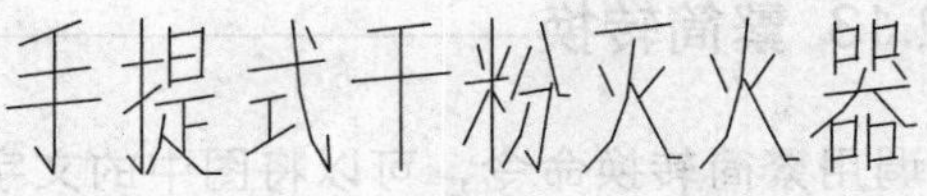

手提式干粉灭火器

图 11-42 打开查找替换素材

[02] 单击“文字表格”→“查找替换”命令，系统弹出【查找和替换】对话框，设置查找和替换内容参数，如图 11-43 所示。

[03] 单击“查找”按钮，绘图区中被搜索到的文字上显示虚线框，如图 11-44 所示。

查找和替换
替换
加前后缀
设置增量
查找内容：
手提式干粉灭火器
替 换 为：
固定式灭火器
查找位置：
整个图形
自动缩放定位
查找
替换
全部替换
关闭
设置

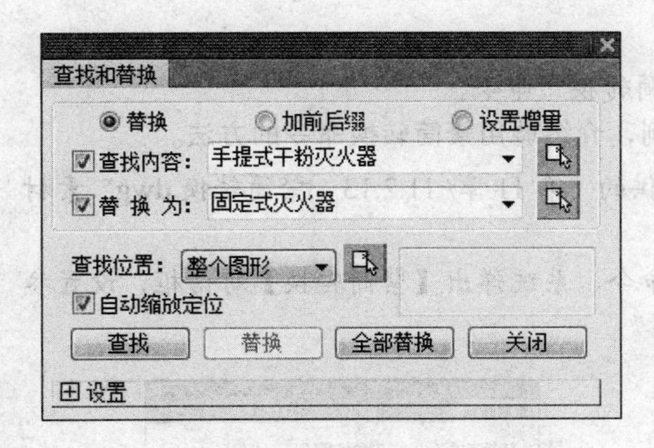

图 11-43 【查找和替换】对话框

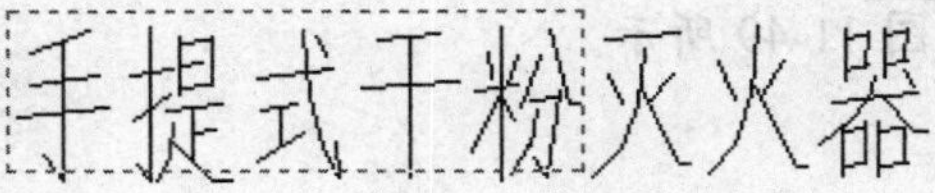

手提式干粉灭火器

图 11-44 查找结果

[04] 单击“替换”按钮，系统弹出【查找替换】对话框，提示已替换完毕，结果如图 11-45 所示；替换结果如图 11-41 所示。

在【查找和替换】对话框中单击“设置”按钮，在弹出的列表中可以定义查找的条件，如图 11-46 所示。

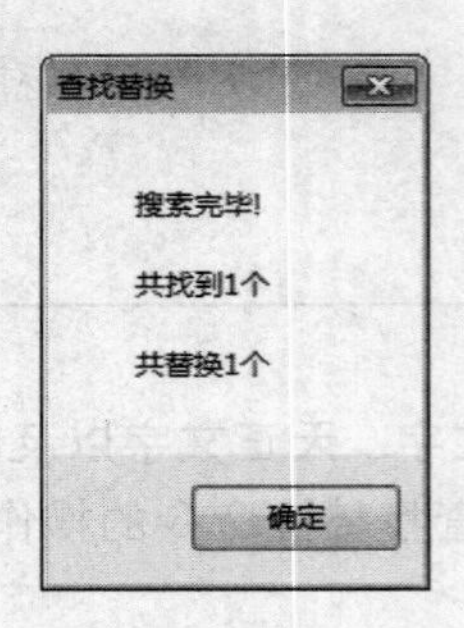

图 11-45 【查找替换】对话框

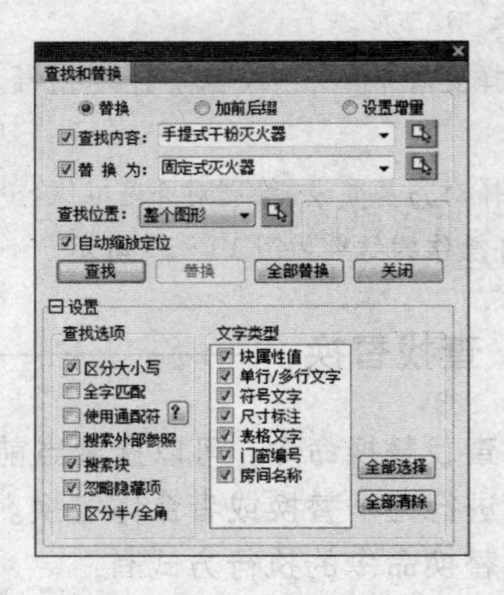

图 11-46 定义查找条件

单击“查找内容”和“替换为”选项文本框后的“屏幕取词”按钮，可以在绘图区中直接点取待查找和替换的内容，免去了在文本框中定义参数的烦琐。

11.2.13 繁简转换

调用繁简转换命令，可以将图中的文字由国标码转换为台湾的 BIG5 码，可自行更改文字样式字体。如图 11-47 所示为繁简转换命令的操作结果。

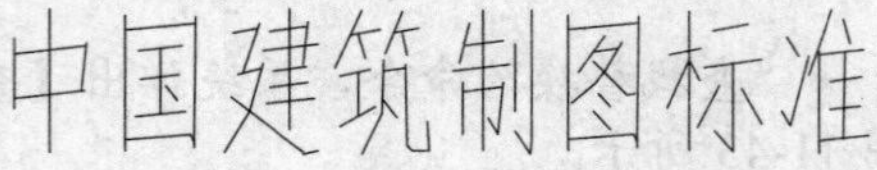

中国建筑制图标准

图 11-47 繁简转换

繁简转换命令的执行方式有:

➢ 菜单栏: 单击“文字表格”→“繁简转换”命令。

下面以图 11-47 所示的繁简转换结果为例，介绍调用繁简转换命令的方法。

01 按 Ctrl+O 组合键，打开配套光盘提供的“第 11 章/ 11.2.13 繁简转换.dwg”素材文件，结果如图 11-48 所示。

02 单击“文字表格”→“繁简转换”命令，系统弹出【繁简转换】对话框，设置参数如图 11-49 所示。

?瓣???瓜夹非

图 11-48 打开繁简转换素材

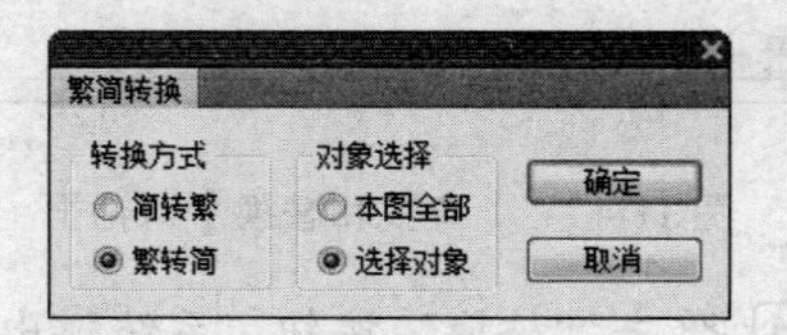

图 11-49 【繁简转换】对话框

03 在对话框中单击“确定”按钮，同时命令行提示如下:

命令：T98_TBIG5_GB

选择包含文字的图元:找到 1 个　　　　　　　　//选定待转换的文字，按回车键即可完成操作，结果如图 11-47 所示。

11.3 表格的绘制与编辑

本节介绍创建表格和编辑表格的操作方法。天正中的表格可以自定义对其表列进行编辑，包括列宽、行高，以及表格的内容等。本节主要介绍新建表格、表格编辑等各类命令的调用方法。

11.3.1 表格的对象特征

天正自定义生成的表格，是内部带有当前比例特性的自定义对象，可以更改表格线的行高和列宽，以及其中单元格的参数等。

1. 表格的夹点

在使用“新建表格”命令新建一个空白的天正表格后，可以对其进行夹点编辑。各表格夹点的作用如图 11-50 所示。

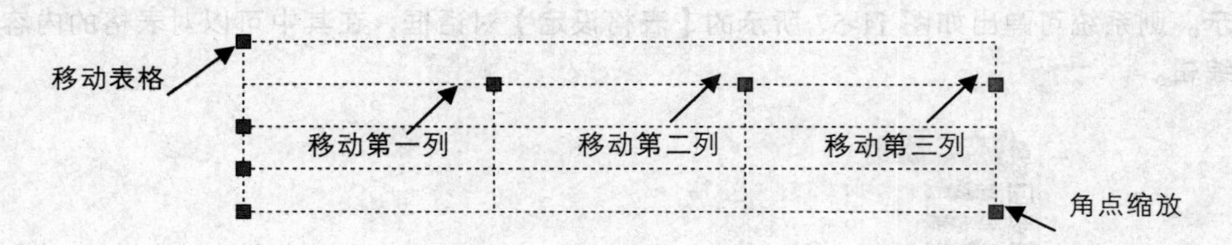

图 11-50　各表格夹点的作用

“移动表格夹点”：单击该夹点，可以移动表格的位置，如图 11-51 所示，而不改变表格的大小。

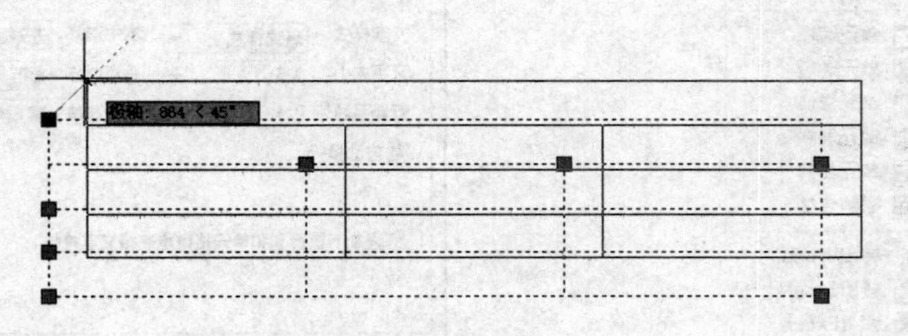

图 11-51　移动表格夹点

“移动第一列夹点”：单击并移动该夹点，如图 11-52 所示，可以更改第一列的宽度，结果如图 11-53 所示。

“移动第二列夹点”：单击并移动该夹点，可以更改第二列的宽度。

“移动第三列夹点”：单击并移动该夹点，可以更改第三列的宽度。

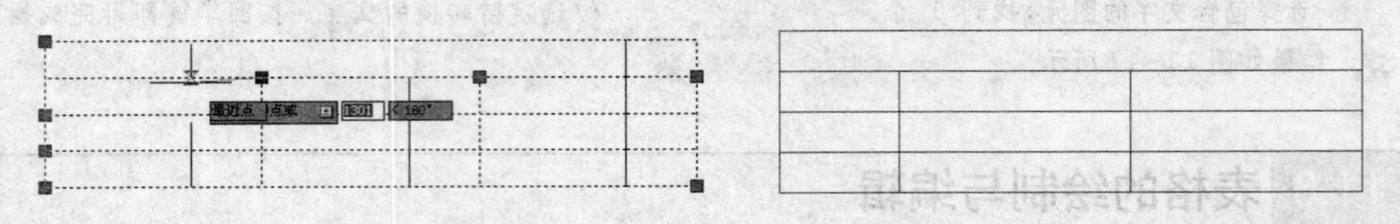

图 11-52　移动第一列夹点　　　　图 11-53　更改列宽度结果

“角点缩放夹点”：单击并移动该夹点，如图 11-54 所示，可以更改表格的大小，结果如图 11-55 所示。

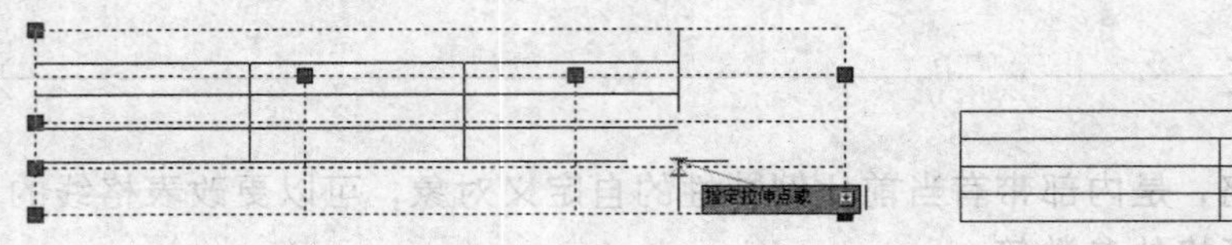

图 11-54　角点缩放夹点

图 11-55　缩放表格结果

2. 表格的编辑

选中表格，单击鼠标右键，在弹出的快捷菜单中选择“表格编辑”选项，如图 11-56 所示。则系统可弹出如图 11-57 所示的【表格设定】对话框，在其中可以对表格的内容进行编辑。

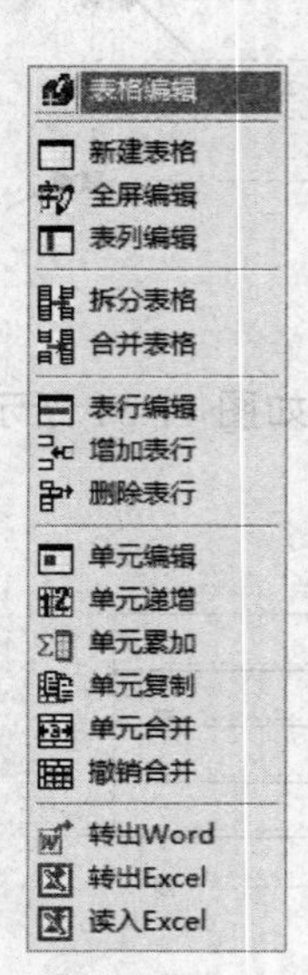

图 11-56　选择“表格编辑”选项

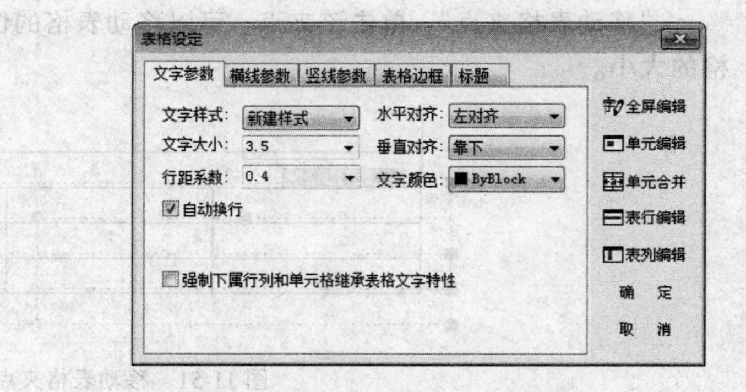

图 11-57　【表格设定】对话框

在对话框中选择“横线参数”选项卡，勾选“不设横线”复选框，如图 11-58 所示；单击“确定”按钮关闭对话框，即可发现对话框内的横线被隐藏，结果如图 11-59 所示。

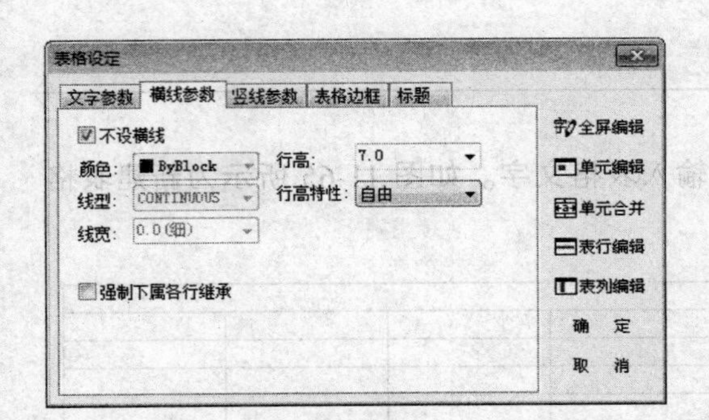

图 11-58 “横线参数”选项卡

计算结果表		
管段名称	流量L/s	管长m
W4-W3	6.00	11.42
W3-W2	18.00	13.15
W2-W1	36.00	15.63

图 11-59 隐藏横线

同理，选择“竖线参数”选项卡，如图 11-60 所示，勾选“不设竖线”复选框，则表格中的竖线被隐藏。

选择“表格边框”选项卡，勾选“不设边框”复选框，则表格的边框被隐藏，结果如图 11-61 所示。

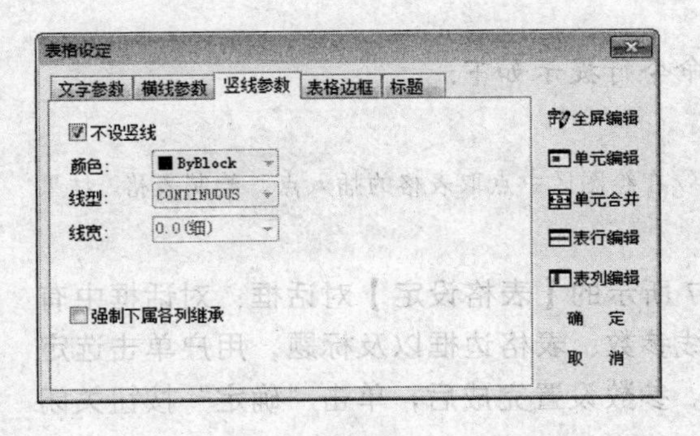

图 11-60 “竖线参数”选项卡

计算结果表		
管段名称	流量L/s	管长m
W4-W3	6.00	11.42
W3-W2	18.00	13.15
W2-W1	36.00	15.63

图 11-61 隐藏边框

选择“标题”选项卡，勾选“标题在边框外”复选框，如图 11-62 所示；则表格的标题被移到边框外，结果如图 11-63 所示。

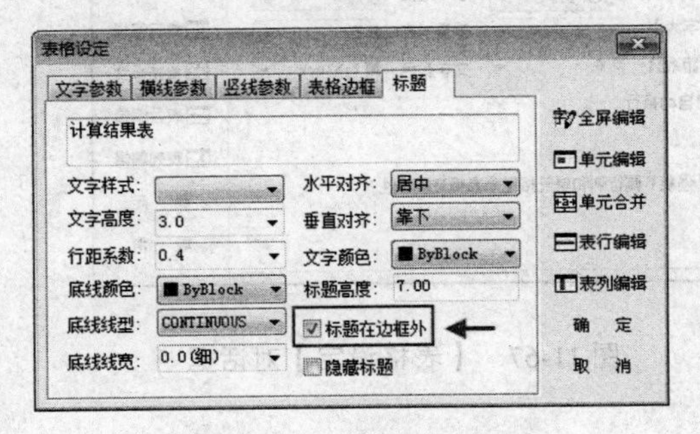

图 11-62 选定“标题”选项卡

计算结果表		
管段名称	流量L/s	管长m
W4-W3	6.00	11.42
W3-W2	18.00	13.15
W2-W1	36.00	15.63

图 11-63 移动标题

选择“标题”选项，勾选“隐藏标题”选项卡，则表格的标题被隐藏，结果如图 11-64 所示。

11.3.2 新建表格

调用新建表格命令，可以绘制新的表格并输入表格文字。如图 11-65 所示为新建表格命令的操作结果。

管段名称	流量L/s	管长m
W4-W3	6.00	11.42
W3-W2	18.00	13.15
W2-W1	36.00	15.63

图 11-64　隐藏标题

图 11-65　新建表格

新建表格命令的执行方式有：

➢　菜单栏：单击“文字表格”→“新建表格”命令。

下面以图 11-65 所示的新建表格结果为例，介绍调用新建表格命令的方法。

01 单击“文字表格”→“新建表格”命令，系统弹出【新建表格】对话框，设置参数如图 11-66 所示。

02 在对话框中单击“确定”按钮，同时命令行提示如下：

```
命令： T98_TNEWSHEET
左上角点或 [参考点(R)]<退出>:                //在绘图区中点取表格的插入点，绘制表格，结果如图 11-65 所示。
```

双击绘制完成的表格，系统弹出如图 11-67 所示的【表格设定】对话框；对话框中有五个选项卡，分别是文字参数、横线参数、竖线参数、表格边框以及标题，用户单击选定其中一个选项卡，可以对其中的参数进行设定。参数设置完成后，单击“确定”按钮关闭对话框即可。

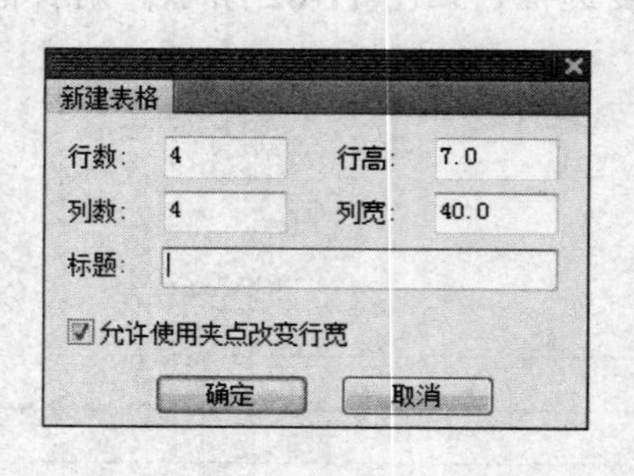

图 11-66　【新建表格】对话框

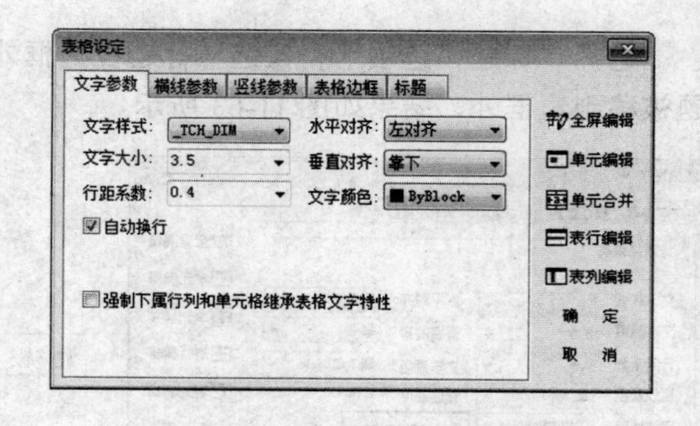

图 11-67　【表格设定】对话框

11.3.3 全屏编辑

调用全屏编辑命令，可以对表格的内容进行全屏编辑。如图 11-68 所示为全屏编辑命令的操作结果。

管段名称	流量L/s	管长m	公称直径
W4-W3	6.00	11.42	200
W3-W2	18.00	13.15	300
W2-W1	36.00	15.63	350
W1-W1	60	27.67	450

图 11-68　全屏编辑

全屏编辑命令的执行方式有：

➢　菜单栏：单击“文字表格”→“表格编辑”→“全屏编辑”命令。

下面以图 11-68 所示的全屏编辑结果为例，介绍调用全屏编辑命令的方法。

01 按 Ctrl+O 组合键，打开配套光盘提供的“第 11 章/ 11.3.3　全屏编辑.dwg”素材文件，结果如图 11-69 所示。

图 11-69　打开素材

02 单击“文字表格”→“表格编辑”→“全屏编辑”命令，命令行提示如下：

```
命令： T98_TSHEETEDIT
选择表格：                           //选定待编辑的表格，系统弹出【表格内容】对话框
```

03 在对话框中输入表格的文字内容，如图 11-70 所示。

04 单击“确定”按钮关闭对话框，即可完成表格内容的编辑，结果如图 11-68 所示。

05 双击表格中的文字标注内容，可进入在位编辑状态，如图 11-71 所示；输入待修改的文字，在表格外单击即可完成文字的编辑修改。

表格内容

管段名称	流量L/s	管长m	公称直径
W4-W3	6.00	11.42	200
W3-W2	18.00	13.15	300
W2-W1	36.00	15.63	350
W1-W1	60	27.67	450

确定　取消

图 11-70　【表格内容】对话框

管段名称	流量L/s
W4-W3	6.00
W3-W2	18.00
W2-W1	36.00
W1-W1	60

图 11-71　表格文字在位编辑

11.3.4 拆分表格

调用拆分表格命令，可以将表格拆分为多个子表格，有行拆分和列拆分两种。如图 11-72 所示为拆分表格命令的操作结果。

计算结果表		
管段名称	流量L/s	管长m
W4-W3	6.00	11.42
W3-W2	18.00	13.15
W2-W1	36.00	15.63
W1-W1	60	27.67

计算结果表		
公称直径	坡度	流速m/s
200	5.50	0.61
300	3.00	0.64
350	2.50	0.71
450	1.50	0.93

图 11-72　拆分表格

拆分表格命令的执行方式有：

➢　菜单栏：单击“文字表格”→“表格编辑”→“拆分表格”命令。

下面以图 11-72 所示的拆分表格结果为例，介绍调用拆分表格命令的方法。

01 按 Ctrl+O 组合键，打开配套光盘提供的“第 11 章/ 11.3.4　拆分表格.dwg”素材文件，结果如图 11-73 所示。

计算结果表					
管段名称	流量L/s	管长m	公称直径	坡度	流速m/s
W4-W3	6.00	11.42	200	5.50	0.61
W3-W2	18.00	13.15	300	3.00	0.64
W2-W1	36.00	15.63	350	2.50	0.71
W1-W1	60	27.67	450	1.50	0.93

图 11-73　打开素材

02 单击“文字表格”→“表格编辑”→“拆分表格”命令，系统弹出【拆分表格】对话框，设置参数如图 11-74 所示。

03 在对话框中单击“拆分”按钮，同时命令行提示如下：

命令：T98_TSplitSheet

选择表格：　　　　　　　　　//点取待拆分的表格，即可完成拆分操作的结果如图 11-72 所示。

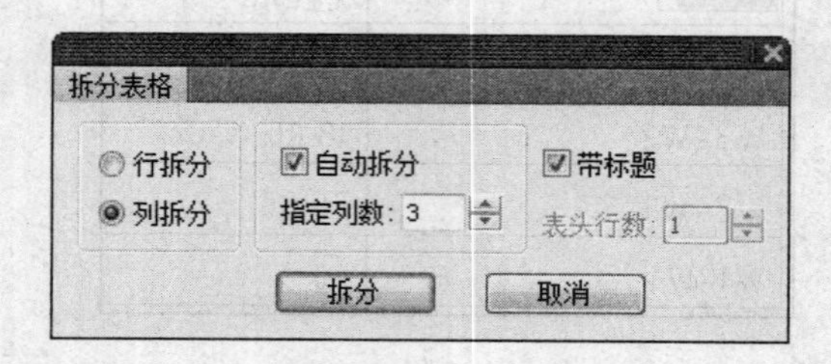

图 11-74　列拆分设定

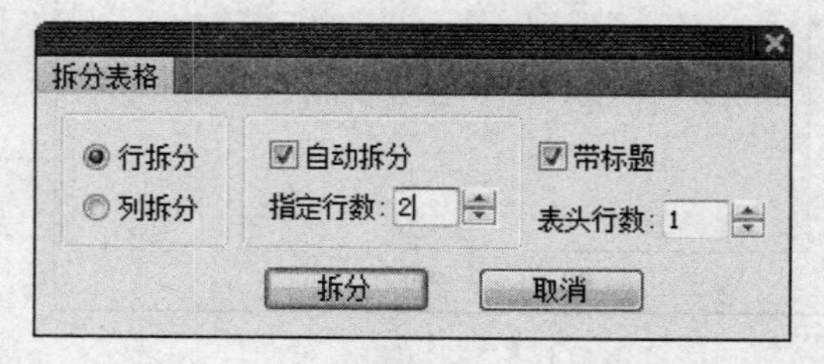

图 11-75　行拆分设定

在【拆分表格】对话框中设定行拆分的参数，如图 11-75 所示；单击“拆分”按钮，拆分表格的结果如图 11-76 所示。

计算结果表					
管段名称	流量L/s	管长m	公称直径	坡度	流速m/s
W4-W3	6.00	11.42	200	5.50	0.61
W3-W2	18.00	13.15	300	3.00	0.64

计算结果表					
管段名称	流量L/s	管长m	公称直径	坡度	流速m/s
W2-W1	36.00	15.63	350	2.50	0.71
W1-W1	60	27.67	450	1.50	0.93

图 11-76　行拆分

11.3.5 合并表格

调用合并表格命令，可以将多个表格合并为一个表格，有行合并和列合并两种。如图 11-77 所示为合并表格命令的操作结果。

合并表格命令的执行方式有：

➢ 菜单栏：单击“文字表格”→“表格编辑”→“合并表格”命令。

下面以图 11-77 所示的合并表格结果为例，介绍调用合并表格命令的方法。

01 按 Ctrl+O 组合键，打开配套光盘提供的“第 11 章/ 11.3.5　合并表格.dwg”素材文件，结果如图 11-78 所示。

02 单击“文字表格”→“表格编辑”→“合并表格”命令，命令行提示如下：

```
命令：T98_TMergeSheet
选择第一个表格或 [列合并(C)]<退出>:
选择下一个表格<退出>:
选择下一个表格<退出>:        //分别选择待合并的表格，完成行合并的结果如图 11-77 所示。
```

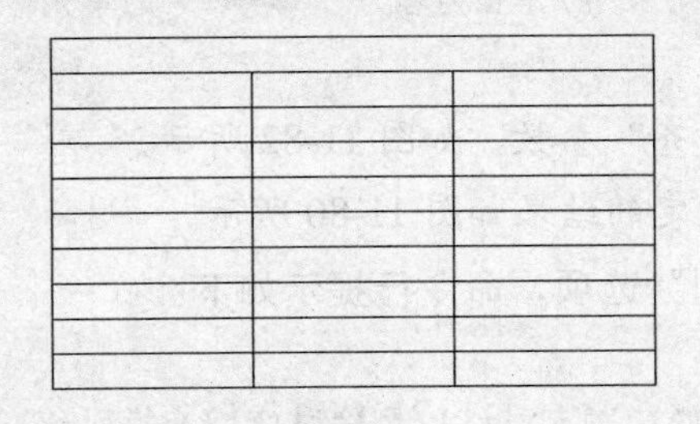

图 11-77　合并表格

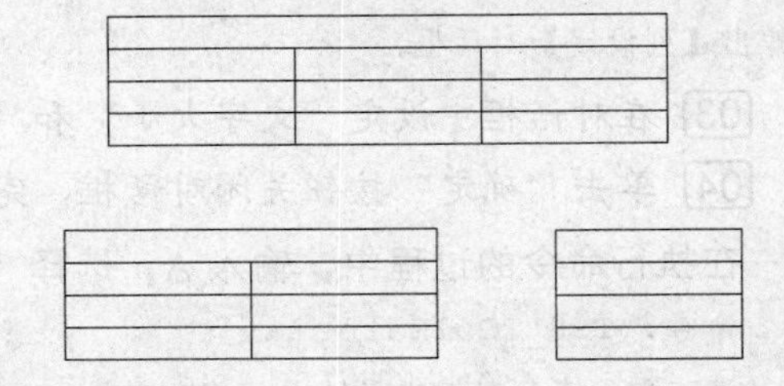

图 11-78　打开素材

在执行命令的过程中，当命令行提示“选择第一个表格或 [列合并(C)]<退出>:”时，输入 C，选择“列合并”选项，所选的表格则以该方式合并，结果如图 11-79 所示。

图 11-79 列合并

11.3.6 表列编辑

调用表列编辑命令，可以编辑表格的一列或者多列。如图 11-80 所示为表列编辑命令的操作结果。

表列编辑命令的执行方式有：

➢ 菜单栏：单击“文字表格”→“表格编辑”→“表列编辑”命令。

下面以图 11-80 所示的表列编辑结果为例，介绍调用表列编辑命令的方法。

01 按 Ctrl+O 组合键，打开配套光盘提供的“第 11 章/ 11.3.6 表列编辑.dwg”素材文件，结果如图 11-81 所示。

计算结果表		
管段名称	流量L/s	管长m
W4-W3	6.00	11.42
W3-W2	18.00	13.15
W2-W1	36.00	15.63
W1-W1	60	27.67

图 11-80 表列编辑

计算结果表		
管段名称	流量L/s	管长m
W4-W3	6.00	11.42
W3-W2	18.00	13.15
W2-W1	36.00	15.63
W1-W1	60	27.67

图 11-81 打开素材

02 单击“文字表格”→“表格编辑”→“表列编辑”命令，命令行提示如下：

命令：T98_TColEdit

请点取一表列以编辑属性或 [多列属性(M)/插入列(A)/加末列(T)/删除列(E)/交换列(X)]<退出>:M //输入 M，选择“多列属性”选项。

请点取确定多列的第一点以编辑属性或 [单列属性(S)/插入列(A)/加末列(T)/删除列(E)/交换列(X)]<退出>: //单击内容为“管段名称”的单元格。

请点取确定多列的第二点以编辑属性<退出>: //单击内容为“W1-W1”的单元格，系统弹出【列设定】对话框。

03 在对话框中设定“文字大小”和“水平对齐”参数，如图 11-82 所示。

04 单击“确定”按钮关闭对话框，完成列设定的结果如图 11-80 所示。

在执行命令的过程中，输入 A，选择“插入列”选项，命令行提示如下：

命令：T98_TColEdit

请点取一表列以编辑属性或 [多列属性(M)/插入列(A)/加末列(T)/删除列(E)/交换列(X)]<退出>:A

请点取一表列以插入新列或 [单列属性(S)/多列属性(M)/加末列(T)/删除列(E)/交换列(X)]<退出>: //点取表格中的一列。

输入要添加的空列的数目<1>: //按回车键确认待添加的空列数目（可自定义添加数目），完成插入列的操作结果如图 11-83 所示。

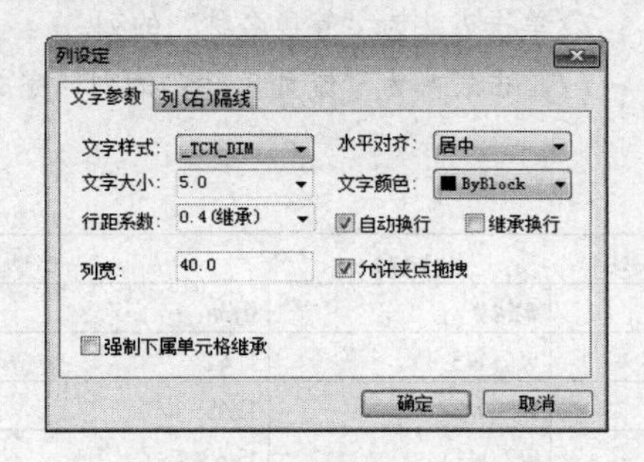

图 11-82 【列设定】对话框

计算结果表			
	管段名称	流量L/s	管长m
	W4-W3	6.00	11.42
	W3-W2	18.00	13.15
	W2-W1	36.00	15.63
	W1-W1	60	27.67

图 11-83 插入列

在执行命令行的过程中，输入 T，选择“加末列”选项，命令行提示如下：

命令：T98_TColEdit

请点取一表列以编辑属性或 [多列属性(M)/插入列(A)/加末列(T)/删除列(E)/交换列(X)]<退出>:T

请点取表格以加末列或 [单列属性(S)/多列属性(M)/插入列(A)/删除列(E)/交换列(X)]<退出>: //选择待加末列的表格。

输入要添加的空列的数目<1>: //按回车键确认待添加的末列数目（可自定义添加数目），完成加末列的操作，结果如图 11-84 所示。

计算结果表			
管段名称	流量L/s	管长m	
W4-W3	6.00	11.42	
W3-W2	18.00	13.15	
W2-W1	36.00	15.63	
W1-W1	60	27.67	

图 11-84 加末列

在执行命令的过程中，输入 E，选择“删除列”选项，命令行提示如下：

命令：T98_TColEdit

请点取一表列以编辑属性或 [多列属性(M)/插入列(A)/加末列(T)/删除列(E)/交换列(X)]<退出>:E

请点取确定多列的第一点以删除表列或 [单列属性(S)/多列属性(M)/插入列(A)/加末列(T)/交换列(X)]<退出>: //单击内容为“流量 L/s”的单元格。

请点取确定多列的第二点以删除表列<退出>: //单击内容为“60”的单元格，完成删除指定列的结果如图 11-85 所示。

在执行命令行的过程中，输入 X，选择“交换列”选项，命令行提示如下：

命令：T98_TColEdit

请点取一表列以编辑属性或 [多列属性(M)/插入列(A)/加末列(T)/删除列(E)/交换列(X)]<退

出>:X

请点取用于交换的第一列或 [单列属性(S)/多列属性(M)/插入列(A)/加末列(T)/删除列(E)]<退出>: //单击表头为“管段名称”的列。

请点取用于交换的第二列: //单击表头为“流量 L/s”的列，完成交换列的操作结果如图 11-86 所示。

计算结果表	
管段名称	管长m
W4-W3	11.42
W3-W2	13.15
W2-W1	15.63
W1-W1	27.67

图 11-85 删除列

计算结果表		
流量L/s	管段名称	管长m
6.00	W4-W3	11.42
18.00	W3-W2	13.15
36.00	W2-W1	15.63
60	W1-W1	27.67

图 11-86 交换列

11.3.7 表行编辑

调用表行编辑命令，可以编辑表格的一行或者多行。如图 11-87 所示为表行编辑命令的操作结果。

计算结果表			
管段名称	公称直径	坡度	流速m/s
W4-W3	200	5.50	0.61
W3-W2	300	3.00	0.64
W2-W1	350	2.50	0.71
W1-W1	450	1.50	0.93

图 11-87 表行编辑

表行编辑命令的执行方式有：

➢ 菜单栏：单击“文字表格”→“表格编辑”→“表行编辑”命令。

下面以图 11-87 所示的表行编辑结果为例，介绍调用表行编辑命令的方法。

01 按 Ctrl+O 组合键，打开配套光盘提供的“第 11 章/ 11.3.7 表行编辑.dwg”素材文件，结果如图 11-88 所示。

02 单击“文字表格”→“表格编辑”→“表行编辑”命令，命令行提示如下：

命令：T98_TRowEdit

请点取一表行以编辑属性或 [多行属性(M)/增加行(A)/末尾加行(T)/删除行(E)/复制行(C)/交换行(X)]<退出>: //点取待编辑的表行，系统弹出【行设定】对话框。

03 在对话框中修改“行高特性”“行高”“文字对齐”参数，如图 11-89 所示。

04 单击“确定”按钮，关闭对话框即可完成表行编辑的操作，结果如图 11-87 所示。

计算结果表			
管段名称	公称直径	坡度	流速m/s
W4-W3	200	5.50	0.61
W3-W2	300	3.00	0.64
W2-W1	350	2.50	0.71
W1-W1	450	1.50	0.93

图 11-88　打开素材

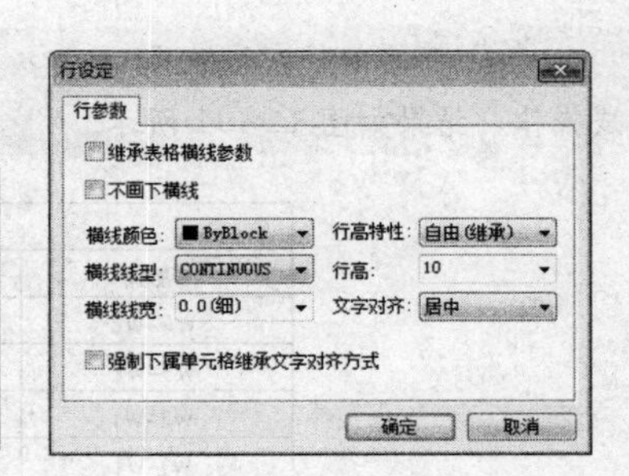

图 11-89　【行设定】对话框

在执行命令的过程中，当命令行提示“请点取一表行以编辑属性或 [多行属性(M)/增加行(A)/末尾加行(T)/删除行(E)/复制行(C)/交换行(X)]<退出>:”时，输入 A，选择“增加行”选项，命令行提示如下：

命令: T98_TRowEdit

请点取一表行以编辑属性或 [多行属性(M)/增加行(A)/末尾加行(T)/删除行(E)/复制行(C)/交换行(X)]<退出>:A

请点取一表行以插入新行或 [单行属性(S)/多行属性(M)/末尾加行(T)/删除行(E)/复制行(C)/交换行(X)]<退出>:　　//点取表格中的一行，

输入要添加的空行数目<1>:　　//按回车键确认待添加的空行数目（可自定义添加数目），

是否同时复制当前行?[是(Y)/否(N)]<Y>: N　　//输入 N，选择“否”选项，增加行的操作结果如图 11-90 所示。

计算结果表			
管段名称	公称直径	坡度	流速m/s
W4-W3	200	5.50	0.61
W3-W2	300	3.00	0.64
W2-W1	350	2.50	0.71
W1-W1	450	1.50	0.93

图 11-90　增加行

在执行命令的过程中，当命令行提示“请点取一表行以编辑属性或 [多行属性(M)/增加行(A)/末尾加行(T)/删除行(E)/复制行(C)/交换行(X)] <退出>:”时，输入 T，选择“末尾加行”选项，命令行提示如下：

命令: T98_TRowEdit

请点取一表行以编辑属性或 [多行属性(M)/增加行(A)/末尾加行(T)/删除行(E)/复制行(C)/交换行(X)]<退出>:T

请点取表格以末尾加行或 [单行属性(S)/多行属性(M)/增加行(A)/删除行(E)/复制行(C)/交换行(X)]<退出>:　　//选取待增加末尾行的表格。

输入要添加的空行数目<1>:3 //定义需添加的空行数目，按回车键即可完成操作，结果如图 11-91 所示。

计算结果表			
管段名称	公称直径	坡度	流速m/s
W4-W3	200	5.50	0.61
W3-W2	300	3.00	0.64
W2-W1	350	2.50	0.71
W1-W1	450	1.50	0.93

图 11-91 末尾加行

在执行命令的过程中，当命令行提示“请点取一表行以编辑属性或 [多行属性(M)/增加行(A)/末尾加行(T)/删除行(E)/复制行(C)/交换行(X)] <退出>:”时，输入 E，选择“删除行”选项，命令行提示如下：

命令: T98_TRowEdit

请点取一表行以编辑属性或 [多行属性(M)/增加行(A)/末尾加行(T)/删除行(E)/复制行(C)/交换行(X)]<退出>:E

请点取确定多行的第一点以删除表行或 [单行属性(S)/多行属性(M)/增加行(A)/末尾加行(T)/复制行(C)/交换行(X)]<退出>:

请点取确定多行的第二点以删除表行<退出>: //分别点取待删除的表行，完成删除表行的操作结果如图 11-92 所示。

计算结果表			
管段名称	公称直径	坡度	流速m/s
W4-W3	200	5.50	0.61
W3-W2	300	3.00	0.64

图 11-92 删除行

在执行命令的过程中，当命令行提示“请点取一表行以编辑属性或 [多行属性(M)/增加行(A)/末尾加行(T)/删除行(E)/复制行(C)/交换行(X)] <退出>:”时；输入 C，选择“复制行”选项，命令行提示如下：

命令: T98_TRowEdit

请点取一表行以编辑属性或 [多行属性(M)/增加行(A)/末尾加行(T)/删除行(E)/复制行(C)/交换行(X)]<退出>:C

请点取参考表行以复制表行或 [单行属性(S)/多行属性(M)/增加行(A)/末尾加行(T)/删除行(E)/交换行(X)]<退出>: //点取复制源表行。

请点取待复制表行: //点取空白表行，复制结果如图 11-93 所示。

计算结果表	
管段名称	公称直径
W4-W3	200
W3-W2	300

计算结果表	
管段名称	公称直径
W4-W3	200
W3-W2	300
W3-W2	300

图 11-93　复制行

在执行命令的过程中，当命令行提示“请点取一表行以编辑属性或 [多行属性(M)/增加行(A)/末尾加行(T)/删除行(E)/复制行(C)/交换行(X)] <退出>:”时，输入 X，选择“交换行”选项，命令行提示如下：

命令：T98_TRowEdit

请点取一表行以编辑属性或 [多行属性(M)/增加行(A)/末尾加行(T)/删除行(E)/复制行(C)/交换行(X)]<退出>:X

请点取用以交换的第一行或 [单行属性(S)/多行属性(M)/增加行(A)/末尾加行(T)/删除行(E)/复制行(C)]<退出>:

请点取用于交换的第二行：　　　　　　//分别点取交换的表行，完成交换表行的操作结果如图 11-94 所示。

计算结果表			
W4-W3	200	5.50	0.61
管段名称	公称直径	坡度	流速m/s
W3-W2	300	3.00	0.64
W2-W1	350	2.50	0.71
W1-W1	450	1.50	0.93

图 11-94　交换行

11.3.8 增加表行

调用增加表行命令，可以在指定的行之前或者之后增加一行。如图 11-95 所示为增加表行命令的操作结果。

计算结果表		
管段名称	流量L/s	坡度
W4-W3	6.00	5.50
W3-W2	18.00	3.00

图 11-95　增加表行

增加表行命令的执行方式有：

➢ 菜单栏：单击“文字表格”→“表格编辑”→“增加表行”命令。

下面以图 11-95 所示的增加表行结果为例，介绍调用增加表行命令的方法。

01 按 Ctrl+O 组合键，打开配套光盘提供的“第 11 章/ 11.3.8 增加表行.dwg”素材文件，结果如图 11-96 所示。

计算结果表		
管段名称	流量L/s	坡度
W4-W3	6.00	5.50
W3-W2	18.00	3.00

图 11-96 打开素材

02 单击“文字表格”→“表格编辑”→“增加表行”命令，命令行提示如下：

```
命令：T98_TSheetInsertRow
本命令也可以通过[表行编辑]实现!
请点取一表行以(在本行之前)插入新行或 [在本行之后插入(A)/复制当前行(S)]<退出>:
                    //点取表格中的某行，在该行前插入表行的结果如图 11-95 所示。
```

在执行命令的过程中，当命令行提示“请点取一表行以(在本行之前)插入新行或 [在本行之后插入(A)/复制当前行(S)] <退出>：”时，输入 A，选择“在本行之后插入”选项，可在指定的行后增加表行，结果如图 11-97 所示。

计算结果表		
管段名称	流量L/s	坡度
W4-W3	6.00	5.50
W3-W2	18.00	3.00

图 11-97 增加行

在执行命令的过程中，当命令行提示“请点取一表行以(在本行之前)插入新行或 [在本行之后插入(A)/复制当前行(S)] <退出>：”时，输入 S，选择“复制当前行”选项，可在指定的行后复制表行，结果如图 11-98 所示。

使用该命令复制表行，不需要事先绘制空白的表行，这也是与“表行编辑”命令的不同之处。

计算结果表		
管段名称	流量L/s	坡度
W4-W3	6.00	5.50
W3-W2	18.00	3.00
W3-W2	18.00	3.00

图 11-98 复制当前行

提示

增加表行命令的各项功能均可以通过“表行编辑”命令来实现。

11.3.9 删除表行

调用删除表行命令，可以删除指定的行；同样也可以通过“表行编辑”命令来实现这一操作。

删除表行命令的执行方式有：

➢ 菜单栏：单击“文字表格”→“表格编辑”→“删除表行”命令。

单击“文字表格”→“表格编辑”→“删除表行”命令，命令行提示如下：

```
命令: T98_TSheetDelRow
本命令也可以通过[表行编辑]实现!
请点取要删除的表行<退出>                    //点取待删除的表行，即可完成删除操作。
```

11.3.10 单元编辑

调用单元编辑命令，可以编辑表格的单元格，修改属性或文字。如图 11-99 所示为单元编辑命令的操作结果。

计算结果表		
流量L/s	管段名称	管长m
6.00	W4-W3	11.42
18.00	W3-W2	13.15
36.00	W2-W1	15.63
60	W1-W1	27.67

图 11-99 单元编辑

单元编辑命令的执行方式有：

➢ 菜单栏：单击“文字表格”→“表格编辑”→“单元编辑”命令。

下面以图 11-99 所示的单元编辑结果为例，介绍调用单元编辑命令的方法。

01 按 Ctrl+O 组合键，打开配套光盘提供的“第 11 章/ 11.3.10 单元编辑.dwg”素材文件，结果如图 11-100 所示。

02 单击“文字表格”→“表格编辑”→“单元编辑”命令，命令行提示如下：

```
命令: T98_TCellEdit
请点取一单元格进行编辑或 [多格属性(M)/单元分解(X)]<退出>:
                              //点取待编辑的单元格，系统弹出【单元格编辑】对话框。
```

03 在对话框中修改“文字大小”“水平对齐”“垂直对齐”参数，如图 11-101 所示。

04 单击“确定”按钮关闭对话框，完成单元格编辑，结果如图 11-102 所示。

计算结果表		
流量L/s	管段名称	管长m
6.00	W4-W3	11.42
18.00	W3-W2	13.15
36.00	W2-W1	15.63
60	W1-W1	27.67

图 11-100　打开素材

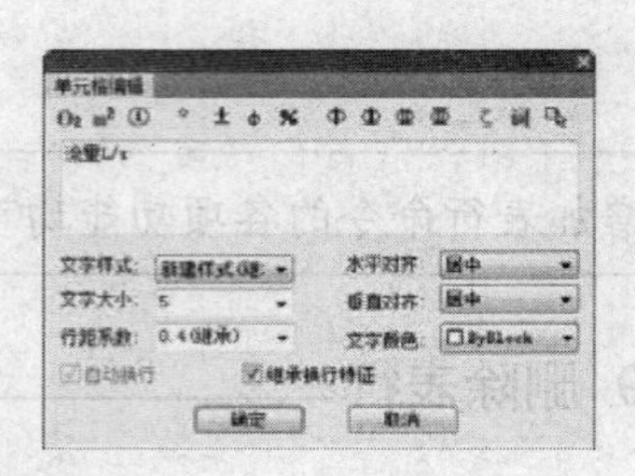

图 11-101　【单元格编辑】对话框

[05] 在执行命令的过程中，当命令行提示“请点取一单元格进行编辑或 [多格属性(M)/单元分解(X)]<退出>:”时，输入 M，选择“多格属性”选项，命令行提示如下：

```
命令: T98_TCellEdit
请点取一单元格进行编辑或 [多格属性(M)/单元分解(X)]<退出>:M
请点取确定多格的第一点以编辑属性或 [单格编辑(S)/单元分解(X)]<退出>:
请点取确定多格的第二点以编辑属性<退出>:                //分别点取待编辑的单元格，系统弹出【单元格编辑】对话框。
```

[06] 在对话框中修改单元格的参数，如图 11-103 所示。

[07] 单击“确定”按钮关闭对话框，完成多格属性编辑，结果如图 11-99 所示。

计算结果表		
流量L/s	管段名称	管长m
6.00	W4-W3	11.42
18.00	W3-W2	13.15
36.00	W2-W1	15.63
60	W1-W1	27.67

图 11-102　单元格编辑结果

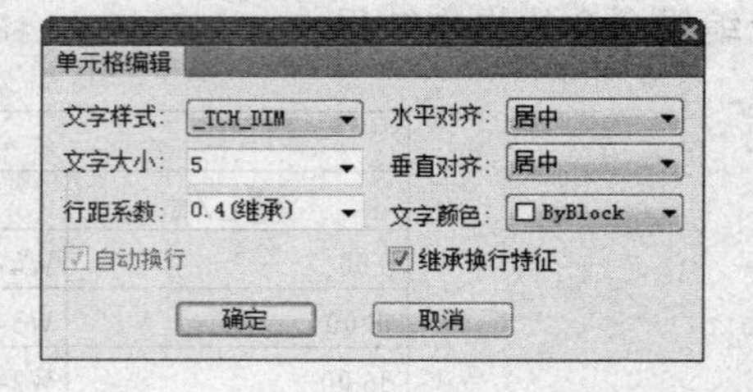

图 11-103　【单元格编辑】对话框

11.3.11　单元递增

调用单元递增命令可将含数字的文本复制出来并同时将文本内的某一项按增量定义增加，按 Shift 键直接复制，按 Ctrl 键递减。如图 11-104 所示为单元递增命令的操作结果。

单元递增命令的执行方式有：

➢ 菜单栏：单击“文字表格”→“表格编辑”→“单元递增”命令。

下面以图 11-104 所示的单元递增结果为例，介绍调用单元递增命令的方法。

[01] 按 Ctrl+O 组合键，打开配套光盘提供的“第 11 章/11.3.11　单元递增.dwg”素材文件，结果如图 11-105 所示。

[02] 单击“文字表格”→“表格编辑”→“单元递增”命令，命令行提示如下：

```
命令: T98_TCopyAndPlus
点取第一个单元格<退出>:                //如图 11-106 所示。
```

点取最后一个单元格<退出>: //如图 11-107 所示，完成单元递增操作的结果如图 11-108 所示。

单元递增	6
单元递增	5
单元递增	4
单元递增	3
单元递增	2
单元递增	1

图 11-104 单元递增

单元递增	6

图 11-105 打开素材

图 11-106 点取第一个单元格

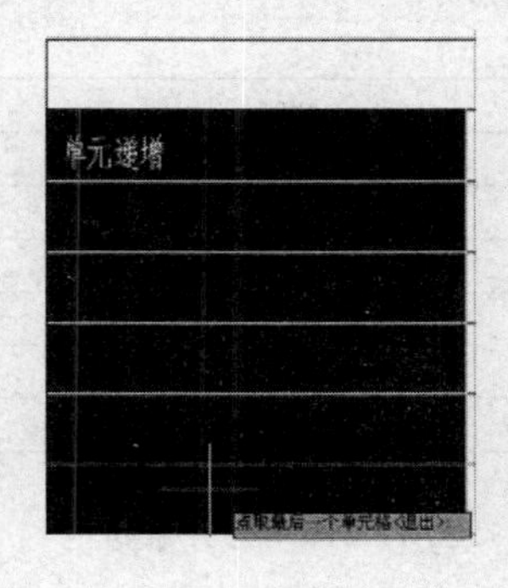

图 11-107 点取最后一个单元格

03 重复执行单元递增命令，当命令行提示“点取第一个单元格<退出>:”时，点取内容为 6 的单元格；同时按住 Ctrl 键，鼠标垂直向下移动光标，点取下方最后一个空白单元格，完成单元递减的操作，如图 11-104 所示。

11.3.12 单元累加

调用单元累加命令，可以累加表格行或者列的数值内容，结果注写在单元格中。如图 11-109 所示为单元累加命令的操作结果。

单元递增	6
单元递增	
单元递增	
单元递增	
单元递增	
单元递增	

图 11-108 完成单元递增

计算结果表		
管段名称	流量L/s	管长m
W4-W3	6.00	11.42
W3-W2	18.00	13.15
W2-W1	36.00	15.63
W1-W1	60	27.67
		67.87

图 11-109 单元累加

单元累加命令的执行方式有：

➢ 菜单栏：单击“文字表格”→“表格编辑”→“单元累加”命令。

下面以图 11-109 所示的单元累加结果为例，介绍调用单元累加命令的方法。

01 按 Ctrl+O 组合键，打开配套光盘提供的“第 11 章/ 11.3.12 单元累加.dwg”素材文件，结果如图 11-110 所示。

02 单击“文字表格”→“表格编辑”→“单元累加”命令，命令行提示如下：

```
命令：T98_TSumCellDigit
点取第一个需累加的单元格：                    //如图 11-111 所示。
点取最后一个需累加的单元格：                  //如图 11-112 所示。
单元累加结果是:67.87
点取存放累加结果的单元格<退出>:               //如图 11-113 所示，完成单元累加的操作，结果
如图 11-109 所示。
```

计算结果表		
管段名称	流量L/s	管长m
W4-W3	6.00	11.42
W3-W2	18.00	13.15
W2-W1	36.00	15.63
W1-W1	60	27.67

图 11-110　打开素材

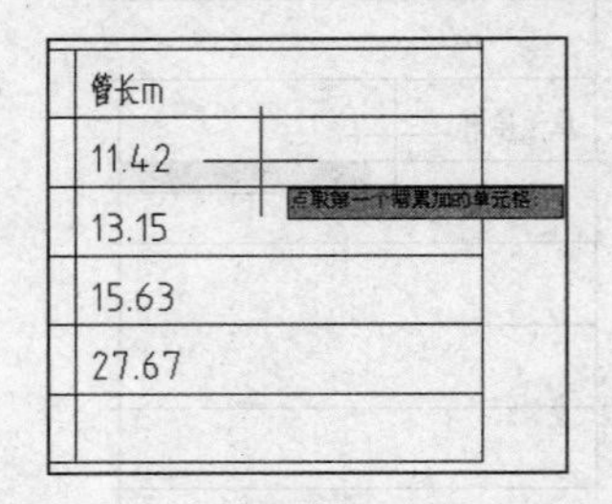

图 11-111　点取第一个需累加的单元格

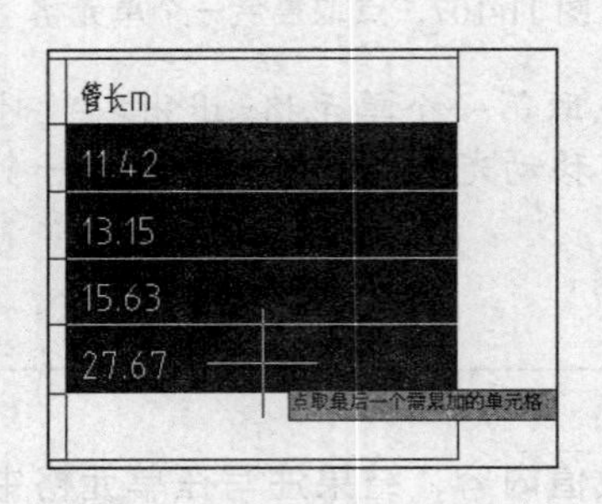

图 11-112　点取最后一个单元格

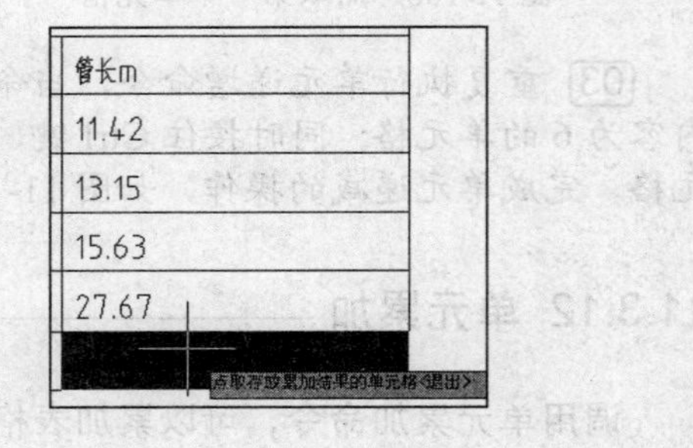

图 11-113　点取存放累加结果的单元格

11.3.13 单元复制

调用单元复制命令，可以复制表格中某一单元中的内容至目标单元。如图 11-114 所示为单元复制命令的操作结果。

单元复制命令的执行方式有：

➢ 菜单栏：单击“文字表格”→“表格编辑”→“单元复制”命令。

下面以图 11-114 所示的单元复制结果为例，介绍调用单元复制命令的方法。

01 按 Ctrl+O 组合键，打开配套光盘提供的“第 11 章/ 11.3.13 单元复制.dwg”素材文件，结果如图 11-115 所示。

计算结果表	
管段名称	流量L/s
W4-W3	6.00
W3-W2	18.00
W2-W1	36.00
W4-W3	6.00

图 11-114　单元复制

计算结果表	
管段名称	流量L/s
W4-W3	6.00
W3-W2	18.00
W2-W1	36.00
	6.00

图 11-115　打开素材

02 单击“文字表格”→“表格编辑”→“单元复制”命令，命令行提示如下：

```
命令：T98_TCopyCell
点取复制源单元格或 [选取文字(A)]<退出>:                    //如图 11-116 所示
点取粘贴至单元格(按 Ctrl 键重新选择复制源)[选取文字(A)]<退出>://如图 11-117 所示，
完成单元复制命令的操作结果如图 11-114 所示。
```

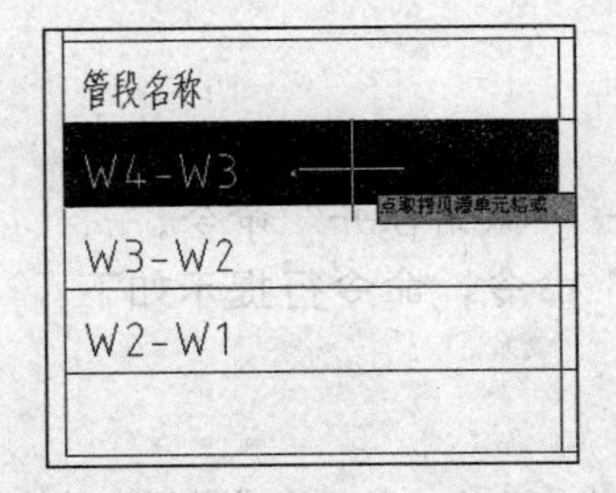

图 11-116　点取复制源单元格

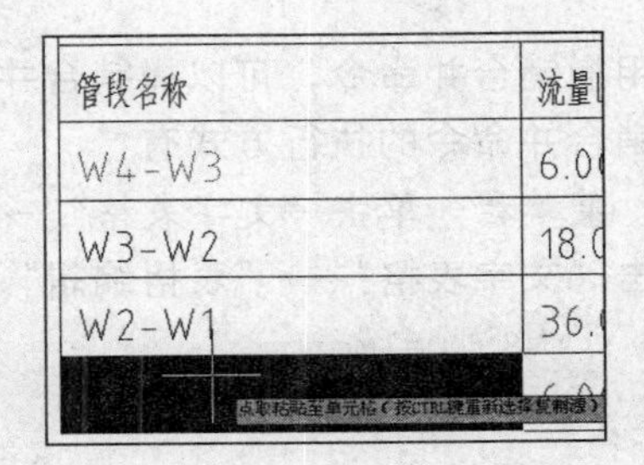

图 11-117　点取粘贴至单元格

11.3.14 单元合并

调用单元合并命令，可以合并表格的单元格。如图 11-118 所示为单元合并命令的操作结果。

单元合并命令的执行方式有：

➢ 菜单栏：单击“文字表格”→“表格编辑”→“单元合并”命令。

下面以图 11-118 所示的单元合并结果为例，介绍调用单元合并命令的方法。

01 按 Ctrl+O 组合键，打开配套光盘提供的“第 11 章/ 11.3.14　单元合并.dwg”素材文件，结果如图 11-119 所示。

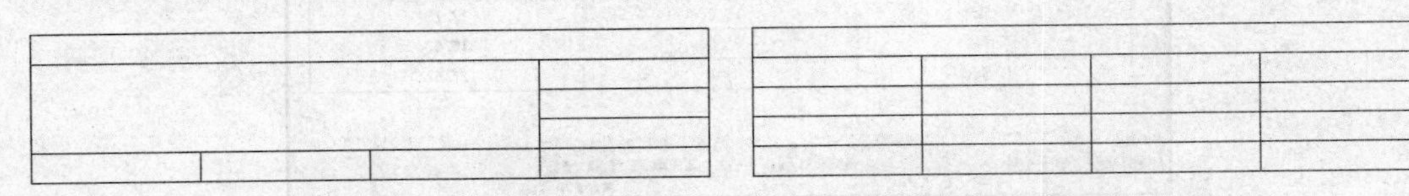

图 11-118　单元合并　　　　图 11-119　打开素材

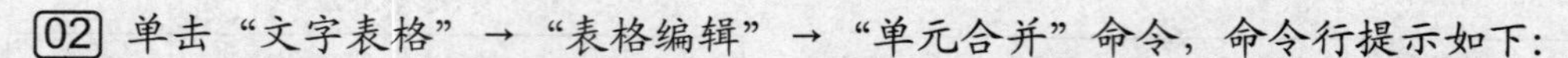

02 单击“文字表格”→“表格编辑”→“单元合并”命令，命令行提示如下：

```
命令：T98_TCellMerge
点取第一个角点：    //如图 11-120 所示。
点取另一个角点：    //如图 11-121 所示，完成单元合并命令的操作，结果如图 11-118 所示。
```

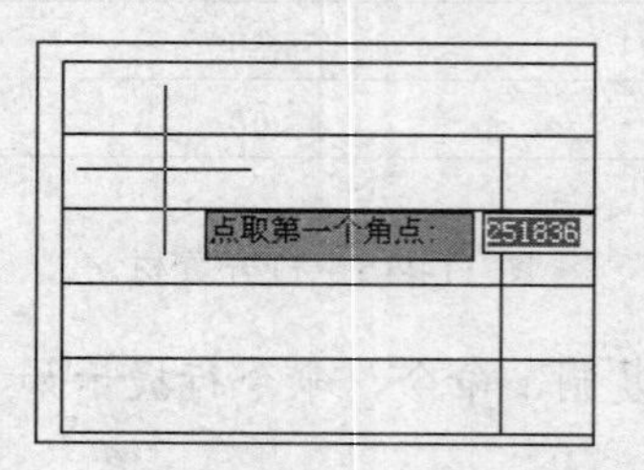

图 11-120　点取合并表格第一个角点

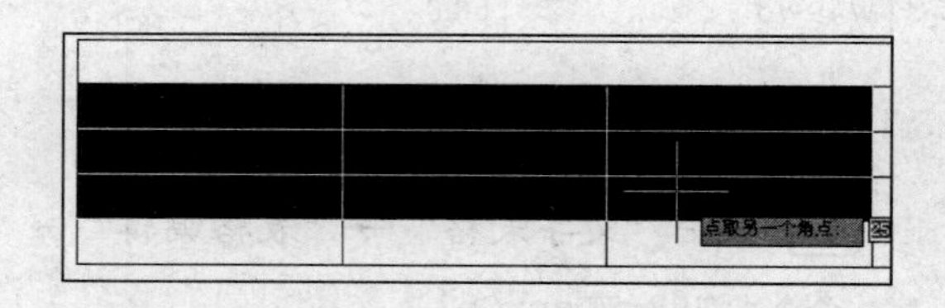

图 11-121　点取合并表格另一个角点

11.3.15 撤销合并

调用撤销合并命令，可以撤销合并的单元格。

撤销合并命令的执行方式有：

- 菜单栏：单击“文字表格”→“表格编辑”→“撤销合并”命令。

单击“文字表格”→“表格编辑”→“撤销合并”命令，命令行提示如下：

```
命令：T98_TDelMerge
本命令也可以通过[单元编辑]实现!
点取已经合并的单元格<退出>：          //点取待撤销的单元格，即可完成撤销合并的操作。
```

11.3.16 转出 Word

调用转出 Word 命令，可以把天正表格输出为 Word 中的表格。如图 11-122 所示为转出 Word 命令的操作结果。

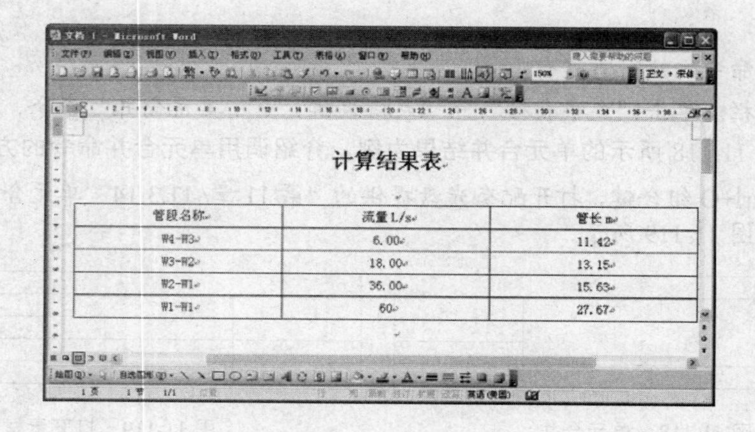

计算结果表

管段名称	流量 L/s	管长 m
W4-W3	6.00	11.42
W3-W2	18.00	13.15
W2-W1	36.00	15.63
W1-W1	60	27.67

图 11-122　转出 Word

转出 Word 命令的执行方式有：

➢ 菜单栏：单击“文字表格”→“表格编辑”→“转出 Word”命令。

下面以图 11-122 所示的转出 Word 结果为例，介绍调用转出 Word 命令的方法。

01 按 Ctrl+O 组合键，打开配套光盘提供的“第 11 章/ 11.3.16 转出 Word.dwg”素材文件，结果如图 11-123 所示。

计算结果表		
管段名称	流量L/s	管长m
W4-W3	6.00	11.42
W3-W2	18.00	13.15
W2-W1	36.00	15.63
W1-W1	60	27.67

图 11-123 打开素材

02 单击“文字表格”→“表格编辑”→“转出 Word”命令，命令行提示如下：

```
命令：T98_Sheet2Word
请选择表格<退出>：找到 1 个                //选择待转换的天正表格。
```

03 选定表格后，系统即以 Word 文档格式输出，结果如图 11-122 所示。

11.3.17 转出 Excel

调用转出 Excel 命令，可以把天正表格输出到 Excel 新表单中或者更新到当前表单的指定区域。如图 11-124 所示为转出 Excel 命令的操作结果。

转出 Excel 命令的执行方式有：

➢ 菜单栏：单击“文字表格”→“表格编辑”→“转出 Excel”命令。

	A	B				
1	计算结果表					
2	管段名称	流量L/s	管长m	公称直径	坡度	流速m/s
3	W2-W1	36	15.63	350	2.5	0.71
4	W1-W1	60	27.67	450	1.5	0.93
5	W4-W3	6	11.42	200	5.5	0.61
6	W3-W2	18	13.15	300	3	0.64
7						

图 11-124 转出 Excel

下面以图 11-124 所示的转出 Excel 结果为例，介绍调用转出 Excel 命令的方法。

01 按 Ctrl+O 组合键，打开配套光盘提供的“第 11 章/ 11.3.17 转出 Excel.dwg”素材文件，结果如图 11-125 所示。

计算结果表					
管段名称	流量L/s	管长m	公称直径	坡度	流速m/s
W2-W1	36.00	15.63	350	2.50	0.71
W1-W1	60	27.67	450	1.50	0.93
W4-W3	6.00	11.42	200	5.50	0.61
W3-W2	18.00	13.15	300	3.00	0.64

图 11-125 打开 1 素材

02 单击“文字表格”→“表格编辑”→“转出 Excel”命令，命令行提示如下：

```
命令: T98_Sheet2Excel
请选择表格<退出>:                    //选定待转出的表格。
```

03 选定表格后，系统即以 Excel 的形式输出表格内容，结果如图 11-124 所示。

11.3.18 读入 Excel

调用读入 Excel 命令，可以根据 Excel 选中的区域，创建或更新图中相应的天正表格。如图 11-126 所示为读入 Excel 命令的操作结果。

计算结果表			
管段名称	公称直径	坡度	流速m/s
W4-W3	200	5.5	0.61
W3-W2	300	3	0.64
W2-W1	350	2.5	0.71
W1-W1	450	1.5	0.93

图 11-126 读入 Excel

读入 Excel 命令的执行方式有：

➢ 菜单栏：单击“文字表格”→“表格编辑”→“读入 Excel”命令。

下面以图 11-126 所示的读入 Excel 结果为例，介绍调用读入 Excel 命令的方法。

01 按 Ctrl+O 组合键，打开配套光盘提供的“第 11 章/ 11.3.18 读入 Excel.dwg”素材文件，结果如图 11-127 所示。

02 单击“文字表格”→“表格编辑”→“读入 Excel”命令，系统弹出如图 11-128 所示的【AutoCAD】选项提示框。

03 单击“是”按钮，命令行提示如下：

```
命令: T98_Excel2Sheet
```

左上角点或 [参考点(R)]<退出>: //点取表格的插入点，绘制天正表格的内容如图 11-126 所示。

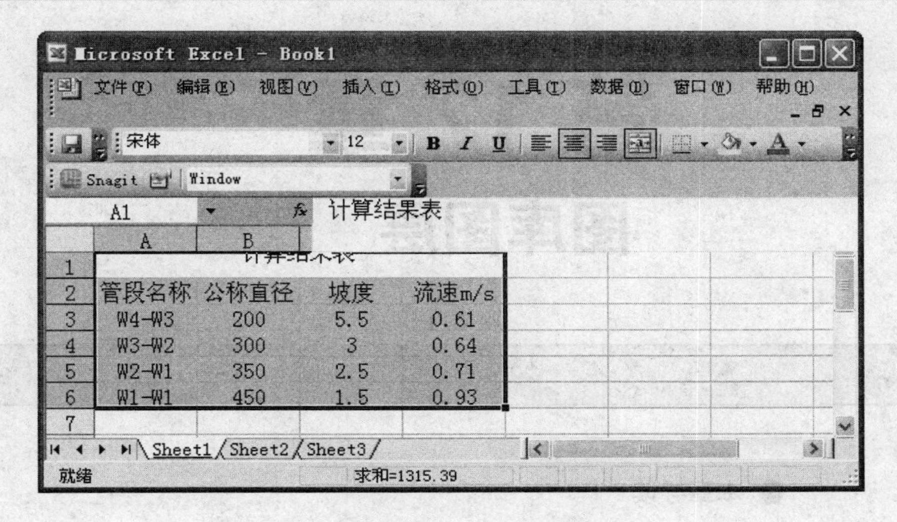

图 11-127 打开素材

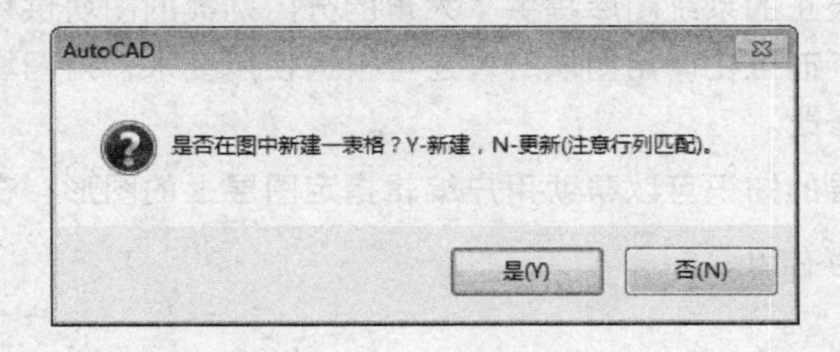

图 11-128 【AutoCAD】选项提示框

第 12 章

图库图层

● 本章导读

本章介绍图库图层的知识，包括图库管理系统的应用和图层文件的管理。天正的系统图库提供了大量的分门别类的图块供用户在绘图的时候调用，而且在调用图块时，还可根据使用要求，对图块的大小、方向等进行修改。

图层的知识可以帮助用户编辑指定图层上的图形，在绘制复杂的图形时尤为有用。

● 本章重点

◈ 图库管理系统

◈ 图层文件管理

12.1 图库管理系统

天正的图库管理系统实现了拖拉移动、实时更名、批量入库、随意查找等功能，给用户的图库操作带来了更方便的使用体验。与此同时，还可以将所有用到的图库命令放在一起，方便用户查找。

12.1.1 图库管理概述

单击“图库图层”→“图库管理”命令，系统弹出如图 12-1 所示的【天正图库管理系统】对话框。

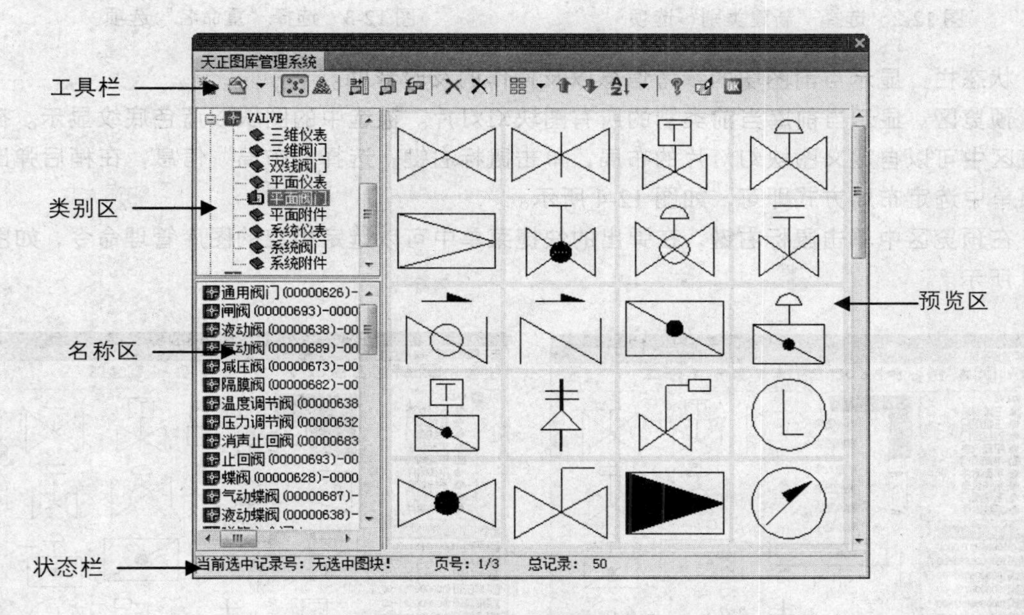

图 12-1 【天正图库管理系统】对话框

1. 【天正图库管理系统】对话框各功能区的描述

工具栏：在工具栏上提供了所有图库管理命令的图标，单击指定的按钮可以执行相应的命令操作。

类别区：显示当前库的类别树形目录。被选中的类别呈蓝色底纹显示。天正图库支持无限制分层次；在目标类型项下单击鼠标右键，在弹出的快捷菜单中选择“新建类别”选项可以新建类别，如图 12-2 所示。为避免重名，在新建了类别后，应马上更改类别的名称。

名称区：显示当前库当前类别下的图块名称。这些名称只是为了便于说明而起的描述性名称，可以在指定的名称上单击鼠标右键，在弹出的快捷菜单中选择“重命名”选项，如图 12-3 所示，可以对指定的图块执行重命名操作。

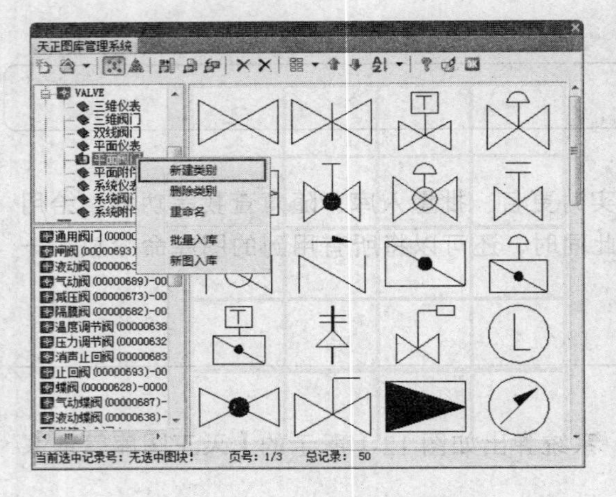

图 12-2　选择“新建类别”选项

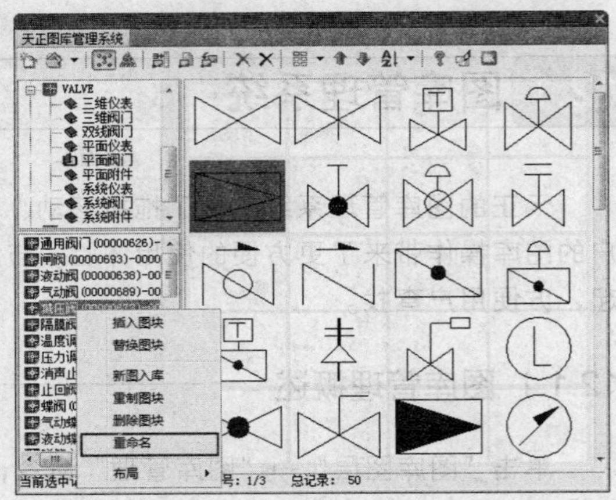

图 12-3　选择“重命名”选项

状态栏：显示当前图块的参考信息以及操作的及时帮助。

预览区：显示当前库当前类别的所有图块幻灯片。被选中的图块以蓝色底纹显示。在预览区中可以自定义图块幻灯片的布局，单击鼠标右键，选择“布局”信息，在稍后弹出的菜单中选定布局方式即可，如图 12-4 所示。

在预览区中单击鼠标右键，在弹出的快捷菜单中可以选定相应的图库管理命令，如图 12-5 所示。

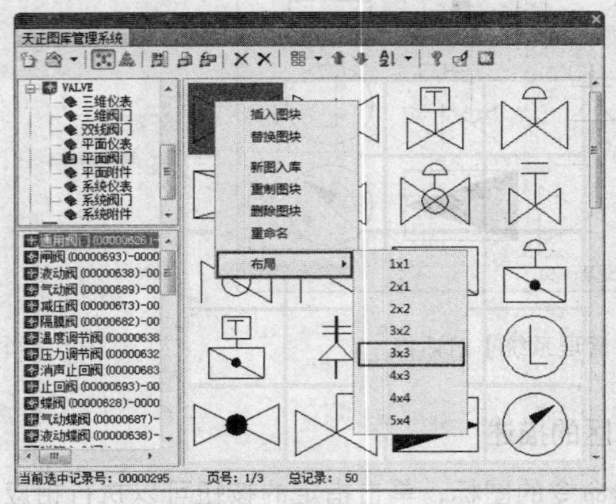

图 12-4　选定布局方式

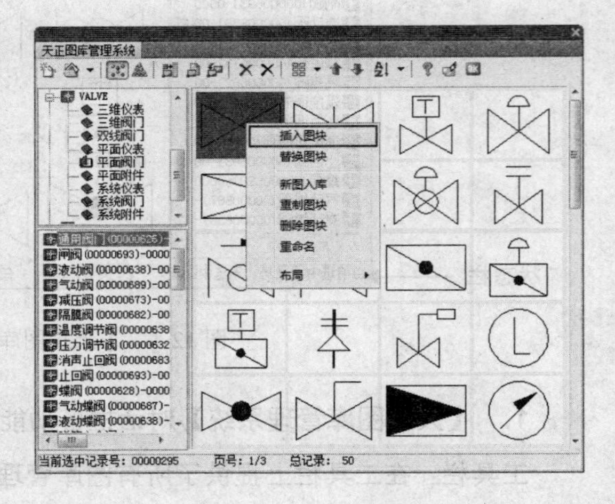

图 12-5　图库快捷菜单

2. 图库的鼠标拖曳复制功能

在某个类别中选定待移动的子类别，如图 12-6 所示；按住鼠标左键不放，将其拖到指定类别中，如图 12-7 所示；释放鼠标即可完成拖曳移动，结果如图 12-8 所示。

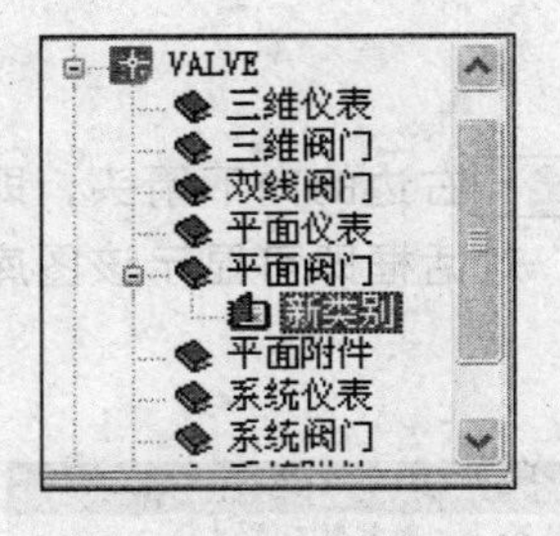

图 12-6 选定子类别

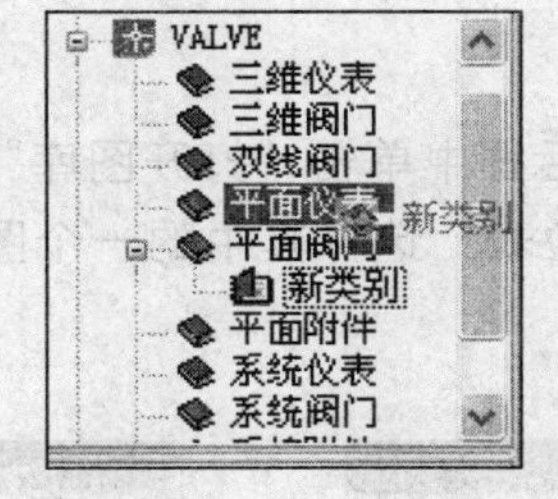

图 12-7 按住左键拖拽

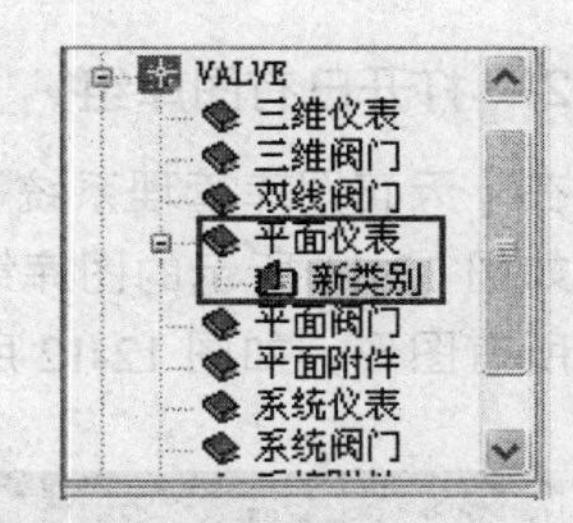

图 12-8 完成拖拽移动

图库页面拖放规则如下：

- 在本图库中不同类别之间的拖曳为移动图块。
- 在不同的图库中拖曳是复制图块，在拖曳的同时按住 Shift 键不放是移动图块。
- 拖曳复制多个图块时，可按住 Ctrl 键点取图块，即可完成图块的全部选中并对其执行拖曳复制操作。

12.1.2 文件管理

在【天正图库管理系统】对话框中，可以实现对图库文件的管理，下面分别介绍其操作方法。

1. 新建库

执行“图库图层”→“图库管理”命令，系统弹出如图 12-9 所示的【天正图库管理系统】对话框。在对话框中单击“新建库”按钮，系统弹出如图 12-10 所示的【新建】对话框。

在对话框中定义新的图库组文件位置和名称，在对话框下方选择新建的图库类型是“多视图图库”或是“普通图库”，单击“新建”按钮即可完成操作。

此时，系统会自动建立 TKW 文件，等待加入新的图库或已有的图库。

此外，执行“文件”|“新建”命令，也可打开【新建】对话框。

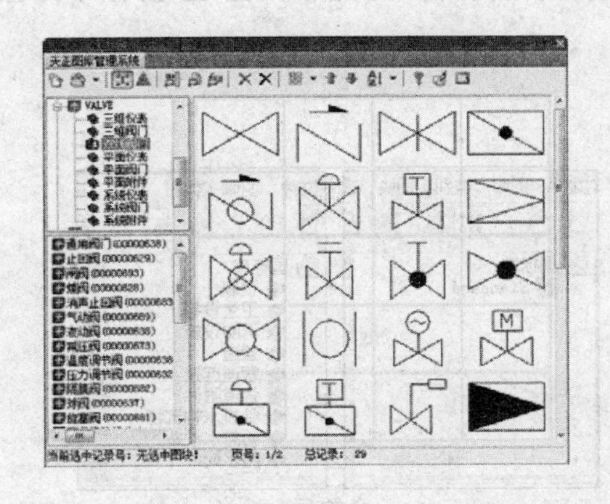

图 12-9 【天正图库管理系统】对话框

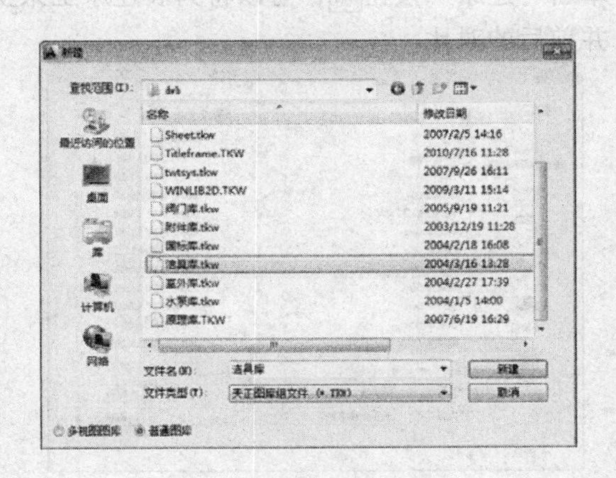

图 12-10 【新建】对话框

2. 打开已有图库组

在【天正图库管理系统】对话框中单击“打开图库”按钮右边的向下箭头，即可弹出如图 12-11 所示的图库组下拉表；选择其中的一个图库组，对话框即可显示该图库组下的所有图形，如图 12-12 所示。

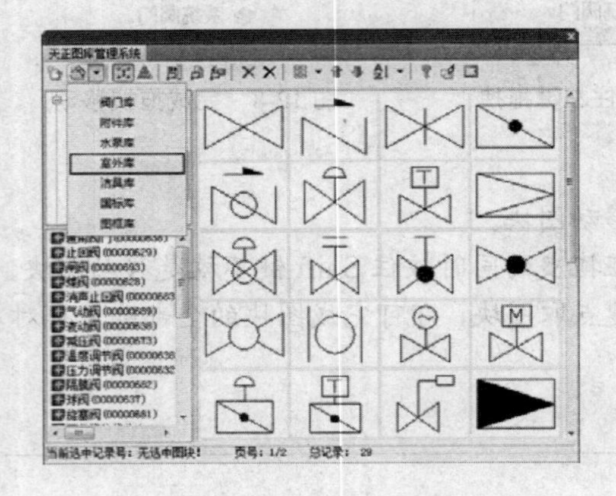

图 12-11　图库组下拉表

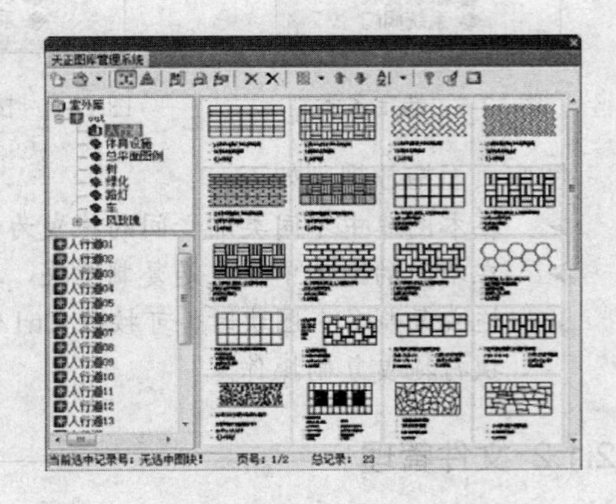

图 12-12　显示图库组图形

单击“打开图库”按钮，系统弹出如图 12-13 所示的【打开】对话框，在其中可以选择指定的图库组，单击“打开”按钮即可开启该图库组。

此外，执行“文件”|“打开”命令，也可打开【打开】对话框。

3. 合并检查

在执行合并操作前可以看到系统图库和用户图库，可准确地把图块放到用户图库或系统图库中；执行合并操作后，就看不到系统图库和用户图库的差别；系统对所有图库的同类进行合并列表，这样可把图库组视作逻辑上的单个图库，而不用关心图块是从哪里来的。

在【天正图库管理系统】对话框中单击“合并”按钮，系统可执行相应的合并操作；单击“还原”按钮，可以将列表还原至未执行合并操作前的状态。如图 12-14 所示为合并前后的对比。

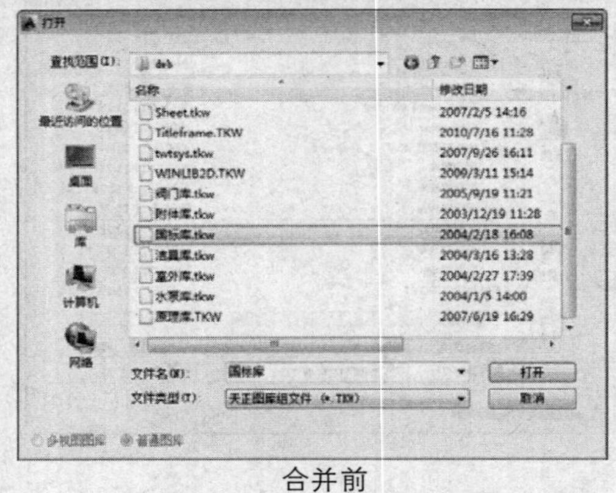

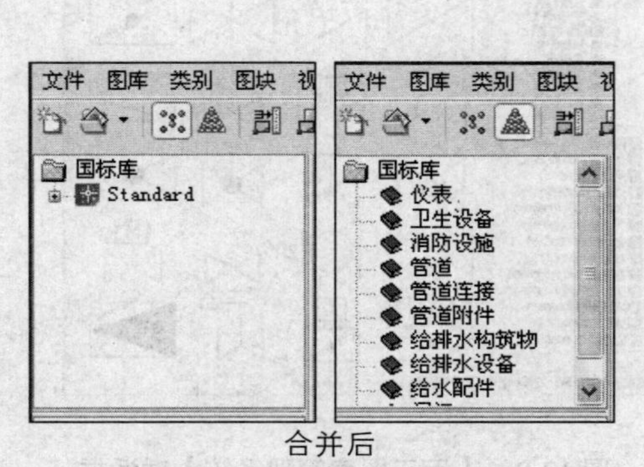

合并前　　合并后

图 12-13　【打开】对话框

图 12-14　合并前后对比

12.1.3 批量入库

调用批量入库命令，可以将磁盘上零散的一组图形文件分别作为图块入库。

批量入库命令的执行方式有：

➢ 工具栏：单击【天正图库管理系统】对话框的“批量入库”按钮。

➢ 菜单栏：执行“图库图层”→“图库管理”→“图块”→“批量入库”命令。

下面介绍批量入库的操作方法。

01 在【天正图库管理系统】对话框中单击“批量入库”按钮，系统弹出【批量入库】对话框，如图 12-15 所示。

02 在对话框中单击“是”按钮，系统弹出【选择需入库的 DWG 文件】对话框，在对话框中选中待入库的图形文件，结果如图 12-16 所示。

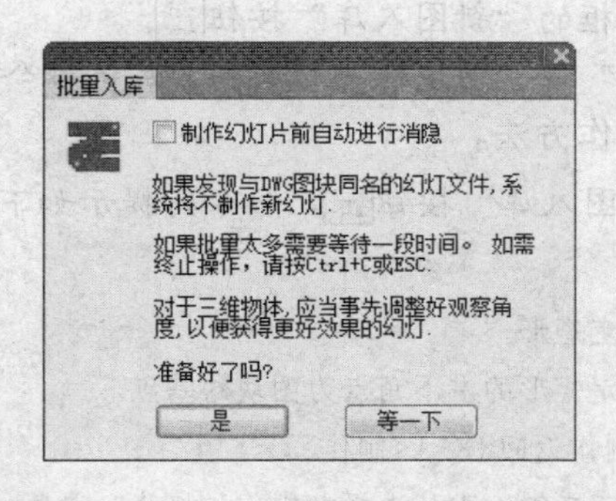

图 12-15 【批量入库】对话框

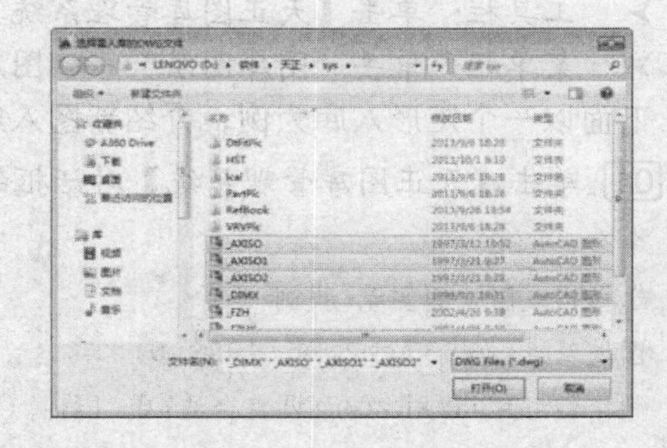

图 12-16 【选择需入库的 DWG 文件】对话框

03 单击“打开”按钮，系统弹出入库进度对话框，如需暂停入库，按 Esc 键即可。

04 在【天正图库管理系统】对话框中可查看新入库的图形，结果如图 12-17 所示。

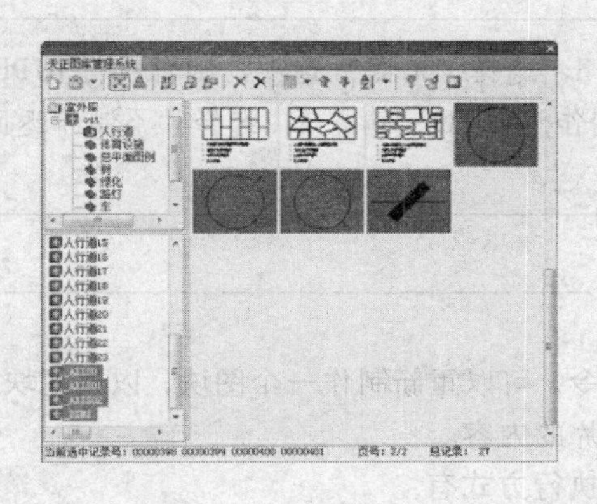

图 12-17 入库结果

【批量入库】对话框中“制作幻灯片前自动进行消隐”选项：勾选选项前的复选框，则可在制作三维幻灯片前执行 HIDE 命令进行消隐。

执行批量入库命令值得注意的一些事项如下：

- 将三维图块入库，应先调整好合适的观察角度；假如所调整的角度还未符合要求，则可在【批量入库】对话框中单击“等一下”按钮；关闭对话框，返回绘图区对图形进行调整。
- 假如在相同目录下的 dwg 文件存在同名的幻灯片（sld）文件，则系统不制作新幻灯片。
- 新入库的图块保留了入库前的名称，用户可及时修改，方便以后调用。

12.1.4 新图入库

调用新图入库命令，可以将屏幕上指定的图形建立为用户图块，并存入当前库的当前类别。

新图入库命令的执行方式有：

- 工具栏：单击【天正图库管理系统】对话框的“新图入库”按钮。
- 菜单栏：单击“图库图层”→“图库管理”→“图块”→“新图入库”命令。

下面以一个矩形入库为例，介绍新图入库的操作方法。

01 单击【天正图库管理系统】对话框的“新图入库”按钮，命令行提示如下：

```
命令：T98_tkw
选择构成图块的图元:找到 1 个                //选定矩形。
图块基点<(1537.12,95.4989,0)>:          //指定矩形的左下角点为图块的基点。
制作幻灯片(请用 zoom 调整合适)或 [消隐(H)/不制作返回(X)]<制作>:
                                        //按回车键，默认选择“制作幻灯片”选项。
```

02 命令行执行完成后，系统返回【天正图库管理系统】对话框，在其中可以查看新入库的矩形，如图 12-18 所示。

提示

消隐(H)：输入 H，选择“消隐”选项，则可执行 HIDE 命令进行消隐操作，该项只针对三维图块。不制作返回(X)：输入 X，选择“不制作返回”选项，则退出该命令，结束新图入库的操作。

12.1.5 重制图块

调用重制图块命令，可以重新制作一个图块，以该图块来更新图库中被选中的图块的内容；同时修改幻灯片的内容。

重制图块命令的执行方式有：

- 工具栏：单击【天正图库管理系统】对话框的“重制”按钮。
- 菜单栏：单击“图库图层”→“图库管理”→“图块”→“重制”命令。

下面以重制一个圆形图块代替上一小节所制作的矩形图块为例，介绍重制图块命令的操作方法。

01 调用 L“直线”命令，绘制三角形。

02 单击【天正图库管理系统】对话框的“重制”按钮，命令行提示如下：

```
命令: T98_tkw
选择构成图块的图元<只重制幻灯片>:找到 1 个                    //选定三角形。
图块基点<(2140.44,150.882,-1e-008)>:
制作幻灯片(请用 zoom 调整合适)或 [消隐(H)/不制作(N)/返回(X)]<制作>://按回车键，默认选择“制作幻灯片”选项。
```

03 命令行执行完成后，系统返回【天正图库管理系统】对话框，在其中可以查看新入库的矩形已被重制的三角形所取代，如图 12-19 所示。

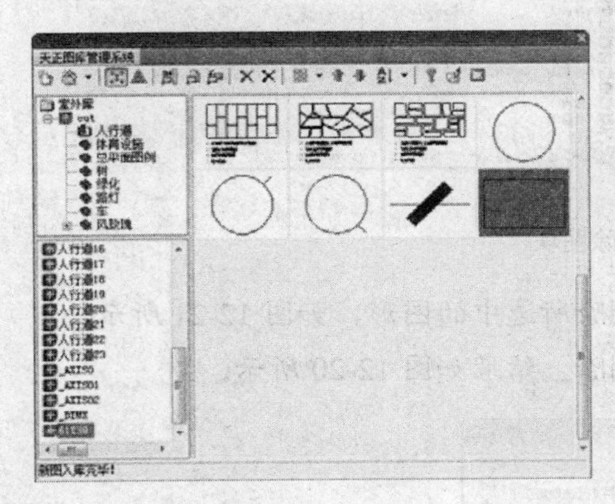

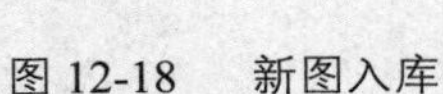

图 12-18　新图入库

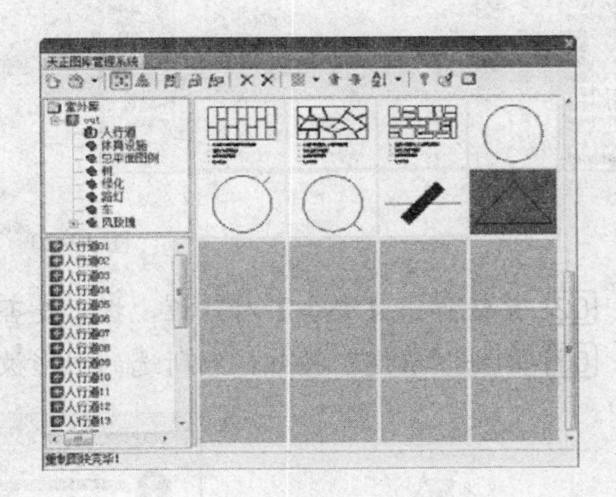

图 12-19　重制图块

12.1.6 删除类别

调用删除类别命令，可以删除当前库中的选定的类别，可将其下的子类别和图块全部删除。

删除类别命令的执行方式有：

- ➢ 工具栏：单击【天正图库管理系统】对话框的“删除类别”按钮（红色）。
- ➢ 菜单栏：单击“图库图层”→“图库管理”→“类别”→“删除类别”命令。

在类别视窗的树状目录中选中要删除的类别，单击工具栏上的“删除类别”按钮（红色），即可将其删除。

12.1.7 删除图块

调用删除图块命令，可以删除当前库中选定的图块。

删除图块命令的执行方式有：

- ➢ 工具栏：单击【天正图库管理系统】对话框的“删除图块”按钮（黑色）。
- ➢ 菜单栏：单击“图库图层”→“图库管理”→“图块”→“删除”命令。

下面以图 12-20 为例，介绍删除图块命令的操作方法。

01 在【天正图库管理系统】对话框中选定待删除的图块，单击工具栏上的“删除图块”按钮（黑色）。

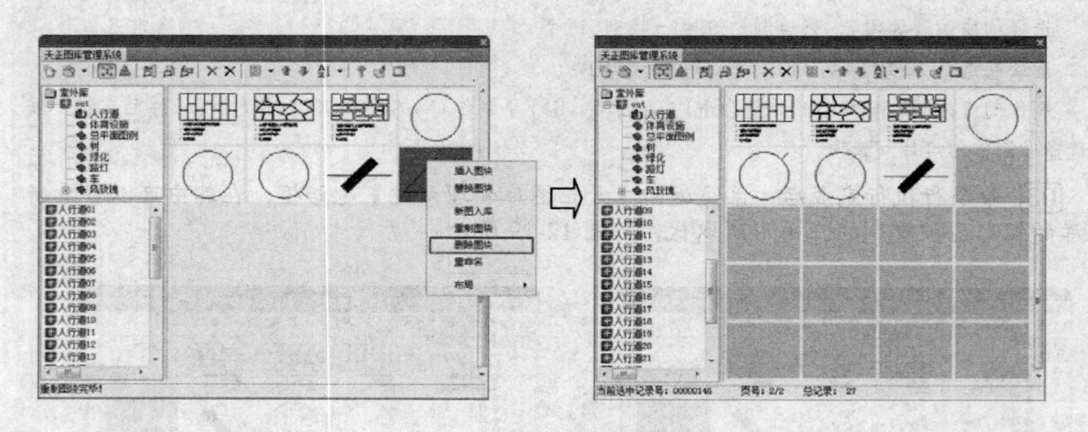

图 12-20 删除图块

02 系统弹出【警告】对话框，提示是否删除所选中的图形，如图 12-21 所示。

03 单击“确定”按钮，则所选的图形被删除，结果如图 12-20 所示。

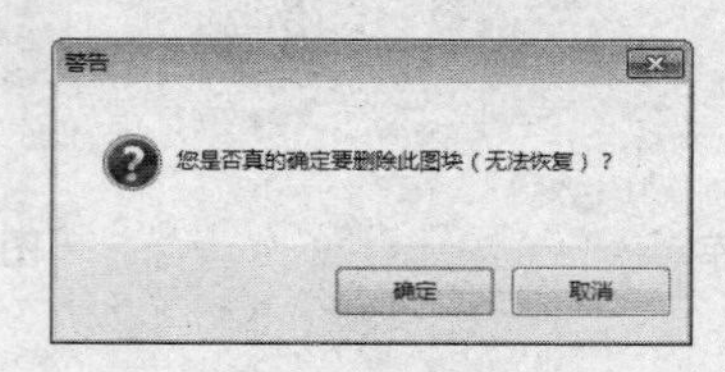

图 12-21 【警告】对话框

12.1.8 替换图块

调用替换图块命令，可以用当前选中的图块替换图中的图块。如图 12-22 所示为替换图块命令的操作结果。

替换图块命令的执行方式有：

➢ 工具栏：单击【天正图库管理系统】对话框的“替换”按钮。

➢ 菜单栏：单击“图库图层”→“图库管理”→“图块”→“替换”命令。

下面以图 12-22 所示的替换图块结果为例，介绍调用替换图块命令的方法。

01 按 Ctrl+O 组合键，打开配套光盘提供的“第 12 章/ 12.1.8 替换图块.dwg”素材文件，结果如图 12-23 所示。

02 单击“图库图层”→“图库管理”命令，系统弹出【天正图库管理系统】对话框，在其中选择待替换的图块，如图 12-24 所示。

03 单击对话框中的“替换”按钮，系统弹出【替换选项】对话框，在其中选择“保持插入尺寸”选项，如图 12-25 所示。

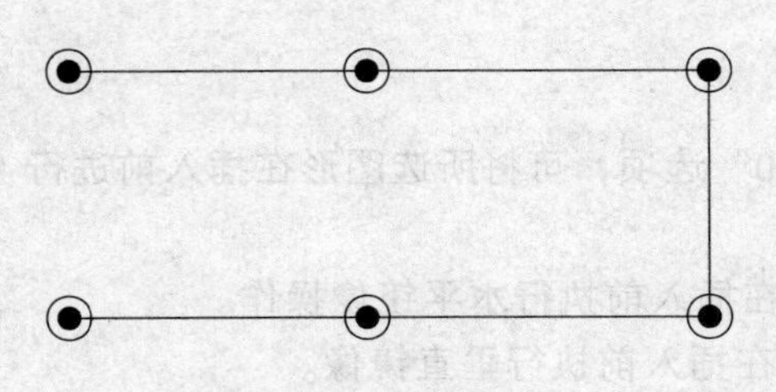

图 12-22 替换图块

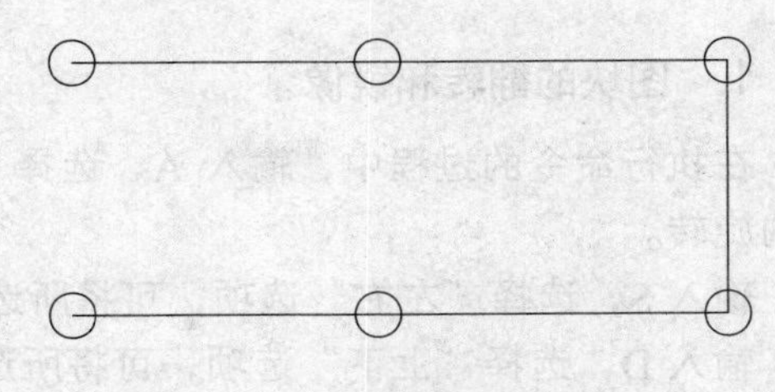

图 12-23 打开替换素材

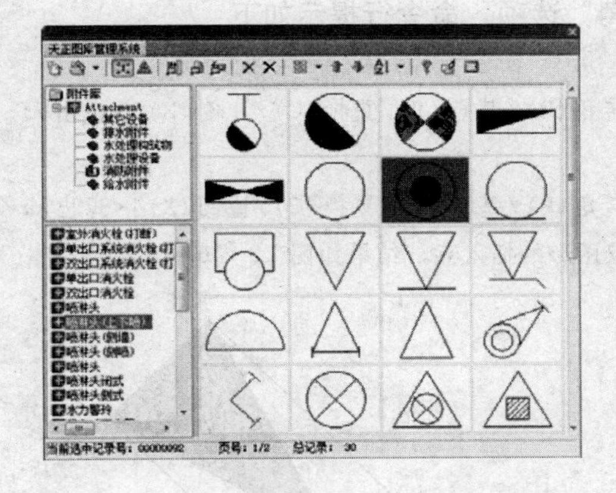

图 12-24 选择待替换的图块

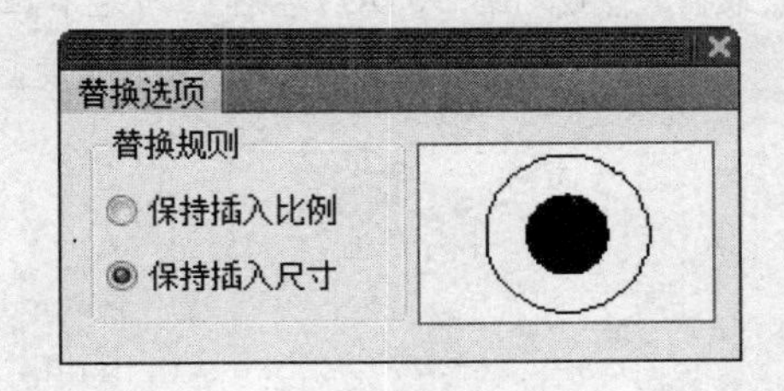

图 12-25 【替换选项】对话框

04 同时命令行提示如下：

```
命令：T98_tkw
选择图中将要被替换的图块！
选择对象：找到 6 个，总计 6 个              //单击选中将被替换的图块，按回车键即可完成替换操作，结果如图 12-22 所示。
```

【替换选项】对话框中功能选项的含义如下：

- "保持插入比例"选项：选中该项，则被选图块以其本来的尺寸替换当前图形。
- "保持插入尺寸"选项：选中该项，则被选图形以当前图形的尺寸被插入至当前视图中。

12.1.9 插入图块

调用插入图块命令，可以将所选的图形插入至当前视图中。

单击"图库图层"→"图库管理"命令，系统弹出【天正图库管理系统】对话框；在其中选取待插入的图块，双击即可将其插入当前视图中。

同时命令行提示如下：

```
命令： T98_TKW
点取插入点或 [转 90(A)/左右(S)/上下(D)/转角(R)/基点(T)/更换(C)/比例(X)]<退出>:
```

1. 图块的翻转和镜像

在执行命令的过程中，输入 A，选择“转 90”选项，可将所选图形在插入前进行 90°的旋转。

输入 S，选择“左右”选项，可将所选图形在插入前执行水平镜像操作。

输入 D，选择“上下”选项，可将所选图形在插入前执行垂直镜像。

2. 改变图形的转角

在执行命令的过程中，输入 R，选择“转角”选项，命令行提示如下：

```
命令： T98_TKW
点取插入点或 [转 90(A)/左右(S)/上下(D)/转角(R)/基点(T)/更换(C)/比例(X)]<退出>:
旋转角度： 45
点取插入点或 [转 90(A)/左右(S)/上下(D)/转角(R)/基点(T)/更换(C)/比例(X)]<退出>:
                    //定义旋转角度，点取图形的插入点，结果如图 12-26 所示。
```

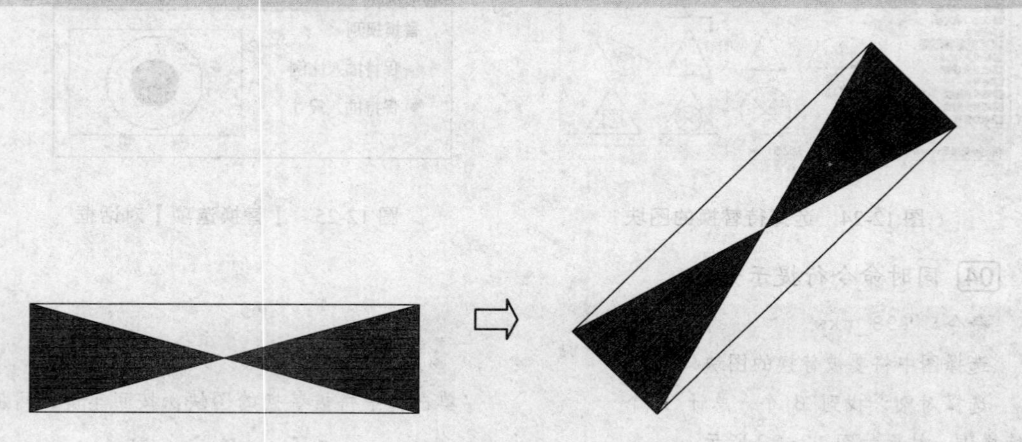

图 12-26 改转角

3. 改变插入基点

在执行命令的过程中，输入 T，选择“改基点”选项，命令行提示如下：

```
命令： T98_TKW
点取插入点或 [转 90(A)/左右(S)/上下(D)/转角(R)/基点(T)/更换(C)/比例(X)]<退出>:T
输入插入点或 [参考点(R)]<退出>:          //重新指定插入基点。
点取插入点或 [转 90(A)/左右(S)/上下(D)/转角(R)/基点(T)/更换(C)/比例(X)]<退出>:
                              //在绘图区中点取插入点，即可完成图块的插
入。
```

4. 更换插入图块

在执行命令的过程中，输入 C，选择“更换”选项，可以返回【天正图库管理系统】对话框，重新选择图块进行插入。

5. 改变插入比例

在执行命令的过程中，输入 X，选择“比例”选项，命令行提示如下：

```
命令： T98_TKW
点取插入点或 [转 90(A)/左右(S)/上下(D)/转角(R)/基点(T)/更换(C)/比例(X)]<退出>:
请输入比例:<1.0> 3
点取插入点或 [转 90(A)/左右(S)/上下(D)/转角(R)/基点(T)/更换(C)/比例(X)]<退出>:
                                    //指定插入比例后，在绘图区中点取图块的插入点，完成图
块插入，结果如图 12-27 所示。
```

图 12-27　改变插入比例

12.1.10 造阀门

调用造阀门命令，可以自定义平面阀门图块和系统阀门图块。如图 12-28、图 12-29 所示为造阀门命令的操作结果。

造阀门命令的执行方式有：

- ➢ 命令行：输入 ZFM 命令按回车键。
- ➢ 菜单栏：单击“图库图层”→“造阀门”命令。

下面以图 12-28、图 12-29 所示的造阀门结果为例，介绍调用造阀门命令的方法。

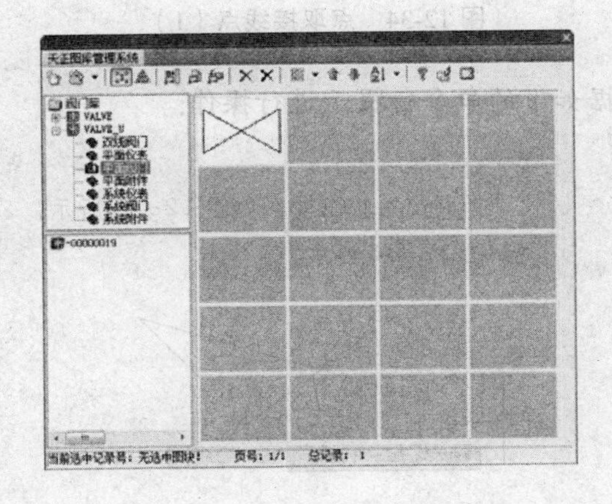

图 12-28　平面阀门

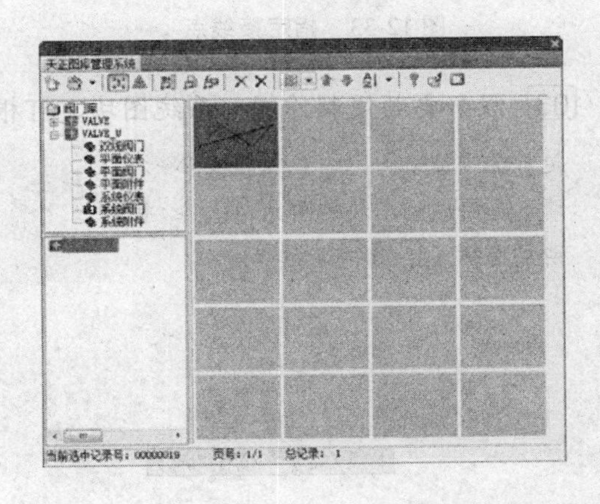

图 12-29　系统阀门

01 按 Ctrl+O 组合键，打开配套光盘提供的“第 12 章/ 12.1.10 造阀门.dwg”素材文件，结果如图 12-30 所示。

图 12-30 打开素材

02 输入 ZFM 命令按回车键，命令行提示如下：

```
命令: ZFM↙
请输入新阀门的名称<新阀门>:                    //按回车键，默认系统给予名称。
请选择要做成图块的图元<退出>:找到 1 个         //选择图元，如图 12-31 所示。
请点选插入点 <中心点>:                         //点取插入点，如图 12-32 所示。
```

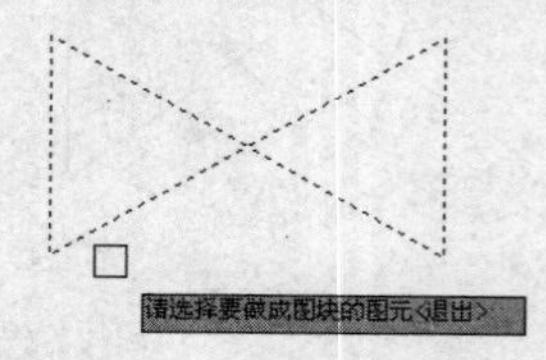

图 12-31 选择阀门图元

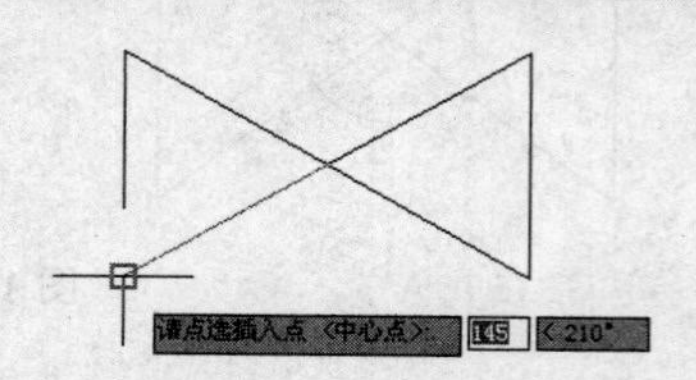

图 12-32 点选插入点

```
请点取要作为接线点的点(图块外轮廓为圆的可不加接线点) <继续>:    //如图 12-33 所示。
请点取要作为接线点的点(图块外轮廓为圆的可不加接线点) <继续>:    //如图 12-34 所示。
```

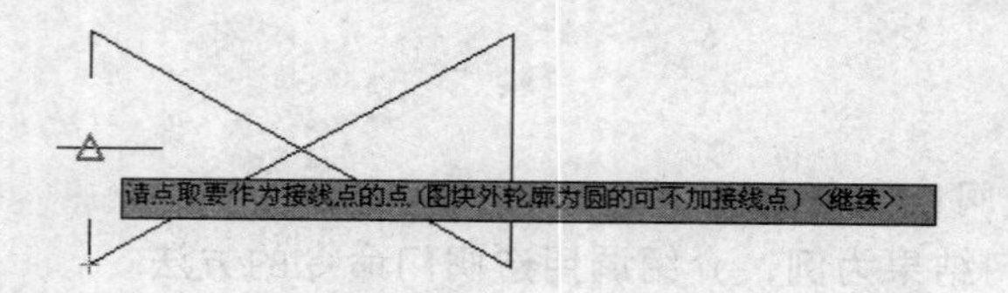

图 12-33 指定接线点

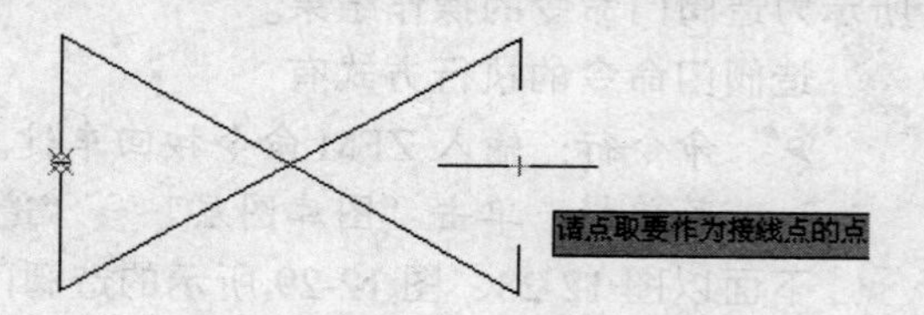

图 12-34 点取接线点（1）

03 假如要顺便制作阀门系统图块，可根据如下的命令行提示进行操作：

```
是否继续造新阀门的系统图块<N>:Y               //输入 Y。
请选择要做成图块的图元<退出>:找到 1 个         //选择阀门系统图块，如图 12-35 所示。
请点选插入点 <中心点>:                         //如图 12-36 所示。
```

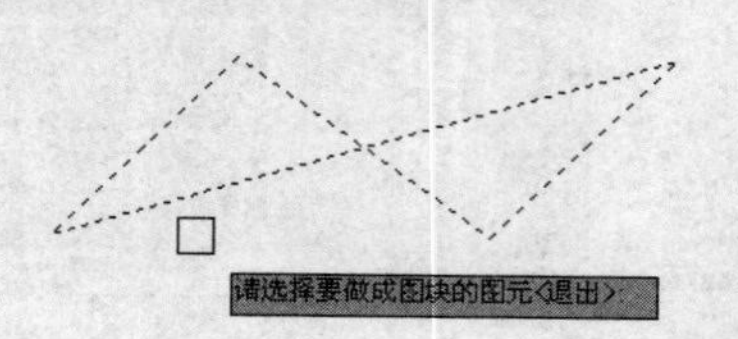

图 12-35 选择阀门系统图块

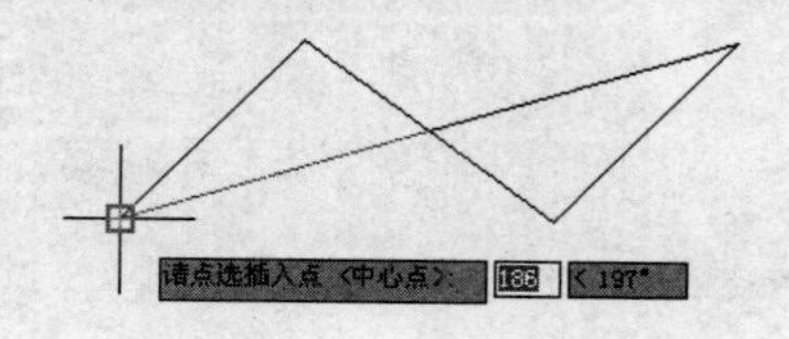

图 12-36 点选阀门插入点

请点取要作为接线点的点（图块外轮廓为圆的可不加接线点）<继续>:

请点取要作为接线点的点（图块外轮廓为圆的可不加接线点）<继续>:　　//如图 12-37 所示，按回车键结束操作。

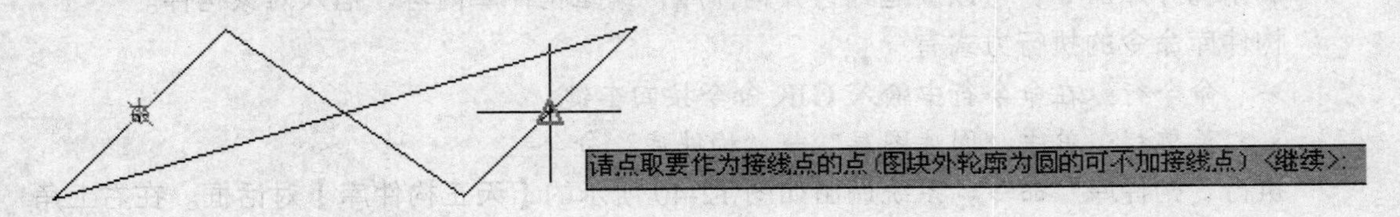

图 12-37　点取接线点（2）

04 单击“图库图层”→“图库管理”命令，系统弹出【天正图库管理系统】对话框；在平面阀门和系统阀门类别中可以查看刚才新造的阀门图块，如图 12-28、图 12-29 所示。

05 刚才所造的平面阀门和系统阀门，均可按照实际的使用需求调入到相应的平面图或者系统图中，如图 12-38、图 12-39 所示。

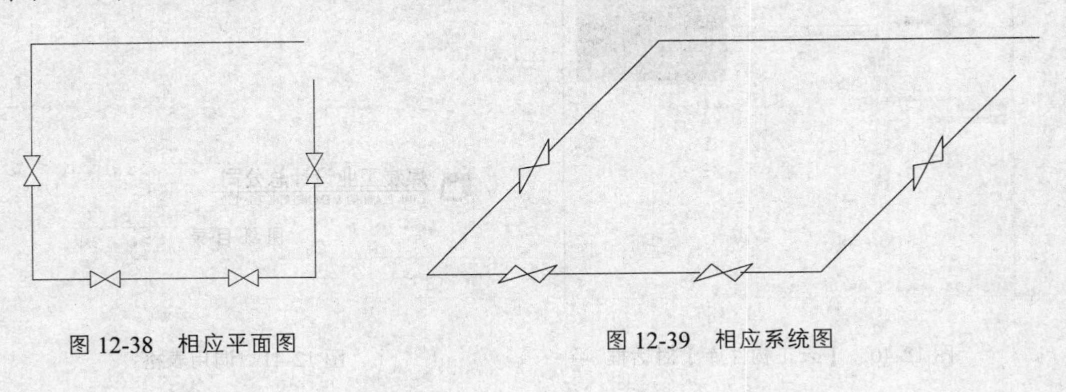

图 12-38　相应平面图　　　　图 12-39　相应系统图

12.1.11 造附件

调用造附件命令，可以自定义平面阀门或者附件图块。

造附件命令的执行方式有：

- 命令行：输入 ZFJ 命令按回车键。
- 菜单栏：单击“图库图层”→“造附件”命令。

输入 ZFJ 命令按回车键，命令行提示如下：

命令：ZFJ↙

请输入连接方式 1 给水附件 2 排水附件 3 消防附件<给水附件>:

　　//输入相对应的数字，选择所造附件的类型。

请选择要做成图块的图元<退出>:找到 1 个　　//选择图块。

请点选插入点<中心点>:　　//点取插入的中心点即可完成操作。

单击“图库图层”→“图库管理”命令，系统弹出【天正图库管理系统】对话框；在相应的给水、排水、消防附件库中可查看新造的附件图形。

12.1.12 构件库

调用构件库命令，可以新建或打开构件库，编辑构件库内容，插入对象构件。

构件库命令的执行方式有：

➢ 命令行：在命令行中输入 GJK 命令按回车键。

➢ 菜单栏：单击“图库图层”→“构件库”命令。

执行“构件库”命令，系统调出如图 12-40 所示的【天正构件库】对话框。在右上角的列表中选择“表格”选项，在目录中显示了三类表格，如图纸目录、门窗立面详图、门窗表。选择其中一种，可以在右侧预览其样式，在绘图区中单击插入点，可以调用表格，如图 12-41 所示。

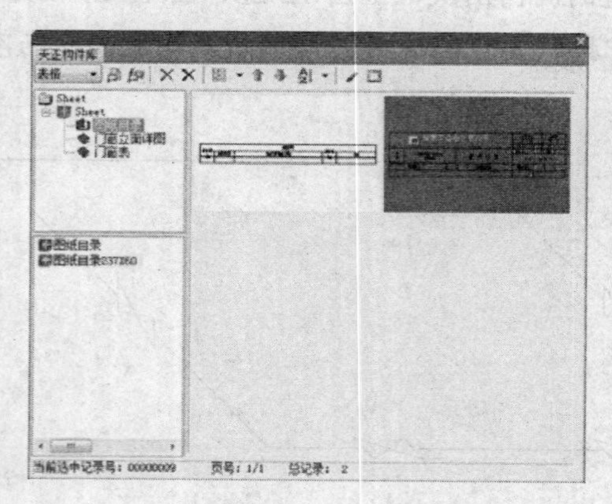

图 12-40 【天正构件库】对话框

图 12-41 调用表格

在【天正构件库】对话框的右上角选择“其他”选项，在 Other 选项上单击鼠标右键，在快捷菜单中选择“新建类别”选项，如图 12-42 所示。将新类别的名称设置为“平面附件”，如图 12-43 所示。

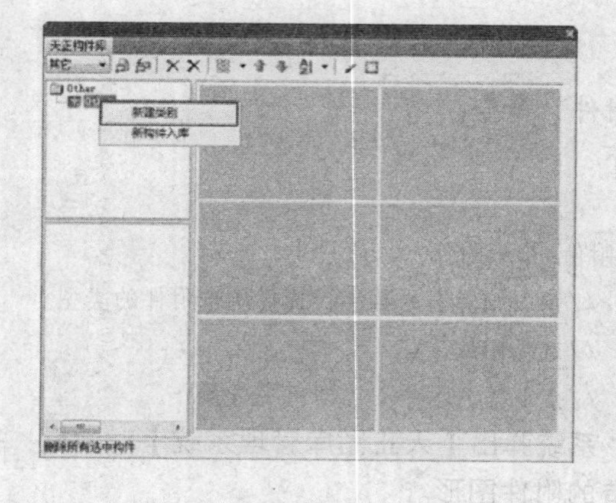

图 12-42 选择“新建类别”选项

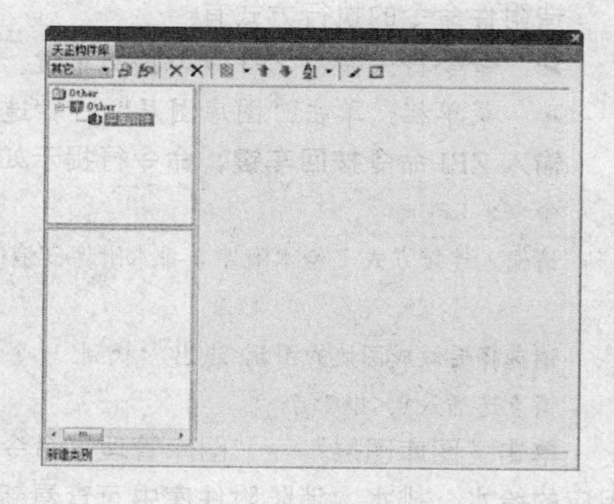

图 12-43 设置名称

在“平面附件”选项上单击鼠标右键，在快捷菜单中选择“构件入库”选项，如图 12-44 所示。根据命令行的提示，选择入库图块，入库结果如图 12-45 所示。

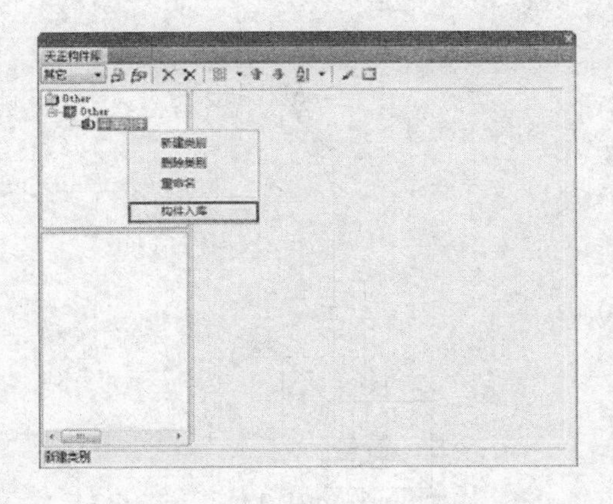

图 12-44　选择“构件入库”选项

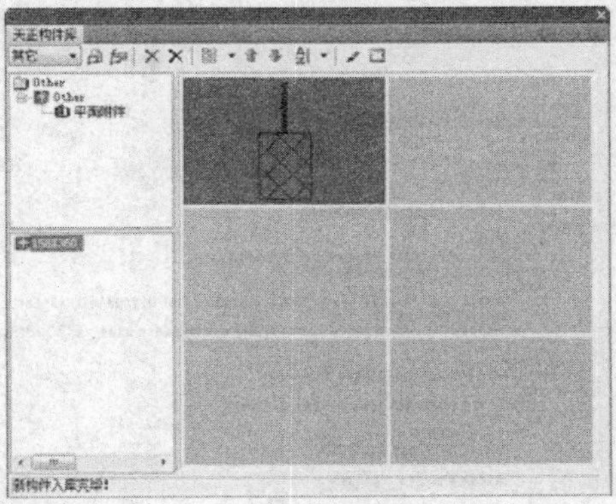

图 12-45　新图入库

在图块名称上单击鼠标右键并在快捷菜单中选择“重命名”选项，如图 12-46 所示；输入图块名称，即可完成重命名操作，如图 12-47 所示。

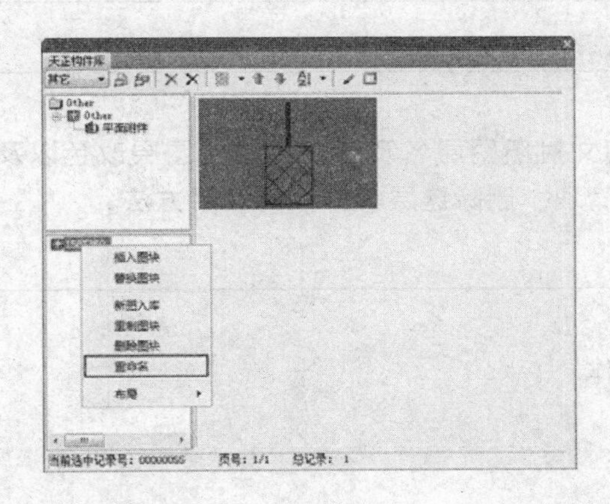

图 12-46　选择“重命名”选项

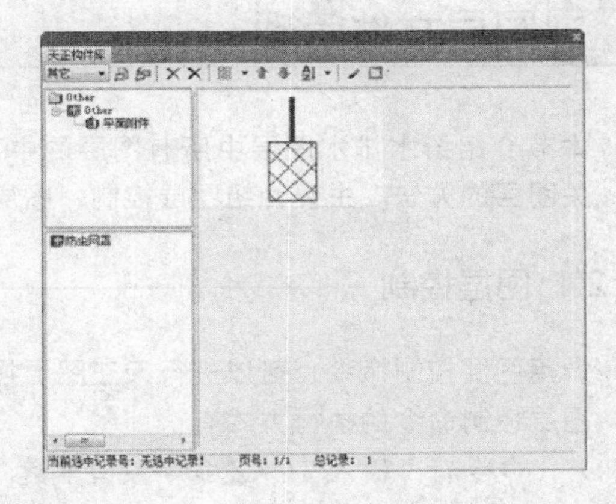

图 12-47　重命名操作

12.1.13 天正图集

调用天正图集命令，可以新建或打开构件库，编辑构件库的内容，插入对象构件。

天正图集命令的执行方式有：

- 命令行：在命令行中输入 TZTJ 命令按回车键。
- 菜单栏：单击“图库图层”→“天正图集”命令。

在命令行中输入 TZTJ 命令按回车键，系统弹出【天正图集】对话框，在左上角的图集类型选框中选择“设计说明”选项。

单击“确定”按钮，在绘图区中点取插入位置，即可在图中插入设计说明，结果如图

12-48 所示。

在【天正图集】对话框中选择“详图插入”选项，在绘图区中点取详图的插入位置，结果如图 12-49 所示。

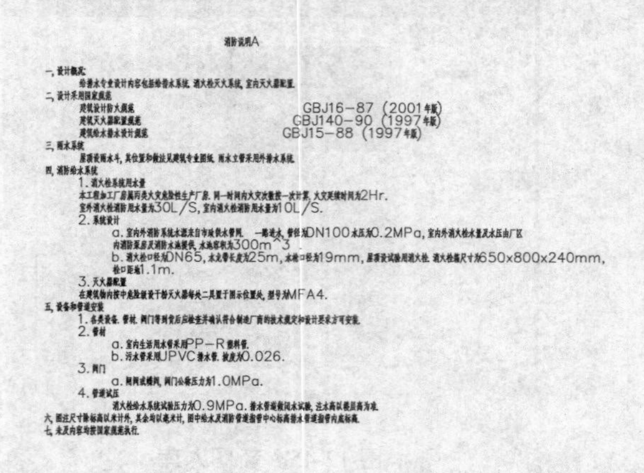

消防说明A

一、设计概况：
给排水专业设计内容包括给排水系统、消火栓灭火系统、室内灭火器配置。

二、设计采用国家规范
建筑设计防火规范 GBJ16-87（2001年版）
建筑灭火器配置规范 GBJ140-90（1997年版）
建筑给水排水设计规范 GBJ15-88（1997年版）

三、雨水系统
屋顶设雨水斗，其位置和做法见建筑专业图纸，雨水立管采用外排水系统。

四、消防给水系统
1. 消火栓系统用水量
本工程加工厂房属丙类火灾危险性生产厂房，同一时间内火灾次数按一次计算，火灾延续时间为2Hr.
室外消火栓消防用水量为30L/S，室内消火栓消防用水量为10L/S.
2. 系统设计
a. 室内外消防系统水源来自市政供水管网，一路进水，管径为DN100水压为0.2MPa，室内外消火栓水量及水压由厂区内消防泵房及消防水池提供，水池容积为300m^3.
b. 消火栓口径为DN65，水龙带长度为25m，水枪口径为19mm，屋顶设试验用消火栓，消火栓箱尺寸为650x800x240mm，栓口距地1.1m.
3. 灭火器配置
在建筑物内按中危险级设干粉灭火器每处二具置于图示位置处，型号为MFA4.

五、设备和管道安装
1. 各类设备、管材、阀门等到货后应检查并确认符合制造厂商的技术规定和设计要求方可安装。
2. 管材
a. 室内生活用水管采用PP-R塑料管.
b. 污水管采用UPVC排水管，坡度为0.026.
3. 阀门
a. 阀门或蝶阀，阀门公称压力为1.0MPa.
4. 管道试压
消火栓给水系统试验压力为0.9MPa，排水管道做闭水试验，注水高以楼层高为准.

六、图注尺寸除标高以米计外，其余均以毫米计，图中给水及消防管道指管中心标高排水管道指管内底标高.

七、未及内容均按国家规范执行.

图 12-48 插入设计说明

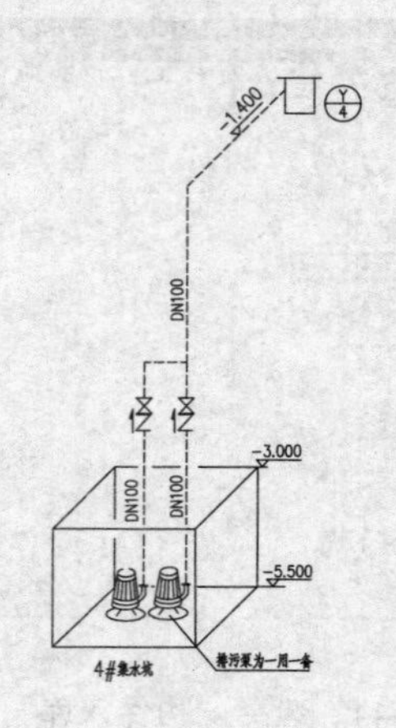

图 12-49 插入详图

12.2 图层文件管理

本节介绍给水排水图层中所有图层的中英文对照图层名及颜色，说明图层改色以及开、关图层的方法。主要介绍图层控制、图层管理、删除选层等命令的调用方法。

12.2.1 图层控制

调用图层控制命令，可以进行天正图层操作。

图层控制命令的执行方式有：

- 命令行：输入 TCKZ 命令按回车键。
- 菜单栏：单击“图库图层”→“图层控制”命令。

下面对图层控制命令的使用方法进行介绍。

输入 TCKZ 命令按回车键，屏幕上弹出天正图层控制管理菜单，如图 12-50 所示。菜单中各选项的含义如下：

- “打开全部层”按钮：单击该按钮，可以开启全部的图层。
- “设建筑标识”按钮：单击该按钮，命令行提示“请选择要设置为建筑标识的图元”；选择图元，可将该图元定义为建筑标识。
- “建筑图元”按钮：单击该按钮，则关闭建筑图元所在的图层。
- “给排水图元”按钮：单击该按钮，则所有的给水排水图层在开与关之间切换。
- “给水”按钮：单击该按钮，可以控制所有天正给水管线及其附属的管件所在的图层隐藏或者开启，如图 12-51 所示。
- “热给水”按钮：单击该按钮，可以控制所有天正热给水管线及其附属的管件所在的图层隐藏或者开启。

➢ “热回水”按钮：单击该按钮，可以控制所有天正热回水管线及其附属的管件所在的图层隐藏或者开启。

图 12-50　天正图层控制管理菜单

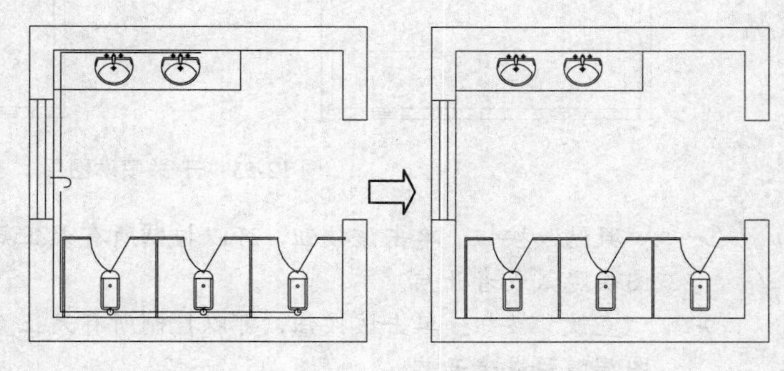

图 12-51　开/关给水图层

➢ “污水”按钮：单击该按钮，可以控制所有天正污水管线及其附属的管件所在的图层隐藏或者开启。

➢ “废水”按钮：单击该按钮，可以控制所有天正废水管线及其附属的管件所在的图层隐藏或者开启，如图 12-52 所示。

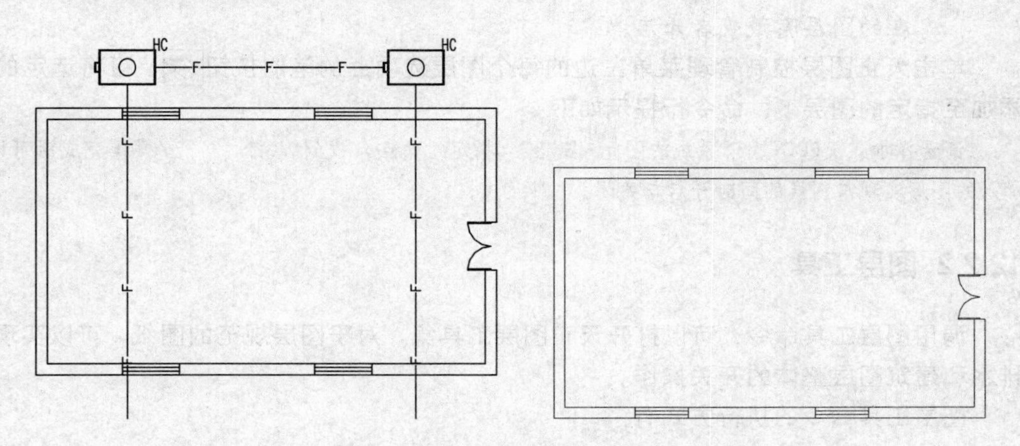

图 12-52　开/关废水图层

➢ “雨水”按钮：单击该按钮，可以控制所有天正雨水管线及其附属的管件所在的图层隐藏或者开启。

➢ “中水”按钮：单击该按钮，可以控制所有天正中水管线及其附属的管件所在的图层隐藏或者开启。

➢ “消防”按钮：单击该按钮，可以控制所有天正消防管线及其附属的管件所在的图层隐藏或者开启。

- “喷淋”按钮：单击该按钮，可以控制所有天正喷淋管线及其附属的管件所在的图层隐藏或者开启，如图 12-53 所示。

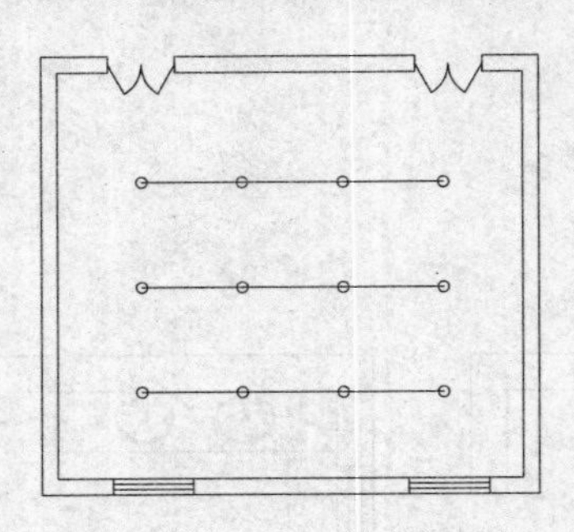
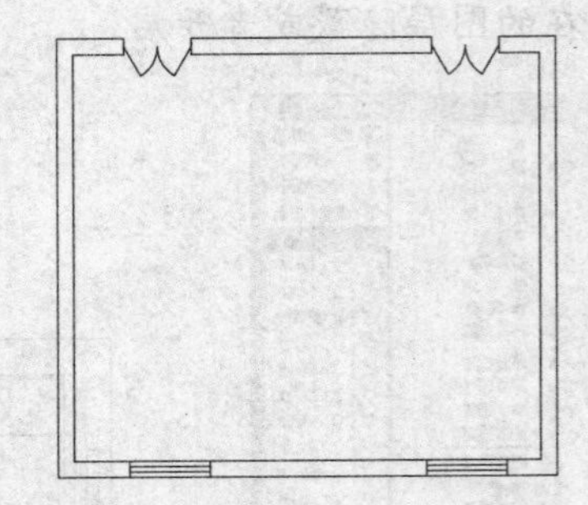

图 12-53　开/关喷淋图层

- “凝结”按钮：单击该按钮，可以控制所有天正凝结管线及其附属的管件所在的图层隐藏或者开启。
- “直饮”按钮：单击该按钮，可以控制所有天正直饮管线及其附属的管件所在的图层隐藏或者开启。
- “压力污”按钮：单击该按钮，可以控制所有天正压力污管线及其附属的管件所在的图层隐藏或者开启。
- “压力废”按钮：单击该按钮，可以控制所有天正压力废管线及其附属的管件所在的图层隐藏或者开启。
- “压力雨”按钮：单击该按钮，可以控制所有天正压力雨管线及其附属的管件所在的图层隐藏或者开启。

单击天正图层控制管理菜单左边的每个图层选项上的笔刷按钮，可将选定的图元添加至指定的图层下，命令行提示如下：

请选择加入 PIPE-喷淋系统的图元 <退出>:指定对角点：找到 1 个　　//操作完成后可以将所加入的图形实现与图层的同时开启与关闭。

12.2.2 图层工具

调用图层工具命令，可以打开天正图层工具集。对于图层规范的图纸，可以实现给水排水和建筑图层整体的开关操作。

图层工具命令的执行方式有：

- 菜单栏：单击“图库图层”→“图层工具”命令。
- 命令行：输入 TCGJ 命令按回车键。

执行“图层工具”命令，系统在屏幕菜单右侧打开工具列表，如图 12-54 所示。通过执行列表中的工具命令，可以实现控制图层的操作。

12.2.3 视口图层

调用视口图层命令，在图纸空间中，可指定某视口仅显示某一系统的图层，如给水系统。可以实现一个模型绘制多个视口打印。

视口图层命令的执行方式有：

- 菜单栏：单击“图库图层”→“视口图层”命令。
- 命令行：输入 SKXT 命令按回车键。

输入 SKXT 命令按回车键，命令行提示如下：

命令：SKXT↙

请选择视口:<退出> //单击视口边框，调出如图 12-55 所示的【管线系统】对话框。

在对话框中勾选需要显示的管线系统，如勾选“给水”选项，则可在视口中显示给水系统的所有图形。选择“选择全部图层”选项，则可在视口中显示全部图层。单击“确定”按钮关闭对话框，可以执行所设置的操作。

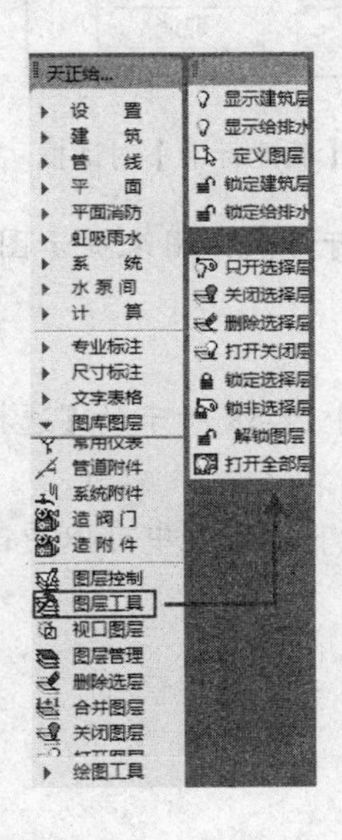

图 12-54 图层工具菜单

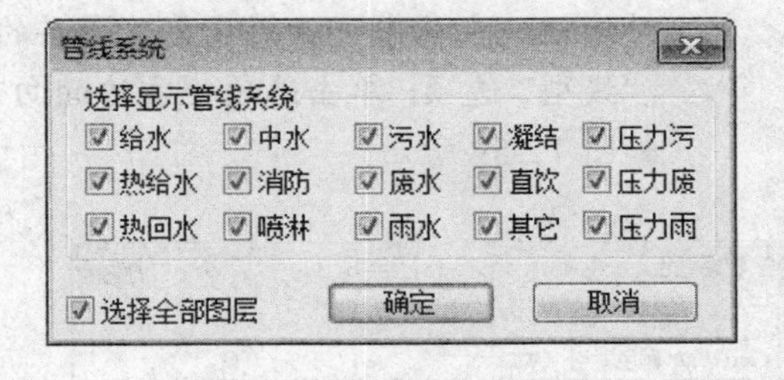

图 12-55 【管线系统】对话框

12.2.4 图层管理

调用图层管理命令，可以设定天正图层系统的名称和颜色。

图层管理命令的执行方式有：

- 菜单栏：单击“图库图层”→“图层管理”命令。

下面介绍图层管理命令的操作方法。

单击“图库图层”→“图层管理”命令，系统弹出如图 12-56 所示的【图层管理】对话框。在对话框中可以更改图层的名称、颜色、指定图层的标准等。

【图层管理】对话框中各功能选项的含义如下：

- “图层标准”选项：单击选项文本框，在弹出的下拉列表中可以选择已定制的图层标准。
- “置为当前标准”按钮：单击该按钮，可以将所选的图层标准置为当前正在使用

的标准。

➢ “新建标准”按钮：单击该按钮，系统弹出如图 12-57 所示的【新建标准】对话框，在其中可以设定新标准的名称。

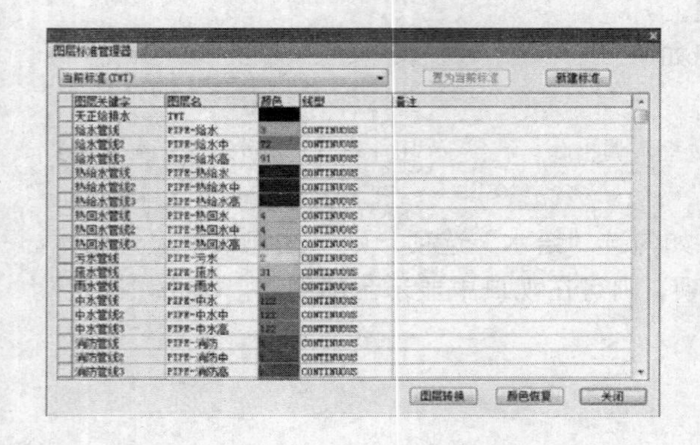

图 12-56 【图层管理】对话框

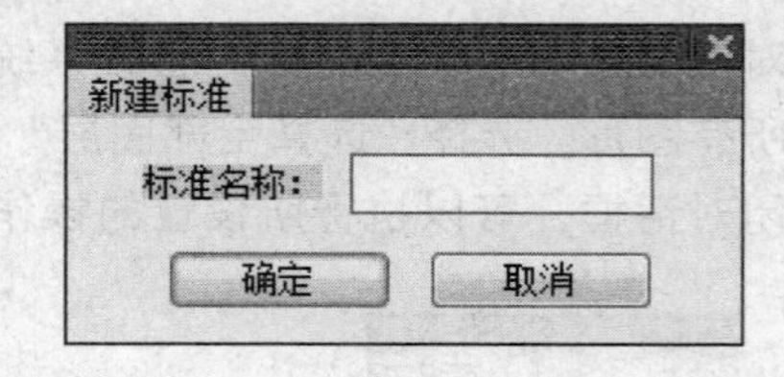

图 12-57 【新建标准】对话框

➢ “图层关键字”选项：系统默认的图层信息，不可自行修改，用来提示图层所对应的内容。

➢ “图层名”选项：可在选项栏中自定义图层名称。

➢ “颜色”选项：单击选项框右边的按钮，系统弹出如图 12-58 所示的【选择颜色】对话框，在其中可以随意更改图层的颜色。

➢ “线型”选项：单击选项框右边的向下箭头，在弹出的下拉列表中可以更改线型，如图 12-59 所示。

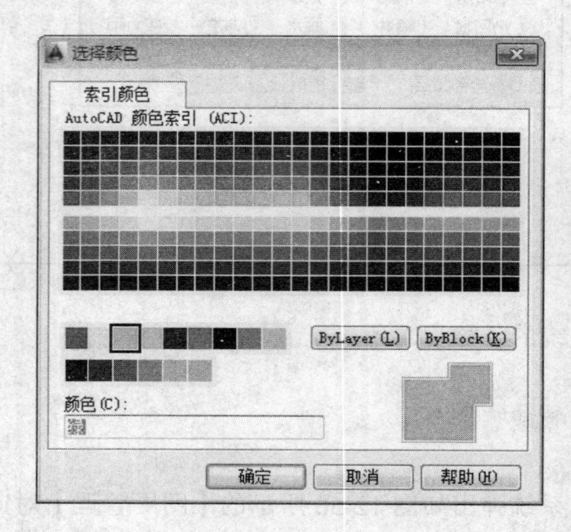

图 12-58 【选择颜色】对话框

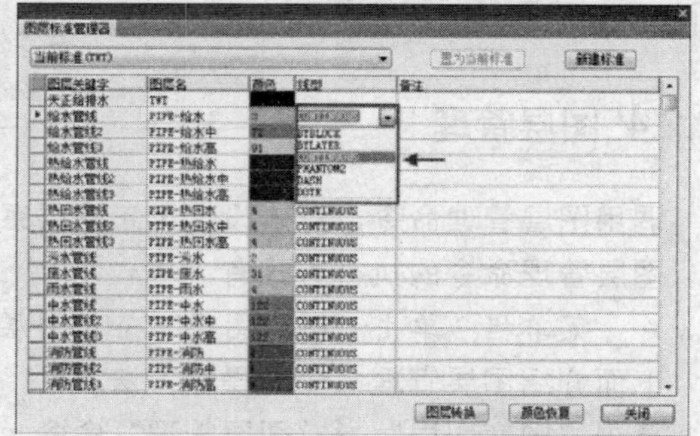

图 12-59 下拉列表中更改线型

➢ “图层转换”按钮：单击该按钮，系统弹出如图 12-60 所示的【AutoCAD】提示对话框，提示是否保存当前的修改；单击“是”按钮，系统弹出如图 12-61 所示的【图层转换】对话框，在其中选择原图层和目标图层的标准，单击“转换”按钮即可完成转换操作。

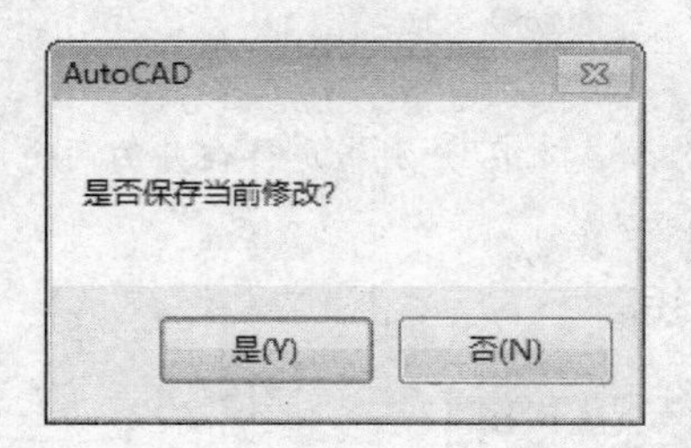

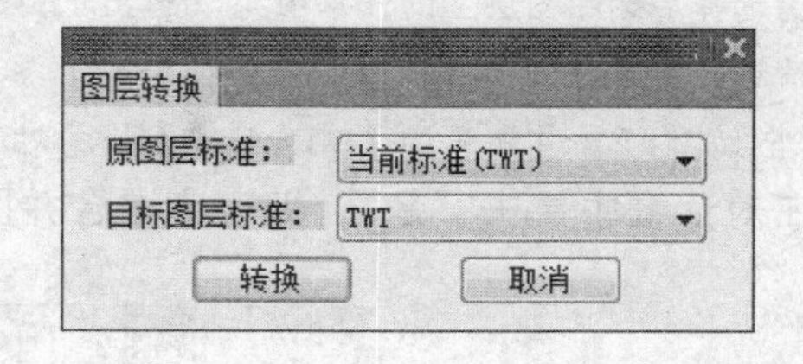

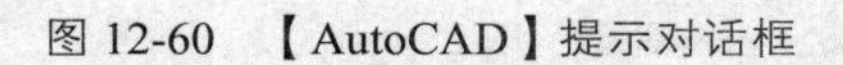
图 12-60 【AutoCAD】提示对话框

图 12-61 【图层转换】对话框

➢ “颜色恢复”按钮：单击该按钮，可恢复系统原始设定的各图层颜色。

12.2.5 删除选层

调用删除选层命令，可以删除所选某一个或某些图层上所选的所有实体。如图 12-62 所示为删除选层命令的操作结果。

删除选层命令的执行方式有：

➢ 菜单栏：单击“图库图层”→“删除选层”命令。

下面以图 12-62 所示的删除选层结果为例，介绍调用删除选层命令的方法。

01 按 Ctrl+O 组合键，打开配套光盘提供的“第 12 章/ 12.2.5 删除选层.dwg”素材文件，结果如图 12-63 所示。

02 单击“图库图层”→“删除选层”命令，命令行提示如下：

```
命令: EraseSelLayer
请选择删除层上的图元 <退出>:找到 5 个  //选择图元，按回车键即可完成操作，结果如图 12-62 所示。
```

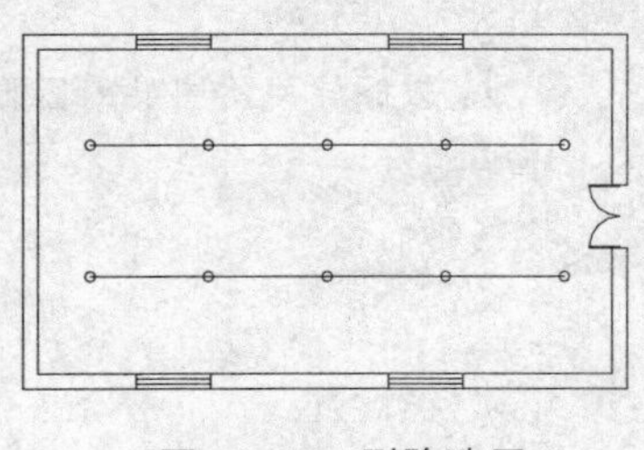
图 12-62 删除选层

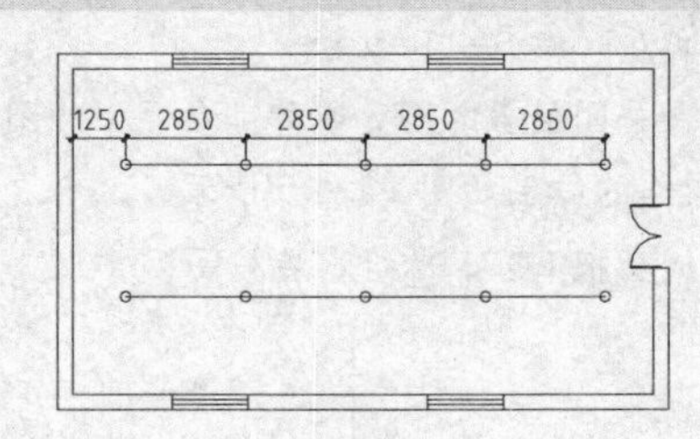

图 12-63 打开素材

12.2.6 合并图层

调用合并图层命令，可以合并两个图层，并删除其中的一个。

合并选层命令的执行方式有：

➢ 命令行：在命令行中输入 HBTC 命令按回车键。

➢ 菜单栏：单击“图库图层”→“合并图层”命令。

单击“图库图层”→“合并图层”命令，命令行提示如下：

命令：HBTC↙

请选择要删除图层上的任意图元:<退出>

请选择要合并到图层(目标)上的任意图元:<退出> //分别指定待合并的两个图层，系统弹出如图 12-64 所示的【AutoCAD】提示对话框。

在对话框中单击“是”，即可完成合并图层的操作。

图 12-64 【AutoCAD】提示对话框

12.2.7 关闭图层

调用关闭图层命令，可以关闭选择实体所在的图层。如图 12-65 所示为关闭图层命令的操作结果。

关闭图层命令的执行方式有：

➢ 菜单栏：单击“图库图层”→“关闭图层”命令。

下面以图 12-65 所示的关闭图层结果为例，介绍调用关闭图层命令的方法。

01 按 Ctrl+O 组合键，打开配套光盘提供的“第 12 章/ 12.2.7 关闭图层.dwg”素材文件，结果如图 12-66 所示。

02 单击“图库图层”→“关闭图层”命令，命令行提示如下：

命令：CloseSelLayer

请选择关闭层上的图元或外部参照上的图元<退出>: //选择待关闭图层的图形，完成关闭图层操作的结果如图 12-65 所示。

已经成功把 EQUIP_给水层关闭！

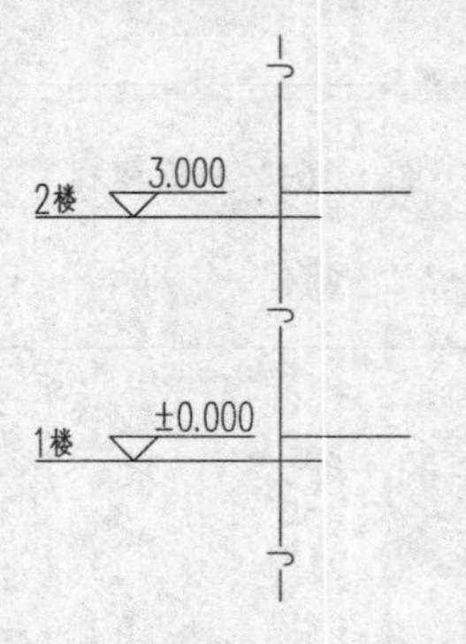

图 12-65 关闭图层

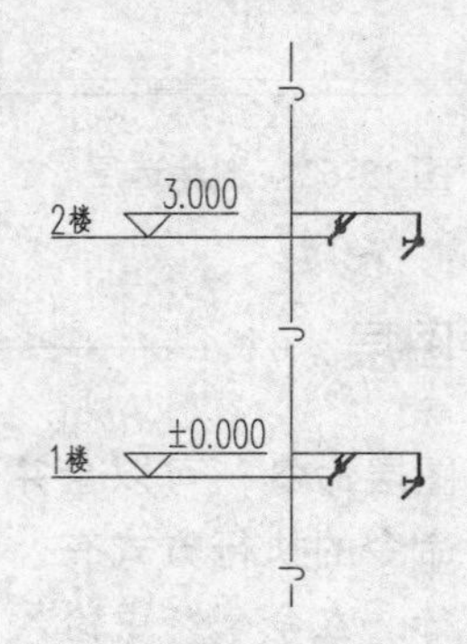

图 12-66 打开素材

同样道理，除了关闭给排水附件外，对其他的图形也可同样执行关闭图层的操作，比如关闭建筑平面图上的门窗所在的图层，结果如图 12-67 所示。

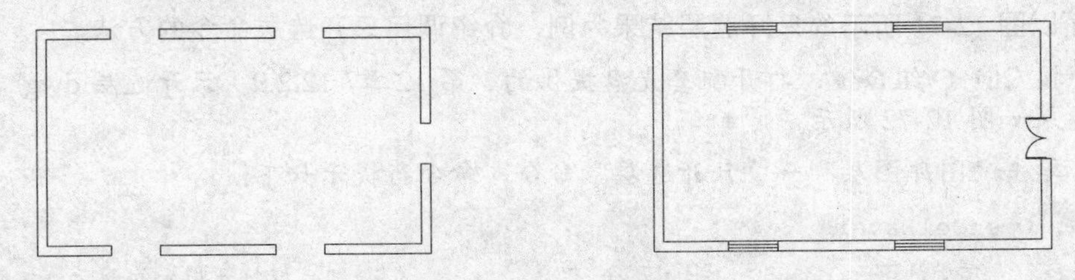

图 12-67　关闭门窗图层

12.2.8 打开图层

调用打开图层命令，可以开启或关闭图层。如图 12-68 所示为打开图层命令的操作结果。

打开图层命令的执行方式有：

➢ 菜单栏：单击“图库图层”→“打开图层”命令。

下面以图 12-68 所示的打开图层结果为例，介绍调用打开图层命令的方法。

01 按 Ctrl+O 组合键，打开配套光盘提供的“第 12 章/ 12.2.8　打开图层.dwg”素材文件，结果如图 12-69 所示。

02 单击“图库图层”→“打开图层”命令，系统弹出【打开图层】对话框，在其中勾选待打开的图层，如图 12-70 所示。

03 单击“确定”按钮关闭对话框，完成打开图层的操作结果如图 12-68 所示。

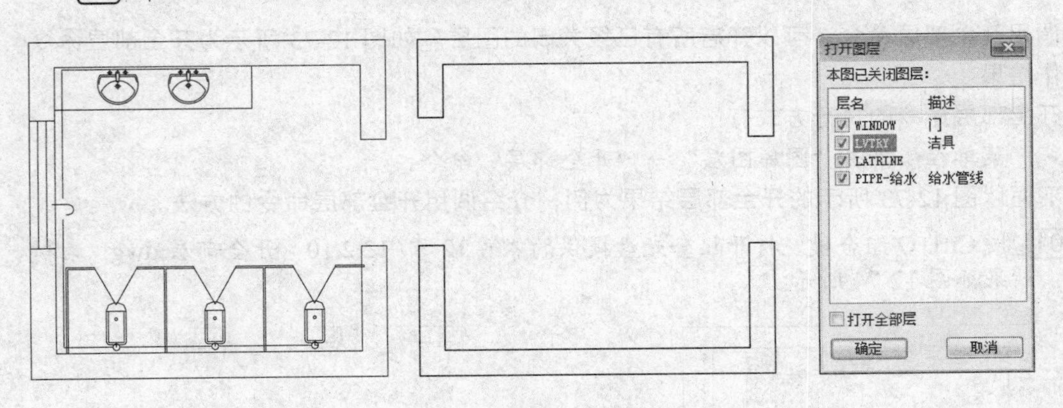

图 12-68　打开图层　　图 12-69　打开素材　　图 12-70　【打开图层】对话框

12.2.9 只开选层

调用只开选层命令，可以只开启所选实体所在的图层。如图 12-71 所示为只开选层命令的操作结果。

只开选层命令的执行方式有：

➢ 菜单栏：单击“图库图层”→“只开选层”命令。

下面以图 12-71 所示的只开选层结果为例，介绍调用只开选层命令的方法。

01 按 Ctrl+O 组合键，打开配套光盘提供的“第 12 章/ 12.2.9 只开选层.dwg”素材文件，结果如图 12-72 所示。

02 单击“图库图层”→“只开选层”命令，命令行提示如下：

```
命令：OpenSelLayer
请选择打开层上的图元 <退出>:找到 7 个                    //分别点取打开层上的图元，按回车键即可完成操作，结果如图 12-71 所示。
```

图 12-71 只开选层

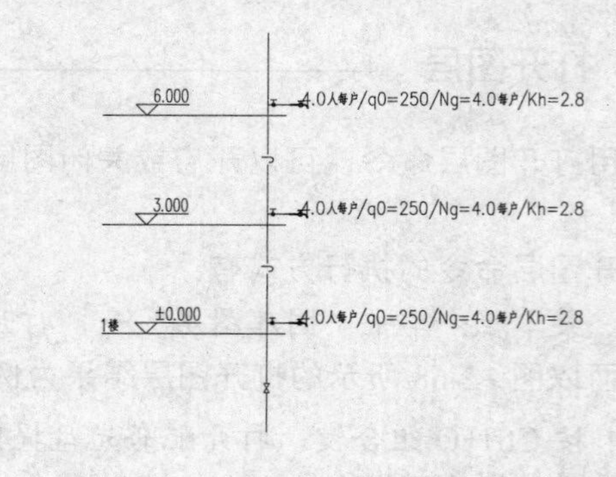

图 12-72 打开素材

12.2.10 开全部层

调用开全部层命令，可以开启所有已经关闭的图层。如图 12-73 所示为开全部层命令的操作结果。

开全部层命令的执行方式有：

➢ 菜单栏：单击“图库图层”→“开全部层”命令。

下面以图 12-73 所示的开全部层结果为例，介绍调用开全部层命令的方法。

01 按 Ctrl+O 组合键，打开配套光盘提供的“第 12 章/ 12.2.10 开全部层.dwg”素材文件，结果如图 12-74 所示。

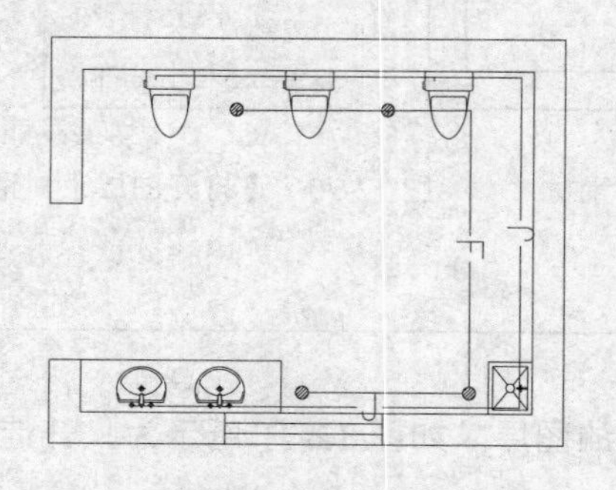

图 12-73 开全部层

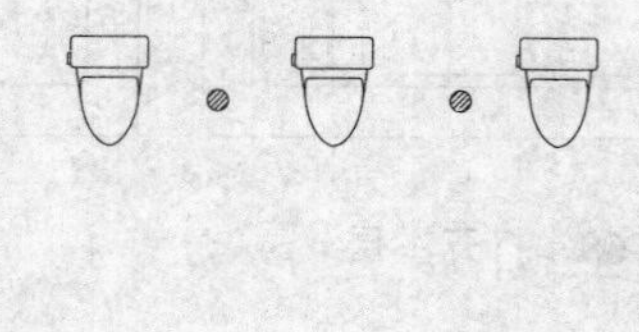
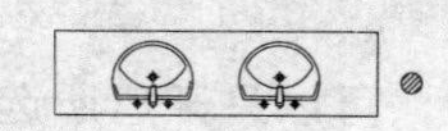

图 12-74 打开素材

[02] 执行“图库图层”→“开全部层”命令后，即所有被关闭的图层将会被开启，结果如图 12-73 所示。

12.2.11 转换图层

调用转换图层命令，可以将指定图层上的所有对象实体转换到目标图层，可以实现旧版图纸升级到新版图纸。如图 12-75 所示为转换图层命令的操作结果。

转换图层命令的执行方式有：

➢ 菜单栏：单击“图库图层”→“转换图层”命令。

下面以图 12-75 所示的转换图层结果为例，介绍调用转换图层命令的方法。

[01] 按 Ctrl+O 组合键，打开配套光盘提供的“第 12 章/ 12.2.11 转换图层.dwg”素材文件，结果如图 12-76 所示。

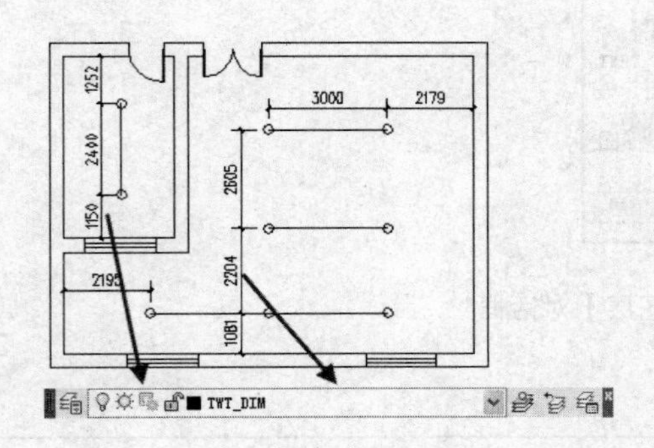

图 12-75 转换图层

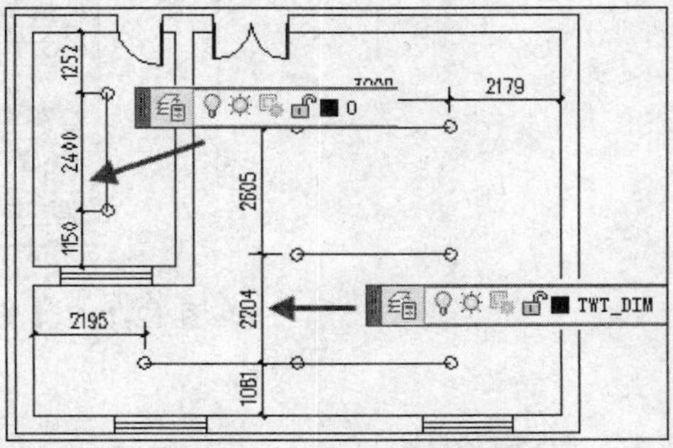

图 12-76 打开素材

[02] 单击“图库图层”→“转换图层”命令，命令行提示如下：

命令： CONVERTLAYER

请选择要转换图层(源)上的任意图元:<转换成天正图层> //如图 12-77 所示。

请选择要转换图层(目标)上的任意图元:<转换成天正相应图层> //如图 12-78 所示。

0 层 已经成功转换到 TWT_DIM 层了! //转换结果如图 12-75 所示。

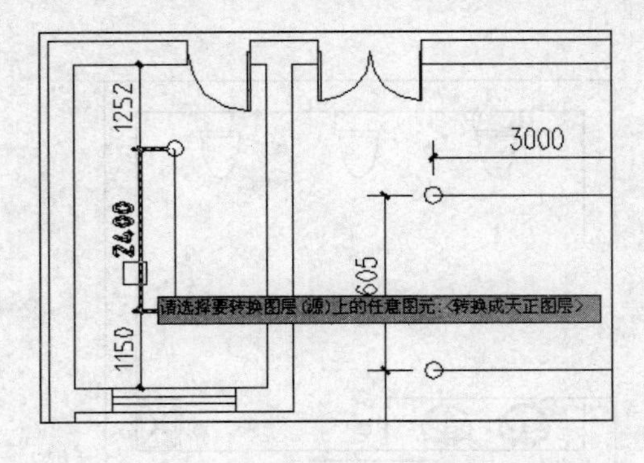

图 12-77 选定源图层上的图元

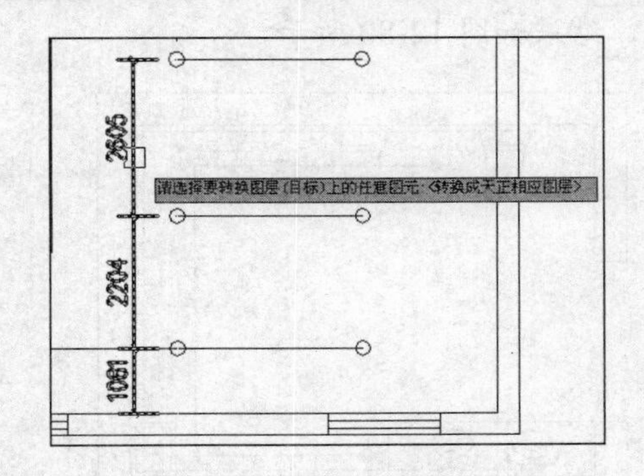

图 12-78 选择目标图层上的图元

单击“图库图层”→“转换图层”命令，单击鼠标右键，命令行提示如下：

命令：CHANGELAYER2TWT

请选择要改层的图元 <退出>:找到 1 个　　//选择待改层的图元，按回车键，系统弹出如图12-79所示的【修改图层】对话框。

在【修改图层】对话框上单击待修改的图层的名称按钮，即可完成图层的转换，如图12-79所示。

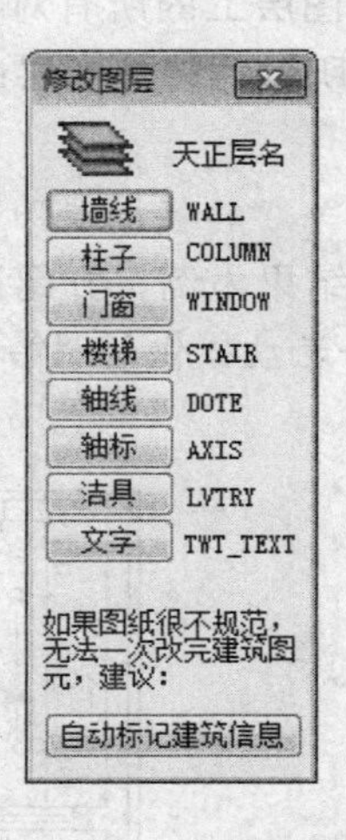

图 12-79 【修改图层】对话框

12.2.12 锁定图层

调用锁定图层命令，可以锁定所选实体所在的图层。在编辑复制复杂图形的时候，可以起到免除干扰的作用。

锁定图层命令的执行方式有：

➢ 菜单栏：单击“图库图层”→“锁定图层”命令。

下面以在楼层间复制洁具管线图形为例，介绍锁定图层命令在实际绘图中使用方法。

01 按Ctrl+O组合键，打开配套光盘提供的“第12章/ 12.2.12 锁定图层.dwg”素材文件，结果如图12-80所示。

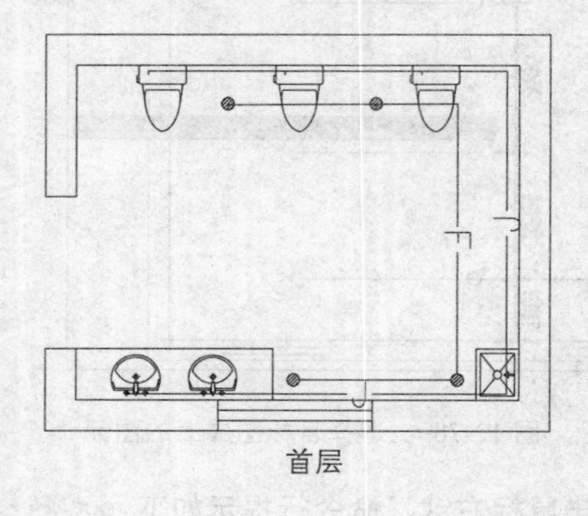
首层

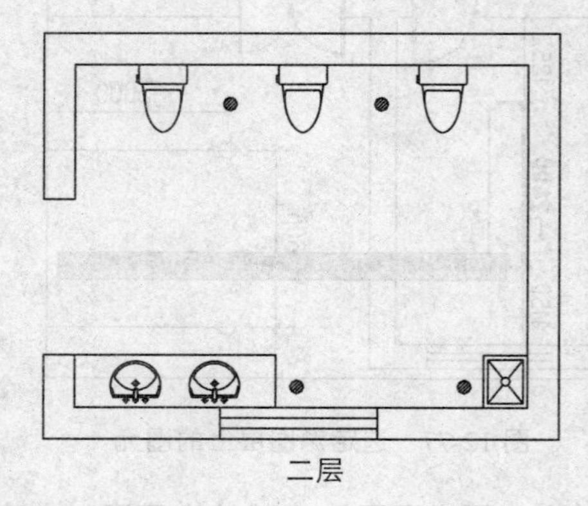
二层

图 12-80 打开素材

02 单击“图库图层”→“锁定图层”命令，命令行提示如下：

```
命令：LOCKSELLAYER
请选择要锁定层上的图元 <退出>:找到 17 个            //在首层平面图上选择除了管线以外的图形，如图 12-81 所示。
```

03 按回车键即可完成所选图形的锁定操作。

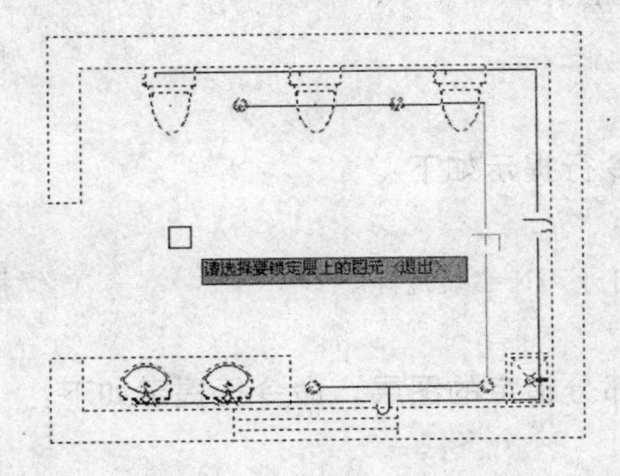

图 12-81　选定待锁定的图元

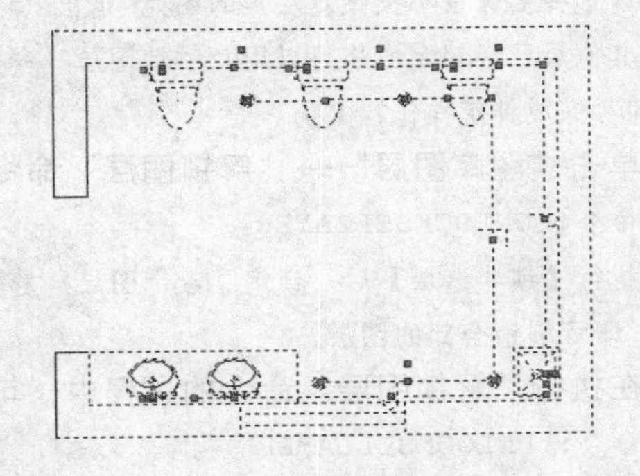

图 12-82　框选图形

04 此时，框选图形，如图 12-82 所示；将未被锁定的洁具管线移动复制到二层平面图上去（在这里值得注意的是，就算选中被锁定的图形，该图形也不会被移动复制）。

05 未被锁定的图形被移动至一旁的结果如图 12-83 所示。

06 将其移动至二层平面图中，完成二层卫生间平面图洁具管线图形的绘制结果，如图 12-84 所示。

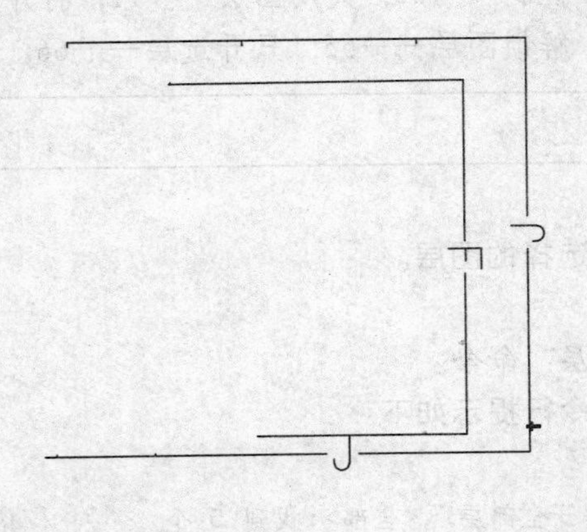

图 12-83　移动结果

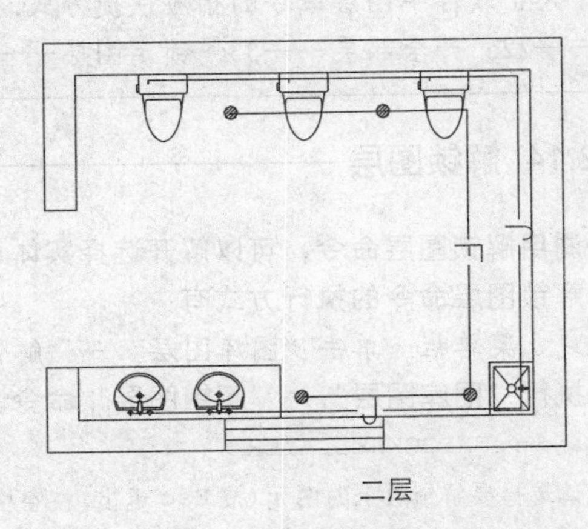

图 12-84　管线图层绘制结果

12.2.13 锁非选层

调用锁非选层命令，可以锁定选择实体以外的所有图层。

锁非选层命令的执行方式有：

➢ 命令行：在命令行中输入 SFXC 命令按回车键。

➢ 菜单栏：单击“图库图层”→“锁非选层”命令。

在命令行中输入 SFXC 命令按回车键，命令行提示如下：

命令：SFXC↙

请选择要保留不被锁定层上的图元<退出>:找到 1 个 //选定不锁定的图元。

请选择要保留不被锁定层上的图元<退出>: LVTRY 层打开

其他层已经锁定。您可以用“解锁图层”命令打开他们。 //按回车键即可完成锁定操作。

单击“图库图层”→“解锁图层”命令，命令行提示如下：

命令：UNLOCKSELLAYER

执行【锁非选层】后，锁定了若干图层，是否全部打开?(N 继续执行)<Y>: //按回车键，即可解锁全部的图层。

在执行“解锁图层”命令的过程中，可解锁部分指定的图层，命令行提示如下：

命令：UNLOCKSELLAYER

执行【锁非选层】后，锁定了若干图层，是否全部打开?(N 继续执行)<Y>:N //输入 N，否认全部打开。

请选择要解锁层上的图元(按 Esc 退出,按空格键解开全部层) <全部>:找到 1 个，总计 2 个 //点取待解锁的图层，按回车键即可完成解锁操作。

提示

天正软件中图层命令的相应快捷方式：图层控制——00；关闭图层——11；打开图层——22；开全部层——33；锁定图层——44；解锁图层——55；只开选层——66。

12.2.14 解锁图层

调用解锁图层命令，可以解开选择实体已被选择的图层。

解锁图层命令的执行方式有：

➢ 菜单栏：单击“图库图层”→“解锁图层”命令。

执行“图库图层”→“解锁图层”命令，命令行提示如下：

命令：UNLOCKSELLAYER

请选择要解锁层上的图元(按 Esc 退出,按空格键解开全部层) <全部>:找到 5 个 //依次点取待解锁的图层，按回车键即可完成解锁操作。

第 13 章
绘图工具

● 本章导读

本章介绍绘图工具的调用方法。对象操作命令包括对象的查询、对象选择以及过滤选择，不但可以显示指定对象的属性，还可以根据选择条件选择指定的图形对象。

移动与复制命令沿袭了 AutoCAD 命令的特点，可以对指定的图形对象执行移动或复制操作。

绘图工具命令则可根据平时绘图过程中所出现的一些问题，调用相应的命令来解决。比如消除重线命令，可以对有多重线条的图块执行清理操作，为绘图提供便利。

● 本章重点

◈ 对象操作
◈ 移动与复制工具
◈ 绘图工具

13.1 对象操作

本节介绍方便图元对象选择、查询的工具在实际绘图中的使用方法；主要介绍对象查询、对象选择、过滤选择命令的操作方法。

13.1.1 对象查询

调用对象查询命令，可以随着光标的移动，在指定的图形对象上动态显示其信息；单击对象，可对对象进行编辑操作。如图 13-1 所示为对象查询命令的操作结果。

对象查询命令的执行方式有：

➢ 菜单栏：单击“绘图工具”→“对象查询”命令。

下面以图 13-1 所示的对象查询结果为例，介绍调用对象查询命令的方法。

[01] 按 Ctrl+O 组合键，打开配套光盘提供的“第 13 章/ 13.1.1 对象查询.dwg”素材文件，结果如图 13-2 所示。

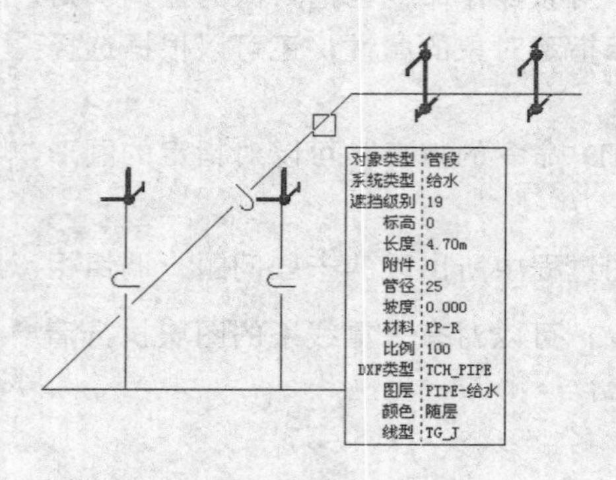

图 13-1　对象查询

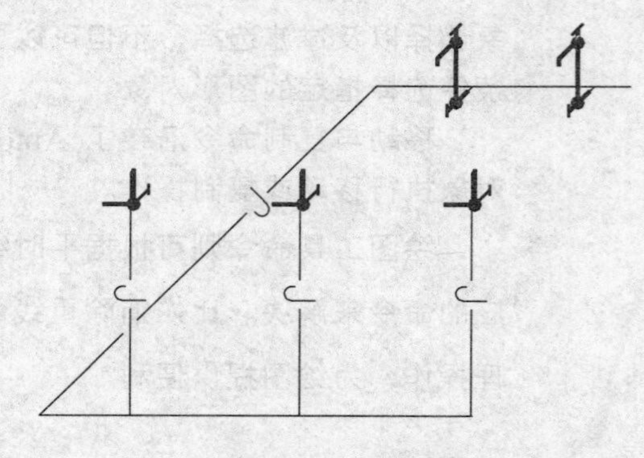

图 13-2　打开素材

[02] 单击“绘图工具”→“对象查询”命令，将鼠标置于待查询的图形对象上，即可动态显示该图形的信息，结果如图 13-1 所示。

调用“对象查询”命令，将光标置于给水设备上，也可查询设备的信息，如图 13-3 所示。

在执行命令的过程中，单击管线图形，系统弹出如图 13-4 所示的【修改管线】对话框，在其中可以修改管线的相关信息。

在执行命令的过程中，单击管线图形，单击阀门附件，系统弹出如图 13-5 所示的【阀门编辑】对话框，在其中可以修改阀门的信息。

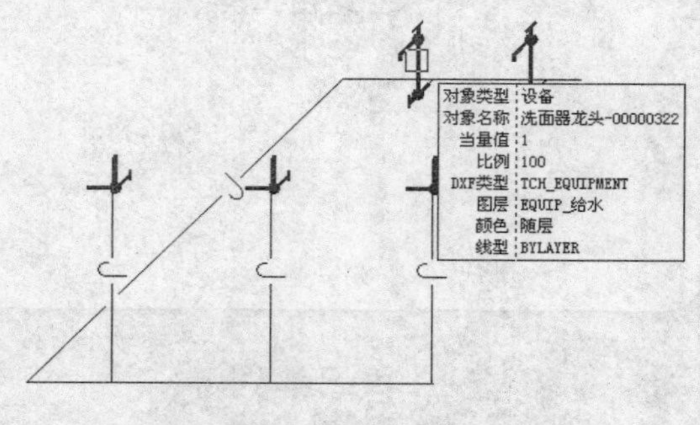

图 13-3　查询结果

图 13-4 【修改管线】对话框

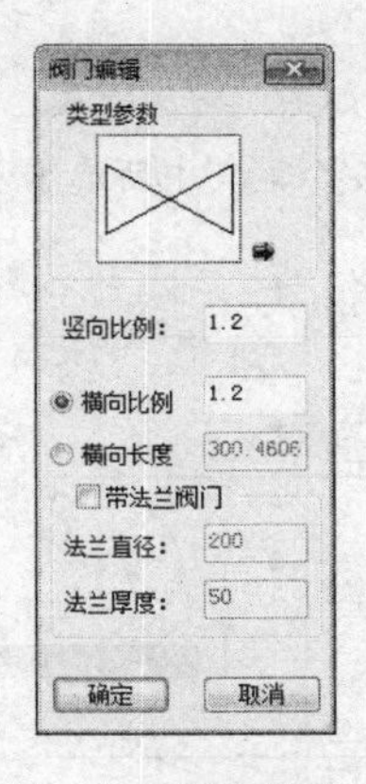

图 13-5 【设备编辑】对话框

13.1.2 对象选择

调用对象选择命令，可以先选择其他符合参考对象过滤条件的图形，生成预选对象选择集。

对象选择命令的执行方式有：

➢ 菜单栏：单击“绘图工具”→“对象选择”命令。

下面介绍对象选择命令的调用方法。

[01] 按 Ctrl+O 组合键，打开配套光盘提供的“第 13 章/ 13.1.2 对象选择.dwg”素材文件，结果如图 13-6 所示。

[02] 单击“绘图工具”→“对象选择”命令，系统弹出如图 13-7 所示的【匹配选项】对话框。在其中勾选匹配的选项，根据命令行的提示即可完成对象选择的操作。

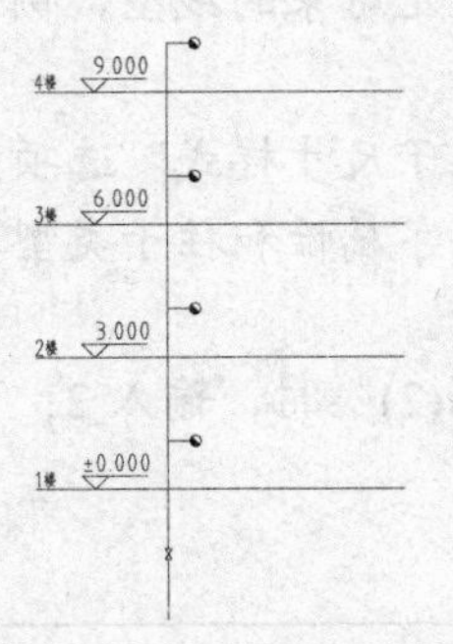

图 13-6 打开素材

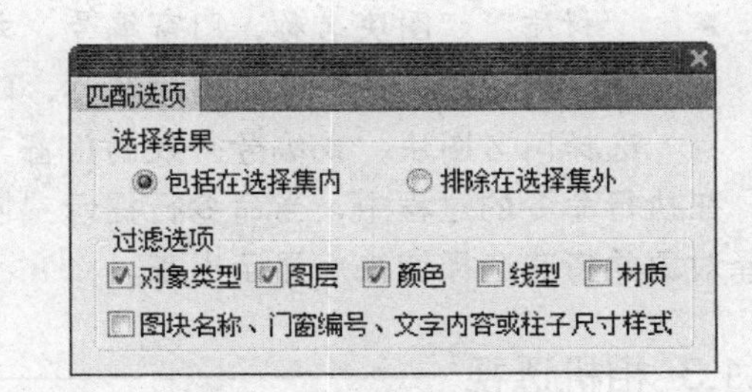

图 13-7 【匹配选项】对话框

[03] 同时命令行提示如下：

命令：T98_TSelObj

请选择一个参考图元或 [恢复上次选择(2)]<退出>：　　//选定参考图元，如图 13-8 所示；

提示：空选即为全选，中断用 ESC！

选择对象：　　//按回车键，即可选定与参考图元性质相同的图形，结果如图 13-9 所示。

总共选中了 4 个，其中新选了 4 个。

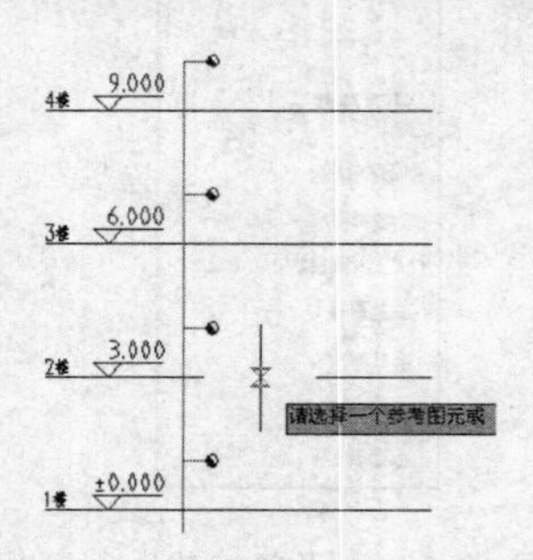

图 13-8　选定参考图元

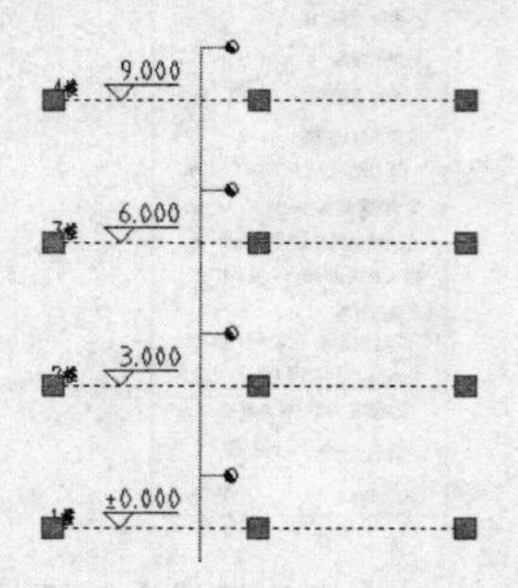

图 13-9　选择一定性质相同的图形

【匹配选项】对话框中各功能选项的含义如下：

- “包括在选择集内”选项：单击选中该项，则先指定的参考图元会与符合对象过滤条件的图形一起被选中。
- “排除在选择集外”选项：单击选中该项，则除了指定的参考图元与符合对象过滤条件的图元外，其他图形被选中。
- “对象类型”选项：选取该项，则过滤选择条件为图元对象的类型，例如选择所有的 ARC 线。
- “图层”选项：选取该项，则过滤条件为图层名。例如过滤参考图元的图层为“DIM_给水”图层，则选取对象时只有“DIM_给水”层的对象才能被选中。
- “颜色”选项：选取该项，则过滤选择条件为图元对象的颜色，目的是选择颜色相同的对象。
- “线型”选项：选取该项，则过滤选择条件为图元对象的线型，例如选中 DASH 线。
- “材质”、“图块名称、门窗编号、文字内容或柱子尺寸样式”选项：选择这些选项，则过滤选择条件为图块名称、门窗编号、文字属性和柱子类型与尺寸，快速选择同名图块，或编号一致的门窗、详图的柱子。

在执行命令的过程中，当命令行提示“恢复上次选择(2)”时，输入 2；可恢复上次的选择对象并将其选择使夹点显示出来。

13.1.3 相机透视

调用相机透视命令，可以使用类似于相机拍照的方式建立透视图。

相机透视命令的执行方式有：

- 菜单栏：单击“绘图工具”→“相机透视”命令。

执行“相机透视”命令，命令行提示如下：

```
命令：TCamera
相机位置或 [参考点(R)]<退出>:                          //单击点取相机位置。
输入目标位置<退出>:                                    //移动鼠标，单击指定目标位置。
点取观察视口<当前视口>:                                //按回车键默认当前视口。
当前相机设置：高度=1542 焦距=50 毫米
输入选项 [?/名称(N)/位置(LO)/高度(H)/坐标(T)/镜头(LE)/剪裁(C)/视图(V)/退出(X)]
<退出>: N
输入新相机的名称 <相机 1>:                             //按回车键。
输入选项 [?/名称(N)/位置(LO)/高度(H)/坐标(T)/镜头(LE)/剪裁(C)/视图(V)/退出(X)]
<退出>: H
指定相机高度 <1600>:                                   //按回车键。
指定相机高度 <1600>: 2000
输入选项 [?/名称(N)/位置(LO)/高度(H)/坐标(T)/镜头(LE)/剪裁(C)/视图(V)/退出(X)]
<退出>: X
```

将视图转换为左视图，查看透视图的建立结果，如图 13-10 所示。

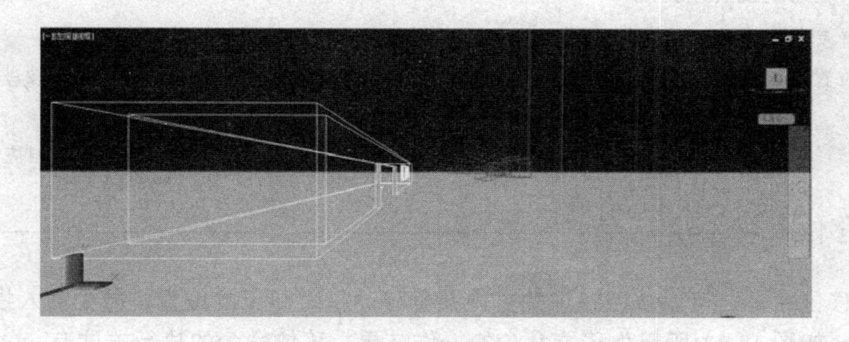

图 13-10　透视图

13.2 移动与复制工具

本节介绍可针对 AutoCAD 与天正图像均适用的复制与移动工具。主要介绍自由复制、自由移动、自由粘贴命令的调用方法。

13.2.1 自由复制

调用自由复制命令，对 AutoCAD 与天正图像都能起作用；自由复制对象之前对其进行旋转、镜像、改插入点等灵活处理，系统默认为多重复制，方便复制多个图形对象。

自由复制命令的执行方式有：

➢ 菜单栏：单击“绘图工具”→“自由复制”命令。

下面介绍自由复制命令的调用方法。

单击“绘图工具”→“自由复制”命令，命令行提示如下：

```
命令： T98_TDRAGCOPY
请选择要复制的对象： 找到 1 个
点取位置或 [旋转 90° (A)/左右翻转(S)/上下翻转(D)/对齐(F)/改转角(R)/改基点(T)]<退出>:
                    //在命令行中输入相应选项前的字母，可以对图形执行相应的操作。
```

13.2.2 自由移动

调用自由移动命令，对 AutoCAD 与天正图像都能起作用；在移动对象的位置之前，可以使用键盘先对选定的图形进行旋转、镜像、改插入点等操作。

自由移动命令的执行方式有：

➢ 菜单栏：单击“绘图工具”→“自由移动”命令。

下面介绍自由移动命令的调用方法。

单击“绘图工具”→“自由移动”命令，命令行提示如下：

```
命令：T98_TDragMove
请选择要移动的对象： 找到 1 个
点取位置或 [旋转 90° (A)/左右翻转(S)/上下翻转(D)/对齐(F)/改转角(R)/改基点(T)]<退出>:
                    //在命令行中输入相应选项前的字母，可以对图形执行相应的操作。
```

13.2.3 移位

调用移位命令，可以按照指定的方向精确移动指定图元的位置，减少键入操作，提高绘图效率。如图 13-11 所示为移位命令的操作结果。移位命令的执行方式有：

➢ 菜单栏：单击“绘图工具”→“移位”命令。

下面以图 13-11 所示的移位结果为例，介绍调用移位命令的方法。

01 按 Ctrl+O 组合键，打开配套光盘提供的“第 13 章/ 13.2.3 移位.dwg”素材文件，结果如图 13-12 所示。

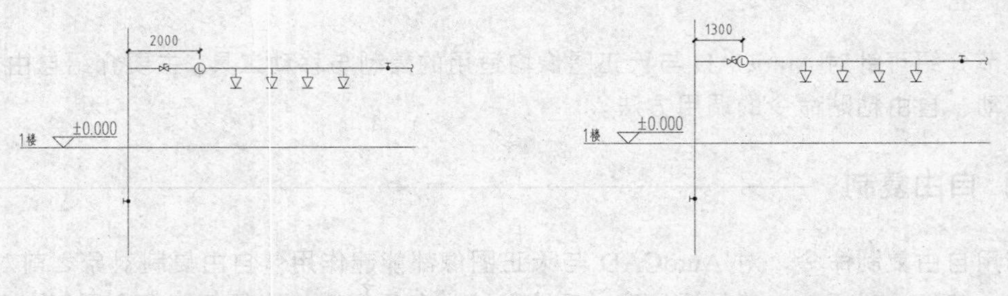

图 13-11 移位结果　　　　图 13-12 打开素材

02 单击“绘图工具”→“移位”命令，命令行提示如下：

```
命令：T98_TMove
请选择要移动的对象：找到 1 个              //选定水流指示器图形。
请输入位移(x,y,z)或 [横移(X)/纵移(Y)/竖移(Z)]<退出>: X
                                           //输入X，选择“横移”选项。
横移<0>:700                                //定义移动距离，移位的结果如图 13-11 所示。
```

13.2.4 自由粘贴

调用自由粘贴命令，对 AutoCAD 与天正图像都能起作用；在粘贴对象之前，先对选定的图形进行旋转、镜像、改插入点等操作。

自由粘贴的执行方式有：

➢ 菜单栏：单击“绘图工具”→“自由粘贴”命令。

下面介绍自由粘贴命令的调用方法。

单击“绘图工具”→“自由粘贴”命令，命令行提示如下：

```
命令：T98_TPasteClip
点取位置或 [旋转 90° (A)/左右翻转(S)/上下翻转(D)/对齐(F)/改转角(R)/改基点(T)]<退出>:
                        //在命令行中输入相应选项前的字母，可以对图形执行相应的操作。
```

提示

本命令对 AutoCAD 以外的对象的 OLE 插入不起作用。假如插入的为 AtuoCAD 以外的对象的 OLE，则命令行会提示：

```
命令：T98_TPasteClip
找不到 OLE 对象。输入 OLESCALE 命令之前必须选定对象。
点取位置或 [转 90 度(A)/左右翻(S)/上下翻(D)/对齐(F)/改转角(R)/改基点(T)]<退出>:
```

13.3 绘图工具

本节介绍在 TWT 软件中所提供的绘制各种图形对象的命令的调用方法。主要介绍消除重线、矩形、虚实变换等命令的调用。

13.3.1 消除重线

调用消除重线命令，可以消除重合的线或弧。

消除重线的执行方式有：

➢ 菜单栏：单击“绘图工具”→“消除重线”命令。

下面介绍消除重线命令的调用方法。

单击“绘图工具”→“消除重线”命令，命令行提示如下：

```
命令：T98_TRemoveDup
选择对象：指定对角点：找到 3 个
对图层 0 消除重线：由 3 变为 1
```

框选待消除重线的图形，按回车键即可完成消除重线的操作。

13.3.2 矩形

调用矩形命令，可以绘制矩形多段线。

矩形的执行方式有：

➢ 菜单栏：单击“绘图工具”→“矩形”命令。

下面介绍矩形命令的调用方法。

单击“绘图工具”→“矩形”命令，系统弹出如图 13-13 所示的【矩形】对话框。单击其中一个绘制按钮，命令行提示如下：

```
命令： T98_TRECT
输入插入点或 [拖制矩形(D)/对齐(F)/改基点(T)]<退出>:*取消*            //在绘图区中点取插入点，即可完成矩形的绘制。
```

图 13-13 【矩形】对话框

在执行命令的过程中，输入 D，选择“拖制矩形”选项，命令行提示如下：

```
命令： T98_TRECT
输入插入点或 [拖制矩形(D)/对齐(F)/改基点(T)]<退出>:D
输入第一个角点或 [插入矩形(I)]<退出>:
输入第二个角点或 [插入矩形(I)/撤消第一个角点(U)]<退出>:            //分别指定矩形的两个对角点，即可自定义矩形的大小，从而完成矩形的绘制。
```

在执行命令的过程中，输入 F，选择“对齐”选项，命令行提示如下：

```
命令：T98_TRect
输入插入点或 [拖制矩形(D)/对齐(F)/改基点(T)]<退出>:F
对齐参考点:
对齐参考轴:
对齐目标点:
对齐目标轴:            //分别指定对齐的各个点，即可将新绘制的矩形与已有的矩形实现对齐。
```

在执行命令的过程中，输入 T，选择“改基点”选项，命令行提示如下：

```
命令：T98_TRect
输入插入点或 [拖制矩形(D)/对齐(F)/改基点(T)]<退出>:T
```

输入插入点或 [参考点(R)]<退出>:　　　　　//单击指定新的插入点即可完成矩形的绘制。

【矩形】对话框中各功能选项的含义如下：

➢ "拖曳对角绘制"按钮：单击该按钮，可以在绘图区中定义矩形的两个对角点来创建矩形。
➢ "插入矩形"按钮：单击该按钮，可以参数来定义矩形的大小。
➢ "三维矩形"按钮：单击该按钮，可以在对话框中定义矩形的长宽厚参数来插入三维矩形，结果如图 13-14 所示。
➢ "无对角线"按钮：单击该按钮，可以在绘图区中插入标准矩形。
➢ "正对角线"按钮：单击该按钮，可插入带有正对角线的矩形，结果如图 13-15 所示。
➢ "反对角线"按钮：单击该按钮，可插入带有反对角线的矩形，结果如图 13-16 所示。

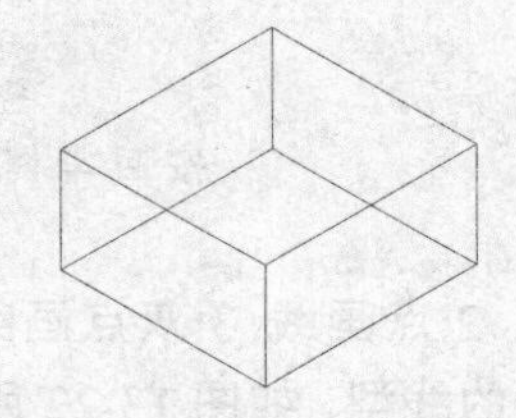

图 13-14　三维矩形

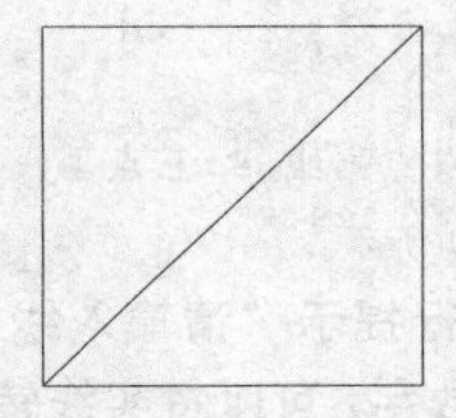

图 13-15　正对角线矩形

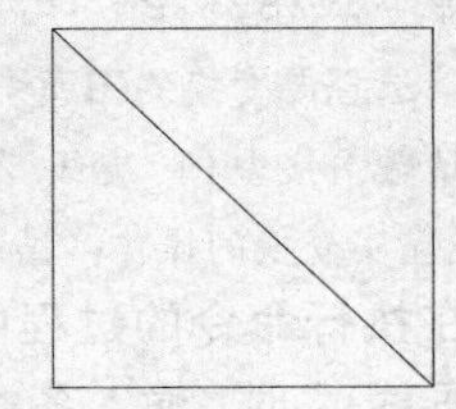

图 13-16　反对角线矩形

➢ "双对角线"按钮：单击该按钮，可插入带有双对角线的矩形，结果如图 13-17 所示。
➢ "基点为左上角"按钮：单击该按钮，则插入基点位于矩形的左上角，如图 13-18 所示。
➢ "基点为右上角"按钮：单击该按钮，则插入基点位于矩形的右上角。
➢ "基点为右下角"按钮：单击该按钮，则插入基点位于矩形的右下角。
➢ "基点为左下角"按钮：单击该按钮，则插入基点位于矩形的左下角。
➢ "基点为矩形中心"按钮：单击该按钮，则插入基点位于矩形的中心，如图 13-19 所示。
➢ "连续绘制"按钮：单击该按钮，可以连续绘制指定样式的矩形。

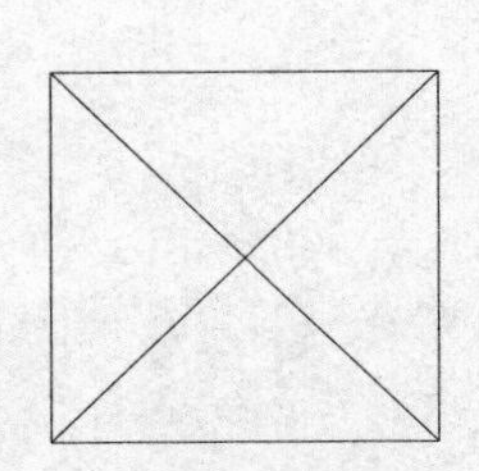

图 13-17　双对角线矩形

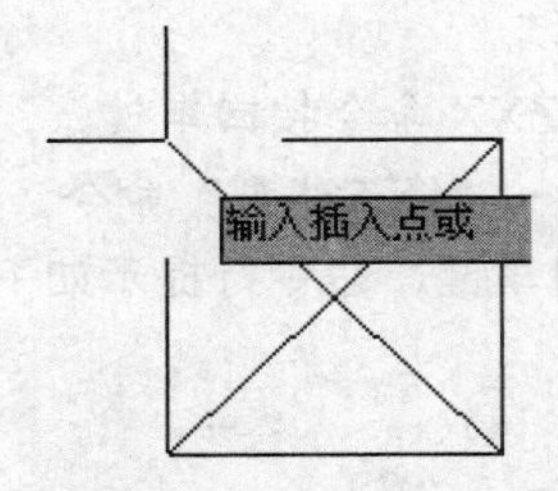

图 13-18　基点为左上角

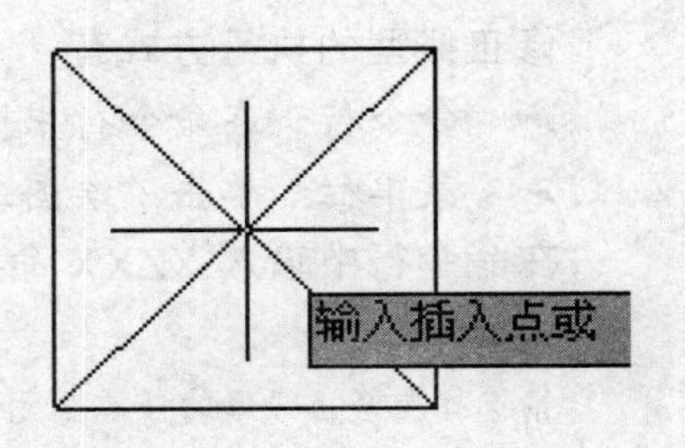

图 13-19　基点为矩形中心

13.3.3 虚实变换

调用虚实变换命令，可以使线型在虚线和实线之间进行切换。如图 13-20 所示为虚实变换命令的操作结果。

虚实变换的执行方式有：

➢ 命令行：在命令行中输入 XSBH 命令按回车键。

➢ 菜单栏：单击“绘图工具”→“虚实变换”命令。

下面以图 13-20 所示的虚实变换为例，介绍调用虚实变换命令的方法。

01 按 Ctrl+O 组合键，打开配套光盘提供的“第 13 章/ 13.3.3 虚实变换.dwg”素材文件，结果如图 13-21 所示。

02 在命令行中输入 XSBH 命令按回车键，命令行提示如下：

命令：XSBH2↙

请选择要变换的图元<退出>找到 1 个

请输入线型{1:虚线 2:点画线 3:双点画线 4:三点画线}<虚线> //按回车键，即可完成虚实变换的操作，结果如图 13-20 所示。

在执行命令的过程中，当命令行提示“请输入线型{1:虚线 2:点画线 3:双点画线 4:三点画线}”时；输入各类线型前的数字，可以将实线转换为指定的线型，如图 13-22 所示。

图 13-20 虚实变换

图 13-21 打开素材

图 13-22 各样式的线型

13.3.4 修正线型

在逆向绘制带文字线形的管线时，文字会倒过来，通过调用修正线型命令，可以修正这种管线。

修正线型的执行方式有：

➢ 命令行：在命令行中输入 XZXX 命令按回车键。

➢ 菜单栏：单击“绘图工具”→“修正线型”命令。

在命令行中输入 XZXX 命令按回车键，命令行提示如下：

命令：XZXX↙

请选择要修正线形的任意图元<退出>:*取消*

//选择管线，按回车键即可完成修正操作。

13.3.5 统一标高

调用统一标高命令，可以用来整理二维图形，包括天正平面、立面、剖面图形，使绘图中避免出现因错误的取点捕捉，造成各图形对象 Z 坐标不一致的问题。

统一标高的执行方式有：

➢ 菜单栏：单击“绘图工具”→“统一标高”命令。

下面介绍统一标高命令的调用方法。

单击“绘图工具”→“统一标高”命令，命令行提示如下：

命令：T98_TMODELEV

选择需要恢复零标高的对象或[不处理立面视图对象(F),当前:处理/不重置块内对象(Q),当前:重置] <退出>: //选择待处理标高的图形，按回车键即可完成操作。

13.3.6 图块改色

调用图块改色命令，可以更改选中的图块的颜色。

图块改色的执行方式有：

➢ 命令行：在命令行中输入 DKGS 命令按回车键。

➢ 菜单栏：单击“绘图工具”→“图块改色”命令。

下面介绍图块改色命令的调用方法。

在命令行中输入 DKGS 命令按回车键，命令行提示如下：

命令：DKGS↙

请选择要修改颜色的图块<退出>:找到 1 个 //选定待改颜色的图块，系统弹出如图 13-23 所示的【选择颜色】对话框，在其中选择待修改的颜色色块即可。

同名图块是否同时变颜色？<N>：Y //单击“确定”按钮关闭对话框即可完成修改操作。根据命令行的提示可以选择是否更改同名图块的颜色。

13.3.7 图案加洞

调用图案加洞命令，可以在已填充图案上分割出一块空白区域。如图 13-24 所示为图案加洞命令的操作结果。

图案加洞的执行方式有：

➢ 菜单栏：单击“绘图工具”→“图案加洞”命令。

下面以图 13-24 所示的图案加洞为例，介绍调用图案加洞命令的方法。

01 按 Ctrl+O 组合键，打开配套光盘提供的“第 13 章/ 13.3.7 图案加洞.dwg”素材文件，结果如图 13-25 所示。

图 13-23 【选择颜色】对话框

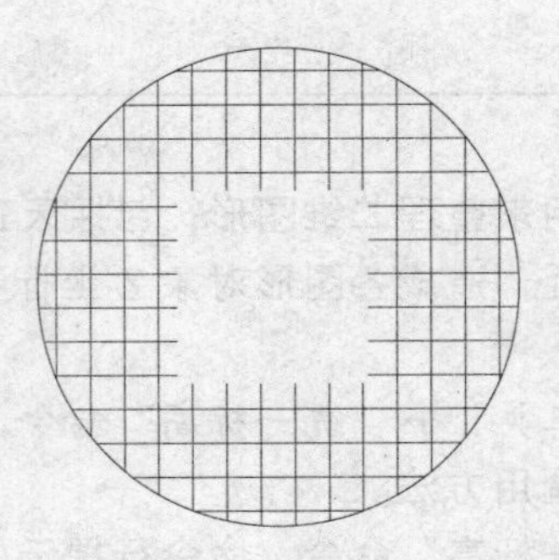

图 13-24 图案加洞

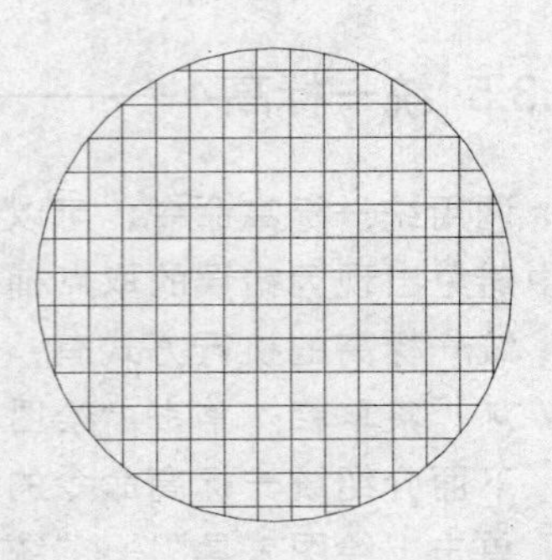

图 13-25 打开素材

02 单击“绘图工具”→“图案加洞”命令，命令行提示如下：

命令：T98_THatchAddHole

请选择图案填充<退出>:

矩形的第一个角点或 [圆形裁剪(C)/多边形裁剪(P)/多段线定边界(L)/图块定边界(B)]<退出>:

另一个角点<退出>: //分别指定矩形的对角点，即可完成加矩形洞的操作，结果如图 13-24 所示。

已删除图案填充边界关联性。

在执行命令的过程中，当命令行提示“矩形的第一个角点或 [圆形裁剪(C)/多边形裁剪(P)/多段线定边界(L)/图块定边界(B)]”时，输入 C，可选择“圆形裁剪”选项，裁剪结果如图 13-26 所示；输入 P，可选择“多边形裁剪”选项，裁剪结果如图 13-27 所示。

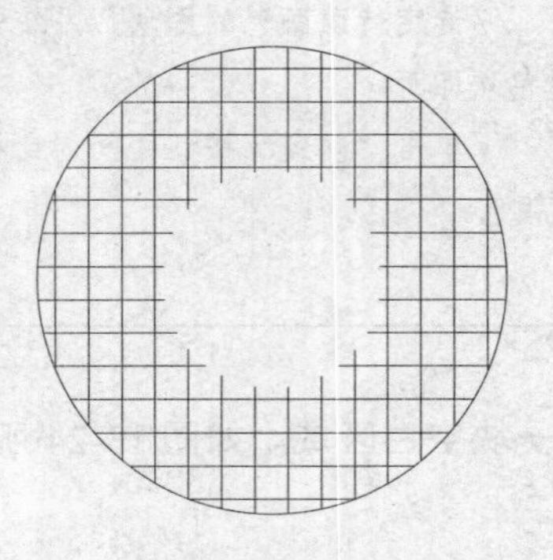

图 13-26 圆形裁剪

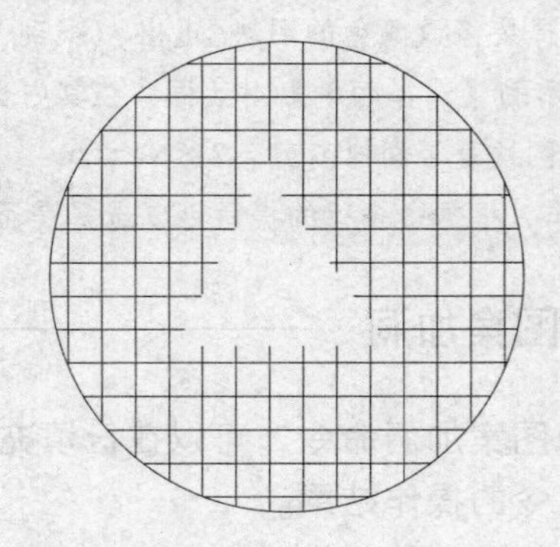

图 13-27 多边形裁剪

13.3.8 图案减洞

调用图案减洞命令，可以将图案填充上的空白区域填补上。如图 13-28 所示为图案减洞命令的操作结果。

图案减洞的执行方式有：

➢ 菜单栏：单击“绘图工具”→“图案减洞”命令。

下面以图 13-28 所示的图案减洞为例，介绍调用图案减洞命令的方法。

01 按 Ctrl+O 组合键，打开配套光盘提供的“第 13 章/ 13.3.8　图案减洞.dwg”素材文件，结果如图 13-29 所示。

02 单击“绘图工具”→“图案减洞”命令，命令行提示如下：

```
命令：T98_THatchDelHole
请选择图案填充<退出>：指定对角点：                //选定图案填充。
选取边界区域内的点<退出>：                        //点取区域内的点，如图13-30 所示，完成图案减洞命令的操作结果如图 13-28 所示。
```

图 13-28　图案减洞

图 13-29　打开素材

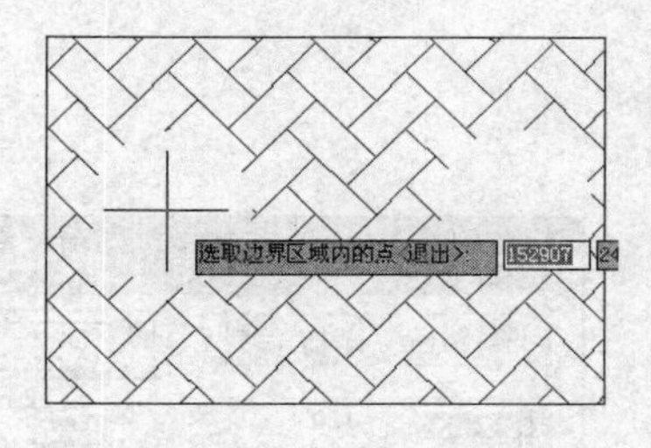

图 13-30　点取区域内的点

13.3.9 线图案

调用线图案命令，可以绘制线图案。如图 13-31 所示为线图案命令的操作结果。

线图案的执行方式有：

➢ 菜单栏：单击“绘图工具”→“线图案”命令。

下面以图 13-31 所示的线图案为例，介绍调用线图案命令的方法。

01 按 Ctrl+O 组合键，打开配套光盘提供的“第 13 章/ 13.3.9　线图案.dwg”素材文件，结果如图 13-32 所示。

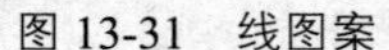

图 13-31　线图案

图 13-32　打开素材

02 单击“绘图工具”→“线图案”命令，系统弹出【线图案】对话框，设置参数如图 13-33 所示。

03 同时命令行提示如下：

命令：T98_TLinePattern
起点<退出>:
直段下一点或 [弧段(A)/回退(U)/翻转(F)]<结束>:
直段下一点或 [弧段(A)/回退(U)/翻转(F)]<结束>: //在绘图区中分别指定线图案的起点和终点，绘制线图案，结果如图 13-31 所示。

单击【线图案】对话框中右上角的线样式预览框，系统弹出【天正图库管理系统】对话框；在其中可以选择线的样式，如图 13-34 所示。

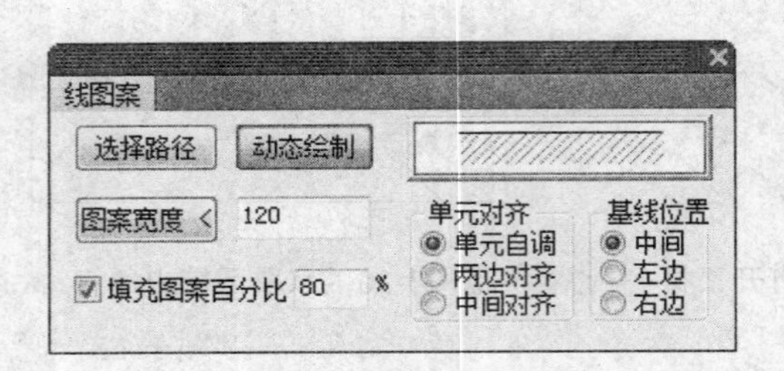

图 13-33 【线图案】对话框

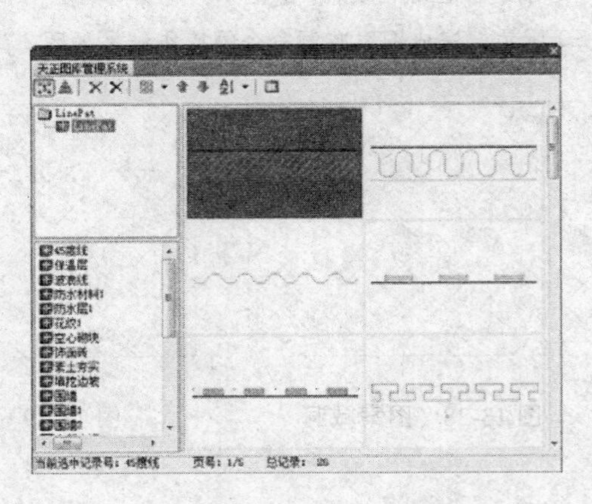

图 13-34 选择线的样式

【线图案】对话框中各功能选项的含义如下：

- “选择路径”选项：单击该按钮，可以选定已有的路径绘制线图案。
- “动态绘制”按钮：单击该按钮，可以自由绘制线图案，而不受路径的约束。
- “图案宽度”选项：在选项文本框中可以定义所绘线图案的宽度。
- “填充图案百分比”选项：勾选选项，则以文本框中的参数来定义线图案与路径的靠近程度；取消勾选，则图案默认紧贴路径。
- “中间”选项：单击该按钮，则所绘的线图案位于路径的中间。
- “左边”选项：单击该按钮，则所绘的线图案位于路径的左边，如图 13-35 所示。
- “右边”选项：单击该按钮，则所绘的线图案位于路径的右边，如图 13-36 所示。

图 13-35 “左边”选项

图 13-36 “右边”选项

13.3.10 过滤删除

调用过滤删除命令，可以删除相同图层的相同类型的图元。如图 13-37 所示为过滤删除命令的操作结果。

过滤删除的执行方式有：

- 命令行：在命令行中输入 GLSC 命令按回车键。
- 菜单栏：单击“绘图工具”→“过滤删除”命令。

下面以图 13-37 所示的过滤删除为例，介绍调用过滤删除命令的方法。

01 按 Ctrl+O 组合键，打开配套光盘提供的“第 13 章/ 13.3.10　过滤删除.dwg”素材文件，结果如图 13-38 所示。

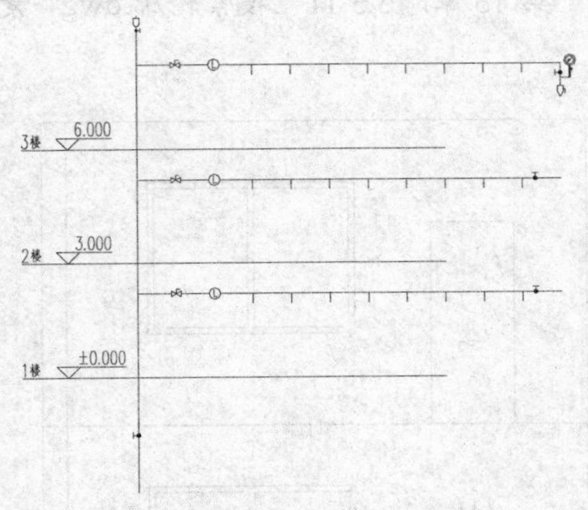

图 13-37　过滤删除

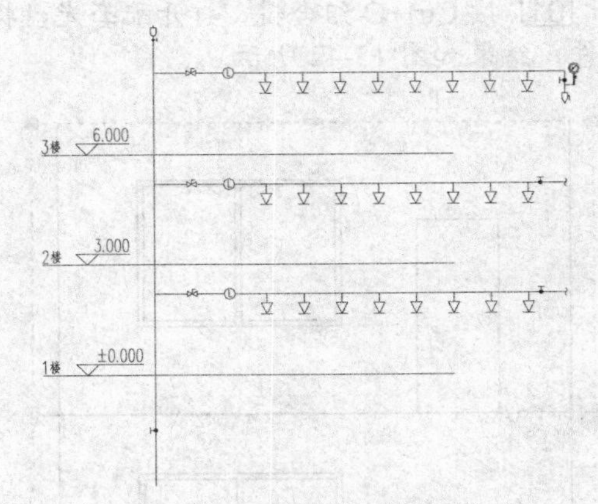

图 13-38　打开素材

02 在命令行中输入 GLSC 命令按回车键，命令行提示如下：

命令：GLSC↙
请选择删除范围<退出>:指定对角点：找到 137 个　　//选定图形范围，如图 13-39 所示。

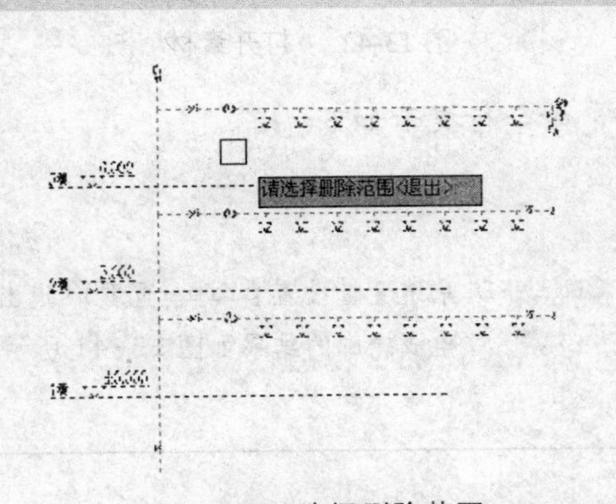

图 13-39　选择删除范围

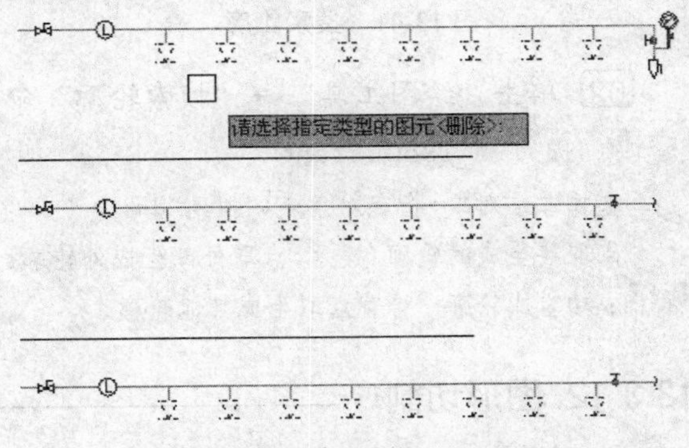

图 13-40　选择指定类型的图元

请选择指定类型的图元<删除>:　　//如图 13-40 所示，按回车键即可完成删除操作，结果如图 13-37 所示。

提示

首先调用“对象选择”命令选择对象，然后执行 ERASE 命令或者 DELETE 命令进行删除图形，也可达到过滤删除图形的结果。

13.3.11 搜索轮廓

调用搜索轮廓命令，可以对二维图形搜索外包轮廓。如图 13-41 所示为搜索轮廓命令的操作结果。

搜索轮廓的执行方式有：

➢ 菜单栏：单击“绘图工具”→“搜索轮廓”命令。

下面以图 13-41 所示的搜索轮廓为例，介绍调用搜索轮廓命令的方法。

01 按 Ctrl+O 组合键，打开配套光盘提供的“第 13 章/ 13.3.11　搜索轮廓.dwg”素材文件，结果如图 13-42 所示。

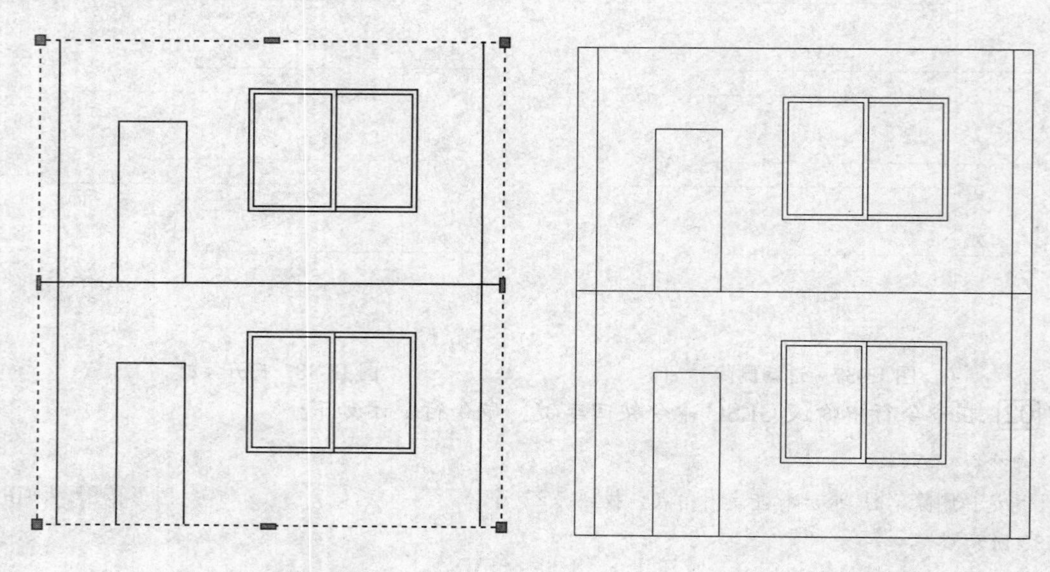

图 13-41　搜索轮廓　　图 13-42　打开素材

02 单击“绘图工具”→“搜索轮廓”命令，命令行提示如下：

```
命令：T98_TSeOutline
选择二维对象：指定对角点：找到 26 个
点取要生成的轮廓(提示：点取外部生成外轮廓； PLINEWID 系统变量设置 pline 宽度)<退出>:
成功生成轮廓，接着点取生成其他轮廓！                    //生成轮廓的结果如图 13-41 所示。
```

13.3.12 图形切割

调用图形切割命令，可以从平面图内切割一部分成为详图的底图，而不破坏原图形。如图 13-43 所示为图形切割命令的操作结果。

图形切割的执行方式有：

➢ 菜单栏：单击“绘图工具”→“图形切割”命令。

下面以图 13-43 所示的图形切割为例，介绍调用图形切割命令的方法。

01 按 Ctrl+O 组合键，打开配套光盘提供的“第 13 章/ 13.3.12 图形切割.dwg”素材文件，结果如图 13-44 所示。

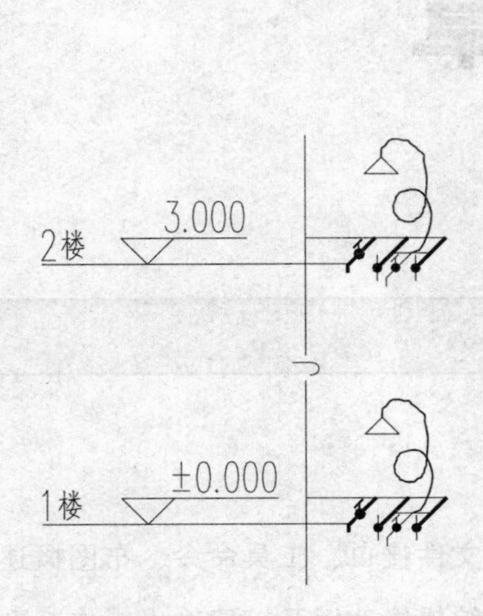

图 13-43 图形切割

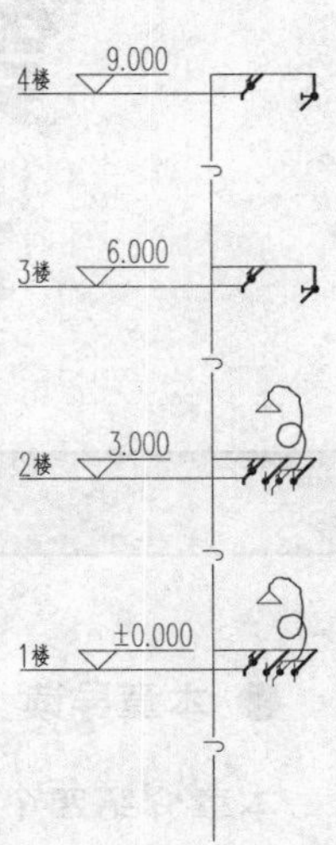

图 13-44 打开素材

02 单击“绘图工具”→“图形切割”命令，命令行提示如下：

```
命令: T98_TCutDrawing
矩形的第一个角点或 [多边形裁剪(P)/多段线定边界(L)/图块定边界(B)]<退出>:
                          //如图 13-45 所示。
另一个角点<退出>:          //如图 13-46 所示。
请点取插入位置:            //点取切割图形的插入点，结果如图 13-43 所示。
```

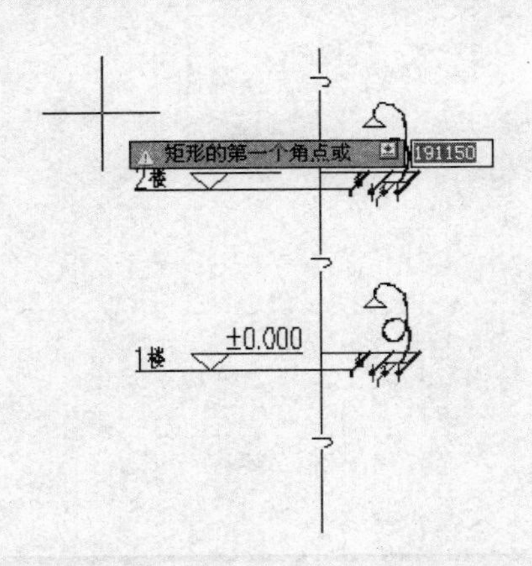

图 13-45 点取矩形选框第一个角点

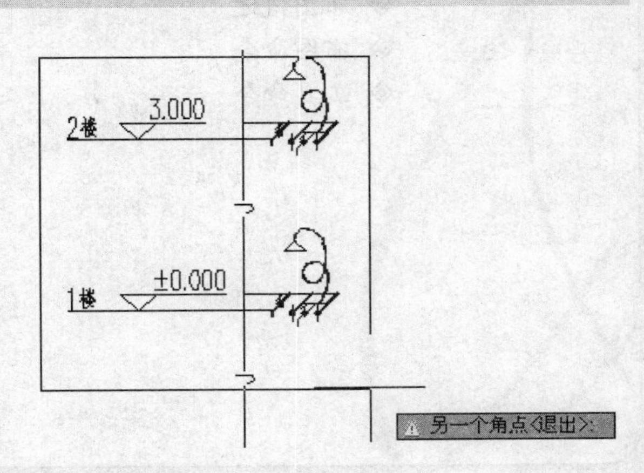

图 13-46 点取矩形选框另一个角点

第 14 章
文件布图

● 本章导读

本章介绍四个部分的内容，分别是文件接口、工具命令、布图概述以及布图命令，这些命令对天正图形的编辑修改以及打印输出操作起到了很大的作用。通过灵活运用文件布图系列的编辑命令，可以为使用天正软件绘制并输出图纸起到事半功倍的作用。

● 本章重点

◈ 文件接口
◈ 布图概述
◈ 布图命令
◈ 工具命令

14.1 文件接口

本节介绍有关文件的操作，主要介绍打开文件、图形导出、批转旧版等命令的调用方法。

14.1.1 打开文件

调用打开文件命令，可以打开一张已有的 dwg 图纸。

打开文件命令的执行方式有：

➢ 菜单栏：单击“文件布图”→“打开文件”命令。

单击“文件布图”→“打开文件”命令，系统弹出如图 14-1 所示的【输入文件名称】对话框。在对话框中选定待打开的图形，单击“打开”按钮即可完成打开文件的操作。

该命令可以自动纠正打开 AutoCAD R14 以前版本的图形时汉字出现乱码的现象。

14.1.2 图形导出

调用图形导出命令，可以把天正定义的对象分解为 TArch3.x 兼容的 AutoCAD 基本对象，并另存为其他文件。

图形导出命令的执行方式有：

➢ 菜单栏：单击“文件布图”→“图形导出”命令。

单击“文件布图”→“图形导出”命令，系统弹出如图 14-2 所示的【图形导出】对话框。在对话框中的“保存类型”选项中，提供了五种保存类型，如图 14-3 所示；单击选中其中的一种，即可将指定的图形以该类型进行保存。

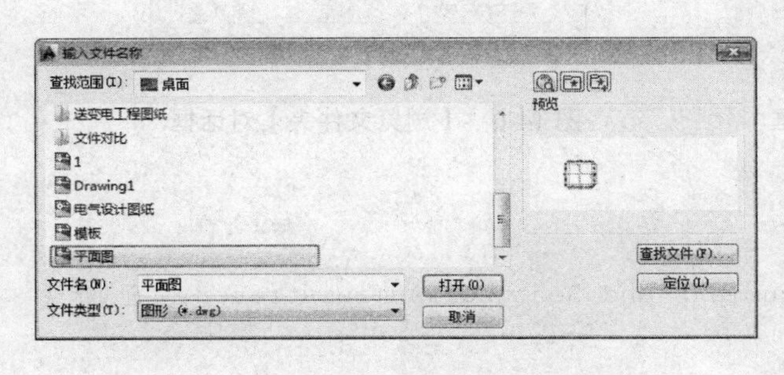

图 14-1 【输入文件名称】对话框

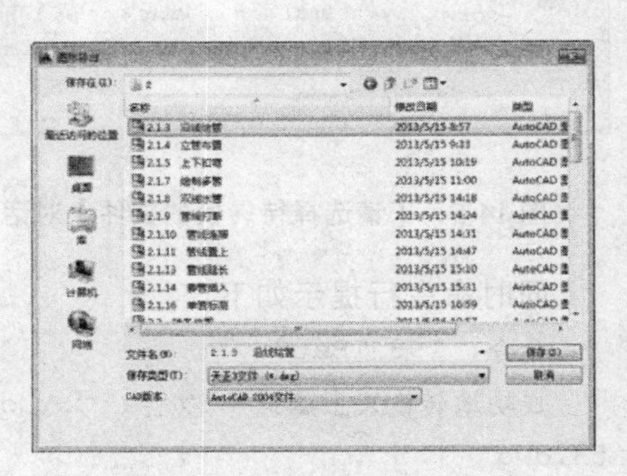

图 14-2 【图形导出】对话框

在“CAD 版本”选项中提供了五种保存类型，如图 14-4 所示；单击选中其中的一种，即可将指定的图形以该类型进行保存。

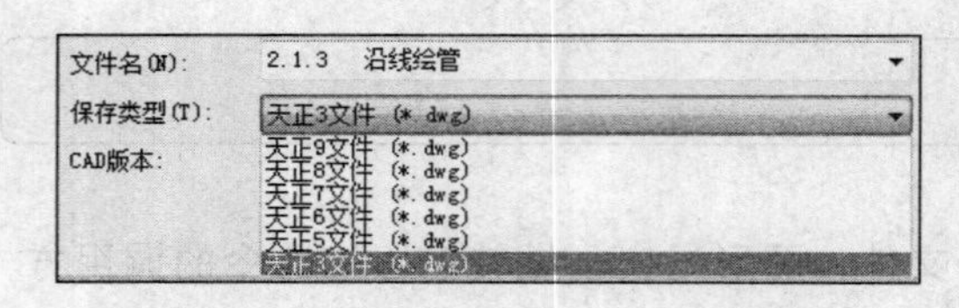

图 14-3 “保存类型”选项

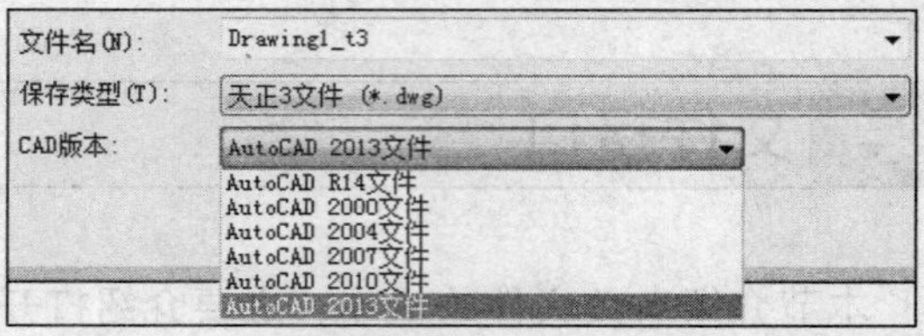

图 14-4 “CAD 版本”选项

14.1.3 批转旧版

调用批转旧版命令，可以将 TWT8.0 图档批量转化为天正旧版 dwg 格式，同样支持图纸空间布局转换，在转换 R14 版本时只转换第一个图纸空间布局。

批转旧版命令的执行方式有：

➢ 菜单栏：单击“文件布图”→“批转旧版”命令。

单击“文件布图”→“批转旧版”命令，系统弹出如图 14-5 所示的【请选择待转换的文件】对话框。在对话框中单击选中待转换的文件（支持多选），单击“打开”按钮，系统弹出如图 14-6 所示的【浏览文件夹】对话框，在其中指定转换后文件的存储路径。

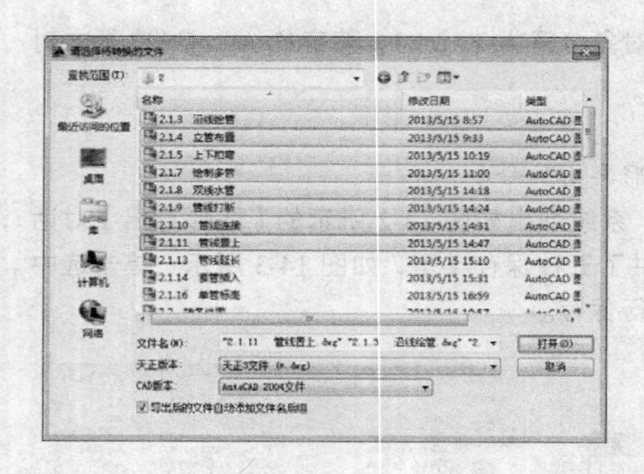

图 14-5 【请选择待转换的文件】对话框

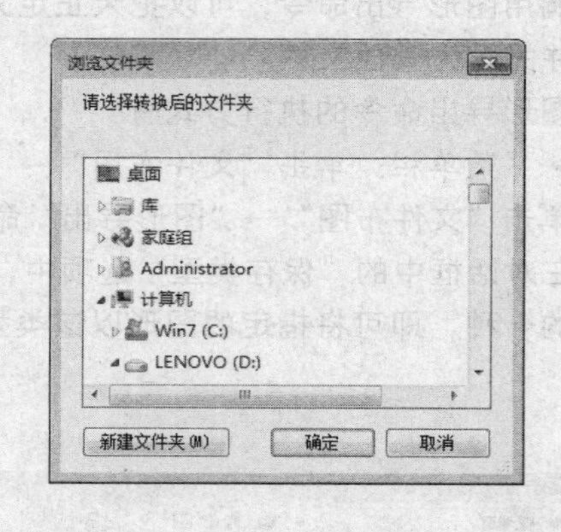

图 14-6 【浏览文件夹】对话框

同时命令行提示如下：

```
命令: T98_TBatSave
成功地转换天正建筑 3 文件: C:\Documents and Settings\Administrator\桌面\新块_t3.dwg
```

14.1.4 分解对象

调用分解对象命令，可以将天正定义的对象分解为 AutoCAD 的基本对象。

分解对象命令的执行方式有：

➢ 菜单栏：单击“文件布图”→“分解对象”命令。

单击“文件布图”→“分解对象”命令，命令行提示如下：

```
命令: T98_TExplode
选择对象: 找到 1 个                    //选定待分解的对象，按回车键即可完成分解操作。
```

14.1.5 三维漫游

调用三维漫游命令，可导出天正对象到 XML 接口文件以查看对象信息并准备碰撞检查。

分解对象命令的执行方式有：

➢ 菜单栏：单击“文件布图”→“三维漫游”命令。

执行“三维漫游”命令，命令行提示如下：

```
命令: TGETXML
请选择实体[全图(A)]<选择工程>:指定对角点: 找到 4 个
                    //选择实体按回车键。
```

此时系统调出如图 14-7 所示的【保存 XML 文件】对话框，在其中选择文件的保存路径并设置文件的名称。单击“保存”按钮，在【导出】对话框中单击“查看 XML”按钮，如图 14-8 所示。

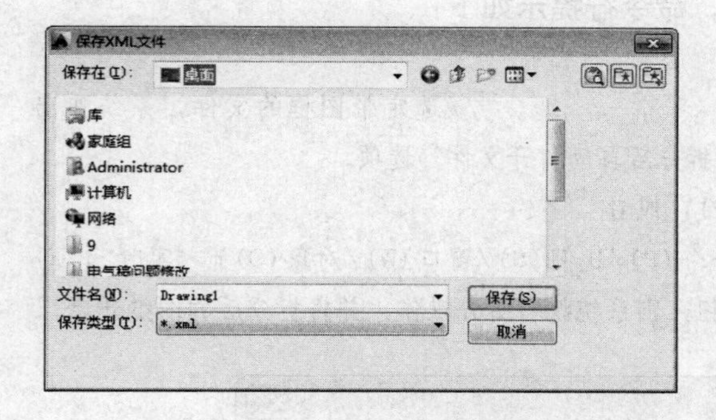

图 14-7 【保存 XML 文件】对话框

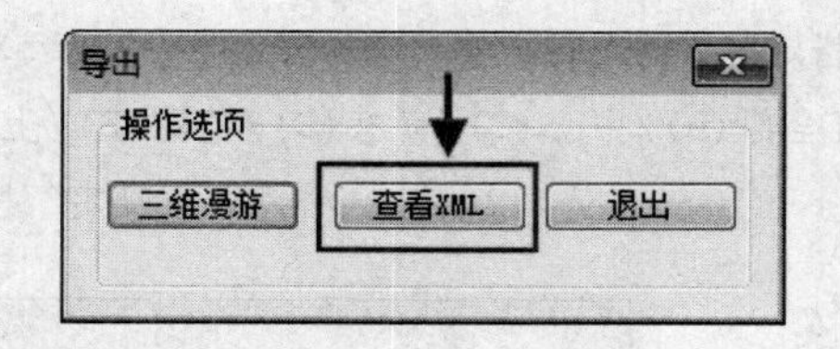

图 14-8 【导出】对话框

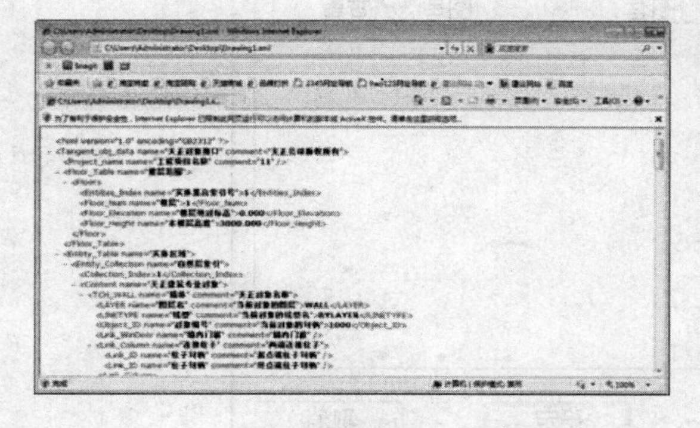

图 14-9 实体信息

图 14-10 【打开】对话框

此时系统以网页的形式显示所选实体的信息如图 14-9 所示。假如在【导出】对话框中单击“三维漫游”按钮，系统调出如图 14-10 所示的【打开】对话框。在其中选择系统已安装的三维软件来实现查看实体的三维样式的操作。假如未安装漫游软件，则需要首先安装三维软件。

14.2 工具命令

本节介绍绘图中实用工具的使用，主要介绍备档拆图、图纸保护、图纸解锁等命令的调用。

14.2.1 备档拆图

调用备档拆图命令，可以把一张 dwg 图纸拆成若干个小图。

备档拆图命令的执行方式有：

➢ 命令行：在命令行中输入 BDCT 按回车键。

➢ 菜单栏：单击“文件布图”→“备档拆图”命令。

下面介绍备档拆图命令的操作方法。

单击“文件布图”→“备档拆图”命令，命令行提示如下：

命令：BDCT↙

请选择范围:<整图>指定对角点：找到 3 个　　　　//选定带图框的文件，系统弹出如图 14-11 所示的【拆图】对话框，在其中勾选“拆分后自动打开文件”选项。

指定窗口的角点，输入比例因子 (nX 或 nXP)，或者

[全部(A)/中心(C)/动态(D)/范围(E)/上一个(P)/比例(S)/窗口(W)/对象(O)] <实时>：E　　　　//单击“确定”按钮，则系统执行拆分操作，并将拆分后的图纸开启。

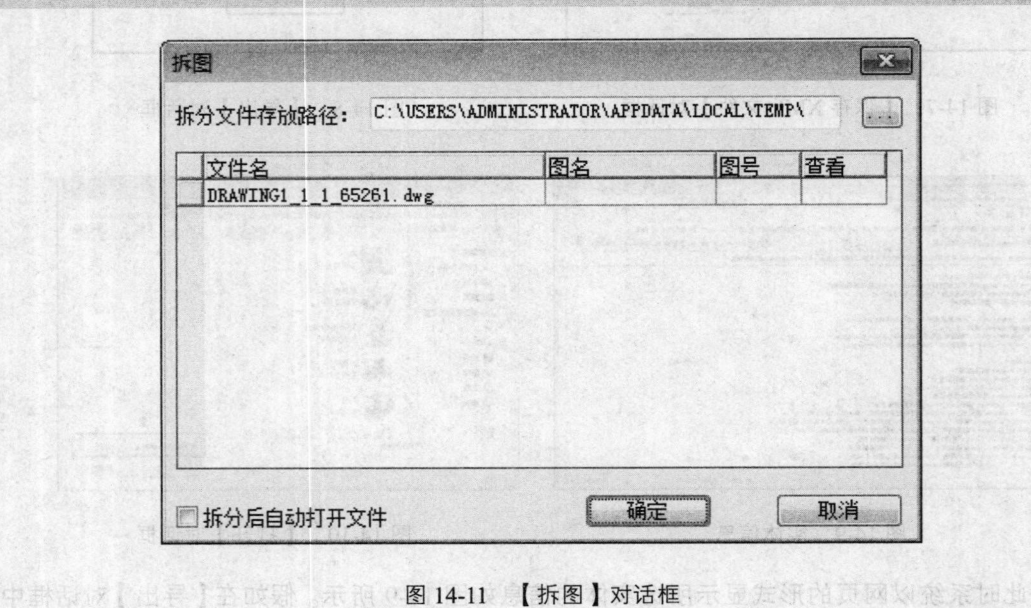

图 14-11 【拆图】对话框

【拆图】对话框中各功能选项的含义如下：

- “拆分文件存放路径”选项：单击选项文本框后的按钮，系统弹出【浏览文件】对话框；在其中定义拆分后 dwg 文件的存放路径。
- “文件名”选项：在其中定义拆分后要保存的 dwg 文件名称。
- “查看”选项：在其中将要保存的文件名修改为所选对象的名称。

14.2.2 图纸比对

调用图纸比对命令，可以选择两个 dwg 文件，对整图进行比对，所以对比速度较慢。

图纸比对命令的执行方式有：

- 命令行：在命令行中输入 TZBD 按回车键。
- 菜单栏：单击“文件布图”→“图纸比对”命令。

下面介绍图纸比对命令的操作方法。

在命令行中输入 TZBD 按回车键，系统弹出如图 14-12 所示的【图纸比对】对话框。在“比对文件”选项组下单击“文件 1”选项后的“加载文件 1”按钮，加载“第一张图.dwg”文件，单击“加载文件 2”按钮，加载“第二张图.dwg”文件，如图 14-12 所示。

单击左下角的“开始比对”按钮，系统开始比对第一张图.dwg 与第二张图.dwg。

比对完毕后，在新打开的 dwg 文件上可以显示对比结果：白色的为完全一致的部分，红色与黄色的图形为两份图纸的不同部分。

在执行图形比对命令的时候，待对比的两张图纸应处于关闭状态。

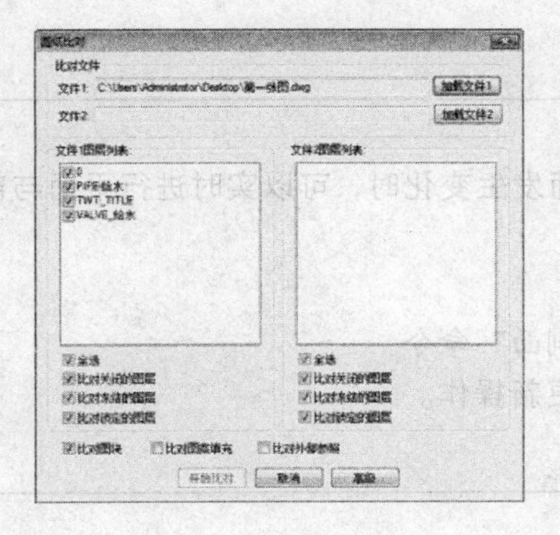

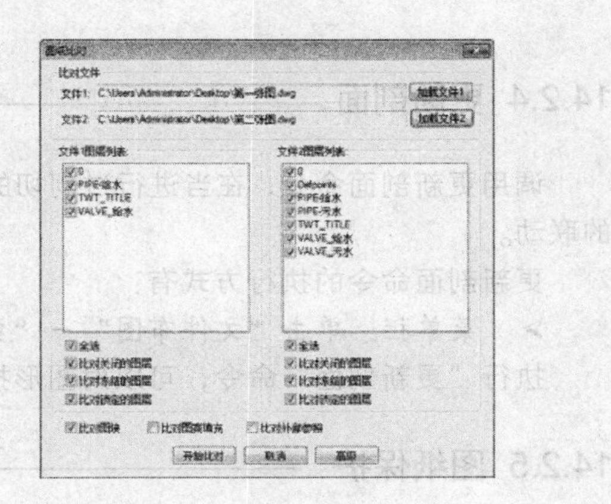

图 14-12 【图纸比对】对话框

14.2.3 三维剖切

调用三维剖切命令，可以对专业图纸进行剖切操作。

三维剖切命令的执行方式有：

- 菜单栏：单击“文件布图”→“三维剖切”命令。

执行“三维剖切”命令，命令行提示如下：

```
命令：TSectionAll
请输入投影面的第一个点：
请输入投影面的第二个点：          //在平面图的上方、下方分别单击指定投影面的两个点。
请输入剖面的序号<1>：             //按回车键。
请确定投影范围：                  //向右移动光标，单击指定投影范围。
输入投影结果的显示原点：          //点取剖面图的插入点，如图 14-13 所示。
```

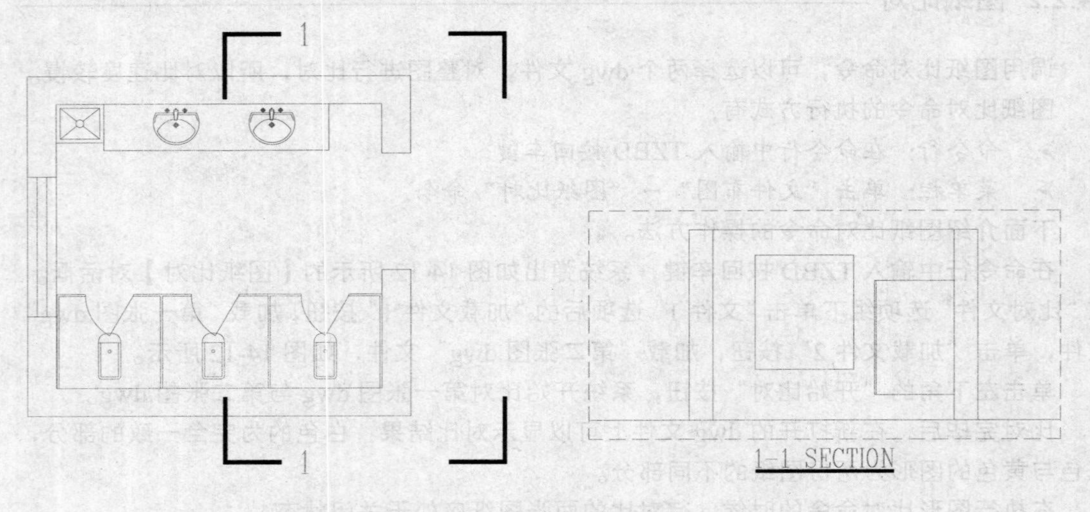

图 14-13　三维剖切

14.2.4 更新剖面

调用更新剖面命令，在当进行过剖切的平面发生变化时，可以实时进行平面与剖切面的联动。

更新剖面命令的执行方式有：

➢　菜单栏：单击“文件布图”→“更新剖面”命令。

执行“更新剖面”命令，可以对图形执行更新操作。

14.2.5 图纸保护

调用图纸保护命令，可以解锁受保护的图纸。

图纸保护命令的执行方式有：

➢　命令行：在命令行中输入 TZBH 按回车键。

➢　菜单栏：单击“文件布图”→“图纸保护”命令。

下面介绍图纸保护命令的调用方法。

在命令行中输入 TZBH 按回车键，命令行提示如下：

```
命令：TZBH↙
慎重，加密前请备份。该命令会分解天正对象，且无法还原，是否继续<N>:Y        //直接按回
```

车键则退出命令，输入 Y，则继续对图纸执行保护操作。

请选择范围<退出>指定对角点：找到 1 个 //选定待编辑的图形。

请输入密码<空>： //输入密码，即可完成操作。

提示

在执行本命令前应先对图形进行备份存储，因为本命令的操作结果是不可逆的。

14.2.6 图纸解锁

调用图纸解锁命令，可以将需要保护的图形制作成一个不可以被分解的图块。

图纸解锁命令的执行方式有：

➢ 命令行：在命令行中输入 TZJS 按回车键。

➢ 菜单栏：单击“文件布图”→“图纸解锁”命令。

下面介绍图纸解锁命令的调用方法。

在命令行中输入 TZJS 按回车键，命令行提示如下：

命令：TZJS↙

请选择对象<退出>指定对角点： //选定对象。

请输入密码：explode //输入密码，按回车键即可完成图纸解锁操作。

14.3 布图概述

本节概述天正利用 AutoCAD 图纸空间的多视口布图，讲解多视口布图技术，同时比较各种布图方式的特点。主要介绍单比例布图、多视口布图等命令的调用方法。

使用天正绘图软件绘制施工图，用户在制图的过程中可以不对所绘制的图形及比例进行过多的关注，只要在出图前按照天正提供的方式设置出图比例即可绘制出完美的施工图。

天正绘图软件的出图有单比例布图和多视口布图两种方式，其优缺点见表 14-1。

表 14-1 布图方式的优缺点

方式	单比例布图	多视口布图
使用情况	单一比例的图形	一张图中有多个比例图形，并同时绘制
当前比例	1:200	各图形当前比例不同
视口比例	——	与各图形比例一致
图框比例	1:200	1:1
打印比例	1:200	1:1
空间状态	模型空间	模型空间与图纸空间

方式	单比例布图	多视口布图
布图方式	不需布图	先绘图，后布图
优点	操作简单、灵活、方便	不需切换比例就可同时绘制多个比例图
缺点	图形不得任意角度摆放	多比例拼接比较困难

14.3.1 单比例布图

单比例布图是指全图只使用一个比例，该比例可以预先设置，也可在出图前修改比例。

预先设置比例的简单布图方法如下：

01 单击“设置”→“当前比例”命令，查看并设定当前的比例。

02 按照实际设计需要来绘制施工图纸，并对图纸执行编辑修改操作，直到符合施工要求为止。

03 单击“文件布图”→“插入图框”命令，在【插入图框】对话框中选定合适的图框，并将其插入到当前绘图区中。

04 执行“文件”→“页面设置管理器”命令，在弹出的【页面设置管理器】对话框中定义打印的设备以及打印比例等参数，然后将图纸按指定的比例打印输出即可。

14.3.2 多视口布图

布图是指把多个选定的模型空间的图形分别按各自画图时使用的“当前比例”为倍数缩小放置到图纸空间中的视口，调整成合理的版面以供输出。

即布图后系统可以自动把图形中的构件和注释等所有选定的对象，缩小一个出图比例参数，放置到给定的一张图纸上。对图上的每个视口内的不同比例的图形重复执行“定义视口”操作最后拖动视口调整好出图的最终版面，这就是所谓的多视口布图。

多视口布图的方法：

01 单击“设置”→“当前比例”命令，设定图形的比例，例如先画比例为 1:10 的部分。

02 按照实际设计需要来绘制施工图纸，并对图纸执行编辑修改操作，直到符合施工要求为止。

03 在 dwg 图纸的不同区域重复执行 1）、2）的操作步骤，改为按 1:5 的比例绘制其他部分。

04 单击绘图区下方的“布局”标签，进入图纸空间。

05 执行“文件”→“页面设置管理器”命令，在弹出的【页面设置管理器】对话框中定义打印的设备；在“打印比例”选项组下定义打印比例为 1:1，单击“确定”按钮保存参数。

06 单击“文件布图”→“定义视口”命令，设置图纸空间中的视口，并重复执行 6）步骤定义其他的视口。

07 单击“文件布图”→“插入图框”命令，设定图框比例参数为 1:1，单击“确定”按钮插入图框，然后执行打印输出操作即可。

14.4 布图命令

本节介绍天正中关于布图命令的调用，布图命令可以在出图前对图形进行预处理，使线型、消隐等项目符合要求。主要介绍定义视口、视口图层以及当前比例等命令的调用方法。

14.4.1 定义视口

调用定义视口命令，可以在模型空间中，用窗口选中部分图形，并在图纸上确定其位置。

定义视口命令的执行方式有：

➢ 菜单栏：单击“文件布图”→“定义视口”命令。

下面介绍定义视口命令的操作方法。

01 按 Ctrl+O 组合键，打开配套光盘提供的“第 14 章/ 14.4.1 定义视口.dwg”素材文件，结果如图 14-14 所示。

02 单击“文件布图”→“定义视口”命令，命令行提示如下：

```
命令：T98_TMakeVP
输入待布置的图形的第一个角点<退出>:                    //如图 14-15 所示。
```

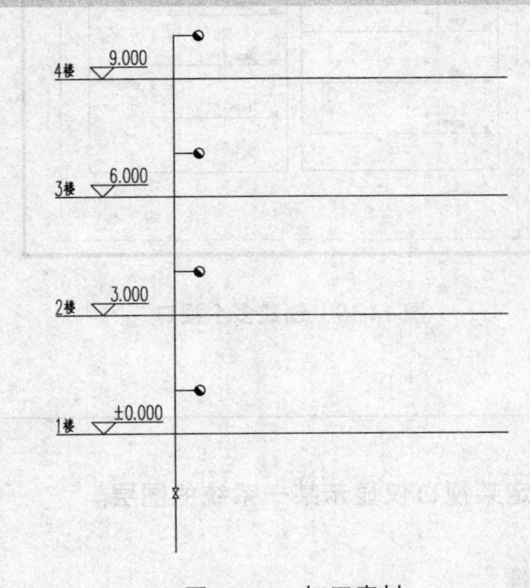

图 14-14 打开素材

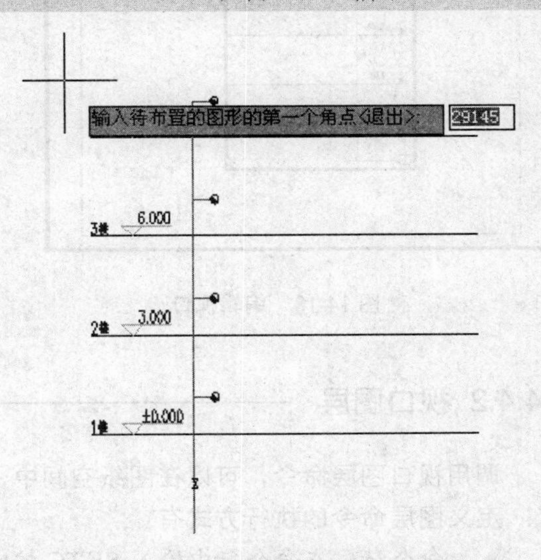

图 14-15 指定待布置的图形第一个角点

```
输入另一个角点<退出>:                    //如图 14-16 所示。
图形的输出比例 1:<100>:                  //按回车键默认比例参数。
正在重生成布局。
重生成模型 - 缓存视口。                  //系统转换至图纸空间，生成视
```

口的结果如图 14-17 所示。

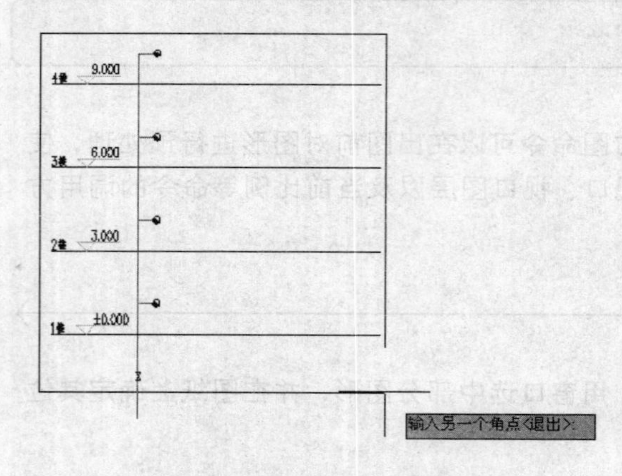

图 14-16　输入待布置图形另一个角点

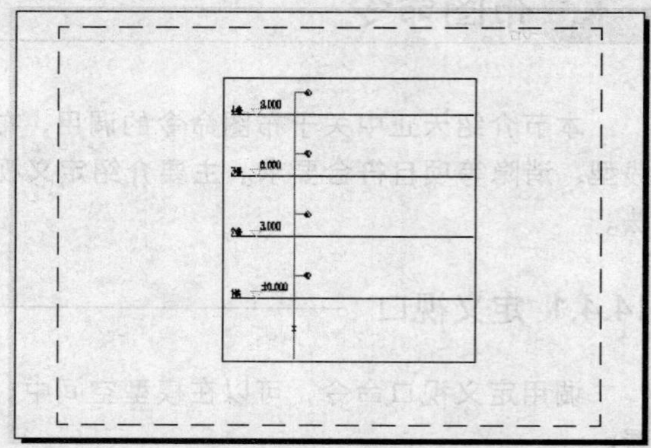

图 14-17　生成视口

双击创建完成的视口，当视口边框显示为黑色粗线时，如图 14-18 所示，可以对视口内的图形进行编辑修改。同理，可以同时创建多个视口，如图 14-19 所示，并可对视口的输出比例进行相应的编辑。

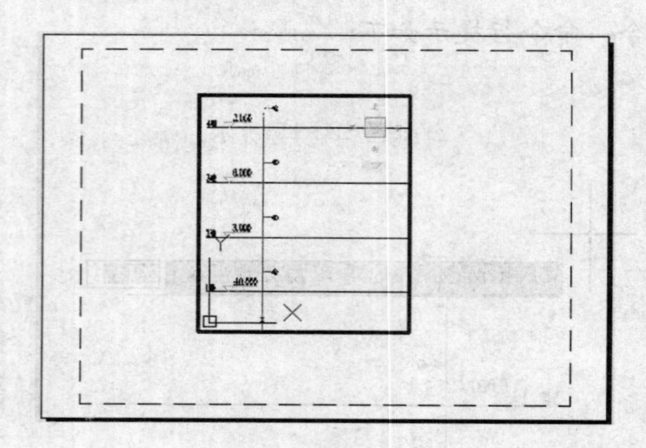

图 14-18　编辑视口

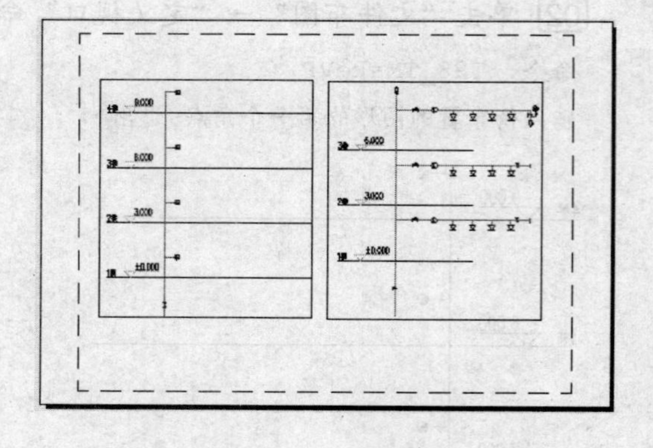

图 14-19　创建多个视口

14.4.2 视口图层

调用视口图层命令，可以在图纸空间中，指定某视口仅显示某一系统的图层。

定义图层命令的执行方式有：

➢ 命令行：在命令行中输入 SKTC 按回车键。

➢ 菜单栏：单击“文件布图”→“视口图层”命令。

下面介绍视口图层命令的操作结果。

01 按 Ctrl+O 组合键，打开配套光盘提供的“第 14 章/ 14.4.2 视口图层.dwg”素材文件，结果如图 14-20 所示。

02 在命令行中输入 SKTC 按回车键，在图纸空间中选择视口；系统弹出如图 14-21

所示的【管线系统】对话框，在其中显示了视口内现有图元的管线系统。

[03] 在对话框中勾选了相应的管线系统图层后，即可在图纸空间中的视口上显示设置结果，如图 14-22 所示；并可以对显示的管线系统执行打印输出操作。

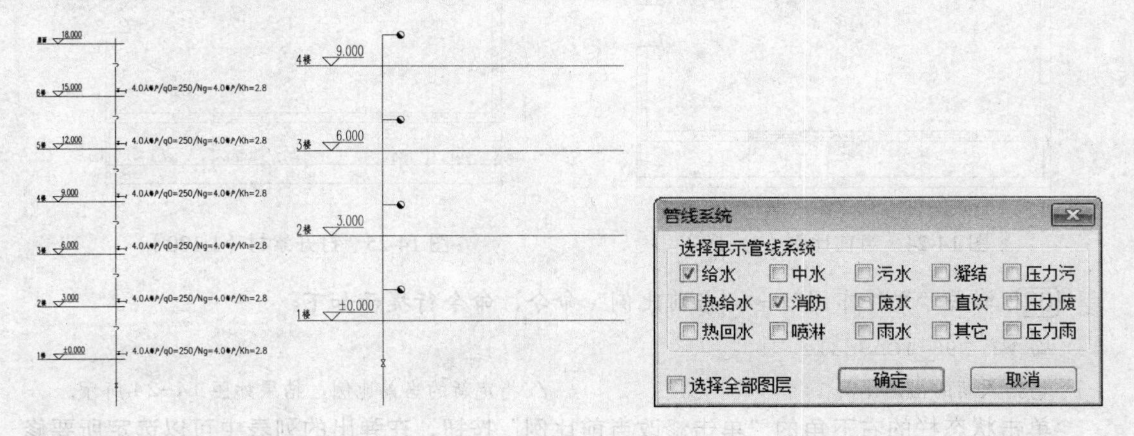

图 14-20　打开素材（模型空间）　　　　图 14-21　【管线系统】对话框

在【管线系统】对话框中取消勾选“给水”“消防”选项，结果如图 14-23 所示，其中被关闭的图层上的图形是不能执行打印输出操作的。

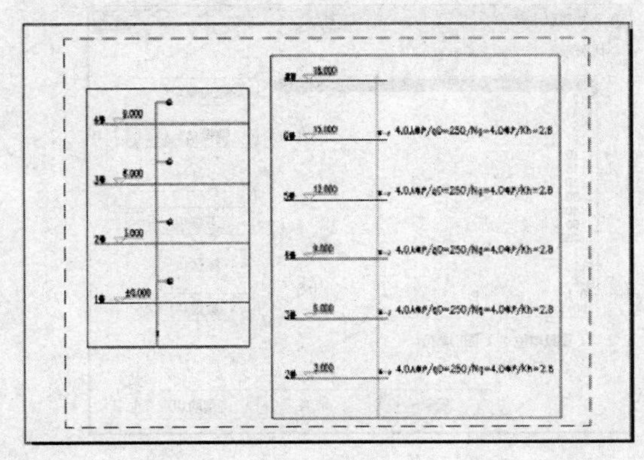

图 14-22　显示设置结果

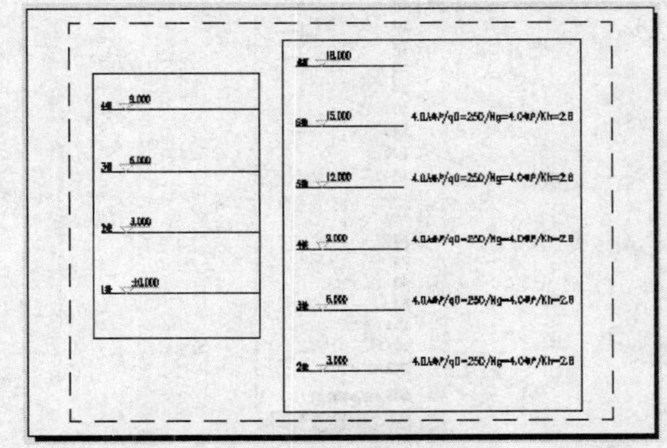

图 14-23　取消选择的结果

14.4.3 当前比例

调用当前比例命令，可以设定将要绘制图形的使用比例。如图 14-24 所示为改变当前比例命令的操作结果。当前比例命令的执行方式有：

➢　菜单栏：单击“文件布图” → “当前比例”命令。

下面介绍当前比例命令的操作结果。

[01] 按 Ctrl+O 组合键，打开配套光盘提供的“第 14 章/ 14.4.3 当前比例.dwg”素材文件，结果如图 14-25 所示。

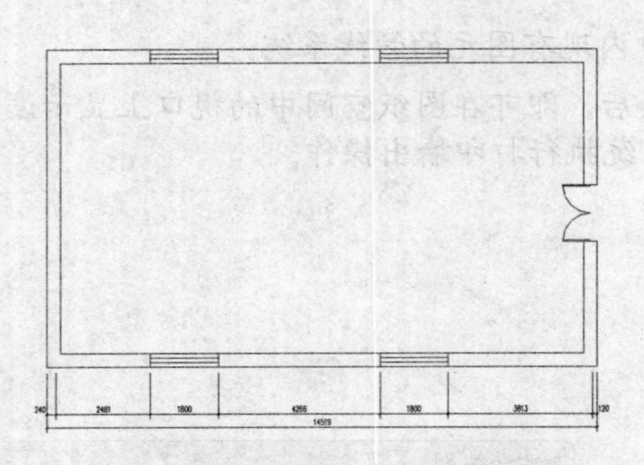

图 14-24　当前比例（1：50）

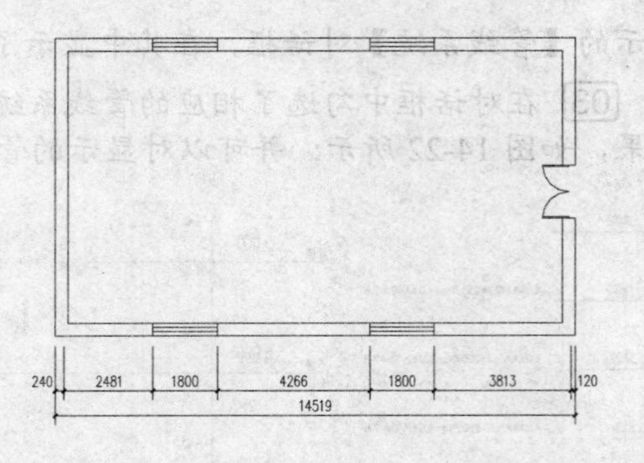

图 14-25　打开素材（1:100）

02 单击“文件布图”→“当前比例”命令，命令行提示如下：

```
命令: T98_TChScale
请输入新的出图比例 1:<100>:50              //指定新的当前比例，结果如图 14-24 所示。
```

单击状态栏的右下角的“单击修改当前比例”按钮，在弹出的列表中可以选定所要修改的比例，如图 14-26 所示。

在列表中单击“自定义”比例选项，系统弹出如图 14-27 所示的【编辑图形比例】对话框，在其中也可更改当前比例参数。

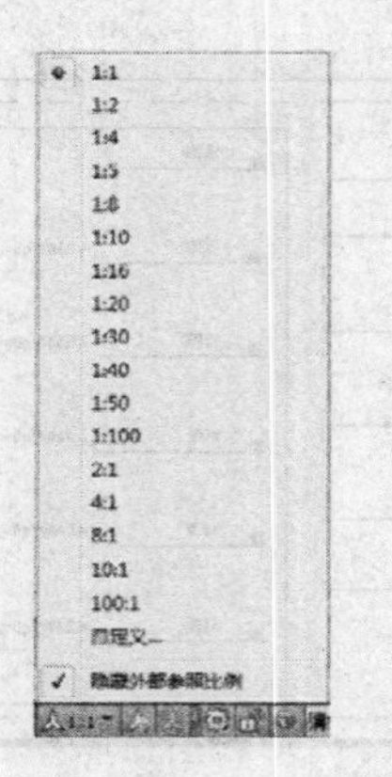

图 14-26　比例列表

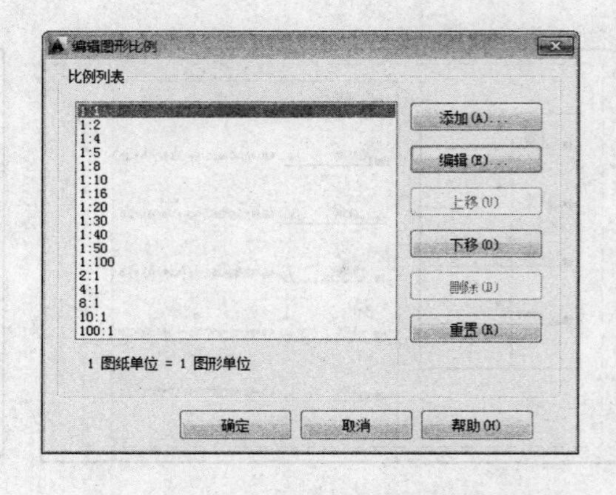

图 14-27　【编辑图形比例】对话框

单击“编辑”按钮，系统调出【编辑比例】对话框，在其中自定义图纸比例，如图 14-28 所示。

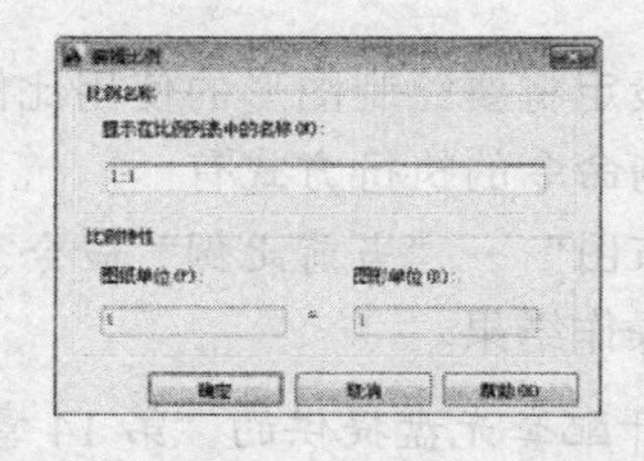

图 14-28 【编辑比例】对话框

提示

更改比例并没有修改图形的尺寸，只是在进行尺寸标注时，标注、文字和多段线的字高、符号尺寸与标注线之间的相对间距缩小了一倍。

14.4.4 改变比例

调用改变比例命令，可以改变图上某一区域或图纸上某一视口的出图比例，并使得文字标注等字高合理。如图 14-29 所示为改变比例命令的操作结果。

改变比例命令的执行方式有：

➢ 菜单栏：单击“文件布图”→“改变比例”命令。

下面介绍改变比例命令的操作结果。

01 按 Ctrl+O 组合键，打开配套光盘提供的“第 14 章/ 14.4.4 改变比例.dwg”素材文件，结果如图 14-30 所示。

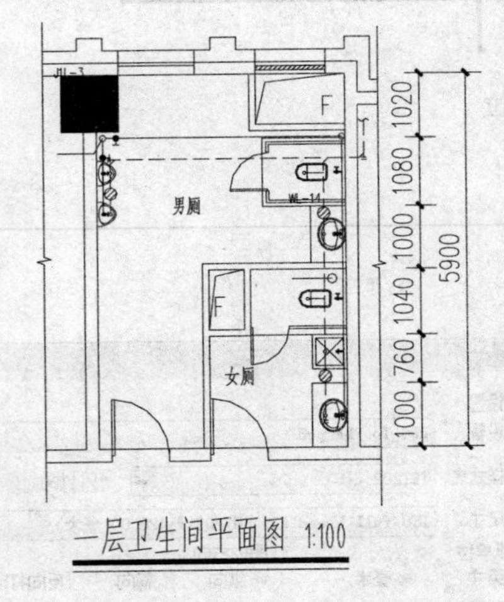

图 14-29 改变比例（1:100）

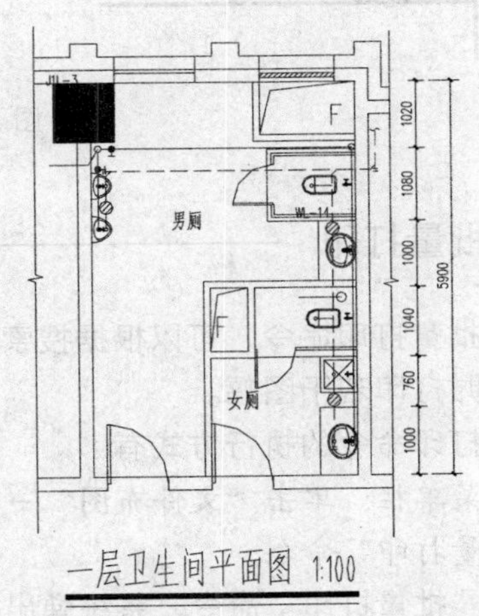

图 14-30 打开素材（1:50）

02 单击“文件布图”→“改变比例”命令，命令行提示如下：

```
命令: T98_TChScale
请输入新的出图比例 1:<50>:100                    //定义新的比例参数。
请选择要改变比例的图元:指定对角点: 找到 2 个      //选择尺寸标注。
请提供原有的出图比例<50>:                        //按回车键，完成改变比例的操作结果如图 14-29 所示。
```

14.4.5 标注复位

由于更改比例等原因管径标注位置不合适，调用标注复位命令，可以使标注回到默认的位置。

标注复位命令的执行方式有：

- 命令行：在命令行中输入 BZFW 按回车键。
- 菜单栏：单击“文件布图”→“标注复位”命令。

在命令行中输入 BZFW 按回车键，命令行提示如下：

命令： BZFW↙

请选择要复位的管径标注、坡度标注，井标注：<退出>指定对角点：找到 11 个

//选择管径标注，按回车键即可完成复位操作，如图 14-31 所示。

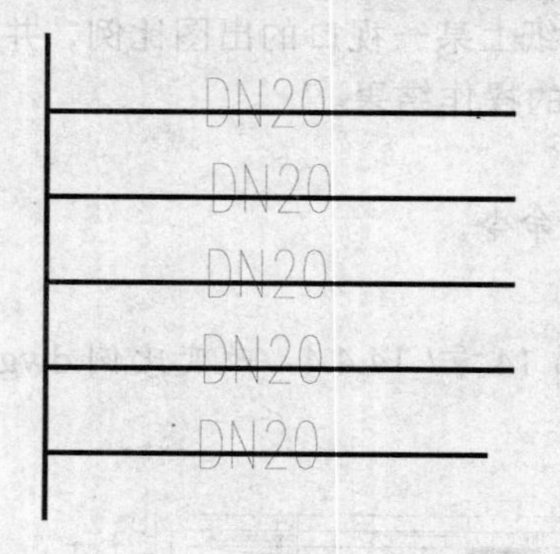

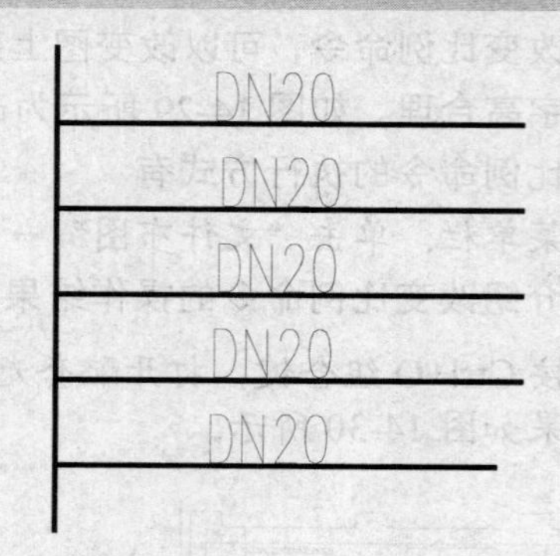

图 14-31　标注复位

14.4.6 批量打印

调用批量打印命令，可以根据搜索到的图框，同时打印若干图幅。

批量打印命令的执行方式有：

- 菜单栏：单击“文件布图”→“批量打印”命令。

执行“批量打印”命令，系统弹出如图 14-32 所示的【天正批量打印】对话框。

在“打印设置”选项组下定义打印设备，在“打印”选项组下定义打印的文件名称与存储路径；在“图框图层”选项组中单击“选择图框层”按钮，选定图框所在的图层；单击“窗选区域”按钮，在绘图区中框选待打印的图形范围；单击“打印”按钮，即可将选中的图形批量打印。

另外，单击“预览”按钮，可以逐幅预览已框选的图纸；假如不符合打印需求，可以返回绘图区中编辑修改。

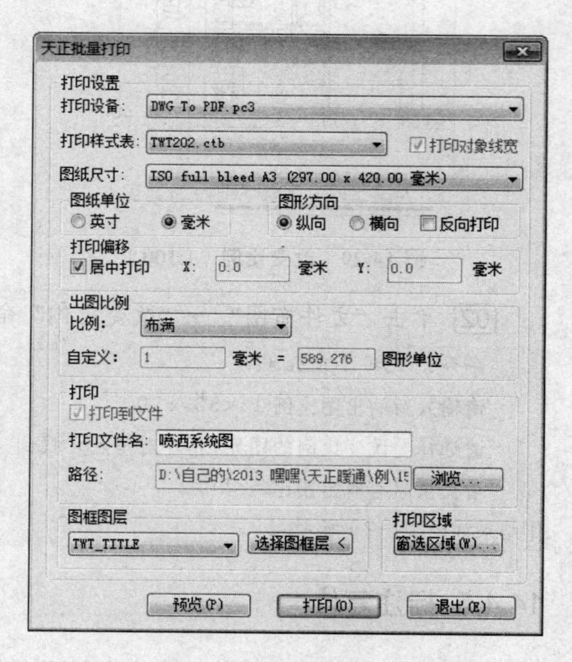

图 14-32　【天正批量打印】对话框

14.4.7 插入图框

调用插入图框命令，可以在模型空间或图纸空间插入图框，并可预览选取图框。如图14-33所示为插入图框命令的操作结果。

插入图框命令的执行方式有：

➢ 菜单栏：单击“文件布图”→“插入图框”命令。

下面介绍插入图框命令的调用方法。

01 按Ctrl+O组合键，打开配套光盘提供的“第14章/ 14.4.7 插入图框.dwg”素材文件，结果如图14-34所示。

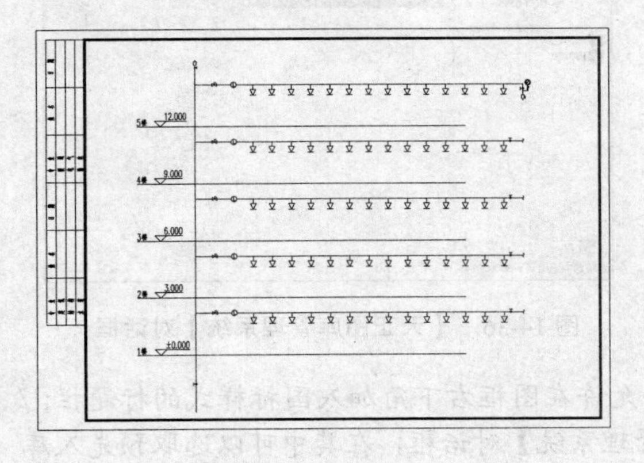

图14-33 插入图框

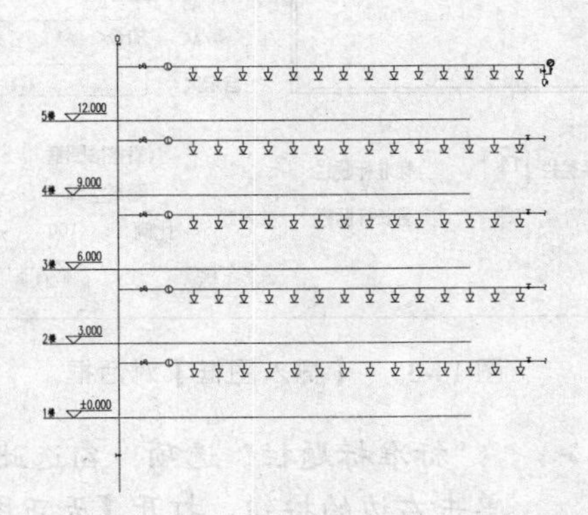

图14-34 打开素材

02 单击“文件布图”→“插入图框”命令，系统弹出【插入图框】对话框，在其中定义图框的显示样式以及尺寸，如图14-35所示。

03 单击“插入”按钮，在绘图区中点取图框的插入点，完成图框的插入结果如图14-33所示。

【插入图框】对话框中各功能选项的含义如下：

➢ “图幅”选项组：一共提供了A0~A4五种标准图幅，单击某一图幅的按钮，就选定了相应的图幅。

➢ “横式/立式”选项：选定图纸格式是横式还是立式。

➢ “图长/图宽”选项：可以自定义设置图纸的长宽尺寸或显示标准图幅的图长与图宽。

➢ “加长”选项：可选定加长型的标准图幅，单击“标准标题栏”选项后的按钮，打开【天正图库管理系统】对话框，在其中可以选取国标加长图幅。

➢ “自定义”选项：假如使用过在“图长/图宽”选项栏中输入的非标准图框尺寸，命令会把此尺寸作为自定义尺寸保存在此下拉列表中；单击选框右边的箭头，可以从弹出的下拉列表中选取已保存的自定义尺寸。

➢ “比例1:”选项：可设定图框的出图比例，此比例值应与“打印”对话框的“出图比例”一致。比例参数可从下拉列表中选取也可自行输入。勾选“图纸空间”选项，该控件暗显，比例自动设为1:1。

- “图纸空间”选项：勾选此项，当前视图切换为图纸空间，“比例 1:”自动设置为 1:1。
- “会签栏”选项：勾选此项，允许在图框左上角加入会签栏；单击右边的按钮，打开如图 14-36 所示的【天正图库管理系统】对话框，在其中可以选取预先入库的会签栏。

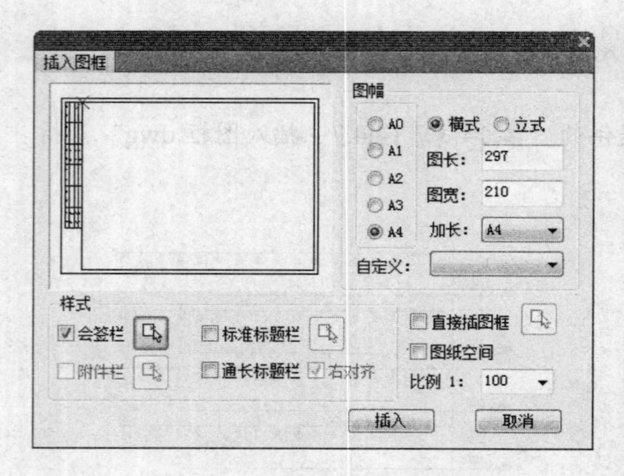

图 14-35 【插入图框】对话框

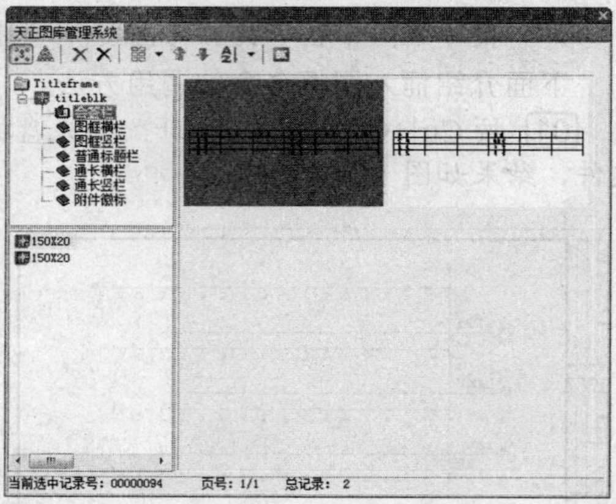

图 14-36 【天正图库管理系统】对话框

- “标准标题栏”选项：勾选此项，允许在图框右下角加入国标样式的标题栏；单击右边的按钮，打开【天正图库管理系统】对话框，在其中可以选取预先入库的标题栏。
- “通长标题栏”选项：勾选此项，允许在图框右方或者下方加入用户自定义样式的标题栏；单击右边的按钮，打开【天正图库管理系统】对话框，在其中可以选取预先入库的标题栏。命令自动从用户所选中的标题栏尺寸判断插入的是竖向或是横向的标题栏，采取合理的插入方式并添加通栏线。
- “右对齐”选项：图框在下方插入横向通长标题栏时，勾选“右对齐”选项可以使标题栏右对齐，左边插入附件。
- “附件栏”选项：勾选“通长标题栏”选项后，“附件栏”选项可勾选；勾选“附件栏”选项后，允许图框一端插入附件栏；单击右边的按钮，打开【天正图库管理系统】对话框，在其中可以选取预先入库的附件栏；可以是设计单位徽标或者是会签栏。
- “直接插图框”选项：勾选此项，允许在当前图形中直接插入带有标题栏与会签栏的完整图框；不必选取图幅尺寸和图纸格式，单击右边的按钮，打开【天正图库管理系统】对话框，在其中可以选取预先入库的完整图框。

第 15 章

室外绘图

● 本章导读

本章介绍室外绘图的知识，包括道路与室外图库命令的调用、管线与外部图块的调用。天正给水排水软件默认打开的屏幕菜单为室内菜单，而执行室外绘图命令则需要在室外菜单中调用。

单击“设置”→“室外菜单”命令，可以打开室外菜单，收起室内菜单。

● 本章重点

◈ 道路与室外图库
◈ 管线与外部图块

15.1 管线与外部图块

本节介绍绘制管线的方法、插入附件以及连接管线与附件的操作，主要介绍雨水口、布置池等命令的调用方法。

15.1.1 布置井

调用布置井命令，可以在图中布置检查井、阀门井、跌水井、水封井等图形。如图 15-1 所示为布置井命令的操作结果。

布置井命令的执行方式有：

➢ 命令行：输入 BZJ 命令按回车键。

➢ 菜单栏：单击“室外绘图”→“布置井”命令。

下面以图 15-1 所示的布置井结果为例，介绍调用布置井命令的方法。

01 按 Ctrl+O 组合键，打开配套光盘提供的“第 15 章/ 15.1.1 布置井.dwg”素材文件，结果如图 15-2 所示。

图 15-1 布置井　　图 15-2 打开素材

02 输入 BZJ 命令按回车键，系统弹出【布置室外井】对话框，设置参数如图 15-3 所示。

03 同时命令行提示如下：

```
命令：BZJ↙
请点取插入点[输入参考点(F)/选取参考线(L)]<退出>:
请点取井插入点[回退(U)/选取行向线(F)]<退出>:
请点取井插入点[回退(U)/选取行向线(F)]<退出>:                //在绘图区中点取井的插入点，绘制井的结果如图 15-1 所示。
```

【布置室外井】对话框中功能按钮的含义如下：

➢ “类型参数”选项：单击图片，在弹出的预览框中可以选择所布置井的类型，如图 15-4 所示。

➢ “出图尺寸”选项：根据当前比例，在文本框中可以自定义绘图尺寸，单位为 mm。例如，在 1∶100 的当前比例中，以 8mm 的绘图尺寸绘制井，则实际尺寸为 700mm。

➢ “实际井径”选项：在文本框中定义井的实际尺寸。

➢ “布置方式”选项组：系统提供了 5 种布置井的方式，分别是任意、沿线定距、定距单布、两点定距、交点布井。

“任意”选项：单击选定该选项，可用光标根据需要拖曳出不定长度间距的井，且可动态预演管线的长度。

“沿线定距”选项：单击选定该选项，可选定 PLINE、LINE、ARC 等布置参考线，根据输入的井间距进行井布置。

“定距单布”选项：单击选定该选项，可在后面的文本框中输入要布置井的间距；在指定下一井的布置方向后，系统可自动以此距离来布置井。

“两点定距”选项：单击选定该选项，可以光标来控制起、终点的两点并根据输入的距离进行均布。

➢ “自动绘制管线”选项：勾选选项，则在布置井的同时可自动连接上管线；不勾选则只布置井。

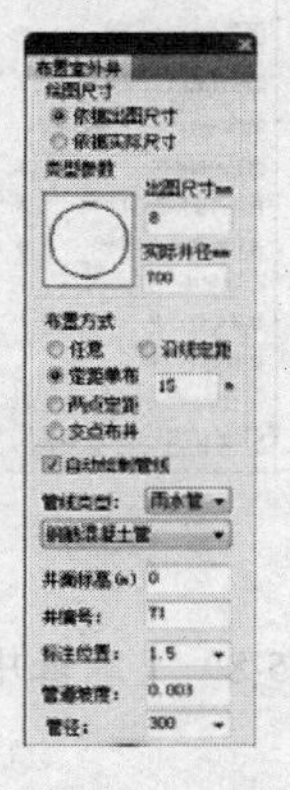

图 15-3 【布置室外井】对话框

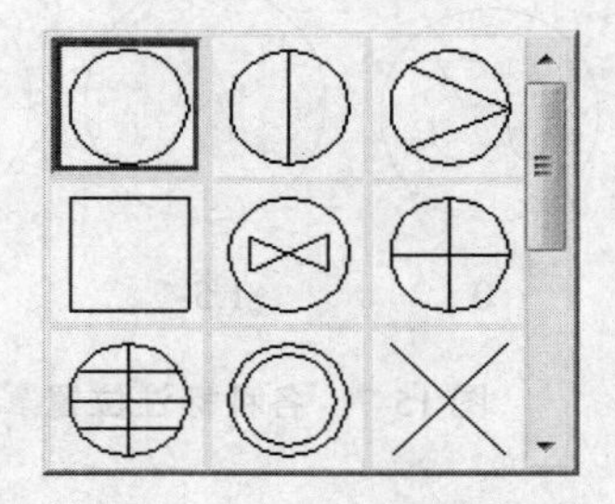

图 15-4 选择所布置井的类型

➢ “管线类型”选项：单击选项文本框，在其下拉列表中可以选定所连的管线的类型，如图 15-5 所示。在标注的井编号上可以体现管线的类型，假如选定的雨水管，则所标注的井编号为 Y1。

➢ “管线材料”选项：单击选项文本框，在其弹出的下拉列表中可以选定管线的材料，如图 15-6 所示。

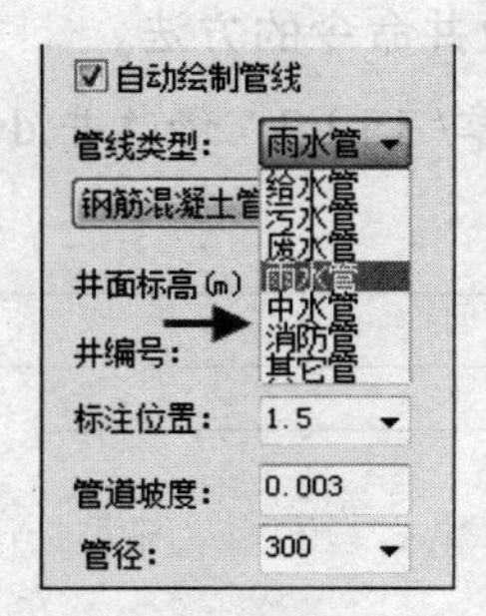

图 15-5 “管线类型”菜单

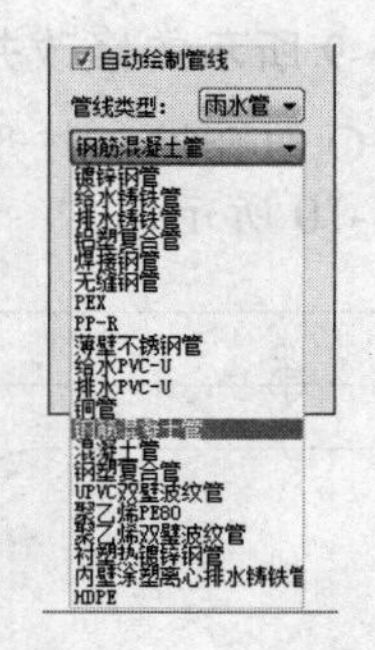

图 15-6 “管线材料”菜单

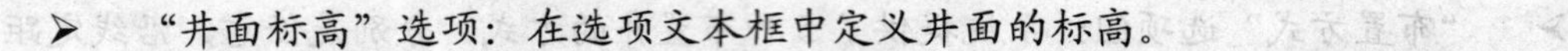

➢ “井面标高”选项：在选项文本框中定义井面的标高。

➢ “井编号”选项：系统可根据当前类型的管线，在最后一个井编号上自动加上 1，以确定当前所画井的编号。

➢ “标注位置”选项：定义井编号的标注位置，选择“不标注”选项，则不对井进行编号的标注。如图 15-7 所示为各种标注井的结果。

➢ “管道坡度”选项：在文本框中定义管道的坡度。

➢ “管径”选项：单击选项的文本框，在弹出的下拉列表中可以确定管径值。

双击绘制完成的井图形，系统弹出如图 15-8 所示的【编辑井】对话框，在其中可以更改井的参数。

图 15-7 各种标注位置

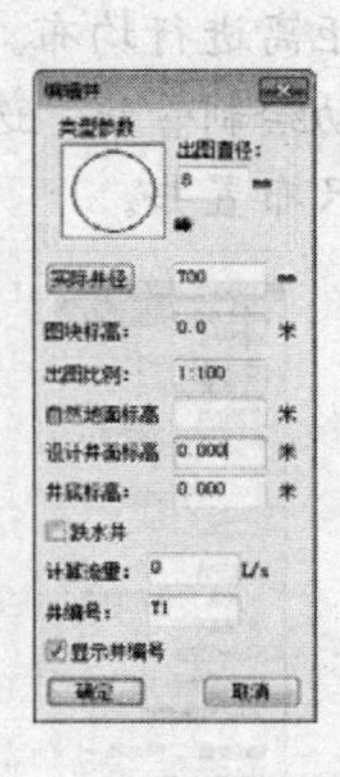

图 15-8 【编辑井】对话框

15.1.2 修改井

调用修改井命令，可以对图中已绘制井进行样式、井径、地面标高、井面标高等参数的批量修改。如图 15-9 所示为修改井命令的操作结果。

修改井命令的执行方式有：

➢ 命令行：输入 XGJ 命令按回车键。

➢ 菜单栏：单击“室外绘图”→“修改井”命令。

下面以图 15-9 所示的修改井结果为例，介绍调用修改井命令的方法。

[01] 按 Ctrl+O 组合键，打开配套光盘提供的“第 15 章/ 15.1.2 修改井.dwg”素材文件，结果如图 15-10 所示。

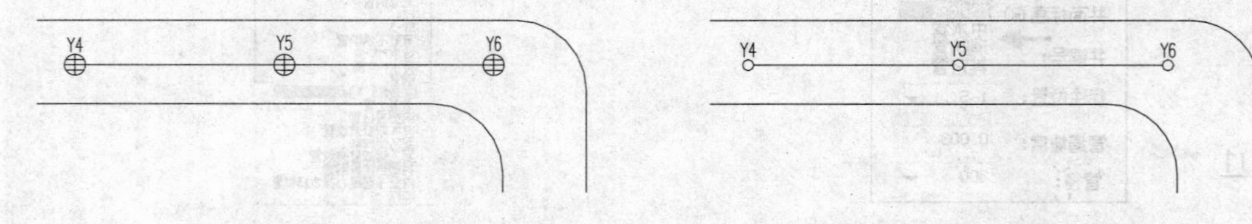

图 15-9 修改井　　　图 15-10 打开素材

02 输入 XGJ 命令按回车键，命令行提示如下：

```
命令：XGJ↙
请选择要修改的井:<退出>找到 3 个                //选择待修改的井，按回车键，系统弹出
【修改井】对话框，如图 15-11 所示。
```

03 在对话框中勾选待修改的选项，单击“实际井径”按钮，系统弹出如图 15-12 所示的【实际井径】对话框；选定指定的井，单击“计算实际井径”按钮，可根据井的汇入、流出水管的管径以及所成的角度自动计算出井的尺寸。

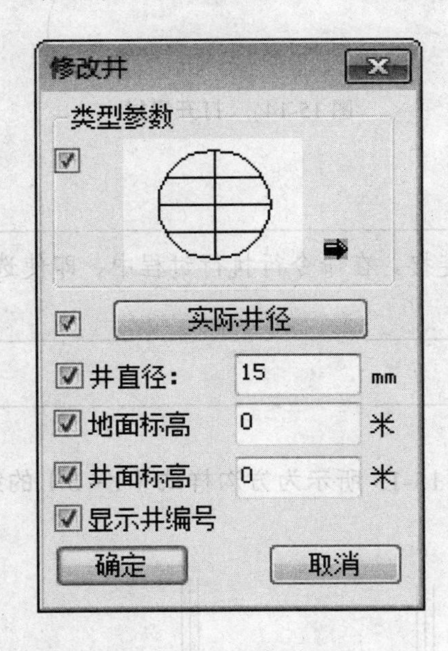

图 15-11 【修改井】对话框

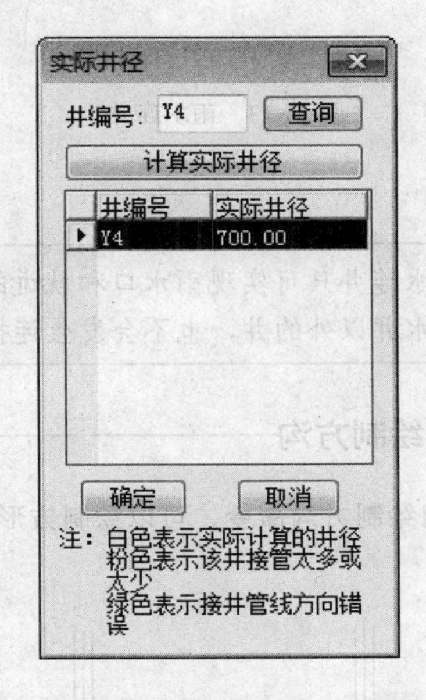

图 15-12 【实际井径】对话框

04 单击“确定”按钮返回【修改井】对话框，单击“类型参数”下的井的图片，在弹出的列表框中选择井的样式图片；修改“井直径”中的尺寸，单击“确定”按钮关闭对话框，完成井的修改，结果如图 15-9 所示。

15.1.3 雨水连井

调用雨水连井命令，可以将选中的雨水口与最近的雨水室外井用管线连接起来。如图 15-13 所示为雨水连井命令的调用方法。

雨水连井命令的执行方式有：

➤ 命令行：输入 YSLJ 命令按回车键。

➤ 菜单栏：单击“室外绘图”→“雨水连井”命令。

下面以图 15-13 所示的雨水连井结果为例，介绍调用雨水连井命令的方法。

01 按 Ctrl+O 组合键，打开配套光盘提供的“第 15 章/15.1.3 雨水连井.dwg”素材文件，结果如图 15-14 所示。

02 输入 YSLJ 命令按回车键，命令行提示如下：

命令：YSLJ↙

请选择雨水口和就近的雨水井<退出>:找到 9 个　　　　//分别选定雨水口和雨水井，按回车键即可完成雨水连井的操作，结果如图 15-13 所示。

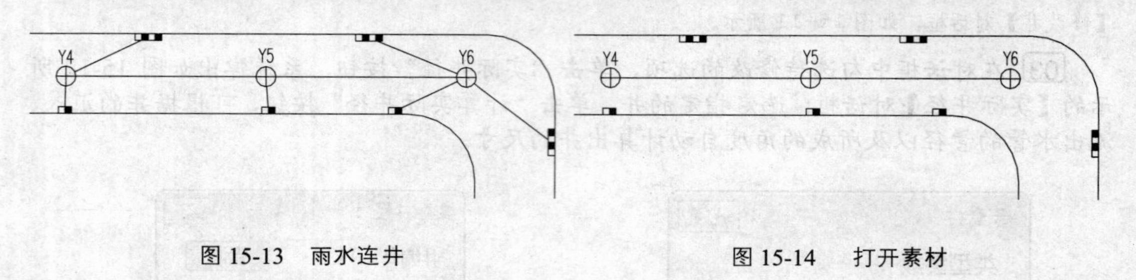

图 15-13　雨水连井　　　　图 15-14　打开素材

提示

雨水连井只可实现雨水口和就近的雨水井的连接，在命令行执行过程中，即使选中了除雨水井以外的井，也不会发生连接操作。

15.1.4 绘制方沟

调用绘制方沟命令，可以绘制方形沟渠。如图 15-15 所示为方沟样式（1～5）的绘制结果。

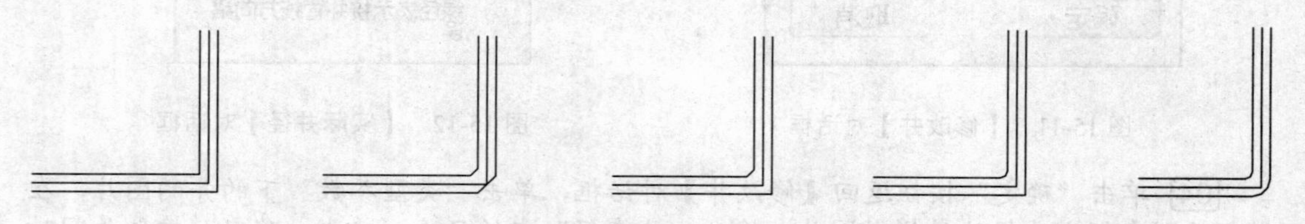

图 15-15　绘制方沟

绘制方沟命令的执行方式有：

- 命令行：输入 HZFG 命令按回车键。
- 菜单栏：单击“室外绘图”→“绘制方沟”命令。

下面以图 15-15 所示的绘制方沟结果为例，介绍调用绘制方沟命令的方法。

输入 HZFG 命令按回车键，命令行提示如下：

命令：HZFG↙

请输入方沟宽度(500mm):600

请输入方沟样式(1～5):　　　　//按回车键，即可绘制 1 号样式的方沟；输入 2～5 名称，可以绘制相对应的方沟。

请选择方沟起点<退出>:

请选择下一点[启用刻度盘(A)/禁用刻度盘(S)/回退(U)]:　　　　//输入 A，在绘制的过程中可以启用刻度盘，如图 15-16 所示。

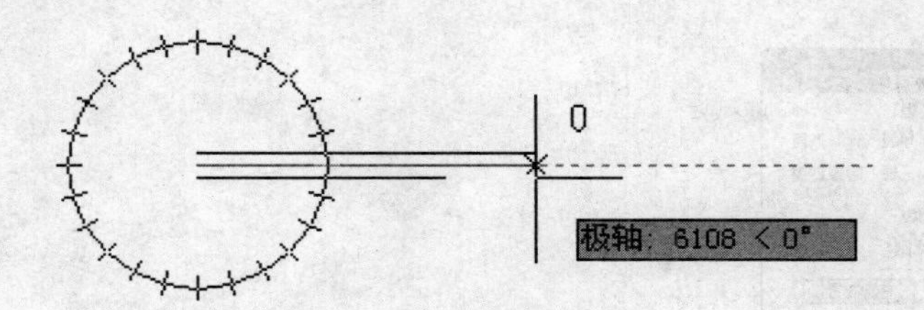

图 15-16　启用刻度盘

15.1.5 雨水口

调用雨水口命令，可以多种方式在图中插入单箅、双箅、三箅、四箅样式的雨水口。如图 15-17 所示为雨水口命令的操作结果。

雨水口命令的执行方式有：

➢ 命令行：输入 YSK 命令按回车键。

➢ 菜单栏：单击“室外绘图”→“雨水口”命令。

下面以图 15-17 所示的雨水口结果为例，介绍调用雨水口命令的方法。

01 按 Ctrl+O 组合键，打开配套光盘提供的“第 15 章/15.1.5　雨水口.dwg”素材文件，结果如图 15-18 所示。

图 15-17　雨水口　　　　图 15-18　打开素材

02 输入 YSK 命令按回车键，系统弹出【雨水口】对话框，选定雨水口的类型和布置方式，结果如图 15-19 所示。

03 同时命令行提示如下：

```
命令： YSK↙
请点取雨水口插入点<退出>:          //点取插入点；
旋转角度<0.0>:                     //按回车键，结束插入，绘制结果如图 15-17 所示。
```

【雨水口】对话框中功能选项的含义如下：

➢ “类型”选项组：系统提供了四种类型的雨水口以供绘制，分别是单箅、双箅、三箅、四箅。选定指定的选项，即可以该样式绘制雨水口。

➢ “布置方式”选项组：系统提供了六种方式来布置雨水口，分别是任意布置、替换、垂直连线、井斜连线、沿线单布、沿线定距。

“任意布置”选项：单击该按钮，可以直接在绘图区中点取雨水口的插入点，且可任意指定雨水口的插入角度。

“垂直连线”选项：单击该按钮，可以在指定的雨水井和道路线的垂直交点处布置雨水口，且可自动连接雨水管，布置结果如图 15-20 所示。

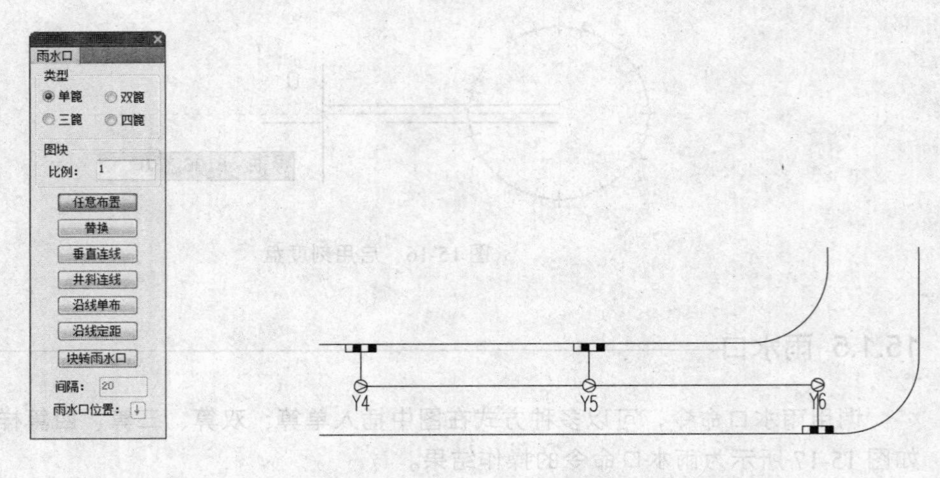

图 15-19 【雨水口】对话框

图 15-20 “垂直连线”布置

➢ “井斜连线”选项：单击该按钮，可以在指定的雨水井和所选道路上一点处布置雨水口，可自动连接雨水管，结果如图 15-21 所示。

➢ “沿线单布”选项：单击该按钮，可选定 LINE、PLINE、ARC 或外部参照线作为参考线来布置雨水口，此种绘制方式没有自动连接雨水管，布置结果如图 15-22 所示。

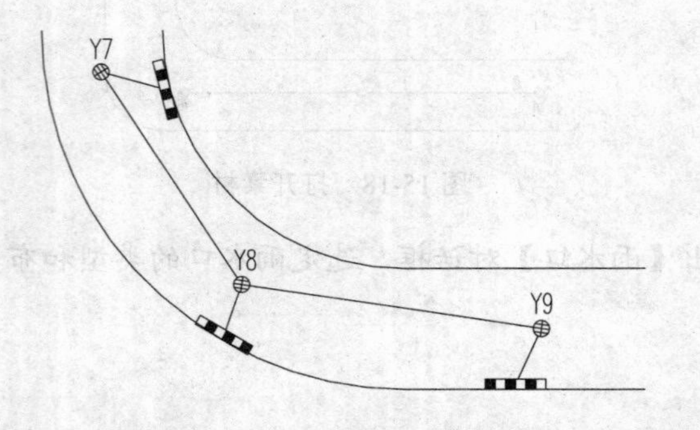

图 15-21 “井斜连线”布置

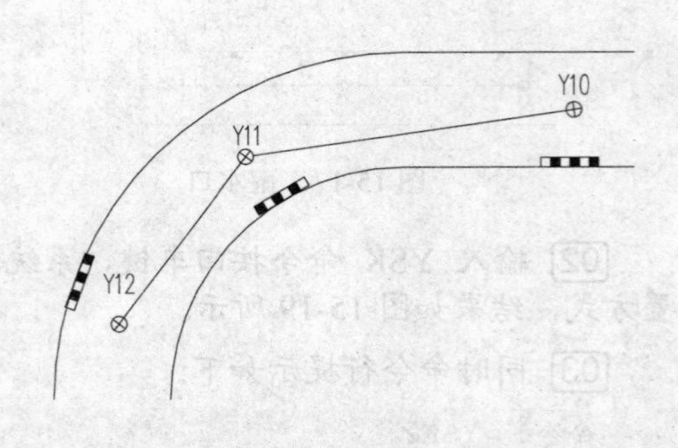

图 15-22 “沿线单布”布置

➢ “沿线定距”选项：单击该按钮，可选定 LINE、PLINE、ARC 或外部参照线进行沿线定距布置雨水口图形，结果如图 15-23 所示。

➢ “替换”选项：单击该按钮，可以对已绘制完成的雨水口的样式或比例进行批量修改，如图 15-24 所示。

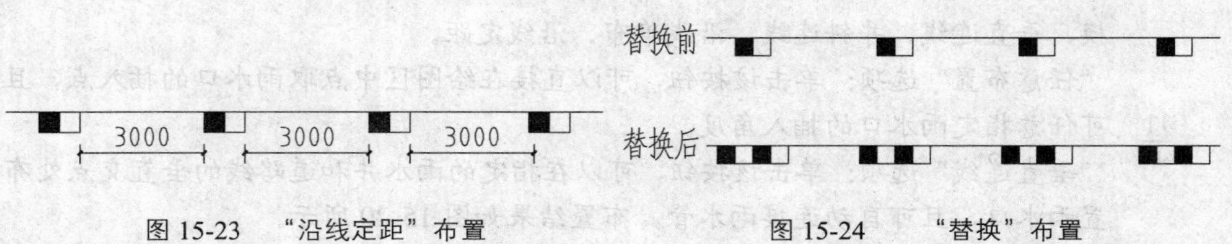

图 15-23 “沿线定距”布置

图 15-24 “替换”布置

15.1.6 出户连井

调用出户连井命令，可以延长出户管至室外管网，并可在室外干管和出户管的相交处插入检查井。如图 15-25 所示为出户连井命令的操作结果。

出户连井命令的执行方式有：

- ➢ 命令行：输入 CHLJ 命令按回车键。
- ➢ 菜单栏：单击“室外绘图”→“出户连井”命令。

下面以图 15-25 所示的出户连井结果为例，介绍调用出户连井命令的方法。

01 按 Ctrl+O 组合键，打开配套光盘提供的“第 15 章/ 15.1.6 出户连井.dwg”素材文件，结果如图 15-26 所示。

02 输入 CHLJ 命令按回车键，命令行提示如下：

```
命令：CHLJ↙
请选择室外干管<退出>                        //选中 A 管线。
请选择出户管<退出>找到 2 个                 //选择 B、C 管线，按回车键即可完成命令的操作，结果如图 15-25 所示。
```

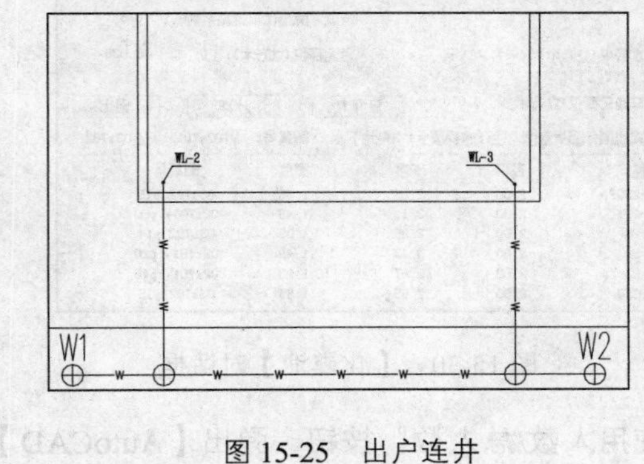

图 15-25 出户连井

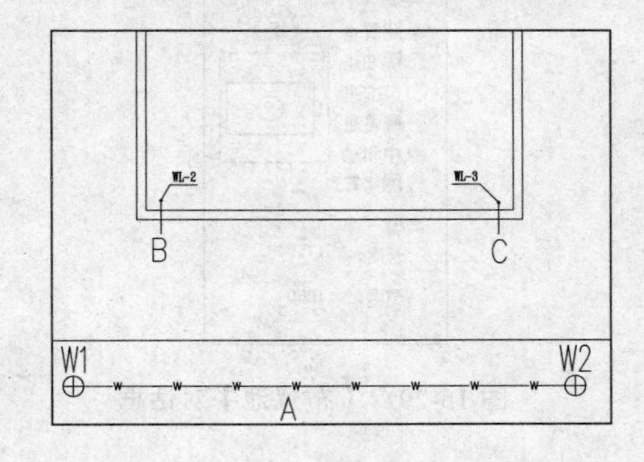

图 15-26 打开素材

15.1.7 布置池

调用布置池命令，可以在图中插入化粪池、隔油井、沉淀池、降温池、中和池图形。如图 15-27 所示为布置池命令的操作结果。

布置池命令的执行方式有：

- ➢ 命令行：输入 BZC 命令按回车键。
- ➢ 菜单栏：单击“室外绘图”→“布置池”命令。

下面以图 15-27 所示的布置池结果为例，介绍调用布置池命令的方法。

01 按 Ctrl+O 组合键，打开配套光盘提供的“第 15 章/ 15.1.7 布置池.dwg”素材文件，结果如图 15-28 所示。

02 输入 BZC 命令按回车键，系统弹出【布置池】对话框，设置参数如图 15-29 所示。

图 15-27　布置池　　　　图 15-28　打开素材

[03] 同时命令行提示如下：

命令：BZC↙

请点取池插入点[90 度翻转(R)]<退出>:　　　　//在绘图区中单击池的插入点，绘制结果如图 15-27 所示。

在【布置池】对话框中单击“计算”按钮，系统可弹出如图 15-30 所示的【化粪池】对话框；在该对话框中可以提供“污水容积计算”和“污泥容积计算条件”的计算参数。

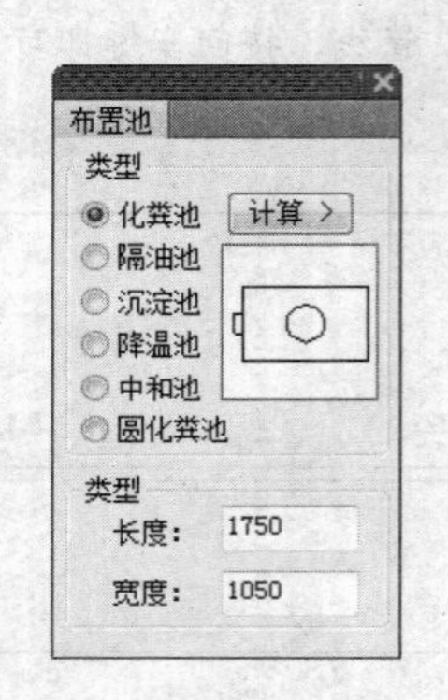

图 15-29　【布置池】对话框

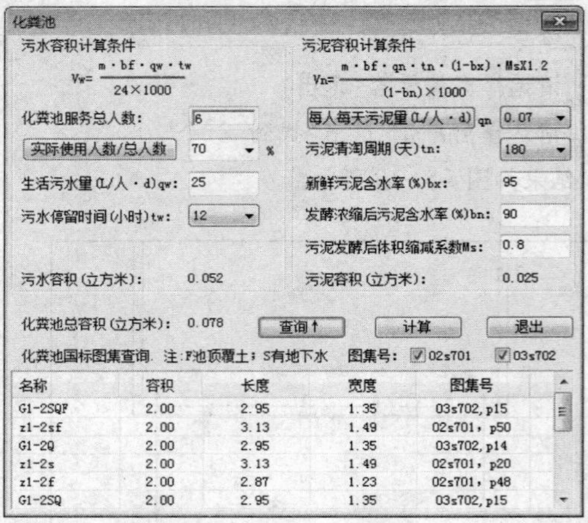

化粪池

污水容积计算条件

$$V_w=\frac{m \cdot bf \cdot qw \cdot tw}{24\times1000}$$

化粪池服务总人数: 6

实际使用人数/总人数 70 %

生活污水量(L/人·d)qw: 25

污水停留时间(小时)tw: 12

污水容积(立方米): 0.052

污泥容积计算条件

$$V_n=\frac{m \cdot bf \cdot qn \cdot tn \cdot (1-bx) \cdot Ms\times1.2}{(1-bn)\times1000}$$

每人每天污泥量(L/人·d) qn 0.07

污泥清淘周期(天)tn: 180

新鲜污泥含水率(%)bx: 95

发酵浓缩后污泥含水率(%)bn: 90

污泥发酵后体积缩减系数Ms: 0.8

污泥容积(立方米): 0.025

化粪池总容积(立方米): 0.078　查询↑　计算　退出

化粪池国标图集查询. 注:F池顶覆土；S有地下水　图集号: 02s701　03s702

名称	容积	长度	宽度	图集号
G1-2SQF	2.00	2.95	1.35	03s702, p15
z1-2sf	2.00	3.13	1.49	02s701, p50
G1-2Q	2.00	2.95	1.35	03s702, p14
z1-2s	2.00	3.13	1.49	02s701, p20
z1-2f	2.00	2.87	1.23	02s701, p48
G1-2SQ	2.00	2.95	1.35	03s702, p15

图 15-30　【化粪池】对话框

在“污水容积计算”选项组下单击“实际使用人数/总人数”按钮，弹出【AutoCAD】信息提示对话框，在其中显示了各类建筑卫生设备的人数和总人数的百分比，如图 15-31 所示。

在“污泥容积计算条件”选项组下单击“每人每日污泥量”按钮，弹出【AutoCAD】信息提示对话框，在其中显示了各类建筑每人每日污泥量的范围，如图 15-32 所示。

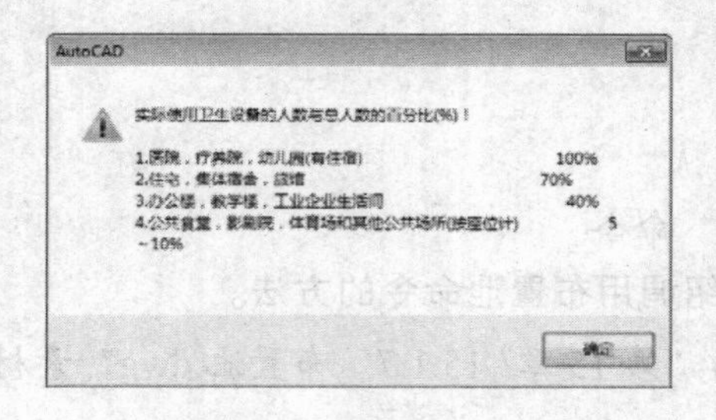

图 15-31　【AutoCAD】对话框

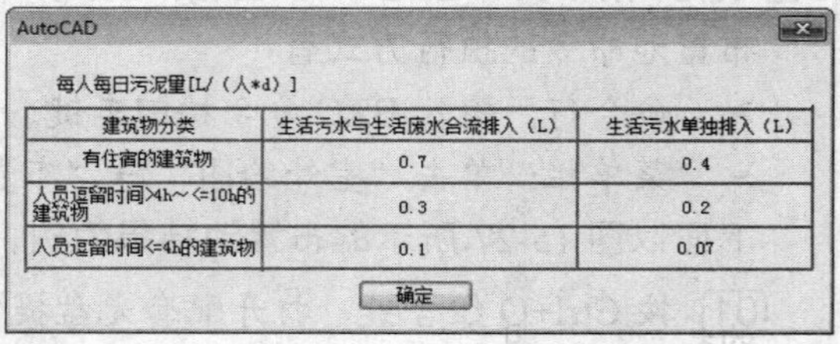

AutoCAD

每人每日污泥量[L/（人*d）]

建筑物分类	生活污水与生活废水合流排入（L）	生活污水单独排入（L）
有住宿的建筑物	0.7	0.4
人员逗留时间>4h~<=10h的建筑物	0.3	0.2
人员逗留时间<=4h的建筑物	0.1	0.07

确定

图 15-32　提示内容

【布置池】对话框提供了六种池的绘制，选定指定的选项，即可绘制该样式的池图形，结果如图 15-33 所示。

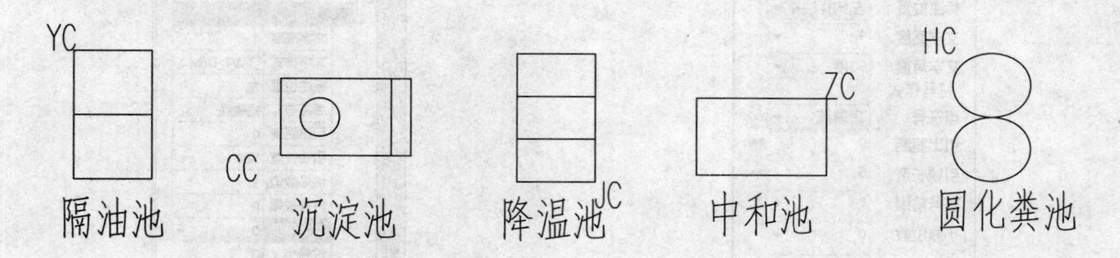

图 15-33　各式样池图形的绘制

15.1.8 沿线标桩

调用沿线标桩命令，可以依照参考道路线批量布置桩号。如图 15-34 所示为沿线标桩命令的操作结果。

沿线标桩命令的执行方式有：

➢ 命令行：输入 YXBZ 命令按回车键。

➢ 菜单栏：单击“室外绘图”→“沿线标桩”命令。

下面以图 15-34 所示的沿线标桩结果为例，介绍调用沿线标桩命令的方法。

01 按 Ctrl+O 组合键，打开配套光盘提供的“第 15 章/ 15.1.8　沿线标桩.dwg”素材文件，结果如图 15-35 所示。

图 15-34　沿线标桩　　　　图 15-35　打开素材

02 输入 YXBZ 命令按回车键，系统弹出【沿线布桩】对话框，设置参数如图 15-36 所示。

03 同时命令行提示如下：

```
命令：YXBZ↙
请拾取布置桩的第一点<退出>
请拾取布置桩的下一点<退出>        //指定标桩的插入点，绘制标桩的结果如图 15-34 所示。
```

选定已绘制的标桩，按下组合键 Ctrl+1 组合键；在弹出的【特性】选项板中可以修改标桩的参数，如图 15-37 所示。

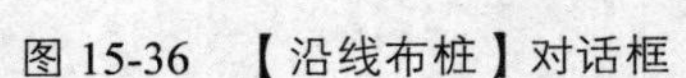
图 15-36 【沿线布桩】对话框

图 15-37 修改标桩参数

【沿线布桩】对话框中各功能选项的含义如下：

- "起始里程"选项：在文本框中可以自定义标注的起始里程参数。
- "标注位置"选项：系统提供了三种标注位置，分别是左侧标注、右侧标注、中心标注。单击选项文本框，在其弹出的下拉列表中可以选择标注位置，各标注位置的标注结果如图 15-38 所示。
- "文字高度"选项：单击选项文本框，在弹出的下拉列表中可以选择文字的高度参数。
- "文字角度"选项：系统提供了三种文字角度的标注方式，分别是 0°、90°、180°。单击选项文本框，在弹出的下拉列表中可以选择文字角度，三种角度的标注结果如图 15-39 所示。

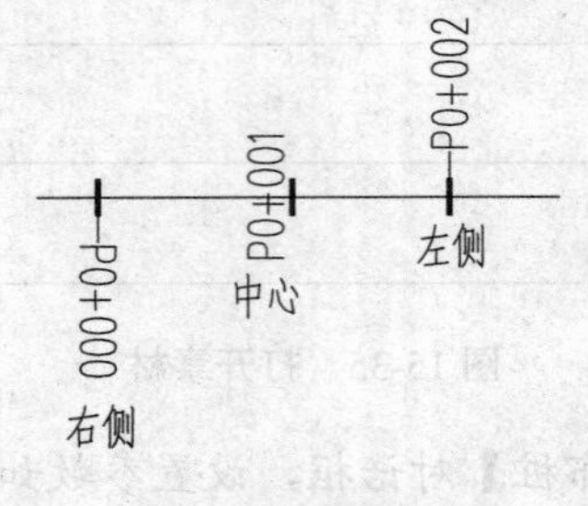

图 15-38 标注位置

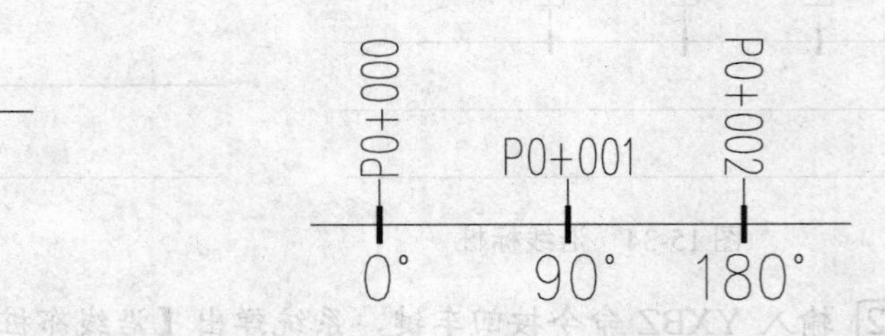

图 15-39 文字角度

- "点符号"选项：系统提供了三种符号样式以供标注，分别是短横线、圆点、十字叉。单击选项文本框，在弹出的下拉列表中可以选择标注符号，各类点符号的绘制结果如图 15-40 所示。
- "引出距离"选项：定义引线起点距标注点的位置。
- "引线长度"选项：定义引线的长度参数。
- "桩号前缀"选项：系统提供了三种桩号前缀，分别是 K、P、KK。单击选项文本框，在弹出的下拉列表中可以选择前缀字母，各种桩号前缀的标注结果如图 15-41 所示。

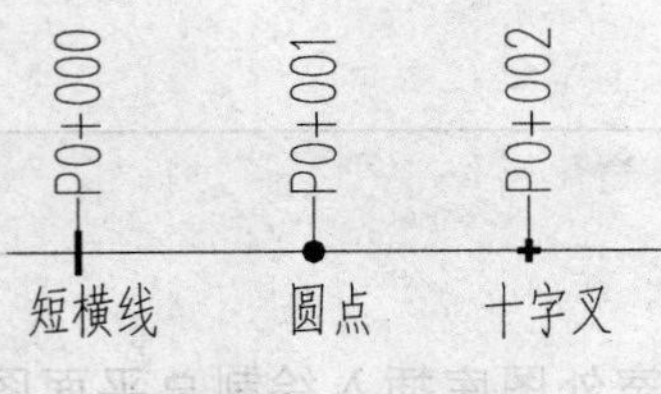

图 15-40　点符号

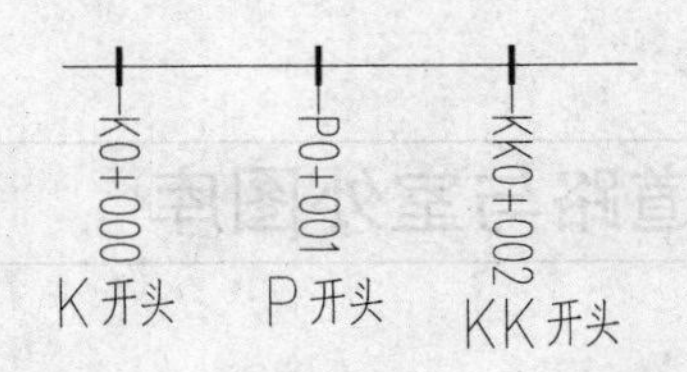

图 15-41　桩号前缀

- “小数位数”选项：单击选项文本框，在弹出的下拉列表中可以定义桩号标注的小数点后的保留位数，系统提供了 1~8 的保留位数供选择。
- “桩间距”选项：在文本框中定义所绘标桩之间的距离，假如距离过大，系统会弹出提示对话框，提示多所定义的标桩间距过大；此时返回对话框中重新定义桩间距参数即可。

15.1.9 任意标桩

调用任意标桩命令，可以在已有标桩的基础上任意布置标桩。如图 15-42 所示为任意标桩命令的操作结果。

任意标桩命令的执行方式有：

- 命令行：输入 RYBZ 命令按回车键。
- 菜单栏：单击“室外绘图”→“任意标桩”命令。

下面以图 15-42 所示的任意标桩结果为例，介绍调用任意标桩命令的方法。

01 按 Ctrl+O 组合键，打开配套光盘提供的“第 15 章/ 15.1.9　任意标桩.dwg”素材文件，结果如图 15-43 所示。

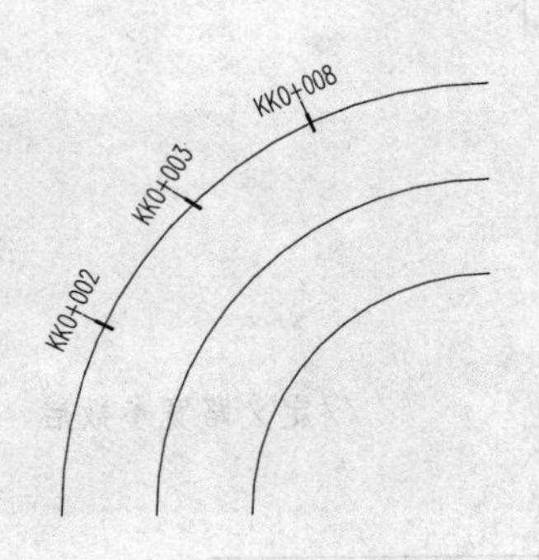

图 15-42　任意标桩

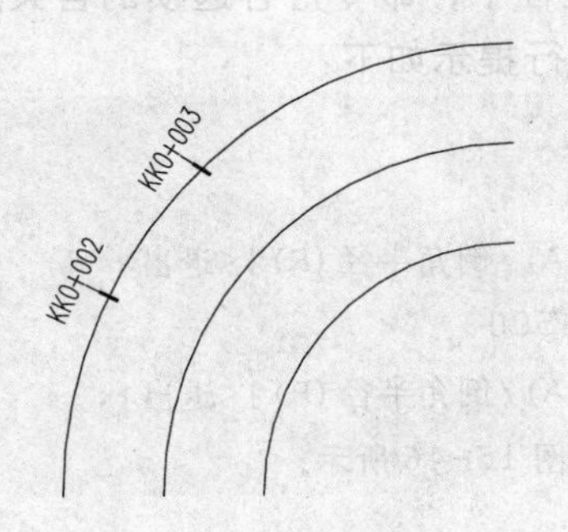

图 15-43　打开素材

图 15-44　【任意布桩】对话框

02 输入 RYBZ 命令按回车键，系统弹出【任意布桩】对话框，设置参数如图 15-44 所示。

03 同时命令行提示如下：

```
命令： RYBZ↙
请拾取前一个桩<退出>                    //点取已绘制的桩;
请选择需要布置桩的位置<退出>            //点取布桩的位置，结果如图 15-42 所示。
```

15.2 道路与室外图库

本节介绍在室外平面图中绘制道路的方法和使用室外图库插入绘制总平面图所需要的图标。主要介绍绘制道路、平面树等命令调用方法。

15.2.1 绘制道路

调用绘制道路命令，可以在平面图中指定参数绘制道路，也可绘制断面图的双管线井。如图 15-45 所示为绘制道路命令的操作结果。

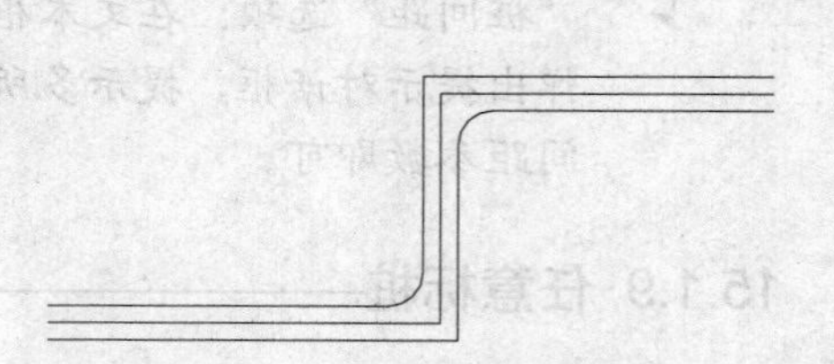

图 15-45 绘制道路

绘制道路命令的执行方式有：

- 命令行：输入 HZDL 命令按回车键。
- 菜单栏：单击“室外绘图”→“绘制道路”命令。

下面以图 15-45 所示的绘制道路结果为例，介绍调用绘制道路命令的方法。

输入 HZDL 命令按回车键，命令行提示如下：

```
命令：HZDL↙
请点取道路起点<退出>
请输入终点[路宽(W)/路长(A)/倒角半径(R)]<退出>:                //分别点取道路的起点和终点，完成道路绘制的结果如图 15-45 所示。
```

“绘制道路”命令执行过程中，命令行各选项的含义如下：

路宽(W)：输入 W，命令行提示如下：

```
命令：HZDL↙
请点取道路起点<退出>
请输入终点[路宽(W)/路长(A)/倒角半径(R)]<退出>:W
请输入道路的宽度<6000>:4500
请输入终点[路宽(W)/路长(A)/倒角半径(R)]<退出>:                //定义路宽参数后，指定道路的终点，绘制道路的结果如图 15-46 所示。
```

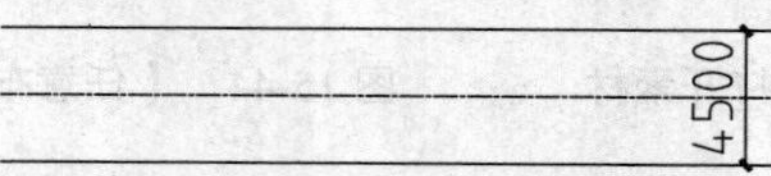

图 15-46 定义路宽

路长(A)：输入 A，命令行提示如下：

```
命令：HZDL↙
请点取道路起点<退出>
请输入终点[路宽(W)/路长(A)/倒角半径(R)]<退出>:A
请输入道路的长度<任意>:30000                //定义道路长度
```

请输入终点[路宽(W)/路长(A)/倒角半径(R)]<退出>:30000　　　　　　　//再次输入道路的长度，按回车键，完成道路的绘制，结果如图 15-47 所示。

图 15-47　指定路长

倒角半径(R)：输入 R，命令行提示如下：

命令：HZDL↙

请点取道路起点<退出>

请输入终点[路宽(W)/路长(A)/倒角半径(R)]<退出>:R

请输入道路倒角半径<8000>:3000　　　　　　　　//定义半径参数。

请输入终点[路宽(W)/路长(A)/倒角半径(R)]<退出>　　　　//指定道路的终点，即可完成倒角操作的结果如图 15-48 所示。

单击“室外绘图”→“绘制道路”命令，系统弹出如图 15-49 所示的【道路绘制】对话框；在其中可以通过对各项参数进行定义来绘制道路。

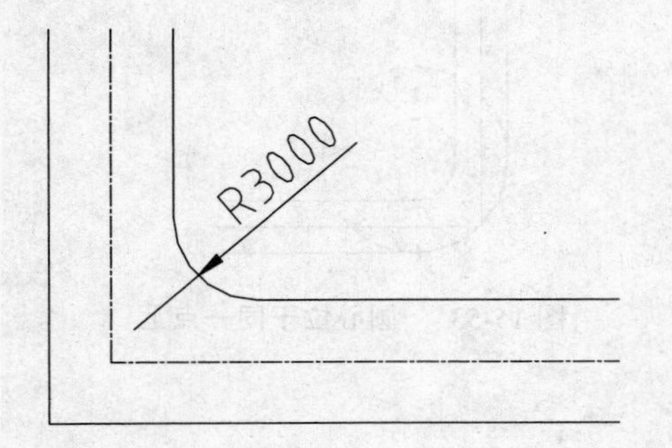

图 15-48　指定圆角半径

图 15-49　【道路绘制】对话框

15.2.2 道路圆角

调用道路圆角命令，可以把对折角道路倒成圆角道路。如图 15-50 所示为道路圆角命令的操作结果。

道路圆角命令的执行方式有：

➢　菜单栏：单击“室外绘图”→“道路圆角”命令。

下面以图 15-50 所示的道路圆角结果为例，介绍调用道路圆角命令的方法。

[01] 按 Ctrl+O 组合键，打开配套光盘提供的“第 15 章/ 15.2.2 道路圆角.dwg”素材文件，结果如图 15-51 所示。

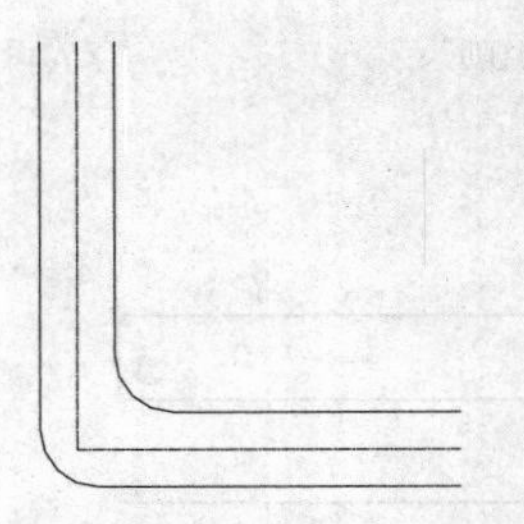

图 15-50　道路圆角

图 15-51　打开素材

02 单击“室外绘图”→“道路圆角”命令，命令行提示如下：

命令：T98_TFilRoad
请框选要倒角的道路线或[同圆心倒角(Q)，当前：同半径/倒角半径(R)，当前：4000]<退出>：
　　　　　　　　　　　　　　　　　//输入 R，选择“倒角半径(R)”。
请输入倒角半径 <4000>：3500　//指定半径值。
请框选要倒角的道路线或[同圆心倒角(Q)，当前：同半径/倒角半径(R)，当前：3500]<退出>：
指定对角点：　　　　　　　　　　　//框选道路线，即可完成倒角操作的结果如图 15-50 所示。

在执行命令的过程中，输入 Q，选择“同圆心倒角(Q)”选项，则内外道路线的倒角结果为同圆心的性质，如图 15-52、图 15-53 所示。

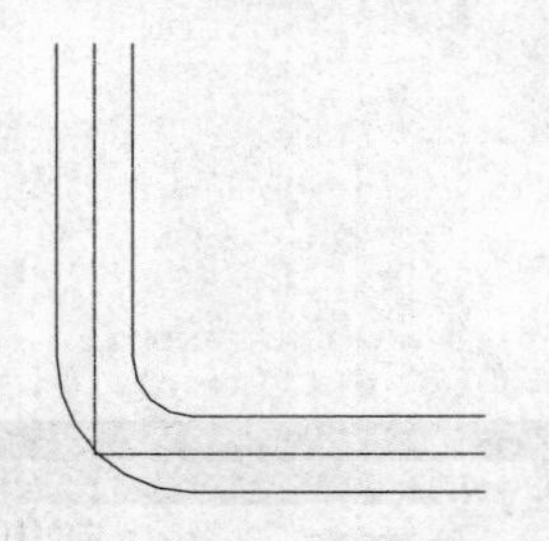

图 15-52　同圆心倒角

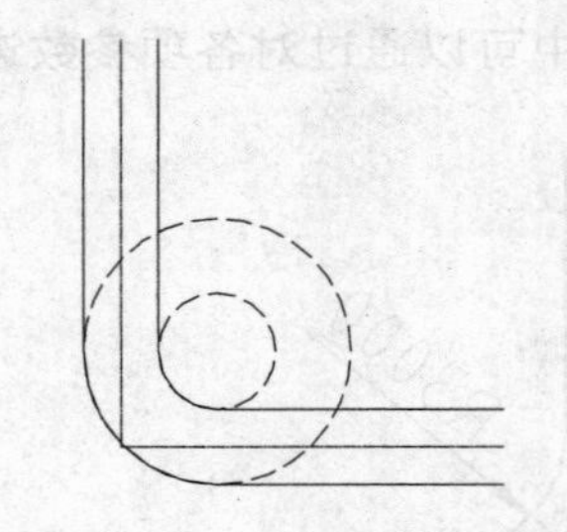

图 15-53　圆心位于同一点上

15.2.3 平面树

调用平面树命令，可以绘制总图的树，可根据一定间距连续绘制也可自由插入。

平面树命令的执行方式有：

➢ 命令行：输入 PMS 命令按回车键。
➢ 菜单栏：单击“室外绘图”→“平面树”命令。

输入 PMS 命令按回车键，系统弹出平面树选框。

同时命令行提示如下：

命令：PMS↙
请在图库中选择一树<确定>　　　　//在选框中选定其中的一棵树。
请输入起始点<退出>　　　　　　//单击指定起始点，按回车键结束命令的操作。

15.2.4 成片布树

调用成片布树命令，可以在区域内按一定间距插入树图块。如图 15-54 所示为成片布树命令的操作结果。

成片布树命令的执行方式有：

➢ 菜单栏：单击“室外绘图”→“成片布树”命令。

下面以图 15-54 所示的成片布树结果为例，介绍调用成片布树命令的方法。

01 按 Ctrl+O 组合键，打开配套光盘提供的“第 15 章/ 15.2.4 成片布树.dwg”素材文件，结果如图 15-55 所示。

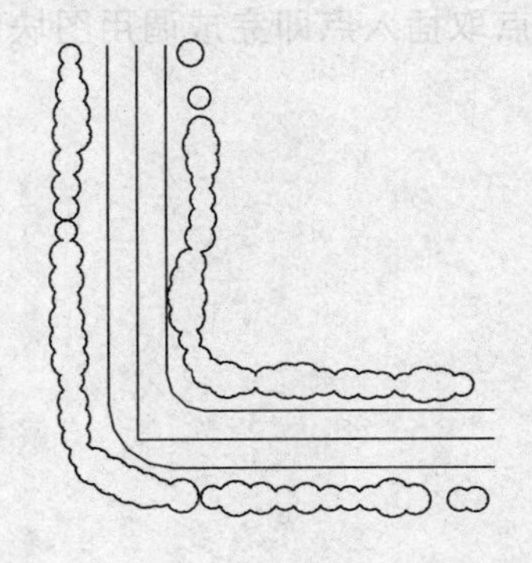

图 15-54 成片布树

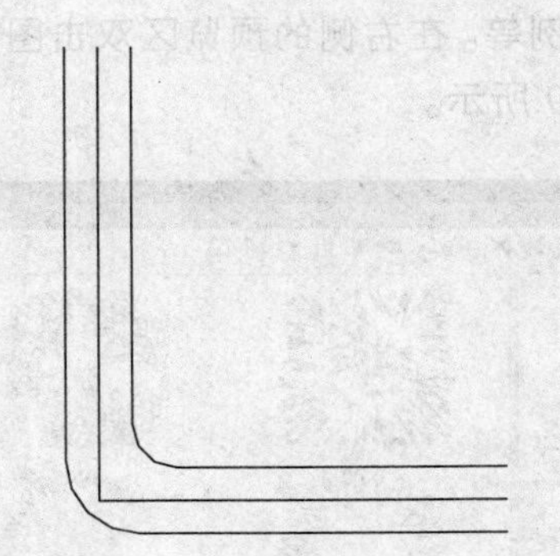

图 15-55 打开素材

02 单击“室外绘图”→“成片布树”命令，系统弹出【成片布树】对话框，设置参数如图 15-56 所示。

03 单击“确定”按钮，命令行提示如下：

```
命令: T98_TMultTree
请点击鼠标左键开始或[单点绘制(Q)]<退出>://单击左键开始布置树图块;
 点击鼠标左键或右键结束绘制!                  //单击左键结束绘制，结果如图 15-54 所示。
```

在执行命令的过程中，输入 Q，选择“单点绘制(Q)”选项，命令行提示如下：

```
命令: T98_TMultTree
请点击鼠标左键开始或[单点绘制(Q)]<退出>:Q
请点取插入点或[连续绘制(Q)]<退出>:          //在绘图区中点取插入点，完成点布置树图块的
结果如图 15-57 所示。
```

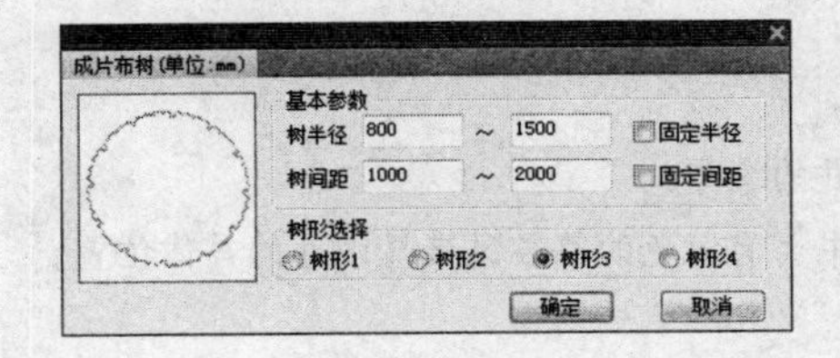

图 15-56 【成片布树】对话框

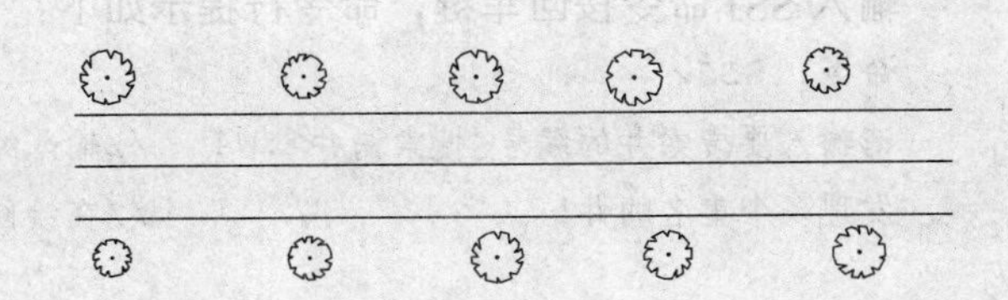

图 15-57 单点绘制结果

15.2.5 室外图库

室外图库即与室外有关的图库，包含如树、总图图例、路灯、风玫瑰等图块。调用室外图库命令，可以打开室外图库。

室外图库命令的执行方式有：

- ➢ 命令行：输入 SWTK 命令按回车键。
- ➢ 菜单栏：单击“室外绘图”→“室外图库”命令。

执行“室外图库”命令，系统调出如图 15-58 所示的【天正图库管理系统】对话框。单击展开“室外图库”选项列表，其中包含各种类型的室外图块，如人行道、体育设施、总平面图例等。在右侧的预览区双击图块，在绘图区中点取插入点即完成调用图块的操作，如图 15-59 所示。

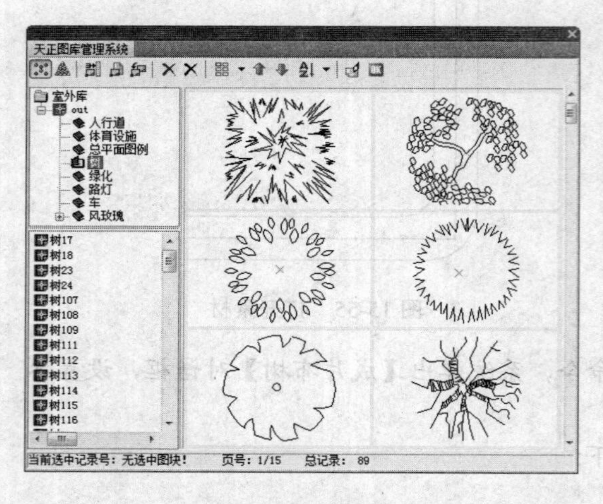

图 15-58 【天正图库管理系统】对话框

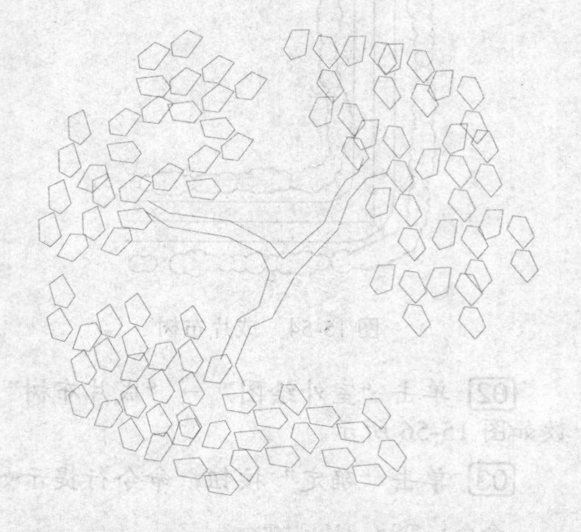

图 15-59 调用图块

15.2.6 搜索井

调用搜索井命令，可以搜索指定井的位置，检查是否有重名或者漏排。

搜索井命令的执行方式有：

- ➢ 命令行：输入 SSJ 命令按回车键。
- ➢ 菜单栏：单击“室外绘图”→“搜索井”命令。

输入 SSJ 命令按回车键，命令行提示如下：

```
命令：SSJ↙
请输入要搜索井的编号<搜索漏井>:W4    //输入终点井的编号。
发现多个重名的井！                    //在绘图区中会有黄色的符号叉来显示井的具体位置。
```

第 16 章
室外标注

● 本章导读

本章介绍绘制各类室外标注的方法，如绘制管线文字，即可以注明管线类型的文字，通常位于管线之上，遮挡管线。

其他还有管长标注、管道坡度等命令的调用方式。

● 本章重点

◈ 室外标注

16.1 查修管线

调用查修管线命令，可以对污水、雨水、废水管网中管线的管径和坡度进行查找，并可做相应的修改。

查修管线命令的执行方式有：

- 命令行：输入 CXGX 命令按回车键。
- 菜单栏：单击“室外标注”→“查修管线”命令。

输入 CXGX 命令按回车键，命令行提示如下：

命令：CXGX↙

请选择查询管网的范围[选取闭合 PLINE 线(P)/整张图(A)]:<退出>找到 1 个　　//在绘图区中点取待查询的管线，按回车键，系统弹出【查修管线】对话框，如图 16-1 所示。

已完成 1 条管道赋值:<退出>*取消*　　//被选中的管线在绘图区中闪烁，在“管径”“坡度”文本框中修改参数；单击“修改闪烁(选中)管线”按钮，即可完成该管线的修改。

管线的管径被修改后，重复执行查修管线命令；在弹出的【查修管线】对话框中的“管径”列表下选择被修改后的管径参数，在对话框中可以显示该管线被修改后的参数，即管径和坡度参数。

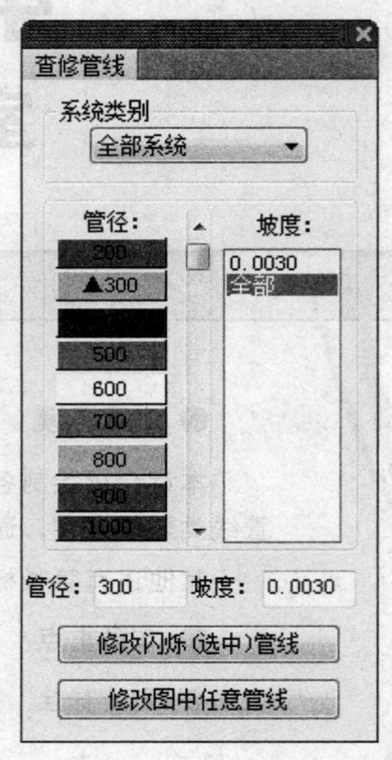

图 16-1　【查修管线】对话框

16.2 管线文字

调用管线文字命令，可以在管线上标注管线类型的文字，管线被文字遮挡。

管线文字命令的执行方式有：

- 命令行：输入 GXWZ 命令按回车键。
- 菜单栏：单击“室外标注”→“管线文字”命令。

输入 GXWZ 命令按回车键，命令行提示如下：

命令：GXWZ↙

请输入文字内容<自动读取>:　　//按回车键。

请点取要插入文字管线的位置[多选管线(M)/多选指定层管线(N)/两点栏选(T)/修改文字(F)]<退出>:　　//点取管线，绘制管线文字的结果如图 16-2 所示。

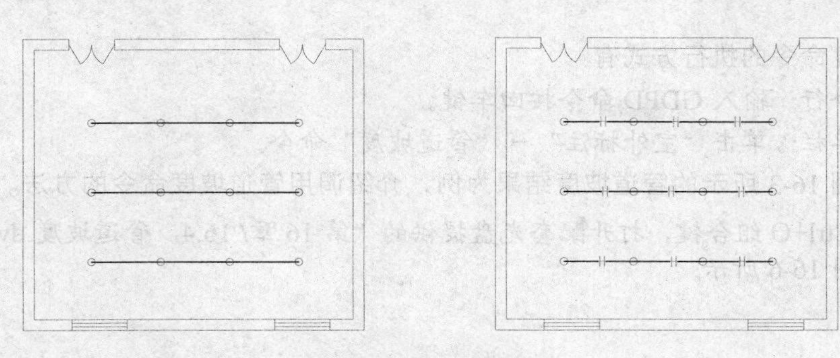

图 16-2 管线文字

16.3 管长标注

调用管长标注命令，可以标注管道的长度。如图 16-3 所示为管长标注命令的操作结果。

管长标注命令的执行方式有：

- ➢ 命令行：输入 GCBZ 命令按回车键。
- ➢ 菜单栏：单击“室外标注”→“管长标注”命令。

下面以图 16-3 所示的管长标注结果为例，介绍调用管长标注命令的方法。

[01] 按 Ctrl+O 组合键，打开配套光盘提供的“第 16 章/ 16.3 管长标注.dwg”素材文件，结果如图 16-4 所示。

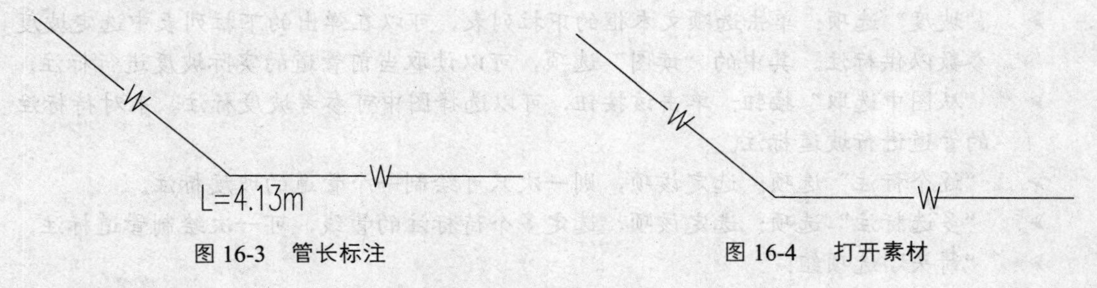

图 16-3 管长标注　　　　图 16-4 打开素材

[02] 输入 GCBZ 命令按回车键，命令行提示如下：

```
命令: GCBZ↙
请选择要标注管长度的管线<退出>:
请选择标注方向<确定>                    //分别选择待标注的管线和指定标注文字的方向，完成
管长标注的结果如图 16-3 所示。
```

16.4 管道坡度

调用管道坡度命令，可以标注管道的坡度方向，且可动态决定箭头的方向。如图 16-5 所示为管道坡度命令的操作结果。

管道坡度命令的执行方式有：

➢ 命令行：输入 GDPD 命令按回车键。

➢ 菜单栏：单击“室外标注”→“管道坡度”命令。

下面以图 16-3 所示的管道坡度结果为例，介绍调用管道坡度命令的方法。

01 按 Ctrl+O 组合键，打开配套光盘提供的“第 16 章/ 16.4 管道坡度.dwg”素材文件，结果如图 16-6 所示。

图 16-5 管道坡度

图 16-6 打开素材

02 输入 GDPD 命令按回车键，系统弹出【坡度】对话框，设置参数如图 16-7 所示。

03 同时命令行提示如下：

```
命令：GDPD↙
请选择要标注坡度的管线<退出>：          //选择待标注的管道和指定标注文字的位置，即
可完成管道的坡度标注，结果如图 16-5 所示。
```

【坡度】对话框中功能选项的含义如下：

➢ “坡度”选项：单击选项文本框的下拉列表，可以在弹出的下拉列表中选定坡度参数以供标注。其中的“读图”选项，可以读取当前管道的实际坡度进行标注。

➢ “从图中选取”按钮：单击该按钮，可以选择图中可参考坡度标注，来对待标注的管道进行坡道标注。

➢ “逐个标注”选项：选定该项，则一次只可绘制一个管道的坡度标注。

➢ “多选标注”选项：选定该项，选定多个待标注的管线，可一次绘制管道标注。

➢ “箭头”选项组：

“标注字高”选项：在文本框中可以定义坡度标注的字高。

“箭头大小”选项：在文本框中可以定义坡度标注的箭头大小。

“箭头长度”选项：在文本框中可以定义坡度标注的箭头长度。

“半箭头”选项：勾选该项，可以更改标注箭头的样式，如图 16-8 所示。

➢ “标管长度”选项：勾选该复选框，可以在标注管道坡度的同时标注管道的长度，如图 16-9 所示。

➢ “标注坡度”选项：勾选该复选框项，仅标注管道的坡度。

➢ “仅标水流方向”选项：勾选该复选框项，则仅绘制水流方向的箭头，如图 16-10 所示。

➢ “线上箭头”选项：在勾选“仅标水流方向”复选框时，该复选框才可亮显。勾选该选项，则可在管线上绘制水流箭头，如图 16-11 所示。

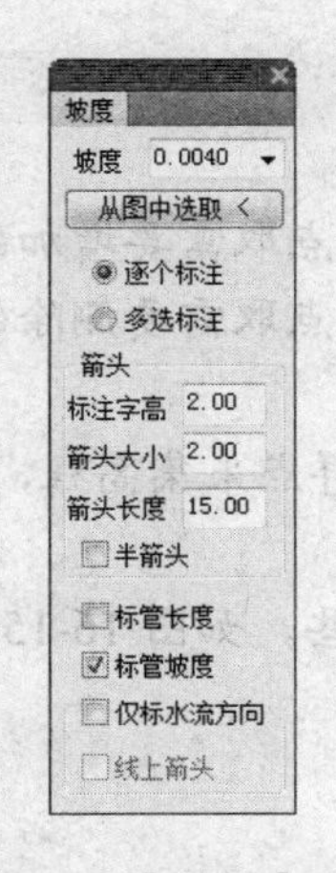

图 16-7 【坡度】对话框

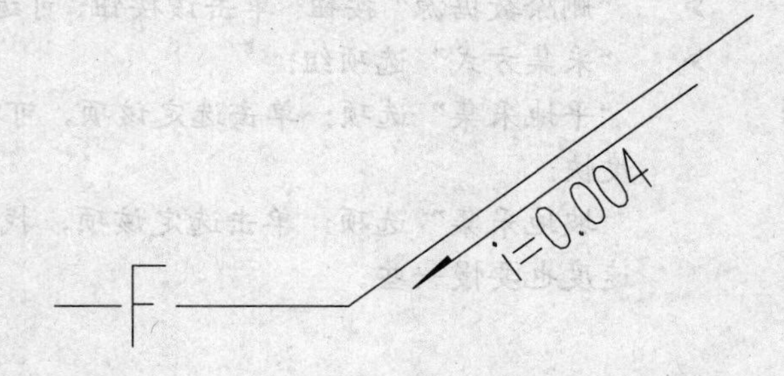

图 16-8 半箭头

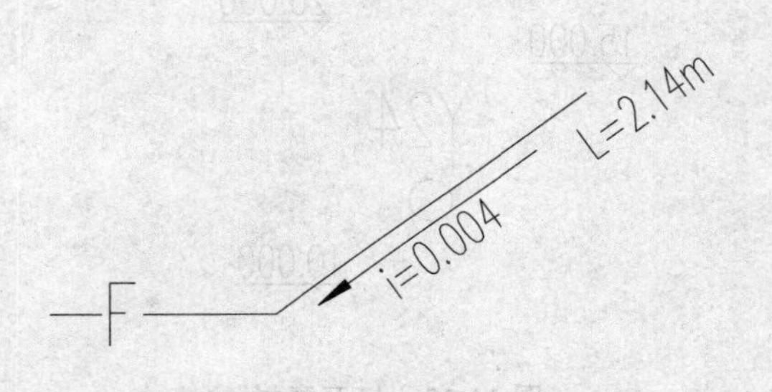

图 16-9 标管长度

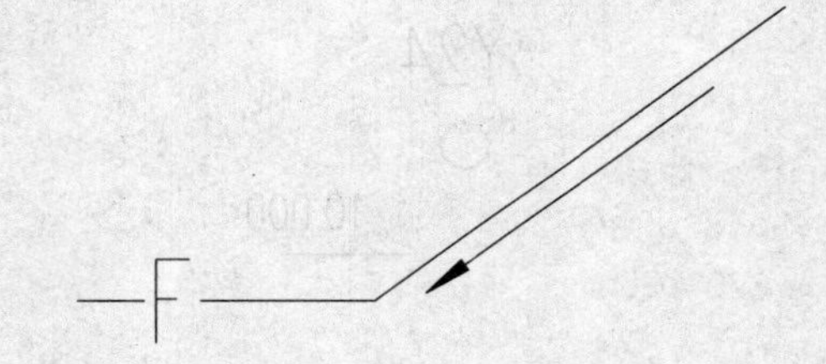

图 16-10 仅标水流方向

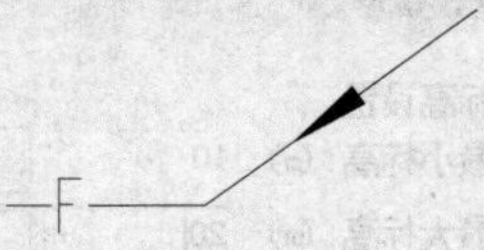

图 16-11 线上箭头

16.5 采集高程

调用采集高程命令，可以根据地面高程散点图，进行地形个点高程模拟。如图 16-12 所示为采集高程命令的操作结果。

采集高程命令的执行方式有：

- 命令行：输入 CJGC 命令按回车键。
- 菜单栏：单击“室外标注”→“采集高程”命令。

下面以图 16-12 所示的采集高程结果为例，介绍调用采集高程命令的方法。

01 按 Ctrl+O 组合键，打开配套光盘提供的“第 16 章/ 16.5 采集高程.dwg”素材文件，结果如图 16-13 所示。

02 输入 CJGC 命令按回车键，命令行提示如下：

命令：CJGC↙

请点取需要增加的标高数据源<退出>： //点取标高标注，系统弹出如图 16-14 所示的【设置数据源】对话框。

请选择需要采集高程的井:<退出>找到 1 个 //单击“确定”按钮，在绘图区中点取井，

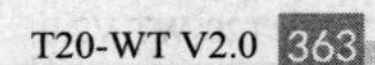

完成采集高程命令的操作结果如图 16-12 所示。

【设置数据源】对话框中的功能含义如下：

- “添加数据源”按钮：单击该按钮，可返回绘图区中点取需要增加的标高数据源。
- “删除数据源”按钮：单击该按钮，可返回绘图区中点取需要删除的标高数据源。
- “采集方式”选项组：

“平地采集”选项：单击选定该项，可根据最近采样点采集高程，找的数据少速度快。

“坡地采集”选项：单击选定该项，找的数据多一些，如图 16-15 所示，相应的速度也要慢一些。

图 16-12　采集高程（平地采集）　　图 16-13　打开素材

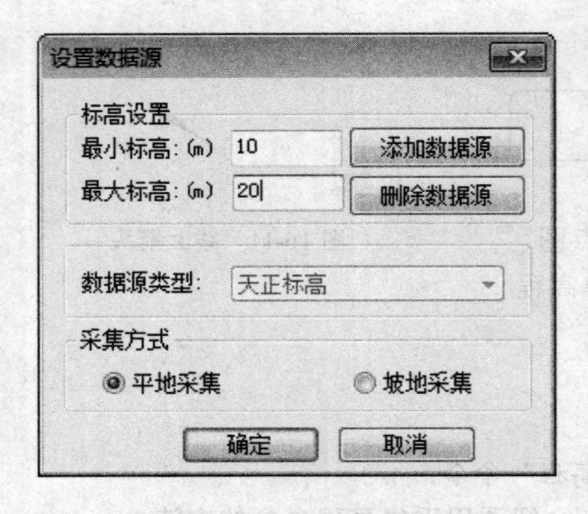

图 16-14　【设置数据源】对话框

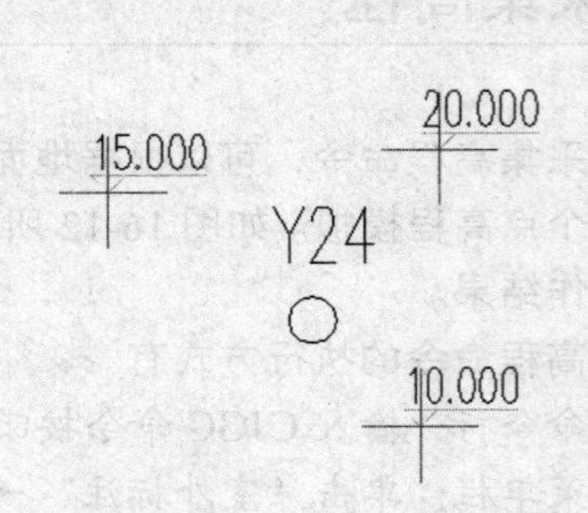

图 16-15　坡地采集

16.6 地面标高

调用地面标高命令，可以同时定义或修改多个井的地面标高。如图 16-16 所示为地面标高命令的操作结果。

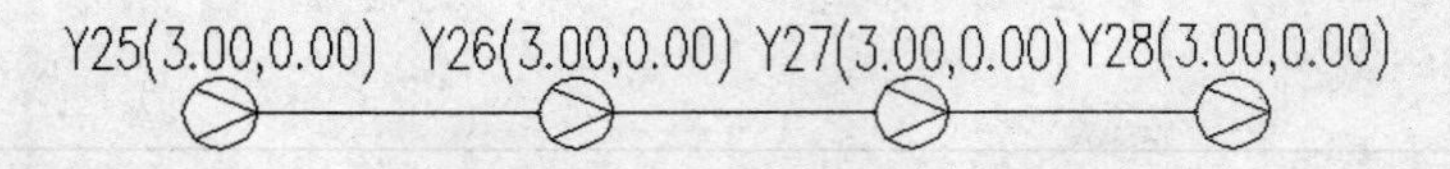

图 16-16　地面标高

地面标高命令的执行方式有：

➢　命令行：输入 DMBG 命令按回车键。

➢　菜单栏：单击“室外标注”→“地面标高”命令。

下面以图 16-16 所示的地面标高结果为例，介绍调用地面标高命令的方法。

01 按 Ctrl+O 组合键，打开配套光盘提供的“第 16 章/ 16.6　地面标高.dwg”素材文件，结果如图 16-17 所示。

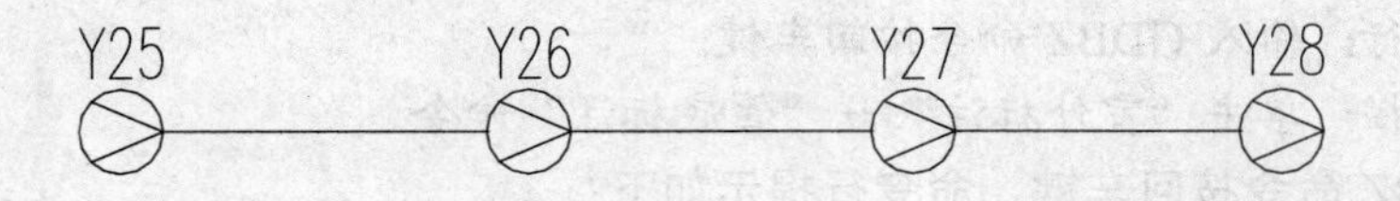

图 16-17　打开素材

02 输入 DMBG 命令按回车键，绘图区中即可显示井的原标高信息，如图 16-18 所示。

03 命令行提示如下：

命令：DMBG↙

请给出设计地面标高[拾取标高(R)/根据已标注井计算(F)]<退出>:3.00　　//定义井的标高参数，即可完成地面标高参数的更改，结果如图 16-16 所示。

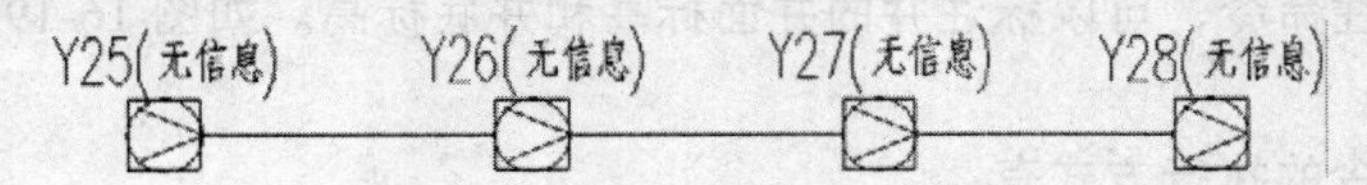

图 16-18　显示井的原标高信息

在执行命令的过程中，输入 R，选择“拾取标高(R)”选项，命令行提示如下：

命令：DMBG↙

请给出设计地面标高[拾取标高(R)/根据已标注井计算(F)]<退出>:R

请选择标高文字<退出>:　　//拾取已存在的标高标注。

请选择要标注的井(矩形框表示没有标高信息的井):<退出>指定对角点：找到 3 个

//选定待标注的井，即可完成地面标高的标注。

在执行命令的过程中，输入 F，选择“根据已标注井计算(F)”选项；可以根据已知井的地面标高，结合指所定的地面坡度自动计算沿途井的井面标高；命令行提示如下：

命令：DMBG↙

请给出设计地面标高[拾取标高(R)/根据已标注井计算(F)]<退出>:F

请选择已经标注的参考井:<退出>

请选择图中可参考坡度标注:<输入>　　//可选定已有的坡度标注，也可自定义坡度标注参数。

请选择要计算的井:<退出>　　//选择待计算的终止井，系统可自动根据所提供的参数计算井的地面标高。

提示

对井的地面标高执行编辑修改后，需要在执行地面标高命令的过程中才能查看标高参数；退出命令后不能在绘图区中查看标高参数。

16.7 管底标注

调用管底标注命令，可以标注井所接各段管线的管底标高。

管底标注命令的执行方式有：

➢ 命令行：输入 GDBZ 命令按回车键。

➢ 菜单栏：单击“室外标注”→“管底标注”命令。

输入 GDBZ 命令按回车键，命令行提示如下：

```
命令：GDBZ↙
请选择要标注的井[多选，参考上次标注(M) ]:<退出>//选择待标注的井。
请点取标注的转折点<退出>                    //点取标注的转折点，即可完成管底标注。
```

16.8 井底标注

调用井底标注命令，可以标注井的井面标高和井底标高。如图 16-19 所示为井底标注命令的操作结果。

井底标注命令的执行方式有：

➢ 命令行：输入 JBZ 命令按回车键。

➢ 菜单栏：单击“室外标注”→“井底标注”命令。

下面以图 16-19 所示的井底标注结果为例，介绍调用井底标注命令的方法。

[01] 按 Ctrl+O 组合键，打开配套光盘提供的“第 16 章/ 16.8　井底标注.dwg”素材文件，结果如图 16-20 所示。

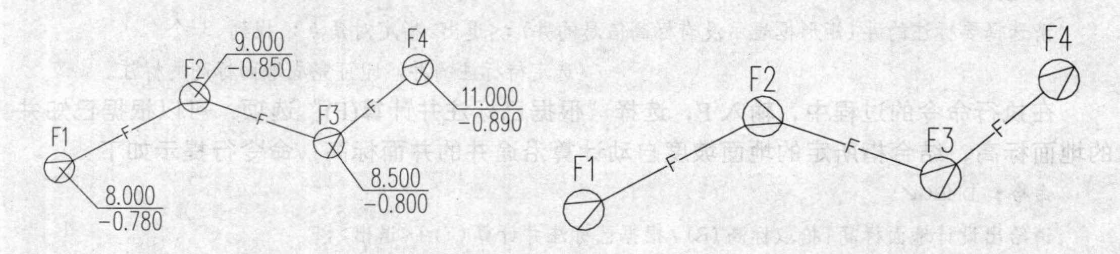

图 16-19　井底标注　　　　图 16-20　打开素材

[02] 输入 JBZ 命令按回车键，命令行提示如下：

```
命令:JBZ↙
```

请选择要标注的井[多选，参考上次标注(M)/设置(S)]:<退出>
请给出井面地面标高:<1.20 米>8
请给出井底标高:<-0.78 米>
点取井标注方向<退出>:　　　　//定义标高参数后，点取井标注方向即可完成井标注，结果如图 16-19 所示。

在执行命令的过程中，输入 M，选择“多选，参考上次标注(M)”选项；可以参考已绘制完成的标注样式批量对剩余的井进行统一标注，命令行提示如下：

命令： JBZ↙
请选择要标注的井[多选，参考上次标注(M)/设置(S)]:<退出>
请选择已经标好的井底标注:<退出>　　　　//选择已绘制完成的井底标注。
请选择要标注的井:<退出>指定对角点： 找到 3 个　　　　//框选待标注的井，按回车键即可完成标注。

在执行命令的过程中，输入 S，选择“设置(S)”选项，系统弹出如图 16-21 所示的【井标注】对话框，在其中可以修改井底标注的样式。

提示

双击已绘制完成的井底标注，也可弹出【井标注】对话框。

16.9 注坐标点

调用注坐标点命令，可以在图中标注坐标点并绘制坐标标注。如图 16-22 所示为注坐标点命令的操作结果。

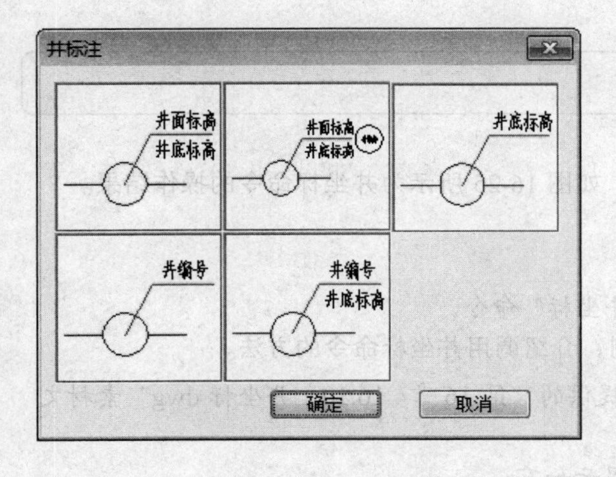

图 16-21 【井标注】对话框

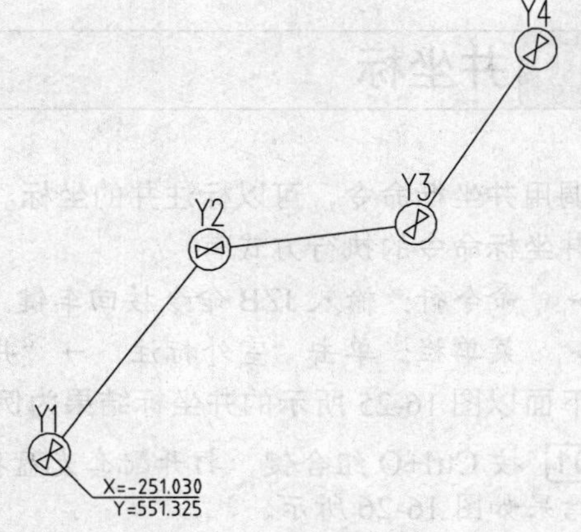

图 16-22 注坐标点

注坐标点命令的执行方式有：

➢ 菜单栏：单击“室外标注”→“注坐标点”命令。

下面以图 16-22 所示的注坐标点结果为例，介绍调用注坐标点命令的方法。

01 按 Ctrl+O 组合键，打开配套光盘提供的“第 16 章/ 16.9　注坐标点.dwg”素材文件，结果如图 16-23 所示。

02 单击“室外标注”→“注坐标点”命令，命令行提示如下：

```
命令： T98_TCOORD
当前绘图单位:mm,标注单位:M;以世界坐标取值;北向角度 90°
请点取标注点或 [设置(S)\批量标注(Q)]<退出>:
点取坐标标注方向<退出>:                          //分别点取坐标点和坐标标注方向，完成标点命令的操作，结果如图 16-22 所示。
```

在执行命令的过程中，输入 S，选择“设置(S)”选项；系统弹出【坐标标注】对话框，在其中可以定义坐标标注的各项参数，如图 16-24 所示。

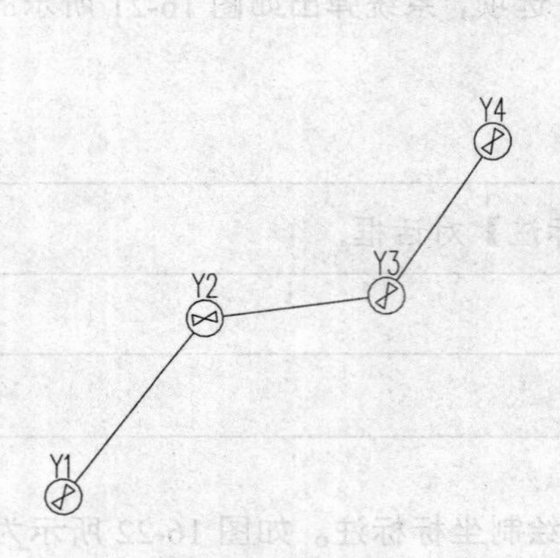

图 16-23　打开素材

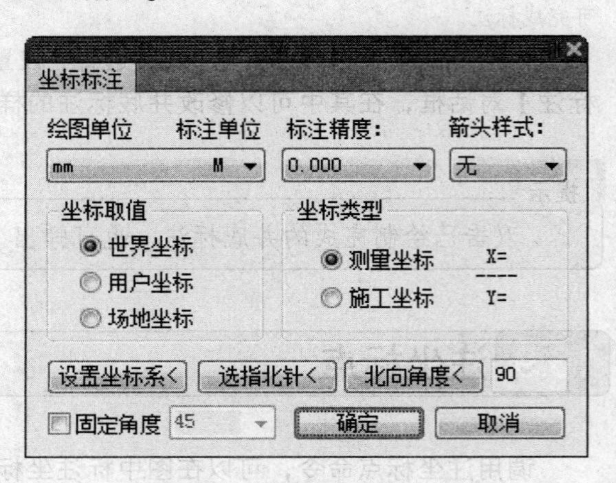

图 16-24　【坐标标注】对话框

16.10 井坐标

调用井坐标命令，可以标注井的坐标。如图 16-25 所示为井坐标命令的操作结果。

井坐标命令的执行方式有：

- 命令行：输入 JZB 命令按回车键。
- 菜单栏：单击“室外标注”→“井坐标”命令。

下面以图 16-25 所示的井坐标结果为例，介绍调用井坐标命令的方法。

01 按 Ctrl+O 组合键，打开配套光盘提供的“第 16 章/ 16.10　井坐标.dwg”素材文件，结果如图 16-26 所示。

02 输入 JZB 命令按回车键，命令行提示如下：

```
命令： JZB↙
请选择已经标好的井坐标(参考):<逐个标注>            //选定已绘制的井坐标。
请选择要标注的井:<退出>找到 3 个                    //选择待标注的井，即可完成井坐标的
```

批量标注，结果如图 16-25 所示。

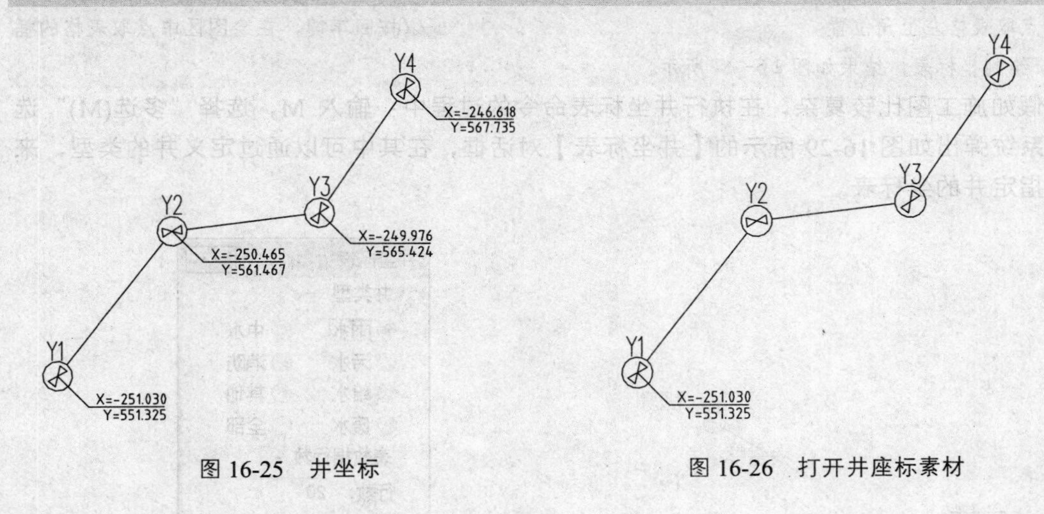

图 16-25　井坐标　　　　图 16-26　打开井座标素材

16.11 井坐标表

调用井坐标表，可以根据已绘制的井坐标标注，生成井坐标表。如图 16-27 所示为井坐标表命令的操作结果。

井表

序号	井编号	井坐标(m)		井面标高(m)	井底标高(m)	规格
		Y	X			
1	Y1	550.689	−261.943	0.000	0.000	φ700
2	Y2	555.348	−263.239	0.000	0.000	φ700
3	Y3	558.736	−259.850	0.000	0.000	φ700
4	Y4	562.277	−257.761	0.000	0.000	φ700

图 16-27　井坐标表

井坐标表命令的执行方式有：

- ➢ 命令行：输入 JZBB 命令按回车键。
- ➢ 菜单栏：单击“室外标注”→“井坐标表”命令。

下面以图 16-27 所示的井坐标表结果为例，介绍调用井坐标表命令的方法。

01 按 Ctrl+O 组合键，打开配套光盘提供的“第 16 章/ 16.11　井坐标表.dwg”素材文件，结果如图 16-28 所示。

02 输入 JZBB 命令按回车键，命令行提示如下：

```
命令： JZBB↙
请选择起点井[多选(M)]:<退出>
```

```
请选择终止井:<退出>                    //分别选择编号为 Y1 和 Y4 的井。
点取表格左上角位置                      //按回车键，在绘图区中点取表格的插入点，绘制坐标表，结果如图 16-27 所示。
```

假如施工图比较复杂，在执行井坐标表命令的过程中；输入 M，选择“多选(M)”选项；系统弹出如图 16-29 所示的【井坐标表】对话框，在其中可以通过定义井的类型，来生成指定井的坐标表。

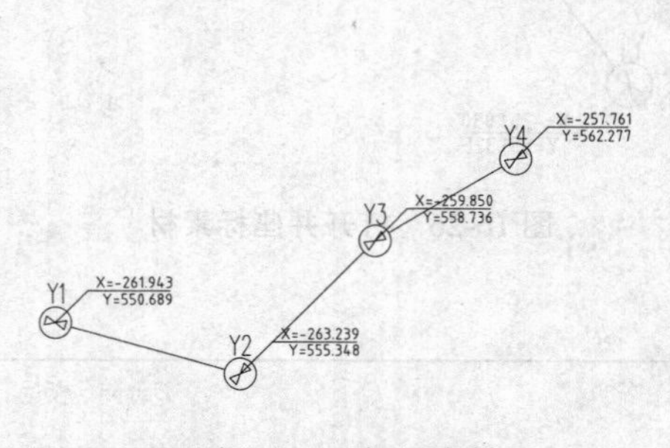

图 16-28　打开素材

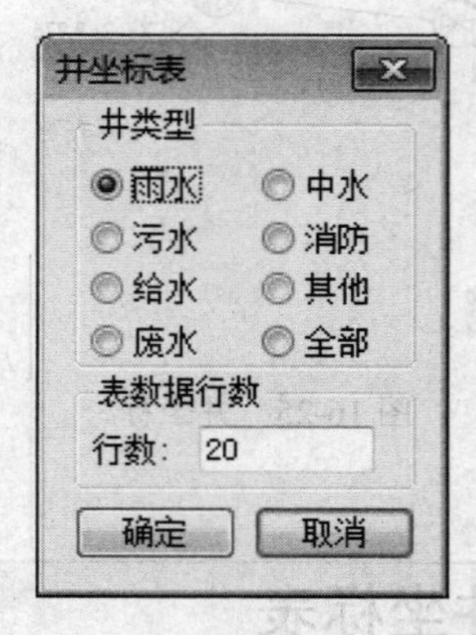

图 16-29　【井坐标表】对话框

16.12 井编号

调用井编号命令，可以修改井编号，并更新标注。如图 16-30 所示为井编号命令的操作结果。

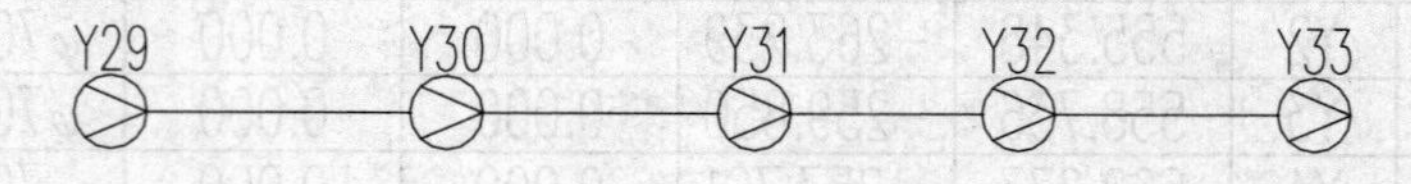

图 16-30　井编号

井编号命令的执行方式有：

- ➢ 命令行：输入 JBH 命令按回车键。
- ➢ 菜单栏：单击“室外标注”→“井编号”命令。

下面以图 16-30 所示的井编号结果为例，介绍调用井编号命令的方法。

01 按 Ctrl+O 组合键，打开配套光盘提供的“第 16 章/ 16.12　井编号.dwg”素材文件，结果如图 16-31 所示。

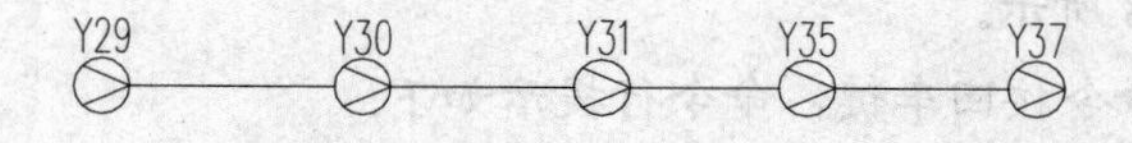

图 16-31　打开素材

02 输入 JBH 命令按回车键，命令行提示如下：

```
命令：JBH↙
请选择起点井:<退出>                    //选中编号为 Y29 的井，系统弹出如图 16-32 所示的【井编号】对话框，在其中可定义编号方式。
请选择终止井(自动修改):<手工修改>      //关闭对话框，选中编号为 Y37 的井。
管网系统井编号进行中，请稍候...
终点井编号为 Y33!                      //完成井编号的操作结果如图 16-30 所示。
```

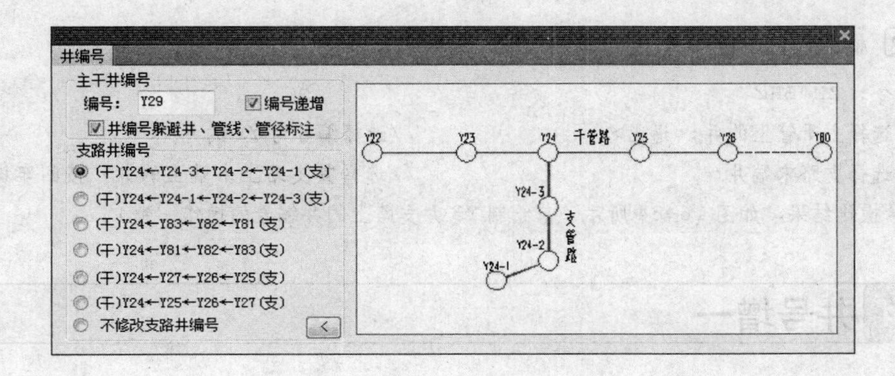

图 16-32 【井编号】对话框

除了修改井编号外，执行井编号命令，还可为没有标注编号的井添加编号；操作方法与修改井编号一致，绘制结果如图 16-33 所示。

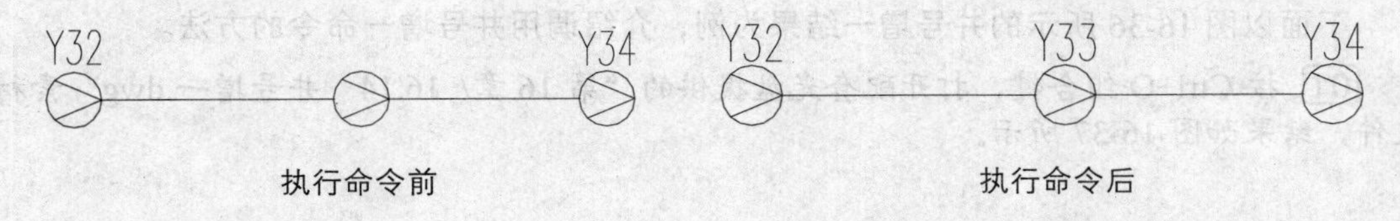

图 16-33 添加编号

16.13 支井编号

调用支井编号命令，可以给支路的井编号。如图 16-34 所示为支井编号命令的操作结果。

支井编号命令的执行方式有：

- 命令行：输入 ZHJBH 命令按回车键。
- 菜单栏：单击“室外标注”→“支井编号”命令。

下面以图 16-34 所示的支井编号结果为例，介绍调用支井编号命令的方法。

01 按 Ctrl+O 组合键，打开配套光盘提供的“第 16 章/ 16.13 支井编号.dwg”素材文件，结果如图 16-35 所示。

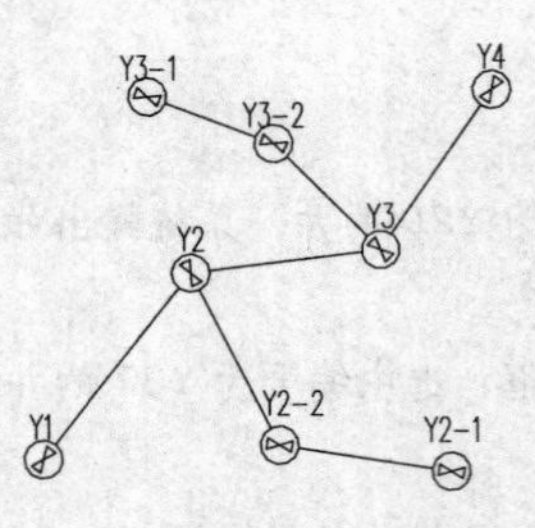

图 16-34　支井编号

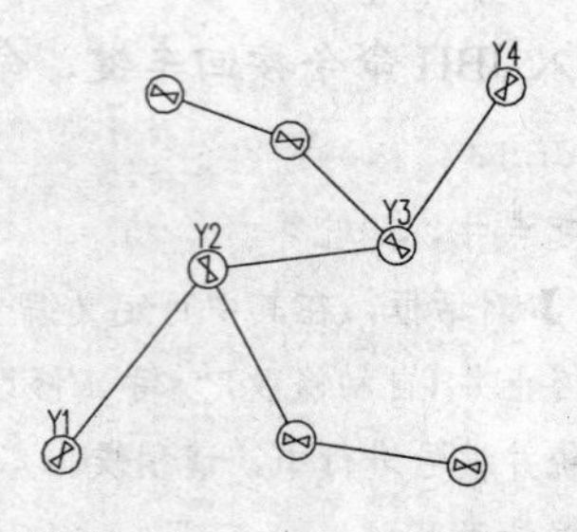

图 16-35　打开素材

02 输入 ZHJBH 命令按回车键，命令行提示如下：

命令：ZHJBH↙

请选择主干管上的井:<退出>　　//选择编号为 Y2 的井；

请选择支路末端井：　　//选择其支路上末端上的井，按回车键即可完成支井编号操作结果，如图 16-34 所示（与绘制 Y3 井支路上的井编号的操作一致）。

16.14 井号增一

调用井号增一命令，可以将井编号增一。如图 16-36 所示为井号增一命令的操作结果。

井号增一命令的执行方式有：

- 命令行：输入 JHZY 命令按回车键。
- 菜单栏：单击“室外标注”→“井号增一”命令。

下面以图 16-36 所示的井号增一结果为例，介绍调用井号增一命令的方法。

01 按 Ctrl+O 组合键，打开配套光盘提供的“第 16 章/ 16.14　井号增一.dwg”素材文件，结果如图 16-37 所示。

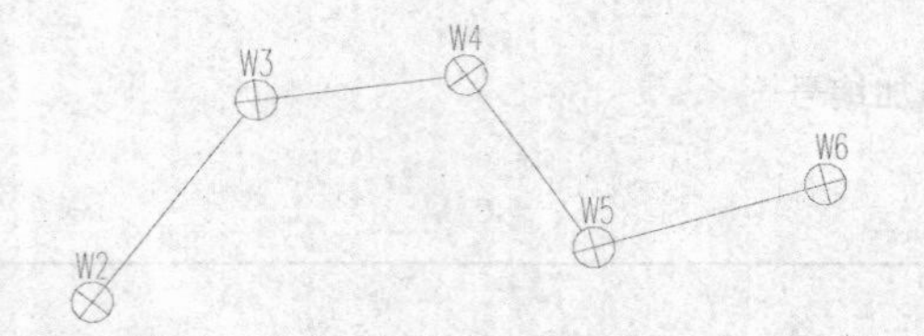

图 16-36　井号增一

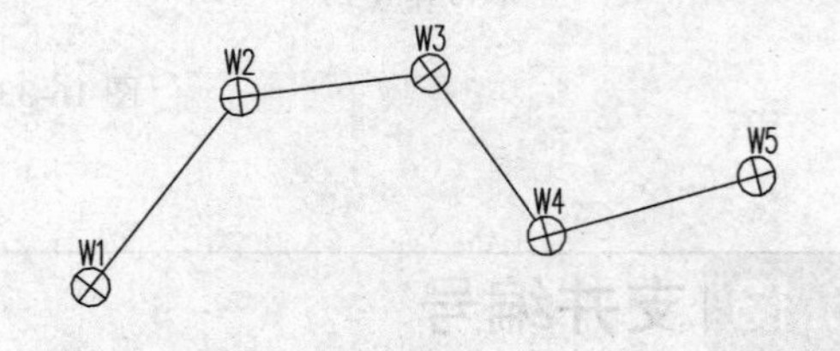

图 16-37　打开素材

02 输入 JHZY 命令按回车键，命令行提示如下：

命令：JHZY↙

请选择要编号加 1 的井:<退出>　　//选择编号为 W1 的井。

发现还有 4 个井需要修改编号，是否自动更新？<Y>　　//按回车键即可完成操作，结果如图 16-36 所示。

03 假如在命令行提示“是否自动更新？”时输入 N，则只对所选定的井编号执行增一操作，结果如图 16-38 所示。

16.15 井号减一

调用井号减一命令，可以对井编号执行减一的操作。如图16-39所示为井号减一命令的操作结果。

井号减一命令的执行方式有：

- 命令行：输入JHJY命令按回车键。
- 菜单栏：单击“室外标注”→“井号减一”命令。

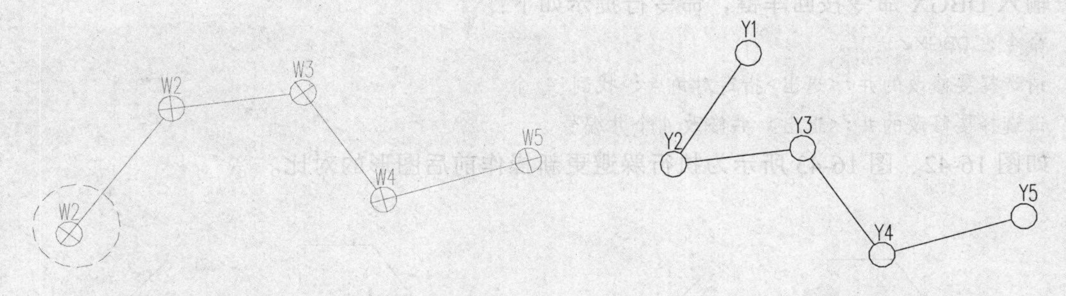

图16-38 操作结果　　　　图16-39 井号减一

下面以图16-39所示的井号减一结果为例，介绍调用井号减一命令的方法。

01 按Ctrl+O组合键，打开配套光盘提供的“第16章/ 16.15 井号减一.dwg”素材文件，结果如图16-40所示。

02 输入JHJY命令按回车键，命令行提示如下：

```
命令：JHJY↙
请选择要编号减1的井:<退出>                          //选定编号为Y2的井。
发现还有4个井需要修改编号，是否自动更新？<Y>          //按回车键即可完成井号减一的操作，结果如图16-39所示。
```

03 假如在命令行提示“是否自动更新？”时输入N，则只对所选定的井编号执行减一操作，结果如图16-41所示。

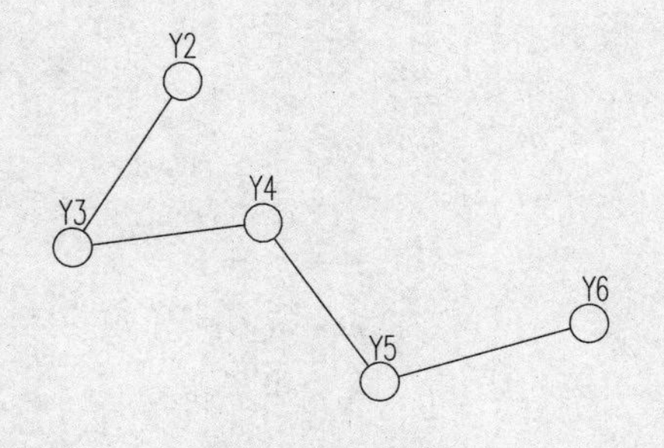

图16-40 打开素材

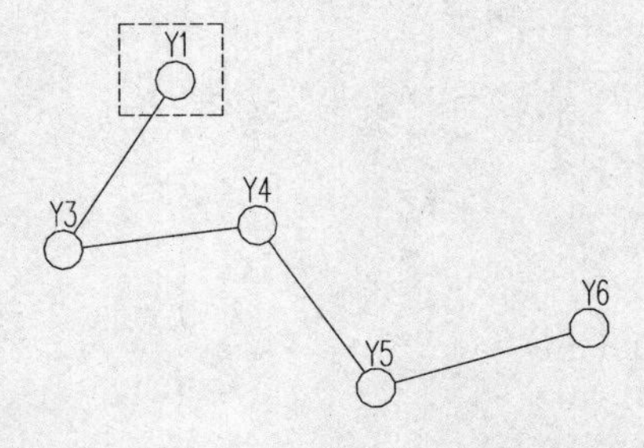

图16-41 绘制结果

16.16 躲避更新

调用躲避更新命令，可以使井编号躲避井、管线、管径标注、管底标注等实体信息，以使井编号更新到井附近空白处。

躲避更新命令的执行方式有：

➢ 命令行：输入 DBGX 命令按回车键。

➢ 菜单栏：单击“室外标注”→“躲避更新”命令。

输入 DBGX 命令按回车键，命令行提示如下：

```
命令: DBGX↙
请选择要修改的井:<退出>指定对角点: 找到 4 个
请选择要修改的井:<退出> 共修改 4 个井编号.
```

如图 16-42、图 16-43 所示为执行躲避更新操作前后图形的对比。

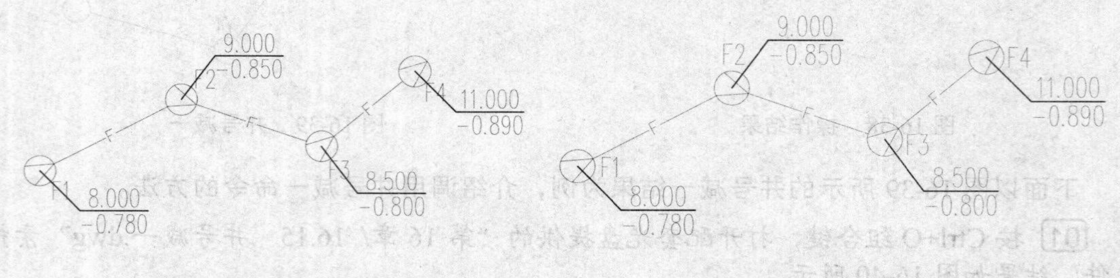

图 16-42 更新前　　　　图 16-43 更新后

第 17 章 室外计算

● **本章导读**

T20-WT V2.0 只需要用户指定相应的参数，即可按照系统预设的公式进行计算；计算结果以对话框的方式显示，使计算条件与计算结果一目了然。

本章介绍各室外系统水力计算的方法，包括室外雨水水力计算、小区污水计算以及市政污水计算等。

● **本章重点**

◈ 室外雨水
◈ 小区污水
◈ 市政污水
◈ 计算工具

17.1 管网埋深

调用管网埋深命令，可对室外管网系统执行管网埋深计算。可由已知管网起点埋深计算管网排出点标高，或者由已知排出点标高反算起点埋深。

管网埋深命令的执行方式有：

- 命令行：输入 BGJS 命令按回车键。
- 菜单栏：单击“室外计算”→“管网埋深”命令。

下面介绍对室外污水系统执行管网埋深计算的操作方法。

01 按 Ctrl+O 组合键，打开配套光盘提供的“第 17 章/ 17.1 管网埋深.dwg”素材文件，结果如图 17-1 所示。

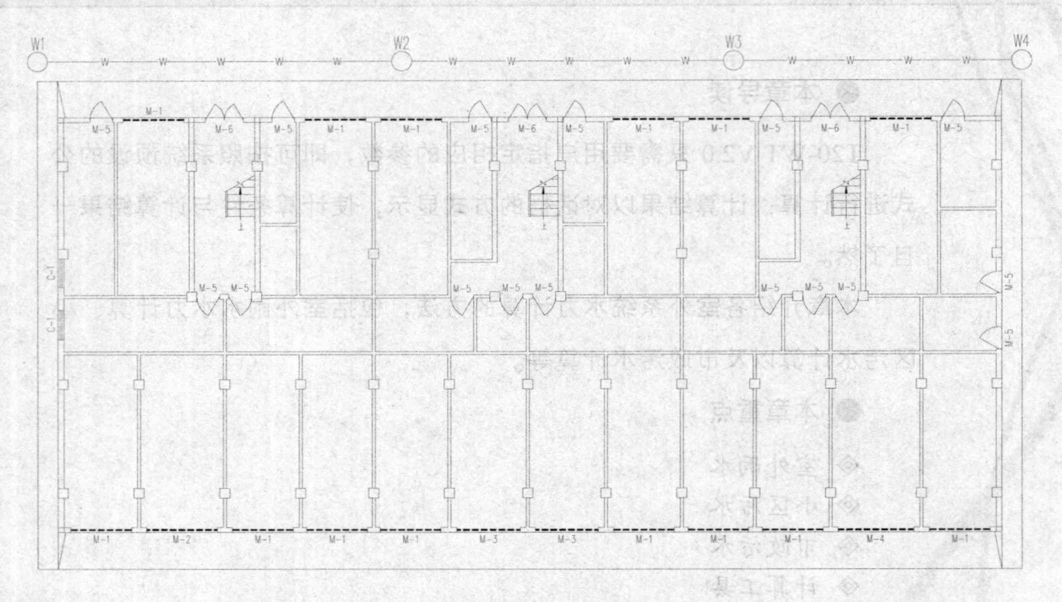

图 17-1 打开素材

02 输入 BGJS 命令按回车键，命令行提示如下：

命令：BGJS↙

请选择排出井<退出>:　　　　　　　　//选择编号为 W1 的污水井，调出如图 17-2 所示的【管径坡度赋值】对话框。

请选择需要设置管径坡度的管段<退出>:找到 3 个，总计 3 个

　　　　　　　　//分别单击 W1、W2、W3、W4 之间的连接管线，按回车键调出如图 17-3 所示的【管网埋深】对话框。

03 在对话框中单击“标高计算”按钮，计算结果如图 17-4 所示。

点取表格左上角位置　　　　　　　　// 绘制高程表的结果如图 17-5 所示。

按任意键返回对话框:<返回>

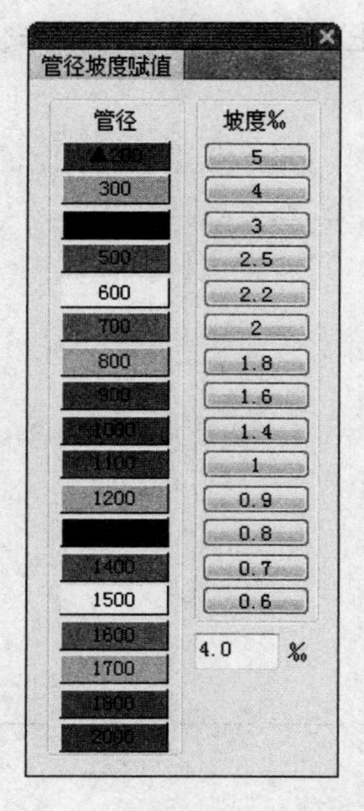

图 17-2 【管径坡度赋值】对话框

图 17-3 【管网埋深】对话框

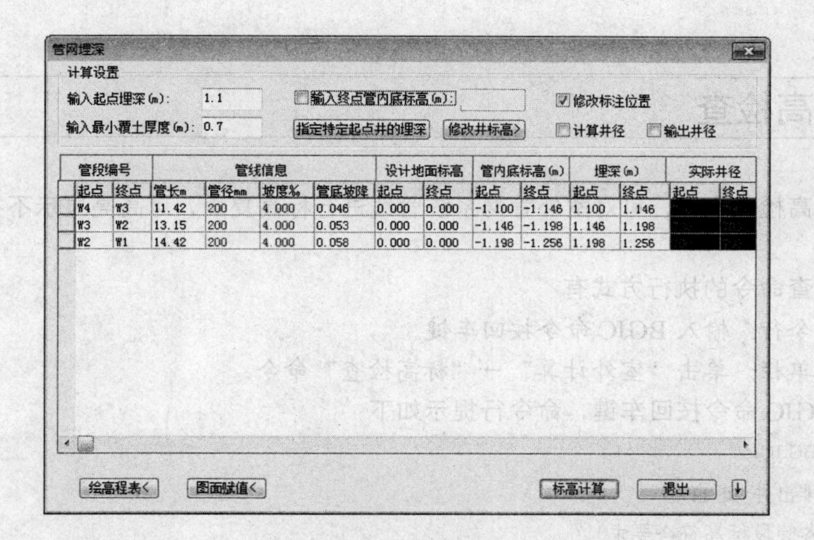

图 17-4 计算结果

污水管道高程表

序号	管段编号		管线信息				设计地面标高(m)		管内底标高(m)		埋深(m)		备注
	起点	终点	管长m	管径mm	坡度‰	管底坡降	起点	终点	起点	终点	起点	终点	
0	W4	W3	11.42	200	4.000	0.046	0.000	0.000	-1.100	-1.146	1.100	1.146	
1	W3	W2	13.15	200	4.000	0.053	0.000	0.000	-1.146	-1.198	1.146	1.198	
2	W2	W1	14.42	200	4.000	0.058	0.000	0.000	-1.198	-1.256	1.198	1.256	

图 17-5 绘制高程表

04 单击“图面赋值”按钮，将计算结果标注于图上，结果如图 17-6 所示。

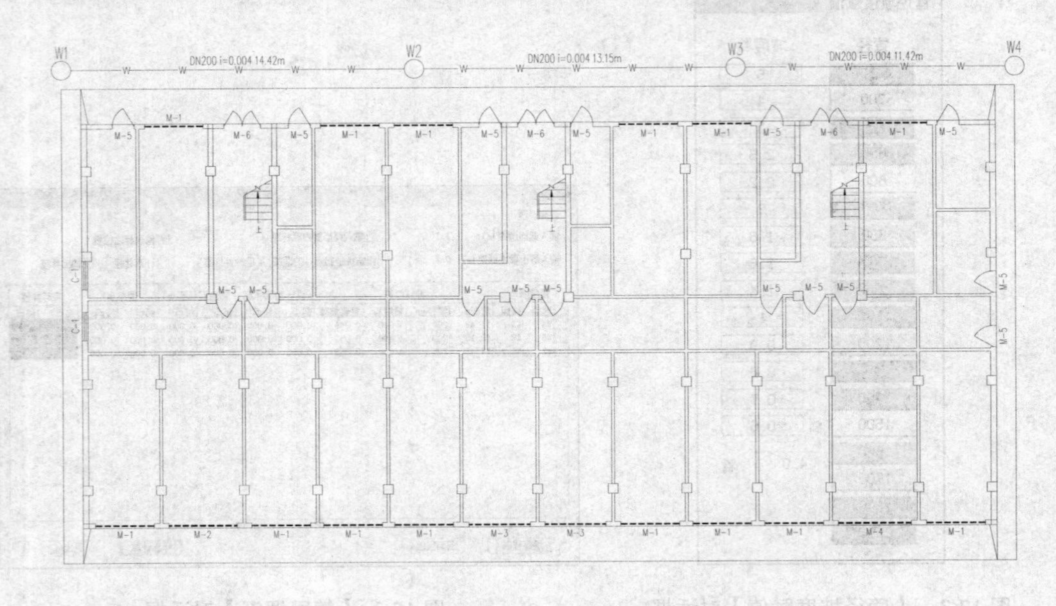

图 17-6　图面赋值

17.2 标高检查

调用标高检查命令，可对室外管网系统管线进行标高复查，可高亮显示不符合标高要求的管段。

标高检查命令的执行方式有：

➢ 命令行：输入 BGJC 命令按回车键。

➢ 菜单栏：单击“室外计算”→“标高检查”命令。

输入 BGJC 命令按回车键，命令行提示如下：

```
命令：BGJC↙
请选择排出井<退出>:
管网中各管段标高符合要求！
```

假如所选对象的标高不符合要求，则会以亮显的方式来提示用户进行更改。

17.3 室外雨水

本节介绍划分汇水面积，进行室外雨水水力计算的操作。主要介绍屋面雨水、汇流面积等命令的调用方法。

17.3.1 屋面雨水

调用屋面雨水命令，可以计算屋面雨水水量。

屋面雨水命令的执行方式有：

- 命令行：输入 WMYS 命令按回车键。
- 菜单栏：单击“室外计算”→“屋面雨水”命令。

输入 WMYS 命令按回车键，系统弹出如图 17-7 所示的【屋面雨水流量计算】对话框。在对话框中定义各项参数后，单击对话框下方的“计算”按钮，即可在“计算结果”选项组下显示“暴雨强度”、“雨水流量”的计算结果，如图 17-8 所示。

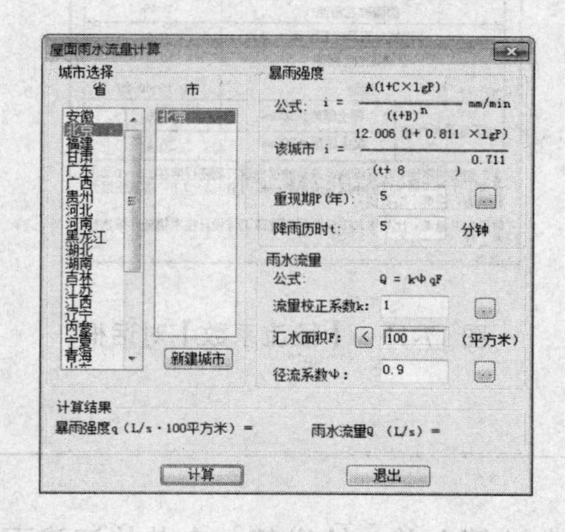

图 17-7 【屋面雨水流量计算】对话框

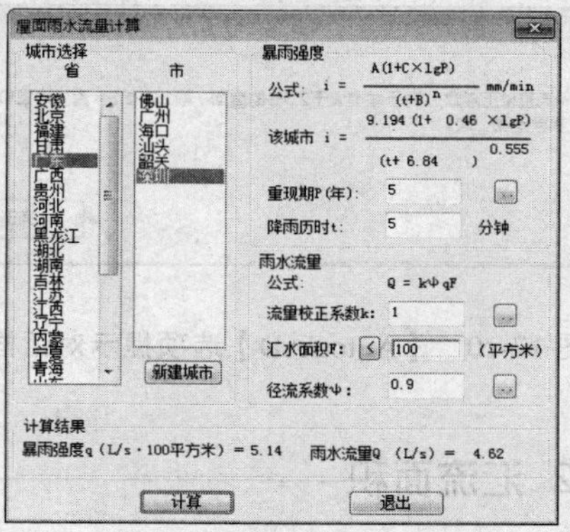

图 17-8 屋面雨水流量计算结果

【屋面雨水流量计算】对话框中功能选项的含义如下：

- “城市选择”选项组：在“省”选项列表框下选择省份，在“市”选项列表框中选择城市名称。
- “重现期”选项：在文本框中可以定义重现期限，单击文本框后面的按钮，系统弹出【重现期】对话框；在其中提示了各种汇水区域的设计重现期，如图 17-9 所示。

重现期

各种汇水区域的设计重现期

汇水区域名称		设计重现期（年）
屋面	一般性建筑物屋面	2~5
	重要公共建筑屋面	10
室外场地	居住小区	1~3
	车站、码头、机场的基地	2~5
	下沉式广场、地下车库坡道入口	5~50

数值仅供参考，出处《2009全国民用建筑工程设计技术措施》给水排水工程

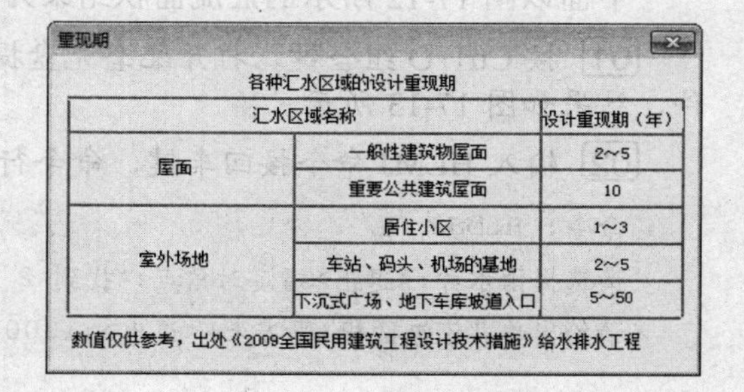

图 17-9 【重现期】对话框

- “降雨历时”选项：系统默认为 5min，可在文本框中自定义。
- “流量校正系数”选项：单击文本框右边的按钮，系统弹出【AutoCAD】选项提示对话框，在其中提示了流量校正系数的取值范围，如图 17-10 所示。
- “汇水面积”选项：点取文本框左边的按钮，在绘图区中拾取多段线，即可在文本框中显示该多段线的面积范围。
- “径流系数”选项：单击文本框右边的按钮，系统弹出【径流系数】对话框；

在其中显示各地面种类的径流系数设置范围，如图 17-11 所示。

- ➢ “暴雨强度”选项：根据暴雨强度表，在定义了城市、重现期和各项参数的情况下，单击“计算”按钮，系统可自动计算相对应的暴雨强度。
- ➢ “雨水流量”选项：在“雨水流量”选项组中定义参数后，单击“计算”按钮，系统可自动计算相对应的雨水流量强度。

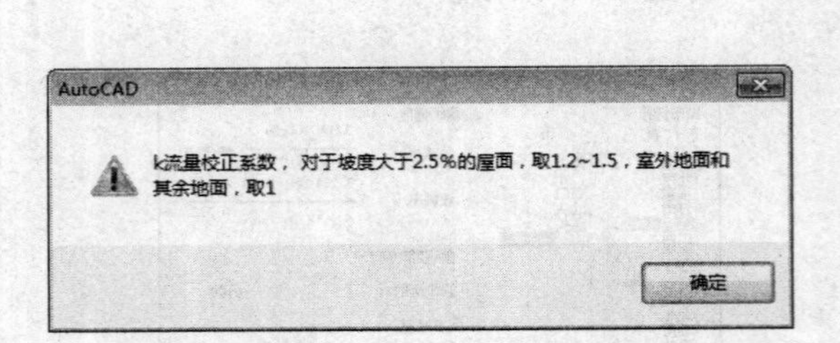

图 17-10 【AutoCAD】选项提示对话框

径流系数

地面种类		径流系数
屋面		0.9~1
绿化屋面（重现期约5年）		0.5
混凝土和沥青路面		0.9
块石等铺砌路面		0.6
级配碎石路面		0.45
干砌砖、石及碎石路面		0.4
非铺砌的土路面		0.3
绿地		0.15~0.25
地下室顶板绿地	覆土厚度≥500mm	0.25
	覆土厚度<500mm	0.4

注：如资料不足，小区综合径流系数根据建筑稠密程度在0.5~0.8内选用。北方干旱地区的小区径流系数一般可取0.3~0.6。建筑密度大取高值，密度小取低值。

数值仅供参考，出处《2009全国民用建筑工程设计技术措施》给水排水工程

图 17-11 【径流系数】对话框

17.3.2 汇流面积

调用汇流面积命令，可以在进行室外雨水水力计算之前，给出每一个井的汇流面积。如图 17-12 所示为定义汇流面积命令的操作结果。

汇流面积命令的执行方式有：

- ➢ 命令行：输入 HLMJ 命令按回车键。
- ➢ 菜单栏：单击“室外计算”→“汇流面积”命令。

下面以图 17-12 所示的汇流面积结果为例，介绍调用汇流面积命令的方法。

01 按 Ctrl+O 组合键，打开配套光盘提供的“第 17 章/ 17.3.2 汇流面积.dwg”素材文件，结果如图 17-13 所示。

02 输入 HLMJ 命令按回车键，命令行提示如下：

```
命令：HLMJ↙
请选择雨水井:<退出>指定对角点：找到 2 个 //此时雨水井的编号呈绿色显示，框选雨水井。
请给出单井汇流面积(平方米)<退出>:1000    //输入面积参数，按回车键即可完成定义操作。
```

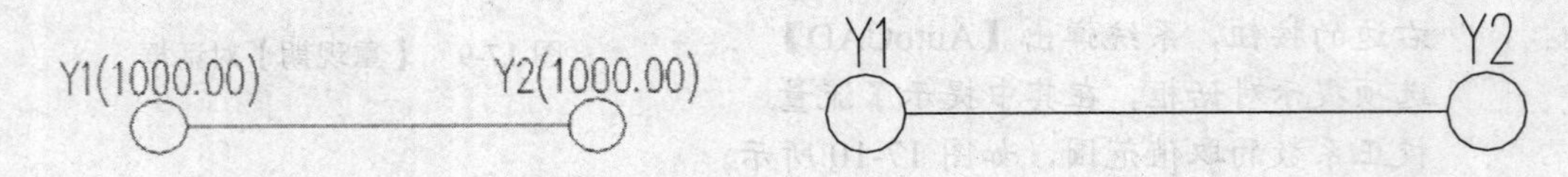

图 17-12 汇流面积　　　　图 17-13 打开素材

提示

定义后的汇流面积不能显示在绘图区中，必须再次执行汇流面积命令，才能查看显示的面积参数，如图 17-12 所示。

17.3.3 雨水参数

调用雨水参数命令，可以在进行室外雨水水力计算之前，对指定井输入径流系数、重现期和汇水时间。

雨水参数命令的执行方式有：

➢ 命令行：输入 YSCS 命令按回车键。

➢ 菜单栏：单击“室外计算”→“雨水参数”命令。

输入 YSCS 命令按回车键，命令行提示如下：

```
命令：YSCS↙
请选择要输入的雨水井参数 1:径流系数 2:重现期 3:汇水时间<径流系数>:
                    //按回车键，即可选择“1:径流系数”选项。
请选择雨水井:<退出>找到 1 个
请给出单井径流系数(如:绿地 0.15, 沥青路面 0.6 等))<默认>:0.15
                    //或者按回车键使用系统默认的参数，或者自定义井径流系数。
```

在执行命令的过程中，输入 2，选择“2:重现期”选项，命令行提示如下：

```
命令： YSCS↙
请选择要输入的雨水井参数 1:径流系数 2:重现期 3:汇水时间<径流系数>:2
                    //输入 2，即可选择“2:重现期”选项。
请选择雨水井:<退出>找到 1 个，总计 1 个
请给出重现期<默认>:3  //或者按回车键使用系统默认的参数，或者自定义重现期限参数，注意单位为年。
```

在执行命令的过程中，输入 3，选择“3:汇水时间”选项，命令行提示如下：

```
命令:YSCS↙
请选择要输入的雨水井参数 1:径流系数 2:重现期 3:汇水时间<径流系数>:3
                    //输入 3，即可选择“3:汇水时间”选项。
请选择起点雨水井:<退出>
请给出汇水时间(5~15 分钟)<默认>:7            //或者按回车键使用系统默认的参数，或者自定义汇水时间参数，单位为分钟。
```

17.3.4 雨水水力

调用雨水水力命令，可以计算室外的雨水水力。如图 17-14 所示为雨水水力计算命令的操作结果。

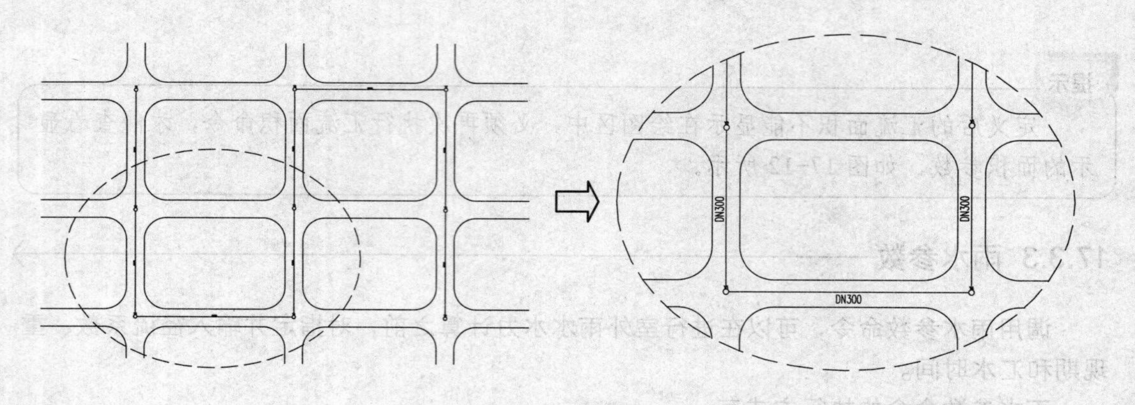

图 17-14　雨水水力

雨水水力命令的执行方式有：

➢　命令行：输入 YSSL 命令按回车键。

➢　菜单栏：单击“室外计算”→“雨水水力”命令。

下面以图 17-14 所示的雨水水力结果为例，介绍调用雨水水力命令的方法。

01 按 Ctrl+O 组合键，打开配套光盘提供的“第 17 章/ 17.3.4 雨水水力.dwg”素材文件，结果如图 17-15 所示。

02 输入 YSSL 命令按回车键，命令行提示如下：

```
命令：YSSL↙
请选择排出干管或排出井<退出>                    //选择排水干管。
请选择最远井<系统搜索>:                          //按回车键默认系统所搜索到的井，系统弹出如
图 17-16 所示的【室外雨水计算】对话框。
```

图 17-15　打开雨水水力素材

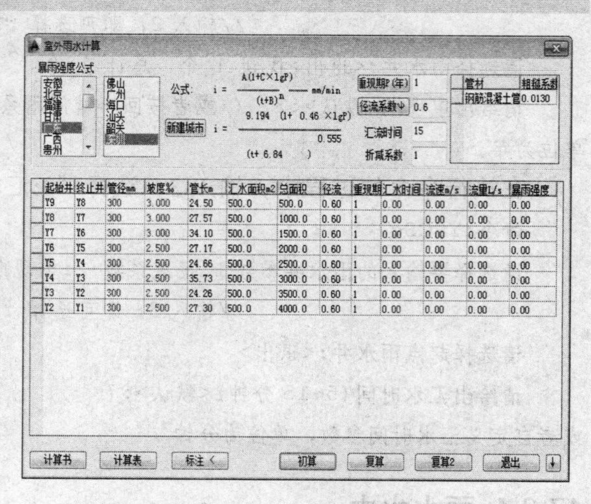

起始井	终止井	管径mm	坡度‰	管长m	汇水面积m2	总面积	径流	重现期	汇水时间	流速m/s	流量L/s	暴雨强度
Y9	Y8	300	3.000	24.50	500.0	500.0	0.60	1	0.00	0.00	0.00	0.00
Y8	Y7	300	3.000	27.57	500.0	1000.0	0.60	1	0.00	0.00	0.00	0.00
Y7	Y6	300	3.000	34.10	500.0	1500.0	0.60	1	0.00	0.00	0.00	0.00
Y6	Y5	300	2.500	27.17	500.0	2000.0	0.60	1	0.00	0.00	0.00	0.00
Y5	Y4	300	2.500	24.66	500.0	2500.0	0.60	1	0.00	0.00	0.00	0.00
Y4	Y3	300	2.500	35.73	500.0	3000.0	0.60	1	0.00	0.00	0.00	0.00
Y3	Y2	300	2.500	24.26	500.0	3500.0	0.60	1	0.00	0.00	0.00	0.00
Y2	Y1	300	2.500	27.30	500.0	4000.0	0.60	1	0.00	0.00	0.00	0.00

图 17-16　【室外雨水计算】对话框

03 在对话框的下方单击“初算”按钮，系统即可自动计算“汇水时间”“流速”“流量”“暴雨强度”的参数值，如图 17-17 所示。

04 单击“计算表”按钮，根据命令行的提示，在绘图区中点取表格的左上角点，绘

制表格，结果如图 17-18 所示。

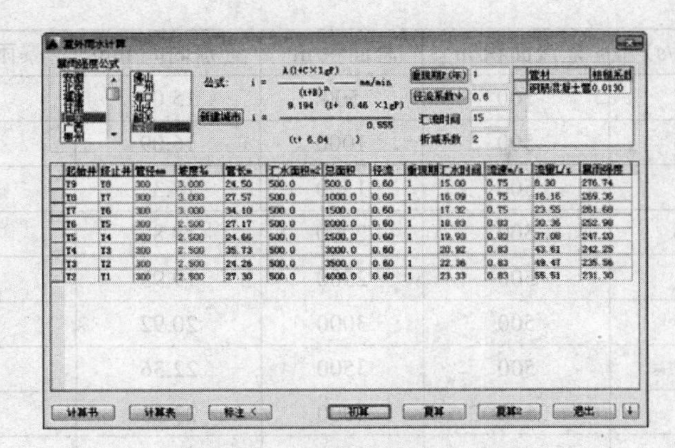

图 17-17　雨水水力计算结果

雨水计算表

线路							设计降雨						设计管渠			
管段		长度	面积F		径流系数	重现期	历时t			暴雨强度	设计流量		直径	坡度i(‰)	流速	泄流量
起点	终点	L(m)	汇水面积(m2)	总面积(m2)	Ψ	P(年)	汇水时间t(min)	管内时间t(min)	折减系数m	q(L/s.ha)	Q(L/s)		D(mm)		v(m/s)	Qs(L/s)
Y9	Y8	24.50	500.0	500.0	0.60	1	15.00	0.54	2.00	276.74	8.30		300	3.000	0.75	53.01
Y8	Y7	27.57	500.0	1000.0	0.60	1	16.09	0.61	2.00	269.36	16.16		300	3.000	0.75	53.01
Y7	Y6	34.10	500.0	1500.0	0.60	1	17.32	0.76	2.00	261.68	23.55		300	3.000	0.75	53.01
Y6	Y5	27.17	500.0	2000.0	0.60	1	18.83	0.55	2.00	252.98	30.36		300	2.500	0.83	58.67
Y5	Y4	24.66	500.0	2500.0	0.60	1	19.93	0.50	2.00	247.20	37.08		300	2.500	0.83	58.67
Y4	Y3	35.73	500.0	3000.0	0.60	1	20.92	0.72	2.00	242.25	43.61		300	2.500	0.83	58.67
Y3	Y2	24.26	500.0	3500.0	0.60	1	22.36	0.49	2.00	235.56	49.47		300	2.500	0.83	58.67
Y2	Y1	27.30	500.0	4000.0	0.60	1	23.33	0.55	2.00	231.30	55.51		300	2.500	0.83	58.67

图 17-18　雨水计算表

05 单击“计算书”按钮，计算结果即以 Word 文档的形式输出，结果见表 17-1、表 17-2。

表 17-1　主干管线信息

管段名称	管径/mm	管道流量/(L/s)	管长/m	流速/(m/s)	水力坡降(‰)	管材
Y9-Y8	300	8.30	24.50	0.75	3.000	钢筋混凝土管
Y8-Y7	300	16.16	27.57	0.75	3.000	钢筋混凝土管
Y7-Y6	300	23.55	34.10	0.75	3.000	钢筋混凝土管
Y6-Y5	300	30.36	27.17	0.83	2.500	钢筋混凝土管
Y5-Y4	300	37.08	24.66	0.83	2.500	钢筋混凝土管
Y4-Y3	300	43.61	35.73	0.83	2.500	钢筋混凝土管
Y3-Y2	300	49.47	24.26	0.83	2.500	钢筋混凝土管
Y2-Y1	300	55.51	27.30	0.83	2.500	钢筋混凝土管

注：计算原理参照《室外排水设计规范[2014 版]》GB 50014—2006，《给水排水设计手册》(第五册城镇排水)。

表 17-2　主要井信息

井编号	流量/（L/s）	汇流面积/m²	总面积/m²	汇流时间/min	暴雨强度/[L/（s·顷）]
Y9	8.30	500	500	15.00	276.74
Y8	16.16	500	1000	16.09	269.36
Y7	23.55	500	1500	17.32	261.68
Y6	30.36	500	2000	18.83	252.98
Y5	37.08	500	2500	19.93	247.20
Y4	43.61	500	3000	20.92	242.25
Y3	49.47	500	3500	22.36	235.56
Y2	55.51	500	4000	23.33	231.30
Y1	61.22	500	4500	24.43	226.76

注：计算原理参照《室外排水设计规范[2014 版]》GB 50014—2006，《给水排水设计手册》（第五册城镇排水）。

【室外雨水计算】对话框中功能选项的含义如下：

- “暴雨强度公式”选项框：在“省”“市”两个选项框中分别选定省份和城市，右边的公式会发生相应的变化。最后系统会以用户所定义的城市的相对应公式来计算室外雨水水量。
- “新建城市”按钮：单击该按钮，系统弹出【新城市：暴雨强度公式】对话框；在其中定义城市的名称和公式中的各项参数，如图 17-19 所示。单击“新建”按钮，即可将参数添加至【室外雨水计算】对话框中。

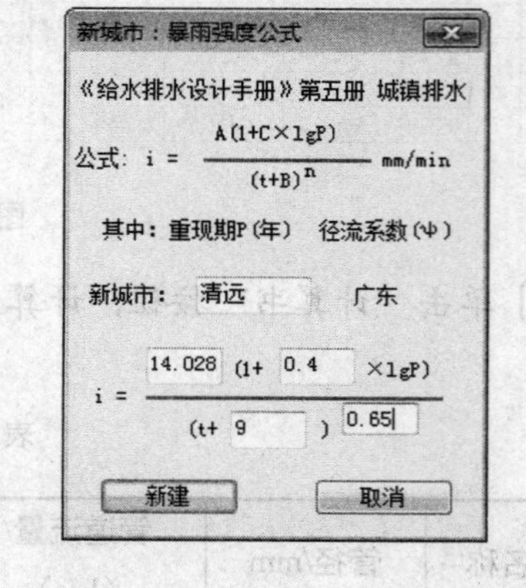

图 17-19　【新城市：暴雨强度公式】对话框

- “计算书”按钮：单击该按钮，则计算结果即以 Word 文档的形式输出。
- “计算表”按钮：单击该按钮，可以在绘图区中创建雨水计算表。
- “标注”按钮：单击该按钮，可将管径标注在图中。
- “初算”按钮：在计算公式中的各项参数都定义完成后，单击该按钮，即可计算雨水水量。
- “复算”按钮：编辑管径和坡度参数后，单击该按钮，则可完成雨水水力参数的校核计算。
- “复算 2”按钮：在已知管道坡度的情况下，直接将参数填入对应的编辑栏，单击该按钮，即可完成管径、流量、流速等参数的计算。

17.4 小区污水

本节介绍在确定各井流量的情况下，进行小区污水水力计算的操作方法。主要介绍污井流量和小区污水命令的调用方法。

17.4.1 污井流量

调用污井流量命令，可以在进行室外污水计算之前，确定每井的污水流量。如图 17-20 所示为污井流量命令的操作结果。

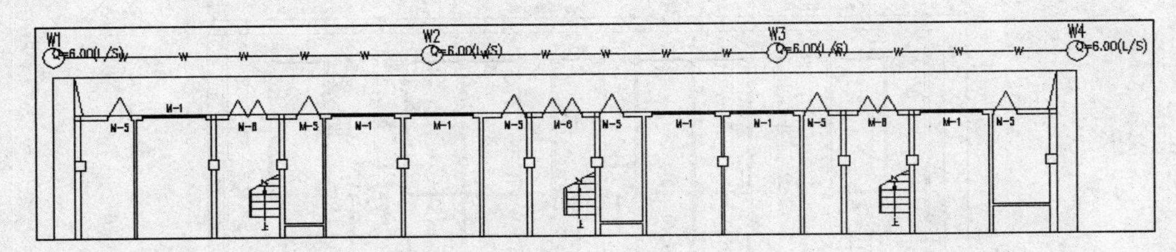

图 17-20　污井流量

污井流量命令的执行方式有：

➢ 命令行：输入 WJLL 命令按回车键。

➢ 菜单栏：单击“室外计算”→“污井流量”命令。

下面以图 17-20 所示的污井流量结果为例，介绍调用污井流量命令的方法。

01 按 Ctrl+O 组合键，打开配套光盘提供的“第 17 章/ 17.4.1 污井流量.dwg”素材文件，结果如图 17-21 所示。

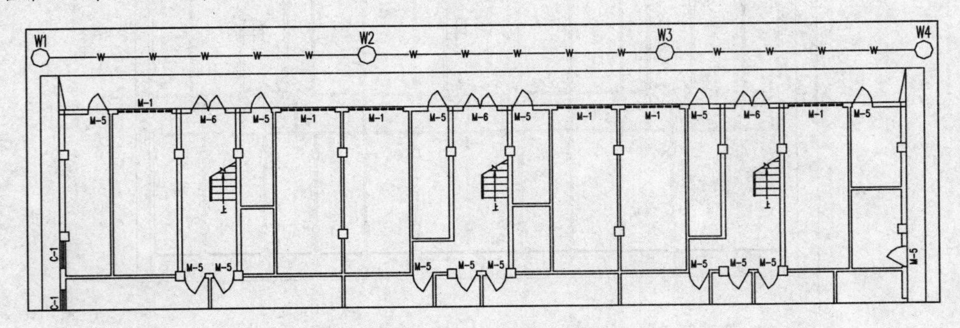

图 17-21　打开污井流量素材

02 输入 WJLL 命令按回车键，命令行提示如下：

命令：WJLL↙

请选择污水井:<退出>找到 1 个，总计 4 个

请给出流入污水井的流量(L/S)(注意不包括转输流量)<退出>:6　　//定义污井流量参数，按回车键即可完成污井流量的定义，如图 17-20 所示。

提示

定义的污井流量不会显示在图中，必须再次执行污井流量命令，污井流量参数才能显示在污井旁，如图17-22所示。

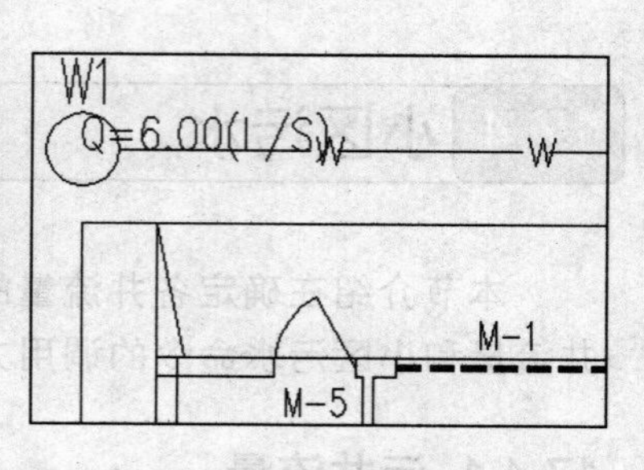

图 17-22　污井流量显示结果

17.4.2 小区污水命令

调用小区污水命令，可以计算室外污水水力。如图17-23所示为小区污水命令的操作结果。

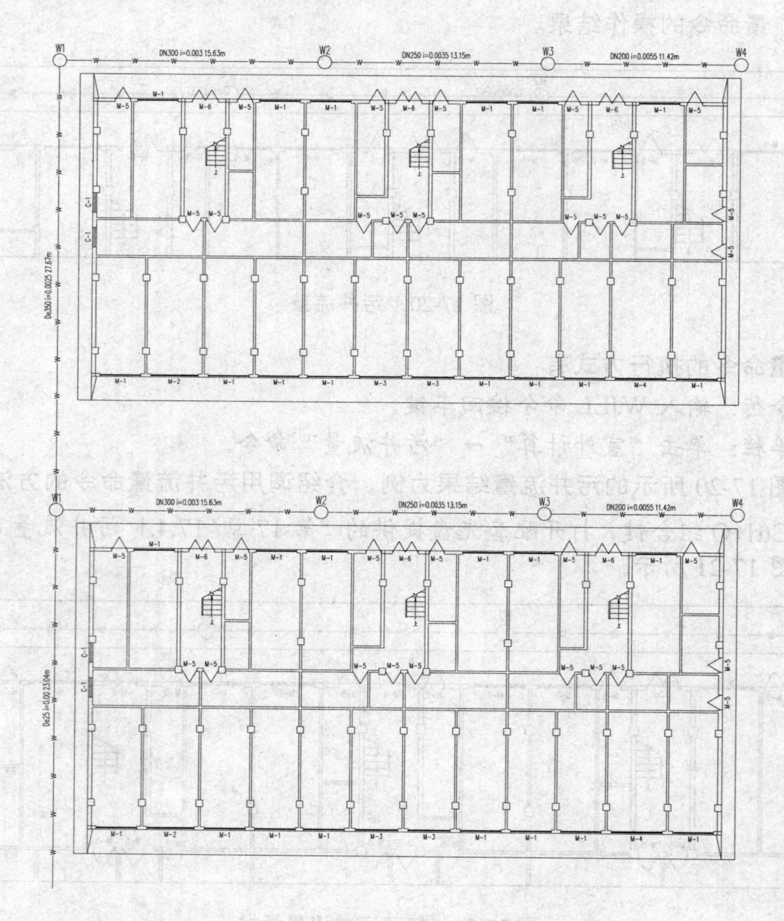

图 17-23　小区污水

小区污水命令的执行方式有：

➢　命令行：输入 XQWS 命令按回车键。

➢　菜单栏：单击“室外计算”→“小区污水”命令。

下面以图 17-23 所示的小区污水结果为例，介绍调用小区污水命令的方法。

01 按 Ctrl+O 组合键，打开配套光盘提供的“第 17 章/ 17.4.2 小区污水.dwg”素材文件，结果如图 17-24 所示。

02 输入 XQWS 命令按回车键，命令行提示如下：

```
命令：XQWS↙
请选择排出干管<退出>                    //选定左侧的排出干管。
需要计算的管网系统已高亮显示:<计算>      //按回车键，系统弹出【小区污水水力计算】对话
框。
```

03 在对话框中显示了所拾取的排出干管的参数，单击“初算”按钮，即可完成污水水力的计算，如图 17-25 所示。

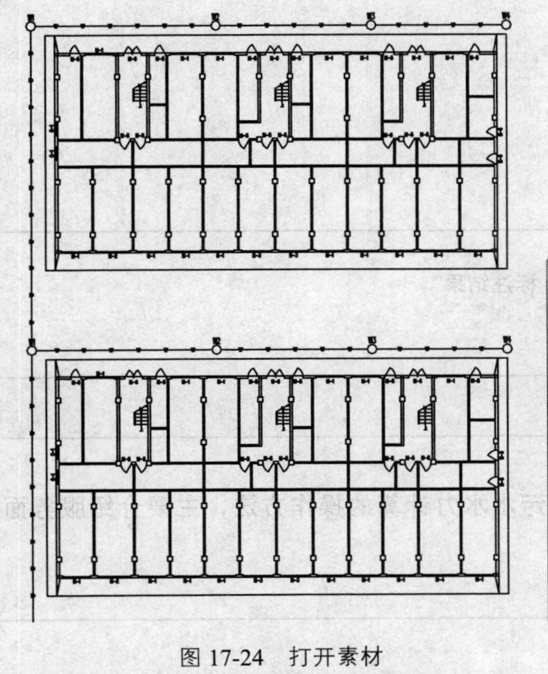

图 17-24　打开素材

小区污水水力计算

编号	管长m	管径mm	坡度‰	流量L/s	流速m/s	充满度%
W4-W3	11.42	200	5.500	6.00	0.61	0.35
W3-W2	13.15	250	3.500	12.00	0.61	0.42
W2-W1	15.63	300	3.000	18.00	0.64	0.42
W1-W1	27.67	350	2.500	24.00	0.89	0.32
W4-W3	11.42	200	5.500	6.00	0.61	0.35
W3-W2	13.15	250	3.500	12.00	0.61	0.42
W2-W1	15.63	300	3.000	18.00	0.64	0.42

计算书　标注 <　初算　复算　复算2　退出

图 17-25　【小区污水水力计算】对话框

04 单击“计算书”按钮，则计算结果以 Word 文档的形式输出，结果见表 17-3。

表 17-3　计算结果

管段名称	流量/（L/s）	管长/m	公称直径	坡度（‰）	流速/（m/s）	充满度（%）	管材
W4-W3	6.00	11.42	200	5.50	0.61	35.17	钢筋混凝土管
W3-W2	12.00	13.15	250	3.50	0.61	41.89	钢筋混凝土管
W2-W1	18.00	15.63	300	3.00	0.64	41.80	钢筋混凝土管
W1-W1	24.00	27.67	350	2.50	0.89	32.37	排水 PVC-U
W4-W3	6.00	11.42	200	5.50	0.61	35.17	钢筋混凝土管
W3-W2	12.00	13.15	250	3.50	0.61	41.89	钢筋混凝土管
W2-W1	18.00	15.63	300	3.00	0.64	41.80	钢筋混凝土管

注：计算原理参照《全国民用建筑工程设计技术措施 2009》。

05 单击“标注”按钮，可将管径标注在图中，如图 17-26 所示。

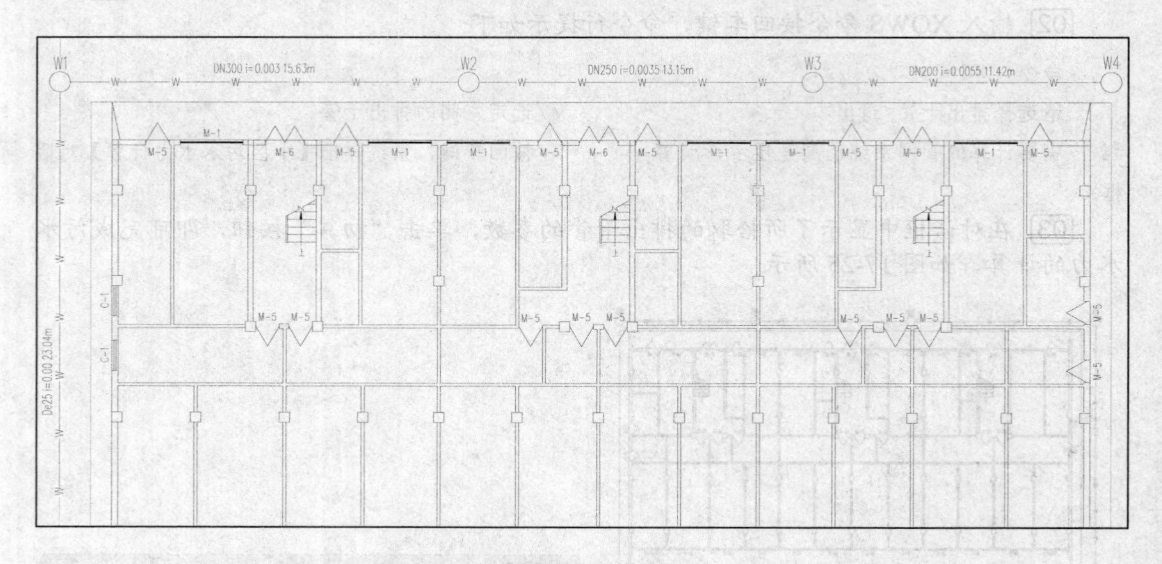

图 17-26 标注结果

17.5 市政污水

本节介绍通过划分服务面积来进行市政污水水力计算的操作方法，主要介绍服务面积、市政污水命令的调用方法。

17.5.1 服务面积

调用服务面积命令，可以在进行市政污水水力计算前，给出每一个井的服务面积、人口密度以及污水定额等参数。如图 17-27 所示为服务面积命令的操作结果。

服务面积命令的执行方式有：

- 命令行：输入 FWMJ 命令按回车键。
- 菜单栏：单击“室外计算”→“服务面积”命令。

下面以图 17-27 所示的服务面积结果为例，介绍调用服务面积命令的方法。

01 按 Ctrl+O 组合键，打开配套光盘提供的“第 17 章/ 17.5.1 服务面积.dwg”素材文件，结果如图 17-28 所示。

02 输入 FWMJ 命令按回车键，命令行提示如下：

命令：FWMJ↙

请选择污水井:<退出>找到 1 个　　　　//选择污水井，按回车键，系统弹出如图 17-29 所示的【市政污水计算参数】对话框。

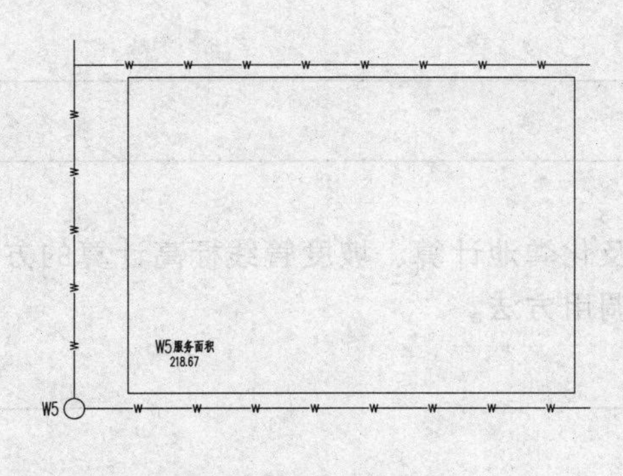

图 17-27　服务面积

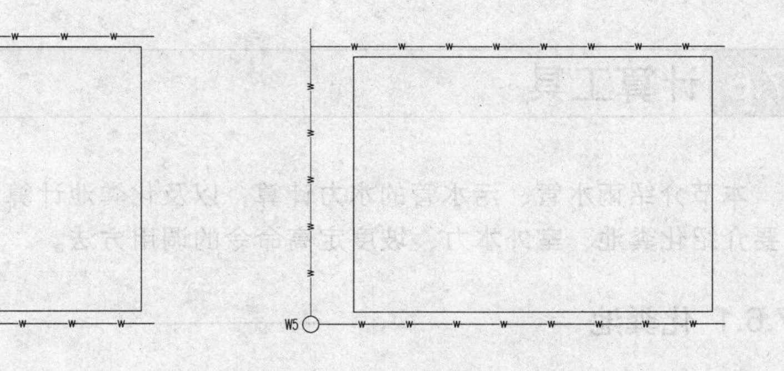

图 17-28　打开素材

03 单击“用地面积”后面的按钮，命令行提示如下：

请勾绘封闭汇流面积：或 ［点取图中曲线(P)/点取参考点(R)］<退出>:

//勾画汇流面积，按回车键返回【市政污水计算参数】对话框。

04 单击“确定”按钮关闭对话框，即可完成服务面积命令的操作，结果如图 17-27 所示。

在【市政污水计算参数】对话框中取消勾选“其他用途”选项，勾选“居民生活”选项；输入计算居民生活污水平均日流量的参数，或根据实际情况定义集中流量数值，可完成各井的流量分配。

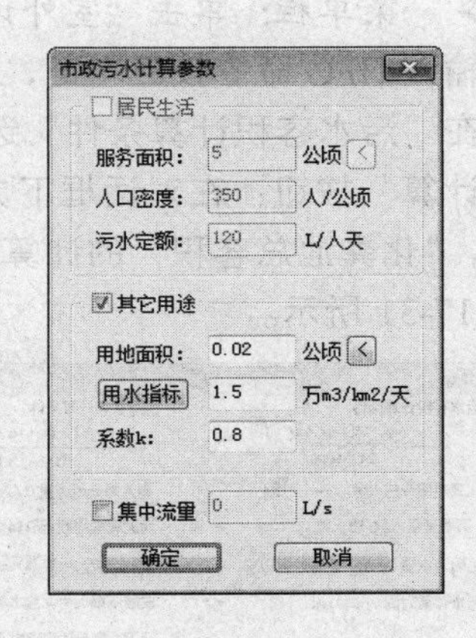

图 17-29　【市政污水计算参数】对话框

17.5.2 市政污水命令

调用市政污水命令，可以计算市政污水水力。

市政污水命令的执行方式有：

- 命令行：输入 SZWS 命令按回车键。
- 菜单栏：单击“室外计算”→“市政污水”命令。

输入 SZWS 命令按回车键，命令行提示如下：

命令：SZWS↙

请选择排出干管<退出>　　　　//选定干管。

请选择主干网最远井<系统搜索>:　　　　//按回车键，系统默认搜索最远井。

此时系统可弹出【市政污水水力计算】对话框，在其中单击“初算”按钮，确定管径、坡度、流量、流速和充满度。根据实际情况修改管径、坡度，然后单击“复算”按钮，可校核其他水力参数。单击“计算书”按钮，则计算结果以表格的形式被输出。

17.6 计算工具

本节介绍雨水管、污水管的水力计算，以及化粪池计算、坡度管线标高计算的方法，主要介绍化粪池、室外水力、坡度定高命令的调用方法。

17.6.1 化粪池

调用化粪池命令，可以计算化粪池的有效容积。化粪池命令的执行方式有：

➢ 命令行：输入 HFC 命令按回车键。

➢ 菜单栏：单击“室外计算”→“化粪池”命令。

输入 HFC 命令按回车键，命令行弹出如图 17-30 所示的【化粪池】对话框。

在“污水容积计算条件”选项组和“污泥容积计算条件”选项组下分别定义参数，单击“计算”按钮；在对话框下方的“污水容积”“污泥容积”选项中可以显示计算结果，其中，“化粪池总容积”的计算结果为“污水容积”和“污泥容积”计算结果相加的结果，如图 17-31 所示。

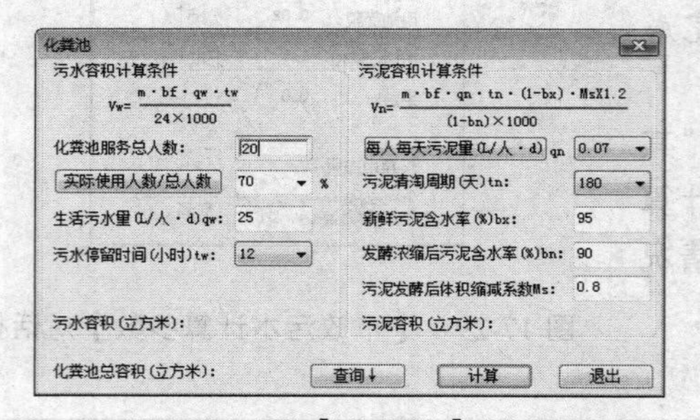

图 17-30 【化粪池】对话框

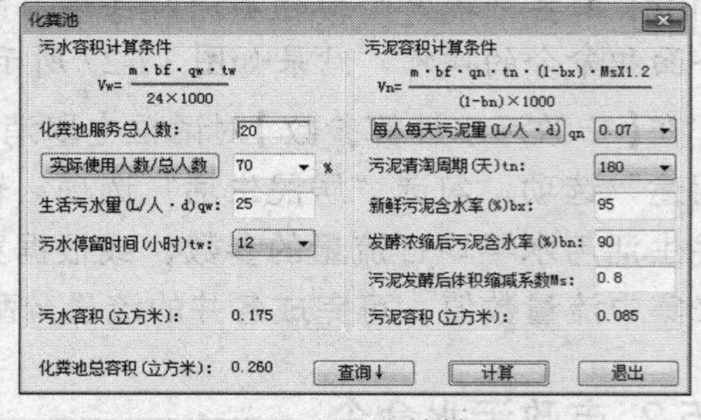

图 17-31 计算结果

【化粪池】对话框中功能选项的含义如下：

➢ “实际使用人数/总人数”按钮：单击该按钮，系统弹出【AutoCAD】信息提示对话框；在其中显示了各类建筑实际使用卫生设备人数与总人数的百分比，如图 17-32 所示。

➢ “每人每天污泥量”按钮：单击该按钮，系统弹出【AutoCAD】信息提示对话框；在其中显示了各类建筑物每人每日污泥量的范围参数，如图 17-33 所示。

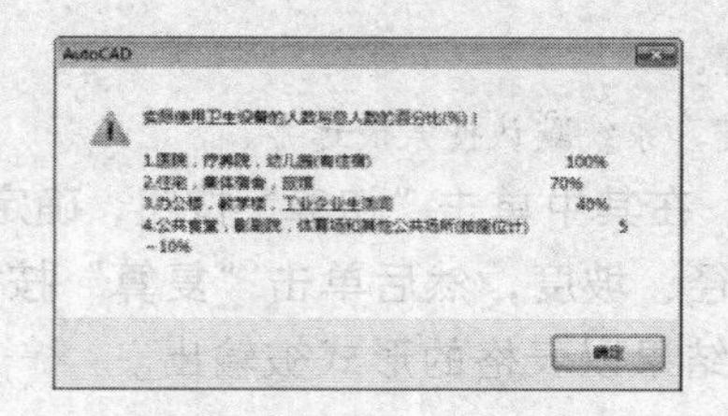

图 17-32 【AutoCAD】信息提示对话框

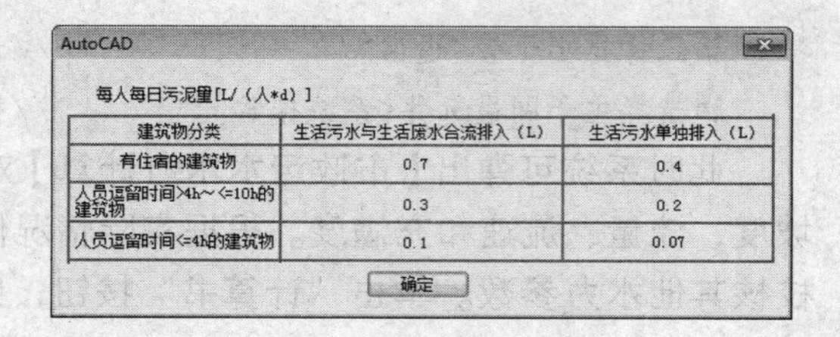

AutoCAD

每人每日污泥量[L/（人*d）]

建筑物分类	生活污水与生活废水合流排入（L）	生活污水单独排入（L）
有住宿的建筑物	0.7	0.4
人员逗留时间>4h～<=10h的建筑物	0.3	0.2
人员逗留时间<=4h的建筑物	0.1	0.07

确定

图 17-33 每人每日污泥量范围参数

➢ “查询”按钮：单击该按钮，可以在对话框下方弹出列表框中符合计算结果的化粪池国标图集型号尺寸，如图 17-34 所示。

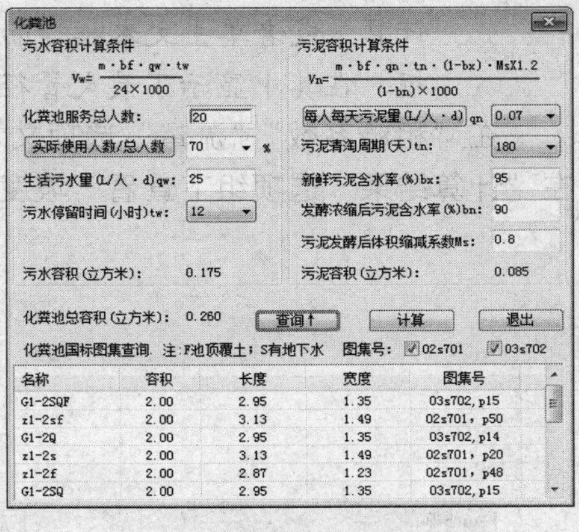

图 17-34　查询化粪池国标规范

17.6.2 室外水力

调用室外水力命令，可以计算室外污水、雨水单管水力。

室外水力命令的执行方式有：

➢ 命令行：输入 SWSL 命令按回车键。
➢ 菜单栏：单击“室外计算”→“室外水力”命令。

输入 SWSL 命令按回车键，系统弹出【室外污水、雨水单管水力计算】对话框。在对话框中选择“充满度”选项卡，如图 17-35 所示；在选项组下选择“非满流（污水）”选项；在右边的“设计充满度”选项框中定义充满度值。

选择“满流”选项，则“设计充满度”默认为 100%，并暗显表示不可修改默认参数。

选择“坡度”选项卡，对话框显示结果如图 17-36 所示。在该选项卡中，污水使用非满流的方式计算，在“坡度”选项文本框中定义坡度值，即可使用该参数进行计算。

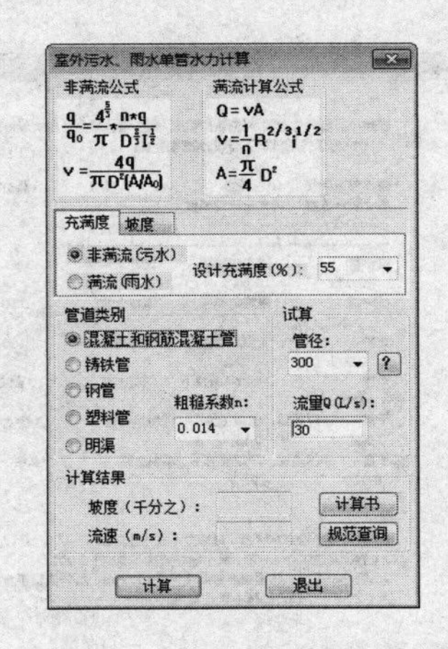

图 17-35　选择“充满度”选项卡

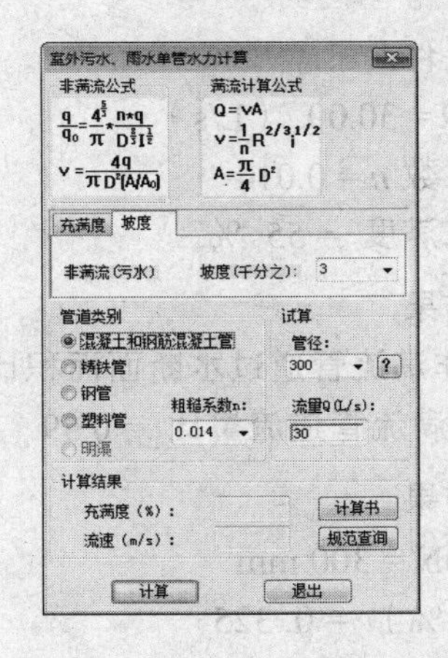

图 17-36　选择“坡度”选项卡

【室外污水、雨水单管水力计算】对话框中功能选项的含义如下：

➢ “非满流公式”预览框：在预览框中显示了使用“非满流”方式来计算室外水力的公式。
➢ “满流计算公式”预览框：在预览框中显示了使用“满流”方式来计算室外水力的公式。
➢ “管道类别”选项组：系统提供了五种材料的管道类别参与计算，单击选定其中的一种，即可计算该种管道的水力。

➢ “管径”选项：在选项文本框的下拉列表中可以选择系统所提供的管径参数以供计算；或者单击文本框后面的“？”按钮，系统弹出【AutoCAD】信息提示对话框，在其中显示了最大管径值，如图 17-37 所示。

在“粗糙系数”“流量”选项文本框中分别定义了参数后，单击“计算”按钮，即可在“计算结果”选项组下查看“坡度”“流速”计算结果，如图 17-38 所示。

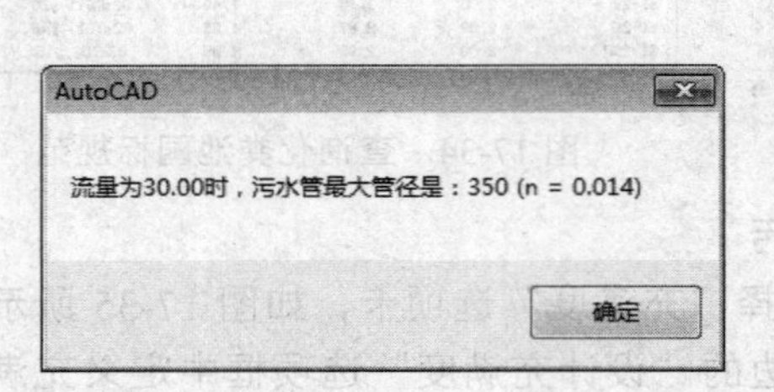

图 17-37 【AutoCAD】信息提示对话框

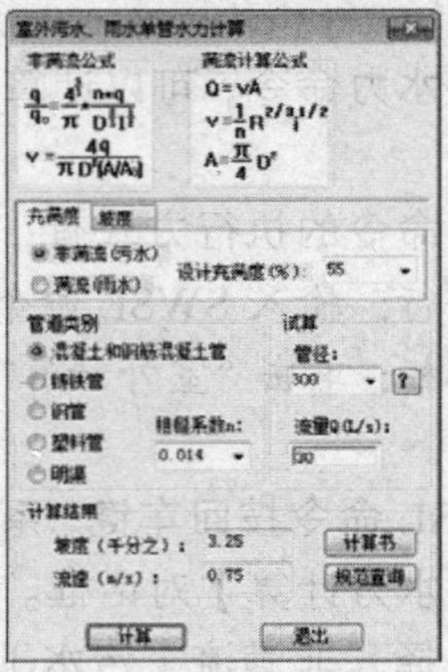

图 17-38 “坡度”、“流量”计算结果

单击“计算书”按钮，系统可将计算结果以 Word 文档的方式输出如下：

室外污水水力计算书

已知条件:

流量 $Q = 30.00$ （L/s）

粗糙系数 $n = 0.014$

设计充满度 ＝55 %

查表结果:

$A/A0$ 非满流管道过水断面面积比 ＝0.56

q/q_0 非满流管道流量比 ＝0.59

计算结果:

管径 DN＝300 mm

坡度（%）＝0. 325

流速（m/s）＝0.75

符合规范设计!

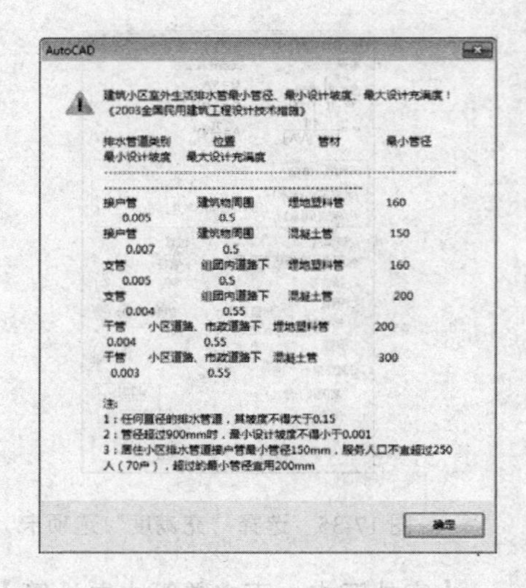

图 17-39 【AutoCAD】对话框

单击“规范查询”按钮，系统弹出【AutoCAD】对话框；在其中显示了建筑小区室外各类生活排水管最小管径、最小设计坡度、最大设计充满度的取值，如图 17-39 所示。

17.6.3 坡高计算

调用坡高计算命令，可以根据管线的坡度计算连续管线的各段起点、终点标高，根据起点、终点标高反算坡度。如图 17-40 所示为坡高计算命令的操作结果。

坡高计算命令的执行方式有：

➢ 命令行：输入 PGJS 命令按回车键。

➢ 菜单栏：单击“室外计算”→“坡高计算”命令。

下面以图 17-40 所示的坡高计算结果为例，介绍调用坡高计算命令的方法。

01 按 Ctrl+O 组合键，打开配套光盘提供的“第 17 章/ 17.6.3 坡高计算.dwg”素材文件，结果如图 17-41 所示。

图 17-40　坡高计算　　　　图 17-41　打开素材

02 输入 PGJS 命令按回车键，命令行提示如下：

命令：PGJS↙

请选择管线下游端点[选择上游端点(S)]<退出>:　　　　//选择水平管线，系统弹出如图 17-42 所示的【坡高计算】对话框；在“标高”选项组下勾选“上游点标高”选项。

请选择上游端点位置<退出>　　　　//返回绘图区选择垂直管线，系统弹出【坡高计算】对话框，定义参数，如图 17-43 所示。

03 坡高计算命令的操作结果如图 17-40 所示。

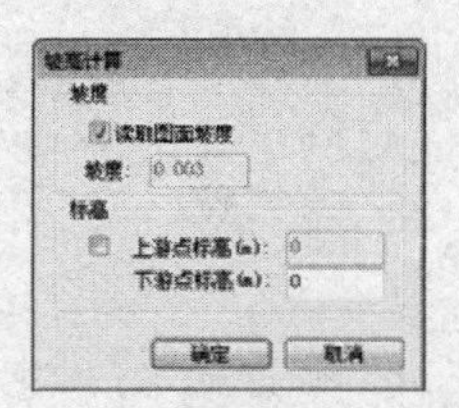

图 17-42　【坡高计算】对话框

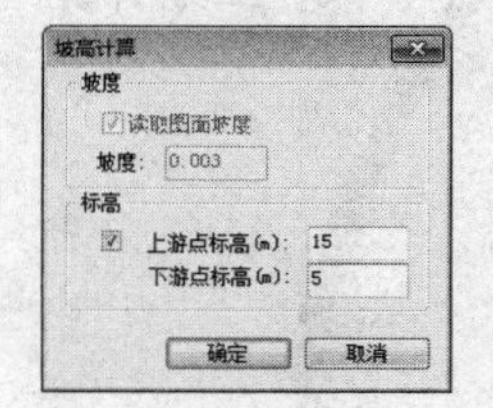

图 17-43　定义坡高参数

第 18 章

纵断面图

● 本章导读

T20-WT V2.0 只需要用户指定相应的参数，即可按照系统预设的公式进行计算；计算结果以对话框的方式显示，使计算条件与计算结果一目了然。

本章介绍各室外系统水力计算的方法，包括室外雨水水力计算、小区污水计算、市政污水计算以及纵断面图的生成等。

● 本章重点

◈ 纵断面图
◈ 修改表头
◈ 纵断标高
◈ 土方计算
◈ 设置面头
◈ 一分为二
◈ 单元修改

18.1 纵断面图命令

调用纵断面图命令，可以绘制纵断面图，但前提是管线已经标注好管径和坡度。

纵断面图命令的执行方式有：

- 命令行：输入 ZDMT 命令按回车键。
- 菜单栏：单击“纵断面图”→“纵断面图”命令。

下面以图 18-1 所示的纵断面图结果为例，介绍调用纵断面图命令的方法。

1. 绘制污水纵断面图

01 按 Ctrl+O 组合键，打开配套光盘提供的“第 18 章/ 18.1 污水纵断面图.dwg”素材文件，结果如图 18-2 所示。

02 输入 ZDMT 命令按回车键，命令行提示如下：

```
命令： ZDMT↙
请选择起点井:<退出>                                    //选择编号为 W1 的井。
请选择终止井:<自动搜索>                                //选择编号为 W2 的井。
需要计算的管网系统已高亮显示[读取已计算信息(A)]<重新计算>:
                //按回车键，系统弹出如图 18-3 所示的【纵断面图—雨污系统】对话框。
```

03 在对话框中单击“埋深计算”按钮，系统可计算“管内底标高”和“埋深”参数，如图 18-4 所示。

04 单击“纵断面图”按钮，根据命令行的提示；在绘图区中点取纵断面图位置，绘制纵断面图，结果如图 18-1 所示。

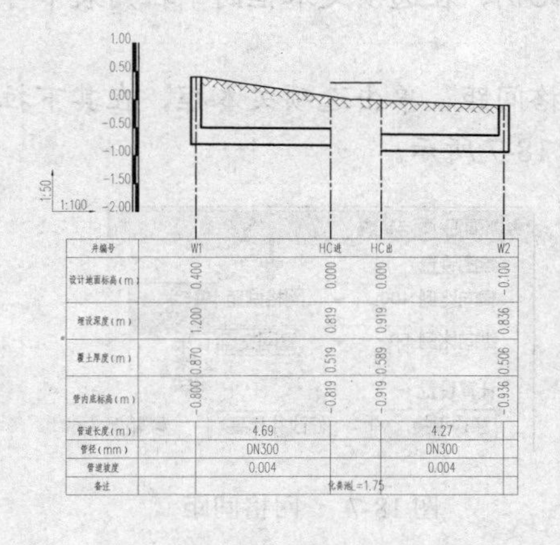

图 18-1　绘制断面图

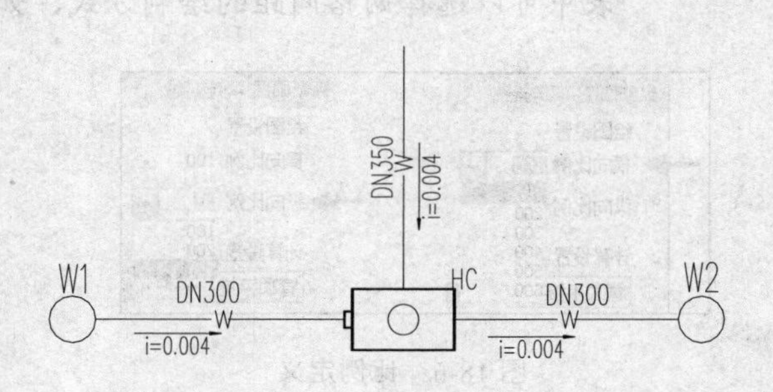

图 18-2　打开素材

05 单击“绘高程表”按钮，根据命令行的提示，在绘图区中点取高程表位置，绘制高程表的结果如图 18-5 所示。

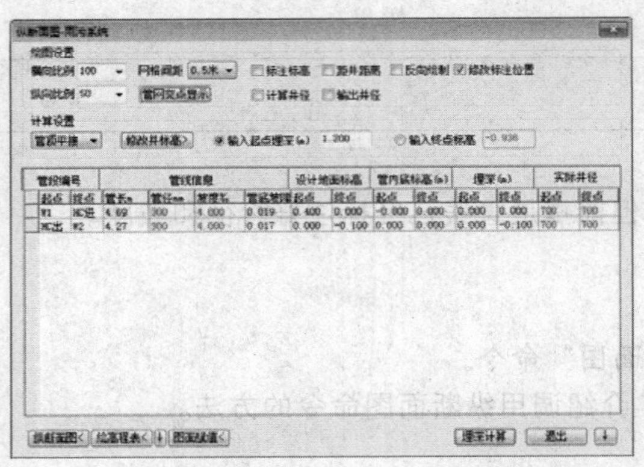

图 18-3 【纵断面图—雨污系统】对话框

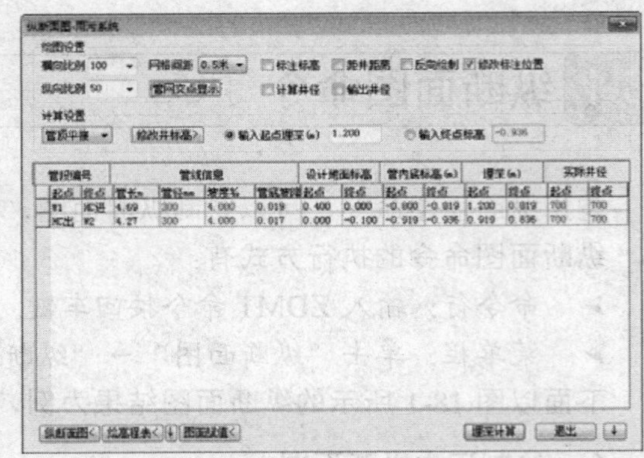

图 18-4 “埋深计算”

高程表

序号	管段井号		管径(mm)	管长(m)	坡度	管底坡降	设计地面标高(m)		管内底标高(m)		深埋(m)		备注
	起始	终止					起始	终止	起始	终止	起始	终止	
0	W1	HC进	DN300	4.69	0.004	0.019	0.400	0.000	-0.800	-0.819	1.200	0.819	
1	HC出	W2	DN300	4.27	0.004	0.017	0.000	-0.100	-0.919	-0.936	0.919	0.836	

图 18-5 绘制高程表

【纵断面图—雨污系统】对话框中功能选项的含义如下：

➢ “绘图设置”选项组：

“横向比例”选项：定义纵断面图的横向比例，单击选项文本框，在弹出的下拉列表中可以选择系统给定的绘图比例，如图 18-6 所示。

“纵向比例”选项：定义纵断面图的纵向比例，在选项文本框的下拉列表中可选定比例参数，如图 18-6 所示。

“网格间距”选项：定义纵断面图中的网格间距，单击选项文本框，在其下拉列表中可以选择网格间距的绘制方式，如图 18-7 所示。

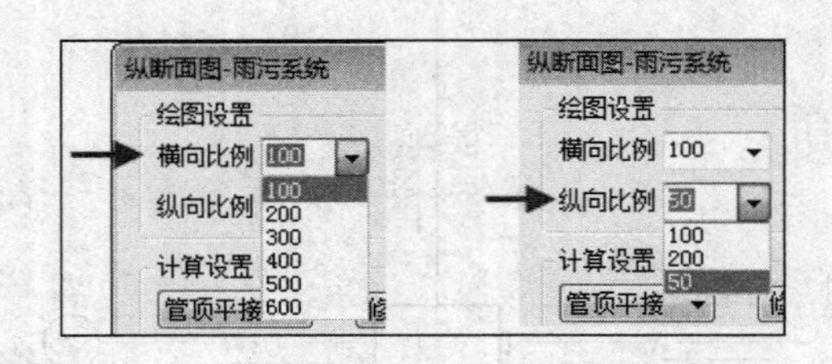

图 18-6 比例定义

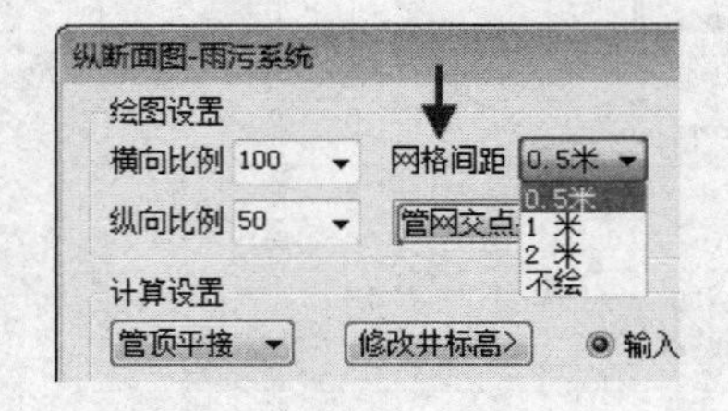

图 18-7 网格间距

“管网交点显示”按钮：定义管网交点显示的管线类型，单击按钮，在弹出的下拉列表中可以选定显示的管线类型，如图 18-8 所示。

“反向绘制”选项：勾选该选项，可以反向绘制纵断面图，如图 18-9 所示。

➢ “修改井标高”按钮：单击该按钮，系统弹出如图 18-10 所示的【纵断面图—井信息】对话框，在对话框中可以修改井面标高、是否为跌水井等信息。

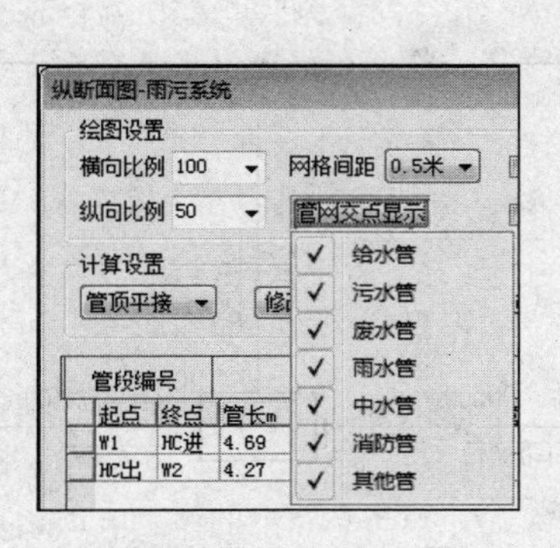

图 18-8　管网交点显示

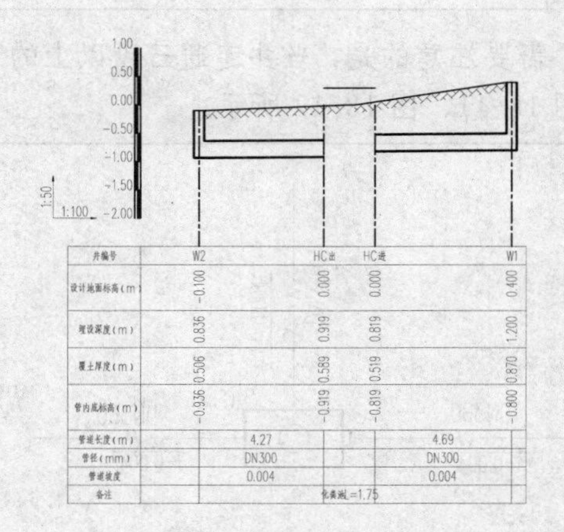

图 18-9　反向绘制

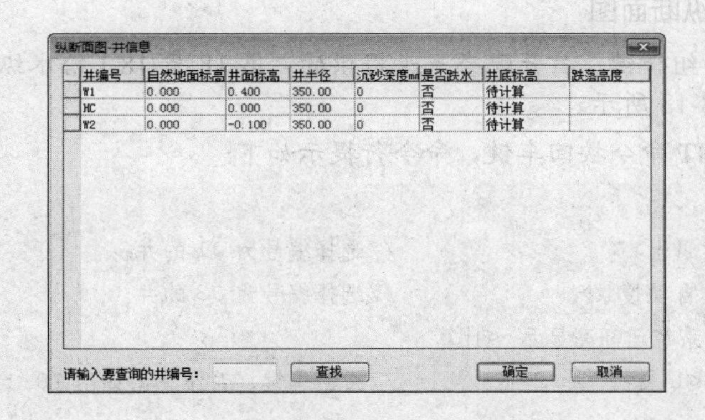

图 18-10　【纵断面图—井信息】对话框

- “输入起点埋深”选项：单击选中该选项，可以在选项后的文本框中定义起点井的埋深。
- “输入终点标高”选项：单击选中该选项，可以在选项后的文本框中定义终点井的埋深。
- “计算结果”预览表：在表中可显示管线信息和计算结果，其中，黑色字体（起点、终点、管长）的数值是直接从图中读取得到的，不可更改；红色字体（管径、坡度）的参数是可编辑的参数，蓝色字体（管底坡降、起点、终点）是计算结果，不可更改。
- “图面赋值”按钮：单击该按钮，可以在平面管线图中赋管径、坡度、管底标高值或更新这些标注。
- “埋深计算”按钮：在绘制纵断面图和高程表之前，必须先执行埋深计算，否则不能执行后续的操作。
- “隐藏”按钮：单击该按钮，可以隐藏【纵断面图—雨污系统】对话框，查看图面内容。

提示

需要注意的是，当井连通三段以上的管线时，流向必须是唯一性的，不能有二义性，如图 18-11、图 18-12 所示。

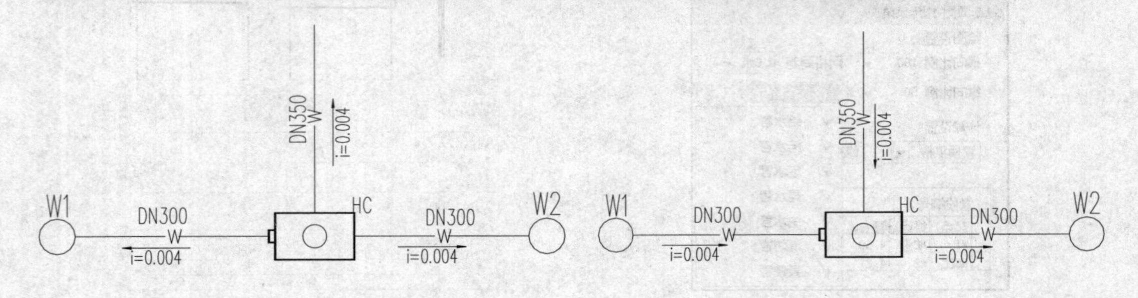

图 18-11　存在异议　　　　图 18-12　正确的绘制

2. 绘制给水纵断面图

01 按 Ctrl+O 组合键，打开配套光盘提供的“第 18 章/18.1 给水纵断面图.dwg”素材文件，结果如图 18-13 所示。

02 输入 ZDMT 命令按回车键，命令行提示如下：

```
命令：ZDMT↙
请选择起点井:<退出>                  //选择编号为 J1 的井。
请选择终止井:<自动搜索>              //选择编号为 J3 的井。
需要计算的管网系统已高亮显示:<计算>
请输入覆土厚度<1 米>:                //按回车键，系统弹出如图 18-14 所示的【纵断面图—给水系统】对话框。
```

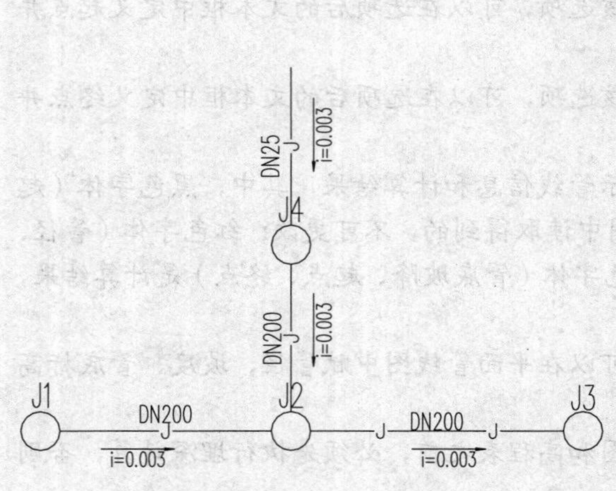

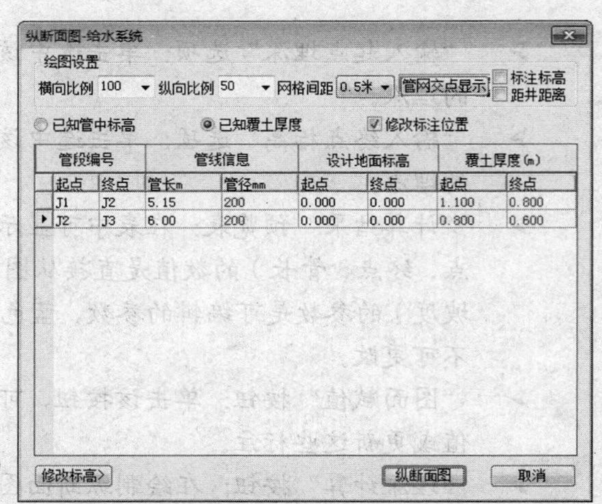

管段编号		管线信息		设计地面标高		覆土厚度(m)	
起点	终点	管长m	管径mm	起点	终点	起点	终点
J1	J2	5.15	200	0.000	0.000	1.100	0.800
J2	J3	6.00	200	0.000	0.000	0.800	0.600

图 18-13　打开素材　　　　图 18-14 【纵断面图—给水系统】对话框

03 在对话框中单击“纵断面图”按钮，在绘图区中点取纵断面图的插入位置，绘制纵断面图的结果如图 18-15 所示。

【纵断面图—给水系统】对话框中功能选项的含义如下：

在对话框中，参数显示为红色的可以修改，显示为黑色的则不可修改。

➢ “已知管中标高”选项：单击选中该选项，可以在“管中标高”选项中更改给水管的起点和终点标高，如图 18-16 所示；绘制纵断面图，结果如图 18-17 所示，从图中可以查看到深埋的给水管的标高有了变化。

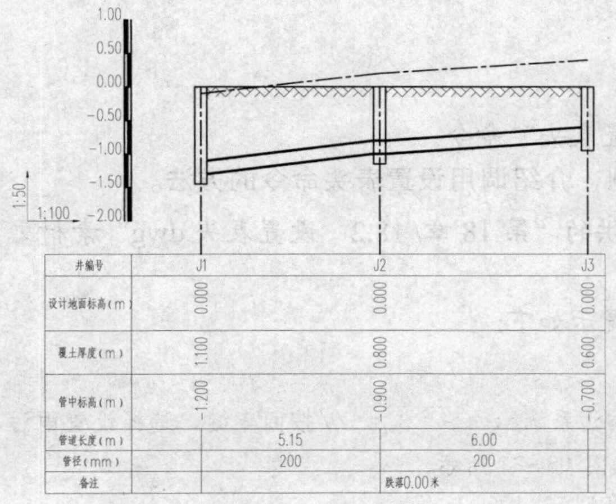

图 18-15　给水纵断面图

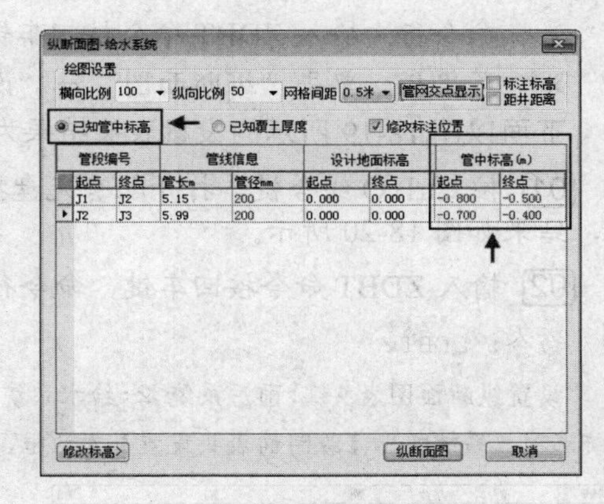

图 18-16　“管中标高”选项

➢ “已知覆土厚度”选项：系统默认使用该种方式绘制纵断面图。在执行命令后的过程中可以定义覆土的厚度，在选择该项后，可以在“覆土选项”中定义水管覆土的厚度。

➢ “修改标高”按钮：单击该按钮，系统弹出如图 18-18 所示的【纵断面图—井信息】对话框；在其中可以对井的各项参数进行修改。

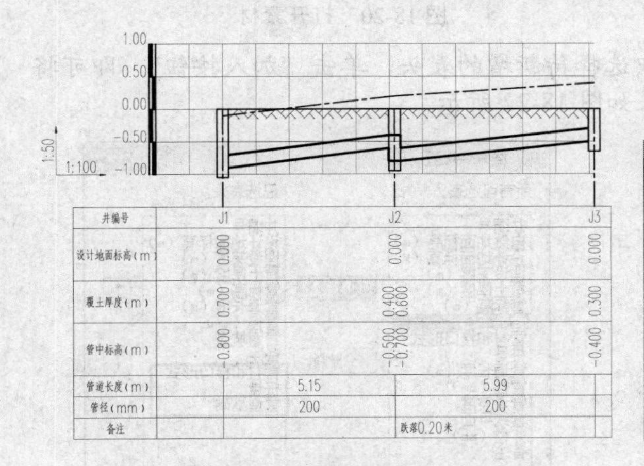

图 18-17　更改给水管的标高

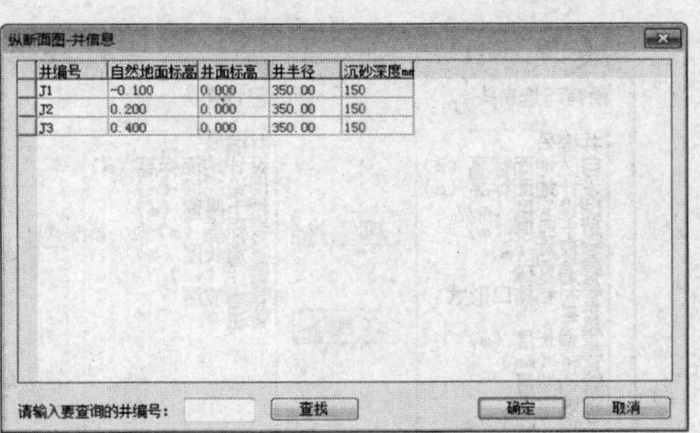

图 18-18　【纵断面图—井信息】对话框

提示

双击绘制完成的纵断面图，可以返回绘制对话框中修改参数。

18.2 设置表头

调用设置表头命令，可以修改纵断面图的表头初始设置。如图 18-19 所示为设置表头命令的操作结果。

设置表头命令的执行方式有：

- 命令行：输入 ZDBT 命令按回车键。
- 菜单栏：单击“纵断面图”→“设置表头”命令。

下面以图 18-19 所示的设置表头结果为例，介绍调用设置表头命令的方法。

01 按 Ctrl+O 组合键，打开配套光盘提供的“第 18 章/ 18.2 设置表头.dwg”素材文件，结果如图 18-20 所示。

02 输入 ZDBT 命令按回车键，命令行提示如下：

```
命令：ZDBT↙
设置纵断面图表头 1:雨污系统 2:给水系统<雨污系统>:          //按回车键，选择设置雨污系统选项，系统弹出【纵断面表头设置】对话框，如图 18-21 所示。
```

井编号	W7		W8		W9		W10
设计地面标高(m)	4.800		4.600		4.600		4.500
埋设深度(m)	0.800		0.620		0.640		0.561
覆土厚度(m)	0.470		0.290		0.310		0.231
管内底标高(m)	4.000		3.980		3.960		3.939
管道长度(m)		5.02		5.08		5.04	
管径(mm)		DN300		DN300		DN300	
管道坡度		0.004		0.004		0.004	
备注							
管材和接口形式							
桩号							
管道基础							

图 18-19 设置表头

井编号	W7		W8		W9		W10
设计地面标高(m)	4.800		4.600		4.600		4.500
埋设深度(m)	0.800		0.620		0.640		0.561
覆土厚度(m)	0.470		0.290		0.310		0.231
管内底标高(m)	4.000		3.980		3.960		3.939
管道长度(m)		5.02		5.08		5.04	
管径(mm)		DN300		DN300		DN300	
管道坡度		0.004		0.004		0.004	
备注							

图 18-20 打开素材

03 在“所有可选表头”选项列表中选择待新增的表头，单击“加入按钮”，即可将其添加至“已选表头”选项列表中，结果如图 18-22 所示。

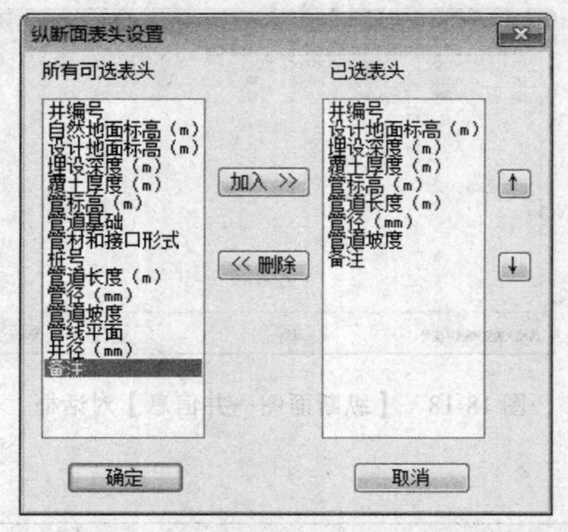

图 18-21 【纵断面表头设置】对话框

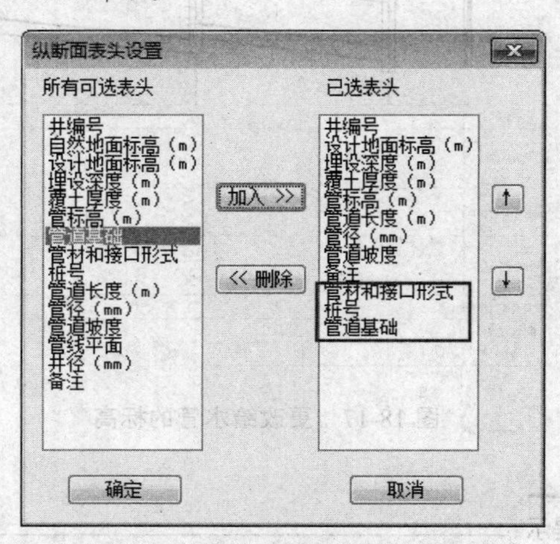

图 18-22 新增表头

[04] 单击“确定”按钮关闭对话框，在下次执行纵断面图命令的时候，即可以所设置的表头绘制纵断面图，结果如图 18-19 所示。

提示

在“已选表头”选项列表中选择待删除的表头，单击“删除”按钮，可以将其删除。

18.3 修改表头

调用修改表头命令，可以修改纵断面图的表头设置。如图 18-23 所示为修改表头命令的操作结果。

修改表头命令的执行方式有：

- ➢ 命令行：输入 XGBT 命令按回车键。
- ➢ 菜单栏：单击“纵断面图”→“修改表头”命令。

下面以图 18-23 所示的修改表头结果为例，介绍调用修改表头命令的方法。

井编号	W7		W8		W9
设计地面标高(m)	4.800		4.600		4.600
埋设深度(m)	0.800		0.620		0.640
覆土厚度(m)	0.470		0.290		0.310
管内底标高(m)	4.000		3.980		3.960
管道长度(m)		5.02		5.08	
管径(mm)		DN300		DN300	
管道坡度		0.004		0.004	
备注					
井径(mm)	ø700		ø700		ø700
管材和接口形式					

图 18-23　修改表头

[01] 按 Ctrl+O 组合键，打开配套光盘提供的“第 18 章/ 18.3　修改表头.dwg”素材文件，结果如图 18-24 所示。

井编号	W7		W8		W9
设计地面标高(m)	4.800		4.600		4.600
埋设深度(m)	0.800		0.620		0.640
覆土厚度(m)	0.470		0.290		0.310
管内底标高(m)	4.000		3.980		3.960
管道长度(m)		5.02		5.08	
管径(mm)		DN300		DN300	
管道坡度		0.004		0.004	
备注					

图 18-24　打开素材

[02] 输入 XGBT 命令按回车键，命令行提示如下：

```
命令：XGBT↙
```

请选择要修改表头的纵断面图<退出>：　　　　　　　　//选定待修改表头的纵断面图。

[03] 选定纵断面图后，系统弹出【纵断面表头设置】对话框，在对话框可以添加或删除表头；单击“确定”按钮，关闭对话框，即可完成修改表头的操作，结果如图 18-23 所示。

提示

该命令与设置表头命令的不同之处在于，只对指定的纵断面的表头进行修改；而设置表头命令则是对所有的雨污系统或给水系统的纵断面图进行修改。

18.4 一分为二

调用一分为二命令，可以将指定的整体纵断面图分割为两段，方便纵断分页出图。如图 18-25 所示为一分为二命令的操作结果。

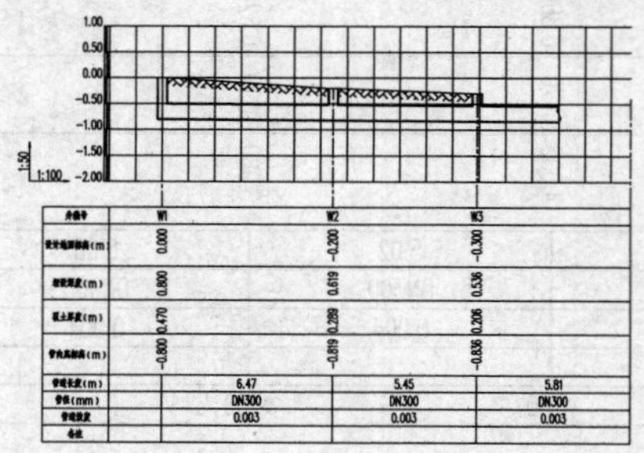

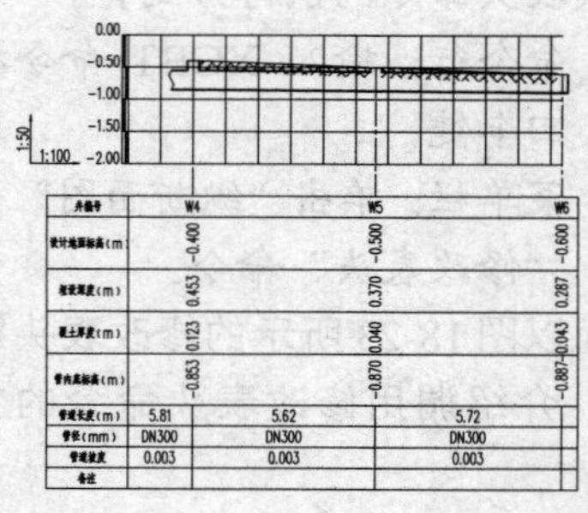

图 18-25　一分为二

一分为二命令的执行方式有：

➢　命令行：输入 YFWE 命令按回车键。

➢　菜单栏：单击“纵断面图”→“一分为二”命令。

下面以图 18-25 所示的一分为二结果为例，介绍调用一分为二命令的方法。

[01] 按 Ctrl+O 组合键，打开配套光盘提供的“第 18 章/ 18.4　一分为二.dwg”素材文件，结果如图 18-26 所示。

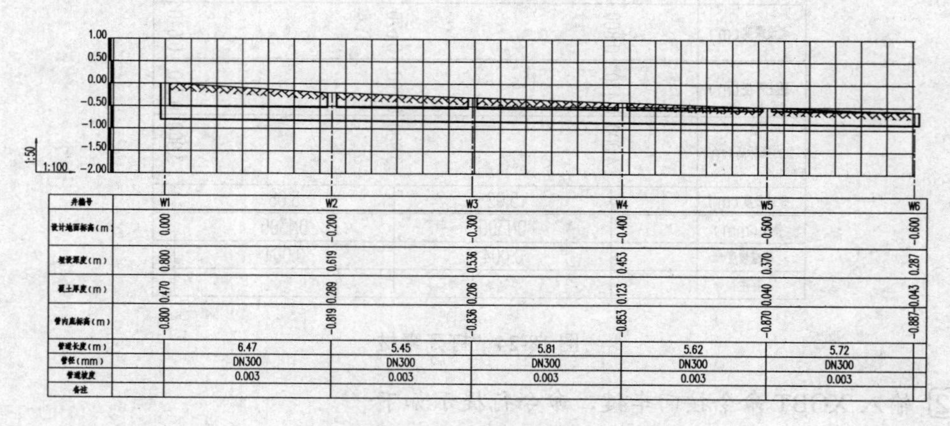

图 18-26　打开素材

[02] 输入 YFWE 命令按回车键，命令行提示如下：

命令：YFWE↙

请选择纵断面图<退出>：　　　　　　　　//选择纵断面图，确定分割位置，如图 18-27 所示。

请点取纵断面图位置<退出>：

请点取纵断面图位置<退出>：　　　　　　//在绘图区中分别点取分割后的纵断面图的位置，一分为二的结果如图 18-25 所示。

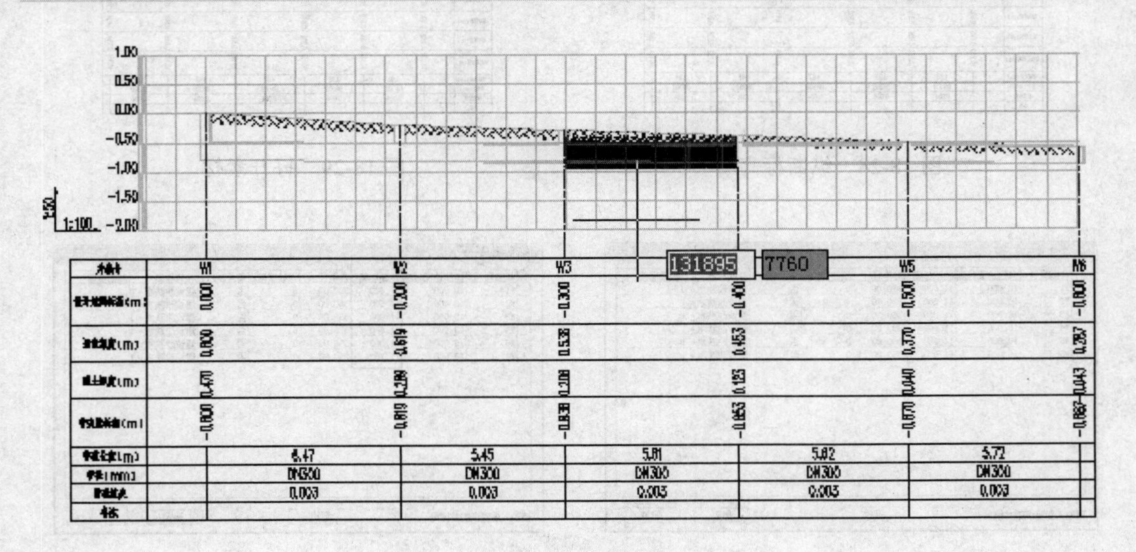

图 18-27　确定分割位置

18.5 纵断标高

调用纵断标高命令，可以编辑纵断面图各井的井面标高和跌水井的井底标高。如图 18-28 所示为纵断标高命令的操作结果。

纵断标高命令的执行方式有：

➢ 命令行：输入 ZDBG 命令按回车键。

➢ 菜单栏：单击“纵断面图”→“纵断标高”命令。

下面以图 18-28 所示的纵断标高结果为例，介绍调用纵断标高命令的方法。

[01] 按 Ctrl+O 组合键，打开配套光盘提供的“第 18 章/18.5　纵断标高.dwg”素材文件，结果如图 18-29 所示。

[02] 输入 ZDBG 命令按回车键，命令行提示如下：

命令：ZDBG↙

请选择纵断面图<退出>：　　　　　//选择待修改的纵断面图，系统弹出如图 18-30 所示的【纵断面图-井信息】对话框。

[03] 在对话框中修改“井面标高”“是否跌水”选项，如图 18-31 所示。

[04] 单击“确定”按钮，关闭对话框，即可完成纵断面标高修改，结果如图 18-28 所示。

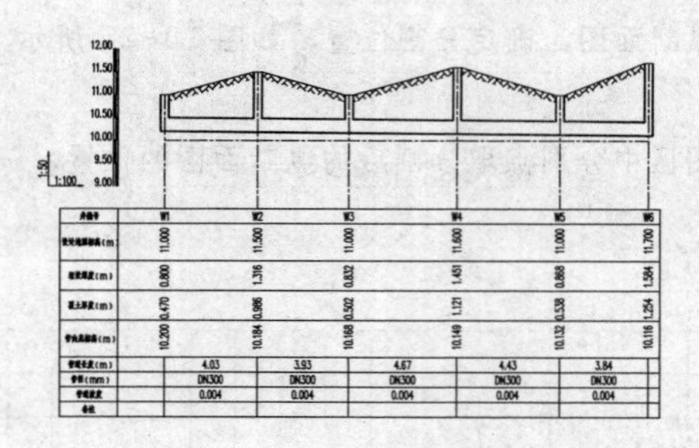

图 18-28　纵断标高

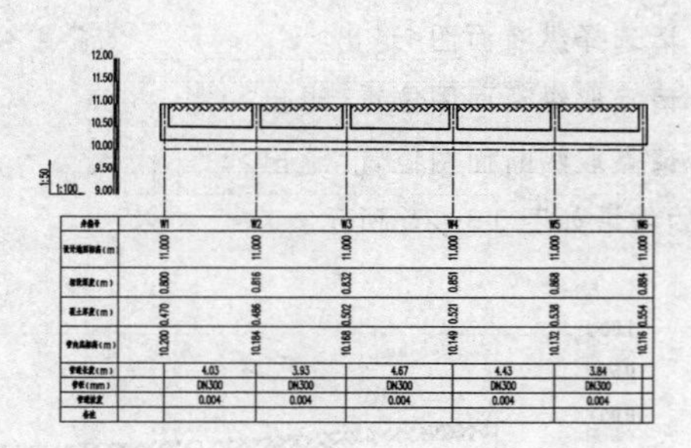

图 18-29　打开素材

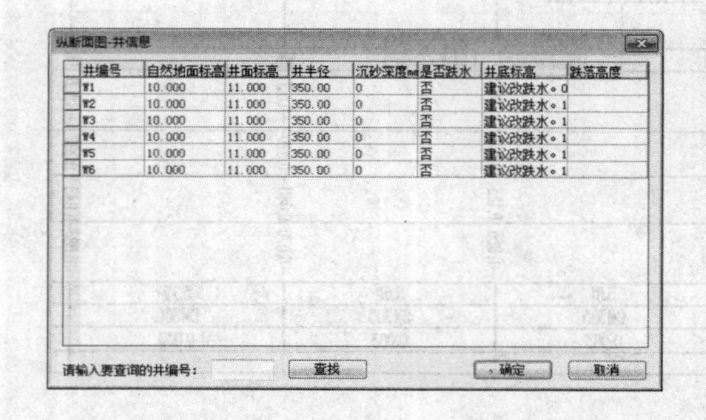

图 18-30　【纵断面图-井信息】对话框

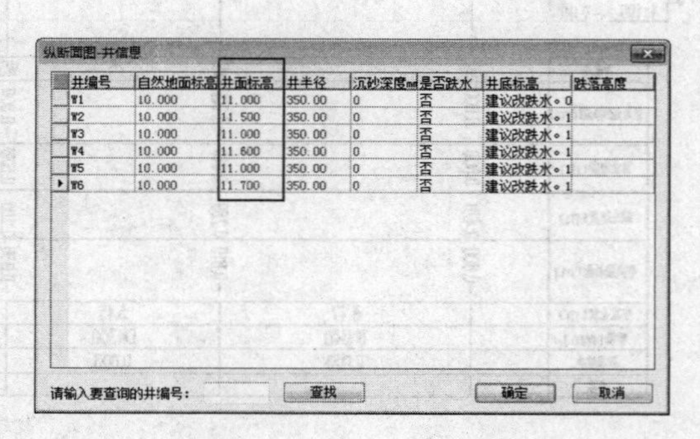

图 18-31　修改参数

18.6 单元修改

调用单元修改命令，可以修改纵断面图上的各个井或者管线的信息。如图 18-32 所示为单元修改命令的操作结果。

单元修改命令的执行方式有：

- ➢ 命令行：输入 DYXG 命令按回车键。
- ➢ 菜单栏：单击“纵断面图”→“单元修改”命令。

下面以图 18-32 所示的单元修改结果为例，介绍调用单元修改命令的方法。

[01] 按 Ctrl+O 组合键，打开配套光盘提供的“第 18 章/ 18.6　单元修改.dwg”素材文件，结果如图 18-33 所示。

[02] 输入 DYXG 命令按回车键，命令行提示如下：

```
命令: DYXG↙
请选择纵断面图<退出>:                        //点取待编辑的纵断面图。
请点取要编辑的管线或井<退出>:                //点取第一段管线。
请给出本段管线管径(300)<退出>:500
```

请给出本段管线坡度(0.0040)<退出>:0.08
请点取要编辑的管线或井<退出>:　　　　　　　//点取左数第一个井。
请给出设计地面标高(4.800)<退出>:5
是否定义为跌水井？<N>y
请给出跌水井井底标高(4.000)<退出>:4.3　//单元修改命令的操作结果如图 18-32 所示。

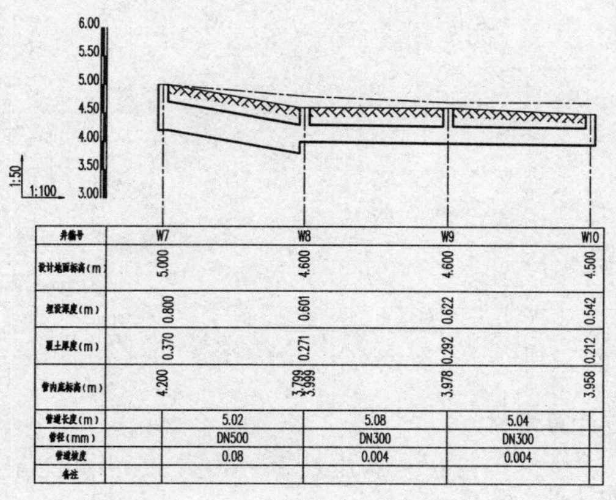

井编号	W7	W8	W9	W10
设计地面标高(m)	5.000	4.600	4.600	4.500
埋设深度(m)	0.800	0.601	0.622	0.542
覆土厚度(m)	0.370	0.271	0.292	0.212
管内底标高(m)	4.200	3.799 3.999	3.978	3.958
管道长度(m)	5.02	5.08	5.04	
管径(mm)	DN500	DN300	DN300	
管道坡度	0.08	0.004	0.004	
备注				

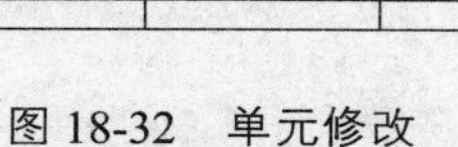
图 18-32　单元修改

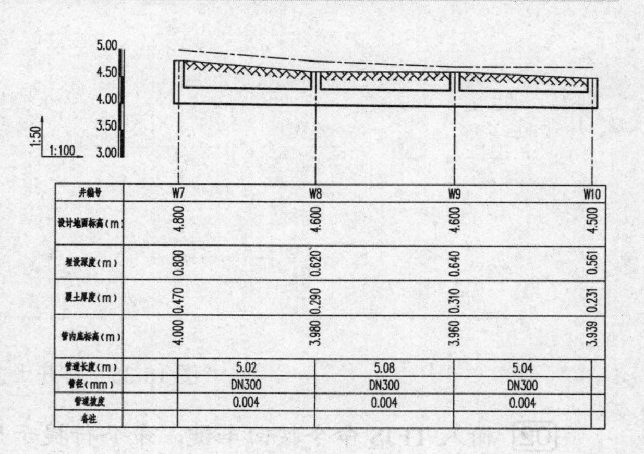

井编号	W7	W8	W9	W10
设计地面标高(m)	4.800	4.600	4.600	4.500
埋设深度(m)	0.800	0.620	0.640	0.561
覆土厚度(m)	0.470	0.290	0.310	0.231
管内底标高(m)	4.000	3.980	3.960	3.939
管道长度(m)	5.02	5.08	5.04	
管径(mm)	DN300	DN300	DN300	
管道坡度	0.004	0.004	0.004	
备注				

图 18-33　打开素材

18.7 土方计算

调用土方计算命令，可以提取纵断面图的信息进行土方计算。如图 18-34 所示为土方计算命令的操作结果。

土方计算表

序号	管长(m)	管径(mm)	坡度‰	槽底挖宽m	土方量(立方米)
Y1-Y2	4.06	300	3.000	1.000	7.019
Y2-Y3	4.68	300	3.000	1.000	8.252
Y3-Y4	5.10	300	3.000	1.000	9.216

图 18-34　土方计算

土方计算命令的执行方式有：

➢　命令行：输入 TFJS 命令按回车键。

➢　菜单栏：单击“纵断面图”→“土方计算”命令。

下面以图 18-34 所示的土方计算结果为例，介绍调用土方计算命令的方法。

01 按 Ctrl+O 组合键，打开配套光盘提供的“第 18 章/18.7　土方计算.dwg”素材文件，结果如图 18-35 所示。

井编号	Y1		Y2		Y3		Y4
设计地面标高(m)	0.000		0.000		0.000		0.000
埋设深度(m)	0.800		0.812		0.826		0.842
覆土厚度(m)	0.470		0.482		0.496		0.512
管内底标高(m)	-0.800		-0.812		-0.826		-0.842
管道长度(m)		4.06		4.68		5.10	
管径(mm)		300		300		300	
管道坡度		0.003		0.003		0.003	
备注							

图 18-35　打开土方计算素材

02 输入 TFJS 命令按回车键，命令行提示如下：

命令：TFJS↙

请选择纵断面图<退出>：　　　　//点取待计算土方的纵断面图，系统弹出如图 18-36 所示的【土方计算】对话框。

03 在对话框中单击“计算”按钮，即可在“槽底挖宽”、“土方量”以及“总土方”选项文本框中显示计算结果，如图 18-37 所示。

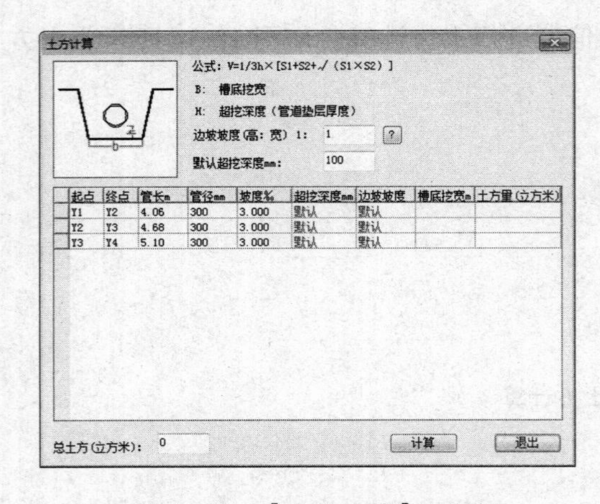

图 18-36　【土方计算】对话框

土方计算

公式：V=1/3h×[S1+S2+√(S1×S2)]

B：槽底挖宽

H：超挖深度（管道垫层厚度）

边坡坡度(高：宽) 1：1

默认超挖深度mm：100

起点	终点	管长m	管径mm	坡度%	超挖深度mm	边坡坡度	槽底挖宽m	土方量(立方米)
Y1	Y2	4.06	300	3.000	默认	默认	1.000	7.019
Y2	Y3	4.68	300	3.000	默认	默认	1.000	8.252
Y3	Y4	5.10	300	3.000	默认	默认	1.000	9.216

总土方(立方米)：24.48714　计算　退出

图 18-37　计算结果

04 单击“退出”按钮，命令行提示如下：

点取表格位置:<退出>或 [参考点(R)]<退出>：　　　　//在绘图区中点取计算表格的位置，绘制土方计算表的结果如图 18-34 所示。

【土方计算】对话框中功能选项的含义如下：

➢ “边坡坡度”选项：在其中定义沟槽断面的宽高比，单击文本框后面的“？”按钮，系统弹出【AutoCAD】信息提示对话框，在其中显示了各类土的边坡坡度设置范围，如图 18-38 所示。

➢ “默认超挖深度”选项：系统默认的管下超挖深度为 100mm，可在文本框中自定义深挖深度。

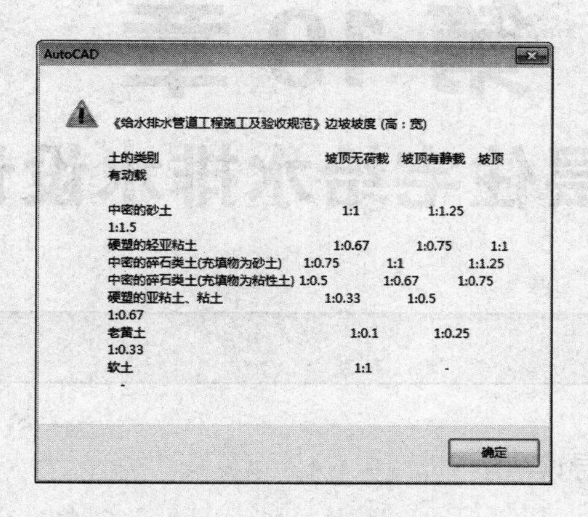

图 18-38 【AutoCAD】信息提示对话框

第 19 章

多层住宅给水排水设计

● 本章导读

本章以多层住宅楼的给水排水施工图为例，介绍住宅给水排水设计的要点。设计说明是施工图纸不可缺少的，以文字的方式讲解设计规范以及施工要求等。

抽取多层住宅楼较有特色的楼层，分别介绍给水排水平面图的绘制；并且系统对给水排水原理图和消火栓系统图等的绘制方法都进行了介绍。

● 本章重点

◈设计施工说明
◈绘制地下层给水排水平面图
◈绘制二至六层给水排水平面图
◈绘制十七跃层给水排水平面图
◈绘制屋面给水排水平面图
◈绘制给水系统原理图
◈绘制消火栓系统图
◈绘制排水系统原理图
◈绘制卫生间大样图

19.1 设计施工说明

设计说明为施工图纸提供文字解释说明，本节为读者介绍住宅给水排水设计施工图纸设计说明的绘制方法。

1. 设计依据

1）建筑概况：

本工程 16 号楼，位于湖北省荆州市；本工程包括地下一层（微型汽车库）、地面以上 17 层+跃层[其中一层架空层，二至十七层为住宅（十七层跃层部分为复式住宅）]；建筑高度：55.650m（室外地坪-0.150m 至屋面女儿墙高度）；总建筑面积：6411.96m^2，住宅建筑面积为 5925.58 m^2，地下车库建筑面积为 486.38 m^2。

本工程属于塔式高层住宅；耐火等级为地下一级，地上二级，框架-剪力墙结构。

2）相关专业提供的工程设计资料。

3）各市政主管部门对方案设计的审批意见。

4）甲方提供的设计任务书及设计要求。

5）根据中华人民共和国现行主要标准及法规进行施工。

6）相关规范如下：

《建筑设计防火规范》（GB50016—2014）；

《自动喷水灭火系统设计规范（附条文说明）[2005 年版]》（GB50084—2001）[2005 年版]；

《自动喷水灭火系统施工及验收规范》（GB50261—2005）；

《建筑给水排水设计规范（2009 年版）》（GB50015—2003）；

《给水排水管道工程施工及验收规范》（GB50268—2008）；

《全国民用建筑工程设计技术措施（2003 版）》；

《住宅建筑规范》（GB50368—2005）；

《汽车库、修车库、停车场设计防火规范》（GB50067—2004）。

2. 设计范围

本设计范围包括红线以内的给水、排水、消火栓、自动喷水等管道系统、灭火器配置系统及小型给水排水构筑物。

3. 管道系统

本工程设有生活冷水给水系统、生活排水系统、雨水及空调冷凝水排水系统、消火栓系统、自动喷水灭火系统。

1）生活冷水给水系统。

a. 水源：供水水源为城市自来水。

b. 用水量标准：住宅部分 200L/人·d，最高日用水量：33.6T/d。

c. 系统分区：根据甲方提供的市政水压——0.30~0.35MPa，本建筑冷水给水系统分三个区。一至六层为低区，由市政管网直供；七至十二层为中 1 区，十三至十七层为中 2 区，由位于地下室加压泵房内一组变频调速泵组供水。

地下室加压泵房内两套变频调速泵组分别为中高区给水系统加压供水；变频调速泵组均设有三台泵，一台隔膜式气压罐，三台泵中一台为变频泵，其他两台为工频泵。由远传压力表(设在泵房内)将管网压力信号反馈至变频柜，控制水泵的开启数量并控制其正常运行，中区变频设备管网最高恒定压力均为 0.72MPa；低区供水压力为 0.35MPa。

d. 住宅每层户用水表集中设置在该层管道井内，水表均为普通旋翼式湿式水表。

2）生活排水系统。

a. 本工程污废水为合流排水系统。住宅部分排水管在地下室顶板梁下，重力流引出室外排至室外污水检查井。

b. 地下车库设污水集水坑，用提升泵提升排出，每一集水坑设两台潜水泵(一用一备)，潜水泵由集水坑水位自动控制，当一台泵来不及排水使水位达到报警水位时，两台泵同时工作并报警。

c. 住宅厨房部分设伸顶通气立管，卫生间部分设专用通气管。

d. 建筑物内的污水经化粪池处理后排入市政污水管网，共设置 1 座有效容积为 20m^3 的钢筋混凝土化粪池。

3）雨水及空调冷凝水排水系统。

a. 屋面雨水采用 87 型钢制雨水斗和侧排式雨水斗。

b. 该工程采用内排水与外排水相结合的系统，屋面雨水经雨水斗和雨水管收集直接排入室外雨水检查井或经室外排水沟收集后排至区域雨水管网；阳台雨水及空调冷凝水经地漏和雨水管收集散排至室外散水上，通过雨水口收集后排至区域雨水管网。

4）消火栓系统。

a. 根据《建筑设计防火规范》(GB50016—2014),本工程定性为二类塔式高层住宅。建筑高度约为 55.65m。室内消火栓用水量为 20L/s，室外消火栓用水量为 15L/s，火灾延续时间为 2.0h。

b. 本建筑室内消火栓为一个系统，消防水箱及增压稳压设备位于本区域 18 号楼屋面上，有效容积为 18 m^3；消防水泵位于地下泵房内。

c. 地下泵房内设置一座有效容积为 540 m^3 的消防水池，其中消火栓用水量为 432m^3，自动喷水用水量 108m^3。消火栓系统加压设备两套，一用一备。

d. 室外设三套地上式消防水泵接合器，与消火栓给水管网相连。

e. 室内消火栓箱住宅部分选用薄型双栓带灭火器箱组合式消防柜，箱内配 SNJ65 消火栓(SNJ65 减压稳压消火栓)2 个，长 25m 衬胶龙带 2 条，DN19 水枪 2 支，以及消防按钮，箱内配备 2 具 MF/ABC3；地下室部分消火栓箱均采用薄型单栓消火栓箱，箱内配 SNJ65 消火栓(SNJ65 减压稳压消火栓)1 个，长 25m 衬胶龙带 1 条，DN19 水枪 1 支，以及消防按钮，每个消火栓箱下面设置 2 具 MF/ABC3，地下室部分每个消火栓箱下面设置 3 具 MF/ABC4。本建筑地下一层至地上十层设置减压稳压型消火栓。

5）消火栓系统。

a. 消火栓系统由气压罐连接管道上的压力控制器控制。当管网压力达到 0.35MPa 时，稳压泵停止；当压力下降至 0.30MPa 时，稳压泵起动；当管网压力继续下降至 0.27MPa

时，地下消防泵房内的一台消火栓泵起动，同时稳压泵停止运转。

b. 消火栓处起泵按钮起动任一台消火栓加压泵，消火栓加压泵起动后，水泵运转信号反馈至消防中心及消火栓处，消火栓指示灯亮。消火栓加压泵也可在消防控制中心和地下水泵房内手动控制起停。消防结束后手动停泵。

c. 消火栓加压泵两台，一用一备，备用泵自动投入。屋面稳压泵一用一备，交替运行。

d. 该建筑室内消火栓管网工作压力为 0.80MPa。

6）自动喷水灭火系统。

a. 本工程地下车库设有自动喷水灭火系统，按中危险级 Ⅱ 设计。喷水强度为 8L/（min·m^2），作用面积为 160 m^2，喷头工作压力为 0.10MPa，灭火用水量 30L/s。

b. 地下一层泵房内设两台自动喷水泵，一用一备，互为备用。该泵运行情况应显示于控制中心和水泵房的控制盘上。

c. 本建筑自动喷水系统为一个供水区，平时管网压力由屋顶消防水箱维持；火灾时，喷头动作，水流指示器动作，向消防控制中心显示着火区域位置。此时湿式报警阀处的压力开关动作自动起动喷水泵，并向消防控制中心报警。

d. 本工程设两套湿式报警阀组于地下一层水泵房内，每个报警阀控制的喷头数不超过 800 个。本地下室喷淋系统为一个防火分区喷淋系统的组成部分。

e. 地下室喷头均采用直立型 68℃玻璃球喷头（K=80），有吊顶时采用装饰型 68℃玻璃球喷头（K=80）。

f. 在每层每个防火分区均设水流指示器和电触点信号阀，每个报警阀所在的最不利点处，设末端试水装置。其他每个水流指示器所在的最不利点处，均设 DN25 的试水阀。

g. 每种喷头的备用量大于或等于同类型喷头总数的 1%，且不少于 10 个。

h. 喷头布置：图中所注喷头间距如与其他工种发生矛盾或装修中须改变喷头位置时，必须满足以下要求：

喷头之间距离小于或等于 3.4m（矩形布置长边<3.6m），大于或等于 2.4m，喷头与墙边之间的距离小于或等于 1.7m，大于或等于 0.6m。

喷头距灯具和风口距离不得小于 0.4m。

直立上喷喷头溅水盘与楼板底面的距离大于或等于 75mm，小于或等于 150mm。

设网格吊顶的房间，喷头设在顶板下，喷头采用直立上喷喷头，溅水盘与楼板底面的距离大于或等于 75mm，小于或等于 150mm。

当在梁或其他障碍物底面下方的平面上布置喷头时，溅水盘与顶板的距离不应大于 300mm，同时溅水盘与梁等障碍物底面的垂直距离不应小于 25mm，不应大于 100mm。当在梁间布置喷头时，溅水盘与顶板的距离不应大于 550mm。密肋梁板下方的喷头，溅水盘与密肋梁板底面的垂直距离，不应小于 25mm，且不应大于 100mm。

室外设置两套地上式消防水泵接合器与自动喷水管网相连。

系统管网的最高工作压力为 0.55MPa。

4. 移动式灭火器

1）各层走道和楼梯间均按中危险 A 类配置贮压式磷酸铵盐干粉灭火器；地下车库按

中危险B类配置贮压式磷酸铵盐干粉灭火器。住宅部分灭火器均设置在消火栓箱内，每个箱内配置两具3kg贮压式磷酸铵盐干粉灭火器；地下层每个消火栓箱下面配置3具4kg贮压式磷酸铵盐干粉灭火器。

2）所有消防器材与设备需经中国消防产品质量检测中心、消防建审部门和设计单位的认可。

3）灭火器设置距离不够处增设灭火器箱，每处设置2具4kg贮压式磷酸铵盐干粉灭火器，手提式灭火器满足不了距离要求时采用推车式灭火器，灭火器箱位置详见单体平面示意。

5. 卫生洁具

1）卫生洁具选型由甲方自定，甲方应在施工预留洞前确定产品。

2）所有卫生洁具均配住建部推荐的节水型卫生洁具及五金配件（其中坐便器一次冲水量不大于6L）。

3）卫生设备的支管安装高度按照国标图集《卫生设备安装》09S304设计，施工中应核对实际定货卫生洁具尺寸。

6. 管材和接口

1）生活冷水给水管：生活给水支管均采用PP—R管（S4系列），热熔连接；立管、横干管、室内埋地生活给水管均采用钢塑复合管，管径小于或等于DN100者，采用螺纹连接；管径大于DN100者，采用卡箍连接。建筑外墙以外的埋地管采用内衬水泥砂浆球墨给水铸铁管（转换接头在室内）。加压泵出口至立管管材和管件的工作压力大于或等于1.6MPa，其余部分的工作压力大于或等于1.2MPa。

2）消防管材采用热镀锌钢管，焊接或卡箍连接。阀门及需拆卸部位采用法兰连接。建筑外墙以外的埋地管采用内衬水泥砂浆球墨给水铸铁管（转换接头在室内），管材管件工作压力不小于1.6MPa。

3）自动喷水管采用内外壁热浸镀锌钢管，加压泵出口至立管的管道采用厚壁热镀锌钢管，管材管件工作压力不小于2.0MPa。DN<100mm者采用螺纹连接；DN≥100mm者采用沟槽式柔性连接；泵房内法兰连接。沟槽式管接头工作压力应与管道工程相匹配。

4）自动喷水管应分段采用法兰或沟槽连接件连接。水平管道上法兰间的管道长度不宜大于20m；立管上法兰间的距离，不应跨越3个及以上楼层。净空高度大于8m的场所，立管上应设有法兰。

5）排水管

a. 住宅部分厨房卫生间污水横支管均采用双层空腔白色硬聚氯乙烯（UPVC）塑料管粘结连接；厨房卫生间立管、通气立管、横干管均采用柔性接口卡箍式排水铸铁管、W型卡箍式接口、橡胶圈密封；埋地污水排水横管采用承插式抗震排水铸铁管，水泥捻口。

b. 与潜水泵排污泵连接的管道均采用内外壁涂塑钢管，沟槽式或法兰连接。地下室外墙以外的埋地管道采用给水铸铁管，水泥捻口。

c. 雨水立管及空调冷凝水管均采用厚壁承压PVC-U管，承插胶粘连接，埋地污水排水横管采用承插式抗震排水铸铁管，水泥捻口。

d. 水池、水箱的溢、泄水管采用管内外及管口端涂塑钢管。溢水管排出口应装设网罩，网罩构造长度为200mm短管，管壁开设孔径为10mm，孔距为20mm，且一端管口封堵，外用18目铜或不锈钢丝网包扎牢固。

7. 阀门及附件

1）阀门。

a. 给水管：住宅户内给水管DN≤50mm者采用截止阀；DN>50mm者均采用闸阀。工作压力同各部分管材的工作压力。

b. 消火栓管道上的阀门采用工作压力为1.6MPa有明显启闭标志的蝶阀。自动喷水管道上采用工作压力为1.0MPa的电触点信号蝶阀，试水装置上采用工作压力为1.0MPa的铜截止阀。

c. 潜水泵上采用工作压力为1.0MPa的闸阀和污水专用球形止回阀。

d. 生活给水加压泵、消防泵采用多功能水泵控制阀，工作压力为2.0MPa。水泵接合器处的止回阀工作压力为2.0MPa，要求消防水箱出水管上的止回阀最小开启压力小于或等于0.3m。

2）附件。

a. 住宅卫生间及公共卫生间内地漏均采用直通式地漏，下接P型存水弯，水封高度大于或等于50mm，有洗衣机排水的采用洗衣机专用地漏。地漏箅子边面应低于该处地面5~10mm。

b. 地面清扫口采用铜制品，清扫口表面与地面平齐。

d. 所选用配件应采用与卫生洁具配套的节水型镀铬配件。洗面器采用单把混合龙头，蹲便器采用自闭式冲洗阀，坐便器采用一次冲水不大于6L的冲洗水箱，小便器采用自闭式冲洗阀。

e. 水池、水箱人孔采用加锁井盖；集水泵坑采用密封型防臭铸铁或铸铝井盖，车行道下采用重型铸铁井盖；非车行道下采用铸铝井盖。特殊要求处采用镶嵌密封井盖，外饰面同建筑地面。

8. 管道敷设

1）全部给水排水，消防管道除住宅部分给水排水立管及给水支管暗敷外其余均为明敷。沿墙柱敷设的立管除图中注明外均以最小安装距离敷设，如图19-1所示。

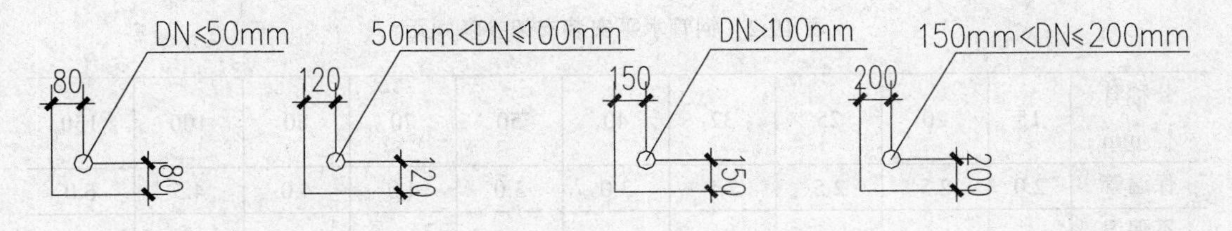

图19-1 敷设距离

2）管道穿钢筋混凝土墙壁及嵌墙槽暗敷时，应根据图中所注管道标高、位置配合土建工种预留孔洞或预埋套管。预留孔洞尺寸宜较外管径大50~100mm。安装在楼板内的套管，其顶部应高出装饰面 20mm；安装在卫生间及厨房内的套管，其顶部应高出装饰面 50mm，底部应与楼板面平齐；安装在墙壁内的套管其两端与饰面平齐。穿过楼板的套管与管道之间的缝隙应用阻燃密实材料和防水油膏填实，端面光滑。穿墙套管与管道之间的缝隙应用阻燃密实材料填实。管道的接口不应设在套管内。嵌墙暗管墙槽尺寸的宽度宜为 DN+50mm，深度宜为 DN+30mm。墙内铜管应用铜制管卡固定。管道穿地下室外墙和水池壁时，应根据图中标注预埋金属柔性或刚性防水套管。

穿过人防围护结构的管道，在穿越处预埋带翼环的刚性防水套管，并在人防内侧的管道上装抗力大于或等于 1.0MPa（工作压力大于 1.6MPa）的闸阀。穿过防火墙的管道，应用不燃材料将其周围的缝隙填塞密实。

3）自动喷水管道穿墙体和楼板时按照《自动喷水灭火系统施工及验收规范》（GB50261—2005）执行。

4）排水管穿楼板应预留孔洞，孔洞比管道大 2 号，管道安装完后应填塞密封膏封闭严密。

5）管道坡度：建筑排水塑料管排水横支管的敷设坡度为 0.026；其他各种管道除图中注明外，均按表 19-1 中所示的坡度来安装。

表 19-1　生活排水管坡度参考表

管径/mm	DN50	DN75	DN100	DN150	DN200
生活排水管标准坡度	0.035	0.025	0.020	0.010	0.008
生活排水管最小坡度	0.025	0.015	0.012	0.007	0.005

6）管道支架：管道支架或管卡应固定在梁中侧面，板下或承重结构上。钢管支承件宜采用铜合金制品。当采用钢支架时，管道与支架间应设软隔垫。钢塑管的固定支架宜设在变径、分支、接口或穿越承重墙和楼板的两侧。离心柔性接口铸铁排水管采用不锈钢卡箍。支架应安装在管接头附近，并应在管接头卡压前安装支架。泵房内采用吊架及支架。管束的托吊尽量采用独立管卡，少用角钢整体托吊。管束密集处应配合土建在梁中或板下预埋埋件。钢梁下托吊管的固定采用专业的钢梁管卡或铆钉。

a. 钢管水平安装支架间距，不得大于表 19-2 中所示的数据。

表 19-2　钢管水平安装支架参考间距

公称管径/mm	15	20	25	32	40	50	70	80	100	150
保温管	2.0	2.5	2.5	2.5	3.0	3.0	4.0	4.0	4.5	6.0
不保温管	2.5	3.0	3.5	4.0	4.5	5.0	6.0	6.0	6.5	8.0

立管每层装一管卡（层高大于 5m 时，每层设两个），安装高度为距地面 1.8~1.5m。

b. 衬塑钢管最大支撑间距见表 19-3。

表 19-3　衬塑钢管最大支撑间距

公称管径/mm	15~50	65~100	125~200
间距/m	2.0	3.5	4.2

立管管卡同钢管要求。横管的任何两个接头之间应有支架，但不得支撑在接头上，宜靠近接头。

c. 自动喷水管的吊架与喷头之间的距离不应小于 300mm，距末端喷头间的距离小于或等于 750mm，吊架应位于相邻喷头间的管段上，当喷头间距小于或等于 3.6m 时，可设一个；小于 1.8m，可隔段设置。垂直安装的配水干管应在其始端和终端设防晃支架，或管卡固定，其安装位置距地面或楼面 1.5~1.8m。

d. 各种立管底部应有牢固的固定措施。

7）排水立管底部的弯管处应采取牢固的固定。立管与排出管的连接采用 2 个 45° 弯头，平面三通采用 45° 斜三通或 90° 顺水三通。

8）自动喷水系统不同管径的管道连接，应采用异径管，不应采用补心。弯头上不应采用补心。当必须采用补心时，三通上可采用 1 个，四通上不应超过 2 个，DN>50mm 的管道上不宜采用补心或接头。

9）排水立管每层设置 1 个伸缩节，排水悬吊横管每隔 4m 设置一个伸缩节，排水立管穿越楼层、防火墙、管道井井壁时，应在穿越部位设置防火阻火圈。室内消火栓栓口距地面或楼板面 1.1m。

10）暗装在吊顶、管井、管窿内的管道，凡设阀门及检查口处均应设检修门或 400mm ×400mm 检修口。阀门安装时应将手柄留在易于操作处。

11）水泵、设备等基础螺栓孔位置，以到货的实际尺寸为准。

12）管道穿过变形缝处，在缝的两端安装不锈钢金属软管，其工作压力与所在管道工作压力一致。

9. 管道试压

1）给水系统

a. 给水加压泵出口至系统最高点的立管试验压力为 1.6MPa，保持一小时不渗不漏为合格。

b. 其余部分的管道试验压力 1.0MPa。观察接头部位不应有漏水现象，10min 内压力降不得超过 0.02MPa。水压试验步骤按《建筑给水排水及采暖工程施工质量验收规范》（GB50242—2002）进行。

2）对粘结连接的管道所做的水压试验应在粘接连接 24h 后进行。

3）排水管注水高度为一层楼高，30min 后液面不下降为合格。隐蔽或埋地的排水管道在隐蔽前必须做灌水试验，其灌水高度应不低于底层卫生洁具的上边缘或底层地面高度，满水 15min，水面下降后再满水 5min，液面不下降，管道及接口无渗漏为合格。

4）室内雨水管注水至最上部雨水斗，1h 后液面不下降为合格。

5）消防管道试压。

a. 消火栓管道的试验压力：加压泵至环管的管段为 1.6MPa；其余部分为 1.2MPa。试验压力保持 2h 无明显渗漏为合格。

b. 自动喷淋管道的试验压力：1.6MPa。向管网注水时，应将空气排净，然后慢慢升压，达到试验压力后，稳压 30min，目测无渗漏，无变形，压降小于或等于 0.05MPa 为合格。

6）气压给水装置按国家对压力容器的有关规定，由厂家负责试压后交付使用。

7）水箱、水池做满水试验，静置 24h，无渗漏为合格。

8）压力排水管按水泵扬程的 2 倍进行水压试验。

9）水压试验的试验压力表位于系统或试验部分的最低部位。

10. 防腐及油漆

1）在涂刷底漆前,应清除表面的灰尘、污垢、锈斑、焊渣等物。涂刷油漆厚度均匀，不得有脱皮、起泡、流淌和漏涂现象。

2）不保温管道

a. 消火栓管先刷防锈漆两道，再刷红色调合漆两道。

b. 自动喷水管道刷银粉漆两道，再刷红色漆环，间距 2m。

c. 压力排水管内外壁先刷防锈漆两道，再刷黑色调合漆两道。

d. 排水铸铁管刷防锈漆两道，明装管再刷与内饰墙面一致的调合漆两道。

3）保温管道：防锈处理后进行保温，保护层外再刷调合漆两道。各种管道的色标为：给水管—浅蓝；消火栓管—红色；自动喷水管—红底黄环。

4）金属管道支架除锈后刷樟丹漆两道，灰色调合漆两道。

5）集水坑内壁做完防水层及基面处理后，集水坑内所有管道和管件均涂刷两遍无毒树脂涂料，内壁做一般的防腐涂料。

6）所采用的生活水箱应有卫生防疫站的检验证书。

11. 管道和设备保温

1）地下停车库内的给水管、消火栓管、湿式喷水管、管道井内的热水给水立管、回水立管及屋顶机房层上的所有给水排水及消防管均做防冻保温。除防冻保温以外的所有给水管及排水管道做防结露保温。

2）保温材料采用阻燃橡塑海绵板或管壳。氧指数>32。

3）钢管含衬塑钢管，保温厚度按表 19-4 中的参数采用。

表 19-4 保温厚度参照表 （单位：mm）

管径	15	20	25	32	40	50	70	80	100	150
防结露厚度	15	20	20	20	20	20	20	20	20	20
保温厚度	25	25	30	30	30	30	35	35	35	40

4）排水管防结露采用 15mm 厚石棉灰胶泥，外缠玻璃布，刷调和漆两道，其他有防冻要求的管道保温厚度（mm）按表 19-5 中的参数采用。

5）除镀锌薄钢板保护层外，其他保温层外缠玻璃丝布绑扎，外刷两道调合漆。

6）屋顶水箱的保温厚度50mm由厂家负责配套提供，并施工安装。

7）保温应在水压试验合格，完成除锈防腐处理后进行。

表19-5 管道保温厚度参照表 （单位：mm）

管径	15	20	25	≥32
保温厚度	90	70	60	50

12. 管道冲洗

1）对给水管道，在系统运行前，必须用水冲洗管道，要求以系统最大设计流量或不小于1.5m/s的流速进行冲洗，直到出水口的色度和透明度与进水目测一致为合格，并经卫生部门取样检验符合现行的国家标准《生活饮用水卫生标准》（GB5749—2006）后，方可使用。

2）雨水管和排水管冲洗以管道通畅为合格。

3）消防管道的冲洗.

a. 对室内消火栓系统和自动喷水系统，在与室外管道连接前，必须将室外管道冲洗干净，其冲洗强度应达到消防时的最大设计流量。

b. 对室内消火栓系统，在交付使用前，必须冲洗干净，其冲洗强度应达到消防时的最大设计流量。

c. 自动喷水灭火系统按《自动喷水灭火系统施工及验收规范》（GB50261—2005）的要求进行冲洗。

13. 其他

1）图中所注尺寸除管长、标高以米计外，其余均以毫米计。

2）本图所注管道标高：给水、消防、压力排水管[地下一层（人防兼车库）出户管除外]等。压力管指管中心标高；排水、透气、地下一层（人防兼车库）压力排水管等指管内底标高。

3）本说明和设计图纸具有同等效力，两者均应遵照执行。若两者有矛盾时，甲方及施工单位应及时提出，并以设计单位解释为准。

4）施工承包商应与其他专业承包商密切配合，合理安排施工进度和设备、器材、管道的设置位置，避免碰撞和返工。

5）施工前甲方需确定卫生洁具型号，以便洁具排水口穿板留洞定位。

6）设备主材表仅供参考。本设计所采用材料，设备及元器件的型号仅供参考，业主可另选符合国家标准的同规格，同性能的其他型号。

7）暗敷管道施工完成后，应在墙面和地坪面标注位置，防止二次装修损害暗敷管道。

8）除本设计说明外，还应按以下标准的有关规定施工：

《建筑给水排水及采暖工程施工质量验收规范》GB50242—2002；

《自动喷水灭火系统施工及验收规范》GB50261—2005；

《建筑给水钢塑复合管管道工程技术规程》CECS125—2001；

《给水排水构筑物工程施工及验收规范》GBJ141—1990；

《给水排水管道工程施工及验收规范》GB50268—2008；

《建筑排水塑料管道工程技术规程》CJJ/T29—2010。

19.2 绘制地下层给水排水平面图

本节介绍了地下室集水坑、贮水箱的绘制，以及管线的绘制、阀门附件图块的插入，还有管线与阀门附件图块的连接等的操作方法。

01 打开素材文件。按下 Ctrl+O 组合键，打开配套光盘提供的“第 19 章/19.2 地下层原建筑平面图.dwg”文件，并将尺寸标注所在的“AXIS”图层关闭，结果如图 19-2 所示。

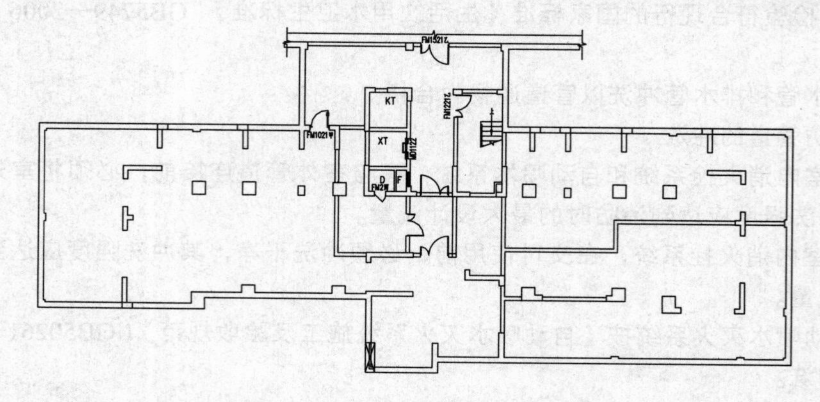

图 19-2 打开地下层原建筑平面图

02 绘制地下室左方贮水箱。调用 REC“矩形”命令，绘制矩形；调用 L“直线”命令，绘制直线，并将直线的线型设置为虚线，结果如图 19-3 所示。

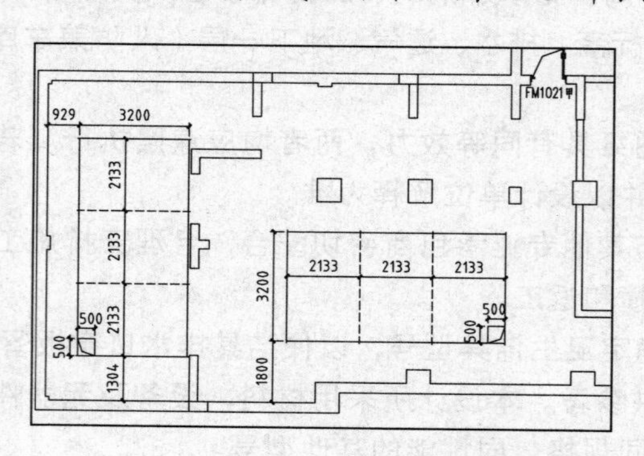

图 19-3 绘制地下室左方贮水箱

03 绘制管线。在命令行中输入 HZGX 命令按回车键，系统弹出如图 19-4 所示的【管线】对话框；在其中单击“给水”按钮，根据命令行的提示，在绘图区中分别指定起点和终点，绘制给水管线的结果如图 19-5 所示。

04 插入阀门阀件。单击“图库图层”→“图库管理”命令，在弹出的【天正图库管理系统】对话框中选择待插入的阀门阀件图形，如图 19-6 所示。

图 19-4 【管线】对话框

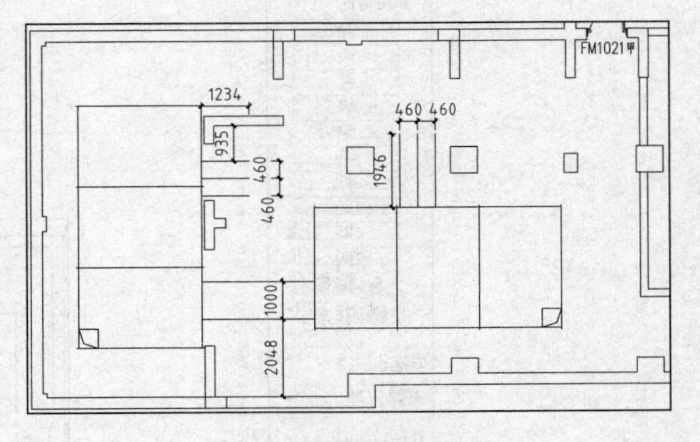

图 19-5 绘制给水管线

05 在绘图区中的给水管线上指定图块的插入点，绘制给水排水附件，结果如图 19-7 所示。

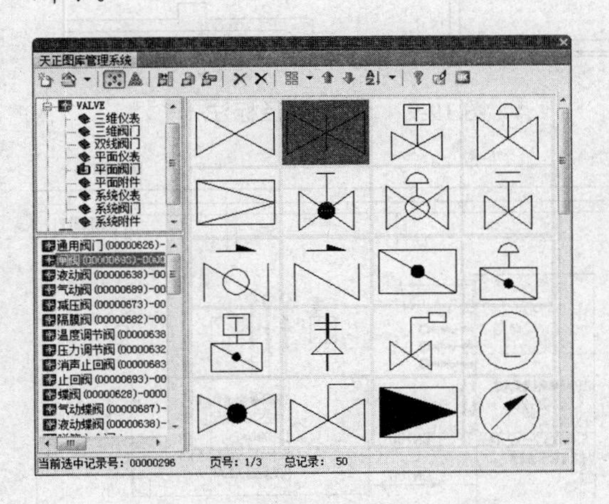

图 19-6 选择阀门阀件图形

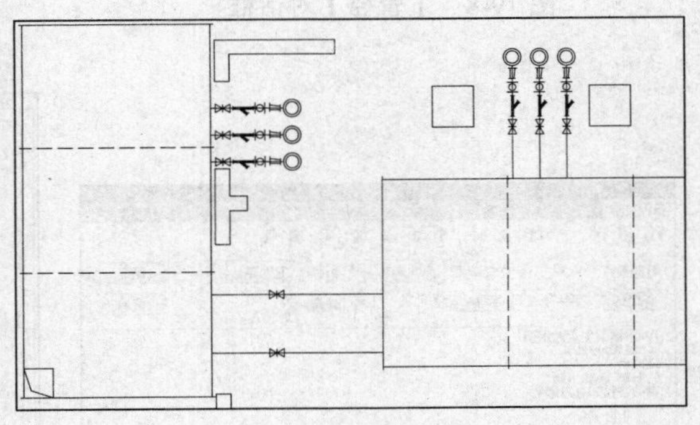

图 19-7 绘制给水排水附件

06 管径标注。在命令行中输入 GJBZ 命令按回车键，弹出如图 19-8 所示的【管径】对话框，在其中单击“100”按钮。

07 在绘图区中分别选取要标注管径的管线，完成管径标注，结果如图 19-9 所示。

08 文字标注。单击“文字表格”→“多行文字”命令，系统弹出【多行文字】对话框，在其中输入标注文字，结果如图 19-10 所示。

09 单击“确定”按钮，关闭对话框，在绘图区中点取文字的插入点，绘制文字标注，结果如图 19-11 所示。

10 绘制地下室下方水泵房设备。调用 REC“矩形”命令、L“直线”命令，绘制集水坑、水箱图形；执行 HZGX 命令，绘制废水立管和平面管线；单击“图库图层”→“图库管理”命令，在【天正图库管理系统】对话框中选定待插入的附件图块插入至图形中，绘制结果如图 19-12 所示。

图 19-8　【管径】对话框

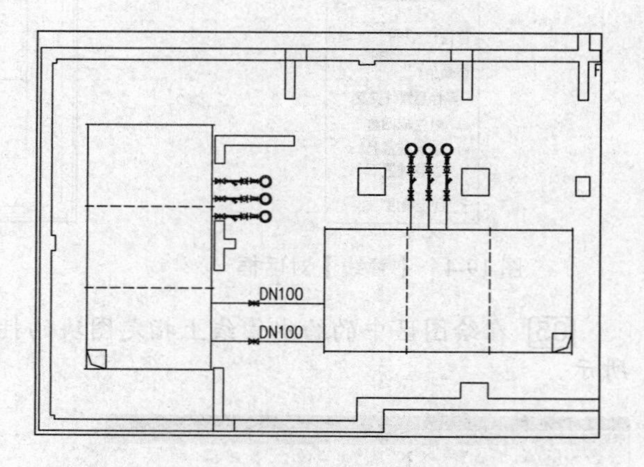

图 19-9　完成管径标注

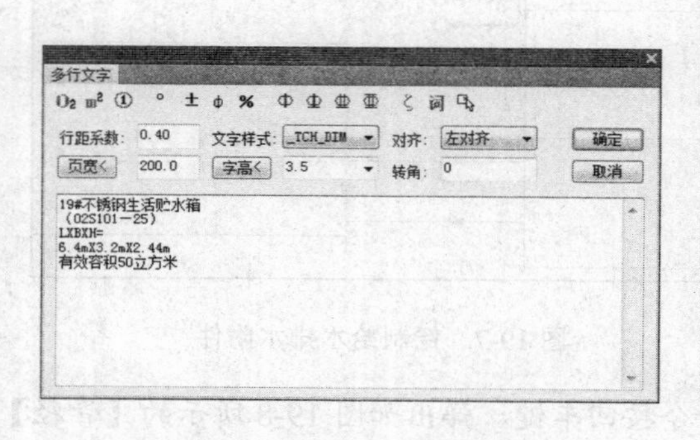

图 19-10　输入标注文字

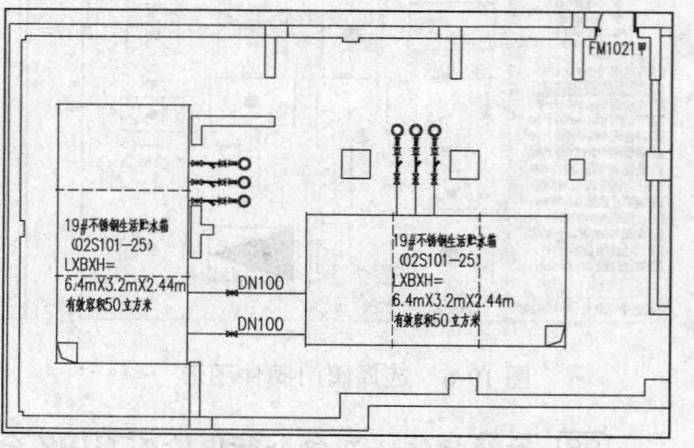

图 19-11　文字标注

[11] 文字标注。单击“文字表格”→“单行文字”命令、“专业标注”→“引出标注”命令，为图形绘制文字标注，结果如图 19-13 所示。

[12] 绘制消防电梯集水坑。调用 REC“矩形”命令、O“偏移”命令，绘制集水坑图形；单击“图库图层”→“图库管理”命令，在【天正图库管理系统】对话框中选定待插入的附件图块插入至图形中，绘制结果如图 19-14 所示。

[13] 绘制给水立管。在命令行中输入 LGBZ 命令按回车键，在弹出的【立管】对话框

中单击“给水”按钮；在绘图区中分别指定立管的插入点和标注的插入点，绘制立管的结果如图 19-15 所示。

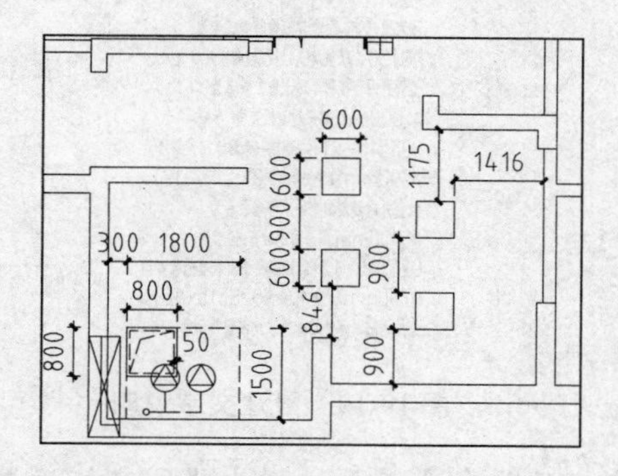

图 19-12 绘制地下室下方水泵房设备

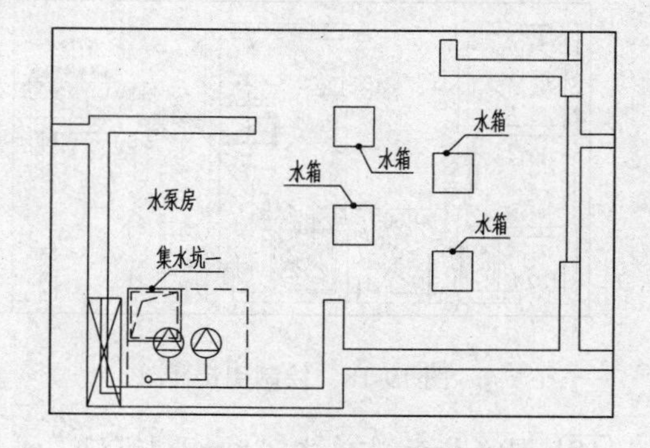

图 19-13 图形文字标注

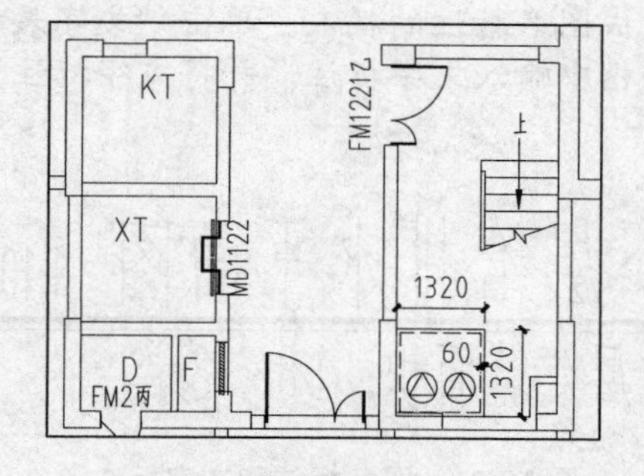

图 19-14 绘制消防电梯集水坑图形

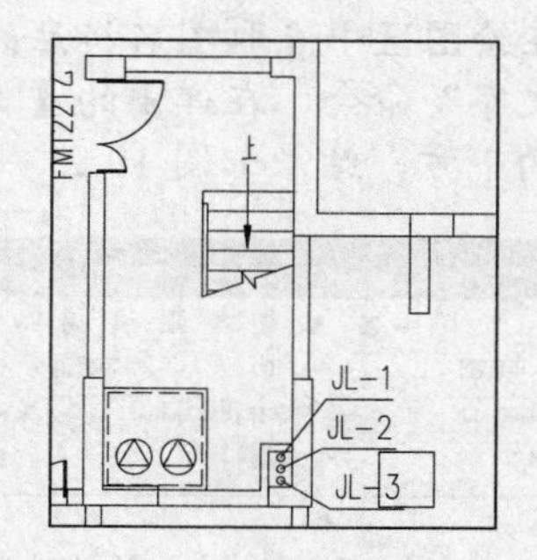

图 19-15 绘制给水立管

[14] 绘制废水管。在命令行中输入 HZGX 命令按回车键，在弹出的【管线】对话框中单击“废水”按钮，在绘图区中绘制废水管管线；在命令行中输入 GJBZ 命令按回车键，弹出如图 19-8 所示的【管径】对话框，在其中单击“150”按钮，为管线绘制管径标注，结果如图 19-16 所示。

[15] 文字标注。单击 “专业标注” → “引出标注” 命令，系统弹出【引出标注】对话框，在其中输入标注文字，结果如图 19-17 所示。

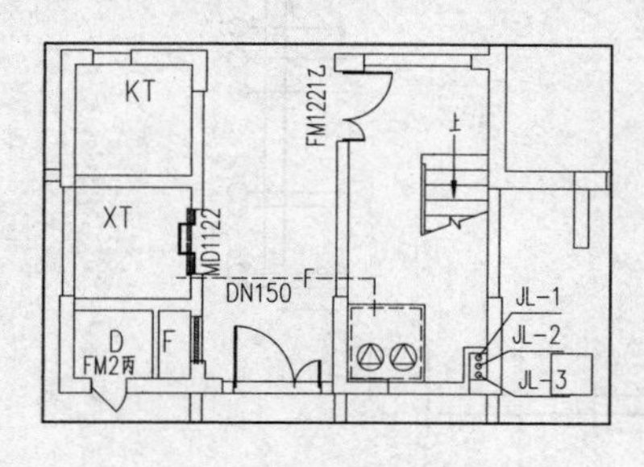

图 19-16 绘制废水管

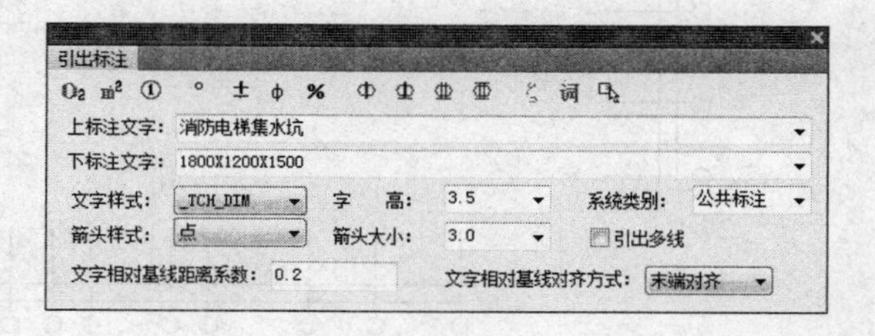

图 19-17 【引出标注】对话框

[16] 根据命令行的提示，绘制引出标注的结果如图 19-18 所示。

[17] 绘制附注文字说明。单击“文字表格” → “多行文字”命令，在弹出的【多行文字】对话框中输入标注文字；单击“确定”按钮，在绘图区中点取插入点即可完成文字标

注的操作，结果如图 19-19 所示。

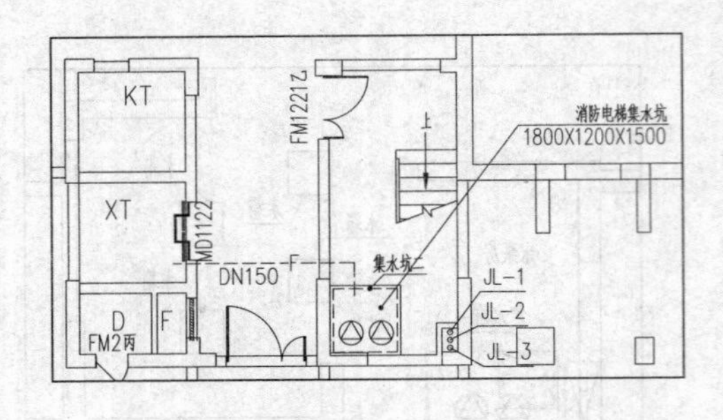

图 19-18　绘制引出标注

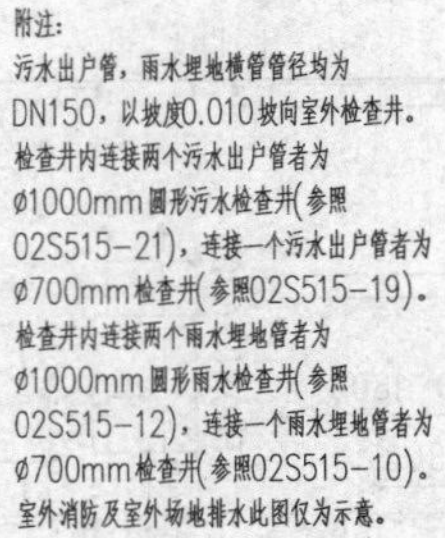

附注：
污水出户管，雨水埋地横管管径均为
DN150，以坡度0.010坡向室外检查井。
检查井内连接两个污水出户管者为
ø1000mm圆形污水检查井(参照
02S515-21)，连接一个污水出户管者为
ø700mm检查井(参照02S515-19)。
检查井内连接两个雨水埋地管者为
ø1000mm圆形雨水检查井(参照
02S515-12)，连接一个雨水埋地管者为
ø700mm检查井(参照02S515-10)。
室外消防及室外场地排水此图仅为示意。

图 19-19　附注文字说明

18 图名标注。单击 “专业标注” → “图名标注” 命令，系统弹出【图名标注】对话框；在其中输入图纸名称以及定义字高参数，如图 19-20 所示。

19 在绘图区中点取图名标注的插入点即可完成图名标注的插入。单击“文字表格” → “单行文字” 命令，在弹出的【单行文字】对话框中输入文字标注，并将文字标注置于图名标注的下方，结果如图 19-21 所示。

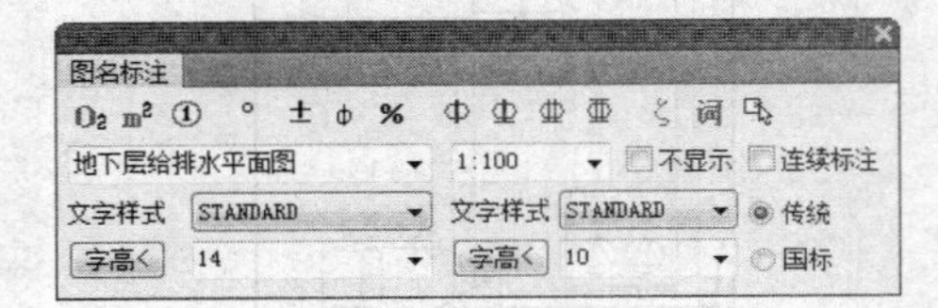

图 19-20　【图名标注】对话框

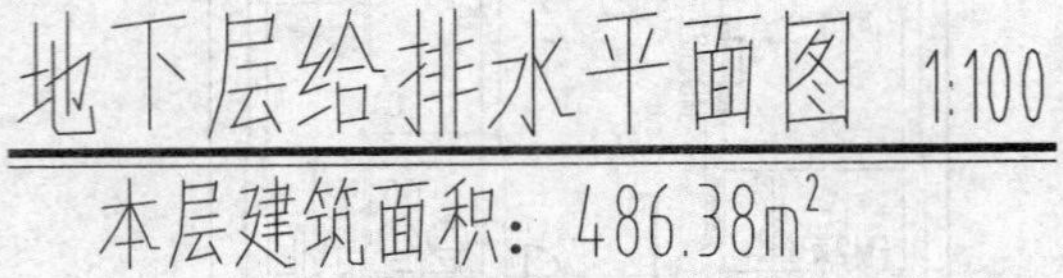

地下层给排水平面图　1:100

本层建筑面积：486.38m²

图 19-21　图名标注和文字标注

20 将 “AXIS” 图层开启，完成地下室给水排水平面图的绘制结果如图 19-22 所示。

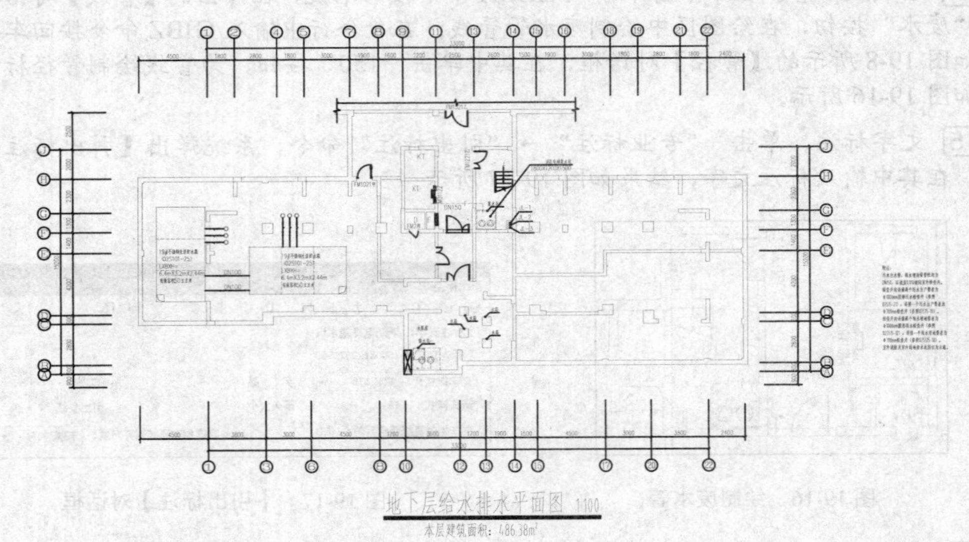

图 19-22　地下室给水排水平面图的绘制结果

19.3 绘制二至六层给水排水平面图

给水排水平面图表达了房屋给水系统和污水系统的布置。可以先绘制给水和排水立管，然后再绘制立管与洁具之间的连接管线，最后调入阀门图块即可完成平面图的绘制。

01 打开素材文件。按下 Ctrl+O 组合键，打开配套光盘提供的“第 19 章/19.3 二至六层原建筑平面图.dwg”文件，并将尺寸标注所在的“AXIS”图层关闭，结果如图 19-23 所示。

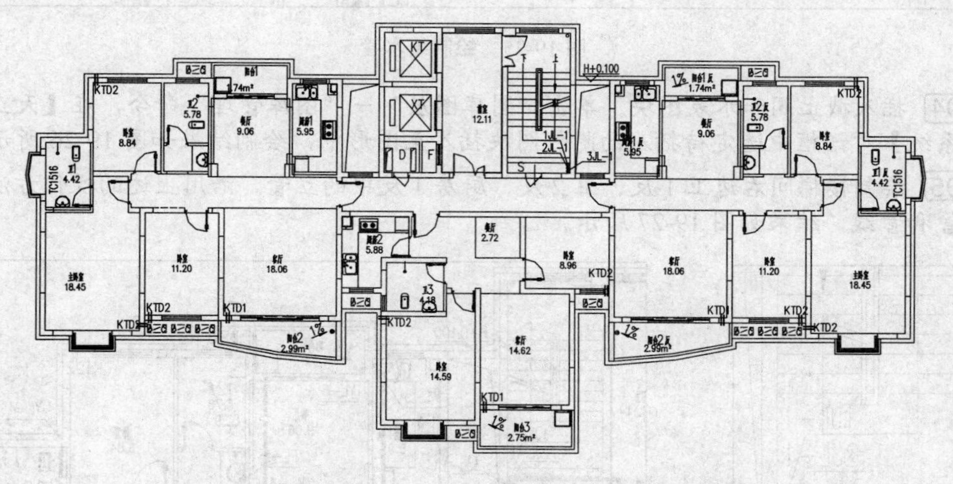

图 19-23　打开二至六层原建筑平面图

02 绘制楼梯间左边卫 1、卫 2、厨房 1 中的立管。在命令行中输入 LGBZ 命令按回车键，系统弹出【立管】对话框，在对话框中单击相应的立管按钮，在绘图区中指定立管的插入点，绘制立管，结果如图 19-24 所示。

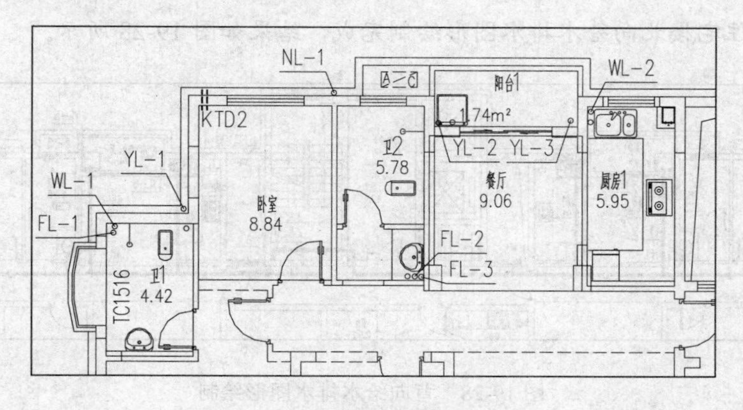

图 19-24　绘制立管

03 绘制给水管线。在命令行中输入 HZGX 命令按回车键，系统弹出【管线】对话框；单击“给水”按钮，在绘图区中分别指定管线的起点和终点，绘制给水管线，结果如图 19-25 所示。

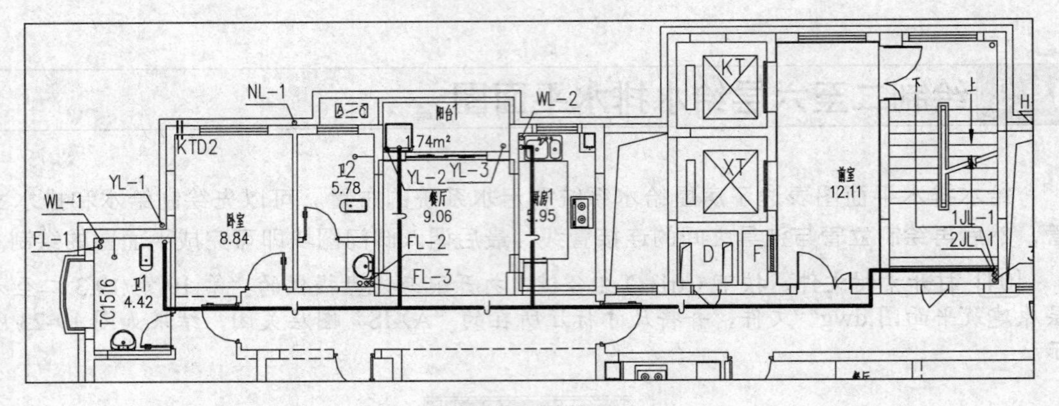

图 19-25　绘制给水管

[04] 插入截止阀和水表图块。单击“图库图层”→“图库管理”命令，在【天正图库管理系统】对话框中选定待插入的附件图块插入至图形中，绘制结果如图 19-26 所示。

[05] 绘制楼梯间右边卫 1 反、卫 2 反、厨房 1 反中的立管。沿用上述的操作方法，绘制立管和管线，结果如图 19-27 所示。

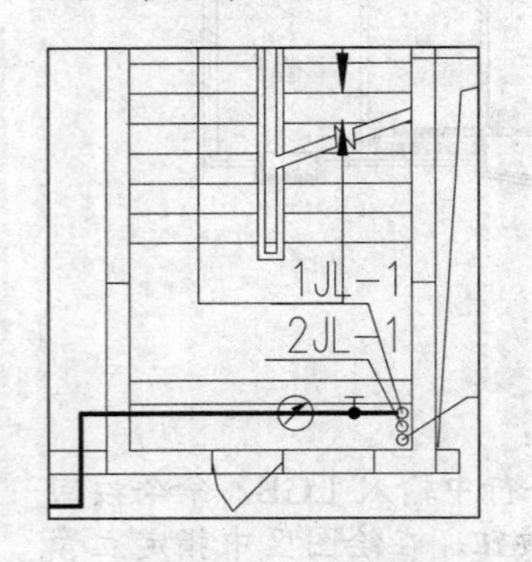

图 19-26　插入图块

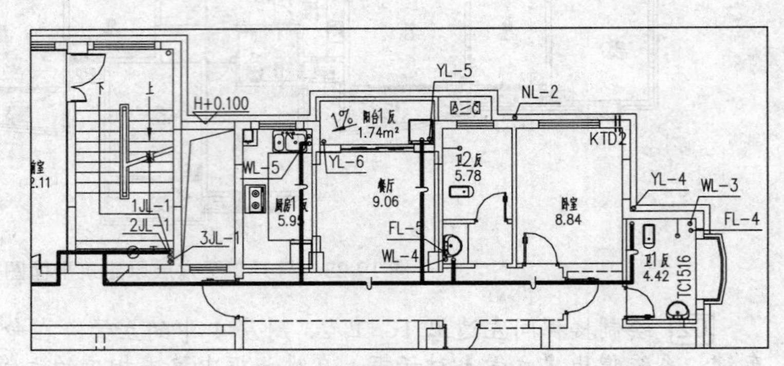

图 19-27　绘制立管和管线结果

[06] 完成住宅楼北向给水排水图形绘制完成，结果如图 19-28 所示。

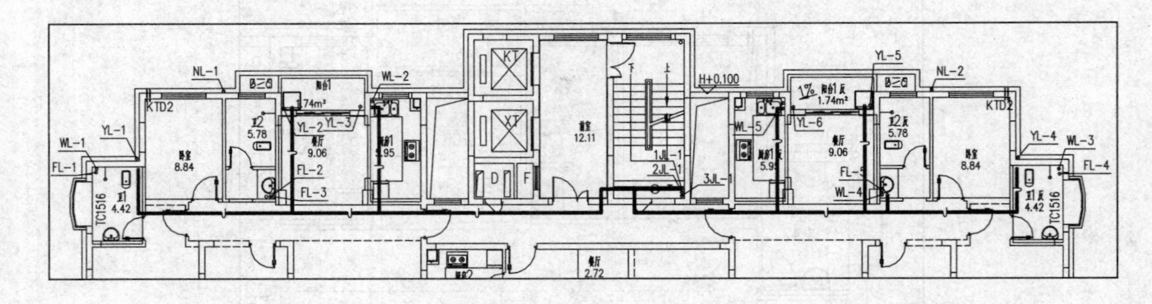

图 19-28　背向给水排水图形绘制

[07] 绘制住宅楼南向厨房 2、卫 3、阳台 2、阳台 3 的给水排水立管。在命令行中输入 LGBZ 命令按回车键，系统弹出【立管】对话框，在对话框中单击相应的立管按钮，在绘图区中指定立管的插入点，绘制立管的结果如图 19-29 所示。

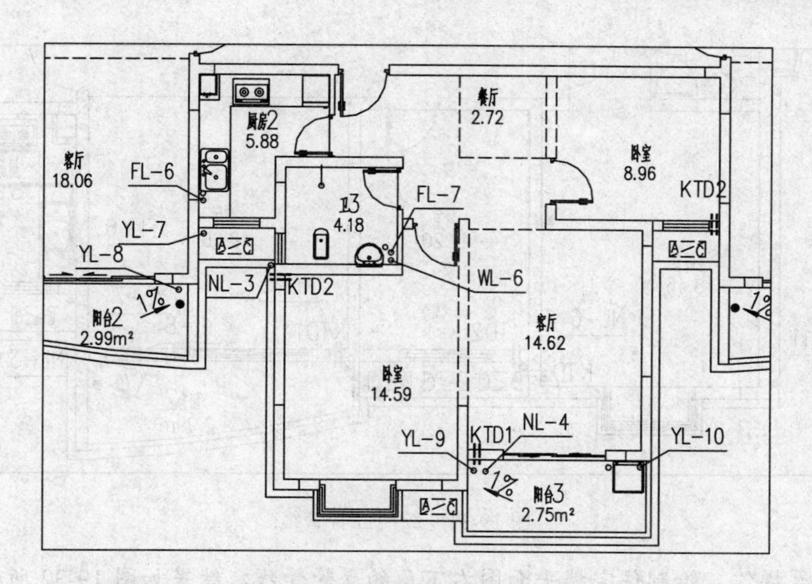

图 19-29　绘制南向给水排水立管

08 绘制给水管线。在命令行中输入 HZGX 命令按回车键，系统弹出【管线】对话框；单击“给水”按钮，在绘图区中分别指定管线的起点和终点，连接各排水立管图形，绘制给水管线，结果如图 19-30 所示。

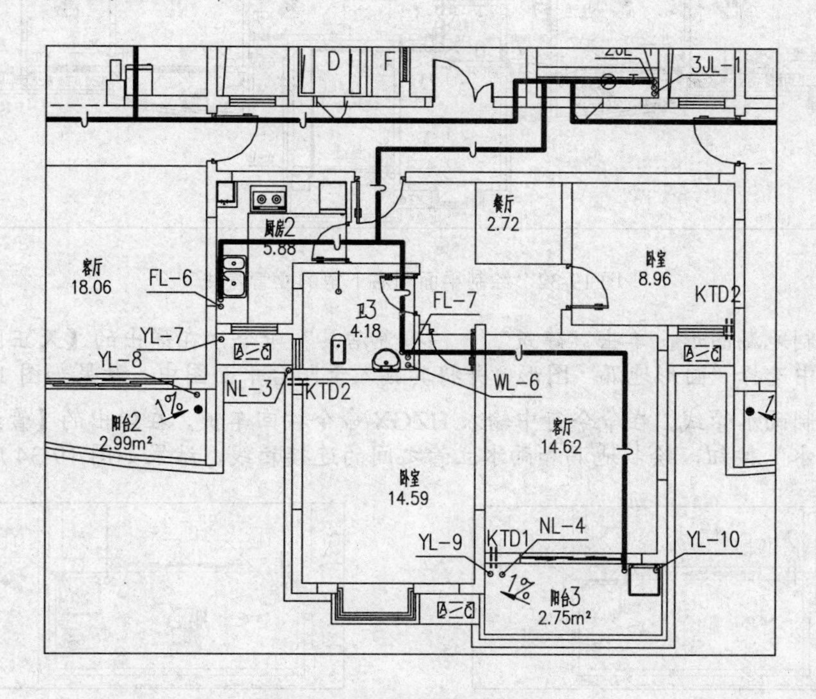

图 19-30　绘制给水管线

09 绘制立管管线。在命令行中输入 HZGX 命令按回车键，系统弹出【管线】对话框；单击“雨水”“凝结”按钮，在绘图区中分别指定管线插入点，绘制立管管线，结果如图 19-31 所示。

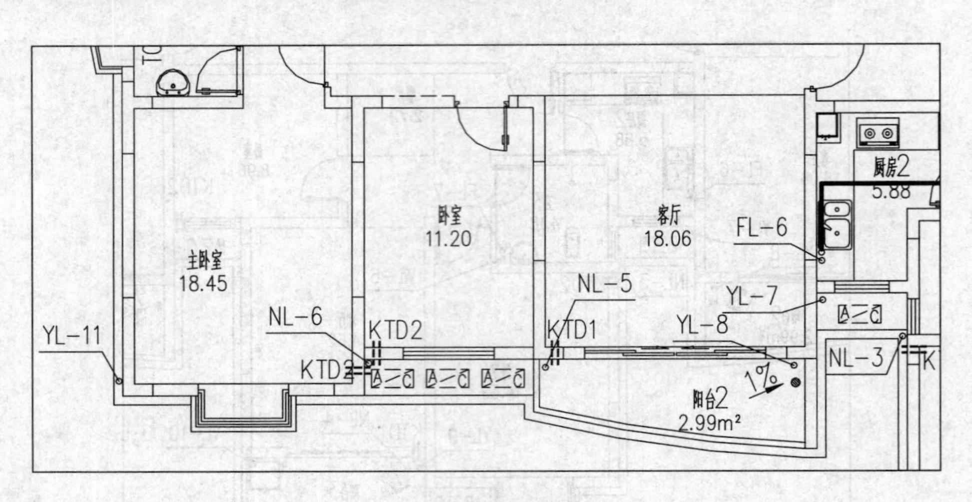

图 19-31　绘制立管管线

[10] 重复操作，绘制住宅楼平面图右下角的立管管线，结果如图 19-32 所示。

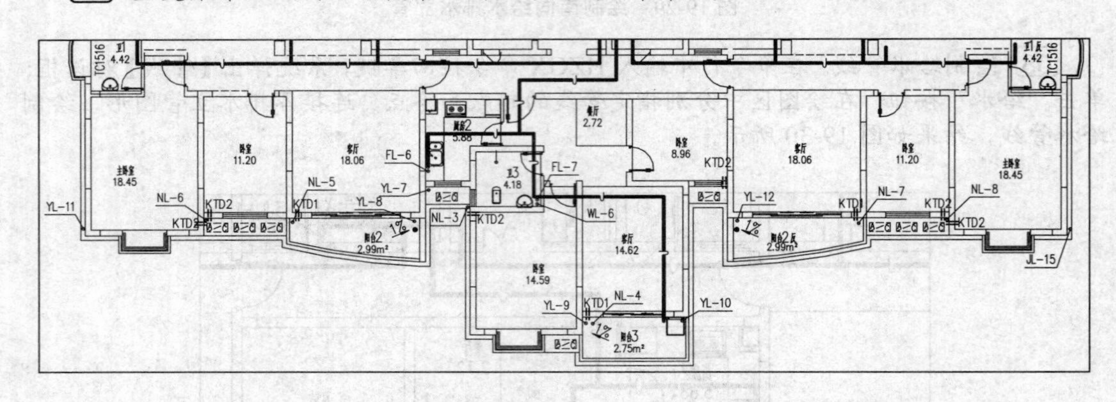

图 19-32　绘制平面图右下角的立管管线

[11] 绘制地漏图形。单击“建筑”→“布置洁具”命令，在弹出的【天正图库管理系统】对话框中选择“圆形地漏”图形，并将其插入至阳台平面图中，结果如图 19-33 所示。

[12] 绘制雨水管线。在命令行中输入 HZGX 命令按回车键，在弹出的【管线】对话框中单击“雨水”按钮，绘制地漏和雨水立管之间的连接管线，结果如图 19-34 所示。

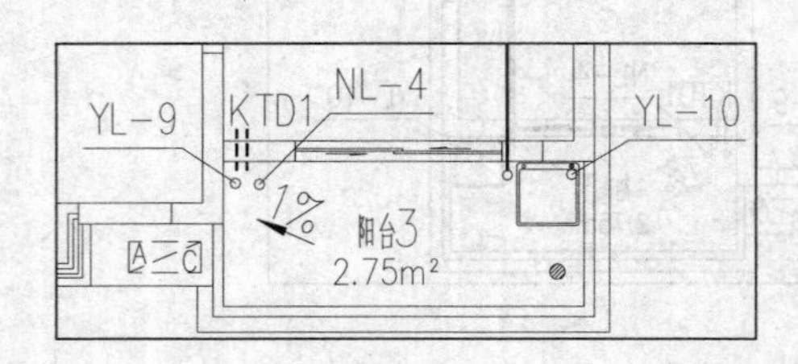

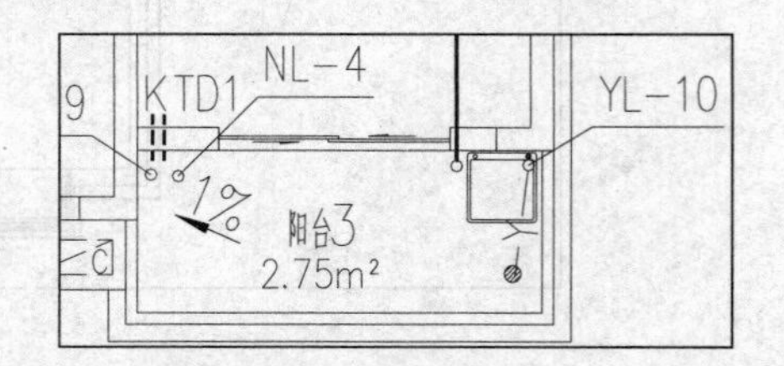

图 19-33　绘制地漏图形　　　　图 19-34　绘制雨水管线

[13] 管径标注。在命令行中输入 GJBZ 命令按回车键，弹出【管径】对话框，在其中单击“自动读取”按钮，为管线绘制管径标注，结果如图 19-35 所示。

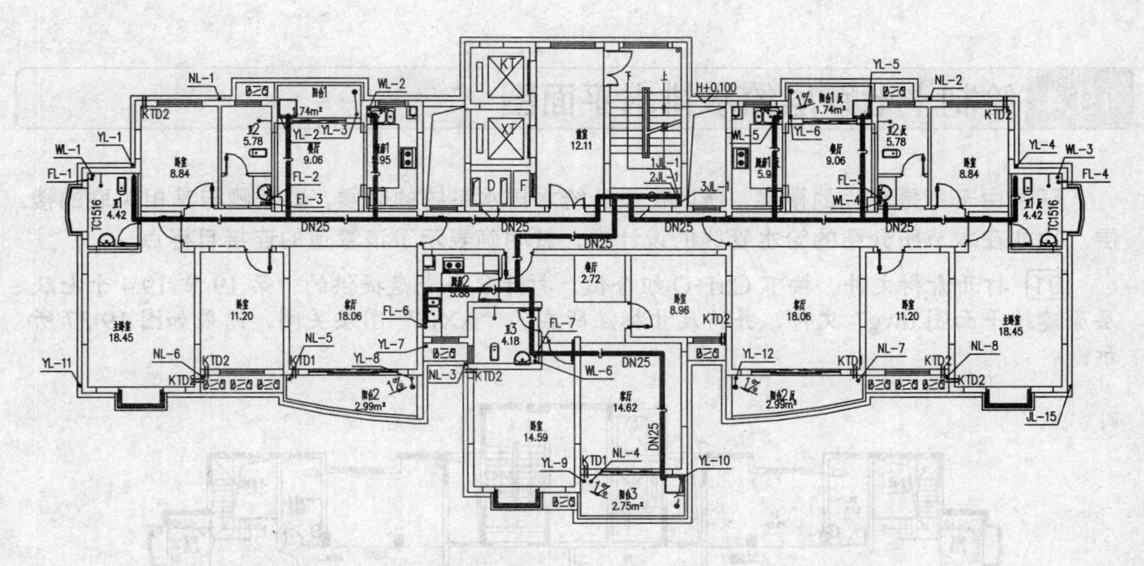

图 19-35　平面图管径标注

14 绘制图名标注和文字标注。单击“专业标注”→“图名标注”命令、“文字表格”→“单行文字”命令，绘制图名标注和文字标注，将标注所在的“AXIS”图层开启，完成二至六层给水排水平面图的绘制，结果如图 19-36 所示。

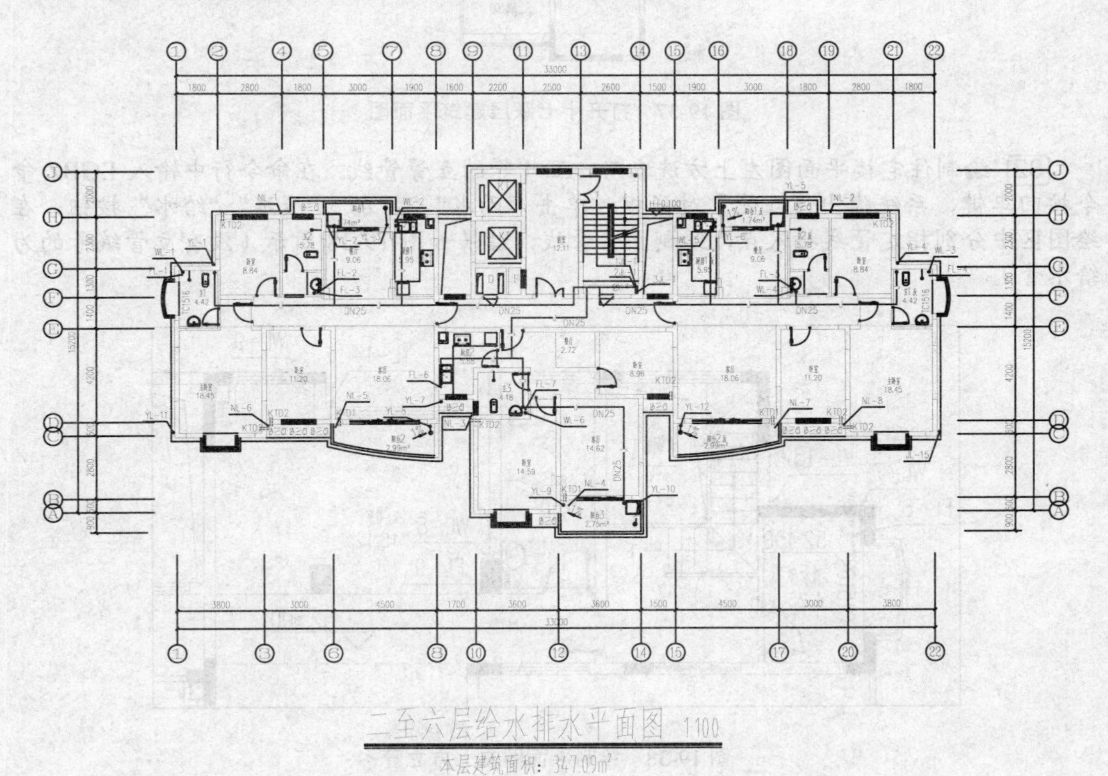

图 19-36　图名标注和文字标注

19.4 绘制十七跃层给水排水平面图

跃层由于不是独立的楼层，所以在设计给水排水系统的时候，要兼顾与其相关联的楼层。比如在本节所介绍的给水管线的设计中，就明确表示了该管道的连接目标点。

[01] 打开素材文件。按下 Ctrl+O 组合键，打开配套光盘提供的“第 19 章/19.4 十七跃层原建筑平面图.dwg”文件，并将尺寸标注所在的“AXIS”图层关闭，结果如图 19-37 所示。

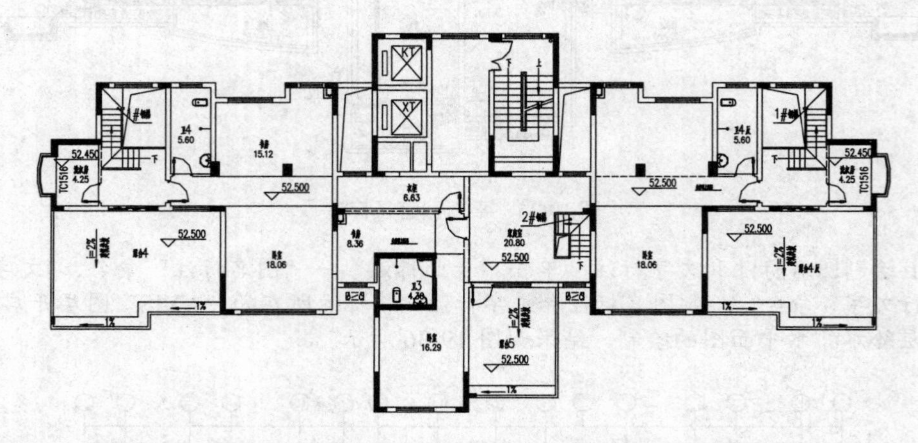

图 19-37　打开十七跃层建筑平面图

[02] 绘制住宅楼平面图左上方洗衣房、卫 4 等的立管管线。在命令行中输入 LGBZ 命令按回车键，系统弹出【立管】对话框；单击“雨水”“污水”“废水”“给水”按钮，在绘图区中分别指定管线插入点，绘制立管管线，结果如图 19-38 所示（没有立管编号的为给水管）。

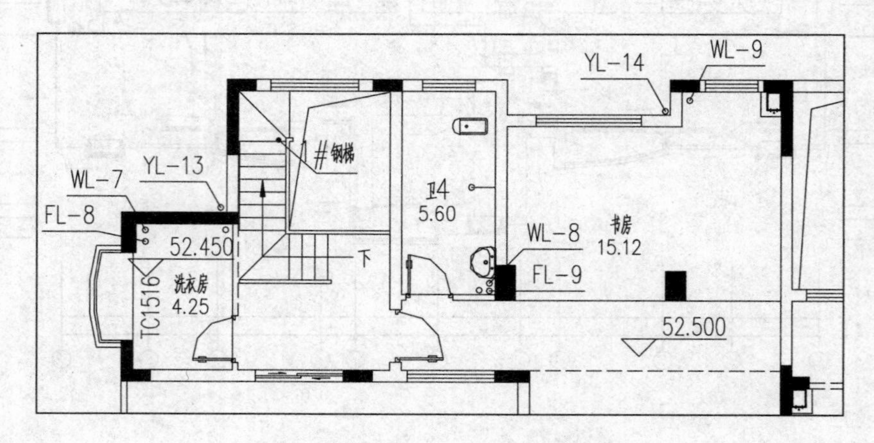

图 19-38　绘制平面图左上方立管

[03] 绘制引出标注。单击“专业标注”→“引出标注”命令，在弹出的【引出标注】对话框中设置参数；为绘图区中指定标注的各点，绘制给水管的引出标注，结果如图 19-39

所示。

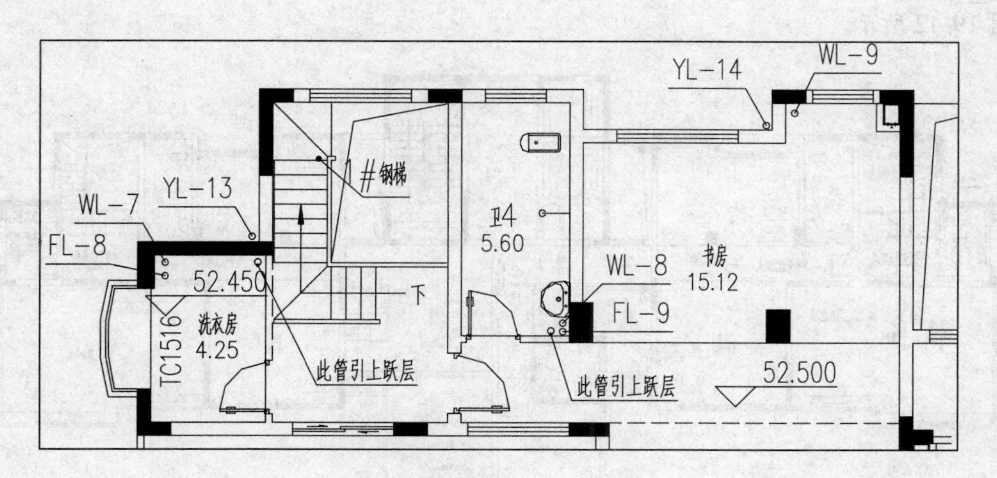

图 19-39　绘制给水管引出标注

04 沿用同样的操作方法，绘制住宅楼平面角右上方的卫 4 反、洗衣房等的立管管线和引出标注，结果如图 19-40 所示。

05 沿用同样的操作方法，绘制住宅楼平面图下方的卫 3 等的立管管线和引出标注，结果如图 19-41 所示。

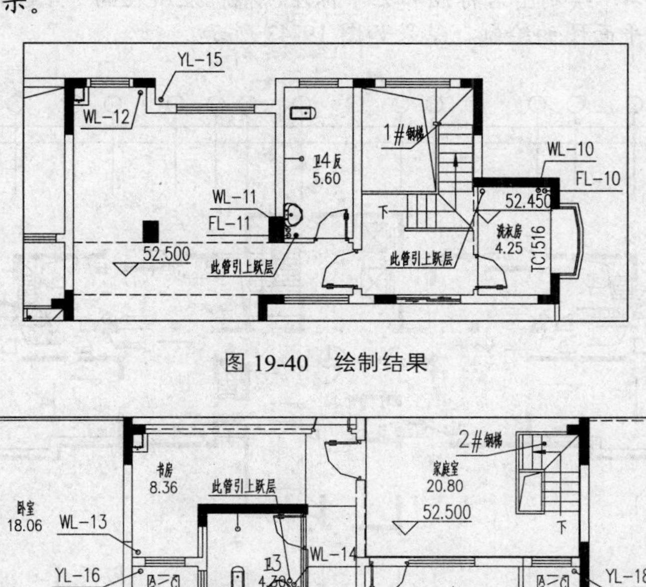

图 19-40　绘制结果

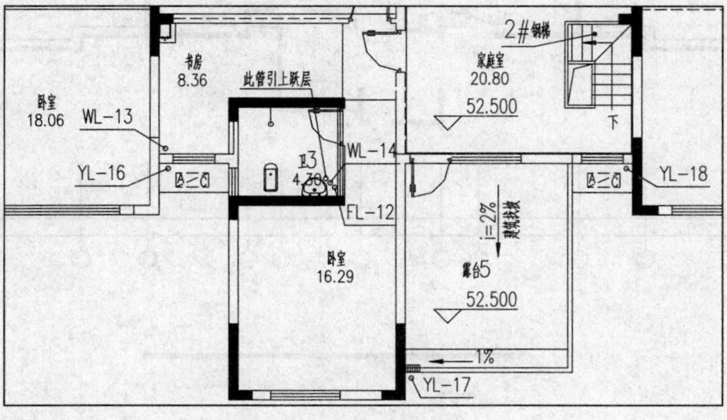

图 19-41　操作结果

06 执行 LGBZ 命令，继续绘制其余的立管管线，绘制十七跃层给水排水管线，结果如图 19-42 所示。

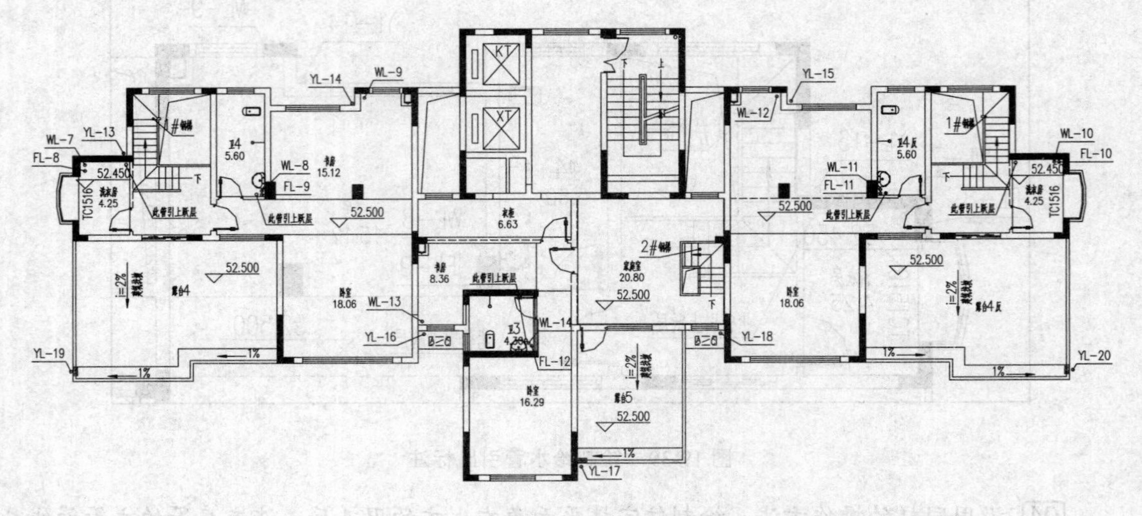

图 19-42 绘制管线

07 绘制图名标注和文字标注。单击“专业标注”→“图名标注”命令、“文字表格”→“单行文字”命令，绘制图名标注和文字标注，将标注所在的“AXIS”图层开启，完成十七跃层给水排水平面图的绘制，结果如图 19-43 所示。

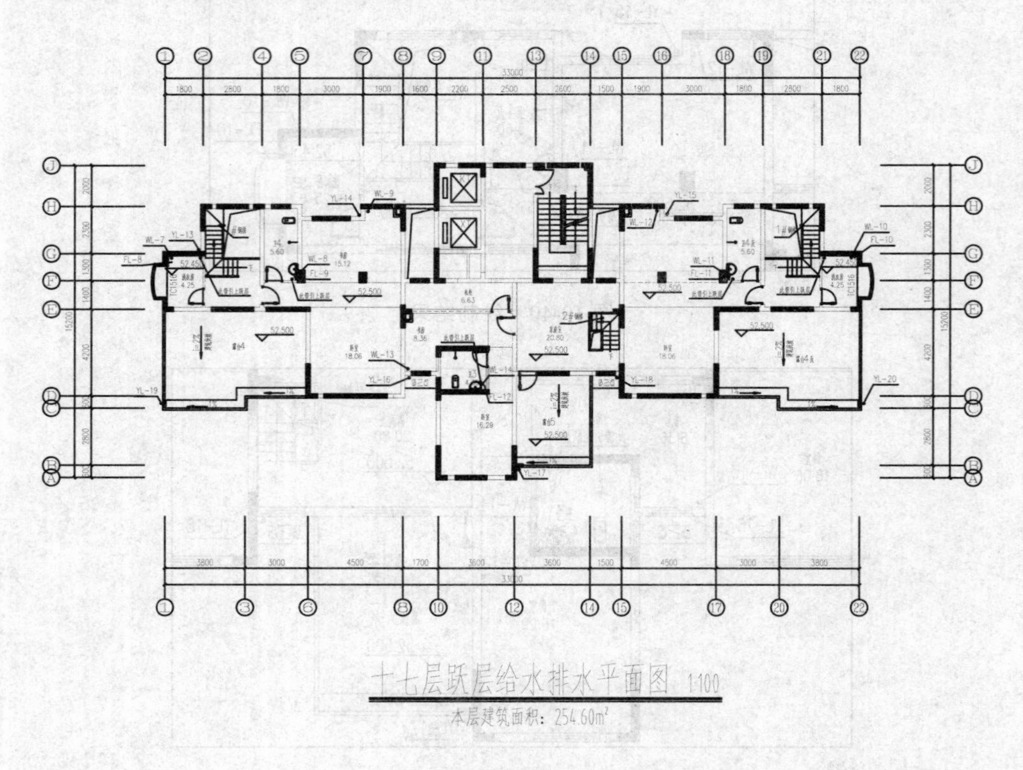

图 19-43 十七跃层给水排水平面图绘制结果

19.5 绘制屋面给水排水平面图

在绘制屋面的给水排水平面图的时候，不要忘记排水沟的绘制。因为积攒在屋面的雨水是要先通过排水沟，才能到达立管，然后再通过立管排出去的。地漏的设置也是必须的，因为需要避免排水沟内的废物堵塞立管。

01 打开素材文件。按下 Ctrl+O 组合键，打开配套光盘提供的“第 19 章/19.5 屋面原建筑平面图.dwg”文件，并将尺寸标注所在的“AXIS”图层关闭，结果如图 19-44 所示。

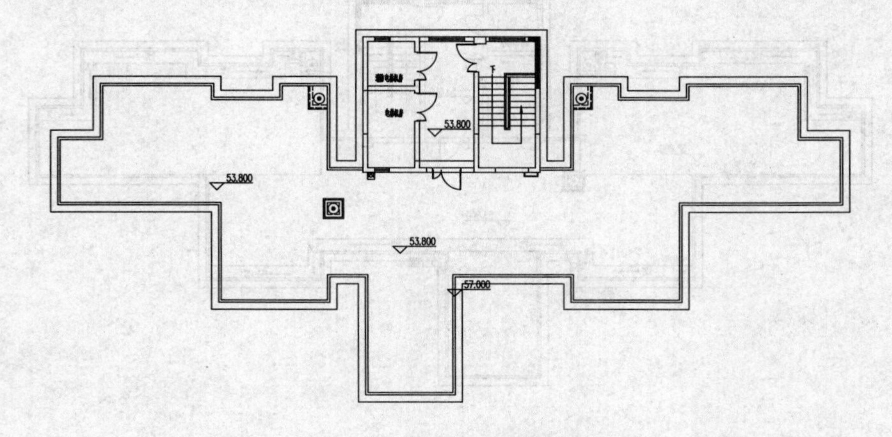

图 19-44 打开屋面原建筑平面图

02 绘制排水坡道。调用 L“直线”命令、TR“修剪”命令，绘制屋面排水坡道，结果如图 19-45 所示。

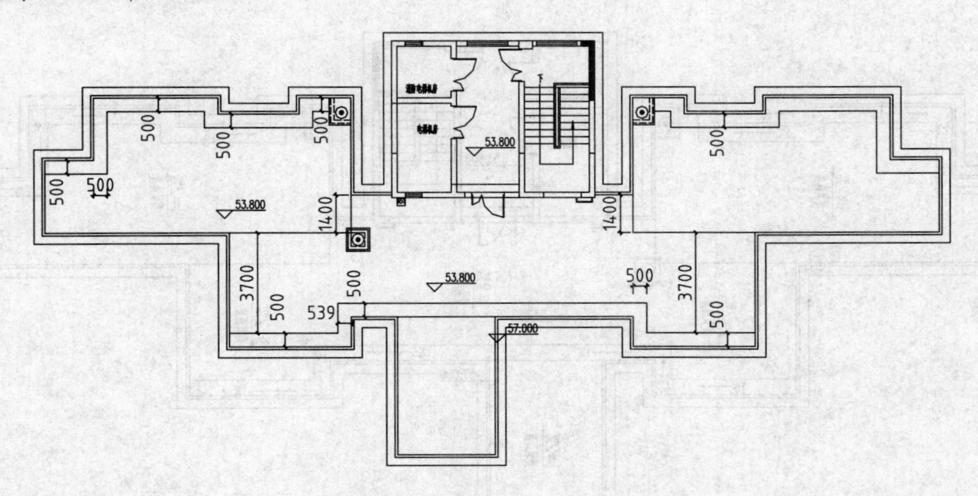

图 19-45 绘制排水坡道

03 坡度标注。执行“专业标注”→“箭头引注”命令，系统弹出【箭头引注】对话框，设置参数如图 19-46 所示。

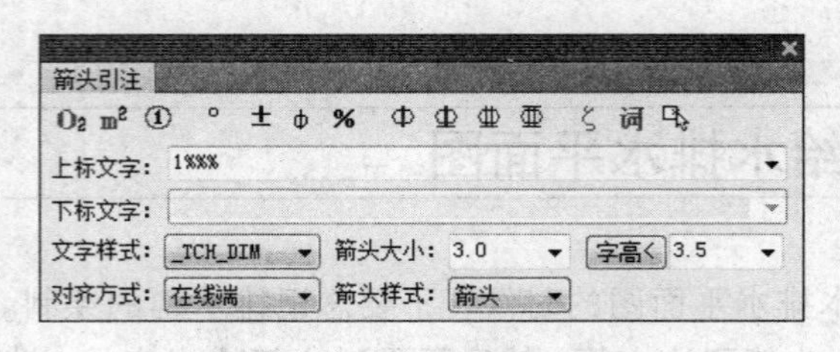

图 19-46　设置坡度标注

04 在绘图区中指定箭头的起点和终点，绘制坡度标注，结果如图 19-47 所示。

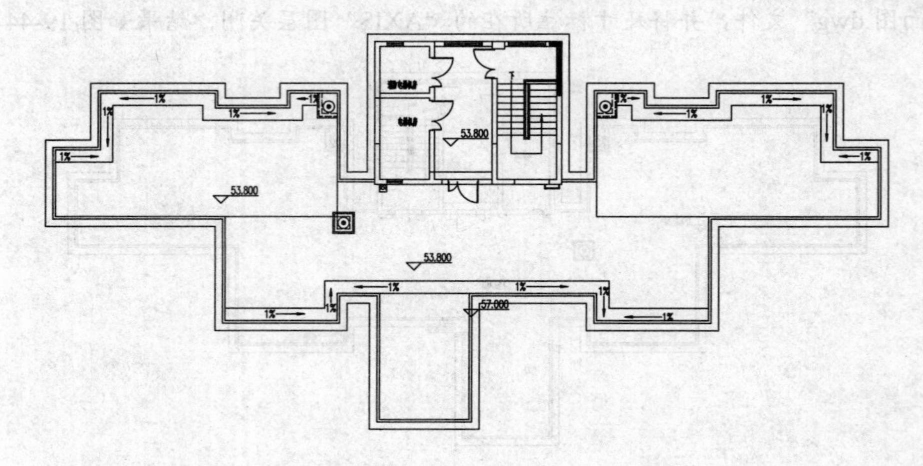

图 19-47　绘制坡度标注

05 执行“专业标注”→“箭头引注”命令，在弹出的【箭头引注】对话框中分别设置标注的上标文字和下标文字，绘制坡度标注，结果如图 19-48 所示。

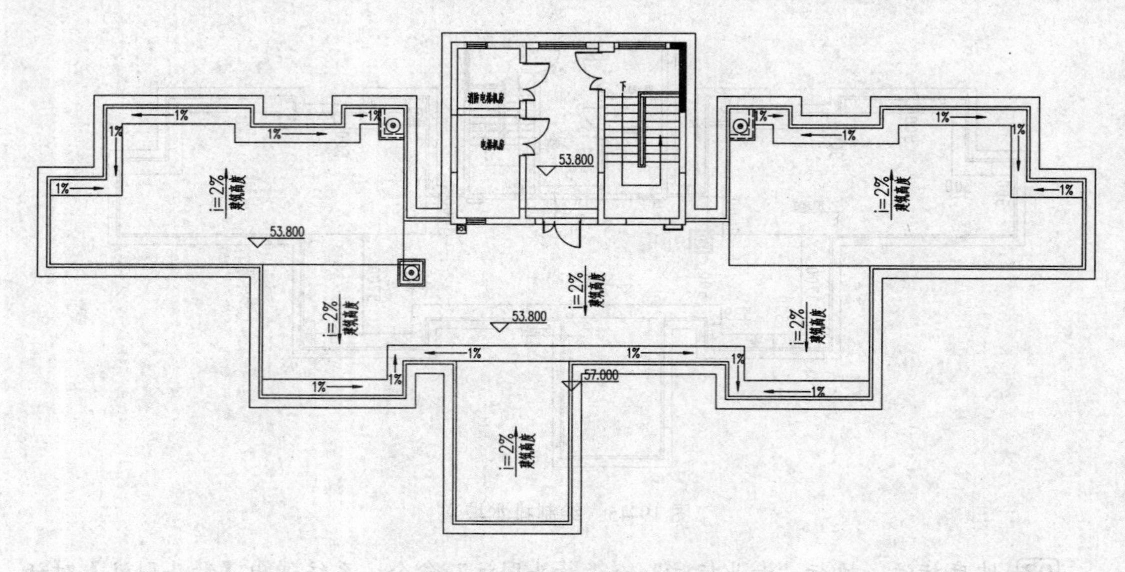

图 19-48　坡度标注结果

(06) 绘制引出标注。单击“专业标注”→“引出标注”命令，在弹出的【引出标注】对话框中设定标注参数；在绘图区中指定标注的起点和终点，绘制“分水线”的引出标注，结果如图 19-49 所示。

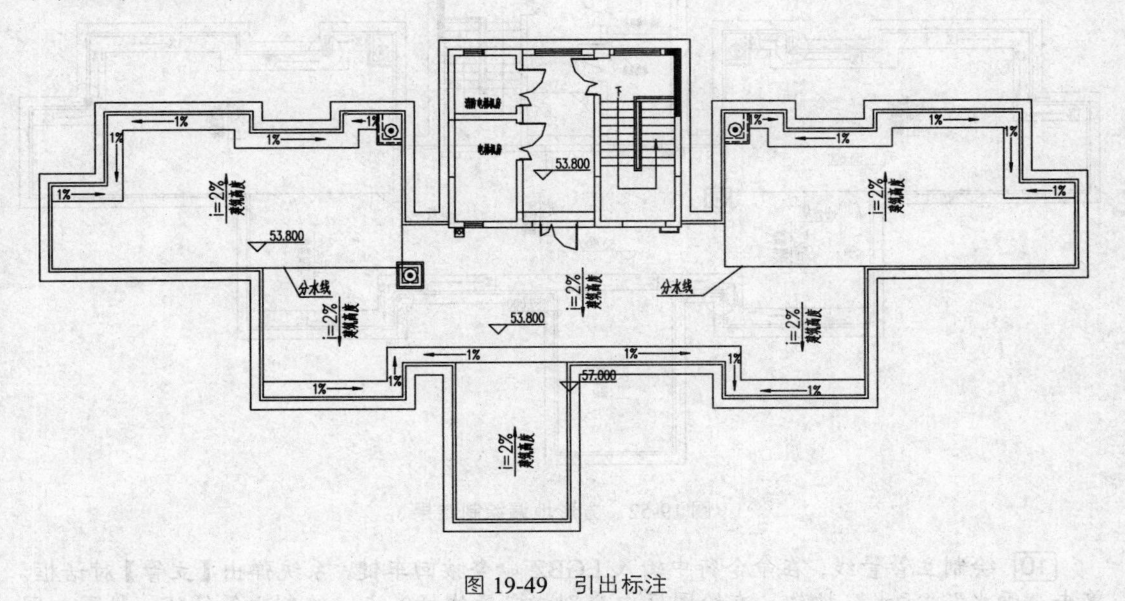

图 19-49　引出标注

(07) 插入方形地漏图块。单击“图库图层”→“图库管理”命令，系统弹出【天正图库管理系统】对话框，在其中选择方形地漏图块，如图 19-50 所示。

(08) 在绘图区中点取插入点，命令行提示如下：

```
命令: T98_TKW
点取插入点或 [转 90(A)/左右(S)/上下(D)/转角(R)/基点(T)/更换(C)/比例(X)]<退出>:
                              //输入 X，选择“比例”选项；
请输入比例:<1.0> 0.5          //输入比例参数，绘制方形地漏图形的结果如图 19-51 所示。
```

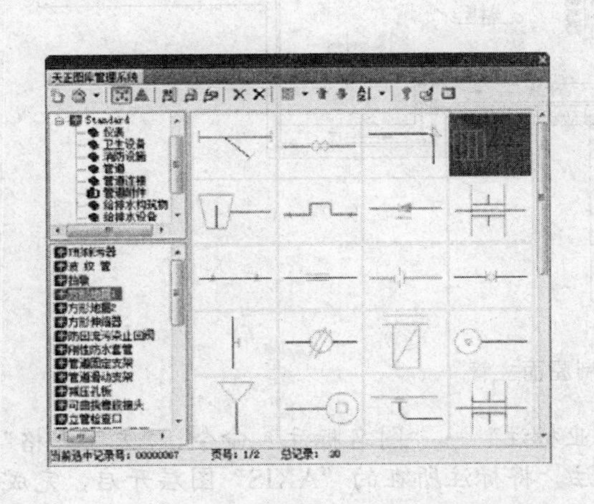

图 19-50　选择方形地漏图块

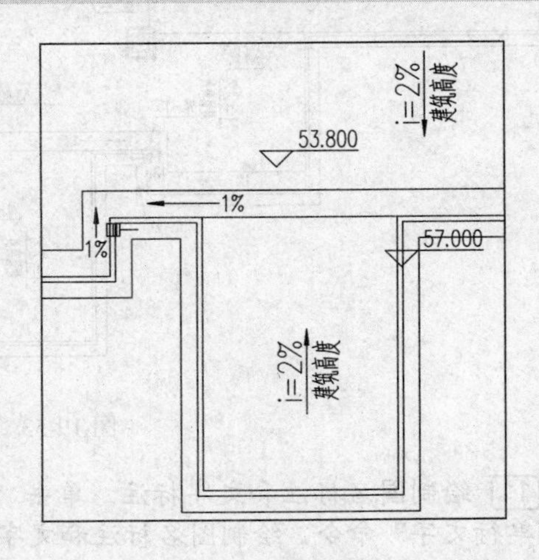

图 19-51　绘制方形地漏

[09] 重复操作，继续绘制方形地漏图形，结果如图 19-52 所示。

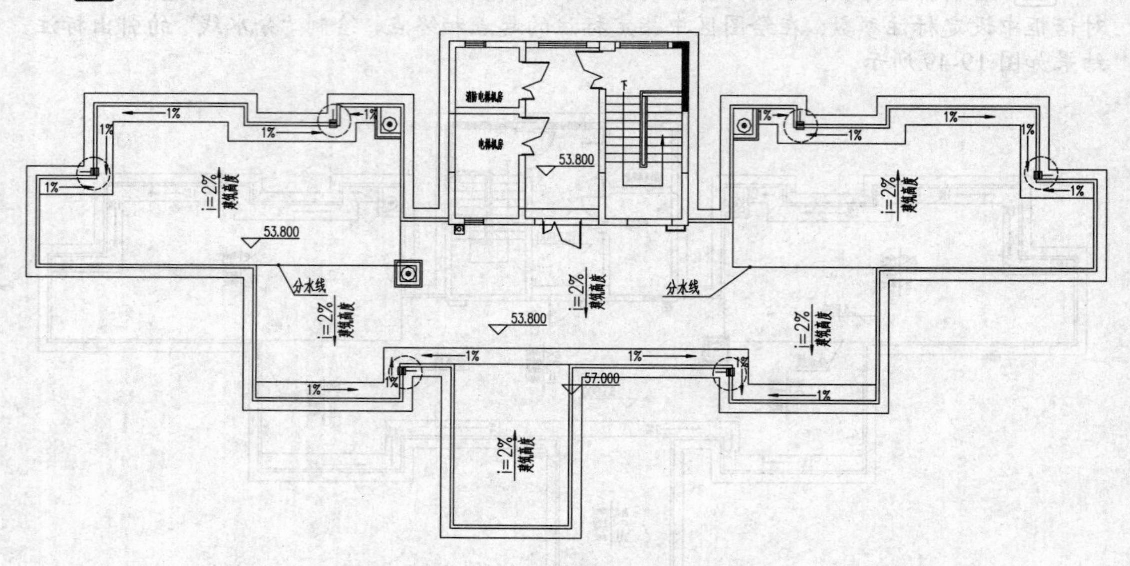

图 19-52　方形地漏绘制结果

[10] 绘制立管管线。在命令行中输入 LGBZ 命令按回车键，系统弹出【立管】对话框；单击“雨水”“污水”按钮，在绘图区中分别指定管线插入点，绘制立管管线，结果如图 19-53 所示（雨水立管与方形地漏相连）。

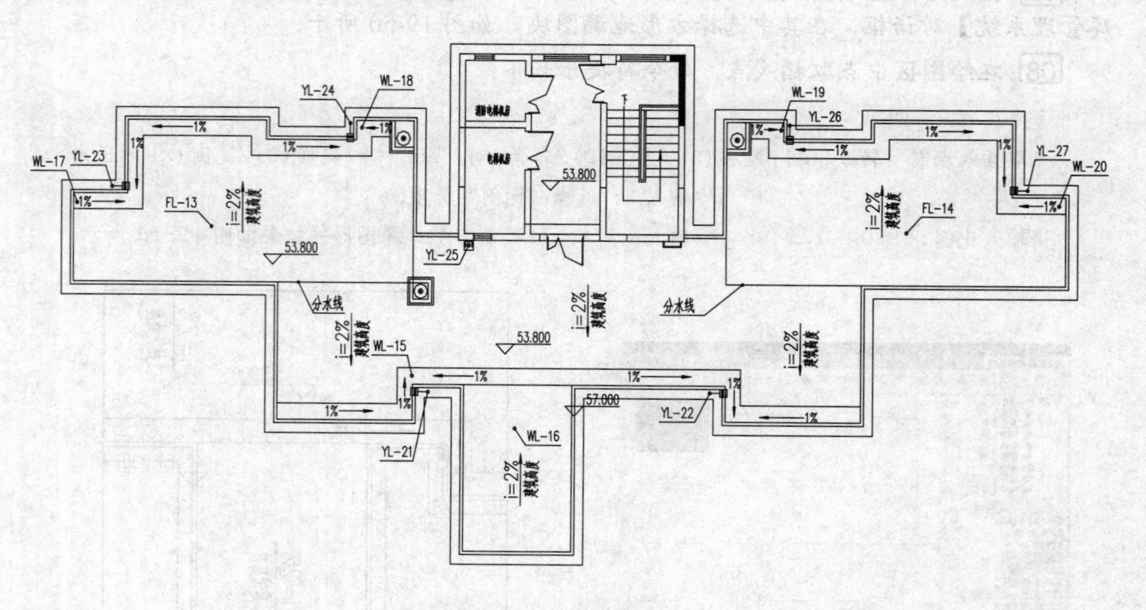

图 19-53　绘制屋面立管

[11] 绘制图名标注和文字标注。单击“专业标注”→“图名标注”命令、“文字表格”→“单行文字”命令，绘制图名标注和文字标注，将标注所在的“AXIS”图层开启，完成屋面给水排水平面图的绘制，结果如图 19-54 所示。

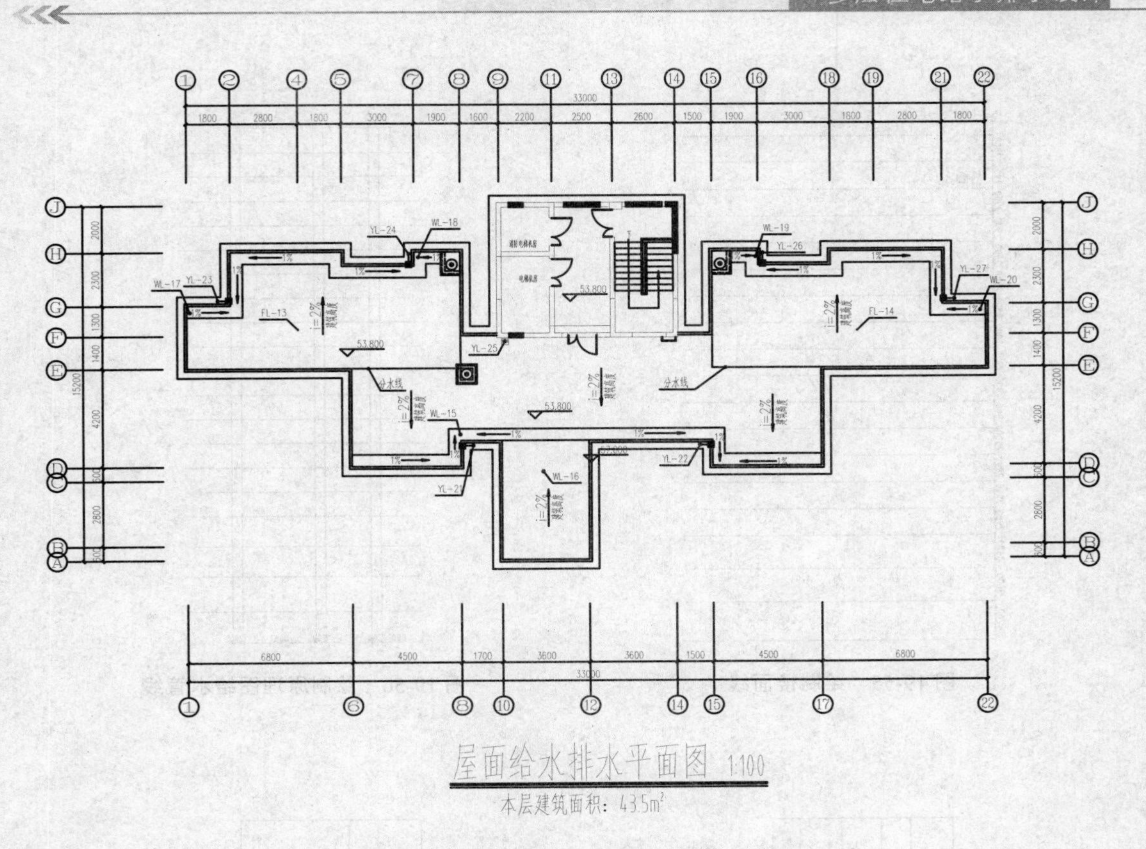

图 19-54 屋面给水排水平面图的绘制结果

19.6 绘制给水系统原理图

给水系统主要表明整栋房屋内部的供水系统，首先应先确定管线的位置，然后再在管线上布置给水设备，最后标注文字说明，表明管道的起点和终点位置。

01 绘制楼面线。调用 L“直线”命令，绘制直线；调用 O“偏移”命令，偏移直线，结果如图 19-55 所示。

02 绘制管线。在命令行中输入 HZGX 命令按回车键，在弹出的【管线】对话框中单击“给水”按钮，在绘图区中点取管线的起点和终点，绘制给水管线，结果如图 19-56 所示。

03 调用 O“偏移”命令，偏移楼面线；调用 TR“修剪”命令，修剪给水管线，结果如图 19-57 所示。

04 调用 HZGX 命令，绘制给水管线；调用 O“偏移”命令，偏移给水管线，结果如图 19-58 所示。

05 插入截止阀和水表图块。单击“图库图层”→“图库管理”命令，在【天正图库管理系统】对话框中选定水表和截止阀图形，结果如图 19-59 所示。

06 将选定的水表和阀门图形插入至图形中，结果如图 19-60 所示。

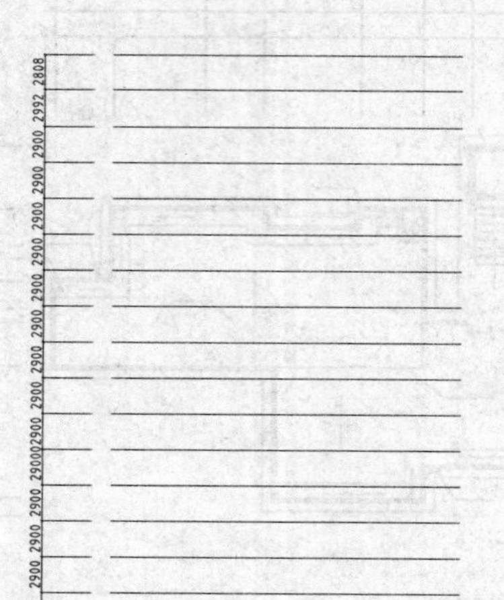

图 19-55　绘制楼面线

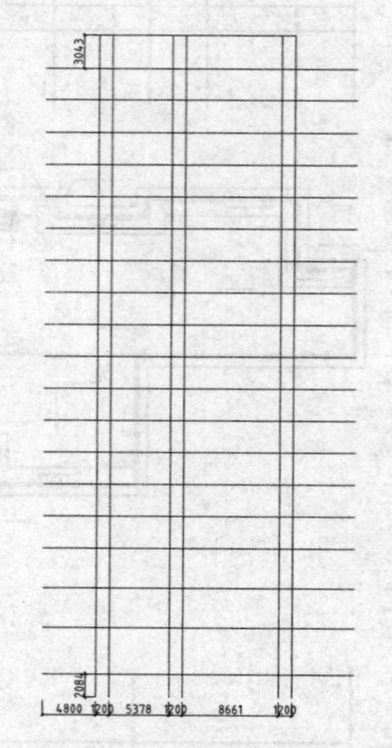

图 19-56　绘制原理图给水管线

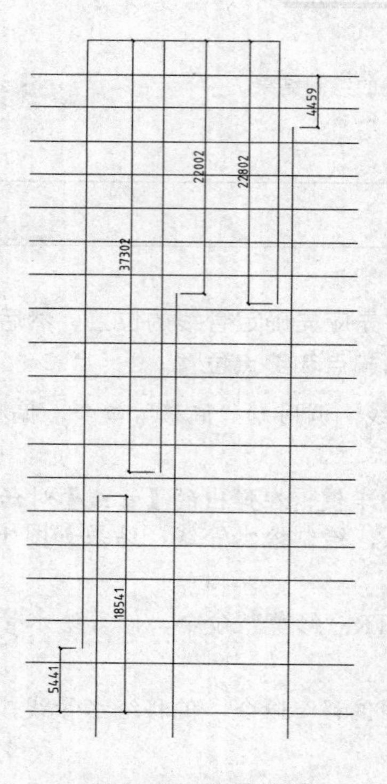

图 19-57　修剪管线

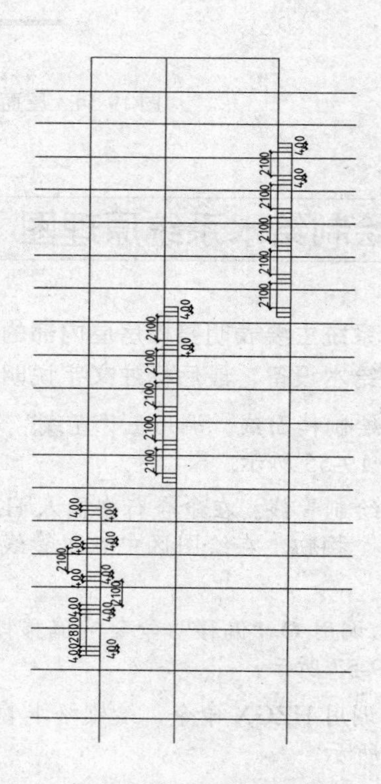

图 19-58　偏移给水管线

07　调用 CO“复制”命令，移动复制调入的给水附件图形，结果如图 19-61 所示。

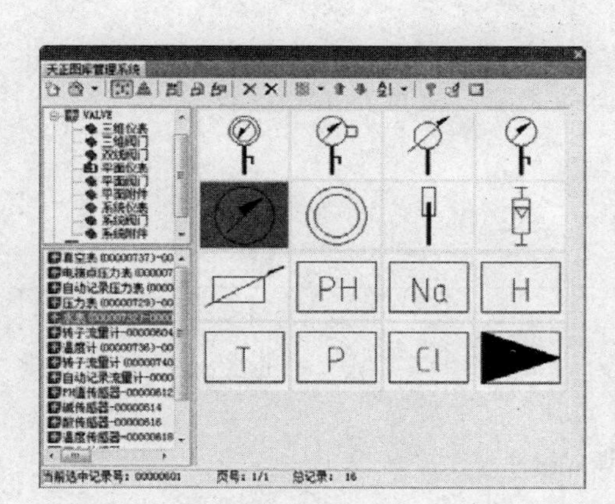

图 19-59 选择水表和截止阀图形

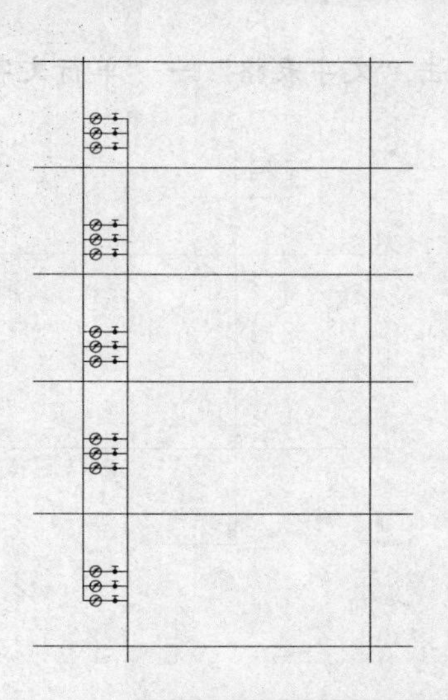

图 19-60 插入水表和截止阀图形

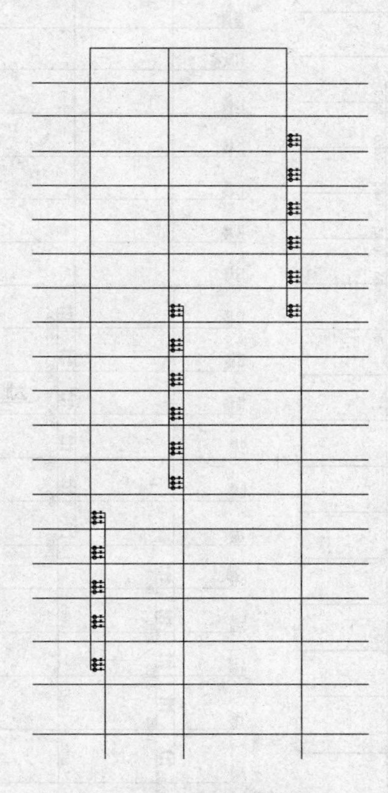

图 19-61 移动复制附件

08 重复操作，继续将阀门附件调入系统图中，结果如图 19-62 所示。

09 管径标注。在命令行中输入 GJBZ 命令按回车键，弹出【管径】对话框，在其中设置参数，为管线绘制管径标注，结果如图 19-63 所示。

10 文字标注。单击“专业标注”→“引出标注”命令，为给水管线绘制引出标注文

字；单击“文字表格”→“单行文字”命令，绘制楼层标注，结果如图 19-64 所示。

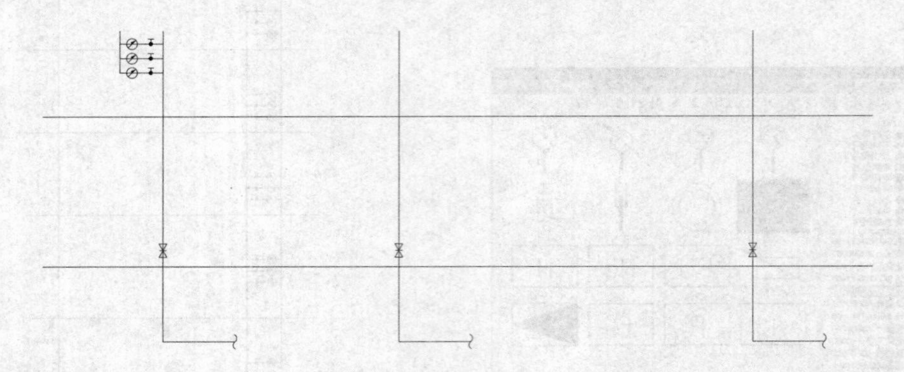

图 19-62　调入附件

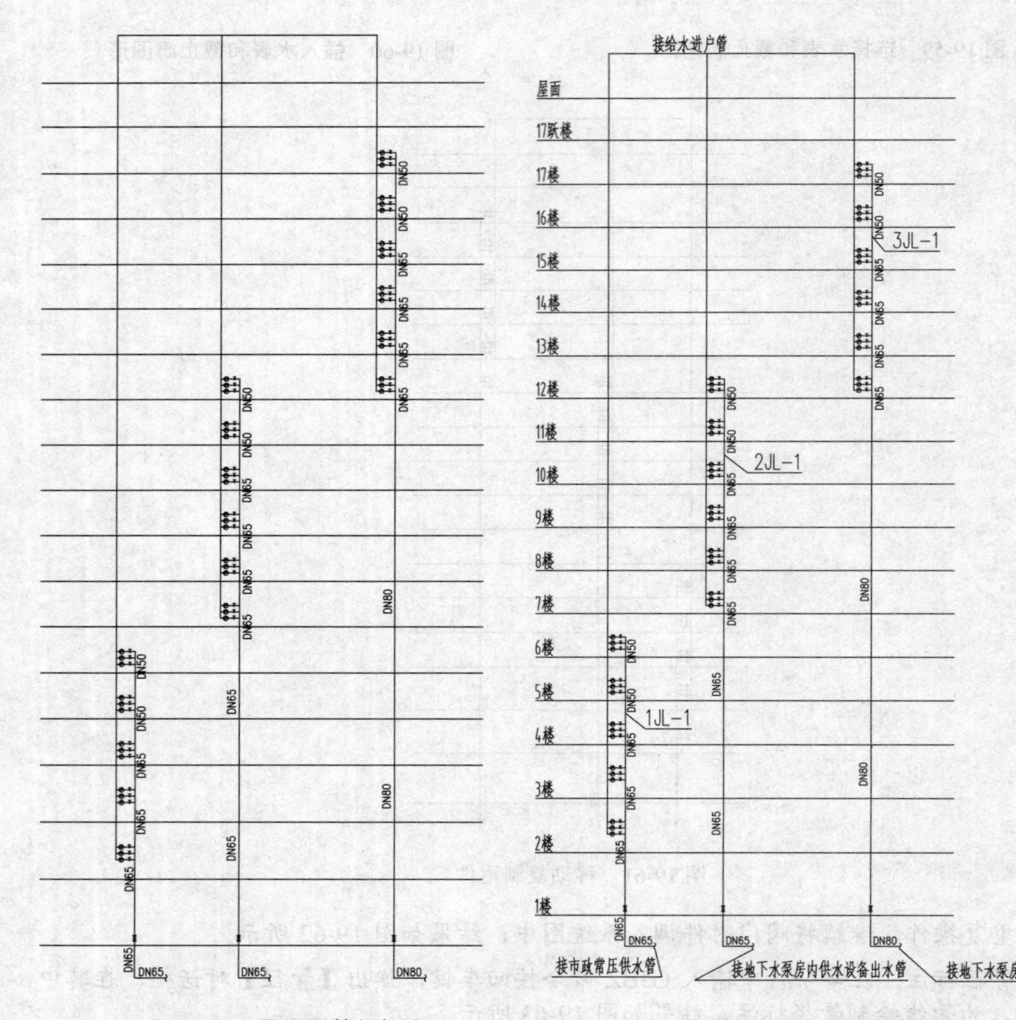

图 19-63　原理图管径标注　　　　图 19-64　原理图文字标注

[11] 连注标高。单击“专业标注”→“连注标高”命令，在弹出的【标高标注】对话框中定义标高参数，在绘图区中点取标注点和标高方向，绘制标高标注的结果如图 19-65 所示。

[12] 图名标注。单击“专业标注”→“图名标注”命令，在弹出的【图名标注】对话框中定义图名和比例参数，根据命令行的提示，在系统图的下方点取图名的标注位置，绘制图名标注的结果如图 19-66 所示。

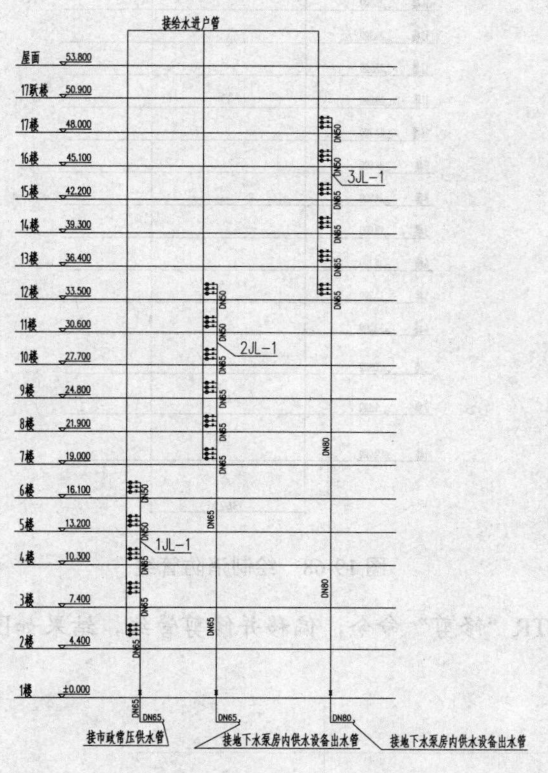

图 19-65　原理图标高标注

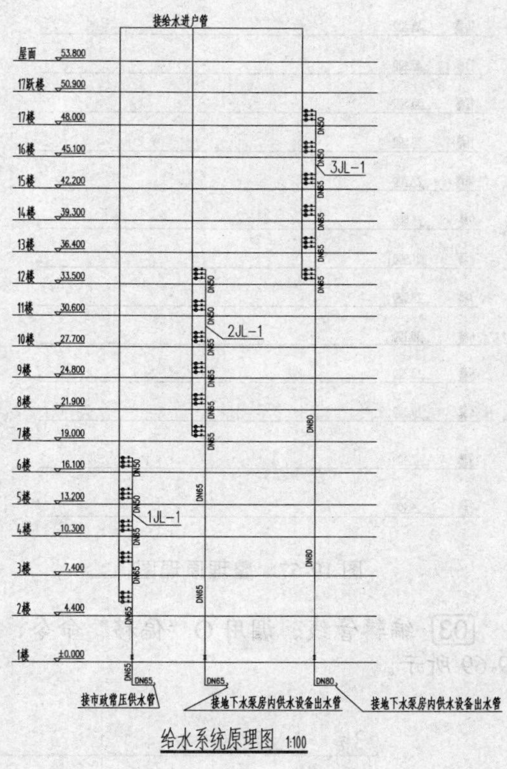

图 19-66　图名标注

19.7 绘制消火栓系统图

消火栓系统图表明住宅楼整个的消防防御系统设计。消火栓设置的位置、数量和样式，应通过系统图明确地表达出来。此外，管道的连通是很重要的一方面，因为这涉及消防设备的使用情况。

[01] 消火栓系统图可以在给水系统原理图的基础上绘制。调用 CO“复制”命令，移动复制一份给水系统原理图至一旁；调用 E“删除”命令，删除除了标高标注、文字标注以及楼面线以外的图形，整理结果如图 19-67 所示。

[02] 绘制消防管线。在命令行中输入 HZGX 命令按回车键，在弹出的【绘制管线】对

话框中单击“消防”按钮，在绘图区中分别点取管线的起点和终点，绘制消防管线，结果如图 19-68 所示。

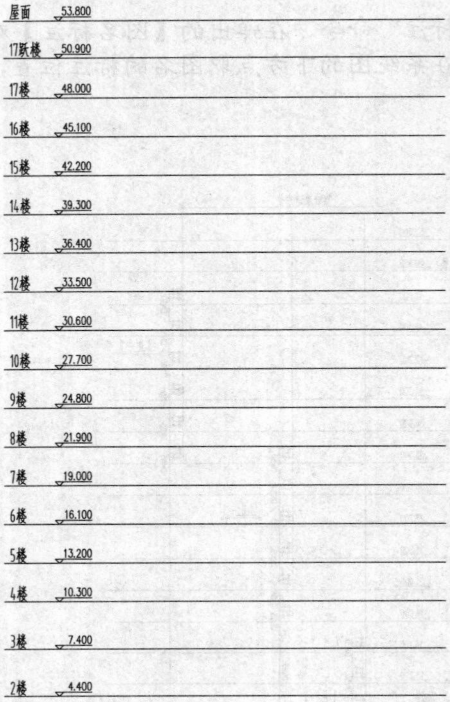

图 19-67　整理原理图

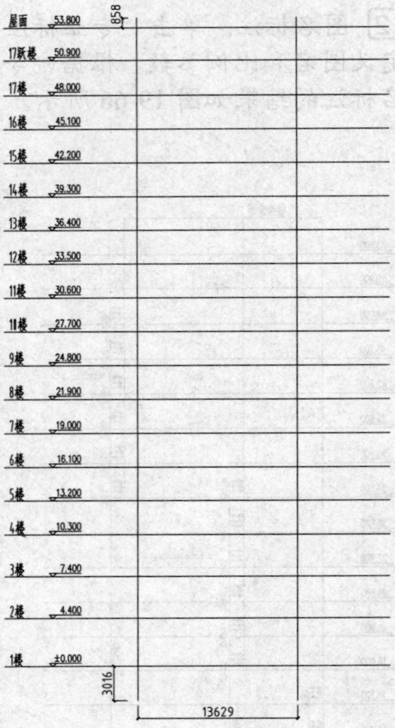

图 19-68　绘制消防管线

[03] 编辑管线。调用 O“偏移”命令、TR“修剪”命令，偏移并修剪管线，结果如图 19-69 所示。

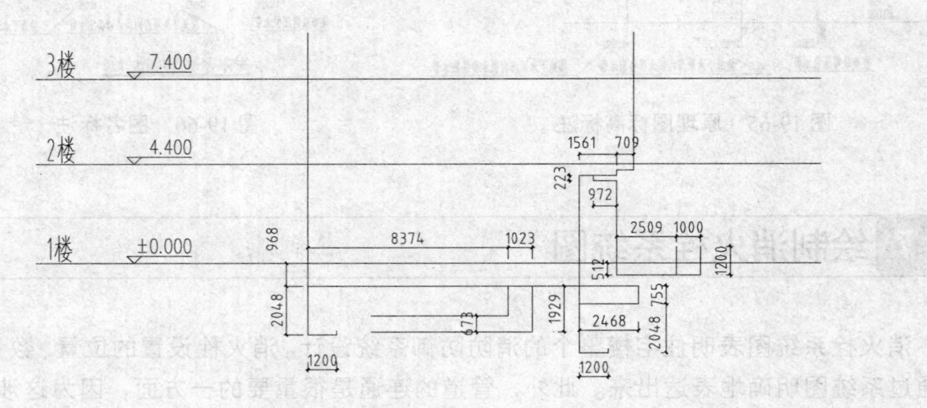

图 19-69　编辑消防管线

[04] 绘制消防管线。在命令行中输入 HZGX 命令按回车键，在弹出的【绘制管线】对话框中单击“消防”按钮，在绘图区中分别点取管线的起点和终点，绘制消防管线，结果如图 19-70 所示。

05 插入单出口系统消火栓图块。单击“图库图层”→“图库管理”命令，在【天正图库管理系统】对话框中选定消火栓图块，将选定的消火栓图块插入至系统图中，结果如图 19-71 所示。

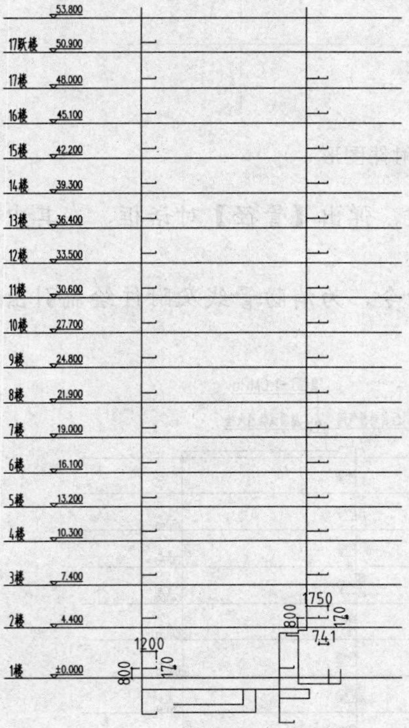

图 19-70 绘制消防管线结果

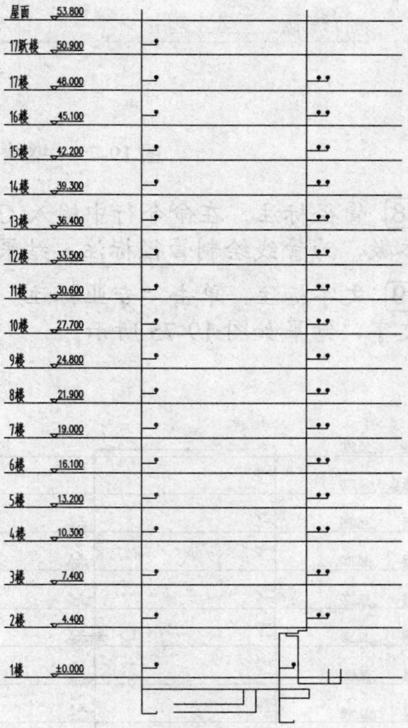

图 19-71 插入单出口系统消火栓图块

06 插入其他消防附件图形。单击“图库图层”→“图库管理”命令，在【天正图库管理系统】对话框中选定消防附件图块，将选定的图形插入至系统图中，结果如图 19-72 所示。

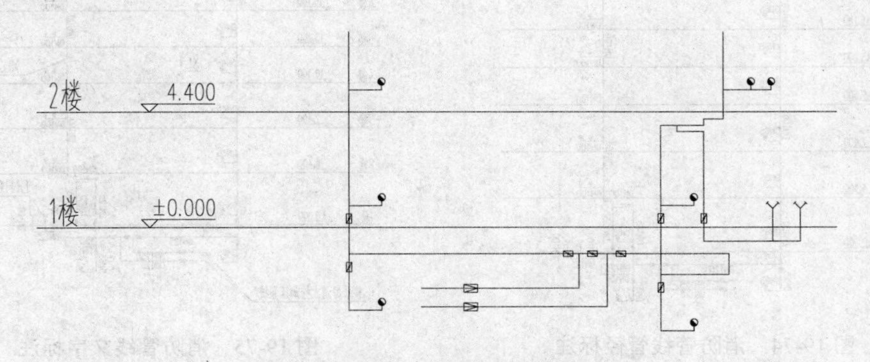

图 19-72 插入其他消防附件图形

07 调用 HZGX 命令、“图库图层”→“图库管理”命令，绘制管线并调入消防附件图形，结果如图 19-73 所示。

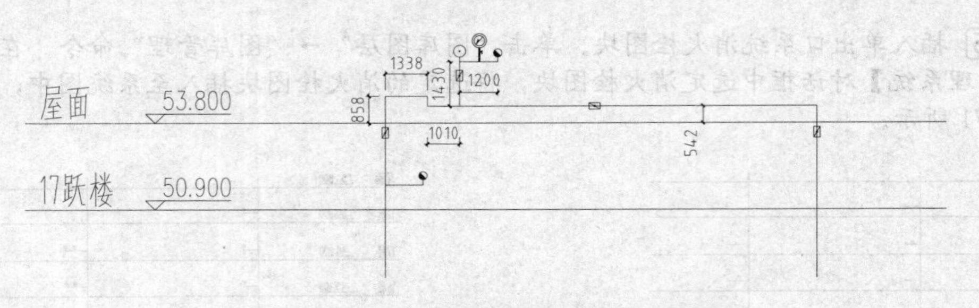

图 19-73 继续绘制管线并调入消防附件图形

08 管径标注。在命令行中输入 GJBZ 命令按回车键，弹出【管径】对话框，在其中设置参数，为管线绘制管径标注，结果如图 19-74 所示。

09 文字标注。单击“专业标注”→“引出标注”命令，为消防管线及附件绘制引出标注文字，结果如图 19-75 所示。

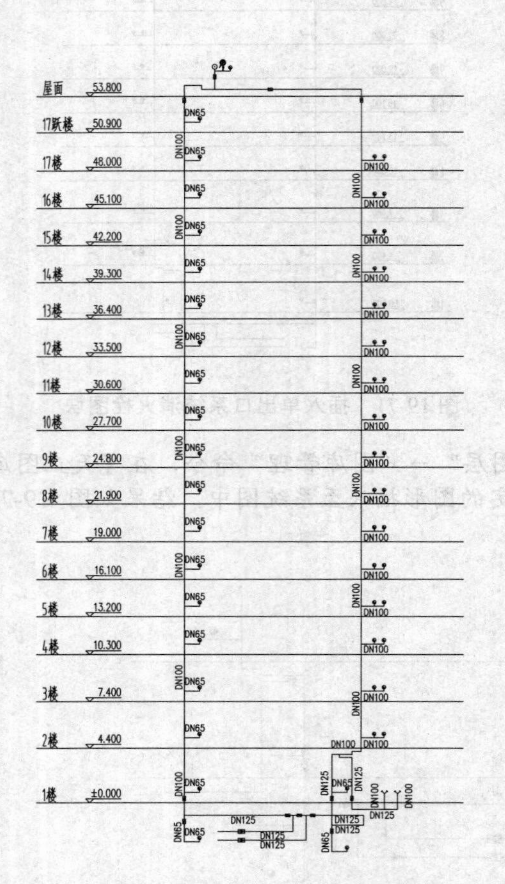

图 19-74 消防管线管径标注

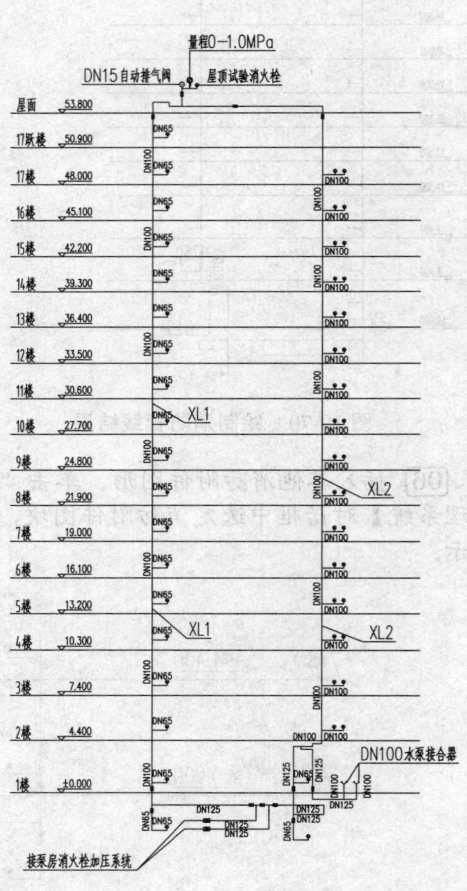

图 19-75 消防管线文字标注

10 图名标注。单击“专业标注”→“图名标注”命令，在弹出的【图名标注】对话框中定义图名和比例参数，根据命令行的提示，在系统图的下方点取图名的标注位置，绘制图名标注，结果如图 19-76 所示。

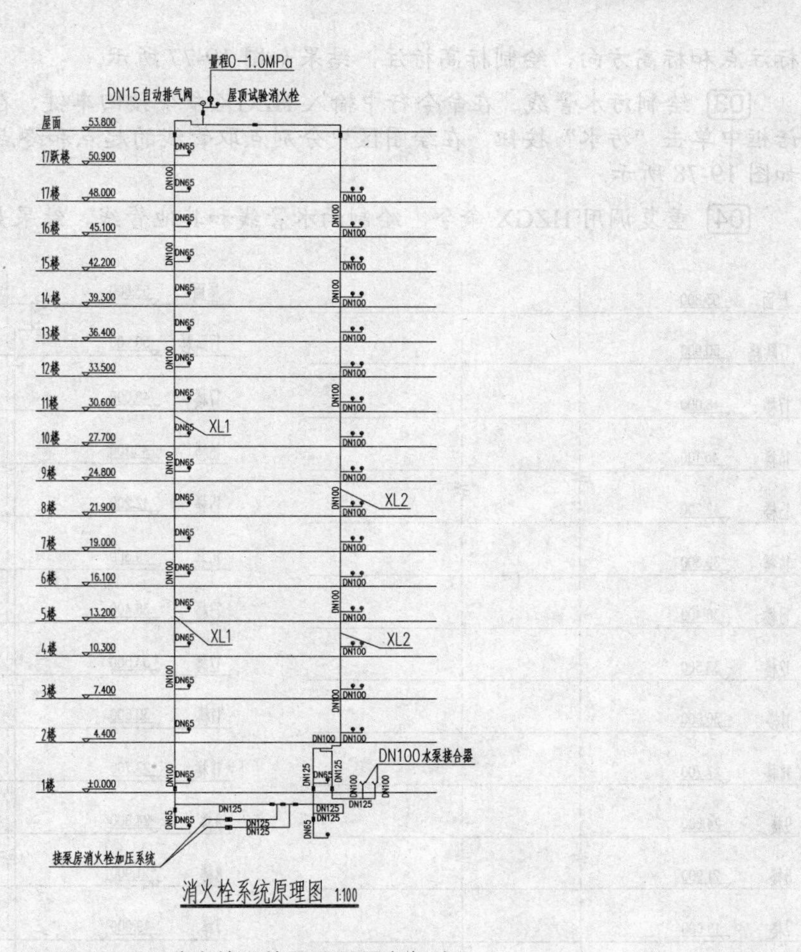

图 19-76　消火栓系统原理图图名标注

19.8 绘制排水系统原理图

排水系统图表明房屋的污水、废水排泄系统的设计。管线的设计与排水附件的安装，不仅要符合建筑物的特点，还与使用的人数相关。

01 调用 CO【复制】命令，移动复制一份消火栓系统原理图至一旁；调用 E【删除】命令，删除除了标高标注、文字标注以及楼面线以外的图形。

02 连注标高。单击“专业标注”→“连注标高”命令，在弹出的【标高标注】对话框中定义标高参数，在绘图区中点取

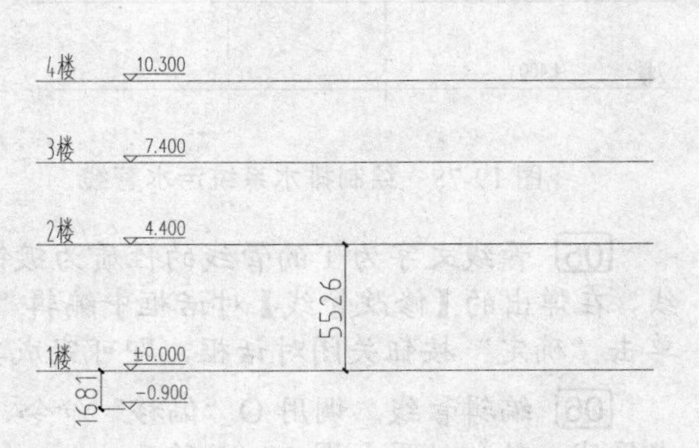

图 19-77　标高标注

标注点和标高方向，绘制标高标注，结果如图 19-77 所示。

[03] 绘制污水管线。在命令行中输入 HZGX 命令按回车键，在弹出的【绘制管线】对话框中单击“污水”按钮，在绘图区中分别点取管线的起点和终点，绘制污水管线，结果如图 19-78 所示。

[04] 重复调用 HZGX 命令，绘制雨水管线和其他管线，结果如图 19-79 所示。

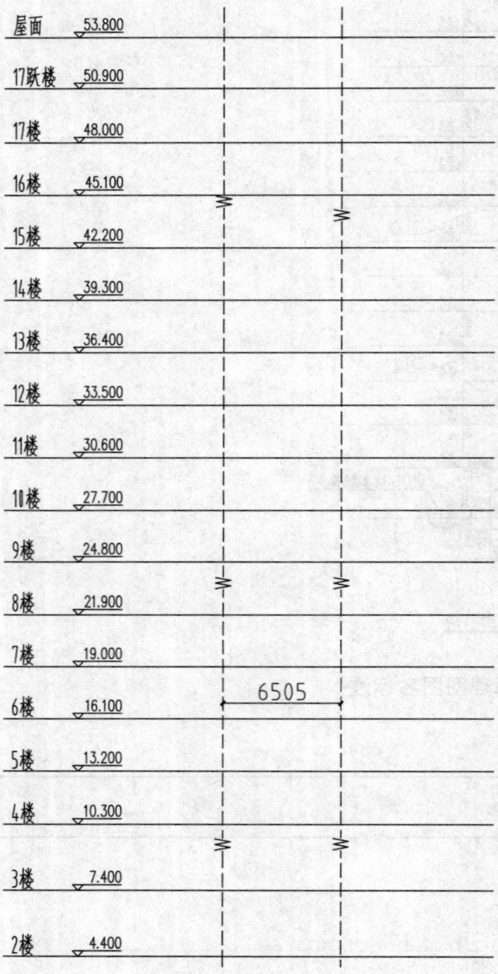

图 19-78 绘制排水系统污水管线

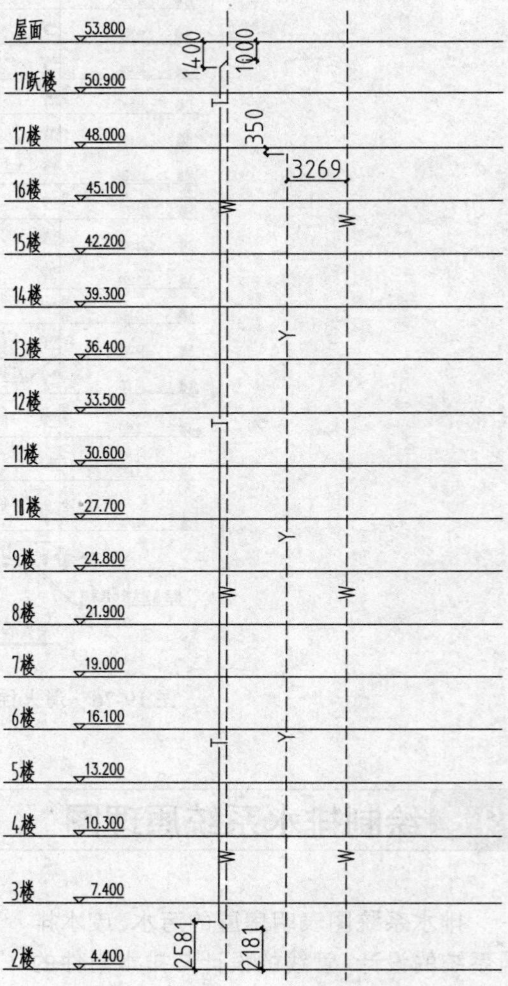

图 19-79 绘制排水系统管线结果

[05] 管线文字为T的管线的性质为镀锌管，可以在绘制任意种类的管线后；双击该管线，在弹出的【修改管线】对话框中编辑“更改图层”“更改管材”参数，如图 19-80 所示；单击“确定”按钮关闭对话框，即可完成其他类型管线的绘制。

[06] 编辑管线。调用 O“偏移”命令、TR“修剪”命令，偏移并修剪污水管线以及雨水管线，绘制结果如图 19-81 所示。

[07] 绘制管线。在命令行中输入 HZGX 命令按回车键，绘制污水管线、雨水管线，结果如图 19-82 所示。

图 19-80 【修改管线】对话框

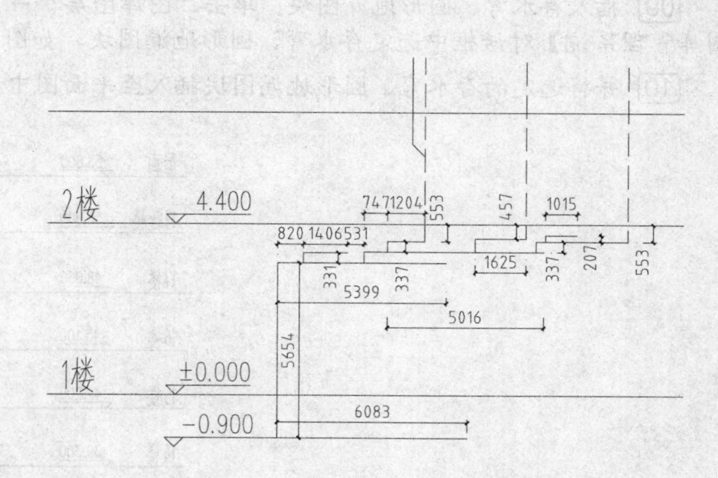

图 19-81 编辑管线

[08] 插入检查口图块。单击“图库图层”→“图库管理”命令，在【天正图库管理系统】对话框中选定检查口图块，根据命令行的提示修改插入比例，并将选定的检查口图块插入至图形中，结果如图 19-83 所示。

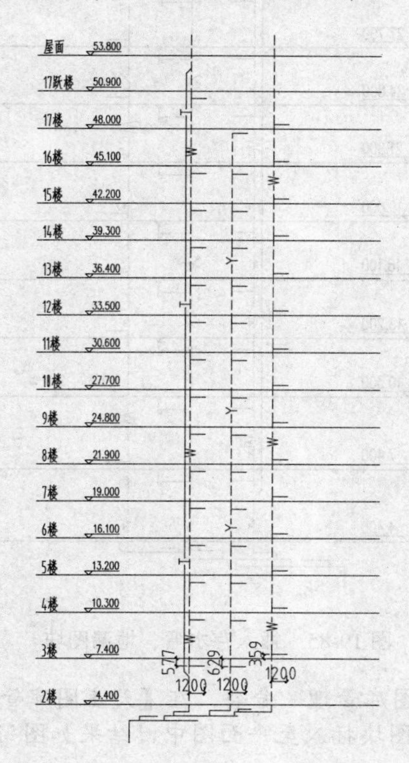

图 19-82 继续绘制管线

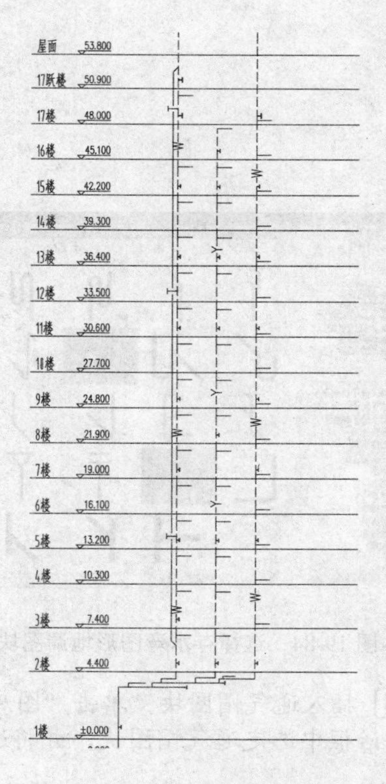

图 19-83 插入检查口图块

[09] 插入存水弯、圆形地漏图块。单击“图库图层”→“图库管理”命令，在【天正图库管理系统】对话框中选定存水弯、圆形地漏图块，如图 19-84 所示。

[10] 并将选定的存水弯、圆形地漏图块插入至平面图中，结果如图 19-85 所示。

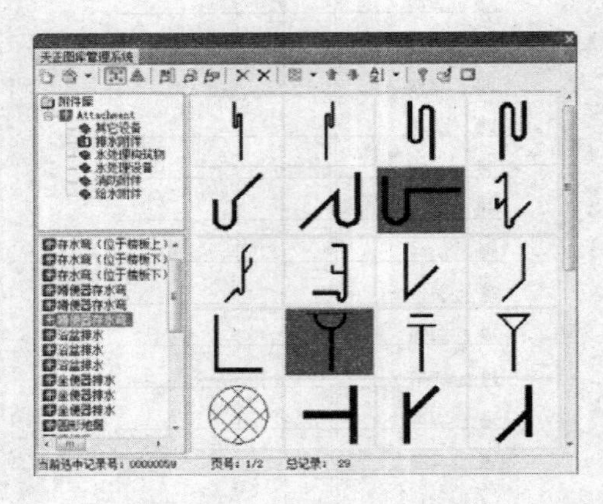

图 19-84 选择存水弯图形地漏图块

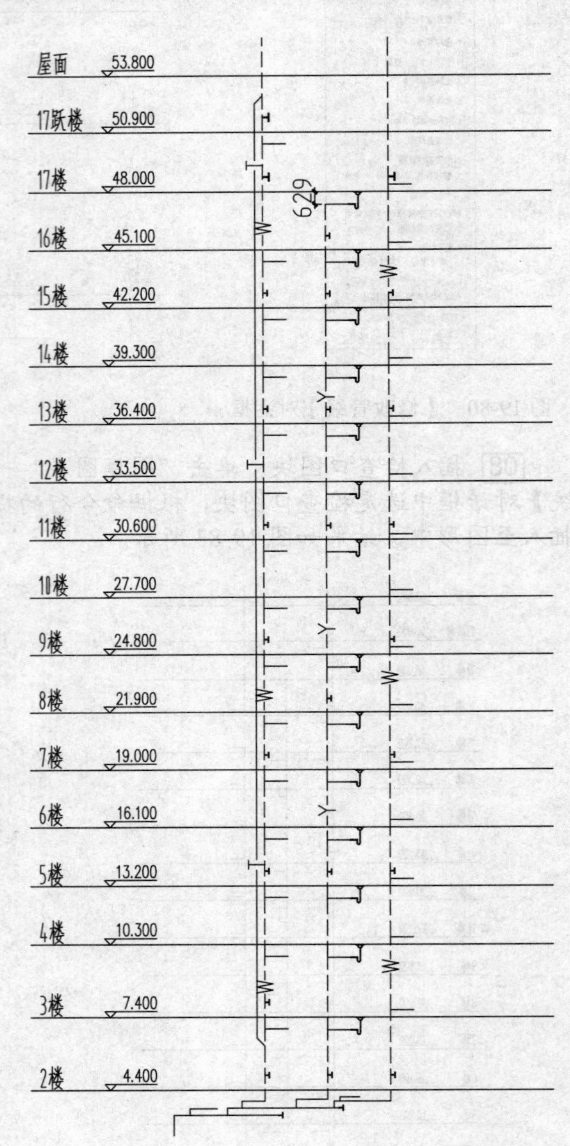

图 19-85 插入存水弯、地漏图块

[11] 插入通气帽图块。单击“图库图层”→“图库管理”命令，在【天正图库管理系统】对话框中选定通气帽图块，并将选定的通气帽图块插入至平面图中，结果如图 19-86 所示。

[12] 绘制支管。调用 L“直线”命令，绘制直线表示支管图形，结果如图 19-87 所示。

[13] 管径标注。在命令行中输入 GJBZ 命令按回车键，弹出【管径】对话框，在其中设置参数，为管线绘制管径标注，结果如图 19-88 所示。

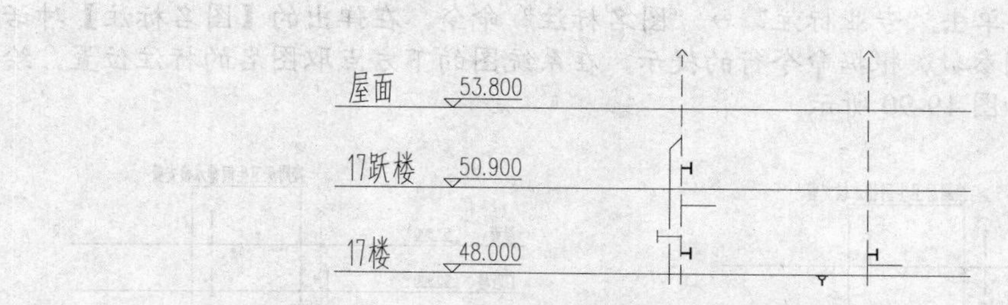

图 19-86　插入通气帽图块

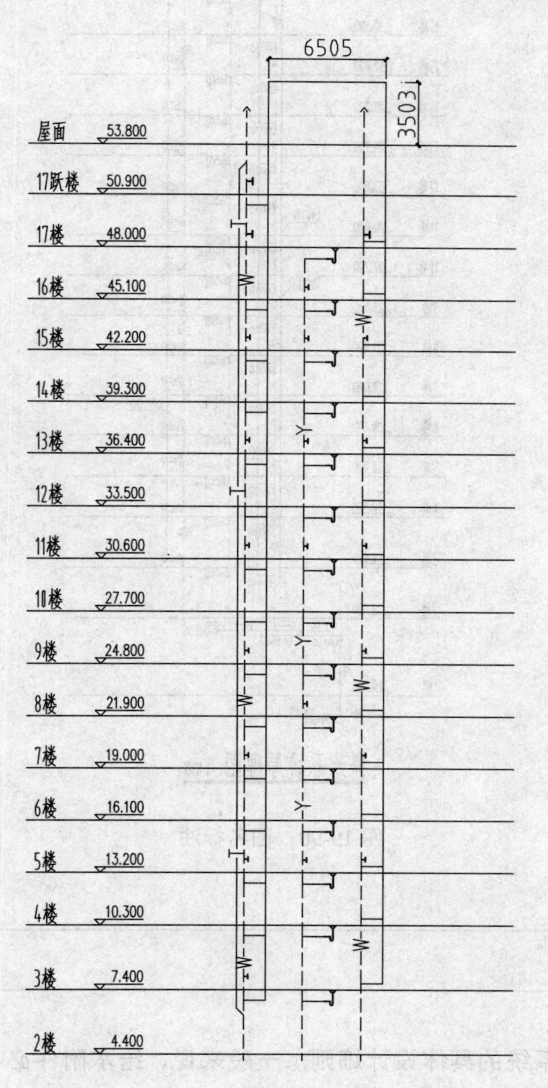

图 19-87　绘制支管

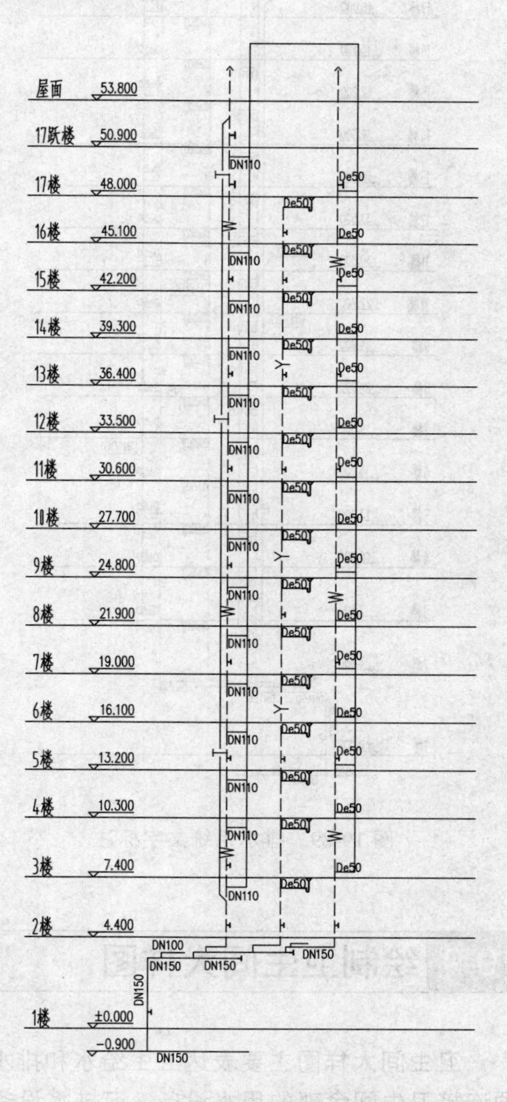

图 19-88　排水系统管径标注

[14] 文字标注。单击“专业标注”→“引出标注”命令，为管线绘制引出标注文字；单击“文字表格”→“单行文字”命令，绘制文字标注；单击“专业标注”→“管道坡度”命令，为管线绘制坡度标注，结果如图 19-89 所示。

[15] 图名标注。单击“专业标注”→“图名标注”命令，在弹出的【图名标注】对话框中定义图名和比例参数，根据命令行的提示，在系统图的下方点取图名的标注位置，绘制图名标注的结果如图 19-90 所示。

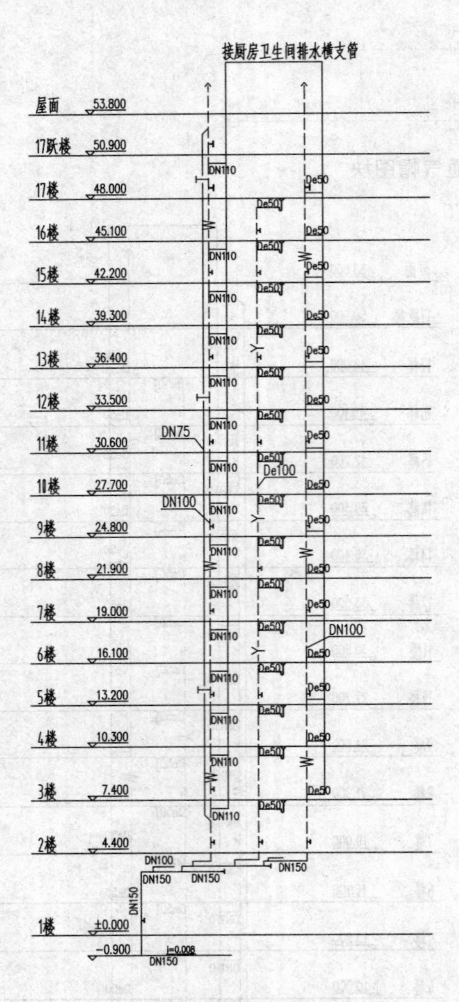

图 19-89 排水系统文字标注

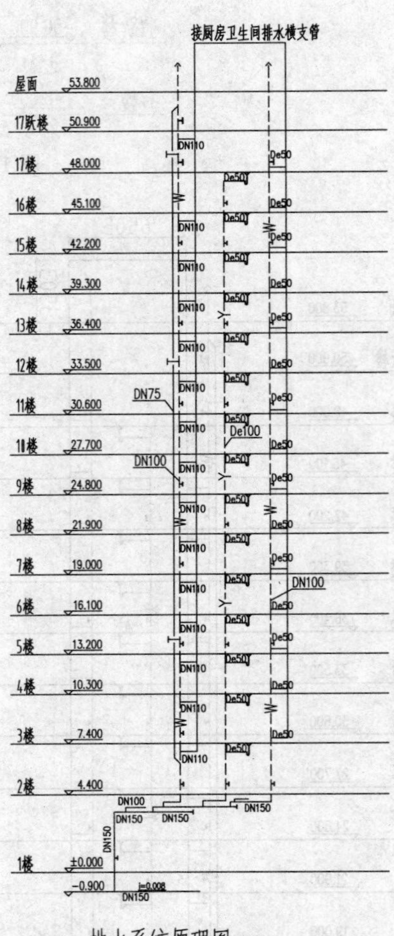

图 19-90 图名标注

19.9 绘制卫生间大样图

卫生间大样图主要表达卫生给水和排水系统的具体设计细则。一般来说，给水附件必须连接卫生间全部的用水设备；而排水设备却不一定要全部连接用水设备。排水设备要与洗手盆、坐便器（蹲便器）、浴缸等可产生废水的设备连接。

01 打开素材文件。按下 Ctrl+O 组合键，打开配套光盘提供的“第 19 章/19.9 卫生间 4 原建筑平面图.dwg”文件，结果如图 19-91 所示。

02 布置洁具。单击“平面”→“任意洁具”命令，系统弹出【T20 天正给排水软件图块】对话框，在其中选择洗脸盆图形，如图 19-92 所示。

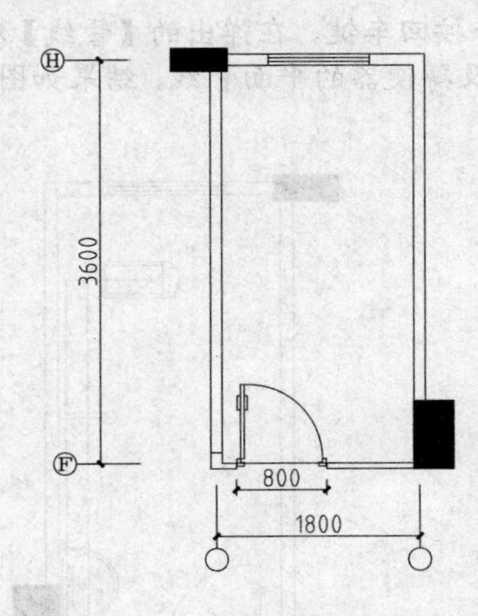

图 19-91 打开素材文件

图 19-92 选择洗脸盆图形

03 此时命令行提示如下：

命令:RYJJ↙

请指定洁具的插入点 [90° 旋转(A)/左右翻转(F)/放大(E)/缩小(D)/距墙距离(C)/替换(P)]<退出>:A //输入 A，将图形 90° 翻转；

请指定洁具的插入点 [90° 旋转(A)/左右翻转(F)/放大(E)/缩小(D)/距墙距离(C)/替换(P)]<退出>:E //输入 E，将图形放大一倍，点取图形的插入点，绘制结果如图 19-93 所示。

04 重复操作，继续将大便器以及淋浴喷头调入平面图中，结果如图 19-94 所示。

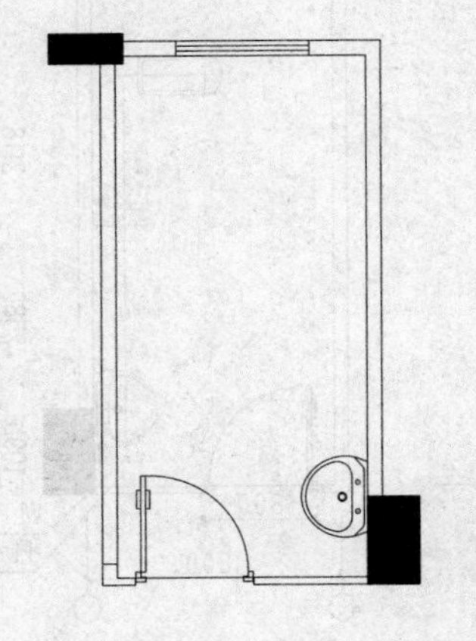

图 19-93 插入洗脸盆图形

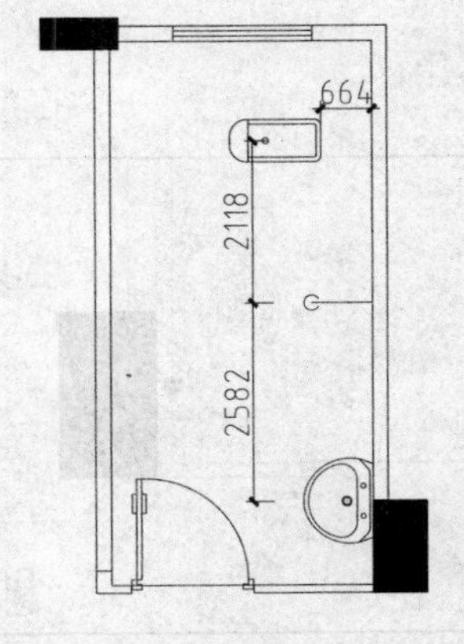

图 19-94 调入大便器、沐浴喷头图块

05 绘制立管管线。在命令行中输入 LGBZ 命令按回车键，在弹出的【立管】对话框

中分别单击“给水”“废水”“污水”按钮，在绘图区中点取立管的插入基点，绘制立管，结果如图 19-95 所示（给水水管没有绘制编号）。

06 绘制污水管线。在命令行中输入 HZGX 命令按回车键，在弹出的【管线】对话框中单击“污水”按钮，绘制连接污水立管和蹲便器的平面管线，结果如图 19-96 所示。

07 绘制给水管线。在命令行中输入 HZGX 命令按回车键，在弹出的【管线】对话框中单击“给水”按钮，绘制连接给水立管和洗脸盆以及蹲便器的平面管线，结果如图 19-97 所示。

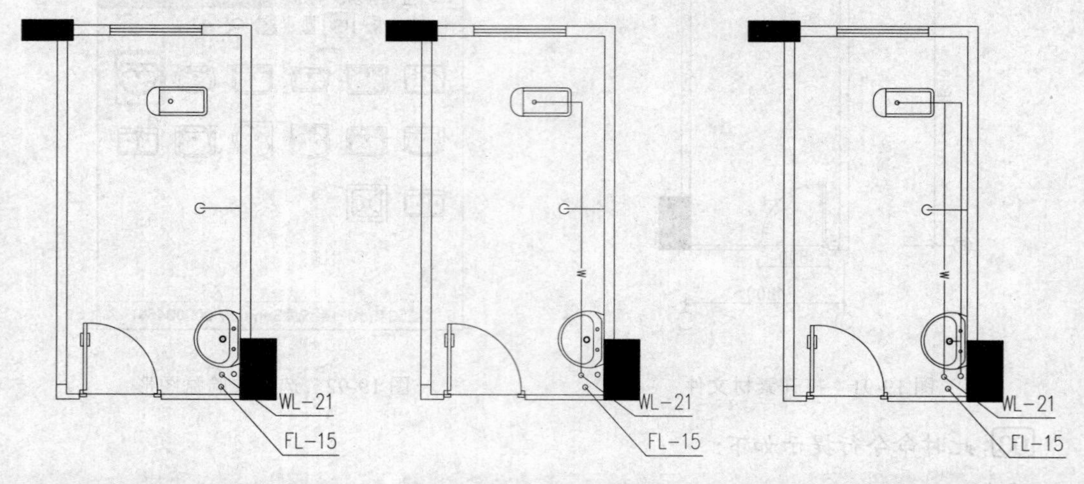

图 19-95　绘制卫生间立管管线　　图 19-96　绘制卫生间管线　　图 19-97　绘制给水管线

08 插入截止阀图块。单击“图库图层” → “图库管理”命令，在【天正图库管理系统】对话框中选定截止阀图块；并将选定的截止阀图块插入至图形中，结果如图 19-98 所示。

09 尺寸标注。单击“尺寸标注” → “逐点标注”命令，绘制洁具间的间隔尺寸，结果如图 19-99 所示。

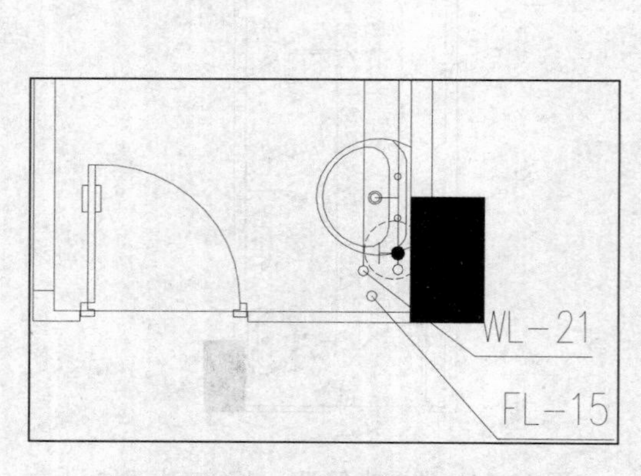

图 19-98　插入截止阀图块

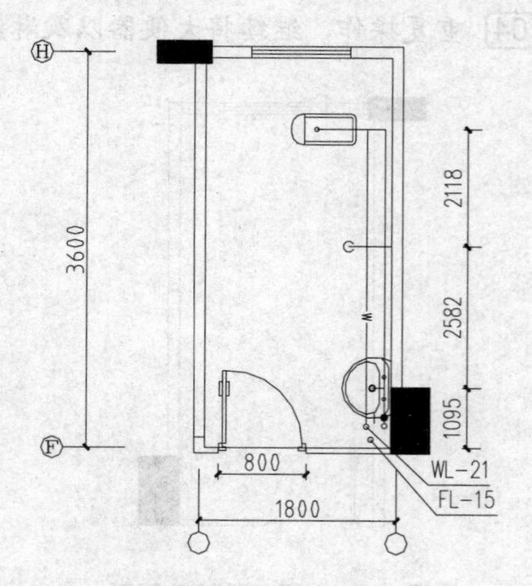

图 19-99　逐点标注

[10] 因为详图是在原图的基础上放大两倍绘制的，所以要更改尺寸标注。双击绘制完成的尺寸标注，即可进入在位编辑状态，在其中修改尺寸标注文字，按回车键即可完成操作，结果如图 19-100 所示。

[11] 图名标注。单击“专业标注”→“图名标注”命令，在弹出的【图名标注】对话框中定义图名和比例参数，根据命令行的提示，在系统图的下方点取图名的标注位置，绘制图名标注的结果如图 19-101 所示。

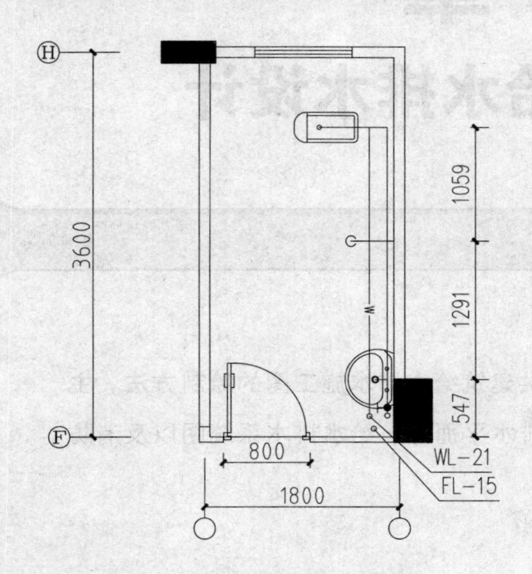

图 19-100　更改尺寸标注

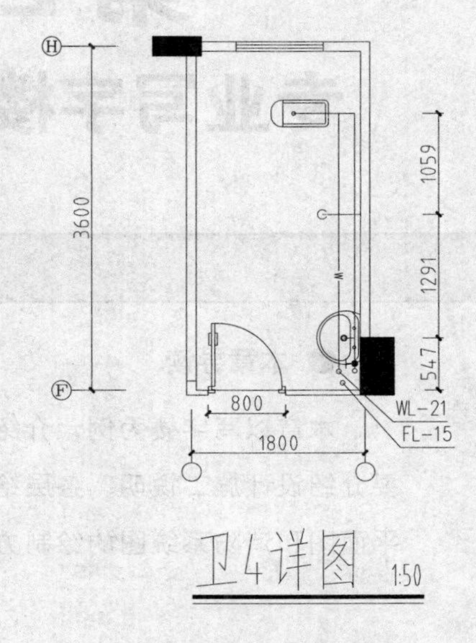

图 19-101　图名标注

第 20 章

专业写字楼给水排水设计

● 本章导读

本章以写字楼为例，介绍公共建筑给水排水施工图的绘制方法。主要介绍设计施工说明、各层给水排水平面图、给水排水系统图以及消防平面图和消防系统图的绘制方法。

● 本章重点

◈ 设计施工说明
◈ 绘制十三至十七层给水排水平面图
◈ 绘制卫生间给水排水平面图
◈ 绘制卫生间给水排水系统图
◈ 绘制十三层自动喷淋平面图
◈ 绘制消火栓系统原理图

20.1 设计施工说明

设计施工说明包含图纸所绘工程的概况、设计依据、施工工艺、使用材料等信息，本节为读者介绍写字楼给水排水设计施工说明的绘制方法。

1．工程概述

本套图纸为主楼施工图，建筑面积为 31125.5m^2，建筑高度为 81.90m；地上 20 层，主要作为办公性用房，地下 1 层，主要作为车库、设备用房；属于一类高层建筑。

2．设计依据

1）已批准的初步设计文件；

2）建设单位提供的本工程有关资料和设计任务书；

3）国家现行有关给水、排水、消防和卫生等设计规范及规程，包括：

《室外给水设计规范》GB50013—2006；

《室外排水设计规范（2014 年版）》GB50014—2006；

《建筑给水排水设计规范（2009 年版）》GB50015—2003；

《建筑设计防火规范》GB50016—2014；

《自动喷水灭火系统设计规范（附条文说明）（2005 年版）》GB50084—2001；

《建筑灭火器配置设计规范》GB50140—2005；

《建筑给水排水制图标准》GB/T50106—2001；

《办公建筑设计规范（附条文说明）》JGJ67-2006；

《汽车库、修车库、停车场设计防火规范》GB50067—2014。

3．设计范围

本设计范围包括本工程红线内的生活给水系统，生活污水、废水排水系统，雨水排水系统，消火栓给水系统，自动喷水灭火系统，建筑灭火器配置的设计。

4．生活给水系统

1）水源：本工程水源为市政自来水。分别从市政给水干管引出 1 根 DN150 给水管，经水表和倒流防止器后，在大楼周围形成环状管网。由环管上引入管道，供四层及四层以下用水。供水压力为 0.30MPa。

2）设计水量：最高日用水量为 110.0m^3/d，最大小时用水量为 16.5m^3/h。

3）给水系统分区：给水系统竖向分为以下三个区：

a. 四层及四层以下为低区，由室外市政给水管网直接供水。

b. 五至十三层为中区，由地下室水泵房内生活水箱和中区供水设备联合供水。

c. 十四至二十层为高区，由地下室水泵房内生活水箱和高区供水设备联合供水。

4）地下室设一座容积为 30m^3 的装配式不锈钢生活水箱和一座容积为 396m^3 的消防水池，屋顶水箱间设容积为 18m^3 消防水箱一座。

5）中、高区生活用水加压泵组采用高效成套供水设备，由泵组、智能变频控制系统、稳流罐、安装底座等组成。

6）各楼层供水压力不大于 300KPa，超过时设减压阀减压。

7）热水采用电热水器制备，电热水器由甲方自理。

5. 生活污水废水排水系统

1）本工程污水、废水采用合流制，排水采用特殊单立管排水系统。

2）本建筑最高日排水量为 99m³/d。生活污水经化粪池局部处理后排入市政污水管道。

3）室内标高为+0.000 以上的污水、废水依靠重力自流排入室外污水管，地下室污水、废水采用潜水排污泵提升至室外污水管。

6. 雨水排水系统

1）屋面雨水均采用内排水系统，经雨水斗和室内雨水管道排至室外雨水管网。

2）室外地面雨水经雨水口，由室外雨水管汇集，排至市政雨水管。

7. 消火栓给水系统

1）本工程消防用水量：室内消火栓用水量为 40L/s，室外消防用水量为 30L/s。

2）本工程通过 1 根 DN150 给水管，经倒流防止器后在小区内形成环网，供给室外消火栓系统用水。红线内设置 3 套 SS100/65—1.0 型地上式室外消火栓，以满足室外消防用水。

3）地下室设 396m³（其中消火栓水量 288m³、自动喷水水量 108m³）水池一座，消火栓系统供水泵两台（一用一备）。

4）屋顶水箱间设 18m³ 消防专用水箱和一套增压稳压设备（2 泵 1 罐）。气压罐调节容积 300L，供给消防初期消火栓系统用水及补充消防水压。

5）室内设专用消火栓给水管网，竖向分为高区和低区。

a. 低区：地下室至十层，水平干管与竖向立管构成环状，上干管设在十层顶板下，下干管设在地下室顶板下。低区消火栓系统用水由地下室消火栓给水加压泵出水管经十层的减压阀减压后供给。

b. 高区：十一至二十层，水平干管与竖向立管构成环状，上干管设在二十层顶板下，下干管设在十一层顶板下，消防水箱出水管与十八层水平干管相连。消火栓给水加压泵的两条出水立管与高区管道系统相连。

6）地下室至三层，十一层、十二层消火栓采用 SNJ65—B 型单栓减压稳压消火栓，其余楼层消火栓采用 SN65 型单栓消火栓。所有消火栓栓口口径为 DN65，水枪口径为 19 m m，配 25 m 麻织水龙带。所有消火栓箱内均配有指示灯和直接起动消防泵的按钮。消火栓和灭火器共同设置，采用丙型组合式消防柜。消火栓栓口离地面高度为 1.10m。

7）消火栓给水泵控制：消火栓给水泵两台，互为备用。火灾时，按动任一消火栓处起泵按钮或消防中心、水泵房处起泵按钮均可起动该泵并报警。泵起动后，反馈信号至消火栓处和消防控制中心。

8）室外设六套（高、低区分别设三套）SQS100 型地上式水泵接合器与室内消火栓管网相连。

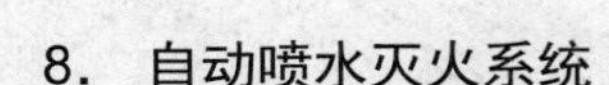

8. 自动喷水灭火系统

1）本工程除电梯机房、变配电房、柴油发电机房、档案室、弱电机房、消控中心和建筑面积小于 5m² 的卫生间外，均设自动喷水灭火系统。

办公室的危险等级为中危险级Ⅰ级，设计喷水强度为 6.0L/（min·m²）。

停车库的危险等级为中危险级Ⅱ级，设计喷水强度为 8.0L/（min·m²）。

2）自喷系统设计流量为 30L/s。喷头工作压力为 0.10MPa。系统工作压力为 1.19MPa。

3）地下室设两台自动喷水泵，一用一备，互为备用。该泵运行情况应显示于消防中心和水泵房的控制盘上。

4）自动喷水系统为一个供水区，在地下室设六套湿式报警阀组和一个预作用报警阀组，屋顶水箱间设 18m³ 消防专用水箱和一套增压稳压设备（2 泵 1 罐），气压罐调节容积 150L，供给消防初期自动喷水灭火系统用水及补充消防水压；火灾时，喷头动作，水流指示器动作，向消防中心显示着火区域位置，此时湿式报警阀处的压力开关动作，自动启动喷水泵，并向消防中心报警。

5）在建筑物内除泵房、楼梯间和不宜用水灭火的部位外，设置闭式自动喷水系统。在有吊顶部位采用动作温度为 68℃的吊顶型玻璃球喷头；无吊顶部位采用动作温度 68℃的直立型玻璃球喷头，并向上安装，溅水盘距板底 100mm。每种喷头的备用喷头数量不应少于总数的 1%且不少于 10 只。

6）室外设两套 SQS100 型地上式水泵接合器与自动喷水泵出水管相连。

9. 建筑灭火器配置

1）本工程根据《建筑灭火器配置设计规范》（GB50140—2005）在建筑物内配置灭火器。灭火器配置等级为严重危险级，单具灭火器配置灭火级别为 3A，灭火器选用 MF/ABC6 型手提式磷酸铵盐灭火器，每点设置 2 具。

2）灭火器的配置位置详见各层平面图。

10. 水泵房

1）在地下室内设有消防水池及消防水泵房和生活水泵房，供主楼和会议中心消防用水和生活用水。

2）消防水池容积为 396m³，生活水箱容积为 30m³。

3）小区中、高区设计水量：最高日用水量 113.2m³/d， 最大小时用水量 14.8m³/h。

4）给水系统分区：给水系统竖向分为以下三个区：

a. 小区四层及四层以下部分为低区，由室外市政给水管网直接供水。

b. 小区五至十三层为中区，设计秒流量为 5.55L/s，工作压力为 0.75MPa。

c. 小区十四至二十层为高区，设计秒流量为 4.16L/s，工作压力为 1.05MPa。

5）中、高区生活用水加压泵组采用高效成套供水设备，水泵均为一用一备。

6）总水表设在室外水表井内，表前设过滤器。

7）消火栓系统供水泵两台（一用一备），设计秒流量为 40L/s，工作压力为 1.30MPa。

8）自动喷淋系统供水泵两台（一用一备），设计秒流量为 30L/s，工作压力为 1.20MPa。

11. 管材

1）生活给水管和生活热水管。

a. 室外供水管道采用球墨给水铸铁管，橡胶圈连接。

b. 室内冷、热水管采用钢塑复合管，螺纹连接。

2）排水管道。

a. 地下室污废水管道、埋地管道、伸顶通气管和雨水内排水管道采用机制柔性铸铁管，法兰压盖连接。

b. 潜污泵泵管采用涂塑钢管，沟槽式或法兰连接。

c. 室内其余污废水管道立管采用 SEKISUI DVLP 管，各层横支管与立管的连接采用 AD 细长接头，立管与排出管连接处采用 AD 底部接头；横支管采用普通 UPVC 塑料排水管。AD 细长接头及其他配件应与立管相匹配，特殊单立管系统的安装，应严格按照专业厂家要求施工，未尽事宜参照《AD 型特殊单立管排水系统技术规程》(CECS 232:2007) 执行。

d. 室外排水管道采用聚乙烯 (PE) 双壁波纹管。做法参见国标图集 04S520 (埋地塑料排水管道施工)。

3）消防给水管道。

a. 消火栓给水管道采用内外壁热浸镀锌钢管，法兰或沟槽连接，阀门及需拆卸部位采用法兰连接。管道工作压力为 1.3MPa。

b. 自动喷水管采用内外壁热浸镀锌钢管。管径 < 100mm 时，丝接；管径 ≥100mm 时采用沟槽式机械连接。管道工作压力为 1.2MPa。

12. 卫生器具、阀门及附件

1）卫生器具。

a. 本工程所用卫生洁具的规格型号和颜色均由业主和装修设计确定。与本设计所选用的产品不符时，卫生器具给水排水支管和配件应相应改变。

b. 卫生洁具给水及排水五金配件应采用与卫生洁具配套的节水型。

2）阀门。

a. 生活冷水管和生活热水管上采用铜球阀，公称压力不小于 1.6MPa。

b. 消防水泵吸水管上采用球墨铸铁闸阀，公称压力不小于 1.0MPa；其余部位采用双向型蝶阀，公称压力不小于 1.6MPa。

c. 自动喷水灭火系统所用蝶阀均为信号蝶阀。

d. 压力排水管上的阀门采用球墨铸铁闸阀 (或蝶阀)，公称压力不小于 1.0MPa。

e. 止回阀：生活给水泵、消防水泵出水管上均安装防水锤消声止回阀，其它部位均采用普通止回阀。

f. 减压阀：生活给水系统及消火栓给水系统上均采用可调先导式减压阀。安装减压阀前全部管道必须冲洗干净。减压阀前过滤器须定期清洗和去除杂物。

3）附件。

a. 全部给水配件均采用节水型产品，不得采用淘汰产品。

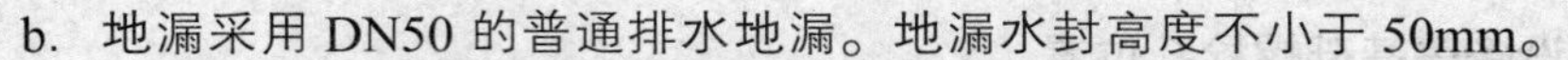

b. 地漏采用 DN50 的普通排水地漏。地漏水封高度不小于 50mm。

c. 室内排水立管上的检查口设置高度，距地面 1.0m。

d. 排水横干管的转角配件均采用带清扫口的弯头（转角）配件。

e. 管径大于或等于 110mm 的明敷排水立管穿楼板处设阻火圈。管径大于或等于 110mm 的明敷塑料排水横支管接入管道井、管窿内的立管时，在穿越管井、管窿壁处设阻火圈。

f. 地面清扫口采用铜制品，清扫口表面与地面平。

g. 屋面采用 87 型雨水斗（DN100）。

13. 管道敷设

1）卫生间及茶水间给水支管暗装于吊顶内或沿墙敷设于管槽内。

2）给水立管穿楼板时，应设套管。安装在楼板内的套管，其顶部应高出装饰地面 20mm；安装在卫生间及厨房内的套管，其顶部高出装饰地面 50mm，底部应与楼板底面平齐；套管与管道之间缝隙应用阻燃密实材料和防水油膏填实，端面光滑。

3）在排水管穿楼板处应预留孔洞，管道安装完后将孔洞严密捣实，立管周围应设高出楼板面设计标高 10~20mm 的阻水圈。

4）管道穿钢筋混凝土墙和楼板、梁时，应根据图中所注管道标高、位置配合土建工种预留孔洞或预埋套管；穿地下室外墙和水池池壁的管道均做 II 型或 III 型刚性防水套管，做法参见山东省《建筑给水与排水设备安装图集》（L03S001）的 116、117 页。

5）管道坡度。

a. 室内塑料排水横支管敷设坡度为 0.026。

b. 给水管、消防给水管均按 0.002 的坡度坡向立管或泄水装置。

c. 通气管以 0.01 的上升坡度坡向通气立管。

6）管道连接。

a. 给水管道与水加热器或热水炉连接处，应有不小于 0.4m 的金属管段过渡。

b. 自动喷水灭火系统管道变径时，应采用异径管连接，不得采用补芯。

c. 卫生器具排水管与排水横管垂直连接，采用 90° 斜三通。

d. 排水管道横管与立管的连接，采用 45° 斜三（四）通或顺水三（四）通。

e. 排水立管与排出管端部的连接，采用两个 45° 弯头。

f. 当立管偏移时，其偏移管的上楼层与下楼层的 AD 细长接头以旁通通气管连接。旁通通气管管径与立管管径相同。

g. 排水横干管比与之连接的立管大一号。最底层卫生器具单独排放。

h. 阀门安装时应将手柄留在易于操作处。暗装在管井、吊顶内的管道，凡设阀门及检查口处均应设检修门，做法详见建筑施工图。

7）管道定位及标高。

a. 生活给水管和自喷系统横管贴梁底敷设，遇其他管道或风道时上返向通过。

b. 消防系统横管和排水横管在风道下敷设。风管和其他管道遇排水管时上返向通过。

c. 室内各种管道的定位和标高可根据现场情况调整。

d. 泵房及屋顶消防水箱间内水泵做隔震基础，管道做弹性支吊架。

14. 水泵、设备等基础螺栓孔位置

以到货的实际尺寸为准。

15. 管道和设备保温

1）敷设于地下室、水箱间、水泵房和前室等不采暖区域内的给水管道要求保温，保温材料选用橡塑管壳，厚度为20mm，外包PAP保护。生活水箱和消防水箱采用45mm厚橡塑板保温。所有吊顶内的给、排水管道采用10mm厚橡塑管壳作防结露层，外包PAP保护。

2）保温应在试压合格及完成除锈防腐处理后进行。

16. 管道试压

1）中区生活给水泵出水管试验压力为1.2MPa，高区生活给水泵出水管试验压力为1.6MPa；消火栓给水管道的试验压力为2.0MPa。试压方法应按《建筑给水排水及采暖工程施工质量验收规范》GB50242—2002的规定执行。

2）自动喷水管道的试验压力为1.6MPa，试压方法应按《自动喷水灭火系统施工及验收规范》GB50261—2005的规定执行。

3）隐蔽的排水管道在隐蔽前做灌水试验。排水主立管及排水横干管均做通球试验。试验方法应按《自动喷水灭火系统施工及验收规范》GB50261—2005的规定执行。

4）压力排水管道按排水泵扬程的2倍进行水压试验，保持30min，无渗漏为合格。

17. 管道冲洗

1）给水管道在系统运行前须用水冲洗和消毒，要求以不小于1.5m/s的流速进行冲洗，并符合《建筑给水排水及采暖工程施工质量验收规范》GB50242—2002中4.2.3的规定。

2）雨水管和排水管冲洗以管道通畅为合格。

3）消防给水管道冲洗。

a. 室内消火栓给水系统及自动喷水系统在与室外给水管连接前，必须将室外给水管冲洗干净，其冲洗强度应达到消防时的最大设计流量。

b. 室内消火栓系统在交付使用前，必须冲洗干净，其冲洗强度应达到消防时的最大设计流量。

c. 自动喷水系统按《自动喷水灭火系统施工及验收规范》GB50261—2005的要求进行冲洗。

18. 其他

1）本设计除注明外，采用山东省《建筑给水与排水设备安装图集》（L03S001~004）。

2）图中所注尺寸除管长、标高以m计外，其余以mm计。

3）本图所注管道标高：给水、热水、消防、压力排水管等压力管指管中心；污水、废水、雨水等重力流管道和无水流的通气管指管内底。

4）对本设计施工说明和图纸中出现的矛盾及不明确的问题，业主、监理单位及施工单位应及时提出，并以设计单位解释为准。

5）施工中应与土建公司和其他专业公司密切合作，合理安排施工进度，及时预留孔洞及预埋套管，以防碰撞和返工。

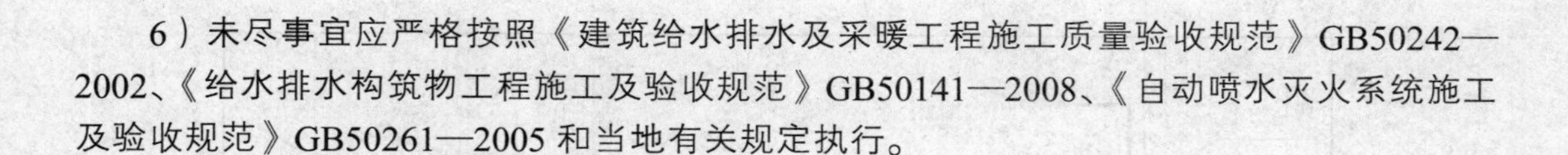

6）未尽事宜应严格按照《建筑给水排水及采暖工程施工质量验收规范》GB50242—2002、《给水排水构筑物工程施工及验收规范》GB50141—2008、《自动喷水灭火系统施工及验收规范》GB50261—2005 和当地有关规定执行。

20.2 绘制十三至十七层给水排水平面图

本节主要介绍卫生间给水排水系统平面图的绘制方法。可以先绘制管线，再绘制给水排水设备，然后将设备、洁具与管线连接；再将卫生间内的给水排水管线与建筑物总的给水排水管道相连接即可。

01 打开素材文件。按下 Ctrl+O 组合键，打开配套光盘提供的“第 20 章/十三至十七层原建筑平面图.dwg”文件，并将尺寸标注所在的“AXIS”图层关闭，结果如图 20-1 所示。

02 绘制立管管线。在命令行中输入 LGBZ 命令按回车键，在弹出的【立管】对话框中分别单击“污水”“给水”按钮，在绘图区中指定立管的插入点，绘制立管的结果如图 20-2 所示（给水管线没有绘制编号）。

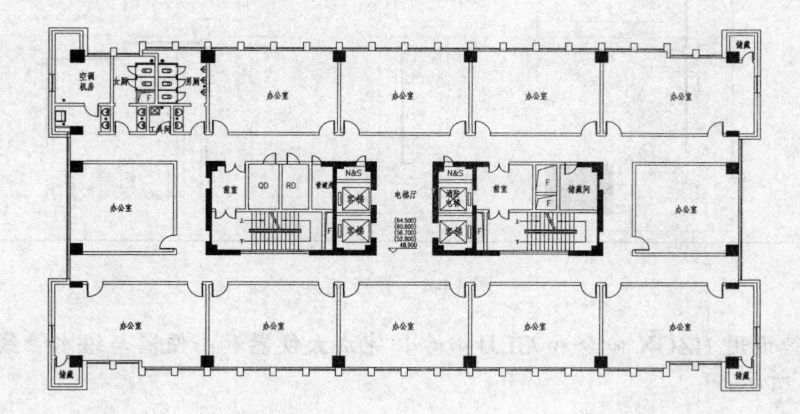

图 20-1 打开十三至十七层建筑平面图

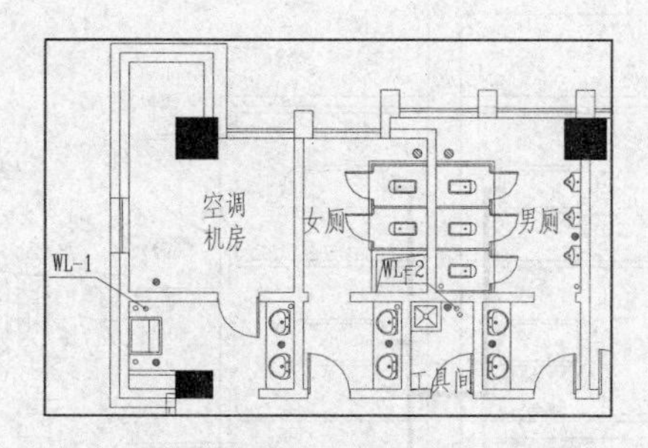

图 20-2 绘制十三至十七层立管管线

03 绘制给水管线。在命令行中输入 HZGX 命令，在弹出的【管线】对话框中单击“给水”按钮，在绘图区中指定管线的起点和终点，绘制洗脸盆与给水立管之间的管线连接，结果如图 20-3 所示。

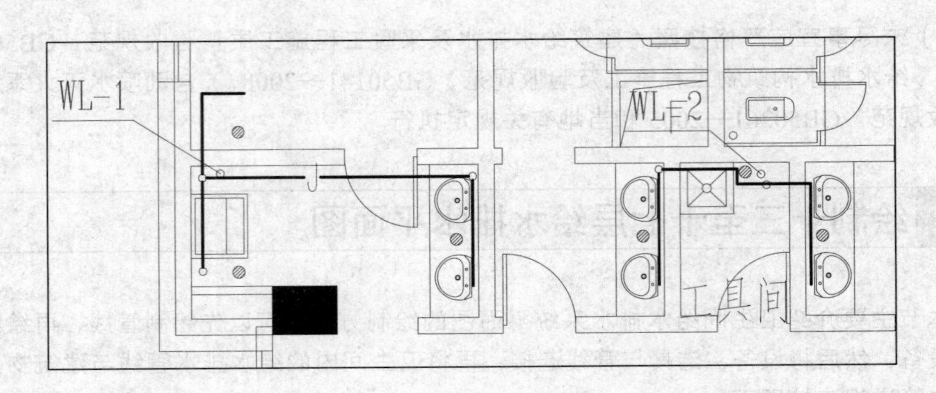

图 20-3　绘制十三至十七层给水管线

04 管连洁具。在命令行中输入 GLJJ 命令按回车键，根据命令行的提示，分别选择支管和待连接支管的洁具，完成管连洁具命令的操作，结果如图 20-4 所示。

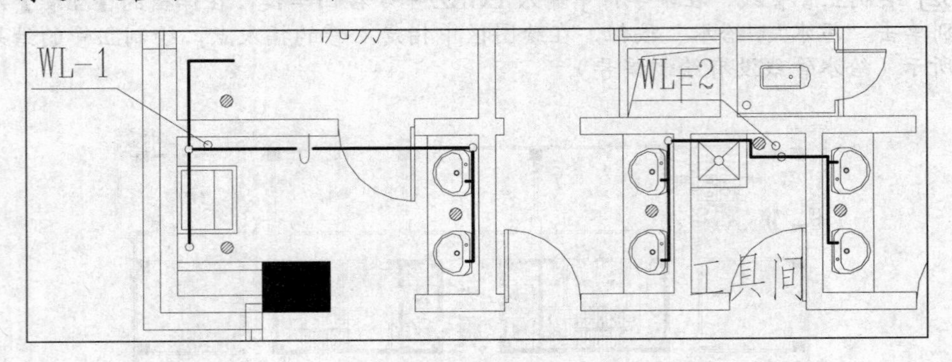

图 14-4　管连洁具

05 继续调用 HZGX 命令和 GLJJ 命令，完成大便器和小便器与给水管线的连接，结果如图 20-5 所示。

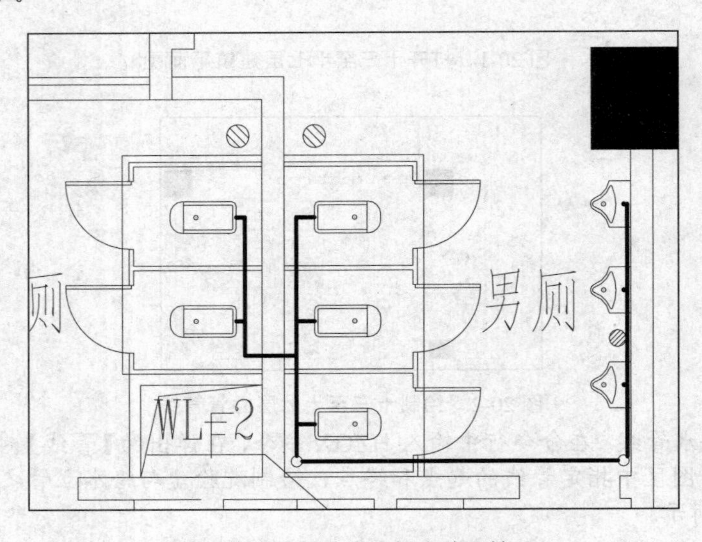

图 20-5　绘制管线及管连洁具结果

[06] 插入截止阀图块。单击“图库图层”→“图库管理”命令，系统弹出【天正图库管理系统】对话框，在其中选择截止阀图块；在绘图区中点取插入点，结果如图 20-6 所示。

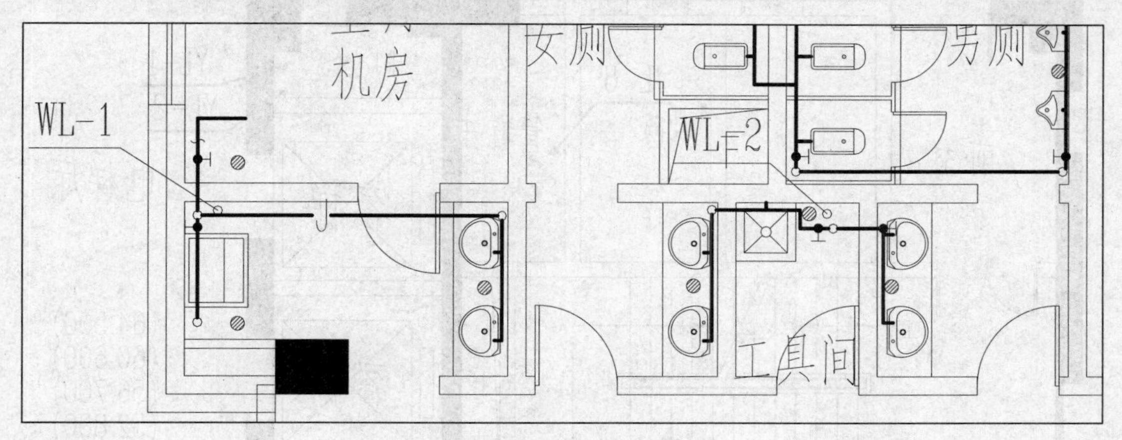

图 20-6　插入截止阀图块

[07] 绘制污水管线。在命令行中输入 HZGX 命令，在弹出的【管线】对话框中，单击“污水”按钮，在绘图区中指定管线的起点和终点，绘制洗脸盆与污水立管之间的管线连接，结果如图 20-7 所示。

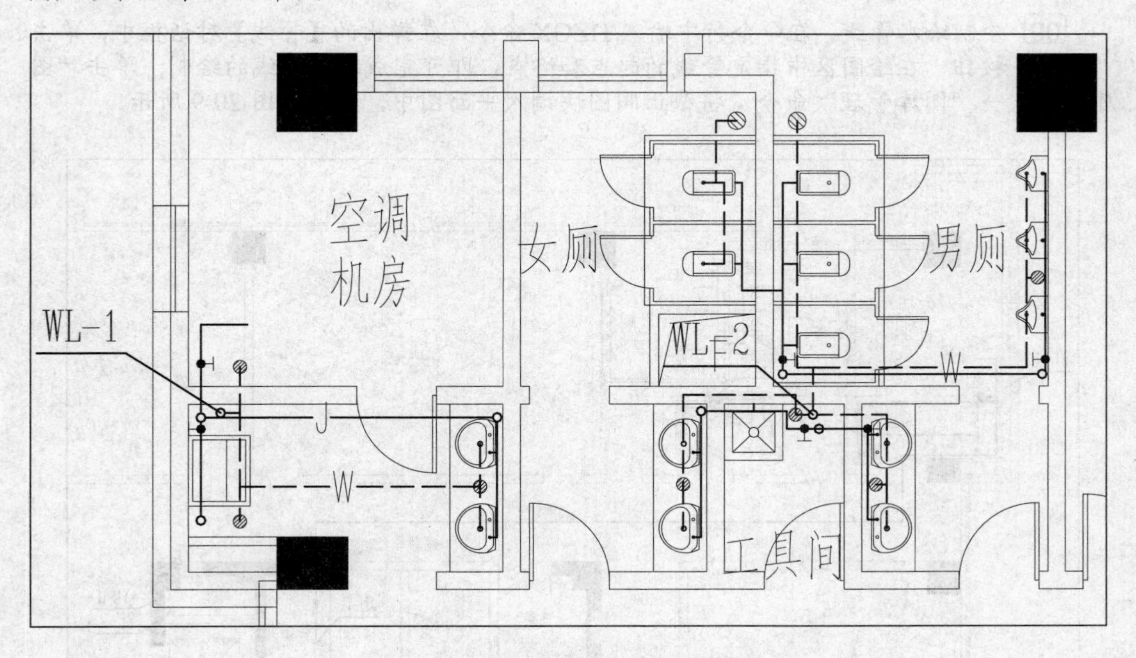

图 20-7　绘制十三至十七层污水管线

[08] 绘制立管管线。在命令行中输入 LGBZ 命令按回车键，在弹出的【立管】对话框中分别单击“雨水”“给水”按钮，在绘图区中指定立管的插入点，绘制立管，结果如图 20-8 所示。

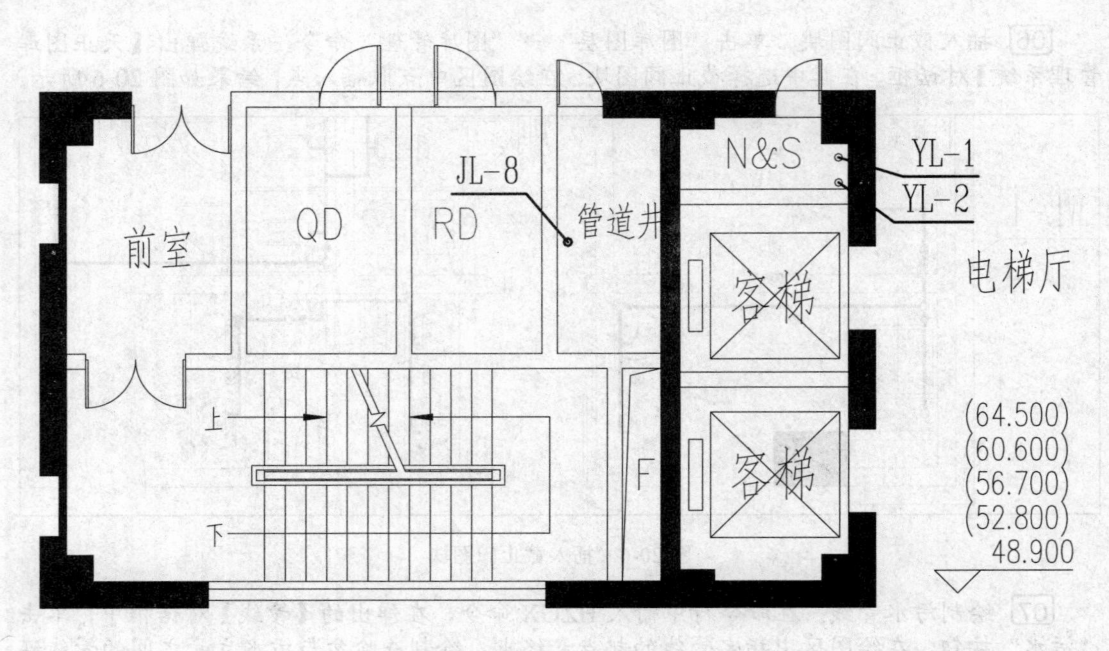

图 20-8　绘制雨水、给水立管管线

09 绘制给水管线。在命令行中输入 HZGX 命令，在弹出的【管线】对话框中，单击“给水”按钮，在绘图区中指定管线的起点和终点，即可完成给水管线的绘制；单击“图库图层”→“图库管理”命令，将截止阀图块调入平面图中，结果如图 20-9 所示。

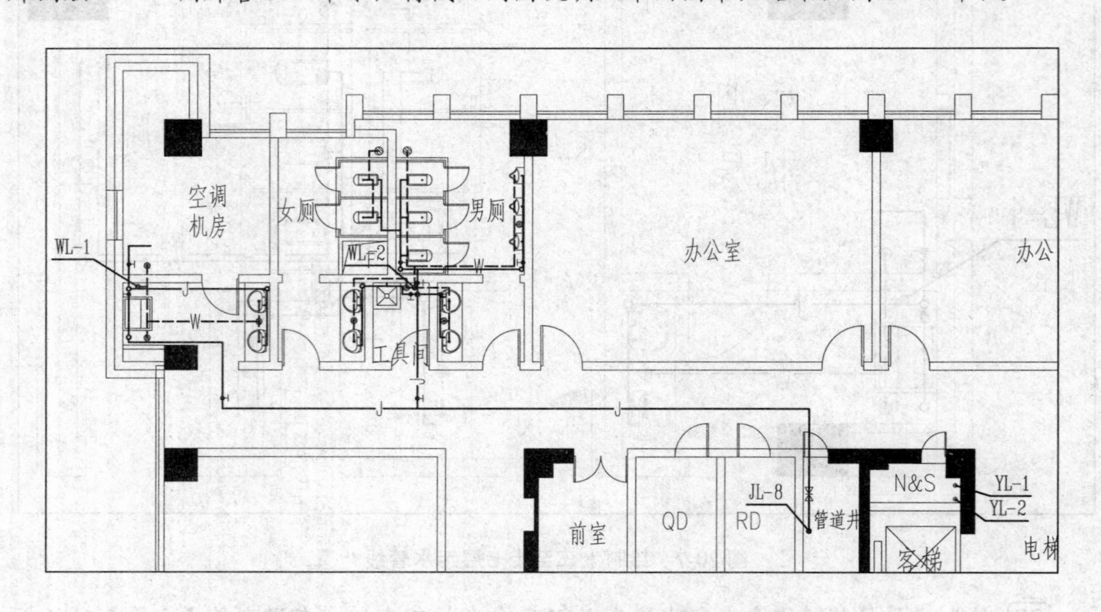

图 20-9　绘制给水管线和插入截止阀结果

10 文字标注。单击“文字表格”→“单行文字”命令，在弹出的【单行文字】对话框中定义标注文字；根据命令行的提示，在绘图区中点取插入点，绘制文字标注的结果如图 20-10 所示。

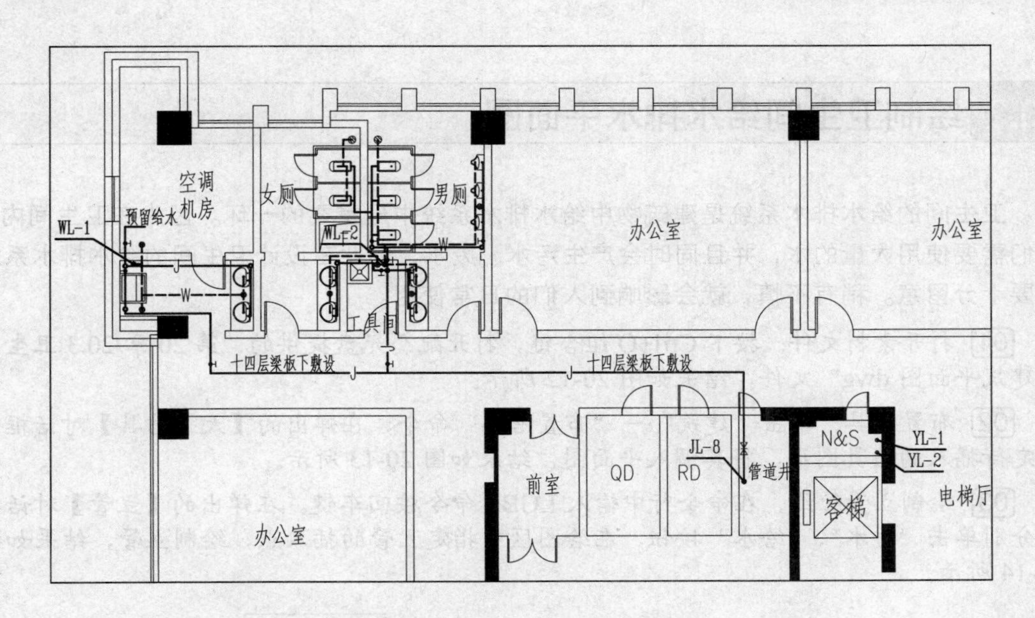

图 20-10　十三至十七层文字标注

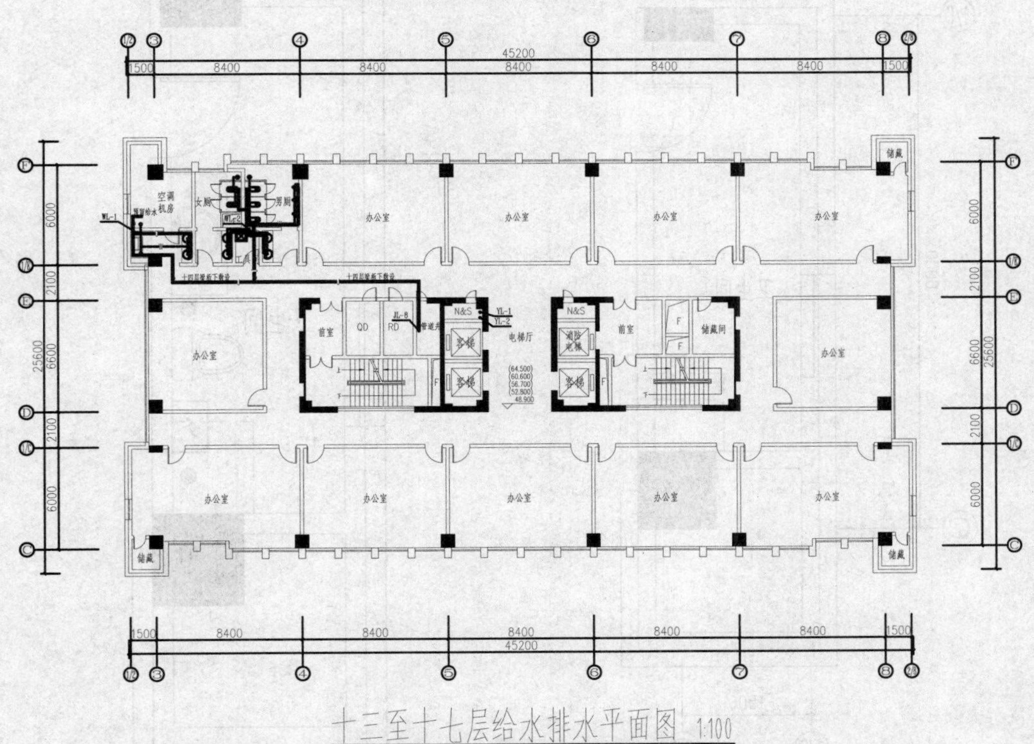

图 20-11　十三至十七层给水排水平面图图名标注

11 图名标注。单击“专业标注”→“图名标注”命令，在系统弹出的【图名标注】对话框中定义图名和比例参数；根据命令行的提示，在绘图区中点取图名标注的插入点，绘制结果如图 20-11 所示。

20.3 绘制卫生间给水排水平面图

卫生间的给水排水系统是建筑物中给水排水系统中最重要的一环。因为在卫生间内，人们需要使用大量的水，并且同时会产生污水、废水，因此在设计卫生间的给水排水系统时要十分留意。稍有不慎，就会影响到人们的日常使用。

01 打开素材文件。按下 Ctrl+O 组合键，打开配套光盘提供的“第 20 章/20.3 卫生间原建筑平面图.dwg”文件，结果如图 20-12 所示。

02 布置洁具。单击“建筑”→“布置洁具”命令，在弹出的【天正洁具】对话框中选定待插入的洁具图形，将其调入平面图，结果如图 20-13 所示。

03 绘制立管管线。在命令行中输入 LGBZ 命令按回车键，在弹出的【立管】对话框中分别单击“污水”、“给水”按钮，在绘图区中指定立管的插入点，绘制立管，结果如图 20-14 所示。

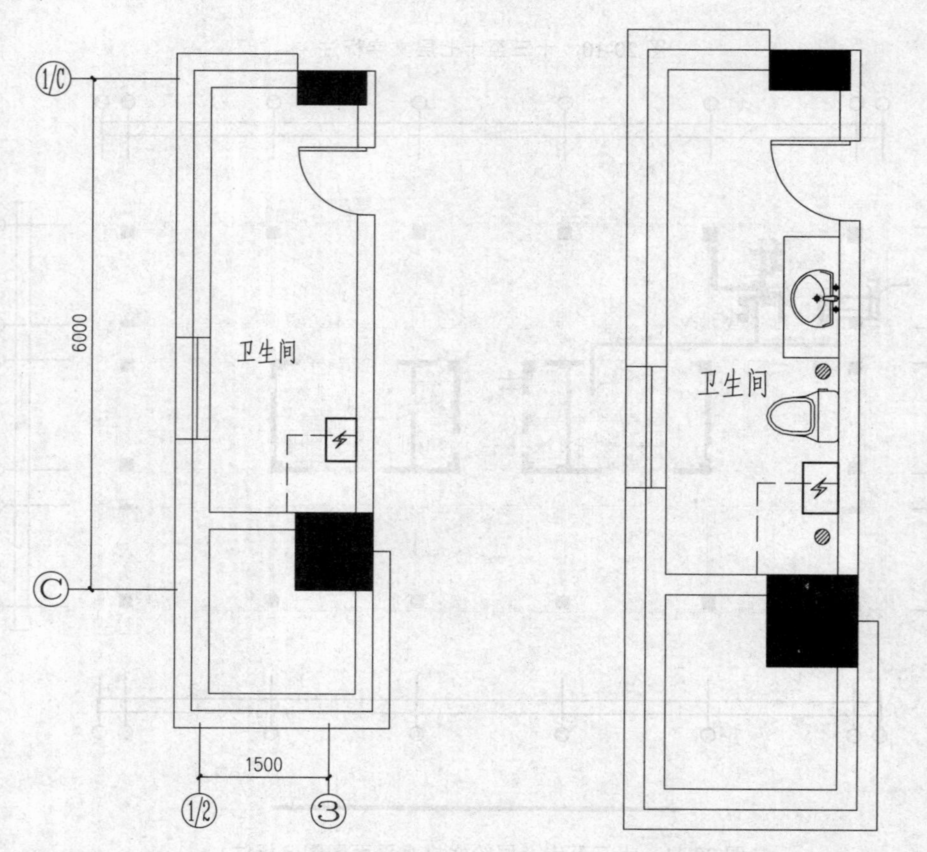

图 20-12 打开卫生间建筑平面图　　图 20-13 布置卫生间洁具

04 绘制管线。在命令行中输入 HZGX 命令按回车键，在弹出的【管线】对话框中分别单击“给水（J）”“热给水（RJ）”“污水（W）”按钮，在绘图区中绘制立管与洁具的管线连接，结果如图 20-15 所示。

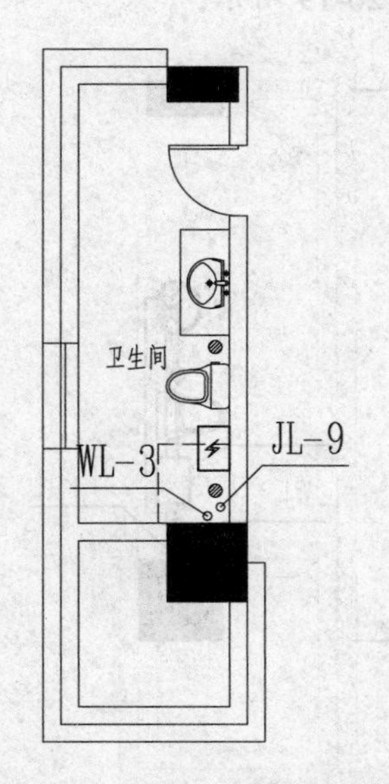

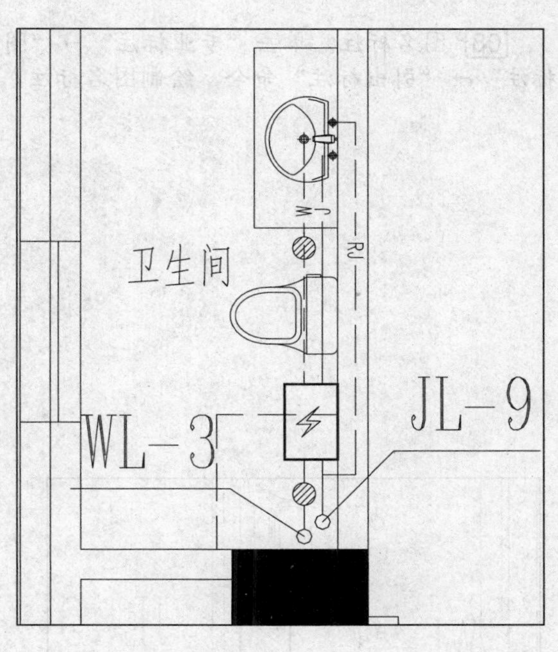

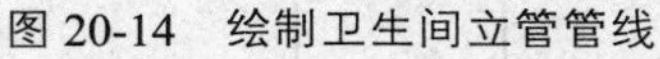

图 20-14　绘制卫生间立管管线　　　　图 20-15　绘制管线

05 插入给水附件图形。在命令行中输入 GSFJ 命令按回车键，系统弹出【给水附件】对话框；在其中的“附件类型”选项组中选择“水龙头”图形，如图 20-16 所示。

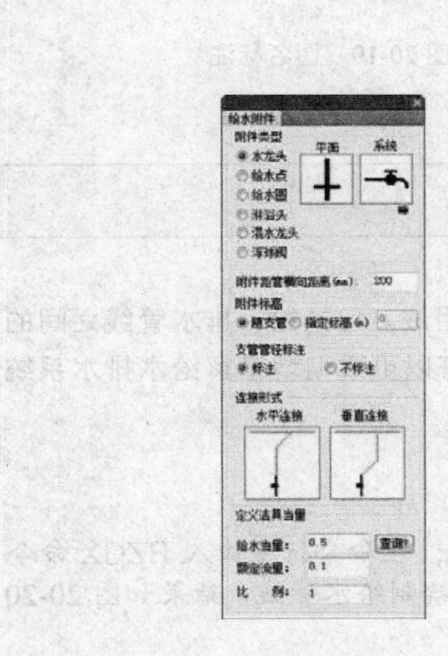

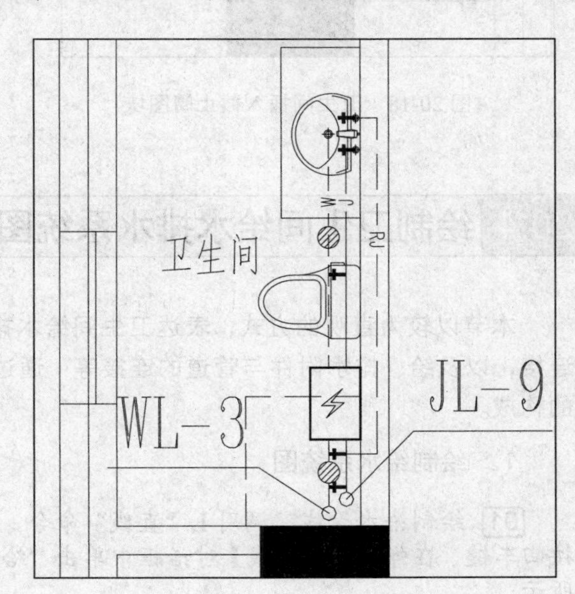

图 20-16　选择水龙头图形　　　　图 20-17　插入水龙头图形

06 根据命令行的提示，在管线上指定附件的插入点，绘制结果如图 20-17 所示。

07 插入截止阀图块。单击“图库图层”→“图库管理”命令，系统弹出【天正图库管理系统】对话框，在其中选择截止阀图块；在绘图区中点取插入点，结果如图 20-18 所示（可适当移动给水立管，以便腾出足够的空间插入截止阀图块）。

[08] 图名标注。单击“专业标注”→“图名标注”命令，绘制图名标注；单击“专业标注”→“引出标注”命令，绘制图名标注，结果如图 20-19 所示。

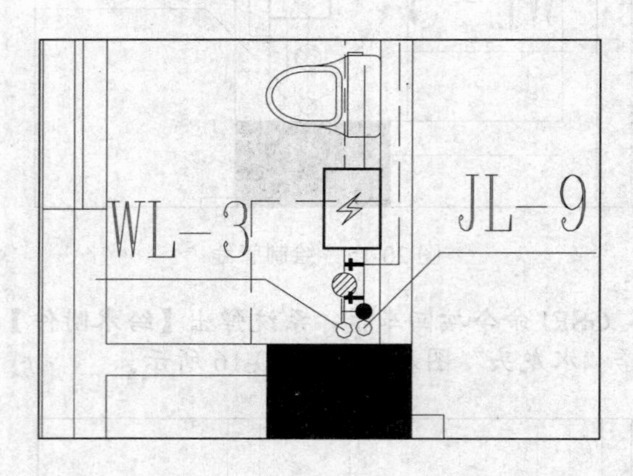

图 20-18　卫生间插入截止阀图块

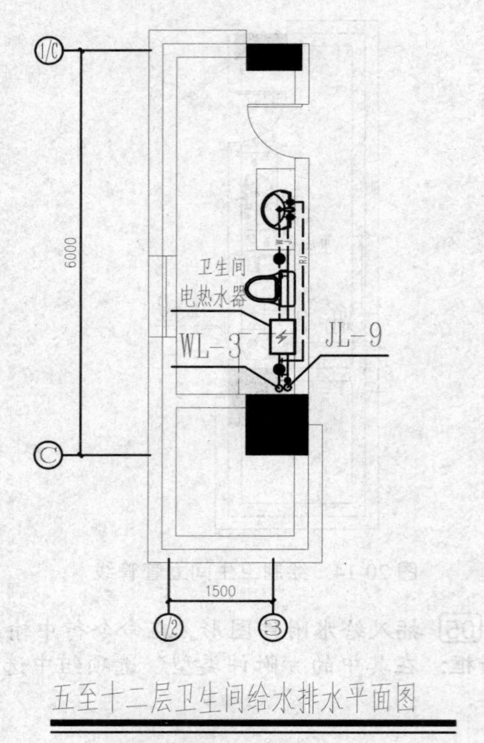

图 20-19　图名标注

20.4 绘制卫生间给水排水系统图

本节以较为直观的方式，表达卫生间给水排水系统的组成。包括给、排水管线之间的连接，以及给、排水附件与管道的连接等；通过系统图，可以更透彻地了解给水排水系统的构成。

1. 绘制给水系统图

[01] 绘制给水管线。调用 L“直线”命令，绘制地面线；在命令行中输入 HZGX 命令按回车键，在弹出的【管线】对话框中单击“给水”按钮，绘制给水管线，结果如图 20-20 所示。

[02] 绘制热给水管线。在命令行中输入 HZGX 命令按回车键，在弹出的【管线】对话框中单击“热给水”按钮，绘制热给水管线，结果如图 20-21 所示。

[03] 绘制给水管线。在命令行中输入 HZGX 命令按回车键，绘制给水管线，结果如图 20-22 所示。

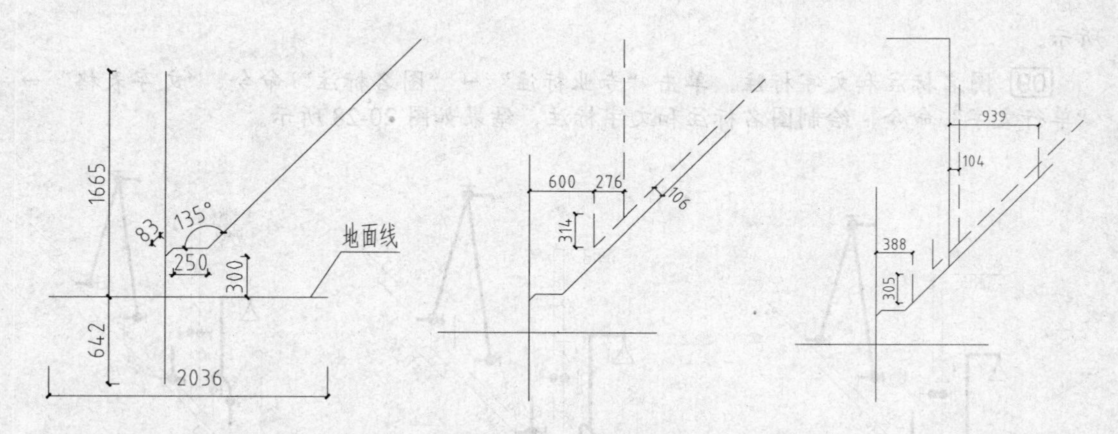

图 20-20　绘制系统图给水管线　　图 20-21　绘制热给水管线　　图 20-22　继续绘制给水管线

04 插入给水附件图块。单击“图库图层”→“图库管理”命令，系统弹出【天正图库管理系统】对话框，在其中选择给水附件图块；在绘图区中点取插入点，结果如图 20-23 所示（可适当延长管线，以便留出足够的空间插入给水附件图块）。

05 绘制接热水器的给水管线。在命令行中输入 HZGX 命令按回车键，绘制给水管线，结果如图 20-24 所示。

06 管径标注。在命令行中输入 GJBZ 命令按回车键，在弹出的【管径】对话框中单击“自动读取”按钮；在绘图区中点取待标注的管线，绘制管径标注，结果如图 20-25 所示。

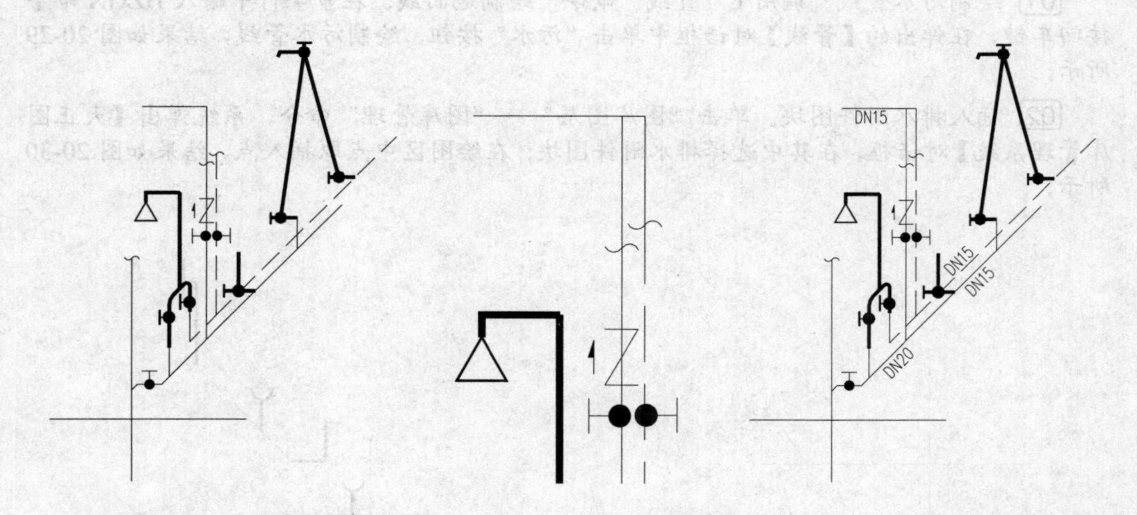

图 20-23　插入给水附件图块　　图 20-24　绘制接热水器给水管线　　图 20-25　管径标注

07 引出标注。单击“专业标注”→“引出标注”命令，在弹出的【引出标注】对话框中定义标注参数；根据命令行的提示在绘图区中指定标注的各点，绘制引出标注，结果如图 20-26 所示。

08 标高标注。单击“专业标注”→“单注标高”命令，在弹出的【单注标高】对话框中定义标高参数；在绘图区中分别指定标高点、标高方向，绘制标高标注，结果如图 20-27

所示。

09 图名标注和文字标注。单击“专业标注”→“图名标注”命令、“文字表格”→“单行文字”命令，绘制图名标注和文字标注，结果如图 20-28 所示。

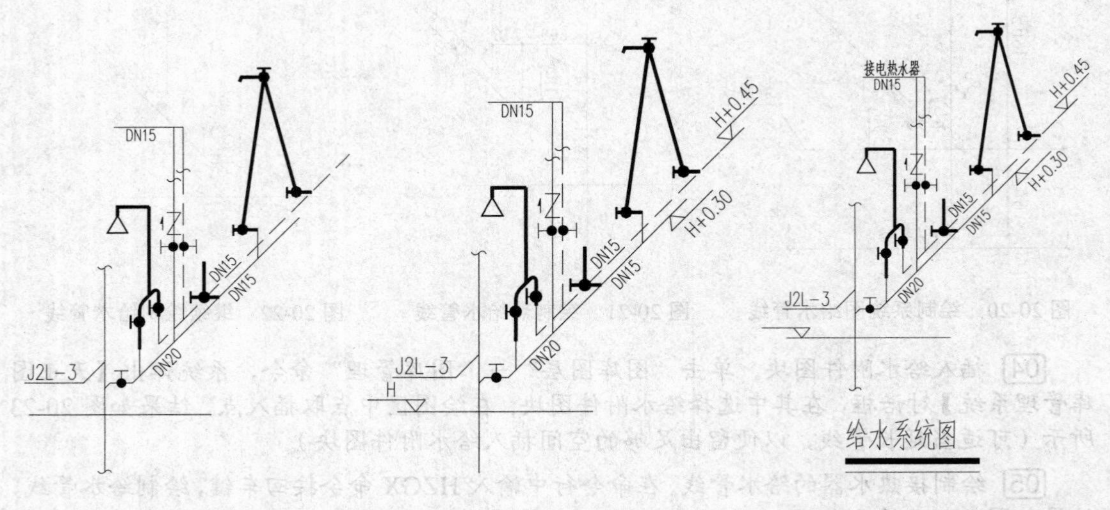

图 20-26 引出标注　　图 20-27 标高标注　　图 20-28 图名标注和文字标注

2. 绘制排水系统图

01 绘制污水管线。调用 L“直线”命令，绘制地面线；在命令行中输入 HZGX 命令按回车键，在弹出的【管线】对话框中单击“污水”按钮，绘制污水管线，结果如图 20-29 所示。

02 插入排水附件图块。单击“图库图层”→“图库管理”命令，系统弹出【天正图库管理系统】对话框，在其中选择排水附件图块；在绘图区中点取插入点，结果如图 20-30 所示。

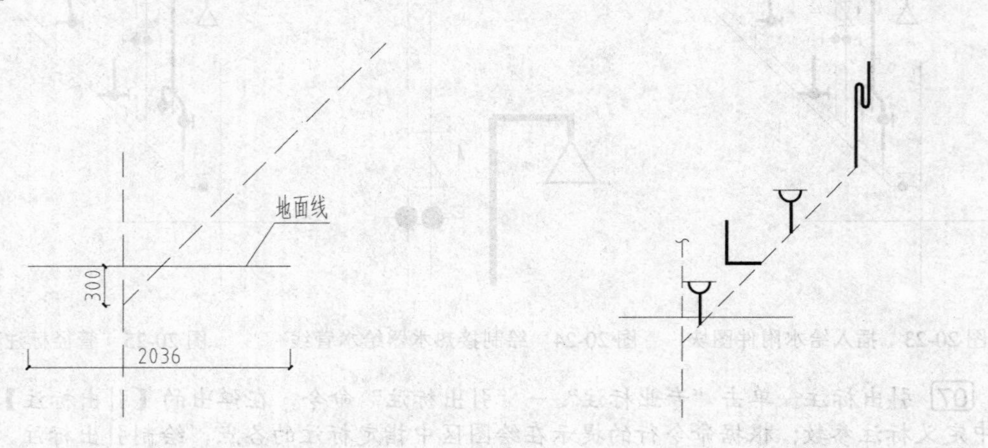

图 20-29 绘制污水管线　　图 20-30 插入排水附件图块

03 绘制各类标注。在命令行中输入 GJBZ 命令按回车键，为系统图绘制管径标注；单击“专业标注”→“引出标注”命令，为系统图绘制引出标注；单击“专业标注”→“单注标高”命令，为系统图绘制标高标注，结果如图 20-31 所示。

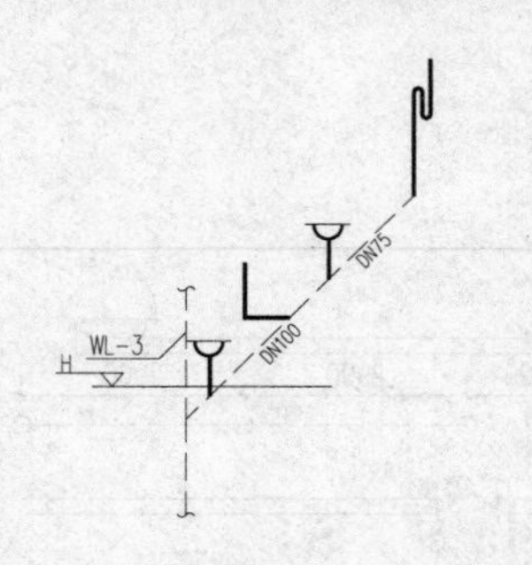

图 20-31　绘制各类标注结果

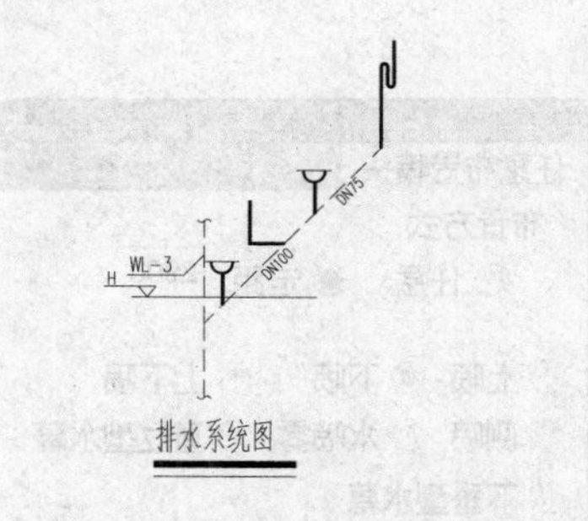

图 20-32　排水系统图图名标注

04 图名标注。单击“专业标注”→“图名标注”命令，在系统弹出的【图名标注】对话框中定义标注参数；根据命令行的提示，在绘图区中点取图名标注的插入点，绘制结果如图 20-32 所示。

20.5 绘制十三层自动喷淋平面图

本节介绍了建筑物内部消防喷头的设置。喷头并不是越多越有利于消防工作的进行。过多的消防喷头，会造成给水系统的负担，所以应该按照国标的防火设计规范来安排消防喷头的数量以及安装尺寸。

01 打开素材文件。按下 Ctrl+O 组合键，打开配套光盘提供的“第 20 章/20.5 十三层原建筑平面图.dwg”文件，并将尺寸标注所在的“AXIS”图层关闭。

02 布置喷头。单击“平面消防”→“矩形喷头”命令，在弹出的【矩形布置喷头】对话框中设置参数，如图 20-33 所示。

03 在绘图区中分别指定房间的左上角点和右下角点，使用矩形布置命令布置喷头的结果如图 20-34 所示。

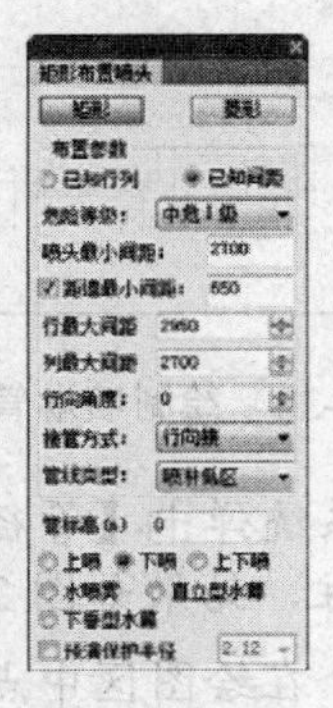

图 20-33　【矩形布置喷头】对话框

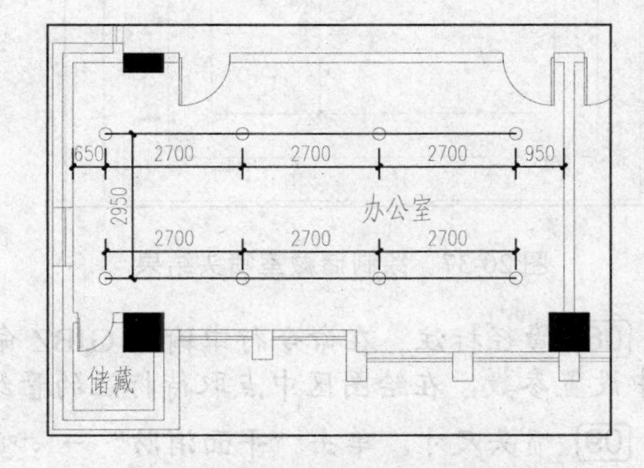

图 20-34　矩形布置喷头结果

04 单击“平面消防”→“任意喷头”命令，系统弹出【任意布置喷头】对话框，设置参数如图 20-35 所示。

05 根据命令行的提示，分别点取参考点和喷头的插入点，布置喷头，结果如图 20-36 所示。

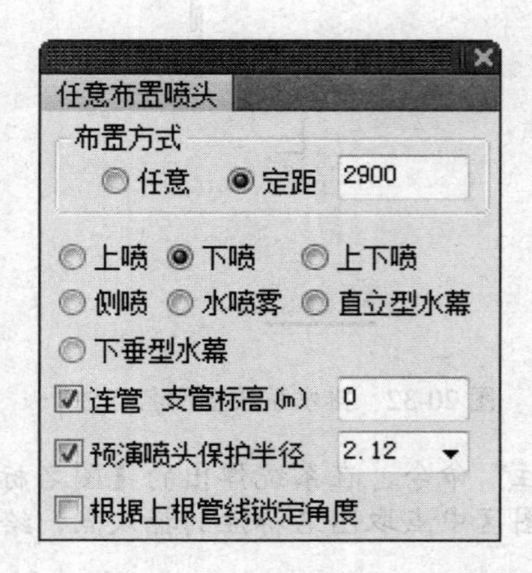

图 20-35 【任意布置喷头】对话框

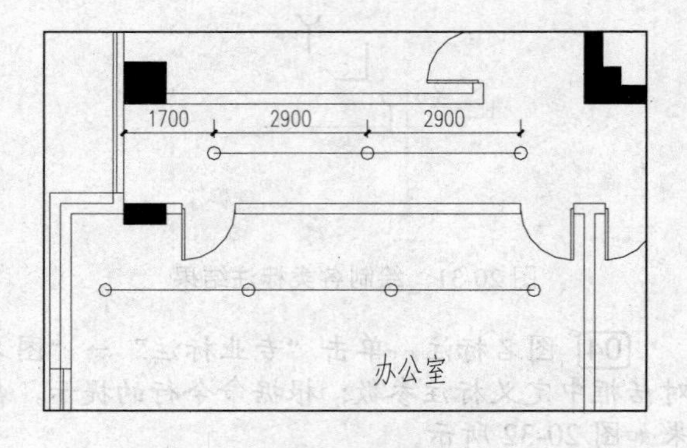

图 20-36 布置喷头结果

06 单击“平面消防”→“任意喷头”命令，绘制办公室左下角的储藏室内的喷头图形，结果如图 20-37 所示。

07 绘制管线。在命令行中输入 HZGX 命令按回车键，在弹出的【管线】对话框中单击“喷淋”按钮；根据命令行的提示，分别指定管线的起点和终点，绘制管线，结果如图 20-38 所示。

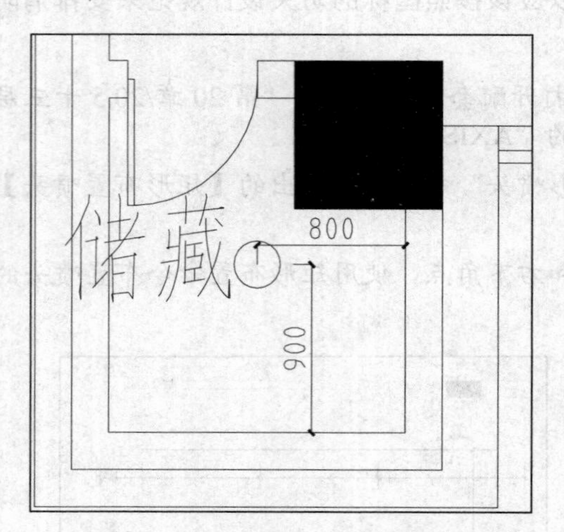

图 20-37 绘制储藏室喷头结果

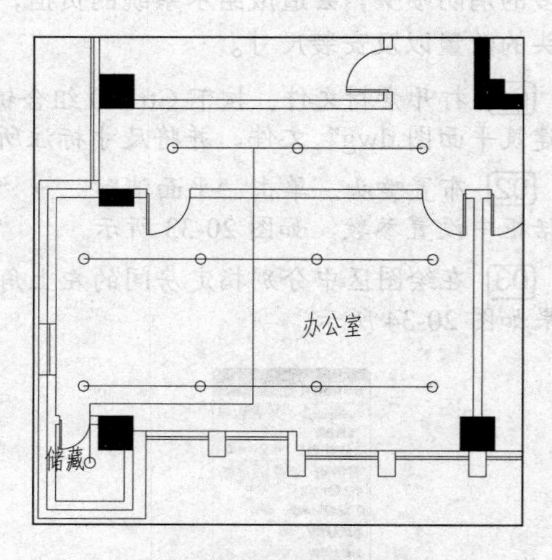

图 20-38 绘制喷淋管线

08 管径标注。在命令行中输入 GJBZ 命令按回车键，系统弹出【管径】对话框；在其中设置参数，在绘图区中点取待标注的管线，绘制管径标注，结果如图 20-39 所示。

09 喷头尺寸。单击“平面消防”→“喷头尺寸”命令，在绘图区中点取待标注的喷头，即可绘制喷头尺寸；单击“尺寸标注”→“逐点标注”命令，绘制喷头距墙尺寸，结果如图 20-40 所示。

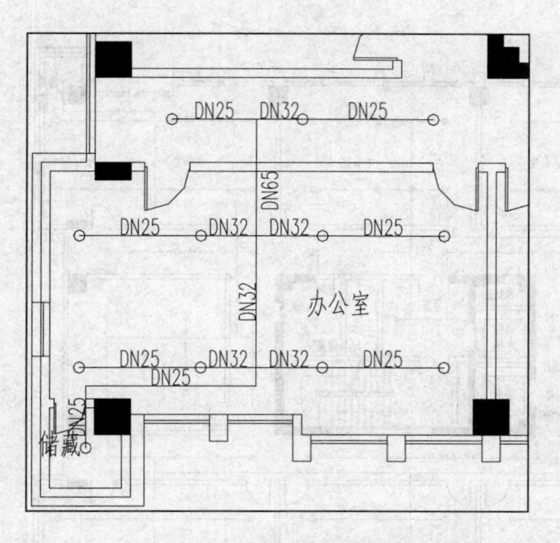

图 20-39 十三层平面图管径标注

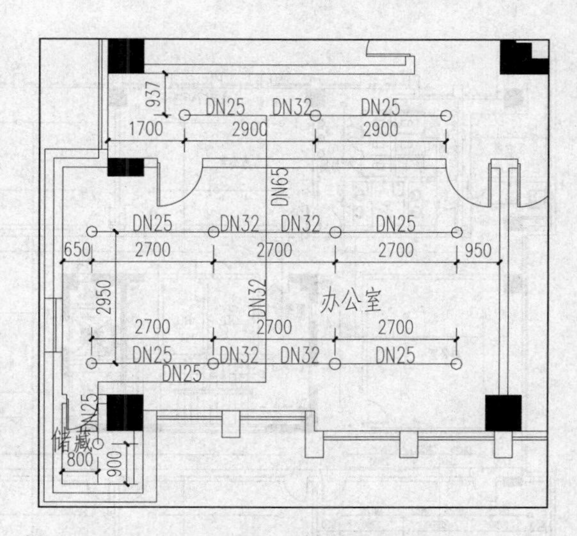

图 20-40 绘制喷头尺寸和喷头距墙尺寸

10 单击“平面消防”→“矩形喷头”命令、“平面消防”→“任意喷头”命令，在平面图中布置喷头图形，结果如图 20-41 所示。

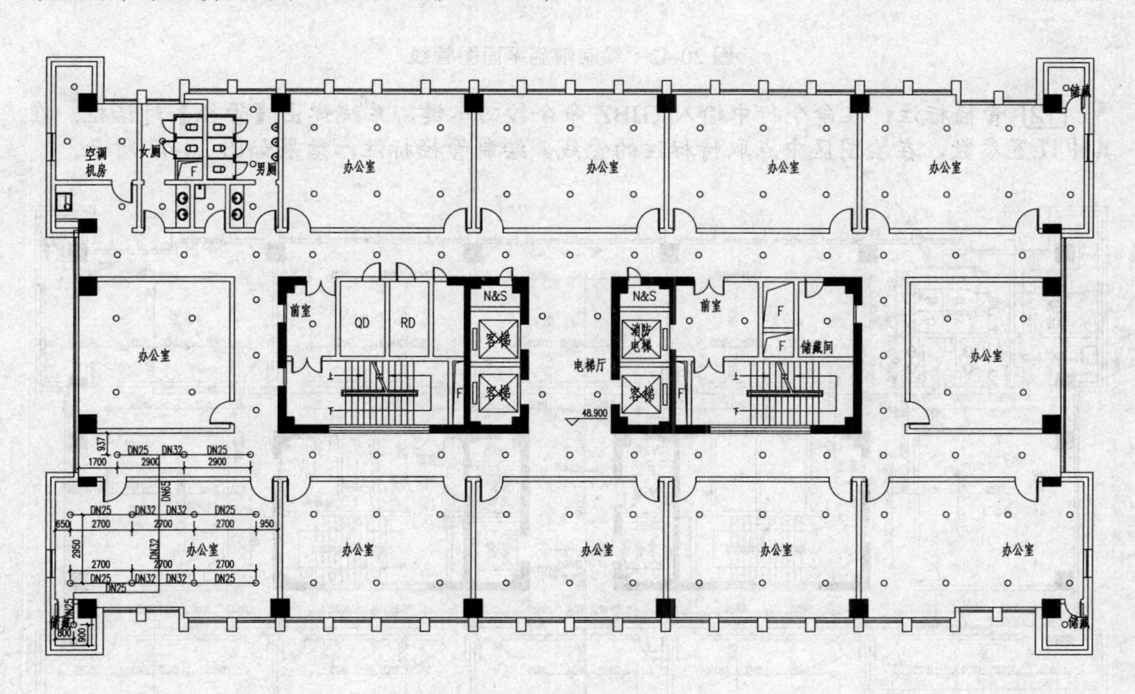

图 20-41 布置喷头图形

11 绘制管线。在命令行中输入 HZGX 命令按回车键，在弹出的【管线】对话框中单击“喷淋”按钮；根据命令行的提示，分别指定管线的起点和终点，绘制管线，结果如图 20-42 所示。

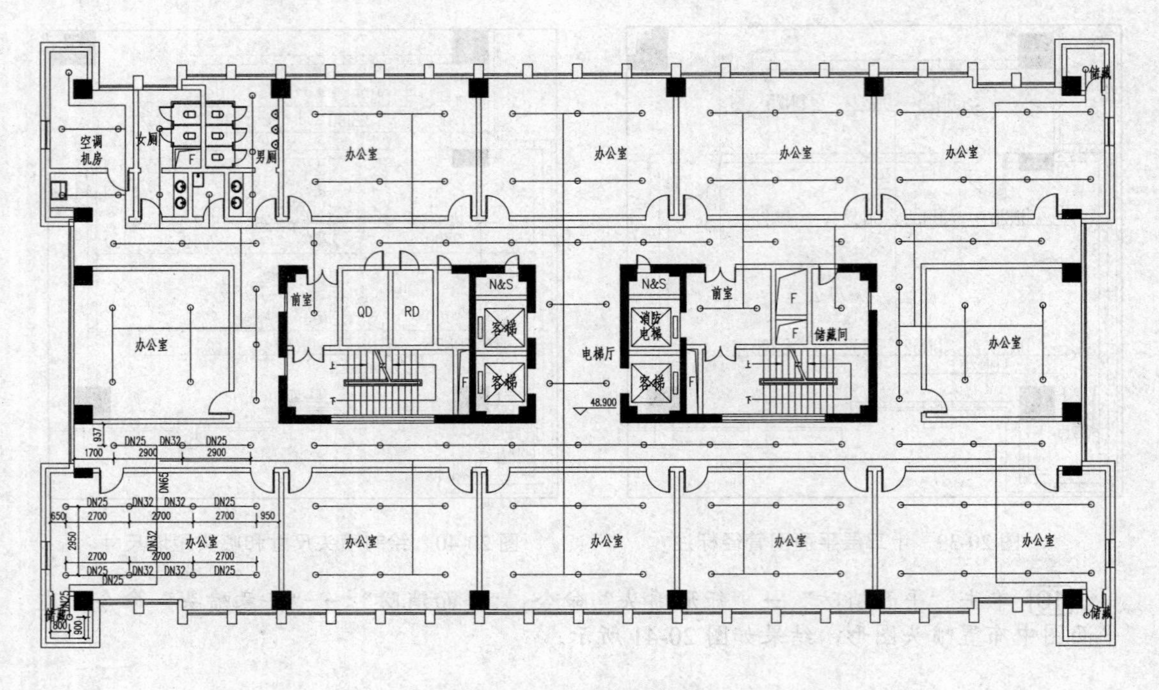

图 20-42　绘制喷洒平面图管线

12 管径标注。在命令行中输入 GJBZ 命令按回车键，系统弹出【管径】对话框；在其中设置参数，在绘图区中点取待标注的管线，绘制管径标注，结果如图 20-43 所示。

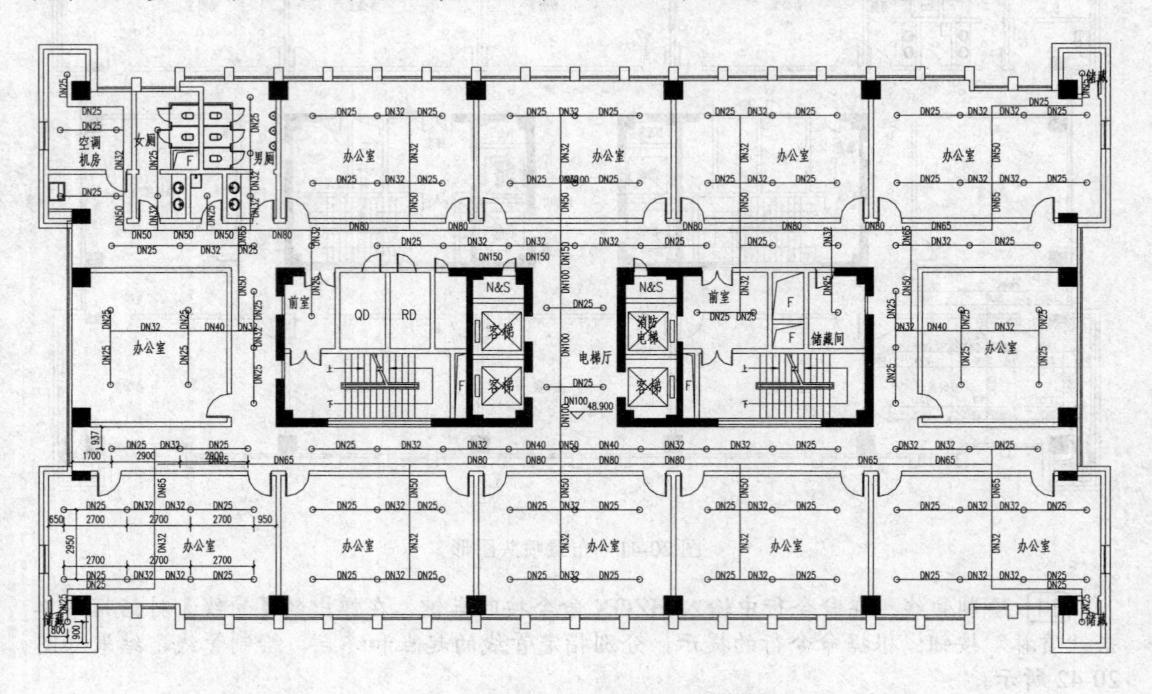

图 20-43　绘制十三层平面图管径标注结果

13 绘制立管。在命令行中输入 LGBZ 命令按回车键，在弹出的【立管】对话框中单击“中水”按钮；在绘图区中定义立管的插入点，绘制结果如图 20-44 所示。

14 绘制管线。在命令行中输入 HZGX 命令按回车键，在弹出的【管线】对话框中单击“喷淋”按钮；根据命令行的提示，分别指定管线的起点和终点，绘制管线，结果如图 20-45 所示。

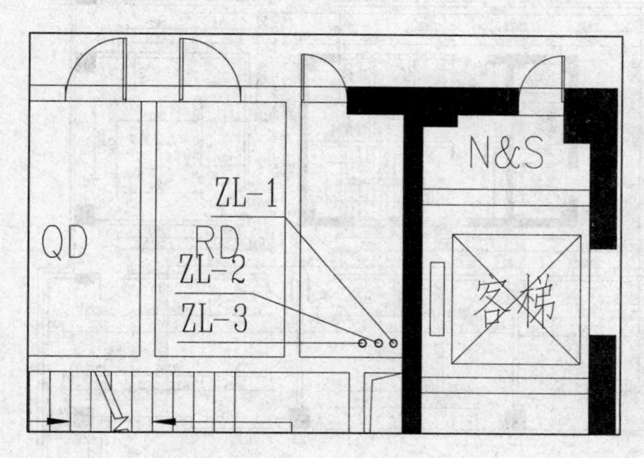

图 20-44　绘制中水立管

图 20-45　继续绘制喷淋管线

15 插入阀门图块。单击“图库图层”→“图库管理”命令，系统弹出【天正图库管理系统】对话框，在其中选择电动阀、水流指示器图块；在绘图区中点取插入点，结果如图 20-46 所示。

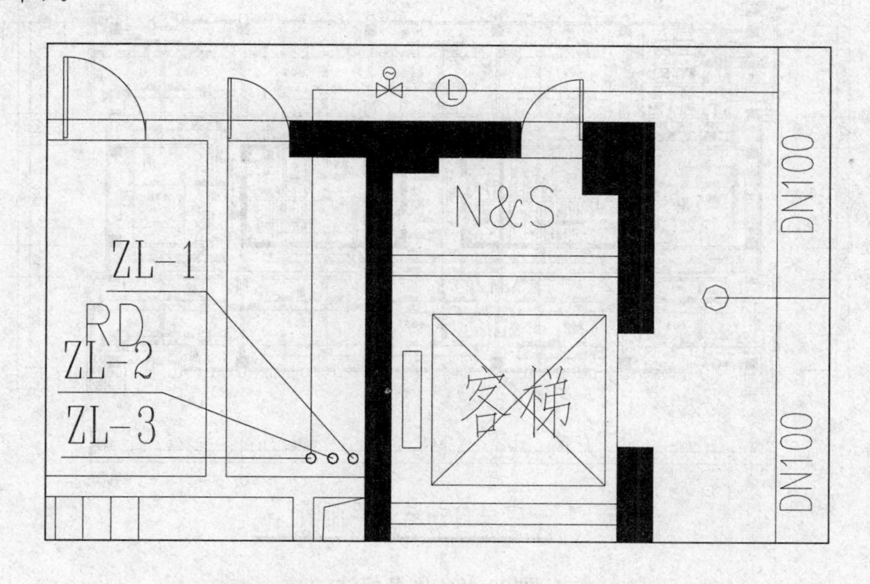

图 20-46　插入电动阀、水流指示器图块

16 喷头尺寸。单击“平面消防”→“喷头尺寸”命令，在绘图区中点取待标注的喷头，即可绘制喷头尺寸；单击“尺寸标注”→“逐点标注”命令，绘制喷头距墙尺寸，结果如图 20-47 所示。

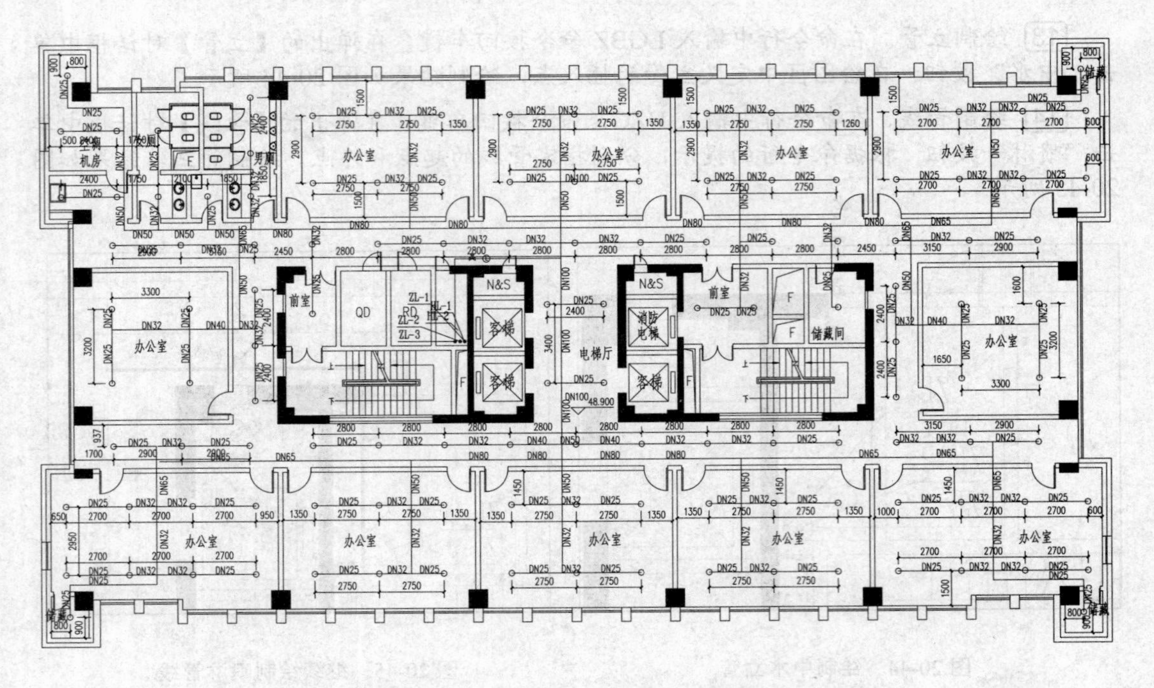

图 20-47　平面图喷头尺寸和喷头距墙尺寸

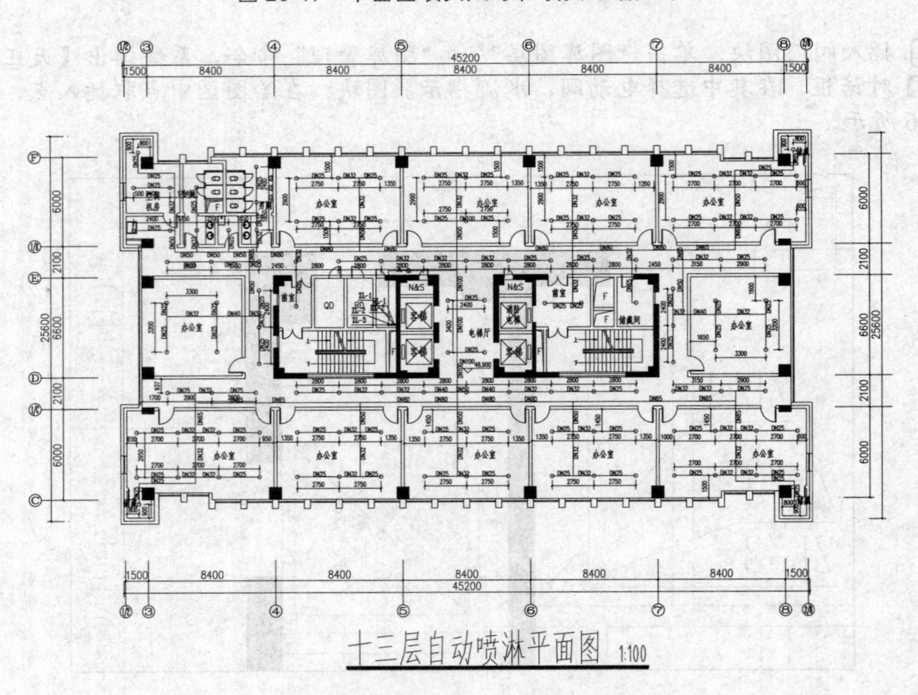

图 20-48　图名标注

17 绘制图名标注。单击“专业标注”→“图名标注”命令，在系统弹出的【图名标注】对话框中定义标注参数；根据命令行的提示，在绘图区中点取图名标注的插入点，绘制结果如图 20-48 所示。

20.6 绘制消火栓系统原理图

公共建筑的消防系统比住宅楼的消防系统稍显复杂，因为公共建筑的使用人数较多，生活生产设备也较多。因此国家在出台防火设计规范的时候，在建筑物的分类上，特意区分了民用建筑和公用建筑。

01 绘制楼面线。调用 L“直线”命令，绘制直线；调用 O“偏移”命令，偏移直线，结果如图 20-49 所示。

02 绘制消防管线。在命令行中输入 HZGX 命令按回车键，在弹出的【管线】对话框中单击“消防”按钮；根据命令行的提示，分别指定管线的起点和终点，绘制管线，结果如图 20-50 所示。

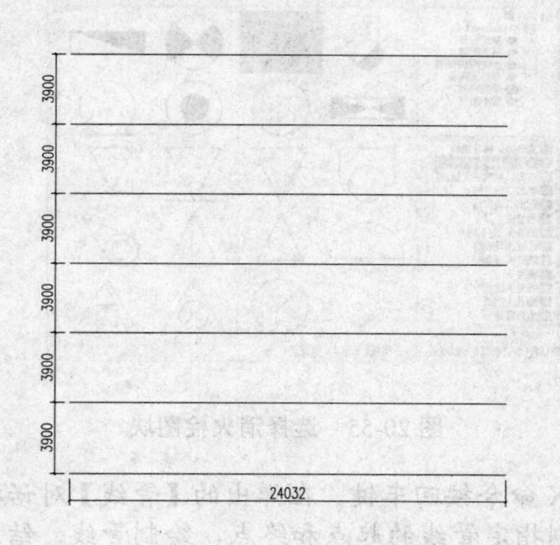

图 20-49 绘制楼面线

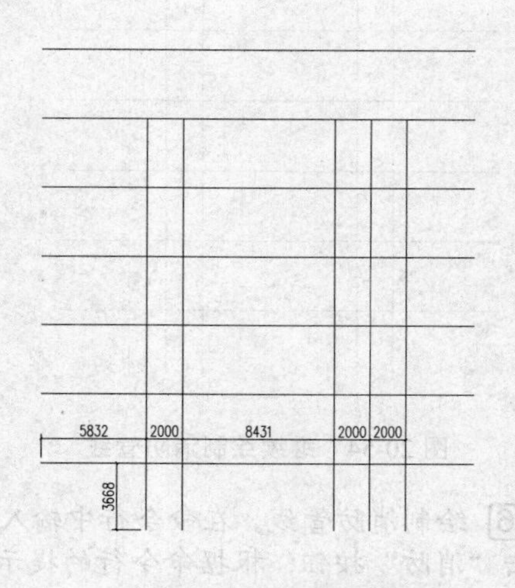

图 20-50 绘制消防管线

03 在命令行中输入 HZGX 命令按回车键，绘制消防管线；调用 O“偏移”命令、TR“修剪”命令，编辑管线的结果如图 20-51 所示。

04 绘制消防水箱。调用 REC“矩形”命令，绘制矩形；调用“移动”命令，移动矩形；调用 L“直线”命令，绘制直线，结果如图 20-52 所示。

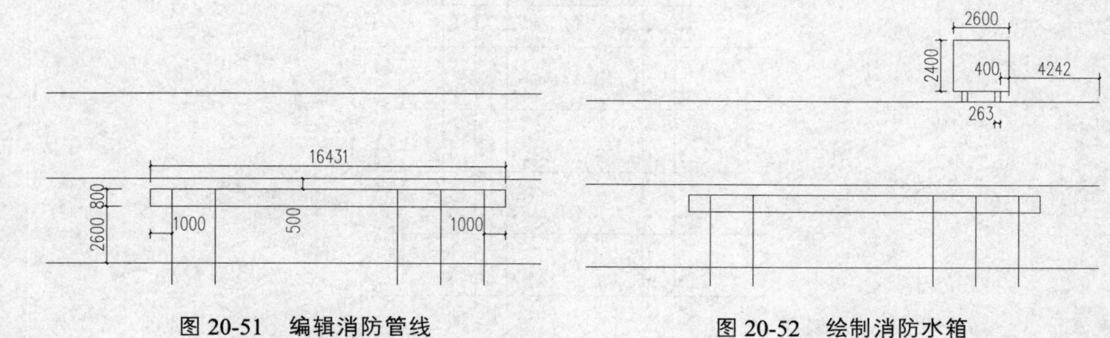

图 20-51 编辑消防管线

图 20-52 绘制消防水箱

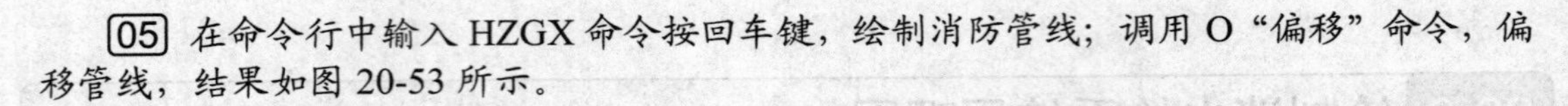

05 在命令行中输入 HZGX 命令按回车键，绘制消防管线；调用 O“偏移”命令，偏移管线，结果如图 20-53 所示。

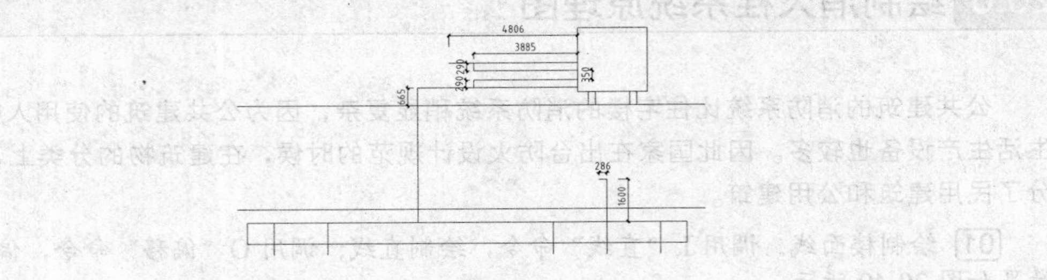

图 20-53　绘制结果

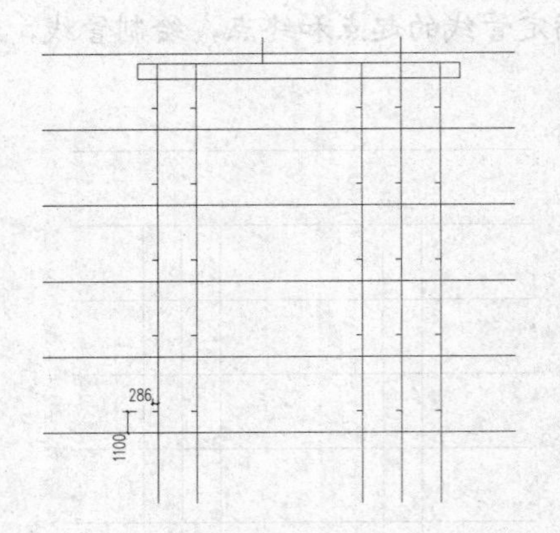

图 20-54　继续绘制消防管线

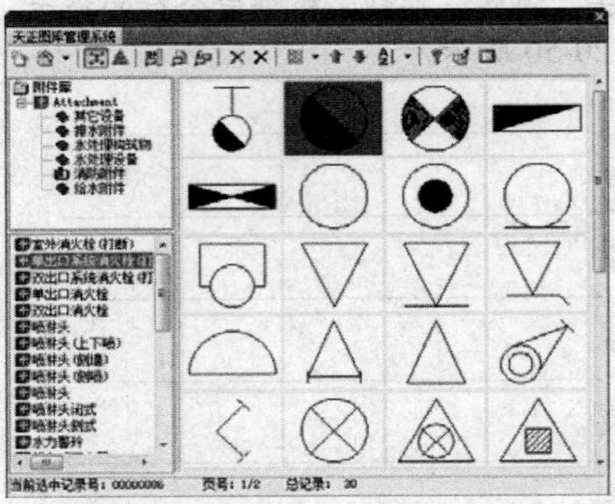

图 20-55　选择消火栓图块

06 绘制消防管线。在命令行中输入 HZGX 命令按回车键，在弹出的【管线】对话框中单击“消防”按钮；根据命令行的提示，分别指定管线的起点和终点，绘制管线，结果如图 20-54 所示。

07 插入消火栓图块。单击“图库图层”→“图库管理”命令，系统弹出【天正图库管理系统】对话框，在其中选择消火栓图块，如图 20-55 所示。

08 在绘图区中点取图块的插入点，结果如图 20-56 所示。

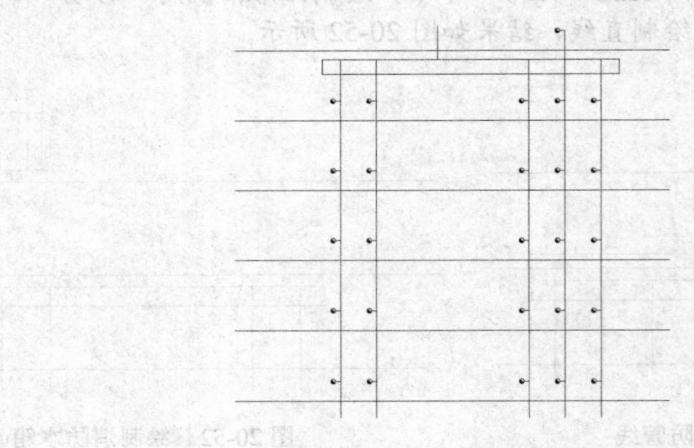

图 20-56　插入消火栓图块

[09] 插入蝶阀图块。单击“图库图层” → “图库管理”命令，系统弹出【天正图库管理系统】对话框，在其中选择蝶阀图块；在绘图区中点取图块的插入点，结果如图 20-57 所示。

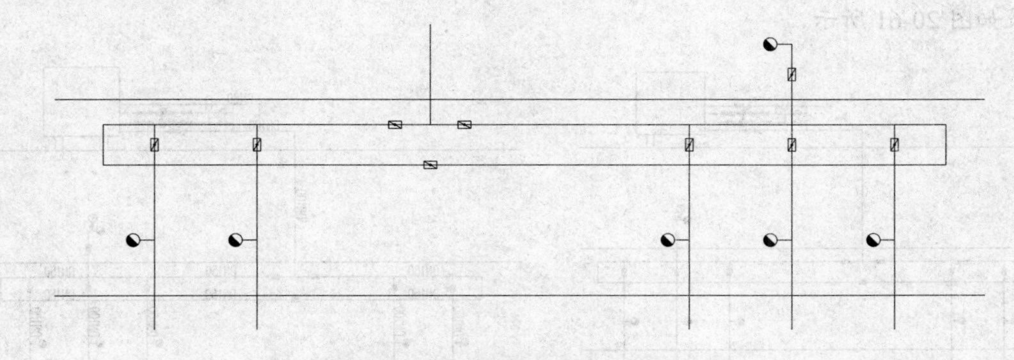

图 20-57　原理图插入蝶阀图块

[10] 插入阀门图块。单击“图库图层” → “图库管理”命令，系统弹出【天正图库管理系统】对话框，在其中选择阀门图块；在绘图区中点取图块的插入点，结果如图 20-58 所示。

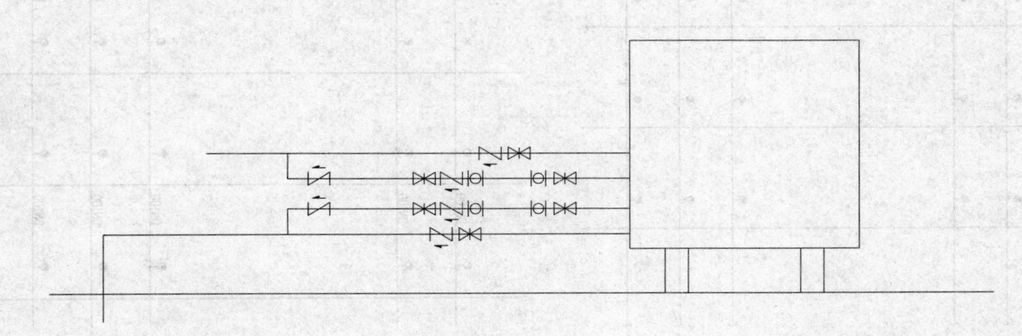

图 20-58　原理图插入阀门图块

[11] 调入图块。按下 Ctrl+O 组合键，打开配套光盘提供的“第 20 章/图例文件.dwg”文件，将其中的气压罐、消防系统补压泵图块调入系统图中，结果如图 20-59 所示。

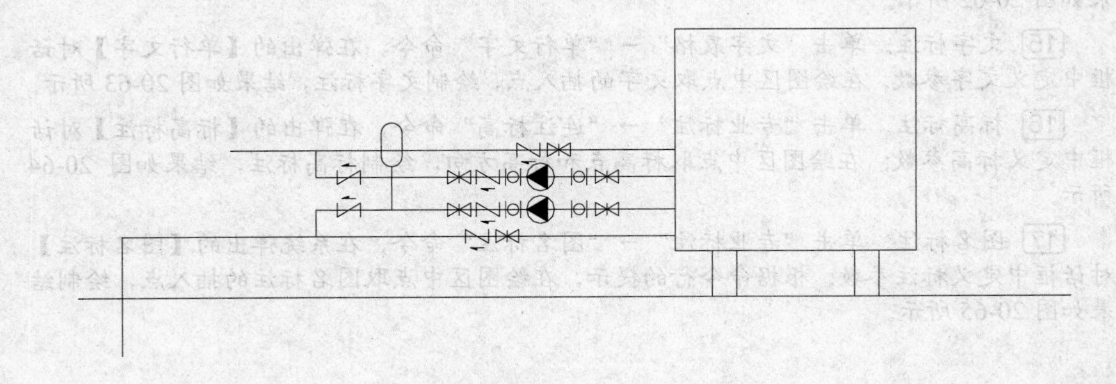

图 20-59　调入图块

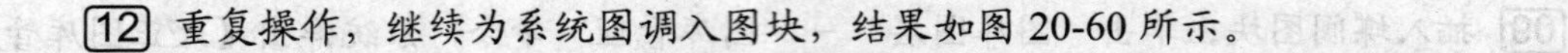

12 重复操作，继续为系统图调入图块，结果如图 20-60 所示。

13 管径标注。在命令行中输入 GJBZ 命令按回车键，系统弹出【管径】对话框；在其中分别单击“110”“150”“80”按钮，在绘图区中点取待标注的管线，绘制管径标注，结果如图 20-61 所示。

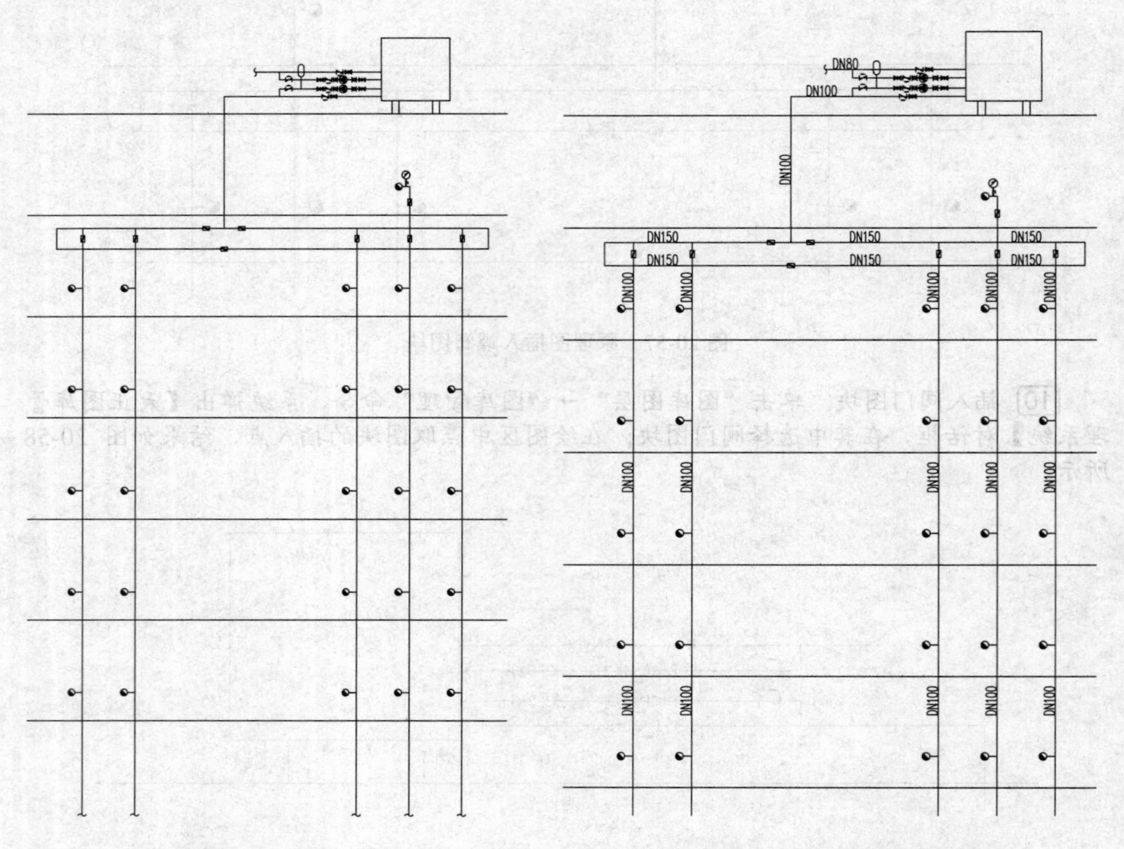

图 20-60　继续调入图块　　　图 20-61　消火栓原理图管径标注

14 引出标注。单击“专业标注”→“引出标注”命令，在弹出的【引出标注】对话框中定义参数；根据命令行的提示在绘图区中分别指定标注的各个点，绘制引出标注，结果如图 20-62 所示。

15 文字标注。单击“文字表格”→“单行文字”命令，在弹出的【单行文字】对话框中定义文字参数；在绘图区中点取文字的插入点，绘制文字标注，结果如图 20-63 所示。

16 标高标注。单击“专业标注”→“连注标高”命令，在弹出的【标高标注】对话框中定义标高参数；在绘图区中点取标高点和标高方向，绘制标高标注，结果如图 20-64 所示。

17 图名标注。单击“专业标注”→“图名标注”命令，在系统弹出的【图名标注】对话框中定义标注参数；根据命令行的提示，在绘图区中点取图名标注的插入点，绘制结果如图 20-65 所示。

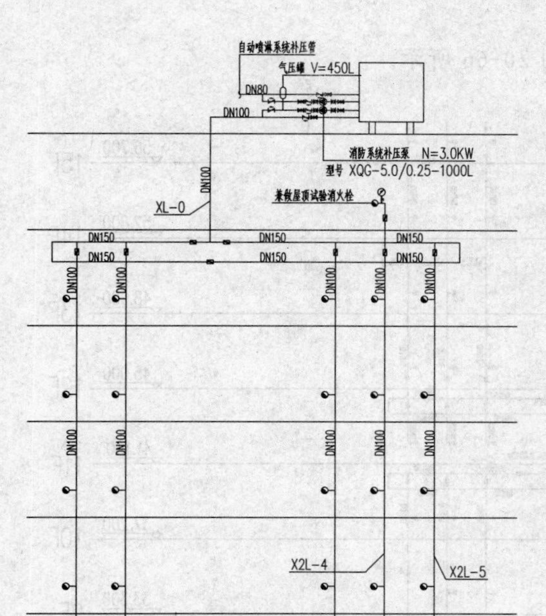

图 20-62 引出标注

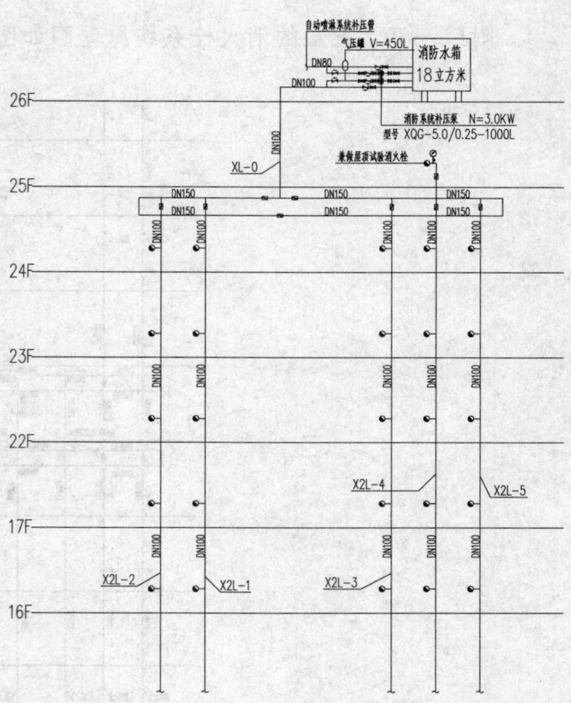

图 20-63 文字标注

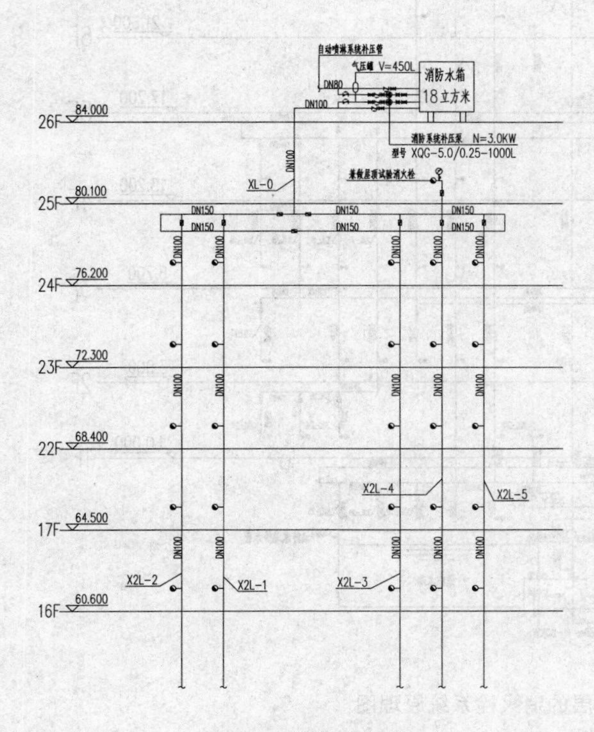

图 20-64 标高标注

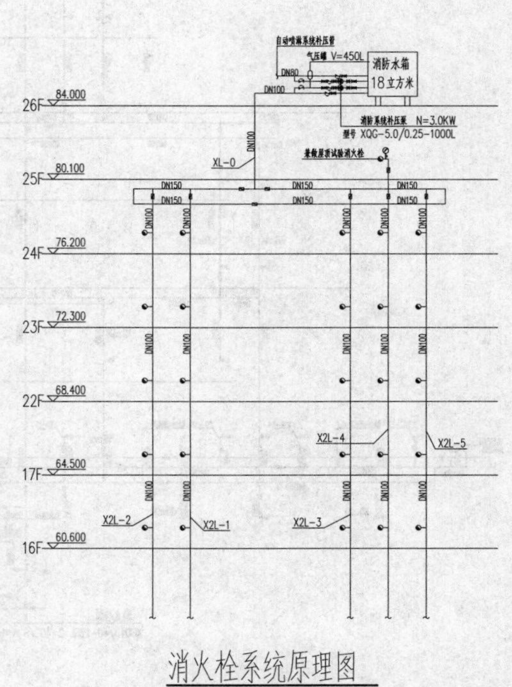

图 20-65 图名标注

附：一至十五层的消火栓系统原理图如图 20-66 所示。

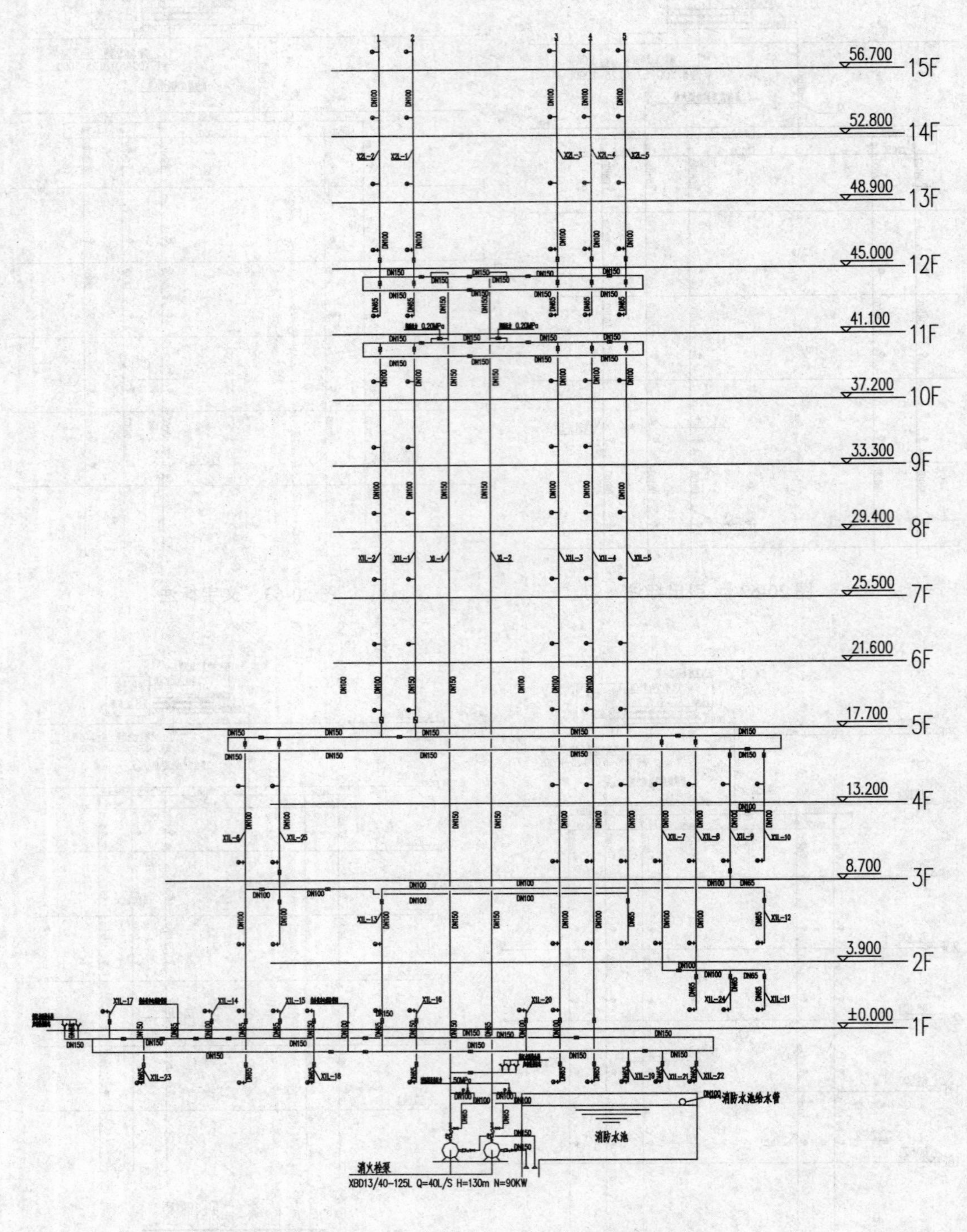

图 20-66　一至十五层的消火栓系统原理图